石油教材出版基金资助项目

高等院校特色规划教材

建筑节能原理与应用

（第二版）

主　编　王忠华　刘晓燕
副主编　黄凯良　朱春英
　　　　高　龙　吴君华

石 油 工 业 出 版 社

内 容 提 要

本书讲述了建筑节能的基本原理、基本知识及节能技术应用案例，主要包括：能源与建筑节能发展概述，建筑节能设计原理，建筑材料及围护结构的节能，暖通空调节能，储能技术在建筑节能中的应用，清洁能源在建筑中的应用，建筑节能检测技术。

本书可供建筑学、建筑环境与能源应用工程、土木工程等专业本科、高职和研究生作为教材使用，还可供有关设计、科研、管理人员参考。

图书在版编目(CIP)数据

建筑节能原理与应用/王忠华，刘晓燕主编. —2版. —北京：石油工业出版社，2022.8

高等院校特色规划教材

ISBN 978-7-5183-5495-5

Ⅰ.①建… Ⅱ.①王…②刘… Ⅲ.①建筑—节能—高等学校—教材 Ⅳ.①TU111.4

中国版本图书馆CIP数据核字(2022)第134576号

出版发行：石油工业出版社

(北京市朝阳区安华里2区1号楼　100011)

网　址：www.petropub.com

编辑部：(010)64256990

图书营销中心：(010)64523633　(010)64523731

经　销：全国新华书店

排　版：北京密东文创科技有限公司

印　刷：北京晨旭印刷厂

2022年8月第1版　2022年8月第1次印刷

787毫米×1092毫米　开本：1/16　印张：22.5

字数：573千字

定价：54.00元

(如发现印装质量问题，我社图书营销中心负责调换)

第二版前言

“十三五”以来,新建建筑节能设计标准得到进一步提升和完善。“十四五”是落实2030年前碳达峰、2060年前碳中和目标的关键时期,建筑节能面临更大挑战,同时也迎来重要发展机遇。在这样的背景下我们对本教材进行了再版工作。依照我国最新颁布的各种建筑节能标准,更新完善建筑节能原理和途径,并对太阳能、地热能、风能等可再生清洁能源在建筑中应用的新技术进行了补充。储能技术的发展与应用对建筑制冷和供暖节能发挥重要作用,本版教材增加了储能技术在建筑节能中的应用。

本教材针对不同的建筑节能原理,给出了相应的案例,并进行了分析。在这里要特别感谢刘晓燕教授、黄凯良教授,将多年来积累的建筑节能与储能方面的科研成果作为案例,丰富了本书内容。

本教材由王忠华、刘晓燕担任主编,由黄凯良、朱春英、高龙、吴君华担任副主编,具体编写分工如下:第一章、第三章、第六章第一节和第四节由东北石油大学王忠华编写;第二章、第六章地热能部分由东北石油大学刘晓燕编写;第四章由北华航天工业学院朱春英编写;第三章第七节、第五章第六节、第六章第二节和第三节由沈阳建筑大学黄凯良编写;第五章第一节至第五节由东北电力大学高龙编写;第七章由燕山大学吴君华编写。此外,东北石油大学赵海谦、杨雪,桂林电子科技大学张姝也参与了本书的资料整理和审核工作。全书由王忠华统稿。

限于编者的水平,书中难免有不妥之处,诚恳欢迎读者批评指正。

编　者

2022年3月

第一版前言

建筑节能是贯彻可持续发展战略的一个重要体现,也是贯彻《中华人民共和国节约能源法》的重要举措。积极推进建筑节能,有利于改善人民生活和工作的环境,有利于国民经济持续稳定发展,有利于减轻大气污染,有利于减少温室气体排放,缓解地球变暖的趋势,是发展我国建筑业和节能事业的重要工作。

建筑节能是指在建筑物的规划、设计、新建(改建、扩建)、改造和使用过程中,执行节能标准,采用节能型的技术、工艺、设备、材料和产品,提高保温隔热性能和采暖供热、空调制冷制热系统效率等,减少建筑用能。

本书依照我国最新颁布的各种建筑节能标准,重点讲述了建筑节能原理和途径。其主要内容包括:国内外建筑节能现状及我国建筑能耗和建筑节能现状,建筑规划设计及建筑单体设计节能方法,并对规划与单体设计中涉及的自然通风分别进行了介绍;围护结构节能设计是建筑节能中相互关联的核心内容,书中分配了较大篇幅重点介绍;针对供热系统的节能,分析了节能途径,并详细介绍了供热节能方法、分户热计量技术;在空调与制冷系统的节能一章中介绍了传统空调系统的节能途径和方法,并对冰蓄冷空调系统、热泵空调系统作了详细介绍;对太阳能、地热能、风能以及生物能等可再生能源在建筑上的应用进行了详细的介绍;概述了国内外建筑节能检测方法,并通过案例详细介绍了我国建筑节能检测方法,指出了能耗统计和能效测评的重要意义和作用,并以国家机关办公建筑和大型公共建筑为例,详细介绍了能耗统计和能效测评方法及步骤;简要介绍了智能建筑的相关知识。

本书最大的特点是针对不同的建筑节能原理,给出了相应的案例,并进行了分析。在这里要特别感谢主编刘晓燕教授,她将多年来积累的建筑节能方面的科研成果作为案例,丰富了本书内容。

本书共分九章。第一章、第四章、第七章和第八章由东北石油大学刘晓燕教授编写;第二章、第三章由东北石油大学王忠华编写;第五章由西南石油大学韩滔编写;第六章由四川大学全柏铭和唐长江编写;第九章由四川大学王峰编写。

限于编者的水平,书中难免有不妥之处,诚恳欢迎读者批评指正。

编　者

2011 年 8 月

目　　录

第一章　能源与建筑节能发展概述

本章分析了国内外能源的生产、消费和储量情况，以便了解目前的世界能源状况。针对我国建筑能耗情况及我国目前的建筑节能情况，分析常用的建筑节能措施。

第一节　世界能源发展现状

能源作为人类社会和经济发展的基本条件之一，历来为世界各国所瞩目。在能源领域，人类首先经历了以薪柴为主的时代，这一时代火的使用使人类脱离了野蛮，步入了文明。在几十万年的演变过程中，薪柴和木炭一直是人类用来做饭取暖的主要能源，由于薪柴和木炭产生的能量较小，这一时期生产力比较低下，社会发展缓慢。从18世纪初开始，在西方国家煤炭逐渐代替木柴。托马斯·纽科门在1712年发明的燃煤蒸汽机开始了以蒸汽动力来代替古老的人工体力、风力和水力的新时代，为人类的工业文明拉开了序幕。1781年瓦特发明的改良蒸汽机使得煤炭得到更大规模的使用，使得第一次工业革命得以大规模展开。1859年埃德温·德雷克在宾夕法尼亚州打出第一口油井以后，石油的大规模生产和使用不仅使得工业革命更大规模在全球推广，新的技术、新的发明创造也接踵而来：内燃机、汽车、飞机等发明与石油一道，改变了世界的生产模式、交通模式。而最具革命性的还是电力的发明。法拉第发明的电力更是使人类在能源使用上开始了一场大革命：所有的能源都可以转化为电力，而电力则可以以最简便的方式输送到工厂，传递到家庭。电力使高楼大厦的建造和使用变为现实，使我们的居室可以冬暖夏凉，使工厂实现自动化，更为当代电子、通信、计算机、互联网等技术提供了动力基础。1879年爱迪生发明的电灯使人类告别了黑暗，而信息通信技术的发展使得人们之间的沟通更加便利，掀起了经济贸易全球化的巨大浪潮。

能源改变了人类的命运。能源应用技术的发明与普及决定着人类社会的生产方式、消费模式、交通模式、定居模式和组织形式。能源的大规模使用为人类享受高水平物质生活提供了重要基础。能源是发展国民经济和提高人民生活水平的重要物质基础，也是直接影响经济发展的一项重要的制约因素。

一、能源消费结构

2018年，世界一次能源消费增长2.9%，几乎是过去十年平均增速（1.5%）的两倍，也是2010年以来的最高增速。全球能源消费和使用能源过程中产生的碳排放在2018年的增速达到了自2010年以来的最高水平。2018年频繁的异常寒冷与炎热的天气使得家庭和企业增加了对供暖与制冷的需求。能源消费上升的直接后果就是碳排放的进一步攀升。

2020年，由于新型冠状病毒肺炎（COVID－19）的影响导致全球封锁，这对能源市场造成了巨大影响，因交通和运输需求急剧下降，石油行业遭受的重创尤为突出。一次能源消费和因能源使用产生的碳排放量均创造了第二次世界大战以来的最大跌幅。石油消费下降占一次能源消费净减少量的近四分之三，是造成这一跌幅的主要因素。尽管能源需求总量在下滑，但天然气在一次能源中的占比仍在持续上升，创下占比24.7%的历史新高。可再生能源则继续保持强劲增长态势,2020 年风能和太阳能装机容量迅猛增长,合计达 238GW,比历史峰值高出 50%。风能和太阳能实现了有史以来的最大年增幅。

2020 年世界一次能源构成如图 1-1 所示,石油占一次能源总量的 31.2%,其次为煤炭和天然气,分别占一次能源总量的 27.2% 和 24.7%,核能占 4.3%,水电占 6.9%,可再生能源占 5.7%。

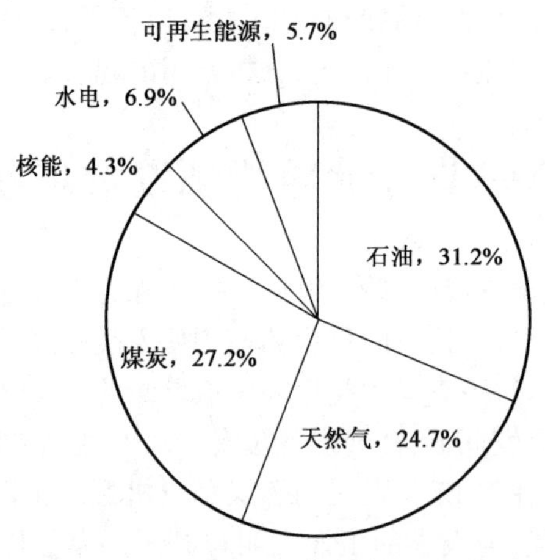

图 1-1　2020 年世界一次能源消费结构

二、一次能源生产与消费

(一)煤炭探明储量及其生产与消费

1. 煤炭探明储量

2000 年、2010 年、2020 年煤炭探明储量分布如图 1-2 所示。2020 年全球煤炭储量为 10741.08×10^8 t,主要集中在美国(23%)、俄罗斯(15%)、澳大利亚(14%)和中国(13%)少数几个国家。其中大部分储量为无烟煤和烟煤(70%)。根据 2020 年全球储产比:全球煤炭还可以以现有的生产水平生产 139 年。其中,北美洲(484 年)和独联体国家(367 年)为储产比最高地区。

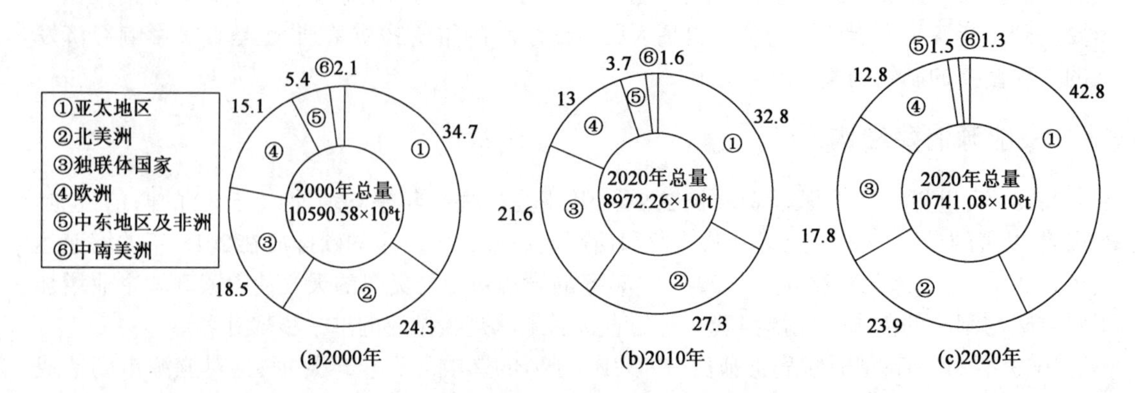

图 1-2　2000 年、2010 年、2020 年煤炭探明储量分布(%)

2. 煤炭生产与消费

2010 年以来世界煤炭生产与消费如图 1-3 所示。全球煤炭产量在 2020 年为 159.61EJ,

下降 5.2%。煤炭消费在 2020 年下降 6.2EJ，跌幅 4.2%，消费下降最高的为美国（-2.1EJ）和印度（-1.1EJ）。经济合作与发展组织（OECD）的煤炭消费则下滑至 1965 年来有 bp 数据记录的最低点。中国和马来西亚明显属于例外，两国的煤炭消费分别增长了 0.5EJ 和 0.2EJ。

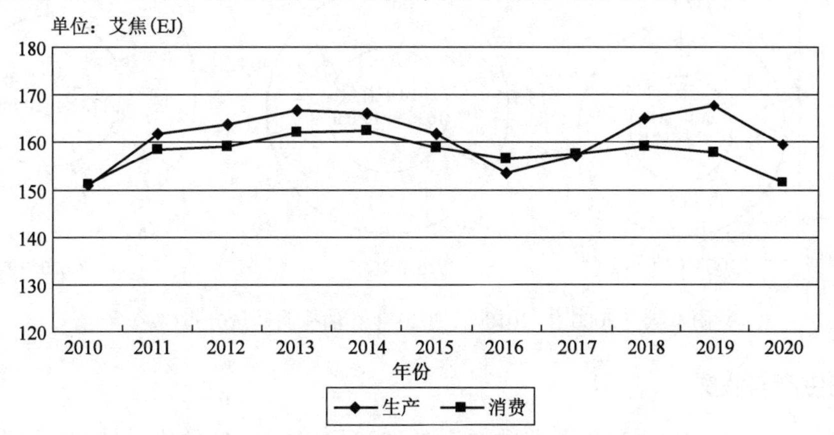

图 1-3　2010 年以来世界煤炭生产与消费

中国为世界第一大煤炭生产国，2020 年煤炭产量为 80.91EJ，如图 1-4 所示，较 2019 年增长 1.2%；其次为印度尼西亚，产量为 13.88EJ，下降 9%；印度产量为 12.68EJ，增长 0.4%。

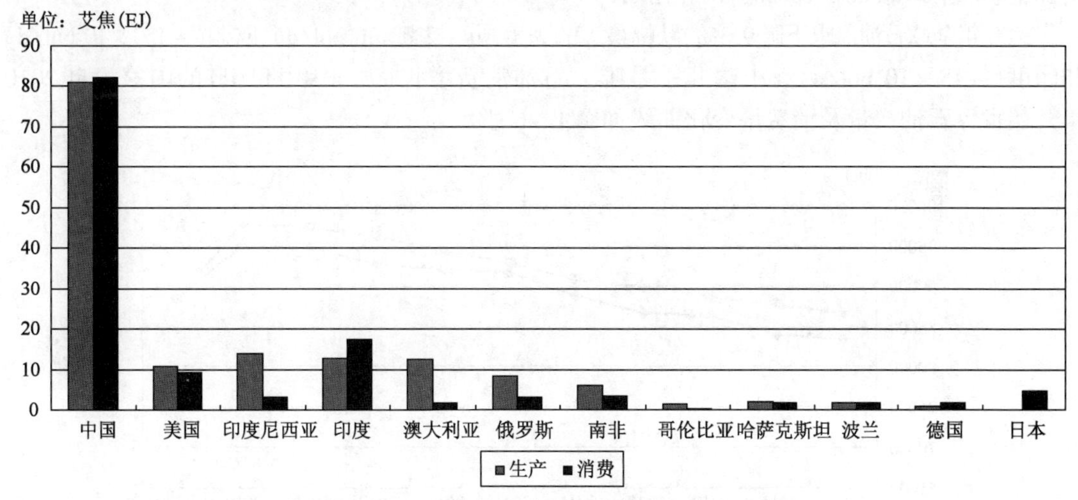

图 1-4　2020 年世界主要国家煤炭生产与消费

2020 年世界煤炭消费量呈下降趋势，为 151.42EJ，较 2019 年下降 4.2%。中国是世界最大煤炭消费国，消费量为 82.27EJ，增长 0.3%；印度为世界第二大煤炭消费国，2020 年煤炭消费量为 17.54EJ，下降 6%；其次为美国和日本，煤炭消费量分别为 9.2EJ 和 4.57EJ，分别下降 19.1% 和 7%。

（二）石油探明储量及其生产与消费

1. 石油探明储量

2000 年、2010 年、2020 年石油探明储量分布如图 1-5 所示。截至 2020 年年底，全球已探明石油储量为 17320×10^8bbl，比 2019 年减少 20×10^8bbl。全球的储产比（R/P 比值）显示，2020 年的石油储量占当前产量的 50 年以上。欧佩克组织拥有全球 70.2% 的石油储备。储量最多的国家是委内瑞拉（占全球储量的 17.5%），其次是沙特阿拉伯（17.2%）和加拿大（9.7%）。

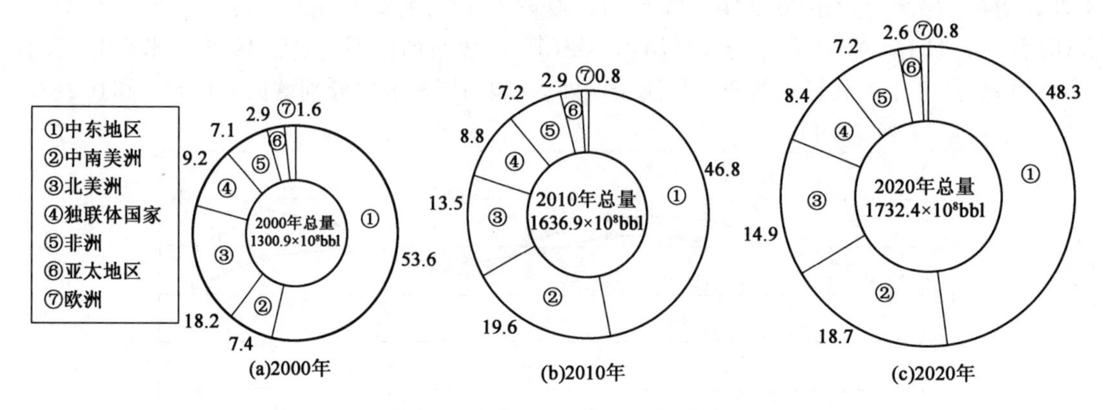

图 1-5　2000 年、2010 年、2020 年石油探明储量分布(%)

2. 石油生产与消费

受欧佩克(-430×10^4bbl/d)和非欧佩克(-230×10^4bbl/d)的推动,2020 年世界石油产量自 2009 年以来首次下降 660×10^4bbl/d。国家层面,俄罗斯(-100×10^4bbl/d)、利比亚(-92×10^4bbl/d)和沙特阿拉伯(-79×10^4bbl/d)石油产量下降明显。只有少数国家的产量增加,主要是挪威(26×10^4bbl/d)和巴西(15×10^4bbl/d)。

2020 年全球石油需求下降 9.3%,跌幅最大的为美国(-230×10^4bbl/d)、欧盟(-150×10^4bbl/d)和印度(-48×10^4bbl/d)。中国几乎是唯一石油消费增长(22×10^4bbl/d)的国家。自 2010 年开始世界石油产量及消费量变化曲线如图 1-6 所示。

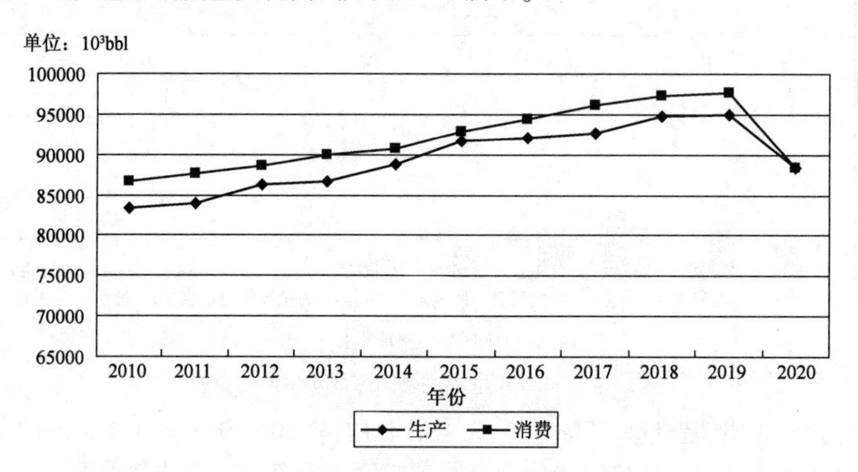

图 1-6　2010 年以来世界石油生产与消费

(三)天然气探明储量及其生产与消费

1. 天然气探明储量

2020 年,世界探明天然气储量为 $188.1\times10^{12}m^3$(188.1Tcm),较 2019 年下降 $2.2\times10^{12}m^3$。阿尔及利亚(-2.1Tcm)提供了最大的降幅,部分抵消了加拿大增加的 0.4Tcm。俄罗斯(37Tcm)、伊朗(32Tcm)、卡塔尔(25Tcm)是储备量最大的国家。目前全球的储产比(R/P 比值)显示,2020 年天然气储量占当前产量的 48.8 年。中东(110.4 年)和独联体国家(70.5 年)是 R/P 比率最高的地区。

2. 天然气生产与消费

2000 年、2010 年、2020 年天然气探明储量分布如图 1－7 所示。2020 年天然气价格跌至多年低点：美国亨利枢纽平均价格为 1.99 美元/百万英热单位，为 1995 年以来的最低水平；亚洲液化天然气价格（日韩基准）则跌至历史最低点，为 4.39 美元/百万英热单位。天然气在一次能源中的占比持续上升，达到 24.7%，创历史新高。

液化天然气供应量增长 $40\times10^8 m^3$，增长率 0.6%，远低于 6.8% 的过去十年平均增速。其中，美国液化天然气供应量增长 $140\times10^8 m^3$（增长 29%），但其他多数地区（尤其是欧洲和非洲）供应量下滑，部分抵消了全球增长总量。

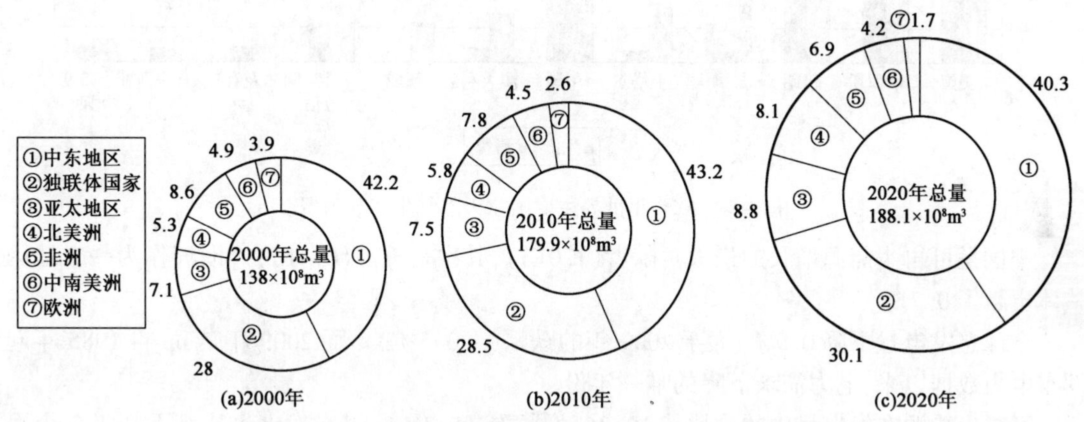

图 1－7　2000 年、2010 年、2020 年天然气探明储量分布

自 2010—2020 年世界天然气生产与消费情况如图 1－8 所示。

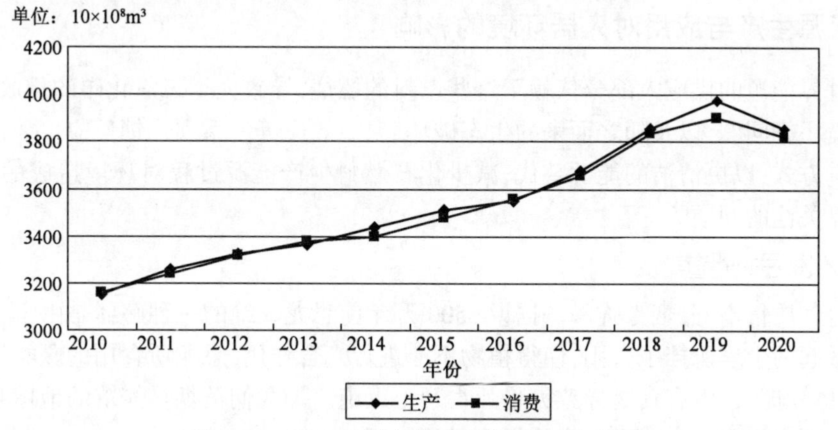

图 1－8　2010 年以来世界天然气生产与消费

2020 年世界主要国家天然气生产与消费情况如图 1－9 所示，美国是天然气生产与消费最多的国家。

（四）可再生能源及电力发展情况

可再生能源（含生物燃料，但不包括水电）增长 9.7%，低于过去十年平均水平（13.4%），但能源增量绝对值（2.9EJ）与 2017 年、2018 年和 2019 年类似。

太阳能发电实现 1.3EJ 的有史以来最高增长，增幅 20%。风能（1.5EJ）对可再生能源增长的贡献最大。太阳能装机容量增长 127GW，风能装机容量增长 111GW，几乎是往年最大增幅的两倍。

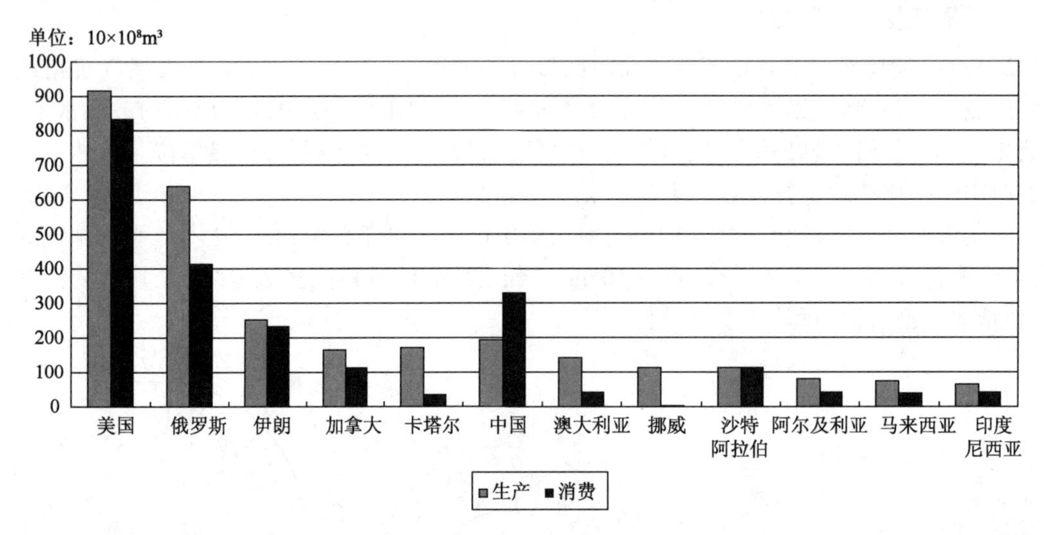

图 1-9　2020 年世界主要国家天然气生产与消费

中国是可再生能源增长的最大贡献者(1.0EJ),其次是美国(0.4EJ)。欧洲作为一个地区整体贡献了 0.7EJ。

全球总发电量下降 0.9%,大于 2009 年的跌幅(-0.5%)。而 2009 年是 bp 自 1985 年起发布电力数据以来,电力需求下降的唯一年份。

可再生能源在发电量中的占比从 10.3% 增长至 11.7%。煤炭发电占比则下降 1.3 个百分点,降至 35.1%,为 bp 记录的数据新低。

三、能源生产与应用对人居环境的影响

由于世界能源的供应大部分依赖于这些燃料的燃烧,导致大量二氧化碳的排放,由此引起严重的环境污染问题,以及随之而来的生态破坏、温室效应等一系列连锁反应。如何转变能源生产和供应方式,以更清洁的能源替代,减少化石燃料生产能源过程对环境造成的污染,也已成为全世界关注的问题。

(一)环境污染严重

城市空气质量不好,烟雾弥漫。据说 6500 万年前恐龙灭绝的一种解释是由于小行星碰撞地球导致激起的尘埃遮挡了太阳,使得植物不能进行光合作用,恐龙所食用的蕨类植物大量消失,而恐龙体积庞大,没有食物导致大量死亡乃至灭绝。那我们被烟雾笼罩的地球会不会再次影响植物的光合作用呢？这是一个值得深思的问题。

(二)温室效应加剧

二氧化碳浓度逐年增加,19 世纪全球释放的二氧化碳总量为 900×10^4t,而 1990 年一年的二氧化碳释放量为 60×10^8t。1750 年,工业革命刚开始时二氧化碳浓度为 0.028%,2008 年,全球二氧化碳的总排放量已达 300×10^8t/a,大气二氧化碳浓度已达 0.04%。科学家预测,地球生态警戒线是大气中二氧化碳浓度 0.045%,地表温升 2℃。一旦超过 2℃,就会朝着 6~7℃的严酷升温发展,全球变暖将无法控制。IEA 预测,照此趋势,2050 年地表温升就将达到 2℃。人类需要有一个所有国家参与的国际协议来划分责任,落实避免灾难的规划和进程。气候变化是我们这一两代人面临的最严峻挑战之一。化石能源的过度使用加速了气候变化和地

球表面升温的进程。二氧化碳就像一条棉被盖在地球表面,这个被子薄了不行,厚了也不行,但自从工业革命以后这条被子越来越厚了。

温室效应加剧导致全球变暖给人类带来了严重的后果:冰川融化,海平面上升,物种灭绝,干旱洪涝,人体健康受到威胁。1860 年有气象记录以来,显示全球平均温度每年平均升高 0.6℃,气候变化导致的风暴、热浪、洪水、冰灾等灾害也正在加剧。在有全球气温统计的 140 年间,全球平均气温的 10 个高峰点,有 8 个出现在 1990 年以后,地球变暖是二氧化碳浓度增加带来的灾难性后果。

地球变暖对生态环境造成影响主要体现在以下六个方面:

(1)冰川融化海平面上升。北极永久性冰盖减少 43%,如按此速度融化,2070 年北极可能无冰。中国冰川面积减少 21%,冰川融化海平面上升,中国沿海海水入侵面积超过 $800km^2$。因为英国是岛国,所以英国皇家主动对白金汉宫进行改造,减少能耗,树立减少温室气体排放的好形象。

(2)生物物种灭绝。欧洲蝴蝶北迁,大西洋鱼种北移,现在全球每年有 100 多种生物走向灭绝。首先,全球气候变暖导致海平面上升,降水重新分布,改变了当前的世界气候格局;其次,全球气候变暖影响和破坏了生物链、食物链,带来更为严重的自然恶果。例如,有一种候鸟,每年从澳大利亚飞到我国东北过夏天,但由于全球气候变暖使我国东北气温升高,夏天延长,这种鸟离开东北的时间相应推迟,再次回到东北的时间也相应延后。结果导致这种候鸟所吃的一种害虫泛滥成灾,毁坏了大片森林。

(3)气候。全球气候变暖使大陆地区,尤其是中高纬度地区降水增加,非洲等一些地区降水减少。部分地区极端天气气候事件(厄尔尼诺、干旱、洪涝、雷暴、冰雹、风暴、高温天气和沙尘暴等)出现的频率与强度增加。

(4)海洋。随着全球气温上升,海洋中蒸发的水蒸气量大幅度提高,加剧了变暖现象。而海洋总体热容量的减小又可抑制全球气候变暖。另外,由于海洋中的浮游生物向大气层中释放了过量的二氧化碳,因而真正的罪魁祸首是海洋中的浮游生物群落。

(5)农作物。全球气候变暖对农作物生长的影响有利有弊。其一,全球气温变化直接影响全球的水循环,使某些地区出现旱灾或洪灾,导致农作物减产,且温度过高也不利于种子生长。其二,降水量增加尤其在干旱地区会促进农作物生长。

(6)人体健康。全球气候变暖直接导致部分地区夏天出现超高温、心脏病及高温引发的各种呼吸系统疾病,每年都会夺去很多人的生命,其中又以新生儿和老人的危险性最大;全球气候变暖导致臭氧浓度增加,低空中的臭氧是非常危险的污染物,会破坏人的肺部组织,引发哮喘或其他肺病;全球气候变暖还会造成某些传染性疾病传播,疾病肆虐,如禽流感、猪流感、非典等。

为了控制温升不达到警戒线,可以估算出 2030 年控制气温升高不超过 2℃ 的全球二氧化碳总排放量约为 230×10^8t。为了满足 230×10^8t 排放总量的限制,在 240×10^8t 能源消耗中,可再生能源(包括核能)必须占 40% 以上;石油和天然气约占 30%,煤约占 30%,但是煤的一半须采用碳捕获与封存(carbon capture and storage,CCS)技术利用。

当前,世界范围内环境污染和不可再生能源枯竭已经到了十分严重的程度。世纪更替,"可持续发展"的概念在全球迅速传播。所谓可持续发展,是指既满足当代人的需求又不危及后代人满足其需求的发展,它包括子孙后代的需要、国家主权、国际公平、发展中国家的持续经济增长、自然资源基础、生态抗压力、环保与发展相结合等重要内容。因此,从可持续发展的角度出发,保护环境和开发利用新能源成为人类面临的一项重要任务。

第二节　中国能源发展现状

新中国成立70多年来,能源事业经历了沧桑巨变。新中国成立初期,我国能源生产水平很低,供求关系紧张,存在严重的结构性问题。随着我国经济的快速发展和社会生产力的显著增强,我国能源领域发生了翻天覆地的变化,取得了举世瞩目的伟大成就,能源生产和消费总量跃升世界首位,能源基础设施建设突飞猛进;能源消费结构持续优化,清洁能源消费比重持续提升,清洁能源生产消费总量位居世界第一;能源科技创新日新月异,一大批技术成果开始领跑国际;能源体制机制市场化改革在探索中前行,市场资源配置能力大幅增强。能源发展给社会经济发展注入了源源不断的动力。

一、能源政策不断完善

新中国成立初期,我国能源基础十分薄弱。20世纪50至70年代,能源发展得到重视。从"一五"计划至"五五"计划,国家对电力、煤矿、石油等能源工业发展作出了具体部署,同时提出节约使用电力、煤炭、石油等。改革开放以来,在不断加强能源资源开发和基础设施建设的基础上,我国更加注重能源发展的质量和效率,从"六五"计划到"十五"计划,逐步提出提高经济效益和能源效率,坚持节约与开发并举,把节约放在首位,优化能源结构,积极发展新能源,推动能源技术发展,提高能源利用效率。

进入21世纪后,面对资源制约日益加剧、生态环境约束凸显的突出问题,我国坚持节约资源和保护环境的基本国策,积极转变经济发展方式,不断加大节能力度,将单位GDP能耗指标作为约束性指标连续写入"十一五""十二五""十三五"国民经济和社会发展五年规划纲要,相继出台了能源发展"十一五""十二五""十三五"规划和《能源发展战略行动计划(2014—2020年)》《能源生产和消费革命战略(2016—2030)》等纲领性文件,以及《能源技术革命创新行动计划(2016—2030年)》《可再生能源发展"十三五"规划》等专项文件。党的十八大以来,面对国际能源发展新趋势、能源供需格局新变化,以习近平同志为核心的党中央高瞻远瞩,坚持绿色发展理念,大力推进生态文明建设,提出"能源革命"的战略思想,为我国能源发展指明了方向、明确了目标,推动能源事业取得新进展。

二、能源生产发展迅速

新中国成立初期,我国能源生产能力不足、水平不高。1949年,能源生产总量仅为0.2×10^8tce①。经过70年的快速发展,我国能源生产逐步由弱到强,生产能力和水平大幅提升,一跃成为世界能源生产第一大国,基本形成了煤、油、气、可再生能源多轮驱动的能源生产体系,充分发挥了坚实有力的基础性保障作用。2018年我国能源生产结构如图1-10所示。2018年,能源生产总量达37.7×10^8tce,比1949年增长157.8倍,年均增长7.6%。2020年,受疫情影响,我国一次能源需求增长2.1%,与过去十年年均3.8%的增长相比有所降低。

(一)煤炭产量

2013—2020年我国煤炭产量如图1-11所示。2020年,全年原煤产量80.91EJ,同比增

① tce(ton of standard coal equivalent),吨标准煤当量,是按标准煤的热值计算各种能源量的换算指标。

长 1.2%,自 2016 年以来,煤炭产量有所增加,自 2018 年增速放缓。

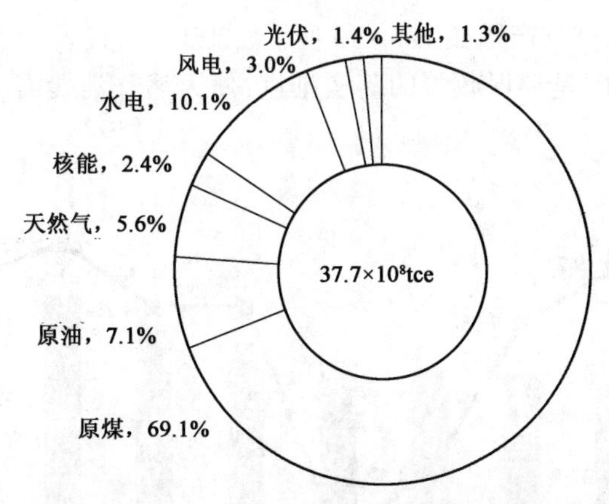

图 1－10　2018 年我国能源生产结构

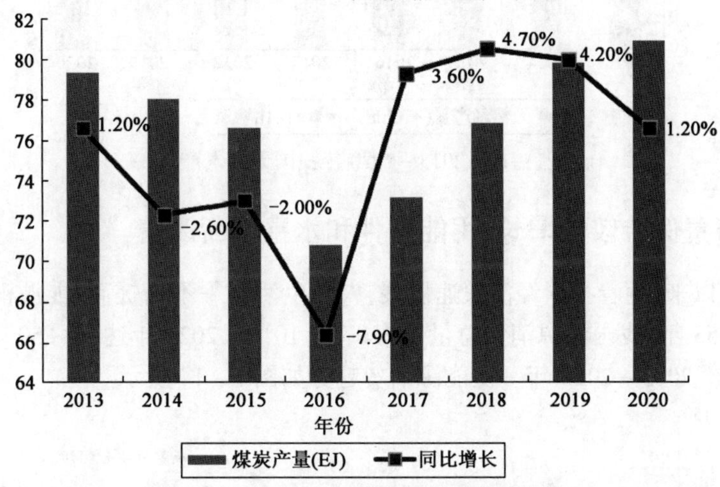

图 1－11　2013—2020 年我国煤炭产量

（二）石油产量

2013—2020 年我国石油产量如图 1－12 所示。2018 年,我国石油产量明显递减的势头有所减缓,全年原油产量 1.89×10^8 t,比上年下降 1.3%,明显低于 2016—2017 年的减产幅度,2019 年、2020 年石油产量有小幅增加。

图 1－12　2013—2020 年我国石油产量

（三）天然气产量

2013—2020 年我国天然气产量如图 1－13 所示。2020 年，我国天然气产量约 $1940\times10^8\mathrm{m}^3$，同比增长 9.0%，主要原因是环保政策的落实推进，使天然气消费需求持续攀升，带动产量大幅提高。

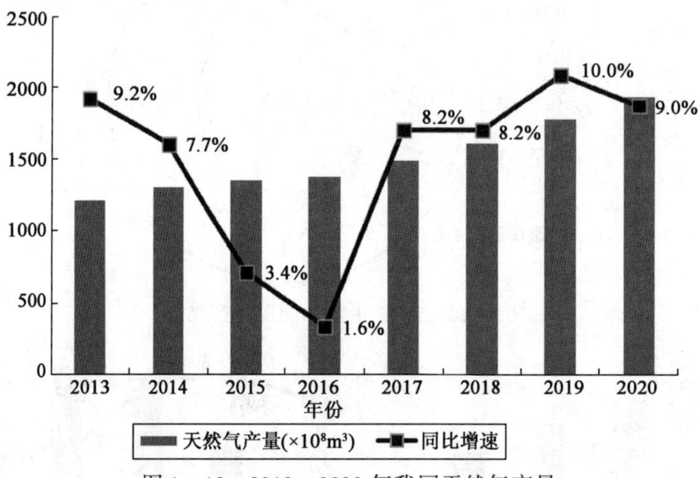

图 1－13　2013—2020 年我国天然气产量

三、能源消费保持较快增长，用能条件和水平不断改善

新中国成立以来，随着我国经济快速发展、人民生活水平不断提高，能源消费整体呈现较快增长态势。1953 年，我国能源消费总量仅为 0.5×10^8tce，2020 年达到约 50×10^8tce，比 1953 年增长近 100 倍。2013—2020 年一次能源消费趋势如图 1－14 所示。

图 1－14　2013—2020 年我国一次能源消费

人均用能水平显著提高。1953 年，我国人均能源消费量仅为 93kg 标准煤，2018 年达到 3332kg 标准煤，比 1953 年增长 34.8 倍，年均增长 5.7%。

四、能源消费结构不断优化

新中国成立以来，随着我国能源总量不断发展壮大、用能方式加快变革，能源结构持续大幅优化改善，清洁低碳化进程不断加快，2020 年我国能源消费结构如图 1－15 所示。受资源禀赋特点影响，煤炭占我国能源消费总量比重始终保持第一，但总体呈现下降趋势，由1953年的94.4%下降到2020年最低的56.56%；石油占比在波动中提高，由1953年最低的3.8%提高到2020年的19.59%；天然气、一次电力及其他能源等清洁能源占比总体持续提高，天然气由1957年最低的0.1%提高到2020年最高的8.18%，一次电力及其他能源由1953年的1.8%提高到2020年的13.43%。

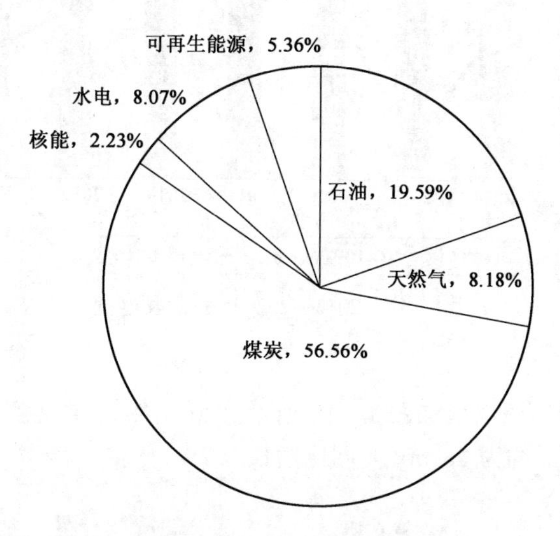

图1－15　2020年中国能源消费结构

（一）煤炭消费

2013—2020年我国煤炭消费如图1－16所示。2018年，我国煤炭消费总量达到39×10^8t，同比增长1.0%。这是继2017年以来煤炭消费连续第二年出现增长。究其原因，我国电力消费持续增长，2018年发电量约6.8×10^{12}kW·h，同比增长8.5%，较2017年提高1.9个百分点，创近年来新高。2019年、2020年发电量增速回落，如图1－17所示。近年我国电源结构仍以煤电为主，2020年煤电发电量占比为63.2%。受资源禀赋影响，煤电仍然是我国未来一段时期的基础支撑性电源，统筹推进煤电超低排放和节能改造工作，推动煤电等传统能源的清洁化利用势在必行。

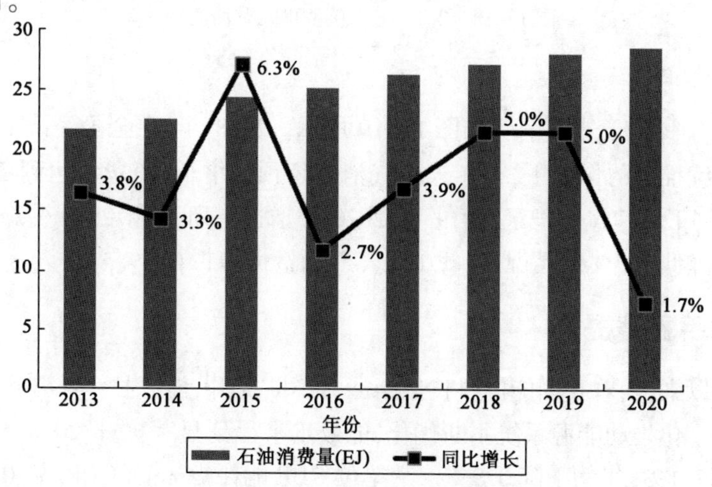

图1－16　2013—2020年我国煤炭消费

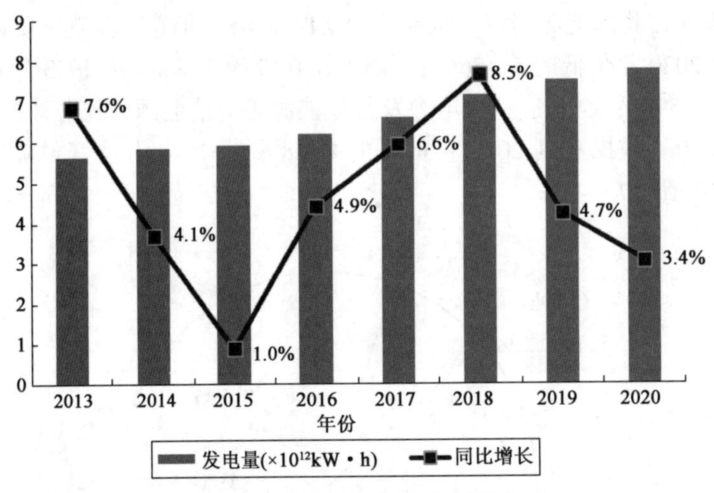

图 1-17　2013—2020 年我国发电量

(二)石油消费

2013—2020 年我国原油消费如图 1-18 所示。2020 年,我国经济缓中趋稳,石油消费增速放缓。全年石油消费量约为 28.50EJ,同比增长 1.7%。

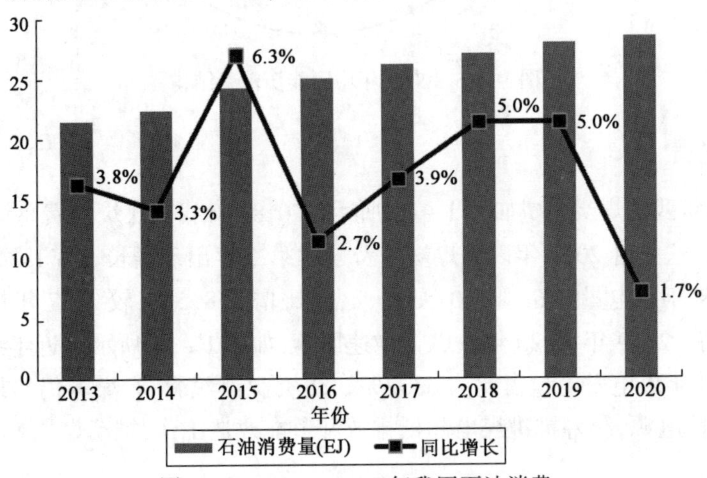

图 1-18　2013—2020 年我国石油消费

(三)天然气消费

2013—2020 年我国天然气消费如图 1-19 所示。2018 年,在全国经济平稳发展、结构调整与转型升级持续推进的作用下,全年天然气消费超预期增长,消费量达到 $2808 \times 10^8 m^3$,同比增长 17.7%,创下增速世界纪录,2019 年、2020 年增速有所下降,2020 受新冠疫情冲击,在全球天然气消费降低 2.3% 的情况下,我国天然气消费仍增长 6.9%。

五、能效水平显著提升

新中国成立以来,随着我国能源科技创新能力不断提升,能源技术装备突飞猛进发展,自动化、智能化、数字化推动能源系统不断优化,能效水平得到显著提升,2018 年单位 GDP 能耗比 1953 年降低 43.1%,年均下降 0.9%。从单位 GDP 能耗指标值(GDP 按 2018 年价格计算)来看,由 1953 年的 0.91tce/万元逐步上升到 1960 年最高的 2.84tce/万元后逐步下降,70 年代开始又逐步上升后，基本呈现稳步下降态势，2018 年下降到最低的 0.52tce/万元；从单位 GDP 能耗降低率来看，在改革开放之前波动较大，多数年份为上升，改革开放之后基本保持下降态势。

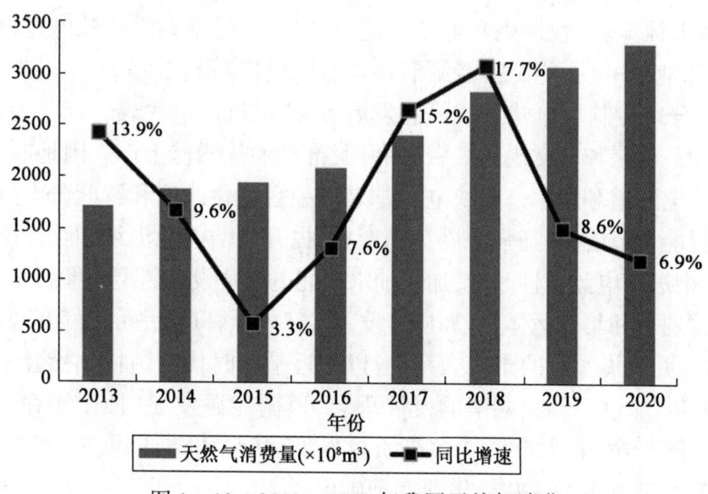

图 1－19　2013—2020 年我国天然气消费

六、"十一五"以来能源发展进入新阶段

"十一五"以来，我国高度重视节能降耗工作，陆续出台多项节能降耗政策措施，不断加强节能减排体制、机制、法制和能力建设，切实推进工业、建筑、交通等重点领域节能降耗，通过加快产业调整、淘汰落后产能、优化能源结构和推进节能型社会建设等方式，促使我国能源发展进入新阶段，节能降耗取得巨大成效。

能源生产由传统能源加速向新能源转变。"十一五"以来，我国能源生产发生巨大变革，发展动力由传统能源加速向新能源转变，能源结构由原煤为主加速向多元化、清洁化转变。原煤、原油等传统能源生产增速明显放缓。能源消费过快增长势头得到有效控制，清洁低碳化趋势加快。"十一五"以来，我国能源消费革命不断深化，用能方式不断变革，清洁低碳化进程显著加快，品种结构继续优化，利用效率高、污染小的清洁能源消费比重进一步提高，能源消费得到有效控制。

清洁能源是指能够有效降低温室气体排放的新能源技术，是减少二氧化碳排放的重要方法之一。因此我国一直大力发展清洁能源相关行业，其消耗量占比逐年提升。其中水电、核电、风电为代表的清洁能源消耗量占比从 7% 提升至 15.7%，而传统原煤能源消耗量则从 2005 年的 72% 下降至 2020 年的 57%。短期内该趋势将继续延续，清洁能源消耗量占比有望持续提升，并进一步取代传统能源的使用占比，进而缓解传统能源行业重污染、高排放的局面。2020 年，在非化石燃料中，其他可再生能源增长最快，增幅为 16.2%，随后是太阳能，增幅为 15.8%，风能增幅为 14%，水电增幅为 3.2%，比过去十年年均增长率 6.9% 降低了一半。上述清洁能源预计将继续扩大增长优势，逐步赶超传统能源规模，推动能源行业结构性调整，并同步减少碳排放污染。

当前，世界能源格局深刻调整，应对气候变化提上议程，能源治理体系加速重构，新一轮能源革命蓬勃兴起。随着我国经济发展步入新常态，能源转型变革任重道远，传统能源产能结构性过剩问题仍较突出，发展质量和效率亟待提升。因此，中华人民共和国国民经济和社会发展第十四个五年规划及2035年远景目标纲要对能源发展做出如下规划：

推进能源革命，建设清洁低碳、安全高效的能源体系，提高能源供给保障能力。加快发展非化石能源，坚持集中式和分布式并举，大力提升风电、光伏发电规模，加快发展东中部分布式能源，有序发展海上风电，加快西南水电基地建设，安全稳妥推动沿海核电建设，建设一批多能互补的清洁能源基地，非化石能源占能源消费总量比重提高到20%左右。推动煤炭生产向资源富集地区集中，合理控制煤电建设规模和发展节奏，推进以电代煤。有序放开油气勘探开发市场准入，加快深海、深层和非常规油气资源利用，推动油气增储上产。因地制宜开发利用地热能。提高特高压输电通道利用率。加快电网基础设施智能化改造和智能微电网建设，提高电力系统互补互济和智能调节能力，加强源网荷储衔接，提升清洁能源消纳和存储能力，提升向边远地区输配电能力，推进煤电灵活性改造，加快抽水蓄能电站建设和新型储能技术规模化应用。完善煤炭跨区域运输通道和集疏运体系，加快建设天然气主干管道，完善油气互联互通网络。

我们必须深入贯彻落实党的十九大精神，以习近平新时代中国特色社会主义思想为指导，牢固树立创新、协调、绿色、开放、共享的发展理念，遵循能源发展"四个革命、一个合作"战略思想，深入推进能源革命，着力推动能源高质量发展，建设清洁低碳、安全高效的现代能源体系，力争2030年前实现碳达峰、2060年前实现碳中和。

第三节　我国建筑能源消耗及建筑节能现状

无论是发达国家还是发展中国家都毫无例外地十分关注建筑业的发展，这是因为建筑业紧紧维系着国家经济和社会的变化，并对经济的涨落和社会的稳定产生重大影响。我国是建筑业大国，建筑业也是我国国民经济的重要组成之一。

一、我国城镇人口及建筑面积

近年来，我国城镇化高速发展。2019年，我国城镇人口达到8.48亿人，城镇化率从2001年的37.7%增长到60.6%，如图1－20所示。

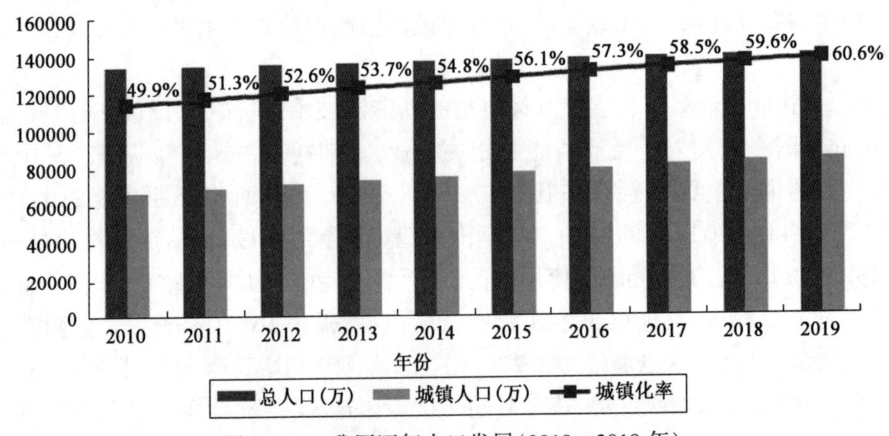

图1－20　我国逐年人口发展(2010—2019年)

快速城镇化带动建筑业持续发展，我国建筑业规模不断扩大。从2006—2018年，我国城乡建筑面积大幅增加，如图1－21所示。2006—2013年，我国民用建筑竣工面积快速增长，从每年$14\times10^8m^2$左右增长至2014年的超过$25\times10^8m^2$；2014年以来，我国民用建筑每年竣工面

积基本稳定在 $25\times10^8m^2$左右，且自 2015 年起已经连续多年小幅下降。全国拆除面积也在快速增长，从 2006 年的 $3\times10^8m^2$快速增长到近几年每年的 $15\times10^8m^2$左右。每年大量建筑的竣工使得我国建筑面积的存量不断高速增长，2018 年我国建筑面积总量约 $601\times10^8m^2$，其中，城镇住宅建筑面积为 $244\times10^8m^2$，公共建筑面积为 $128\times10^8m^2$，北方城镇供暖面积为 $147\times10^8m^2$。

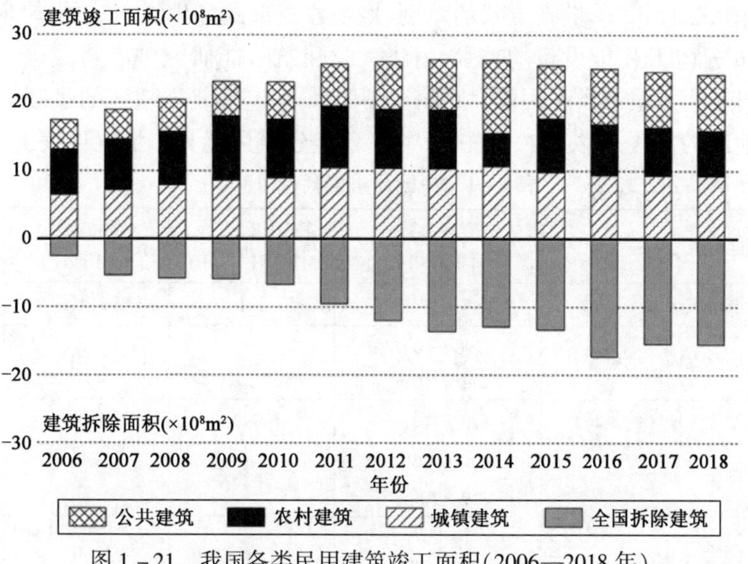

图 1－21　我国各类民用建筑竣工面积(2006—2018 年)

对比我国与世界其他国家的人均建筑面积水平，可以发现我国的人均住宅面积已经接近亚洲发达国家日本和韩国的水平，但仍然远低于美国水平。我国在城镇化过程中已经逐渐形成了以小区公寓式住宅为主的城镇居住模式，因此不会达到美国以独栋别墅为主模式下的人均住宅面积水平。目前，我国人均公共建筑与一些发达国家相比还处于相对较低的水平，如图 1－22所示。因此，我国公共建筑的规模还存在增长空间。

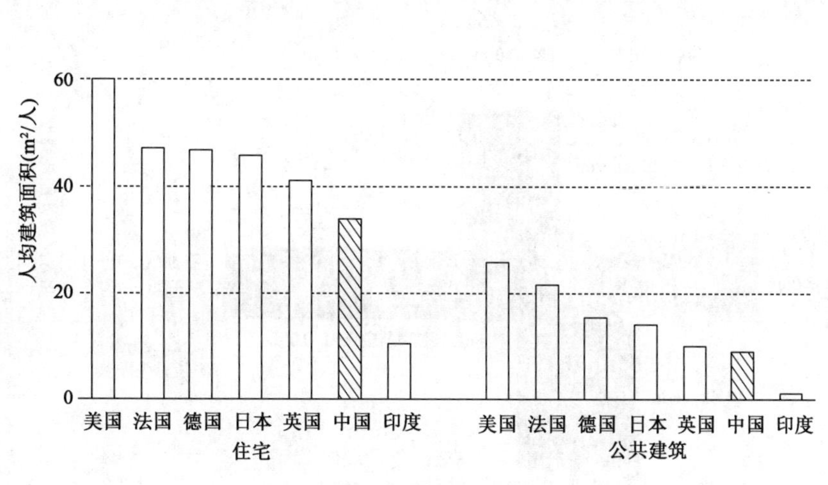

图 1－22　中外建筑面积对比

二、我国建筑能耗

从能源消耗角度，建筑领域能源消耗包含建筑建造能耗和建筑运行能耗两大部分。建筑建造阶段的能源消耗指的是由于建筑建造所导致的从原材料开采、建材生产、运输以及现场施工所产生的能源消耗。建筑运行阶段的能源消耗指的是为居住者或使用者提供供暖、通风、空调、照明、炊事、生活热水，以及其他为了实现建筑的各项服务功能所产生的能源消耗。文中涉及的建筑能耗，除特殊说明外，主要考察建筑运行能耗。

考虑我国南北地区冬季供暖方式的差别、城乡建筑形式和生活方式的差别，以及居住建筑和公共建筑人员活动及用能设备的差别，清华大学建筑节能研究中心将我国民用建筑用能分为四大类，分别是北方城镇供暖用能、城镇住宅用能（不包括北方地区的供暖）、公共建筑用能（不包括北方地区的供暖），以及农村住宅用能，四类建筑用能具体情况见表 1－1。

表 1－1　中国建筑能耗（2018 年）

用能分类	宏观参数（面积或户数）	用电量（$\times 10^8$kW·h）	商品能耗（$\times 10^8$tce）	一次能耗强度
北方城镇供暖	147×10^8m^2	571	2.12	14.4kgce/m^2
城镇住宅（不包括北方地区的供暖）	2.98×10^8户 244×10^8m^2	5404	2.41	806kgce/户
公共建筑（不包括北方地区的供暖）	128×10^8m^2	8099	3.32	26.0kgce/m^2
农村住宅	1.48×10^8户 229×10^8m^2	2623	2.16	1460kgce/户
合计	14 亿人 601×10^8m^2	16697	10.01	717kgce/人

将四部分建筑能耗的规模、强度和总量表示在图 1－23 中的四个方块里，横向表示建筑面积，纵向表示单位面积建筑能耗强度，四个方块的面积即是建筑能耗的总量。从建筑面积上来看，城镇住宅和农村住宅面积最大，北方城镇供暖面积约占建筑面积总量的 1/4，公共建筑面积仅占建筑面积总量的 1/5，但从能耗强度总量来看，基本呈"四分天下"的局势，四类用能各占建筑能耗的 1/4 左右。近年来，随着公共建筑规模的增长及平均能耗强度的增长，公共建筑的能耗已经成为中国建筑能耗中比例最大的一部分。

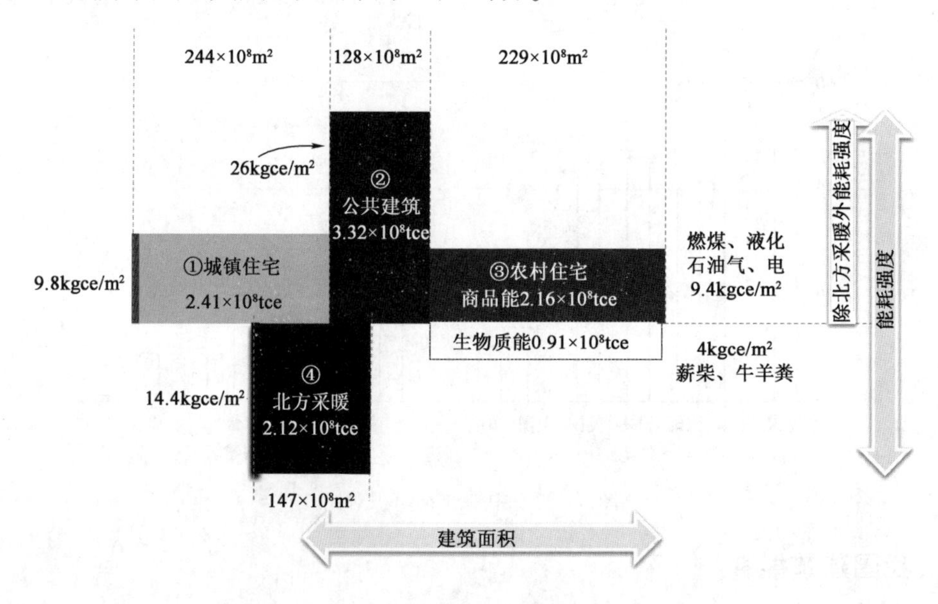

图 1－23　我国建筑运行能耗（2018 年）

2008—2018年各类能耗总量，除农村用生物质能持续降低外，各类建筑的用能总量都有明显增长，分析各类建筑能耗强度，发现有以下特点。

（一）城镇建筑能耗

1. 城镇采暖用能

1）北方城镇采暖用能

北方城镇采暖是我国城镇建筑能耗比例最大的一类建筑能耗，占我国建筑总能耗的21%左右，占城镇建筑能耗的40%左右。随着采暖建筑总量的增长，北方城镇采暖总能耗从1996年的0.72×10^8tce增长到了2018年的2.12×10^8tce，翻了近两倍；而随着节能工作取得的显著成绩，平均的单位面积采暖能耗从1996年的24.3kgce/($m^2\cdot a$)，降低到2018年的14.4kgce/($m^2\cdot a$)。

决定北方城镇采暖能耗的主要因素可归纳为需要采暖的建筑面积大小、单位面积需热量大小及供热系统的效率。

（1）采暖建筑面积。北方城镇建筑面积从1996年的不到$30\times10^8m^2$，到2018年已增长至$147\times10^8m^2$，增加了4.9倍。这一方面是城镇建设飞速发展和城镇人口增长造成的必然结果。另一方面，采暖的建筑占建筑总面积的比例也有了进一步提高，目前北方城镇有采暖的建筑占当地建筑总面积的比例已接近100%。

（2）单位面积需热量。单位面积需热量大小，由建筑物（围护结构、建筑体形系数），以及人的行为（新风量大小、采暖时间和室内温度）决定。

建筑要实现节能首先要按节能标准设计、施工。在生态文明战略的指引下，建筑领域制定了一系列标准制度以推动建筑领域的绿色发展。新建建筑、既有建筑、公共建筑、可再生能源、绿色建筑等建筑节能重点专项工作成效显著。"十二五"时期建筑节能标准稳步提升，执行比率达到100%，累计增加节能建筑面积$70\times10^8m^2$，节能建筑比重超过城镇民用建筑面积的40%。

长时间以来我国北方城镇集中供热的收费方式为按面积收缴热费。不论保温好坏、供热量高低，每平方米的收费相同，并且都要保证室温不得低于18℃。这一方式使建房者在建筑保温与其他节能措施上的投资得不到任何回报；使居住者在房间过热时选择开窗通风降温，不顾及由于开窗造成的热量损失；各种末端调节手段也由于这一收费制度而无法推广应用。因此，关键是在实现集中供热的分户调节的基础上，通过按热量收费的机制，主动降低室温，按热收费，减少开窗，降低实际建筑需热量。然而，到目前为止，真正实现按热量收费和末端室温可调的集中供热在全国还很少，还有很长的路要走。

（3）供热系统的效率。从单位面积能耗比较各种采暖方式的系统效率。大型热电联产的平均煤耗仅为13kgce/($m^2\cdot a$)，极大低于其他供热方式；而小型区域燃煤锅炉、分散燃煤采暖的单位面积平均能耗均大于20kgce/($m^2\cdot a$)。从一次能源的利用效率来说，热电联产集中供热，应该是降低北方城镇采暖能耗的最有效方式。而且，通过技术进步，如采取基于"吸收式换热循环"的热电联产集中供热方法，可大幅度提高热网供热能力，提高电厂供热能力，使得热电联产的单位面积平均供热煤耗降低30%～50%。

对于没有条件建设或接入城市热网的建筑，比较几种分散采暖方式，得到燃气分户壁挂炉的采暖方式的单位面积能耗为12kgce/($m^2\cdot a$)，且易于末端调节，有条件采用天然气采暖时，可以此作为主要采暖方式推广。在有地下水条件，且能够有效地实现回灌时，年均温度不低于

12℃的华北地区也可以采用水源热泵方式。

综上分析，我国北方城镇采暖的能耗特点和发展趋势为：

(1)北方城镇采暖能耗强度较大，截止到2018年采暖建筑面积总量增加近5倍，采暖总能耗增加了一倍，单位面积能耗有所降低，显示了节能工作的成效。

(2)集中供热面积的比例逐年增加，仍存在热电联产、大型锅炉房、区域小锅炉房、分散采暖等各种采暖方式，不同采暖方式对一次能源的利用效率存在很大差别。

(3)近年来，在住房和城乡建设部和各地政府的强力推动下，节能建筑的比例不断增加，建筑围护结构的保温水平也提高了。

(4)在集中供热系统建筑之间或建筑内不同房间之间，存在开窗、部分房间室温过高等能耗浪费的情况，造成过量供热。

(5)"热改"有待进一步推进，以促进用户行为节能和各种建筑节能措施的实施。

(6)通过推广合理的热源方式并推广先进的能源转换方式，有可能大幅度降低采暖的一次能源消耗量。

2)夏热冬冷地区城镇采暖用能

夏热冬冷地区包括山东、河南、陕西部分不属于集中供热的地区和上海、安徽、江苏、浙江、江西、湖南、湖北、四川、重庆，以及福建部分需要采暖的地区。2018年，这一地区拥有城镇建筑约$82 \times 10^8 m^2$，是城市建筑量飞速增长的主要地区。

2018年夏热冬冷地区城镇住宅空调采暖用电约为$460 \times 10^8 kW \cdot h$，使用分散的电采暖方式(热泵或电暖气)住宅单位面积采暖用电量约为$5 \sim 10 kW \cdot h/(m^2 \cdot a)$。

考察大部分夏热冬冷地区住宅，大部分家庭目前是间歇式采暖，也就是家中无人时关闭所有的采暖设施，家中有人时也只是开启有人房间的采暖设施。由于电暖气和空气热泵能很快加热有人活动的局部空间，而且这一地区冬季室外温度并不太低，因此这种间歇局部的方式并不需要提前运行几个小时对房间进行预热。在有人使用并运行了局部采暖设施的房间，室温一般只在14～16℃，而不像北方地区那样维持室温在20℃左右。室内外温差较小，室内温度在10℃左右。

这一地区冬季采暖能耗总体较低，但是，这样低的能耗水平是建立在低的采暖温度设定值和间歇采暖方式的基础上的。目前随着经济发展和人民生活水平的不断提高。这一地区普遍呼吁应该改善室内采暖状况。采用集中供热的新建公共建筑和住宅也不断增加。当采用集中供热系统时，采暖方式就会变间歇为连续，室温也很自然地会上升到20℃。而这一地区居民经常开窗通风的生活习惯却很难改变。因此无论建筑围护结构保温如何，室内外由于空气交换造成的热量散失仍会很大。当采用集中供热、连续运行、室温设定为20℃时，平均采暖需热量为$60 kW \cdot h/(m^2 \cdot a)$。如果像北方地区一样出现集中供热系统的过量供热问题，过量供热损失和集中供热的外网热损失一共为$20 kW \cdot h/(m^2 \cdot a)$，集中供热热源就需要供应每个冬季$80 kW \cdot h/(m^2 \cdot a)$热量。如果采用效率为65%的锅炉作为热源，$70 \times 10^8 m^2$建筑采暖能耗将可能达到$1.0 \times 10^8$ tce/a，相当于目前北方地区采暖煤耗的70%，对我国建筑能耗总量造成很大影响。这一地区城镇建设将持续发展，城镇住宅面积将从目前的约$70 \times 10^8 m^2$增加到$120 \times 10^8 m^2$，这样，即使采用集中供热方式解决这一地区的冬季采暖问题仍将需要超过1.0×10^8 tce/a，几乎为目前这一地区采暖能耗的6倍。显然，集中供热不是解决这一地区冬季采暖的适宜方式。

冬季室外温度5℃，室内16℃；夏季室外温度35℃，室内温度25℃，正是空气源热泵最适合的工作状况。如果研制开发出新型的热泵空调系统，可以满足这种局部环境控制、间歇采暖和空调的需求,同时在冬季能以辐射的形式或辐射对流混合形式实现快速的局部采暖,夏季同时解决降温和除湿需求,则将更适合这一地区室内环境控制的要求。

采暖温度为16℃,则采暖平均需热量可以控制在35kW·h/(m^2·a)。如果此工况下热泵的*COP*(制热性能系数)为3.5,平均冬季采暖电耗可以在10kW·h/(m^2·a)以内。这样,目前$70\times10^8m^2$住宅建筑在冬季室内环境得到较好的改善后,采暖能耗不超过3800×10^4tce/a,未来建筑总量增加到$120\times10^8m^2$后,冬季采暖能耗不超过6500×10^4tce/a,大约仅为采用高效的集中供热方式煤耗的65%。

2.城镇住宅除采暖外的能耗

2018年城镇住宅能耗(不含北方供暖)为2.41×10^8tce,占建筑总商品能耗的24%,其中电力消耗5404×10^8kW·h。2001年到2018年我国城镇住宅能耗的年平均增长率达到7%,2018年各终端用能途径的能耗总量增长至2001年的3.4倍。

城镇住宅除采暖外能耗的变化发展,主要受到建筑规模、建筑内使用设备系统的数量与其能效以及居民生活模式等因素的影响,具体体现在以下三个方面。

1)建筑面积迅速增加

我国正处在经济持续快速发展期,城镇住宅建筑面积迅速增加,从1996—2018年增加了2.5倍。而城镇人口从3.73亿人增加到8.31亿人,增加了2倍多;同时,单位建筑面积能耗仅随着住宅能源种类的变化而略有下降。因此,城镇人均建筑面积的增加,是能耗增加的主要因素。

2)建筑内使用设备的数量和时间增加

从用能的分项来看,炊事、家电和照明是我国城镇住宅除北方集中供暖外耗能比例最大的三个分项,由于我国已经采取了各项提升炊事燃烧效率、家电和照明效率的政策及相应的重点工程,所以这三项终端能耗的增长趋势已经得到了有效控制,近年来的能耗总量年增长率均比较低。对于家用电器、照明和炊事能耗,最主要的节能方向是提高用能效率并尽量降低待机能耗,如节能灯的普及对于住宅照明节能的成效显著。对于家用电器,有一些需要注意的:电视机、饮水机等待机会造成能量大量浪费的电器,应该提升生产标准,如加强电视机机顶盒的可控性、提升饮水机的保温水平,避免待机的能耗大量浪费。对于一些会造成居民生活方式改变的电器,如衣物烘干机等,不应该从政策层面给予鼓励或补贴,警惕这类高能耗电器的大量普及造成的能耗跃增。而另一方面,夏热冬冷地区冬季采暖、夏季空调以及生活热水能耗虽然目前所占比例不高,户均能耗均处于较低水平,但增长速度十分快,夏热冬冷地区供暖能耗的年平均增长率更是高达50%以上,因此这三项终端用能的节能应该是我国城镇住宅下阶段节能的重点工作。方向应该是避免在住宅建筑大面积使用集中系统,提倡目前分散式系统,同时提高各类分散式设备的能效标准,在室内服务水平提高的同时避免能耗的剧增。

3)不同生活模式人群的社会分布发生变化

近年来大量出现的"别墅""town house"大多为高档豪华住宅,大量使用中央空调、烘干机等机械手段满足室内服务需求,户均用电水平几倍甚至几十倍于普通住宅。随着我国经济发展和高收入人群的增加,此类高能耗住宅及其拥有人群在城市社会人口中的比例呈增长趋势,也成为导致我国城镇住宅能耗增长的一个重要因素。

总体说来,在未来,中国城镇住宅除采暖外的能耗在现有基础上进一步增长,是人们生活水平提高、建筑服务需求增加的必然结果。然而,考虑到住宅的非采暖能耗的高低主要取决于住宅建筑总量和未来大多数居民的生活模式，而各类节能技术对降低住宅非采暖能耗的贡献，与之相比则显得十分有限。因此，控制未来城镇住宅非采暖能耗，使之少增长、甚至不增长，其可能的途径为：

(1)控制建筑规模，防止建筑总量和人均住宅面积拥有量的不合理增长。

(2)在全社会继续提倡行为节能。倡导勤俭节能的生活模式；尽可能使高能耗人群的比例不继续增加。同时，提倡建造满足基本的健康与舒适的住宅，尽可能限制建造高能耗的高档豪华住宅。

(3)通过合理的建筑节能技术的使用，在保证人们生活水平的同时，进一步提高能效。

农村住宅的能源消耗为采暖、炊事能耗和照明及家电的用电，能源种类除了煤炭、液化石油气、电力等主要商品能源，还包括大量的生物质能。商品能耗总量有了明显增加，而生物质能的比例则从55%下降到38%。

(二)农村住宅能耗

2018年农村住宅的商品能耗为2.16×10^8tce，占全国当年建筑总能耗的22%，其中电力消耗为2623×10^8kW·h。此外，农村生物质能(秸秆、薪柴)的消耗约折合0.9×10^8tce。随着城镇化的发展，2001—2018年农村人口从8.0亿人减少到5.6亿人，而农村住房面积从$26m^2$/人增加到$41m^2$/人。随着城镇化的逐步推进，农村住宅的规模已经基本稳定在$230\times10^8m^2$左右。

区别于城镇住宅的高密度、密集居住，农村居民住宅的特点是分散、接近自然，生物质能、可再生资源丰富。几千年的文明积淀，使得我国农村居民具有了与当地气候、地理条件相结合的建筑形式和生活方式，包括建筑的通风、遮阳到夏季降温、冬季取暖，再到使用生物质能做饭、充分利用阳光等生活习惯。这种朴素的“天人合一”的自然观是进行农村生活和发展的文化根源与资源优势。然而，近年来，随着农村电力普及率的提高、农村收入水平的提高，越来越多的农村居民正在逐步放弃使用传统的生物质能而转向使用商品能，导致农村家电数量和使用的增加，农村户均电耗呈快速增长趋势。例如，2001年全国农村居民平均每百户空调器拥有台数仅为16台/百户，2018年已经增长至65台/百户，不仅带来空调用电量的增长，也导致了夏季农村用电负荷尖峰的增长。随着北方地区“煤改电”工作的开展和推进，北方地区冬季供暖用电量和用电尖峰也出现了显著增长。同时，越来越多的生物质能被散煤和其他商品能源替代，这就导致农村生活用能中生物质能源的比例迅速下降。

作为减少碳排放的重要技术措施，生物质以及可再生能源利用将在农村住宅建筑中发挥巨大作用。在《能源技术革命创新行动计划(2016—2030年)》中，提出将在农村开发生态能源农场，发展生物质能、能源作物等。在《生物质能发展“十三五”规划》中，明确了我国农村生物质用能的发展目标，“推进生物质成型燃料在农村炊事采暖中的应用”，并且将生物质能源建设成为农村经济发展的新型产业。同时，我国于2014年提出《关于实施光伏扶贫工程工作方案》，提出在农村发展光伏产业，作为脱贫的重要手段。如何充分利用农村地区各种可再生资源丰富的优势，通过整体的能源解决方案，在实现农村生活水平提高的同时不使商品能源消耗同步增长，加大农村非商品能利用率，既是我国农村住宅节能的关键，也是我国能源系统可持续发展的重要问题。

近年来随着我国东部地区雾霾治理工作和清洁取暖工作的深入展开，各级政府和相关企业投入巨大资金增加农村供电容量、敷设燃气管网、将原来的户用小型燃煤锅炉改为低污染形式，农村地区的用电量和用气量出现了大幅增长。农村地区能源结构的调整将彻底改变目前农村的用能方式，促进农村的现代化进程。利用好这一机遇，科学规划，实现农村能源供给侧和消费侧的革命，建立以可再生能源为主的新的农村生活用能系统，将对实现我国当前的能源革命起到重要作用。

基于当地产生的秸秆薪柴等生物质能源的清洁高效利用，配合太阳能、风能和小水电等可再生能源，再辅助少量电能，可以发展出一条可持续发展的农村能源解决途径。考虑到农村的实际情况，适宜的建筑节能策略应该分两个层次来解决。

首先，主要依靠被动式节能技术，如加强房屋保温、防风，增加被动式太阳能利用和提倡节俭的行为方式等，这些技术不仅实施起来简单易行，而且效果明显，也是其他节能技术实现的前提。

其次，在被动式节能基础上，采取部分主动式节能技术，包括发展符合农村特点、基于当地资源条件的炊事和采暖方式，提高炊事和采暖系统效率等，还可以进一步节能10%～20%。

（三）公共建筑能耗（不含北方供暖）

2018年全国公共建筑面积约为$128\times10^{8}m^{2}$，其中农村公共建筑约有$16\times10^{8}m^{2}$。公共建筑总能耗（不含北方供暖）为3.32×10^{8}tce，占建筑总能耗的33%，其中电力消耗为$8099\times10^{8}kW\cdot h$。公共建筑总面积的增加、大体量公共建筑占比的增长及用能需求的增长等因素导致了公共建筑单位面积能耗从2001年的$17kgce/m^{2}$增长到$26kgce/m^{2}$，能耗强度增长迅速，同时能耗总量增幅显著。

我国城镇化快速发展促使了公共建筑面积大幅增长。2001年以来，公共建筑竣工面积接近$80\times10^{8}m^{2}$，约占当前公共建筑保有量的79%，即3/4的公共建筑是在2001年后新建的。这一增长一方面是由于近年来大量商业办公楼、商业综合体等商业建筑的新建，另一方面是由于我国全面建设小康社会、提升公共服务的推进，相关基础设施需逐渐完善，公共服务性质的公共建筑，如学校、医院、体育场馆等的规模将有所增加。在公共建筑面积迅速增长的同时，大体量公共建筑占比也显著增长，这一部分建筑由于建筑体量和形式约束导致的空调、通风、照明和电梯等用能强度远高于普通公共建筑，这也是我国公共建筑能耗强度持续增长的重要原因。

因此，对公共建筑的节能，当前最突出的几点任务是：

（1）通过调控新建公共建筑的规模和形式，尽可能减缓高能耗的大型公共建筑的增长。

（2）抓好既有公共建筑的实际用能管理。一种有效的办法是用实际能耗数据监管公共建筑运行，逐渐把公共建筑节能工作从“比节能产品节能技术”转移到“看数据、比数据、管数据”，就会形成科学、良好的建筑节能气氛和环境，真正实现能源消耗量的逐年降低。

（3）对大型公共建筑，应该优化运行管理，推广先进技术。具体的节能措施包括：进行合理的建筑设计，充分利用自然光和自然通风，降低空调能耗需求；采用高效节能的空调技术，提倡行为节能，合理地运行调节；推广节能灯具和高效办公设备，提高建筑能源利用率，等等。

（4）对于普通公共建筑，也应注意加强用能管理，推广节能灯和高效办公设备，提倡各种行为节能措施。在建筑服务水平进一步提高的基础上，避免能耗出现大幅度增加。

三、我国建筑节能现状

（一）“十二五”之前中国建筑节能的四个发展阶段

1.第一阶段：理论探索阶段

1986年之前为理论探索阶段，此阶段开展的工作，主要是在理论方面进行了一些研究。

了解并借鉴国际上建筑节能的情况和经验,对我国建筑节能做初步探索。在此基础上,1986年出台了《民用建筑节能设计标准》,提出建筑节能率目标是30%,即新建的采暖居住建筑的能耗应在1980—1981年当地住宅通用设计耗热量水平的基础上降低30%。

2.第二阶段:试点示范与推广阶段

1987—2000年为第二阶段,即试点示范与推广阶段。在这个阶段,建设部加强了对建筑节能的领导,从1994年开始有组织地制定建筑节能政策并组织实施。如《建设部建筑节能"九五"计划和2010年规划》,修订节能50%的新标准。10多年间,出台了一系列的政策法规、技术标准与规范;安排了数百项建筑节能技术研究项目,取得了一批具有实用价值的成果;建筑节能相关产品也获得开发和应用,如太阳能应用技术等;全国建成$1.4\times10^8 m^2$的节能建筑;广泛开展技术培训和国际合作。

我国政府为了鼓励和推动开展建筑节能工作,制定了相应的鼓励政策与管理规定。

(1)1991年4月,国务院发布第82号国务院令,明确规定:对于达到《民用建筑节能设计标准(采暖居住建筑部分)》的住宅,即为北方节能住宅,其固定资产投资方向调节税税率为零。

(2)1992年,国家经济委员会和主管建设的建设部联合制定了《关于基本建设和技术改造工程项目可行性研究报告增列"节能篇(章)"的暂行规定》。从固定资产投资项目的提出、论证到立项审批,都首先要对节能进行专题论证、设计和审批。

(3)1997年,国家计划委员会、国家经济委员会和建设部根据《中华人民共和国节约能源法》的有关规定,又对原规定进行了修改,制定了《关于基本建设和技术改造工程项目可行性研究报告增列"节能篇(章)"编制及评估的规定》,明确了节能的要求和评估的标准。

(4)1998年,国家计划委员会、国家经济委员会、电力工业部、建设部印发《关于发展热电联产的若干规定》。

(5)1999年,建设部制定了《民用建筑节能管理规定》,自2000年10月1日起施行。

(6)我国建筑应用太阳能等新能源的早期政策。我国可再生能源利用技术发展起源于20世纪70年代,初期取得了很大的成绩,但总体上水平不高,发展不快。为了进一步推动太阳能在建筑中的应用,建设部初步制定了"中国住宅阳光计划"项目计划,包括目标、任务和10项行动措施,并希望与国家有关部门和国际组织合作,取得经费与预算的支持。

建立健全建筑节能标准规范体系,对于推动建筑节能工作走上标准化、规范化的轨道至关重要。此阶段,先后颁发的建筑节能相关的节能标准与规范有:

(1)《采暖通风与空气调节设计规范》GBJ 19—1987。该规范适用于新建、扩建和改建的民用和工业建筑的采暖、通风与空气调节设计,不适用于有特殊用途、特殊净化与防护要求的建筑物、洁净厂房以及临时性建筑的设计。

(2)《民用建筑照明设计标准》GBJ 133—1990。为了使民用建筑照明设计符合建筑功能和保护人民视力健康的需求,做到节约能源、技术先进、经济合理、使用安全和维护方便,制定该标准。该标准适用于新建、改建和扩建的公共建筑和住宅的照明设计。

(3)《旅游旅馆建筑热工与空气调节节能设计标准》GB 50189—1993。该标准适用于新建、改建和扩建的旅游旅馆的节能设计。

(4)《城市热力网设计规范》CJJ 34—1990。为节约能源,保护环境,促进生产,保护人民生活,加速发展我国城市集中供热事业,提高集中供热工程设计水平,制定该规范。该规范适用于热电厂或区域锅炉房为热源的新建或改建的城市热力网管道、中继泵站和用户热力站等工艺系统设计。

(5)《民用建筑热工设计规范》GB 50176—1993。为使民用建筑热工设计与地区气候相适应,保证室内基本的热环境要求,符合国家节约能源的方针,提高投资效益,制定该规范。该规范的适用范围是民用建筑的热工设计,主要包括建筑物及其围护结构的保温、隔热和防潮设计。

(6)《民用建筑节能设计标准》JGJ 26—1995。该标准适用于集中采暖的新建和扩建居住建筑建筑热工与采暖节能设计。

(7)《既有采暖居住建筑节能改造技术规程》JGJ 129—2000。为贯彻落实《中华人民共和国节约能源法》及国家关于节约能源的法规,改变我国严寒和寒冷地区大量既有居住建筑采暖能耗大、热环境质量差的现状,采取有效的节能改造技术措施,以达到节约能源、改善居住热环境的目的;该规程适用于我国严寒及寒冷地区设置集中采暖的既有居住建筑节能改造,无集中采暖的既有居住建筑,其围护结构采暖系统直接按规程的有关规定执行。

3. 第三阶段:承上启下的转型阶段

中国建筑节能发展的第三个阶段是 2001—2005 年,这是一个承上启下的转型阶段。2005 年修订了《民用建筑节能管理规定》,这一次修订是在总结既往经验和教训,针对建筑节能工作面临的新情况进行的,对全面指导建筑节能工作具有重要意义。这一时期,中国建筑节能的一个重要发展是:地方建筑节能工作广泛开展,建筑节能趋向深化。地方性的节能目标、节能规划纷纷出台,28 个省市制定了"十一五"建筑节能专项规划。各地建设项目在设计阶段执行设计标准的比例提高到 57.7%,部分省市提前实施了 65% 的设计标准。此外,供热体制改革和可再生能源的规模化应用,也在各地稳步进行。

这一阶段制定的技术标准与规范主要有:

(1)《夏热冬冷地区居住建筑节能设计标准》JGJ 134—2001。该标准适用于夏热冬冷地区新建、改建和扩建居住建筑的建筑节能设计,对夏热冬冷地区居住建筑从建筑热工和暖通空调设计方面提出了节能措施要求并明确了规定性控制指标和性能控制指标。该标准的实施,可以降低建筑使用能耗 50% 以上。

(2)《采暖居住建筑节能检验标准》JGJ 132—2001。为了贯彻国家有关节约能源的法律、法规和政策,检验采暖居住建筑的实际节能效果,制定该标准。该标准适用于严寒和寒冷地区设置集中采暖的居住建筑及节能效果检验。检验时,除应符合该标准外,尚应符合国家现行有关强制性标准的规定。

(3)《夏热冬暖地区居住建筑节能设计标准》JGJ 75—2003。与中部夏热冬冷地区的标准相比,该标准没有对某一地区给定一个固定的每平方米建筑面积允许的空调及采暖设备能耗指标,而是给出了一个相对的能耗限值。具体做法是,首先根据建筑师设计的建筑形状,按照规定性指标中规定的参数计算出该建筑的采暖空调能耗限值。然后,根据建筑实际参数,改变围护结构传热系数、窗的类型等计算能耗,直至小于能耗限值。

(4)《外墙外保温工程技术规程》JGJ 144—2004。为规范外墙外保温工程技术要求,保证工程质量,做到技术先进、安全可靠、经济合理、制定该规程。该规程适用于新建居住建筑的混凝土和砌体结构外墙外保温工程。

(5)《民用建筑太阳能热水系统应用技术规范》GB 50364—2005。为使民用建筑太阳能热水系统安全可靠、性能稳定及与建筑和周围环境相协调,规范太阳能热水系统的设计、安装和工程验收,保证工程质量,制定该规范。该规范适用于城镇中使用太阳能热水系统的新建、扩建和改建的民用建筑,以及改造既有建筑上已安装的太阳能热水系统和在既有建筑上增设太阳能热水系统。

(6)《公共建筑节能设计标准》GB 50189—2005。这是我国批准发布的第一部公共建筑节能设计的综合性国家标准。该标准适用于新建、扩建和改建的公共建筑的节能设计。该标准的发布实施,标志着我国建筑节能工作在民用建筑领域全面铺开,是大力发展节能省地型住宅和公共建筑,制定并强制推行更加严格的节能节材节水标准的一项重大举措,对缓解我国能源短缺与经济社会发展的矛盾必将发挥重要作用。

(7)《地源热泵系统工程技术规范》GB 50366—2005。该规范适用于以岩土体、地下水、地表水为低温热源,以水或添加防冻剂的水溶液为传热介质,采用蒸汽压缩热泵技术进行供热、空调或加热生活热水的热水工程的设计、空调及验收。

4.第四阶段:全面开展阶段

2006—2010 年是建筑节能的全面开展阶段,其重要标志是新修订的《中华人民共和国节约能源法》成为节能建筑上位法,以及《民用建筑节能条例》《公共机构节能条例》的实施。

这一阶段主要的技术标准与规范主要有:

(1)《绿色建筑评价标准》GB/T 50378—2006。为贯彻执行节约资源和保护环境的国家技术经济政策,推进可持续发展,规范绿色建筑的评价,制定该标准。该标准适用于评价住宅建筑和办公建筑、商场、宾馆等公共建筑。该标准对绿色建筑、热岛强度等术语进行了定义,进行绿色建筑评估指标体系,对绿色建筑评估指标体系的各类指标规定具体的要求。该标准于 2006 年 6 月 1 日起实施。

(2)《建筑节能工程施工质量验收规范》GB 50411—2007。该规范是第一部以达到建筑节能设计要求为目标的施工质量验收规范,它具有五个明显的特征:一是明确了 20 个强制性条文,按照有关法律和行政法规,工程建设标准的强制性条文,必须严格执行,这些强制性条文既涉及过程控制,又有建筑设备专业的调试和检测,是建筑节能工程验收的重点;二是规定了对进场材料和设备的质量证明文件进行核查,并对各专业主要节能材料和设备在施工现场抽样复验,复验为见证取样送检;三是推出了工程验收前对外墙节能构造现场实体检验,严寒、寒冷和夏热冬冷地区的外窗气密性现场实体检验和建筑设备工程系统节能性能检测;四是将建筑节能工程作为一个完整的分部工程纳入建筑工程验收体系,使涉及建筑工程中节能的设计、施工、验收和管理等多个方面的技术要求有了充分的依据,形成从设计到施工和验收的闭合循环,使建筑节能工程质量得到控制;五是突出了以实现功能和性能要求为基础,以过程控制为指导,以现场检验为辅导的原则,结构完整,内容充实,对推进建筑节能目标的实现将发挥重要作用。

该规范适用的对象是全方位的,是参与建筑节能工程施工活动各方主体必须遵守的,是管理者对建筑节能工程建设、施工依法履行监督和管理职能的基本依据,同时也是建筑物的使用者判定建筑是否合格和正确使用建筑的基本要求。

(3)《民用建筑能耗数据采集标准》JGJ/T 154—2007。为加强我国能源领域的宏观管理和科学决策,指导和规范我国的建筑耗能数据采集工作,促进我国建筑节能工作的发展,制定该标准。该标准适用于我国城镇居民建筑使用过程中各类能源消耗数据的采集和报送。

(4)《国家机关办公建筑和大型公共建筑能源审计导则》。为提高建筑能源管理水平,进一步节约能源,降低水资源消耗,合理利用资源,特制定该导则。该导则适用于国家机关(包括人大、政协、党委)办公建筑,单位建筑 $2\times10^4m^2$ 以上的大型的公共建筑(特别是政府投资管理的宾馆和列入国家采购清单的三星级以上酒店,以及商用办公楼)和总建筑面积超过 $2\times10^4m^2$ 的大学校园。

(5)《太阳能供热采暖工程技术规范》GB 50495—2009。为使太阳能供热采暖工程设计、施工及验收,做到技术先进,经济合理,安全适用,保证工程质量,制定该规范。该规范适用于新建、扩建和改建民用建筑中使用太阳能供热采暖系统的工程,以及在既有建筑上改造或增设太阳能供热采暖系统的工程。

(6)《公共建筑节能检测标准》JGJ/T 177—2009。为了加强对公共建筑的节能监督和管理,配合公共建筑的节能验收,规范建筑节能检验方法,促进我国建筑节能事业健康有序地发展,制定该标准。该标准适用于公共建筑各项性能的节能检验。

(7)《可再生能源建筑应用示范项目数据监测系统技术导则》。为了掌握住房和城乡建设部、财政部组织实施的可再生能源建筑应用示范项目的实际运行效果,指导示范项目的运行管理,为我国可再生能源建筑规模化应用提供基础数据支撑和经验储备,加快可再生能源建筑应用的推广,推动相关技术进步,制定该技术导则。该导则适用于住房和城乡建设部、财政部已审批的可再生能源建筑应用示范项目、太阳能光电建筑应用示范项目以及可再生能源建筑应用城市和农村地区示范中包含的建设项目。其他可再生能源建筑应用项目的数据监测系统的建设可以参考该技术导则。该导则不适用于任何用于贸易结算和计费的数据监测系统的建设。

(8)《居住建筑节能检测标准》JGJ/T 132—2009。为配合居住建筑的节能验收,规范建筑节能检测工作有序开展,制定该标准;该标准适用于新建、扩建、改建居住建筑的节能检测。

(9)《严寒和寒冷地区居住建筑节能设计标准》JGJ 26—2010。该标准适用于各类居住建筑,其中包括住宅、集体宿舍、住宅式公寓、商住楼的住宅部分、托儿所、幼儿园等;采暖能源包括采用煤、电、油、气或可再生能源,系统则指集中或分散方式供热。该标准的实施,既可节约采暖用能,又有利于提高建筑热舒适性,改善人们的居住环境。

(10)《夏热冬冷地区居住建筑节能设计标准》JGJ 134—2010。该标准的内容主要是对夏热冬冷地区居住建筑从建筑、围护结构和暖通空调设计方面提出节能措施,对采暖和空调能耗规定控制指标。

(11)《民用建筑太阳能光伏系统应用技术规范》JGJ 203—2010。该规范是为规范太阳能光伏系统在民用建筑中的推广应用,促进光伏系统与建筑结合而制定的。该规范适用于新建、改建和扩建的民用建筑光伏系统工程,以及在既有民用建筑上安装或改造已安装的光伏系统工程的设计、安装、验收和运行维护。

在我国"十一五"节能减排总目标中,建筑节能占据其中 1.1×10^8 tce,贡献率达25%。为完成这一目标,住房和城乡建设部将其具体分解为五项内容,包括:实现新建建筑节能 7000×10^4 tce;北方既有居住建筑节能改造实现节能 1000×10^4 tce;建立政府办公建筑和大型公共建筑节能监管体系实现节能 1000×10^4 tce;推进可再生能源在建筑中的规模化应用实现节能 1000×10^4 tce;推动低能耗建筑、绿色建筑以及推广绿色照明节能实现 1000×10^4 tce。2010年年底,住房和城乡建设部已经超额完成目标。

(二)"十二五"期间建筑节能与绿色建筑总体情况

"十二五"时期我国建筑节能和绿色建筑事业取得重大进展,建筑节能标准不断提高,绿色建筑呈现跨越式发展态势,既有居住建筑节能改造在严寒及寒冷地区全面展开,公共建筑节能监管力度进一步加强，节能改造在重点城市及学校、医院等领域稳步推进，可再生能源建筑应用规模进一步扩大，圆满完成了国务院确定的各项工作目标和任务。

1. 城镇建筑节能标准水平稳步提高

"十二五"期间，我国城镇新建建筑执行节能强制性标准比例基本达到100%、累计递加节能建筑面积 $70\times10^8 m^2$，节能建筑占城镇民用建筑面积比重超过40%，如图1－24所示。北京、天津、河北、山东、新疆等地开始在城镇新建居住建筑中实施节能75%的强制性标准。

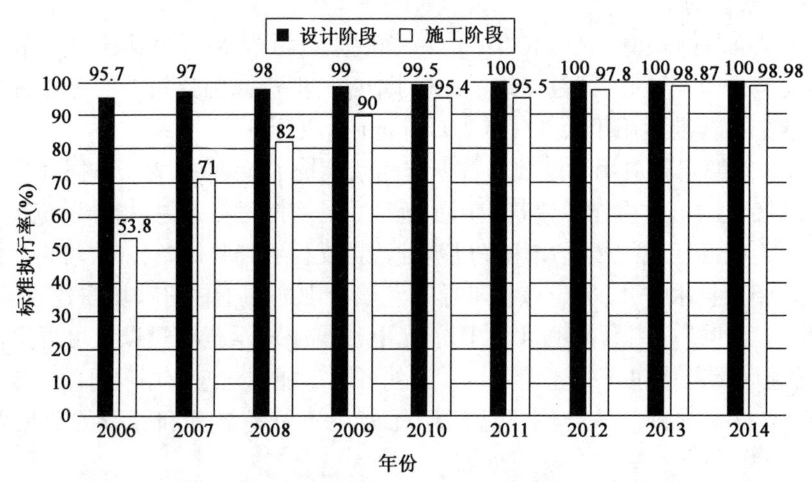

图1－24　新建建筑设计阶段与施工阶段执行建筑节能标准的比例

城镇新建建筑节能标准水平进一步提升，见表1－2。随着《夏热冬暖地区居住建筑节能设计标准》JGJ 75—2012和《公共建筑节能设计标准》GB 50189—2015的发布。严寒寒冷地区、夏热冬冷地区、夏热冬暖地区和公共建筑全面执行了新版的建筑节能标准。

表1－2　城镇建筑节能设计标准

对象	阶段	名称	节能标准	施行日期	废止日期
严寒寒冷地区居住建筑	第一阶段	《民用建筑节能设计标准(采暖居住建筑部分)》JGJ 26—1986	30%	1986年8月1日	1996年7月1日
	第二阶段	《民用建筑节能设计标准(采暖居住建筑部分)》JGJ 26—1995	50%	1996年7月1日	2010年8月1日
	第三阶段	《严寒和寒冷地区居住建筑节能设计标准》JGJ 26—2010	65%	2010年8月1日	2019年8月1日
	第四阶段	《严寒和寒冷地区居住建筑节能设计标准》JGJ 26—2018	75%	2019年8月1日	现行标准
夏热冬冷地区居住建筑	第一阶段	《夏热冬冷地区居住建筑节能设计标准》JGJ 134—2001	50%	2001年10月1日	2010年8月1日
	第二阶段	《夏热冬冷地区居住建筑节能设计标准》JGJ 134—2010	相对50%稍有提高	2010年8月1日	现行标准
夏热冬暖地区居住建筑	第一阶段	《夏热冬暖地区居住建筑节能设计标准》JGJ 75—2003	50%	2003年10月1日	2013年4月1日
	第二阶段	《夏热冬暖地区居住建筑节能设计标准》JGJ 75—2012	相对50%稍有提高	2013年4月1日	现行标准

续表

对象	阶段	名称	节能标准	施行日期	废止日期
公共建筑	第一阶段	《旅游旅馆建筑热工与空气调节节能设计标准》GB 50189—1993	—	1994 年 7 月 1 日	2005 年 7 月 1 日
	第二阶段	《公共建筑节能设计标准》GB 50189—2005	50%	2005 年 7 月 1 日	2015 年 10 月 1 日
	第三阶段	《公共建筑节能设计标准》GB 50189—2015	约 62%	2015 年 10 月 1 日	现行标准

2. 城镇绿色建筑实现跨越式发展

2013 年,《国务院办公厅关于转发发展改革委住房城乡建设部绿色建筑行动方案的通知》(国办发〔2013〕1 号)和《国家新型城镇化规划(2014—2020)》有力地推动了绿色建筑的发展。从绿色建筑标识项目来看,“十二五”期间,累计有 4071 个项目获得绿色建筑评价标识,建筑面积超过 $4.7\times10^8m^2$。从绿色建筑规模化推广来看,省会城市以上保障性安居工程、政府投资公益性建筑、大型公共建筑开始强制执行绿色建筑标准,北京、天津、上海、重庆、江苏、浙江、山东、广东深圳等省市地区开始在城镇新建建筑中全面执行绿色建筑标准,推广绿色建筑面积超过 $10\times10^8m^2$,强制推广态势已经形成。在绿色建筑集中示范方面,天津市中新生态城、无锡太湖新城等 8 个城市新区列为绿色生态城区示范,推动了绿色建筑在城市新区的集中连片发展。

3. 城镇既有居住建筑节能改造全面推进

截至 2015 年年底,北方采暖地区共计完成既有居住建筑供热计量及节能改造面积达 $9.9\times10^8m^2$,是国务院下达任务目标的 1.4 倍。节能改造惠及超过 1500 万户居民,老旧住宅舒适度明显改善,每年可节约 650×10^4tce,如图 1 - 25 所示。夏热冬冷地区完成既有居住建筑节能改造面积 $7090\times10^4m^2$,是国务院下达任务目标的 1.42 倍。

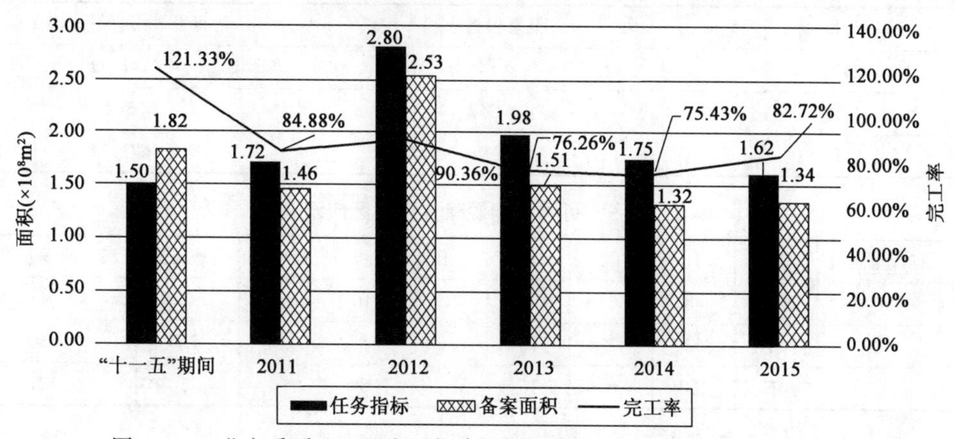

图 1 - 25　北方采暖地区既有居住建筑供热计量及节能改造任务进展情况

4. 城镇公共建筑节能监管及改造力度不断加强

在公共建筑节能监管体系方面,“十二五”期间,完成公共建筑能耗统计超过 4 万栋,能源审计 1 万栋,能耗公示 1.1 万栋,在 33 个省市(含计划单列市)开展能耗动态监测平台建设,对 9000 余栋建筑进行了能耗动态监测;在节约型校园、医院与科研院所的监管与改造方面,实施了233所高等院校、44家医院和19个科研院所的建筑节能监管体系建设及节能改造试点；在公共建筑节能改造方面，实施公共建筑节能改造重点城市11个，示范面积$4864\times10^4m^2$，带动全国实施公共建筑节能改造面积达$1.1\times10^8m^2$。表1－3所示为公共建筑能耗水平。

表1－3　公共建筑能耗水平

建筑类型 ＼ 能耗值($kW\cdot h/m^2$) ＼ 气候	全国平均	夏热冬冷地区	夏热冬暖地区	严寒寒冷地区
政府办公建筑	71.71	75.1	71.29	69.90
其他办公及写字楼建筑	103.95	98.39	87.36	119.78
商场建筑	142.92	151.4	131.64	138.20
宾馆饭店建筑	134.58	144.69	119.9	146.81
医院建筑	130.22	168.06	97.87	118.78
综合建筑	58.74	67.23	59.05	15.77
其他建筑	78.90	78.47	70.2	117.29

5.城镇可再生能源建筑应用规模不断扩大

“十二五”期间，确定了2个可再生能源建筑应用省级推广区、46个可再生能源建筑规模化应用示范城市、100个示范县、21个科技研发及产业化项目和8个太阳能综合利用省级示范。实施了398个太阳能光电建筑应用示范项目，装机容量683MW。通过示范引领，可再生能源建筑应用规模不断扩大，截至2015年年底，全国城镇太阳能光热应用面积近$30\times10^8m^2$，浅层地能应用面积近$5.0\times10^8m^2$，可再生能源建筑能耗替代率已从2%提升至4%以上。表1－4所示为太阳能光电建筑应用项目示范情况；表1－5所示为可再生能源建筑应用区域示范情况。

表1－4　太阳能光电建筑应用项目示范

年份	批复项目(个)	批准装机容量(MW)
2011	146	141.32
2012	252	542
合计	398	683.32

表1－5　可再生能源建筑应用区域示范

年份	省级重点区	市	县	区	镇	太阳能综合利用省级示范	省级推广	科技研发及产业化
2011	0	25	48	3	6	0	0	11
2012	2	21	52	3	10	8	25	10
合计	2	46	100	6	16	8	25	21

6.农村建筑节能与绿色发展实现新突破

在农房节能示范方面，超额完成国家下达农村危房改造建筑节能示范40万户的目标。在标准体系方面，相继颁布了实施《农村居住建筑节能设计标准》GB/T 50824—2013、《绿色农房建设导则》及《严寒和寒冷地区农村住房节能技术导则》等标准文件，农村建筑节能及绿色建筑标准框架初步建立。

7. 支撑保障能力持续增强

法律法规不断完善,全国多数省份已出台地方建筑节能条例,江苏、浙江率先出台了绿色建筑发展条例。财政投入进一步加大,中央财政累计投入建筑节能与绿色建筑资金超过500亿元,有效带动既有居住建筑节能改造、可再生能源建筑应用、公共建筑节能监管及改造等工作。市场服务能力不断加强,市场配置资源作用初步显现。省级民用建筑能效测评机构、绿色建筑咨询评价机构,数量不断增多,能力不断增强。合同能源管理、能效交易、能源托管等基于市场化的节能机制不断涌现。组织实施绿色建筑规划设计关键技术体系研究与集成示范等国家科技支撑计划重点研发项目,在部科技计划项目中安排技术研发项目及示范工程项目上百个,科技创新能力不断提高。组织实施了中美超低能耗建筑技术合作研究与示范、中欧生态城市合作项目等国际科技合作项目,引进消化吸收国际先进理念和技术,促进我国相关领域取得长足发展。

总而言之,通过五年的努力,“十二五”期间建筑节能和绿色建筑工作既完成了党中央国务院下达的工作目标,同时也推动了建筑节能与绿色建筑的快速发展,并使“十三五”建筑节能与绿色建筑工作站在了一个全新的起点上。表1-6所示为“十二五”期间建筑节能与绿色建筑各项工作目标与任务完成情况。

表1-6 “十二五”期间建筑节能与绿色建筑各项工作目标与任务完成情况

指标	2010年基数	规划目标		实现情况	
		2015年	年平均增速[累计]	2015年	年平均增速[累计]
城镇新建建筑节能标准执行率(%)	95.4	100	[4.6]	**100**	[4.6]
严寒、寒冷地区城镇居住建筑节能改造面积($\times 10^8 m^2$)	1.8	8.8	[7]	**11.7**	[9.9]
夏热冬冷地区城镇居住建筑节能改造面积($\times 10^8 m^2$)	—	0.5	[0.5]	**0.7**	[0.7]
公共建筑节能改造面积($\times 10^8 m^2$)	—	0.6	[0.6]	**1.1**	[1.1]
获得绿色建筑评价标识项目数量(个)	112	—	—	**4071**	[3959]
城镇浅层地能应用面积($\times 10^8 m^2$)	2.3	—	—	**5**	[2.7]
城镇太阳能光热应用面积($\times 10^8 m^2$)	14.8	—	—	**30**	[15.2]

注:1. 加黑的指标为节能减排综合性工作方案、国家新型城镇化发展规划(2014—2020)、中央城市工作会议提出的指标。

2. [ ]内为5年累计值。

(三)“十三五”期间中国建筑节能的发展

“十三五”以来,我国每年城镇新增居住建筑面积超过$10 \times 10^8 m^2$,城镇新增公共建筑面积超过$5 \times 10^8 m^2$,不断提升新建建筑标准水平、强化监督标准执行是促进新建建筑节能工作最重要的手段和措施。

1. 发展目标

2017年1月,《国务院关于印发“十三五”节能减排综合工作方案的通知》(国发〔2016〕74号),对新建建筑节能的要求是实施建筑节能先进标准领跑行动,开展超低能耗及近零能耗建筑建设试点。2017 年 2 月，住房和城乡建设部印发了《建筑节能与绿色建筑发展“十三五”规划》，提出“到 2020 年，城镇新建建筑能效水平比 2015 年提升 20%，部分地区及建筑门窗等关键部位建筑节能标准达到或接近国际现阶段先进水平”。

2. 新建建筑强制性标准提升和执行成效

“十三五”以来，新建建筑节能设计标准得到进一步提升和完善。《建筑节能与绿色建筑发展“十三五”规划》明确提出民用建筑“严寒及寒冷地区，引导有条件地区及城市率先提高新建居住建筑节能地方标准要求，节能标准接近或达到现阶段国际先进水平。夏热冬冷及夏热冬暖地区，引导上海、深圳等重点城市和省会城市率先实施更高要求的节能标准。”从实施成效来看，一是《严寒和寒冷地区居住建筑节能设计标准》JGJ 26—2018 发布并于 2019 年 8 月 1 日起实施，这是在北方地区新建居住建筑率先实现 20 世纪 80 年代提出的“三步走”发展目标的基础上，进一步实现居住建筑能效水平提升近 30%，达到 75% 的节能水平。二是《温和地区居住建筑采用节能设计标准》JGJ 475—2019 发布并于 2019 年 10 月 1 日起实施，填补了我国温和地区建筑新建居住建筑节能标准的空白。三是地方标准水平不断提高，北京、天津、河北等地已经率先全面实施了居住建筑节能 75% 的标准。新疆发布了居住建筑节能 75% 的标准，并在乌鲁木齐等城市强制实施。辽宁、黑龙江等严寒、寒冷地区开始执行 75% 或 65% + 标准，重庆、湖南、湖北、四川等夏热冬冷地区居住建筑开始执行 65% 或更高节能标准。

根据全国各地上报数据汇总，截至 2018 年年底，我国城镇新建建筑执行节能强制性标准比例基本达到 100%，其中设计阶段执行建筑节能设计标准比例持续保持 100%，竣工验收阶段执行建筑节能标准比例由 2016 年的 98.8% 提升至 99.52%，新建建筑节能工作迈上新台阶。

“十三五”以来，各地非常重视建筑节能标准提升工作，北京、天津、河北、辽宁、山东、青海等 10 省市先后制定并全面实施了 75% 的节能设计标准；新疆、宁夏等地采用了先试点推动再全面实施的方式，加快编制相关标准。随着《严寒和寒冷地区居住建筑节能设计标准》JGJ 26—2018 正式实施，实现了北方地区整体能效水平迈上了一个新的台阶。北京、天津正在编制居住建筑“五步”节能标准，颁布实施后，节能率将达到 80%。此外，重庆、湖北、湖南、四川等夏热冬冷地区也相继制定并执行 65% 或更高节能设计标准。

3. 超低能耗建筑标准建设

2015—2019 年，从中央到地方都加快了标准化建设，逐步开展超低能耗建筑的设计评价、检测、应用等相关标准、技术导则和图集的编制。2015 年，住房和城乡建设部印发了《被动式超低能耗绿色建筑技术导则（试行）（居住建筑）》；2017 年 7 月 1 日，住房和城乡建设部科技与产业化发展中心和中国建筑标准设计研究院有限公司联合主编了标准图集《被动式低能耗建筑——严寒和寒冷地区居住建筑》，对工程项目的精细化设计提供了有力支撑；2019 年 1 月 24 日，住房和城乡建设部发布了《近零能耗建筑技术标准》（GB/T 51350—2019），首次确立了我国近零能耗建筑的概念和不同气候区不同类型近零能耗建筑技术指标体系。

2015—2020 年，河北、北京、山东、青岛、黑龙江、河南、上海、青海、江苏、湖北都陆续出台了符合当地特点的被动式超低能耗建筑的设计、施工、验收标准、导则和图集，为快速推动各地被动式超低能耗建筑的示范效果提供了有力的技术支撑。

4. 既有居住建筑节能改造技术标准

“十三五”以来，既有居住建筑节能改造的技术标准仍执行《北方采暖地区既有居住建筑供热计量及节能改造技术导则》(建科〔2008〕126 号)、《夏热冬冷地区既有居住建筑节能改造技术导则》(建科〔2012〕173 号)等技术文件,继续保障既有居住建筑节能改造的工程质量。

5. 可再生能源建筑技术标准

2019 年,国家标准《近零能耗建筑技术标准》GB/T 51350—2019 颁布实施,其中要求充分利用可再生能源,以最少的能源消耗提供舒适的室内环境,提出近零能耗建筑可再生能源利用率≥10%。这将势必推动可再生能源技术在建筑中普及化应用,引导建筑逐步实现零能耗甚至正能量,为建设领域节能减排作出更大贡献。

2019 年,国家标准《地源热泵系统工程技术规范》GB 50366—2005 开始修订,增加了中深层地热利用技术及设计施工要点。2018 年,国家标准《民用建筑太阳能热水系统应用技术标准》GB 50364—2018 发布,自 2018 年 12 月 1 日起实施。

目前国家已出台关于太阳能光热、光伏建筑应用和地源热泵的标准达 10 余部,如《民用建筑太阳能热水系统应用技术标准》GB 50364—2018、《太阳热水系统设计、安装及工程验收技术规范》GB/T 18713—2002、《太阳能供热采暖工程技术标准》GB 50495—2019、《民用建筑太阳能空调工程技术规范》GB 50787—2012、《地源热泵系统工程技术规范(2009 版)》GB 50366—2005、《建筑光伏系统应用技术标准》GB/T 51368—2019、《光伏建筑一体化系统运行与维护规范》JGJ/T 264—2012、《太阳能光伏玻璃幕墙电气设计规范》JGJ/T 365—2015、《可再生能源建筑应用工程评价标准》GB/T 50801—2013 等,基本涵盖太阳能光热、光伏建筑应用和地源热泵的设计、施工、验收及评价等方面。同时,全国大部分省市的地方标准体系也在不断完善,基本涵盖设计、施工、验收和运行管理各环节。

6. 农村建筑节能标准体系

为规范农村建筑节能工作的实施,提升工程质量,近年来农村建筑节能相关标准体系逐步得到建立健全,国家和地方层面农村建筑节能相关标准出台情况见表 1 – 7。

表 1 – 7　农村建筑节能相关技术标准情况(部分)

序号	类别	名称
1	国家	《严寒和寒冷地区农村住房节能技术导则(试行)》
2	国家	《农村居住建筑节能设计标准》
3	北京	《北京市超低能耗农宅示范项目技术导则》
4	河北	《河北省农村住房建筑设计导则》
5	山东	《山东省绿色农房建设技术导则》
6	山东	《山东省农村既有居住建筑围护结构节能改造技术导则(试行)》
7	河南	《河南省绿色农房建设技术导则》
8	河南	《河南省既有农房能效提升技术导则(试行)》
9	青海	《青海省农村被动式太阳能暖房建设技术导则》
10	陕西	《陕西省农村建筑节能技术导则》
11	黑龙江	《黑龙江省农村居住建筑节能设计标准》
12	吉林	《吉林省农村建筑节能技术导则》
13	宁夏	《农村住宅节能设计标准》

在国家层面,住房和城乡建设部于 2009 年印发了《严寒和寒冷地区农村住房节能技术导则(试行)》,对农村建筑气候分区、室内热环境和节能指标、建筑布局节能指标、能源利用和供

暖通风方式、围护结构保温技术、供暖和通风节能技术、既有住房节能改造技术、照明和炊事节能技术以及太阳能利用技术提出了具体技术要求，指导严集和寒冷地区农村建筑节能工作的开展。《农村居住建筑节能设计标准》GB/T 50824—2013 于 2013 年实施，它是规范农村建筑节能工作的一项重要标准，对我国农村居住建筑的平立面节能设计和围护结构的保温隔热技术，农村居住建筑室内供暖、通风、照明等用能设备的能效提升等均进行了明确要求，对改善室内热舒适性，促进农村居住建筑的节能新技术、新工艺、新材料和新设备在全国范围内推广应用有重要意义。

7. 绿色建筑标准体系逐渐完善

最新版《绿色建筑评价标准》GB/T 50378—2019 于 2019 年 8 月 1 日正式实施，经过两次修编，从指标体系、内涵与定义、评价时间节点等多方面进行了优化完善。

(1)指标体系完善。2019 版《绿色建筑评价标准》从最开始的“四节一环保”的单方面侧重资源节约和保护环境，拓展到安全耐久、健康舒适、生活便利、资源节约、环境宜居的指标体系，更加贴近了以人民为中心、以人为本的基本理念，构建了具有中国特色和时代特色的绿色建筑指标体系。

(2)内涵与定义拓展。2019 版《绿色建筑评价标准》以“四节一环保”为基本要点，将建筑工业化、海绵城市、健康建筑、建筑信息模型等高新建筑技术融入绿色建筑的要求中，通过考虑建筑的安全、耐久、服务、健康、宜居、全龄友好等内容进一步引导绿色生活，丰富了绿色建筑内涵。同时将绿色建筑的定义更新为：在全寿命周期内，节约资源、保护环境、减少污染，为人们提供健康、适用、高效的使用空间，最大限度地实现人与自然和谐共生的高质量建筑。

(3)调整评价节点。将绿色建筑评价节点重新设定在项目竣工验收之后，以项目的实际运行效果为导向，有效约束了绿色建筑的各项技术措施落地，为绿色建筑从高速发展转向高质量发展提供了有效保障。

(4)增加基本级。由于目前我国多个省市已经将绿色建筑一星级甚至二星级作为绿色建筑施工图审查的技术要求，有力推动了我国绿色建筑的发展。2019 版《绿色建筑评价标准》作为划分绿色建筑性能等级的评价工具，既要体现其性能评定、技术引领的行业地位，又要兼顾其推广普及绿色建筑的重要作用，因此在原有的一星级、二星级、三星级的基础上增加“基本级”，与正在编制的全文强制国家标准相结合，满足标准所有“控制项”的要求即为“基本级”绿色建筑。同时，也兼顾了国家和部分地方政府发布的强制执行绿色建筑的相关政策，保证了政策的连续性，也与国际上其他标准模式相匹配，便于国际交流。

(5)提升星级绿色建筑性能要求。为了提升各个星级的绿色建筑性能和品质，2019 版《绿色建筑评价标准》对一星级、二星级、三星级绿色建筑在能耗、节水、隔声、室内空气质量、外窗气密性等方面提出了更高的要求。首先，绿色建筑要满足所有控制项要求以及每类指标得分的低限要求。其次，所有星级绿色建筑均应进行全装修。同时，在满足不同星级总得分要求的前提下，还需要满足对应星级的围护结构热工性能、严寒和寒冷地区住宅建筑外窗传热系数降低比例、节水器具用水效率、住宅隔声性能、室内主要空气污染物浓度降低比例、外窗气密性等方面的技术要求。

(6)评分方法改变。2019 版《绿色建筑评价标准》采用绝对分值累加法，更加简便易操作，解决了 2006 版标准达标项数评定无法定量以及 2014 版标准加权记分较为复杂的问题。同时综合考虑了气候、地域以及建筑类型的适用性，合理避免了评分项的不参评项，并对评价条文的数量进行了精简。在内涵拓展的前提下，条文数量却从 2014 版标准的 138 条减少至

2019 版标准的 110 条,进一步增强了评价的可操作性和简洁易用性。

在国家绿色建筑评价标准不断修编完善的基础上,一大批涉及绿色建筑设计、施工、运行、维护的标准和针对绿色工业、办公、医院、商店、饭店、博览、既有建筑绿色改造、校园、生态城区等的评价标准,以及民用建筑绿色性能计算、既有社区绿色化改造、绿色超高层、保障性住房、数据中心、养老建筑等技术细则也相继颁布,共同构成了绿色建筑发展的标准体系。

此外,全国已有 20 多个省份出台了地方绿色建筑评价标准。绿色建筑标准体系正向全寿命周期、不同建筑类型、不同地域特点、由单体向区域等不同维度充实和完善。

8."十三五"取得的成就

"十三五"期间,严寒寒冷地区城镇新建居住建筑节能达到 75%,累计建设完成超低、近零能耗建筑面积近 $0.1\times10^8m^2$,完成既有居住建筑节能改造面积 $5.14\times10^8m^2$、公共建筑节能改造面积 $1.85\times10^8m^2$,城镇建筑可再生能源替代率达到 6%。截至 2020 年年底,全国城镇新建绿色建筑占当年新建建筑面积比例达到 77%,累计建成绿色建筑面积超过 $66\times10^8m^2$,累计建成节能建筑面积超过 $238\times10^8m^2$,节能建筑占城镇民用建筑面积比例超过 63%,全国新开工装配式建筑占城镇当年新建建筑面积比例为 20.5%。国务院确定的各项工作任务和"十三五"建筑节能与绿色建筑发展规划目标圆满完成。

(四)"十四五"建筑节能与绿色建筑发展规划

1.总体目标

到 2025 年,城镇新建建筑全面建成绿色建筑,建筑能源利用效率稳步提升,建筑用能结构逐步优化,建筑能耗和碳排放增长趋势得到有效控制,基本形成绿色、低碳、循环的建设发展方式,为城乡建设领域 2030 年前碳达峰奠定坚实基础。

2.具体目标

《"十四五"建筑节能与绿色建筑发展规划》指出,"十四五"期间要提高新建建筑节能水平,重点提高建筑门窗等关键部品节能性能要求,推广地区适应性强、防火等级高、保温隔热性能好的建筑保温隔热系统;积极开展既有居住建筑节能改造,提高建筑用能效率和室内舒适度,提出到 2025 年,完成既有建筑节能改造面积 $3.5\times10^8m^2$ 以上;开展超低能耗建筑规模化建设,推动零碳建筑、零碳社区建设试点,规划建设超低能耗、近零能耗建筑 $0.5\times10^8m^2$ 以上,装配式建筑占当年城镇新建建筑的比例达到 30%;推动可再生能源应用,根据太阳能资源条件、建筑利用条件和用能需求,统筹太阳能光伏和太阳能光热系统建筑应用,宜电则电,宜热则热。推广应用地热能、空气热能、生物质能等解决建筑采暖、生活热水、炊事等用能需求。到 2025 年,全国新增建筑太阳能光伏装机容量 0.5×10^8kW 以上,地热能建筑应用面积 $1.0\times10^8m^2$ 以上,城镇建筑可再生能源替代率达到 8%;充分发挥电力在建筑终端消费清洁性、可获得性、便利性等方面的优势,建立以电力消费为核心的建筑能源消费体系。鼓励建设以"光储直柔"为特征的新型建筑电力系统,发展柔性用电建筑。到 2025 年,建筑能耗中电力消费比例超过 55%。

四、我国建筑节能措施

建筑节能是一门实践科学与工程技术,从城市和小区的规划、供热系统的设计、建筑物的设计和施工、房屋开发建设,到物业管理与设备运行,从一个区域的建筑节能管理落实到居民的自觉节能行为,都是不可缺少的重要环节,都需要多方面的通力合作,配合协调。

建筑节能牵涉一个庞大的产业群体,它包括保温隔热材料与制品,节能门窗、采暖、通风、空调、照明等节能设备、器件、管材与系统,等等。随着建筑节能规模的迅速扩大,建筑节能相关产业越来越多,通过国外资本与技术的引进,功能、质量与价格的市场竞争和优胜劣汰,在规模日益扩大的同时,产业结构和产品结构将趋于合理,技术也能取得不断进步。

在市场经济的推动下,随着住房体制改革的发展,房屋用能费用理所当然地要由住户承担,节约建筑用能势必逐渐成为广大居民的自觉要求。加上改善大气环境越来越迫切要求减轻建筑用能带来的污染,建筑节能将是大势所趋,人心所向,既是国家民族利益的需要,又是亿万群众自己的切身事业。必将克服目前存在的各种困难,在21世纪得到跨越式的发展。

由此可以看出,如何在住宅建设和使用过程中降低能耗、做到节能环保已经成为当前我国住宅建设的首要问题。因此,全世界的建筑节能事业,肩负着重大的历史使命,必须全面推进建筑节能。为此,要做好各类气候区、各个国家、各种建筑的节能工作。要全方位、多学科地、综合而又交叉地研究和解决一系列经济、技术与社会问题,在进一步提高生活舒适性、增进健康的基础上,在建筑中尽力节约能源和自然资源,大幅度地降低污染,减少温室气体的排放,减轻环境负荷,并从多方面作出努力。

(一)合理的规划和建筑设计

(1)优化建筑规划设计。在建筑规划阶段,要慎重考虑建筑的朝向、间距、体形、体量、绿化配置等因素对节能的影响,改善热环境。在建筑的平面布局方面,朝向的选择很重要。冬季应有适量的阳光射入室内,避免冷风吹袭;夏天则尽量减少太阳直射室内及外墙面,有良好的通风。同时,注意建筑间距与节能的关系,使建筑南墙的太阳辐射面积在整个采暖季节中不因其他建筑的遮挡而减少。

(2)建筑设计。在建筑设计中,原则上应减少建筑物外表面积,适当控制建筑体形系数,因此应重视造型规整。另外,要重视屋檐、挑檐、遮阳板、窗帘、百叶窗等构造措施,对于调节日照节省能源是十分有效的。还要充分利用建筑周围的自然条件,改善区域环境微气候,如适当地安排树木花草,既起美化作用,也是建筑节能的一项技术措施。

(二)积极采用新技术节能降耗

(1)改善围护结构。降低建筑能耗,首先要从围护结构、外墙、屋面、外门窗来实现。墙体改革的调查研究开始于20世纪70年代,新型墙体材料和高保温材料不断涌现,混凝土空心砌块、聚苯乙烯泡沫板等材料,逐渐替代了传统墙体材料,在建筑节能中发挥了重要作用。同时,我国广泛开展研究建筑外墙保温技术,近年来,各种外墙外保温技术系统日益成熟并在工程中应用,显示出良好前景。

此外还有建筑门窗。门窗传热系数的高低,影响了能耗的高低,要降低能耗,就必须提高门窗的热工性能,增加门窗的隔热保温性能。为满足节能需求,外窗玻璃产品及工艺水平迅速发展,由之前采用普通单层玻璃、双层玻璃发展到中空、充气、LOW－E玻璃,塑钢型材、钢化玻璃等也得到广泛应用,取代了传统的钢窗和铝合金门窗。

(2)采暖空调系统的技术进步。建筑能耗的降低,还有赖于暖通技术和设备。为实现采暖系统的节能,20世纪80年代我国研发了平衡供暖技术及其产品、锅炉运行管理技术与产品。在散热器方面,20世纪90年代以来各种新型散热器纷纷得到开发,这些新产品与传统的铸铁散热器相比,具有金属热强度高、散热性能好、承压能力高、造型美观、工艺性好、安装方便等优点。

随着既有建筑节能改造的开展，供热改革成为建筑节能的重要内容。为适应改革的需要，室温可调和采暖计量收费技术及产品有了进一步的发展。采暖系统的单管顺流系统变为双管系统，散热器恒温阀及热表的应用已经十分普及。

（三）最大限度地有效利用可再生能源

在不同的地区，特别是太阳能资源比较丰富的地区，太阳能在建筑中的应用将得到很大扩展，其应用方面包括：

(1)太阳能采暖与制冷。窗户是利用太阳能的关键部位，冬季通过太阳照射直接获得热。太阳能制冷技术与蓄存技术也会得到大力发展。

(2)用太阳能集热器供应热水，提高集热效率和用热的稳定性。

(3)充分利用太阳采光又避免过热，用百叶、窗帘及建筑遮阳进行调节。

(4)利用太阳能光电池发电。提高太阳能转换率，并降低光电板价格。

(5)其他自然能源，如地热能，地源热泵可用于建筑采暖与制冷。风力资源丰富的地方也可利用风能发电。在沿海地区还可以利用潮汐能发电。

（四）充分利用废弃的资源，避免使用对人体有害的物料

由于建筑用资源消耗巨大，必须保护好地球资源，尽量减少资源消耗量，提高资源的利用效率；充分利用好废弃的、再生的或可以再生的资源。

(1)工业废弃物，如粉煤灰、尾矿、炉渣、煤矸石、灰渣等数量巨大，可根据其性能做成建筑材料。

(2)旧有建筑物拆下的材料，如钢材、木材、砖石、玻璃、塑料、纸板等，可重复利用或再生利用。

(3)一些对人体有害的材料，包括目前使用的某些有机建筑材料，会散发出一些有害气体，有些矿物材料会放出有害辐射，这些材料长期使用对人体健康不利，应逐步停止使用。

（五）利用生态技术建设美好家居

(1)建筑绿化也是常见的利用自然生态的方法。建筑物周边广植树木，有防风、遮阳、蓄水、清新空气及改善景观等效果。

(2)立体绿化，建立屋顶花园和立体花园。

(3)利用生物治理病虫害，使我们的环境清洁美丽，而且无污染。

（六）利用传统技术，发展新兴技术

创造健康、舒适、方便的生活环境是人类的共同愿望，也是绿色生态环保建筑的基础和目标，为此，绿色生态环保建筑应该具有以下特点：

(1)冬暖夏凉。由于围护结构的保温隔热和采暖空调设备性能越来越优越，建筑热环境将更加舒适。

(2)通风良好。自然通风与人工通风相结合，空气经过净化，通风持续不断，换气次数足够，室内空气清新。

(3)光照充足。尽量采用自然光，自然采光与人工照明相结合。

(4)智能控制。采暖、通风、空调、照明、家电等均可由计算机自动控制，既可按预定程序集中管理，又可局部手工控制；既能满足不同场合下人们不同的需要，又可少用能源。

(5)降低噪声。创造良好的适宜生活与工作的声环境。

世界各地千差万别，绿色生态环保建筑的发展也会多姿多彩，会随着气候、地区、国家、文

化和技术而异，也会随着建筑类型、规模、质量、材料与设备不同而不同。但是，提高能源利用效率、生态和谐、可持续发展的道路是一致的。

思 考 题

1. 分析我国建筑用能巨大的原因。
2. 分析导致我国建筑能耗增加的因素。
3. 考虑到我国南北地区冬季采暖方式的差别，将我国的建筑用能分为哪四类？
4. 我国建筑热工设计分区有哪些设计要求？
5. 分析建筑节能的根本途径。
6. 分析玻璃幕墙存在的问题。

参 考 文 献

[1] BP世界能源统计年鉴[EB/OL]. bp. com/papercopies,2021.

[2] 国家统计局能源统计司. 中国能源统计年鉴[J]. 北京：中国统计出版社,2020.

[3] 中华人民共和国住房和城乡建设部. 中国城乡建设统计年鉴[J]. 北京：中国统计出版社,2020.

[4] 龙惟定,武涌. 建筑节能技术[M]. 北京：中国建筑工业出版社,2018.

[5] 中国建筑节能协会. 中国建筑能耗研究报告(2019)[EB/OL]. http://3g. k. sohu. com/t/n420033563,2020.

[6] 王立雄. 建筑节能 [M]. 3版. 北京：中国建筑工业出版社,2015.

[7] 中华人民共和国国务院令. 民用建筑节能条例[Z]. 北京：中国建筑工业出版社,2008.

[8] 清华大学建筑节能研究中心. 中国建筑节能年度发展研究报告2020[M]. 北京：中国建筑工业出版社,2020.

[9] 民用建筑热工设计规范[S]:GB 50176—2016.

[10] 严寒和寒冷地区居住建筑节能设计标准[S]:JGJ 26—2018.

[11] 夏热冬冷地区居住建筑节能设计标准[S]:JGJ 134—2010.

[12] 夏热冬暖地区居住建筑节能设计标准[S]:JGJ 75—2012.

[13] 既有采暖居住建筑节能改造技术规程[S]:JGJ 129—2016.

[14] 采暖居住建筑节能检验标准[S]:JGJ 132—2001.

[15] 公共建筑节能设计标准[S]:GB 50189— 2015.

[16] 建筑节能与可再生能源利用通用规范[S]:GB 55015—2021.

[17] 中国2060碳中和目标全解析[EB/OL]. https://www. leadleo. com/article/details? id = 5fffd5ba90b986537368954b, 2021.

[18] 住建部. “十四五”建筑节能与绿色建筑发展规划[J]. 节能与环保,2022(03):6.

[19] 徐伟,邹瑜,张婧,等. GB 55015—2021《建筑节能与可再生能源利用通用规范》标准解读[J]. 建筑科学,2022,38(02):1-6.

第二章　建筑节能设计原理

本章通过对地理环境诸因素的分析,从日照、风、温度、湿度四个角度入手,阐述气候对建筑的影响。对传统民居成功且成熟的气候适应性设计手法进行分析,充分体现考虑气候因素的重要性。综合考虑气候影响因素的多样性与不稳定性,从建筑选址、建筑布局、建筑朝向、建筑间距以及建筑体形等方面提出相应的节能设计方法。

第一节　气候对建筑设计的影响

一、气候影响因素

(一)日照

世界上最大的可供利用的再生能源是太阳能,建筑节能首先在于尽可能地应用太阳光采热或致凉,达到节能的目的。

1. 太阳能辐射

太阳辐射波谱如图 2－1 所示。

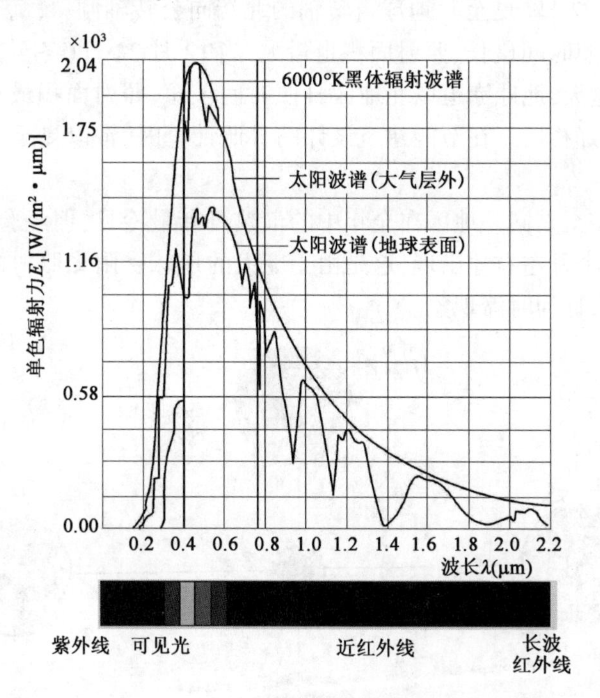

图 2－1　太阳辐射的波谱

太阳以辐射方式不断地向地球供给能量,太阳辐射的波长范围很广,但绝大部分能量集中在波长为 0.15～4μm 的范围内,占太阳辐射总能的 99%。可见光区中波长在 0.4～0.96μm

范围内的能量占太阳辐射总能的 50%，红外线区（波长大于 0.76μm）的能量占太阳辐射总能的 43%，紫外线区（波长小于 0.4μm）的能量占太阳辐射总能的 7%。

太阳辐射在进入地球表面之前先通过大气层，太阳能一部分被反射回宇宙空间，另一部分被吸收或被散射，这些过程称作日照衰减。在海拔 150km 上空太阳辐射能量保持在 100%，当到达海拔 88km 上空时，X 射线几乎全部被吸收并吸收掉部分紫外线，当光线更深地穿入大气到达同温层时，紫外线辐射被臭氧层中的臭氧吸收，即臭氧对环境起到屏蔽作用。

当太阳光线穿入更深、更稠密的大气层时，气体分子会改变可见光的直线方向传播，使之朝各个方向散射。对流层中的尘埃和云的粒子进一步对太阳光的散射称为漫散射，散射和漫散射使一部分能量逸出到外部空间，一部分能量则向下传到地面，真正被地面吸收的太阳辐射能量不足总能量的 1/2。

2. 日照变化

利用太阳能进行建筑节能，需掌握冬夏季建筑对太阳能的不同需求。首先应掌握某一地区不同日照及太阳照射的角度。人类赖以生存的地球在不停地自转，并不断围绕太阳进行公转，所以太阳对地球上每一地点、每一时刻的日照都在有规律地发生变化。

地球绕太阳公转是沿黄道面循着椭圆轨道运动，太阳位于椭圆的两个焦点之一上，公转周期为 365 天，地球近日点和远日点分别出现在 1 月及 7 月。除公转外，地球产生昼夜交替的自转是与黄道面成 23°27′（南北回归线）的倾斜运动，这一倾斜角在地球的自转和公转中始终不变，太阳光线由于地球存在倾斜，其入射到地面的交角发生变化，相对来讲日照光线与地面垂直时，该地区进入盛夏，有较大倾角时进入冬季，由此使地球产生明显的季节交替，如图 2－2 所示。当每年的 6 月 22 日（夏至），地球自转轴的北端向公转轴倾斜，其交角为 23°27′，这天，地球赤道以北地区日照时间最长、照射面积也最大；当 12 月 22 日（冬至），地球赤道以北地区偏离公转轴 23°27′，这天，地球赤道以北地区日照时间最短、照射面积最小。赤道以南地区的季节交替与北半球恰好相反。在节能建筑设计的日照计算时，常以夏至日及冬至日两天的典型日照为依据。

理论上，夏至和冬至是同一地区在全年中的最热日和最冷日，但经验告诉人们，实际最热日与最冷日要延迟一个月左右才出现，这是由于庞大的地球受阳光照射而使地表温度发生变化需要一段时期所致，称为时滞现象。

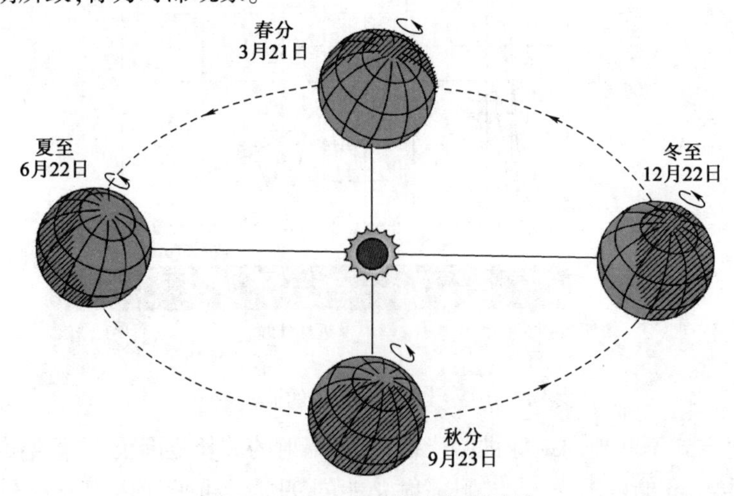

图 2－2　地球与太阳的相对运动

3. 太阳的高度角和方位角

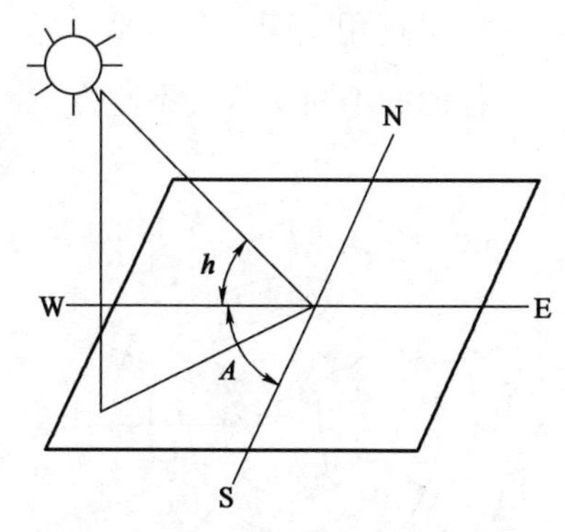

图 2-3　太阳高度角与方位角

地球由于自转而产生昼夜，由于围绕太阳公转而产生四季。但为了简化日照计算，假定地球上某观测点与太阳的连线，将太阳相对地面定位，提出高度角和方位角概念，如图 2-3 所示。

太阳高度角 h 是指观测点到太阳的连线与地面之间所形成的夹角。太阳方位角是指观测到太阳连线的水平投影与正南方向所形成的夹角，用 A 表示，正南取 0°，西向为正值，东向为负值。某日某地某一时刻太阳高度角 h 和方位角 A 可用下式表示：

$$\sin h = \sin\varphi \sin\delta + \cos\varphi \cos\Omega \cos\delta \tag{2-1}$$

$$\sin A = \cos h = \sin\Omega + \cos\delta \tag{2-2}$$

式中　h——太阳高度角；

A——太阳方位角；

φ——地理纬度；

Ω——时角，以正午为 0°，每小时时角 15°，下午为正，上午为负；

δ——赤纬，冬至为 -23°27′，夏至为 23°27′，春、秋分为 0°00′。

（二）风

地球表面由于气压不同，高气压的大气流向低气压处，由于气压差产生的空气流动，即称之为“风”。地点和高度相同但气压有差别而形成风，气压相同但高度不同则气流由高处流向低处同样会引起风，因此风与气压和高度直接有关。

从地球表面风的状况分析，由于受地球公转和自转影响，产生复合向心加速度和角转动惯量。形成了风的方向从北半球看是顺时针方向，从南半球看为逆时针方向，全球风型图如图 2-4所示。风直接影响围护结构的渗透量，风速变化会影响建筑能耗。因此建筑节能改进时应了解建筑和风的关系及规律。风对气候和建筑的影响取决于风的一些物理量，如风向、风速、风压及风与建筑或地貌的相对关系等。

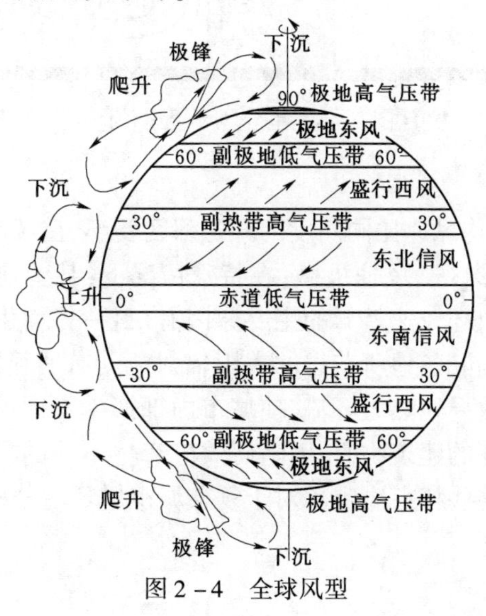

图 2-4　全球风型

1. 风向和风速

各地的不同季节有不同方位的风向，风向按气象原理可分为16方位。某地一年中每月的主要风向由当地气象资料提供，并与风速一起，引入“风玫瑰图”（图2－5），从中可以了解当地某月的风向情况。

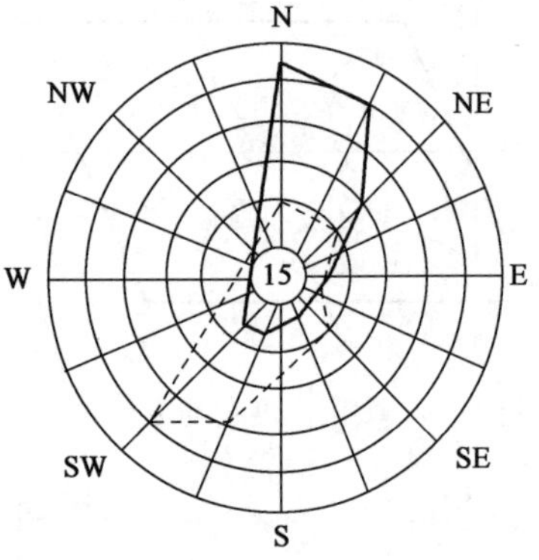

图2－5　某地的风向频率分布
（实线为全年，虚线为7月份）

风速是指风每秒所流动的距离（m/s），风速与地表物（如建筑等）的高度成抛物线正比关系，即：

$$v/v_0 = (h/h_0)^a \tag{2-3}$$

式中　v——某高度上的风速，m/s；

v_0——标准高度处的平均风速，m/s；

h——自地面以上的高度，m；

h_0——标准高度，通常取10m；

a——地面的粗糙度系数，地面粗糙程度越大，a越大。

2. 建筑周围气流特征

建筑周围流场是区域风场模拟的基础。大多数建筑物为非流线型，不具有良好的空气动力学性质，其周围流场变得非常复杂。建筑物周围流场可分为位移区、分离区、空腔区和尾流区。来流与建筑物相遇在建筑物前方形成位移区，在前下方向流动产生回旋；经过建筑物两侧面和顶面的拐角处产生气流的分离现象，形成分离区；在建筑物背面形成空腔区，空腔区气流速度较低，发生回流现象。随后由于气流动能损失形成尾流区，一般延伸到几倍于建筑物高度的距离。图2－6给出建筑周围气流特征，包括来流撞击、迎风角处流场剥离、顶部回流再附着、后部回流等复杂现象。

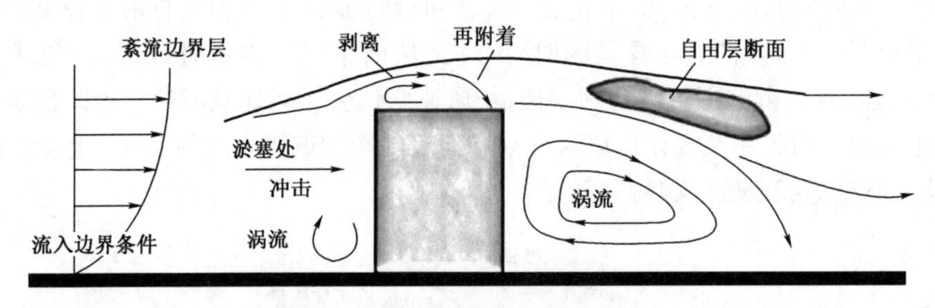

图2－6　室外风环境设计图

3. 城市内部风特点

从城市整体而言，其平均风速比同高度的开旷郊区要小，在城市覆盖层内部风的局部性差异很大，有些地方成为“风影区”，风速极微；在特殊情况下，某些地点其风速也可大于同时期同高度的郊区。造成城市内部风速差异的主要原因有二：一方面由于街道走向、宽度、两侧建筑物的高度、形式和朝向不同，各地所获得的太阳辐射能就有明显的差异。这种局地差异，在盛行风微弱或无风时会导致局地热力环流，使城市内部产生不同的风向风速。另一方面由于盛行风吹过城市中参差不齐的建筑物时，因阻碍效应产生不同的升降气流、涡动和绕流等，使风的局地变化更为复杂。这些特点决定了对于复杂城市风环境分析必须借助计算机的强大计算能力。

4. 风与室内环境的关系

风除了对地貌和建筑物有影响之外,还通过建筑洞口对室内环境带来直接影响。风可以加大人体散热量和除湿,将室内有害物质带走,尤其在夏季对室内环境至关重要,通过简单实测得出风速对人体及作业的影响,见表 2-1。从表 2-1 中可见,室内环境风速大于 1.0m/s 时对室内工作学习会带来影响,在 0.5m/s 以下可达到对风速感受的舒适范围,但最后要确定的舒适风速则应通过舒适方程式中的诸多因素综合考虑。

表 2-1　风速对人体及作业的影响

风速(m/s)	对人体及作业的影响
0~0.25	不易察觉
0.25~0.5	愉快,不影响工作
0.5~1.0	一般愉快,但须提防薄纸被吹散
1.0~1.5	稍有风声及令人不舒适的吹袭,草面纸张吹散
1.5~7	风击明显,薄纸吹扬,厚纸吹散,若欲维持良好的工作及健康条件,需改正适当风量及控制风的路径

(三)温度

温度是节能建筑设计要满足的主要功能之一。地球大气温度来自太阳的热辐射,因此气温变化直接与日照变化有关,气温在一年中的四季变化称为“年变化”,每天的昼夜变化称为“日变化”。年变化一般按太阳高度角变化而变化,夏季因为太阳高度角大,阳光的照射时间长,所以表现出较高的大气温度;冬季则相反,其温度的差异受地理纬度影响,纬度越大气温越高,接近 35°的地带其气温的年平均在 15℃左右。日变化同样取决于太阳日照时数,白天日照较长,大气温度高;夜间无日照,气温下降。据统计,日最低气温出现在早晨 5~6 时,日最高气温约在午后 13~14 时。

1. 气温的影响因素

气温除了受太阳辐射强度、日照和地理纬度的影响外,还与当地的自然条件有关。一般来讲,大陆性气候的日变化大,海洋性气候日变化小,高山日变化小,而山岳和盆地日变化大。另外,云层的影响也是气温变化的重要因素,并且气温随着离地表的高度增加而减小,一般以每 100m 下降 0.5~0.6℃的速率递减。

2. 平均气温

为了准确表示某地区的气温状况,说明某地区的气候特征,常使用平均温度来衡量,平均温度分月平均温度(t_m)和年平均温度(T),其计算式为

$$T = \sum (t_m \cdot n)/365 \tag{2-4}$$

式中　t_m——月平均温度;

T——年平均温度;

n——各月的日数。

3. 极端气温

节能建筑设计有关气候的主要问题之一,是要解决人体不舒适场合,即克服由于气温(或其他气候要素)的“极端效应”给环境带来的不舒适的可能。一般在气象资料中可以查到当地的极端最高气温和极端最低气温及其严寒和炎热的起止时间划定。这些资料可以反映当地的气温条件,并引导节能建筑设计,采取一定的技术措施解决极端温度给环境舒适性带来的问题。

（四）湿度

湿度主要取决于空气中的水蒸气含量，当遇到寒冷物体时会结露，遇到冷空气时会形成雾、云雨等。湿度分为绝对湿度和相对湿度，绝对湿度表示每千克干空气的湿空气内含有的水蒸气的量，单位为 g/kg(干空气)，相对湿度是指在某一温度下，湿空气的水蒸气分压力与同温度下饱和湿空气的水蒸气分压力的比值，单位为%。

1. 湿度的变化

当空气温度上升后，其水蒸气含量虽没有改变，但由于空气的饱和水蒸气量增高，相对湿度就降低。一般认为：湿度的变化与温度的变化成反比，早晨相对湿度高，午后相对湿度低而且湿度变化又受植物、水面散发水汽的影响，所以相对湿度随气候和地貌特征而变化。

2. 湿气和结露

所谓湿气是指空气中或材料中气体或水分的含量，建筑材料的湿气含量直接影响材料耐久性、强度和导热系数等。空气中的湿气将影响人体舒适，造成工作效率下降。湿气含量与露点温度有关，当饱和水蒸气的温度高于露点温度时以湿气状况存在，低于露点温度时其表现为结露。结露一般常见于温差较显著的场合，如冬季玻璃里侧极易结露。结露在建筑中可分为表面结露和内部结露，表面结露会破坏壁面装修效果，内部结露将降低热工性能、影响围护功能。因此，在节能建筑中由于普遍要针对某气候环境进行微气候设计，一般极易遇到由于壁面温度差别较大而产生结露的问题，所以必须采取一定的技术措施。

（五）气候与气候分区

节能建筑设计与许多因素密切相关，主要有以下因素：

(1)气候——太阳、风、温度、湿度；

(2)基地条件——地形、地貌及地面覆盖层、种植。

(3)建筑物特征——围护结构的热工性能；

(4)法则方向——节能建筑相应法则和条例；

(5)经济性——节能建筑的回收期、节能率；

(6)制度和社会——政府及社会对节能和环境的态度；

(7)舒适性——居住者的舒适范围；

(8)人的心理——个人期望值和可能性。

其中，气候对设计节能建筑起决定性作用。气候条件(太阳辐射、地轴倾斜、空气流动及地形)决定了地域的温度、湿度、辐射能力、空气流动、风和天空条件等气候性质，并且气候在某一特定地区是一项已知条件，是设计必须遵守的客观前提。节能建筑设计应充分利用气候的已知条件，迎合气候因素，使气候成为节能建筑的有利因素。

气候是任何地方出现的所有天气现象的总和，气候受太阳所支配并受地球上所有自然条件(海洋、山岭、平原、植被)的影响。有的地方气候比较稳定，尽管时有快速变化，但有固有的天气类型，同样的天气反复出现。正因为特定地域有特定的固有的气候特征，为了适应这些特征，这个地域的建筑形式与其他地区应有显著的不同，有鲜明的气候性格特点，对一般建筑如此，节能建筑更明显。

因此，建筑热工设计应与地区气候相适应，《民用建筑热工设计规范》GB 50176—2016 将我国划分为五个建筑热工设计气候区域：严寒地区、寒冷地区、夏热冬冷地区、夏热冬暖地区、温和地区。其中，建筑热工设计一级区划以空气温度作为划分依据，以最冷月和最热月平均温度作为主要指标，以平均温度不大于5℃和不小于25℃的天数作为辅助指标。建筑热工设计一级区划指标及设计原则应符合表2-2的规定。

表2-2　建筑热工设计分区及设计要求

分区名称		严寒地区	寒冷地区	夏热冬冷地区	夏热冬暖地区	温和地区
分区指标	主要指标	最冷月平均温度≤-10℃	最冷月平均温度0~-10℃	最冷月平均温度0~10℃，最热月平均温度25~30℃	最冷月平均温度>10℃，最热月平均温度25~29℃	最冷月平均温度0~13℃，最热月平均温度18~25℃
	辅助指标	日平均温度≤5℃的天数≥145d	日平均温度≤5℃的天数90~145d	日平均温度≤5℃(0~90d)日平均温度≥25℃(40~110d)	日平均温度≥25℃的天数100~200d	日平均温度≤5℃的天数0~90d
设计要求		必须充分满足冬季保温要求，一般可不考虑夏季防热	应满足冬季保温要求，部分地区兼顾夏季防热	必须满足夏季防热要求，适当兼顾冬季保温	必须充分满足夏季防热要求，一般可不考虑冬季保温	部分地区应注意冬季保温，一般可不考虑夏季防热

由于中国地域辽阔，每个热工一级区划的面积非常大。例如，同为严寒地区的黑龙江漠河和内蒙古额济纳旗，最冷月平均温度相差18.3℃。对于寒冷程度差别如此大的两个地区，采用相同的设计要求显然是不合适的。因此，规范修订提出了“细分子区”的区划调整目标。热工设计二级分区采用“HDD18(以18℃为基准的采暖度日数)、CDD26(以26℃为基准的空调度日数)”作为区划指标，将建筑热工各一级区划进行细分，见表2-3。与一级区划指标(最冷最热月平均温度)相比，该指标既表征了气候的寒冷和炎热的程度，也反映了寒冷和炎热持续时间的长短。

需要指出的是：影响气候的因素很多，地理距离的远近并不是造成气候差异的唯一因素。海拔高度、地形、地貌、大气环流等对局地气候影响显著。因此，各区划间一定会出现相互参差的情况。这在只有5个一级区划时已经有所表现，但由于一级区划的尺度较大，现象并不明显。当将一级区划细分后，这一现象非常突出。因此，二级区划没有再采用分区图的形式表达，改用表格的形式给出每个城市的区属。这样避免了复杂图形可能带来的理解偏差，各城市的区属明确、边界清晰，且便于规范的执行和管理。

表2-3　热工设计二级分区

二级区划名称	区划指标		设计要求
严寒A区(1A)	6000≤HDD18		冬季保温要求极高，必须满足保温设计要求，不考虑防热设计
严寒B区(1B)	5000≤HDD18<6000		冬季保温要求非常高，必须满足保温设计要求，不考虑防热设计
严寒C区(1C)	3800≤HDD18<5000		必须满足保温设计要求，可不考虑防热设计
寒冷A区(2A)	2000≤HDD18<3800	CDD26≤90	应满足保温设计要求，可不考虑防热设计
寒冷B区(2B)		CDD26>90	应满足保温设计要求，宜满足隔热设计要求，兼顾自然通风、遮阳设计二级区划名称区划指标设计要求

续表

二级区划名称	区划指标		设计要求
夏热冬冷 A 区(3A)	1200≤HDD18<2000		应满足保温、隔热设计要求,重视自然通风、遮阳设计
夏热冬冷 B 区(3B)	700≤HDD18<1200		应满足隔热、保温设计要求,强调自然通风、遮阳设计
夏热冬暖 A 区(4A)	500≤HDD18<700		应满足隔热设计要求,宜满足保温设计要求,强调自然通风、遮阳设计
夏热冬暖 B 区(4B)	HDD18<500		应满足隔热设计要求,可不考虑保温设计,强调自然通风、遮阳设计
温和 A 区(5A)<2000 应满足	CDD26<10	700≤HDD18<2000	冬季保温设计要求,可不考虑防热设计
温和 B 区(5B)		HDD18<700	宜满足冬季保温设计要求,可不考虑防热设计

按照气候分区,参照国家财力因素,我国确定了以长江流域作为界线的采暖分界线。20世纪50年代规定长江以北大部地区为建筑采暖区,长江以南地区为非采暖区。为了更客观地反映中国气候特征,目前是以黄河和长江为界,黄河以北为采暖区,长江以南为非采暖区,黄河和长江之间为过渡区。

作为非采暖区和过渡区的长江以南及长江流域地区的气候条件也日渐恶化,夏天酷暑冬天严寒(据1993年气象资料,上海1月平均温度达-5℃,出现大面积水管爆裂,室内热环境极差)的问题十分突出。随着国力的提高,人们对热舒适的要求也在提高,现在再按长江沿线作为分界显然已不再合理,所以在20世纪80年代后期提出了采暖过渡区概念。过渡区包括:南京、镇扬地区等,上海未被划入,但众所周知上海的气候问题相当严重,夏热冬寒困扰市民的正常生活,建筑没有采暖设备,广大市区普遍添置电加热设备采暖,造成能耗峰值极大,且墙体等又不设保温隔热措施。一方面在用有限的电能来采暖,另一方面从墙体流失大量热源,造成极大浪费,影响人居环境,故在上海地区开展节能建筑和应用太阳能潜力极大。

二、传统民居建筑的气候适应性分析

建筑的产生,原本是人类为了抵御自然和气候中不利因素的侵袭,以获得安全、舒适、健康的生活环境而创建的"遮蔽所"。遮风、挡雨、安全、健康是建筑最原始、最基本的功能。因此,建筑从一开始就与气候息息相关。传统民居都有一定程度的气候适应性。我国各民族地区根据自己不同的地理环境和气候进行创作,结合自然、结合气候、因地制宜、因势利导的运用自然材料,获得了比较理想的栖息环境,积累了丰富多彩的民居建筑经验。这些民居,与自然环境以及生活方式相辅相依,互为共存。下面以我国传统民居为例进行气候环境适应性分析。

(一)北京的"四合院"

北京四合院在建筑上一般都坐北面南,有南北纵轴线。正房在北屋,两侧为厢房,南侧也建有房屋,形成一个四面被房屋围圈的封闭院落,故名"四合院"。这样的布局,对正房而言,一方面,在冬季有利于更好地获取日照,对处于较高纬度和寒冷气候区的北京显得尤其重要;另一方面,在夏季较小的西山墙可以减少太阳辐射较强的西晒带来的过多的热量,避免引起房间过热,有利于保持室内舒适的热环境。对厢房而言,由于院落的面宽和进深在四合院长期发展过程中已经有了较科学合理的尺寸比例,使得厢房同样能够获得较好的日照和采光。另外,对东西厢房相互比较,可以看出由于冬季日照的西晒,东厢房能够更好地进行被动式采暖,获得更多的热量,使室内有更舒适的热环境。对院落本身而言,其空间具有接纳阳光、改善采光的功能,同时光线通过院落,能够形成二次折射,减少了眩光,使室内光线变得柔和。

除上述外,北京地区风沙较大,冬季寒冷的寒流带动着西北风吹来,夏天以温润的东南季风为主,正房坐北朝南的布置使院门朝南向开启,对于街北院落,冬天可避开寒风,夏天则可迎风纳凉,符合居住热舒适要求。而对于街南院落中有些向北开启的院门则采用影壁和廊道等人工措施来调整不利的自然环境。

北京四合院民居具有四面围合,外封闭内开敞的院落格局。这样的格局,使民居本身受外部环境的影响较小,内部又有较开敞的顶部空间,从而院落内部的空气通过顶部的开敞空间与较高处的室外空气进行交换,最终院落内部的空气质量相对于胡同内的空气质量要清洁新鲜。与此同时,院落内部空气通过门窗等的气流交换,对建筑内部的空气进行调节和净化,使建筑内部始终保持较良好的空气质量。总体来说,北京四合院这样的基本格局,使院落内部与建筑内部都产生了稳定和舒适的小气候环境。

北京四合院普遍采用厚重的墙体结构,有保温隔热性能好、储热能力强的优点,能较好地适应冬季寒冷的气候和早晚温差变化对室内热环境的影响。北京四合院中的房屋采用最基本的"人"字形大屋顶形式。屋顶高度,往往达到房屋全部高度的近一半,这样的屋顶形式,一方面利用抛物线或双曲线的特性,达到屋面迅速排水的功效;另一方面,面对所处地区冬夏温差大的气候特征,大屋顶起到了良好的过渡空间的作用。北京冬天气候寒冷,而夏天又闷热难耐。这种情况下,大屋顶就发挥了独特的作用。冬天外面寒冷,经屋顶的过渡,顶棚下面的房间内,不会受到外面冷空气的直接侵害;夏天,则防止太阳暴晒。

(二)华南的"骑楼"

华南属于热带、亚热带季风气候,气候炎热多雨。夏秋季节台风盛行,尤以沿海地区为甚,降水来势凶猛。所以房屋结构更注意通风、避雨、防潮、隔热。城市住宅为了避免烈日的直晒和遮挡雨水,多造成各种形式的行人走廊,俗称为骑楼。骑楼的特点是把门廊扩大串通成沿街廊道。廊道上面是楼房,下面一边向街敞开,另一边是店面橱窗,顾客可以沿走廊自由选购商品,楼上一般住人。骑楼街可以避风雨、防日晒,特别适应热带、亚热带气候,骑楼内的店铺可以借用柱廊空间,便于敞开铺面、陈列商品以招徕顾客。

(三)西南的"竹楼"

我国西南地区虽属热带、亚热带季风气候,也有热带雨林气候,但因海拔高,夏季较凉爽,冬季北方的冷空气又难以到达。因此,这里既无严寒又无酷暑。但这里降水丰沛,空气潮湿,瘴气很重。因此通风防潮成为当地住宅需要解决的关键问题,形成了特殊的建筑住宅竹楼。"竹楼"是一个统称,它包括傣族的竹楼、拉祜族的正方形掌楼、独龙族的竹木结构矮楼、苗族的吊脚木楼、傈僳族的干角落地房等。

(四)江南"庭院"

江南属亚热带季风气候,四季分明,夏季漫长而发热。因此,江南水乡的房屋就具有通风、避雨、防潮、隔热的特点。江南庭院住宅其布局呈封闭状,也有纵横线。但它与北方四合院不同,并不一定都坐北面南,比较灵活。大的院落中间纵轴线上常见有门厅、轿厅等房间,纵轴线的左右有客厅、书房、厨房、杂室等房舍。为适应潮湿气候,减少太阳辐射,院落东西较宽、南北较窄。围墙高大，围墙和房屋后墙上多开窗通风。

（五）草原上的“毡房”

草原属半干旱气候区，是湿润气候向干旱气候的过渡区。它虽不是干旱区，但在建筑设计上仍要注意防寒、隔热等。由于畜牧业的生产特点，要求居所能随畜移动，因此流动性是其住宅的重要特色。毡房的构造既简单，又科学，四周为木条扎成的骨架，外罩毛毡，旁边留有一门，中央开设天窗，可以透光透气，遇寒遇雨可随时遮盖，并可以随着畜群的转场而灵活拆卸安装，适于游牧生活。

（六）吐鲁番的“土拱”

吐鲁番地区为干旱的大陆性气候，降水稀少，又是一个深陷的盆地，夏季气温很高，因此被称为“火州”“热极”。当地居民为防暑，根据其炎热、少雨的自然环境特征，多用土坯筑成拱形房屋，有的设地下室或在庭院内挖掘防暑凹坑。有的把农作物秸秆铺在房顶，再抹黄泥，覆盖黄土。

中国现代住宅生态设计策略的探索应充分研究各地民居，因地制宜，继承文脉，并将其发扬光大，走多元化的道路。运用和借鉴传统民居的生态精神，营建一个具有良性生态循环和民族特色的现代化居住园区。

第二节　建筑规划的节能设计

一、节能建筑选址原理及方法

（一）基址选择的影响因素

1. 地形地貌

常见的地形有山地、丘陵、平原，虽然人可以改造和调整，但自然地表形态仍是基本条件。一般而言，平坦而简单的地形更适合于作为建设基址，所以向阳的平地或相对平缓的坡地最好，但有时多种地形的组合也可以。

2. 地质

地质对基址选择的影响主要体现在其承载力、稳定性和有关工程建设的经济性等方面。基地的地表一般由土、砂、石等组成，将直接影响到建筑物的稳定程度、层数或高度、施工难易及造价高低等。

3. 生物多样性

任何一个自然基址都是自然长期演化的结果，具有生态平衡和相对稳定的生态系统，所以应尽可能减少对周边动植物生活的打扰。如果某地有稀有物种或濒危的动植物则不适合开发新项目。

任何一个新开发项目的基址都需要认真地把它放在更大的生态系统中，尤其是把它放在邻近的生态系统中进行系统评估。

4. 水文条件

水文条件即江、河、湖、海与水库等地表水体的状况，这与较大区域的气候特点、流域的水系分布、区域的地质、地形条件等有密切关系。自然水体在供水水源、水运交通、改善气候、排除雨水及美化环境等方面发挥积极作用的同时，某些水文条件也可能带来不利影响，特别是洪水侵患。在进行基址选择时，须调查附近江、河、湖泊的洪水位、洪水频率及洪水淹没范围等。按一般要求，建设用地宜选择在洪水频率为1% ~2%（即100年或50年一遇洪水）的洪水水位以上1.5m的地段上；反之，常受洪水威胁的地段则不宜作为建设用地，若必须利用，则应根据土地使用性质的要求，采用相应的洪水设计标准，修筑堤防、泵站等防洪设施。

5. 水文地质

水文地质条件一般指地下水的存在形式、含水层厚度、矿化度、硬度、水温及动态等条件。地下水除作为城市生产和生活用水的重要水源外，对建筑物的稳定性影响很大，主要反映在基础埋藏深度和水量、水质等方面。当地下水位过高时，将严重影响建筑物基础的稳定性，特别是当地表为湿性黄土、膨胀土等不良地基土时，危害更大。用地选择时应尽量避开，最好选择地下水位低于地下室或地下构筑物深度的用地。在某些必要情况下，也可采取降低地下水位的措施。地下水质对于基址选择也有影响，除作为饮用水对地下水有一定的卫生标准要求外，地下水中氯离子和硫酸离子含量较多或较高，将对硅酸盐水泥产生长期的侵蚀作用，甚至会影响到建筑基础的耐久性和稳固性。

地表的渗透性和排水能力也应该认真地加以分析考虑。因为，倘若新建小区地表不渗水，可能会严重影响基址的水文特征。

6. 气候因素

一般来说，气候包括温度、湿度、太阳辐射、风、气压和降水量等因素。这些气候因素与人体健康的关系极为密切，气候的变化会直接影响到人们的感觉、心理和生理活动。风水学中“风水”这个词实际上也包括了气候诸要素，“风水宝地”总是气候宜人，好的“风水”，必有好的气候。

气候条件是复杂而多变的。在我国，除了季风气候显著外，由于地形复杂，区域性气候也多种多样。而气候对居住环境的影响又是长期存在的，所以，无论从总体概念上还是在局部地区、在气候环境方面均应特别重视。在研究用地时，即要留心区域性范围的大气候，又要注意待选用地范围的小气候和微气候。

太阳辐射是自然气候形成的主要因素，也是建筑外部热条件的主要因素。在冬季寒冷地区，太阳辐射是天然热源，因此建筑基地应选在能够充分吸收阳光且与阳光仰角较小的地方。而在夏季炎热地区，过多的太阳辐射往往形成酷暑，因此，建筑基地应选在与阳光仰角较大，能相对减少太阳辐射热的影响。干热气候区，可选在向北的斜坡上，这样光线充足而太阳辐射却有限。

在干冷或湿冷气候区，则选在向南的斜坡上为佳。就水平面的太阳辐射情况看，北方高纬度地区太阳辐射强度较弱，气候寒冷，应选择多争取阳光的地方和朝向；南方低纬度地区太阳辐射较强，气候炎热，应尽量选择太阳直射时间短的地方和朝向。而太阳辐射强度在各朝向垂直面上也是不同的，一般说来，各垂直面的太阳辐射强度以东、西向为最大，南向次之，北向最小，避免东晒、西晒已为人们所注重。

太阳辐射是建筑外部热条件的主要直接因素，建筑物周围或室内有阳光照射，就受到太阳辐射能的作用，尤其是太阳射线中的红外线，含有大量的辐射热能，在冬季能借此提高室内的温度。太阳射线不仅有杀菌的能力，而且还具有物理、化学、生物的作用，它促进生物的成长和发育。因此幼儿园、疗养院、医院病房、住宅等,都应该考虑室内有充沛的直射阳光,争取扩大室内日照时间和日照面积,以改善室内卫生条件,益于身体健康。

虽然阳光对生产和生活是不可缺少的,可是直射阳光对生产和生活,也能引起一些不良影响。如夏季直射阳光能使室内温度过高,人们易于疲劳,尤其是直射阳光中的紫外线,能破坏眼睛的视觉功能。又如在直射阳光中注视物品,或阳光反射到人的视野范围内,引起显著明暗对比,产生眩耀感觉,时间过长会使人头昏,降低劳动生产率,也容易造成生产质量和人身伤亡事故。因此直射阳光的高度角低于30°时,或反射光与工作面的夹角在40°~60°之间的光线,则认为是有害的,在博物馆、画廊、图书馆书库、石窟古建筑壁画等,直射阳光对色彩展品、印刷品、布帛、纸张等都有破坏作用。在危险品库、油库、化学药品库、工厂矿山的化验室等,由于直射阳光照射,可使物品及药品产生变质、老化、分解和燃烧。夏季的直射阳光,使室内温度升高,有增加爆炸的危险性。又如在纺织车间、精密仪器车间和恒温恒湿室等,都要求光线均匀,温度湿度稳定,否则会影响质量,不利于生产。这就要求采取必要措施,防止车间有直射阳光。可见太阳辐射和日照直接影响生产、工作和生活。因此应根据建筑物使用要求的不同,充分利用太阳辐射有利的一面,控制和防止其不利的一面。

气候中第二位的重要因素便是气温。地面上的气温称为自然气温,建筑环境的温度对人体影响是很大的。人体暴露于高水平的热辐射或热对流中,其健康受到损害有两种方式,一种是高温灼伤皮肤,特别是皮肤温度超过45℃时;另一种方式是使体内温度升高,人体体温在普通的静止条件下,保持在36.1~37.2℃。在高温、高湿环境中,人会常感闷热难忍,疲倦无力,工作效率低下。在严重高温、高湿,且气流小,辐射强度大的气候环境中,可导致体温失调,体温大幅度升高,如果升高到42℃或更高些,则会发生中暑,严重者甚至导致死亡。突发的过热,常导致虚脱和突然死亡。与体温过高的情况相类似,使人体体内正常温度明显降低,同样可能严重地损害健康。气候中寒冷强度大,又没有良好的建筑和个人防护,会引起体温下降,神经系统和其他系统的抵抗力随之降低,出现无食欲、嗜睡状态、血压下降、呼吸减弱、意识消失。体温降至35℃以下,可因中枢神经麻痹而死亡。如降到30℃以下,则由于心脏障碍可导致立即死亡。应该注意,体温只要稍稍偏离正常值2~6℃,都可能危及生命。

根据实验,气候温度环境应低于人体温度,如保持在24~26℃的范围内最佳,一般以不超出17~33℃为好,此时人们会对周围环境温度有较舒适的满意感。当然不同季节、不同地区寻得这种环境几乎是不可能的,只是在选择建筑基址时,尽量考虑到温度的舒适性,避开高温高寒的地方。另外,还可通过建筑的规划和设计等措施来争取舒适的、自然的温度环境。

一个好的自然环境,还要有适当湿度。在干热地区如选择具有一定湿度的微气候环境居住,会极大改善人们的舒适性。在高温高湿地区,大气中水蒸气使体表汗液蒸发困难,妨碍了人体的散热过程,有不适之感。当温度比较适中时,大气中相对湿度变化对人体的影响比较小;在高温或低温环境中,相对湿度保持在30%~70%为宜。

在选择建筑基地时,气压也是一个不可忽视的因素。大气对地球表面与人体有一种压力,约为每平方厘米1kg,人体承受的压力相当于15.5~20t。这个压力因与体内压力平衡所以平时感觉不到。一个大气压相当于760mmHg的压力。

一般来说,人体对气压的变化能适应,但如果在短时间内,气压变化很大,人体便不能适应了。随着海拔高度的增加,气压有规律地下降,海拔越高大气越稀薄,气压也就越低。大气主要由氧(占21%)与氮(占78%)组成,因而大气稀薄,大气中的氧含量降低,氧分压也减低,这时人体肺内氧气分压也随着降低,这样血色素就不能被饱和,会出现血氧过少现象。在3000m

高度时，动脉血内氧饱和百分比仅90%，在8000～8500m的高山，只有50%的血色素与氧结合，人体内氧的储备降至正常人的45%，这时便可能危及生命。故一般将240mmHg高（相当于8500m）的气压作为最低生理界限。生活在内地的人初到西藏高原，会感到胸闷不适，头昏欲眠，就是缺氧的缘故。在高度1500m以上的低气压，即能引起人体的生理变化。所以建筑不宜选在海拔高度大的高山上，也不宜选在寒冷、气压低的地区，因为这种环境不利于大气的流动，容易形成大气污染，危害人体健康。

风是构成气候环境的重要因素，是气流流动形成的。在风水学中，因为气"乘风则散"所以风之害被认为是择宅大忌。选择必求"藏风得水"，避免强风的危害。对风的处理不当，的确不利于人体健康，传统医学就很重视风对人体危害的研究，风被列为"风、寒、暑、湿、燥、火"六淫（六气）之首，"六气"太过，不及或不应时则形成致病邪气。不仅对人体，风对农业生产、航海业等均有重大影响，强大的风暴还会给人们的生命财产造成巨大损失。为利用风能和防止风害，古代中国人勤于观察，将风的性质和风向依方位时序绘作八风图，试图把握风的规律。公元前古罗马建筑师维特鲁威在《建筑十书》也明确讲到这一点，如果审慎地由小巷挡风，那就会是正确的设计。风如果冷便有害，热会感到懒惰，含有湿气则要致伤。因此，这些弊害必须避免。

人们对风的态度具有两重性。在干热气候区，凉爽的、带有一定湿度的风是大受欢迎的；太热、太冷、太强或灰尘太多的风是不受欢迎的。通常人们也乐意接受夏季的风习习吹来，加强热传导和对流，使人体散热增快；潮湿的地区则希望风能带走湿气。所以在选择建筑基地时，既要避免过冷、过热、过强的风，又要有一定风速的风吹过。

一般来说，基址不宜选在山顶、山脊，这些地方风速往往很大；更要避开隘口地形，在这种地形条件下，气流向隘口集中，形成急流，流线密集，风速成倍增加，成为风口。同时，也不宜选在静风和微风频率较大的山谷深盆地、河谷低洼等地方，这些地形风速过小，易造成不流动的沉闷的覆盖气层，空气污染严重，招致疾病。总之，应选择在受冬季主导风的影响较小，夏季主导风常常吹来，以及近距离内常年主导风向上无大气污染源的地方。

降水量也是影响气候的因素之一。在平原上，降水量的分布是均匀渐变的，但在山区，由于山脉的起伏，使降水量分布发生了复杂的变化。这种变化最显著的规律有两个，一是随着海拔的升高，气温降低而降水增加，因而气候湿润程度随高度增大而迅速增加，使山区自然景观和土壤等随高度变化而迅速变化；二是降水量，山南坡的降水量大于山北坡的降水量，因此山南坡的空气、土壤、植被均较好，是山区选址的好地点。

在古代中国，限于当时的科学认识水平，古人把建筑环境气候的太阳辐射、气温、湿度、气流、日照等诸要素以直观的感受和体验，用古代哲学的阴阳学说来阐释。阴阳学说是古代中国人的一种宇宙观和方法论，用以认识自然和阐释自然现象。

风水家深谙阴阳论，将其用之于风水学，把山称为阳，水称为阴，山南称为阳，把山北称阴，水北称阳，水南称阴。于是地形要"负阴而抱阳"，背山而面水；把温度高、日照多、地热高等统称为阳，而温度低、日照少、地势低等统称为阴。从生活的经验中人们体会到"阴盛则阳病，阳盛则阴病"（《素问・阴阳应象大论》），因而风水师选择必"相其阴阳"，寻找阴阳平衡的风水宝地，只有这些地方才能"阴阳序次，风雨时至，春生繁祉，人民和利，物备而乐成"（《国语・周语》），才具备人们繁衍生息、安居乐业的环境物质条件。可见，风水学中的阴阳相地，是一种直观体验的总结和整体思辨的结果，它包含了选择的地形、地质水文、气候、植被、生态、景观等诸要素，并以传统哲学的"气""生气""阴阳"等概念来阐释其好坏吉凶，确定是否适合人类居住生息，如此而已。

时至现代，人类的认识和科学技术水平极大提高，人们即可以详尽地分析建筑基址的诸要素，又可进行宏观的综合研究；既可以定性去描述环境的状况，也可以定量来确定环境的质量。更好地利用环境和适应改造环境已成为现实可行的事。

由于我国各地气候冷暖、干湿、雨旱、大风、暴雨、积雨、沙暴等都有很大差异。因此，房屋建筑就要适应当地气候并尽可能地改善不利气候条件，创造舒适的室内工作和生活环境。例如，炎热地区需要考虑通风、遮阳、隔热、降温等因素；寒冷地区需要采暖、防寒、保温等；沿海地区要防台风、潮湿、积水等；西北地区要防风沙；高原地区则要尽量避免强烈的日照和改善干燥的气候(小范围内)等。这些是宏观选址要考虑的，但还要注重具体地点的小气候和微气候情况，具体情况具体分析、具体处理。

综上，建筑环境的选择应考虑以下内容：

(1)场地位置、地形地貌、地质构造、不良地理现象和地震基本烈度；

(2)场地的场层分布、岩石和土的均匀性、物理力学性质、地基承载力和其他设计计算指标；

(3)地下水的埋藏条件、侵蚀性和土层的冻结深度；

(4)场地的稳定性和适宜性；

(5)常年和最大洪水水位，地面排水、积水和沼泽地情况，以及饮用水源情况；

(6)场地的合理建筑范围，合理的交通出入口；

(7)区域内气候的场地微气候；

(8)景观和绿化植被，生态状态。

(二)传统建筑的选址分析

1. 整体系统原则

整体系统论，作为一门完整的科学，它是在21世纪产生的；作为一种朴素的方法，中国的先哲很早就开始运用了。风水理论思想把环境作为一个整体系统，这个系统以人为中心，包括天地万物。环境中的每一个整体系统都是相互联系、相互制约、相互依存、相互对立、相互转化的要素。风水学的功能就是要宏观地把握各子系统之间的关系，优化结构，寻求最佳组合。

2. 因地制宜原则

因地制宜，即根据环境的客观性，采取适宜于自然的生活方式。中国地域辽阔，气候差异很大，土质也不一样，建筑形式亦不同。西北干旱少雨，人们就采取穴居式窑洞居住。窑洞位多朝南，施工简易，不占土地，节省材料，防火防寒，冬暖夏凉。西南潮湿多雨，虫兽很多，人们就采取栏式竹楼居住。此外，草原的牧民采用蒙古包为住宅，便于随水草而迁徙。贵州山区和大理人民用山石砌房，华中平原人民以土建房，这些建筑形式都是根据当时当地的具体条件而创立的。

3. 依山傍水原则

依山傍水是风水最基本的原则之一，山体是大地的骨架，水域是万物生机之源泉，没有水，人就不能生存。考古发现的原始部落几乎都在河边台地，这与当时的狩猎、捕捞、采摘果实相适应。

依山的形势有两类，一类是“土包屋”，即三面群山环绕，凹中有旷，南面敞开，房屋隐于万树丛中，湖南岳阳县渭洞乡张谷英村就处于这样的地形；另一种形式是“屋包山”，即成片的房屋覆盖着山坡，从山脚一直到山腰。

比如六朝古都南京，滨临长江、四周是山，有虎踞龙盘之势。它的四边有秦淮入江，沿江多山矶，从西南往东北有石头山、马鞍山、幕府山；东有钟山；西有富贵山；南有白鹭和长命洲形成夹江。明代高启有诗赞曰：钟山如龙独西上，欲破巨浪乘长风。江山相雄不相让，形胜争夸天下壮。

4. 观形察势原则

风水学重视山形地势，从大环境观察小环境，便可知道小环境受到的外界制约和影响，诸如水源、气候、物产、地质等。任何一块宅地表现出来的吉凶，都是由大环境所决定的，犹如中医切脉，从脉象之洪细弦虚紧滑浮沉迟速，就可知身体的一般状况，因为这是由心血管的机能状态所决定的。只有形势完美，宅地才完美。

5. 地质检验原则

风水学思想对地质很讲究，甚至是挑剔，认为地质决定人的体质，现代科学也证明这是科学的。地质对人的影响至少有以下四个方面：

第一，土壤中含有元素锌、钼、硒、氟等。在光合作用下放射到空气中，直接影响人的健康。

第二，潮湿或臭烂的地质，会导致关节炎、风湿性心脏病、皮肤病等。潮湿腐败之地是细菌的天然培养基地，是产生各种疾病的根源，因此，不宜建宅。

第三，地球磁场的影响。地球是一个被磁场包围的星球，人感觉不到它的存在，但它时刻对人发生着作用。强烈的磁场可以治病，也可以伤人，甚至引起头晕、嗜睡或神经衰弱。风水师常说巨石和尖角对门窗不吉，实际是担心巨石放射出的强磁对门窗里住户的干扰。

第四，有害波的影响，如果在住宅地面 3m 以下有地下河流，或者有双层交叉的河流，或者有坑洞，或者有复杂的地质结构，都可能放射出长振波或污染辐射线或粒子流，导致人头痛、眩晕、内分泌失调等症状。

以上四种情况，旧时风水师知其然不知所以然，不能用科学道理加以解释，在实践中自觉不自觉地采取回避措施或使之神秘化。有的风水师在相地时，亲临现场，用手研磨，用嘴嚼尝泥土，甚至挖土井察看深层的土质、水质，俯身贴耳聆听地下水的流向及声音，这些看似装模作样，其实不无道理。

6. 水质分析原则

不同地域的水中含有不同的微量元素及化合物质，有些可以致病，有些可以治病。风水学理论主张考察水的来龙去脉，辨析水质，掌握水的流量，优化水环境，这条原则值得深入研究和推广。

7. 坐北朝南原则

中国位于北半球，欧亚大陆东部，大部分陆地位于北回归线（北纬 23°26′）以北，一年四季的阳光都由南方射入。朝南的房屋便于采取阳光。坐北朝南，不仅是为了采光，还为了避北风。中国的地势决定了其气候为季风型，冬天有西伯利亚的寒流，夏天有太平洋的凉风。

概言之，坐北朝南原则是对自然现象的认识，顺应天道，得山川之灵气，受日月之光华，颐养身体，陶冶情操，地灵方出人杰。

8. 适中居中原则

适中的另一层意思是居中，中国历代的都城为什么不选择在广州、上海、昆明、哈尔滨？因为地点太偏。适中的原则还要求突出中心，布局整齐，附加设施紧紧围绕轴心。在典型的风水景观中，都有一条中轴线，中轴线与地球的经线平行，向南北延伸。中轴线的北端最好是横行的山脉，形成丁字型组合，南端最好有宽敞的明堂（平原），中轴线的东西两边有建筑物簇拥，还有弯曲的河流。明清时期的帝陵、清代的园林就是按照这个原则修建的。

9. 顺乘生气原则

风水理论提倡在有生气的地方修建城镇房屋，这称为顺乘生气。风水理论认为：房屋的大门为气口，如果有路有水环曲而至，即为得气，这样便于交流，可以得到信息，又可以反馈信息，如果把大门设在闭塞的一方，谓之不得气。得气有利于空气流通，对人的身体有好处。宅内光明透亮为吉，阴暗灰秃为凶。只有顺乘生气，才能称得上贵格。

10. 改造风水原则

人们认识世界的目的在于改造世界为自己服务，人们只有改造环境，才能创造优化的生存条件。

改造风水的实例很多，四川都江堰就是改造风水的成功范例。岷江泛滥，淹没良田和民宅，李冰父子就是用修筑江堰的方法驯服了岷江，使其造福于人类。北京城中处处是改造风水的名胜。故宫的护城河是人工挖成的屏障，河土堆砌成景山，威镇玄武。北海金代时蓄水成湖，积土为岛，以白塔为中心，寺庙以山势排列。圆明园堆山导水，修建一百多处景点，堪称万园之园。就目前来讲，如深圳、珠海、广州、汕头、上海、北京等许多开放城市，都进行了许多的移山填海、建桥铺路、折旧建新的风水改造工作，而且取得了很好的效果。

风水学者的任务，就是给有关人士提供一些有益的建议，使城市和乡村的风水格局更合理，更有益于人们的健康长寿和经济的发展。

（三）节能建筑选址原则

节能建筑对基地有选择性，不是任何位置、任何微气候条件下均可诞生合理的节能建筑，但并不排除花费昂贵代价来换取建筑节能目的建造的可能性。基地条件主要是从满足建筑冬季采暖和夏季致凉两个工况要求来进行研究和讨论的。对完整意义上的节能建筑而言，“暖”和“凉”两者偏废一项均意味着失败，而这一点往往被人所忽视。

1. 向阳原则——采暖目的

冬季采暖充分利用阳光（日照）是最经济、最合理的采暖节能途径，同时阳光又是人类生存、健康和卫生的必需条件，因此节能建筑首先要遵循“向阳”要求：

（1）建筑的基地应选择在向阳的平地或山坡上，以争取尽量多的日照，为建筑单体的节能设计创造采暖先决条件；

（2）未来建筑的（向阳）前方无固定遮挡，任何无法改造的“遮挡”都会令将来建筑采暖负荷增加，造成不必要的能源浪费；

（3）建筑位置要有效避免西北寒风，以降低建筑围护结构（墙和窗）的热能渗透；

（4）建筑应满足最佳朝向范围，并使建筑内的各主要空间有良好朝向的可能，以使建筑争取更多的太阳辐射；

（5）一定的日照间距是建筑充分得热的先决条件，太大的间距会造成用地浪费，一般以建筑类型的不同来规定不同的连续日照时间，以确定建筑最小间距。

2. 通风原则——致凉目的

完整意义上的节能建筑在满足冬季采暖要求同时必须兼顾夏季致凉，即尽量不用常规能源消耗而利用自然提供的条件达到室内创造凉爽的目的。建筑致凉最古老、最合理的方法就是争取良好的自然通风,即利用夜间凉爽的通风使室内热惰性材料降温,致使白天时散失“凉气”而降温,其遵循原则有:

(1)基地环境条件不影响夏季主导风吹向未来建筑物,并考虑冬季主导风尽量少影响建筑;

(2)植被、构筑物等永久地貌对导风的作用;

(3)对一些基地内的物质因素加以组织、利用,以最简洁、最廉价的方式改造室外环境,以创造良好的风环境,为建筑物内部通风提供条件。

3. 减少能量需求原则——综合目的

尊重气候条件,使未来建筑避免一些外来因素而增加冷(热)负荷,尽量少地受自然的“不良”干扰,并通过设计、改造,以降低建筑对能量的需求:

(1)避免“霜洞”。节能建筑不宜布置在山谷、洼地、沟底等凹形基地。由于寒冬的冷气流在凹形基地形成冷空气沉积,造成“霜洞”效应,使处于凹形基地部位,如底层、半地下层围护结构外的微气候环境恶化,影响室内小气候而增加能量的需求,如图2-7所示。

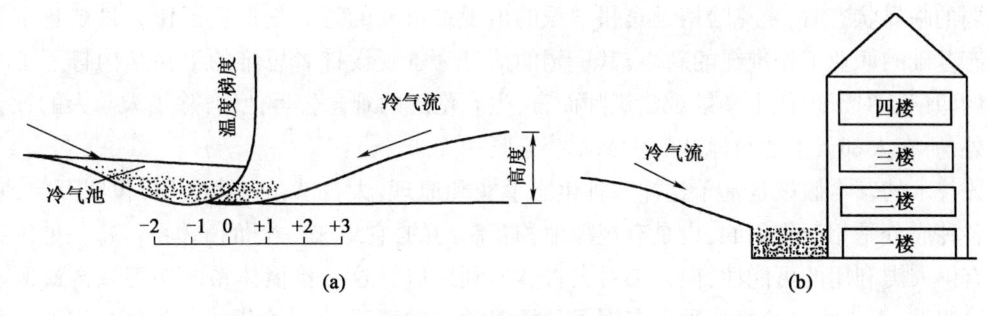

图2-7 “霜洞”效应

(2)避免“辐射干扰”。夏季基地周围构筑物造成的太阳辐射增强会使未来建筑热负荷提高,建筑选址时必须避开“辐射干扰”范围,或合理组织基地内的建筑和构筑物,减少未来建筑的能量需要。“辐射干扰”来自玻璃幕墙的阳光辐射热“污染”;过多的光洁硬地使阳光反射加剧。

(3)避免“不利风向”。冬季寒流风向可以通过各种风玫瑰图获得,基地内的寒流走向将会影响未来建筑的微气候环境,造成能量需求增加。因此在建筑选址和建筑组群设计时,应充分考虑封闭西北向(寒流主导向),合理选择封闭或半封闭周边式布局的开口方向和位置,使建筑群达到避风节能的目的。

(4)避免“局地疾风”。基地周围(外围)的建筑组群不当会造成局部范围内冬季寒风的流速加剧,会给建筑围护结构造成较强的风压,增加了墙和窗的风渗漏,使室内环境采暖负荷加大。

(5)避免“雨雪堆积”。地形中处理不当的“槽沟”,会在冬季产生雨雪沉积,雨雪在融化(蒸发与升华)过程中将带走大量热量,会造成建筑外环境温度降低,增加围护结构保温的负担,对节能不利。这种问题也同样产生于建筑勒脚与散水坡位置处理、设计不当,及其屋面设计不当造成的建筑物对能量需要的增加。

(四)选址方法

1. “千层饼”的生态选址法

“千层饼模式”的理论与方法赋予了景观建筑学以某种程度上的科学性质,景观规划成为可以经历种种客观分析和归纳的、有着清晰界定的学科。20 世纪 70 年代始，生态环境问题日益受到关注，宾夕法尼亚大学景观建筑学教授麦克哈格(Lan McHarg)提出了将景观作为一个包括地质、地形、水文、土地利用、植物、野生动物和气候等决定性要素相互联系的整体来看待的观点，强调了景观规划应该遵从自然固有的价值和自然过程，完善了以因子分层分析和地图叠加技术为核心的生态主义规划方法，麦克哈格称之为“千层饼模式”。

1971，麦克哈格提出在尊重自然规律的基础上，建造与人共享的人造生态系统的思想，并进而提出生态规划的概念。发展了一整套从土地适应性分析到土地利用的规划方法和技术，这种叠加技术即“千层饼”模式。这种规划以景观垂直生态过程的连续性为依据，使景观改变和土地利用方式适用于生态方式。这一千层饼的最顶层便是人类及其居住所，即我们的城市。麦克哈格的研究范畴集中于大尺度的景观与环境规划上。但对于任何尺度的景观建筑实践而言，这都意味着一个重要的信息，那就是景观除了是一个美学系统以外还是一个生态系统。与那些只是艺术化的布置植物和地形的设计方法相比，更为周详的设计思想是环境伦理的观念。虽然在多元化的景观建筑实践探索中，其自然决定论的观念只是一种假设而已，但是当环境处于脆弱的临界状态时，麦克哈格及宾州学派的出现最重要的意义是促进了作为景观建筑学意识形态基础的职业工作准绳的新生，其广阔的信息为景观设计者思维的潜在结构打下了不可磨灭的印记。对于现代主义景观建筑师而言，生态伦理的观念告诉他们，除了人与人的社会联系之外，所有人都天生地与地球的生态系统紧紧相连。

该技术的基本假设是基于这样一种生态事实和原理：大自然是一个大网，包罗万象，它内部的各种成分是相互作用的，也是有规律地相互制约的，它组成一个价值体系。每一种生态因子具有供人类利用的可能性，但人类对大自然的利用应将这一价值体系的伤害减至最低。基于这一假设，麦克哈格给每一种生态因子包括美学、自然资源和社会因素的价值加以评价并分级。然后，对不同价值的区域以深浅不同的颜色表示，就可得到相应生态因子的价值平面图。将所考虑的每一种生态因子的价值平面图加以叠加，最后就会得出价值损失最小而利益最大的方案，如图 2-8 所示。

到目前为止，对于考虑多因素的方案，还没有哪种方法比这一方法更成功，尤其是对那些不能定量评价的生态因子参与的影响。这是一种显而易见的选择方法，任何人只要收集到的资料数据相同，就会得出相同的结论。它的相对价值体系能帮助人们考虑许多不能折价的利益、节约和损失，不仅如此，还能度量景观这一潜在的价值。

对这一生态分析方法，值得说明的有以下几点：一是对同一生态因子的价值进行分级评判毫无疑问是可行的，而不同生态因子之间的价值是不能比较、不可分级的。二是一单元野生动物价值与一单元土地价值，或者说一单元游憩价值与一个具有飓风风险的单元，显然是不可比较的。因此，这种方法会受到这一缺陷的限制。例如，用深色表示价值高，浅色表示价值低，当叠加的图层不能呈现出共同的浅色区时，就会陷入一种不确定状态。解决这一问题的方法，有赖于对不同生态因子之间的价值进行比较。如果这些不同生态因子的价值能折算成价格体系，它们之间就成为可比较的；如果不能折算成统一的比较体系，那么只能对它们进行定性比较，可以用问卷或其他方法来得出它们相对的重要程度，再进行分析。三是用不同颜色表示不同价值的方法可以改用网格评分数值表示，这样同一网格中不同层的数值加在一起的总数就可体现其总价值高低。这种方法可避免由于图层太多而造成的颜色不清晰。

Human 人类	People 人	Community 社区需要
		Economics 经济
		Community Organization 社区机构
		Demographics 人口统计
		Land Uses 土地使用
		Human History 人类历史
Biotic 生物	Wildlife 野生物	Mammals 哺乳动物
		Birds 鸟类
		Reptile 爬行动物
		Fishes 鱼类
	Vegetation 植物	Habitats 栖息地
		Plant Types 植物种类
Abiotic 非生物	Soils 土壤	Soil Erosion 土壤侵蚀
		Soil Drainage 土壤排水
	Hydrology 水文学	Surface Water 地表水
		Ground Water 地下水
	Physigraphy 自然地理学	Slope 坡度
		Elevation 标高
	Geology 地质学	Surficial Geology 地表地质
		Bedrock Geology 基岩地质
	Climate 气候	Microclimate 微气候
		Macroclimate 宏观气候

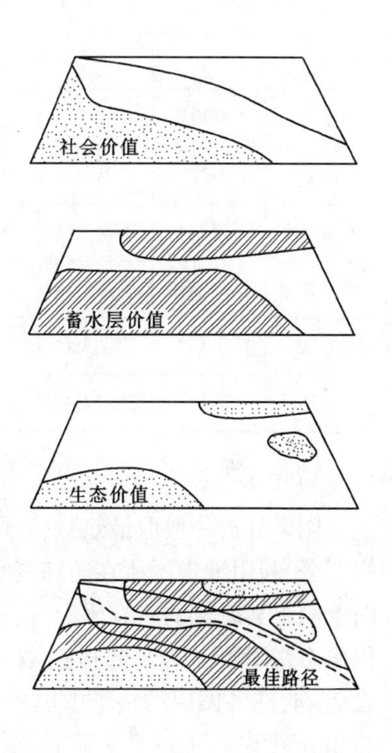

图 2－8　麦克哈格千层饼和图层叠加技术

2. 基于阳光和风的生态选址法

阳光和风是影响基址选择的两个最重要的气候因素，它们不仅影响建筑在冬季的日照和采暖，也影响建筑在夏季的遮阳和降温。基址中阳光与风的状况，表征着可再生能源利用的潜在能力，它们还与室外热环境密切相关。因此，评估基址内阳光与风的状况十分重要。

阳光和风表征着基址的可再生能源利用潜力，它们不仅影响建筑的朝向与布局，还与建筑物被动采暖与降温措施有关，并直接影响建筑设备的能耗。阳光和风还是室外环境最重要的组成部分，直接影响室外热环境的设计和创造。基于阳光和风的生态选址分析方法，为我们提供了一种具体的从气候角度分析选择基址的可操作途径。

1) 建立评判分值

由于阳光和风在不同的气候区所起的作用是不同的，而在同一气候区，不同的建筑对阳光与风的要求也不一样。例如，在冬季，内部发热少的住宅要求有较早的或较多的日照进入，而内部发热多的办公楼则要求较晚或较少的日照。根据不同的气候区和不同的建筑类型，建立对"阳光"和"风"的评判分值，是该分析方法首先要做的事情。通常采用 0～3 分制，0 分表示最不希望的最坏的条件，3 分表示最希望的最好的条件。表 2－4 给出了一种常用的评分表。

表 2-4　用于评估阳光和风对基地选择影响的评分表

室外气候与类型			无阳光			有阳光			无风			有风		
内部得热型	外部得热型	户外空间	冬	春/秋	夏	冬	春/秋	夏	冬	春/秋	夏	冬	春/秋	夏
		寒冷	0	0	0	3	3	3	2	2	2	1	1	1
	寒冷	凉冷	0	0	2	3	3	1	2	2	0	1	1	3
寒冷	凉冷	温和	0	0	2	3	1	1	2	2	0	1	3	3
干燥凉冷	干燥温和	干燥温热	0	2	2	3	1	1	2	2	0	1	1	3
潮湿凉冷	潮湿温和	潮湿温热	0	2	2	1	1	1	2	0	0	1	3	3
干热	干热	干燥炎热	2	2	2	1	1	1	2	2	2	1	1	1
湿热	湿热	潮湿炎热	2	2	2	1	1	1	0	0	0	3	3	3

2)对地形图的阴影状况进行分析

阴影分析一般取最热月(7 月)和最冷月(1 月)的代表日进行。分析前,将地形图进行网格划分,利用地形图所在的纬度和代表日的棒影图或其他方法。例如,计算机显现,可在地形图上绘出某时刻的所有阴影区,得出一张带有阴影标记的图层。对多个时刻进行同样处理,可得出多张图层。一般分析选取上午 9:00、中午 12:00 和下午 15:00 三个时刻即可。参阅表 2-4,在各图层的格子中填入对应的分值,然后将相同格子的分值相加,就可得到一张阴影总积分图层。图 2-9 是温和气候地区的某地形图,上面有一凹平面建筑物,该建筑西边有一小山丘,小山丘上长有树木,西北面有较高的山丘,而正北面有一洼地。图 2-10 是 1 月份的阴影分析及其总积分图层。

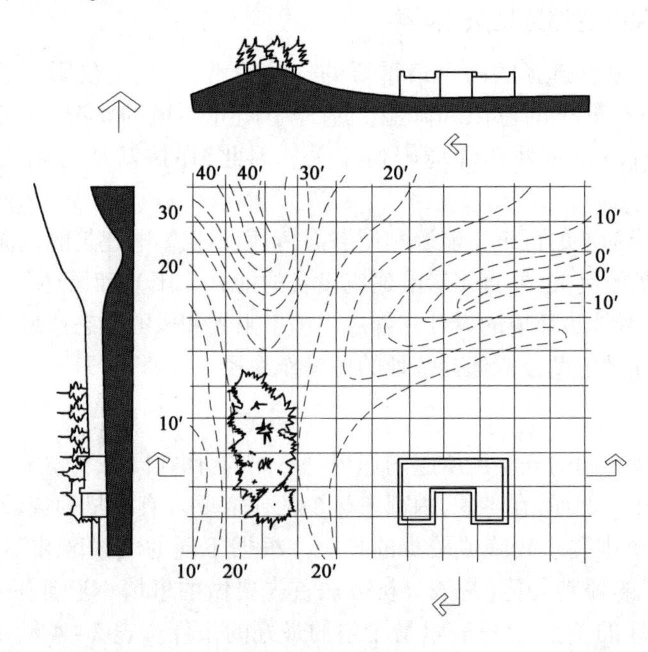

图 2-9　温和气候地区某地形图

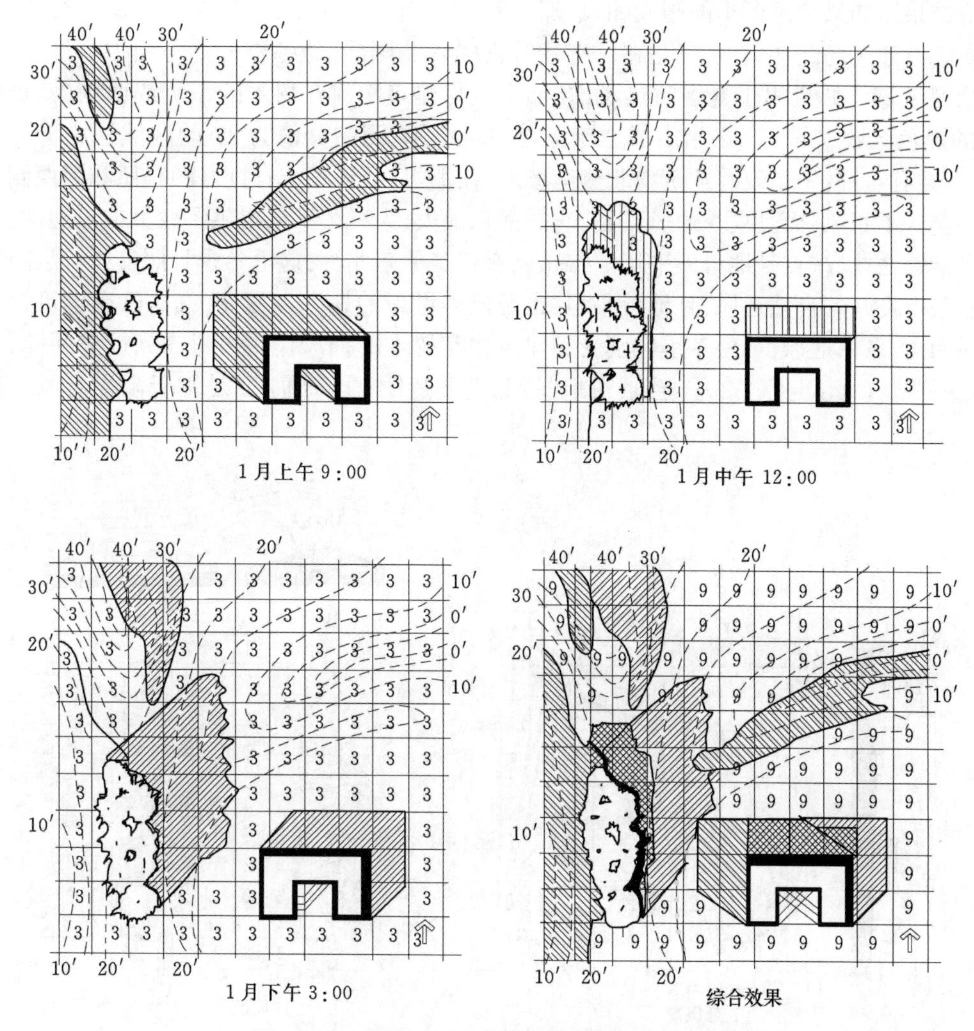

图2－10　冬季(1月)的阴影分析及总积分图层

3)对地形图的风状况进行分析

从地形图所在的城市和气候区,找到最热月(7月)和最冷月(1月)的风玫瑰图,可以确定风的大小和方向。由此,可在地形图上绘制出风的流动状况,得出一张带有风流动状况的图层。参阅表2－4,在风流动状况的图层格子中填上相应的分值。风流动图也可以用计算机模拟得到。上述地形冬季(1月)风向为西北偏西风,7月盛行南风,图2－11给出了地形图1月和7月的风流动状况以及相应的分值。

4)季节和年的综合评价

将同一季节风况分析图与阴影分析图叠加,同一格子中各层的数值加起来,就得到相应季节综合评价图层。综合评价图层中,总数值越大的地方说明对于该季节来讲越适合作为建筑基址,反之,则说明是不适宜的。值得说明的是,在这种叠层计算方法中,风况分析图要与所有时刻的阴影图各重叠一次,这样才能使风与阳光的作用并重。对于此处的分析例,风况分析图要用3次。将不同季节的总评价图层再次叠加,就可得出年综合评价图层。年综合评价图层中,总数值大的地方说明对于年来讲适合作为建筑基址。图2－12给出了上述地形的季节综合评价结果。如果考虑冬季的阳光和风,那么有三块地适于建造,一是在已有建筑物的南侧,二是在已有建筑的北侧南坡,三是在已有建筑物的东北侧,就是冬季 1 月份图中标注 15 分的三块涂黑区域。如果出于夏季防热考虑,那么应将建筑物建在树木的东侧或西侧,就是标注 13 分的黑色区域。图 2 - 13 给出了全年综合评价结果,图中分值为 27 的区域构成了可选的区域,一共有 4 块:一是现有建筑物北侧南坡地,在那里,不仅冬季有良好的日照和因西侧山丘的阻挡避开了寒风,而且夏季通风良好,它的面积最大,为后续发展提供了较大的可能性,应是最值得推荐之地,缺点是地势不平坦。二是已有建筑的东北侧,这里冬季日照良好,风速较小,夏季能获得良好的自然通风,且地势平坦,也是值得考虑的地方。另外,就是已有建筑物的东南和西南角,夏季通风良好,冬季分别受到建筑物和树木的挡风作用。考虑到地势问题,东南角较好一些。由此可见,“冬季避风,争取日照,夏季遮阴,争取通风”是基于阳光与风的选址原则。

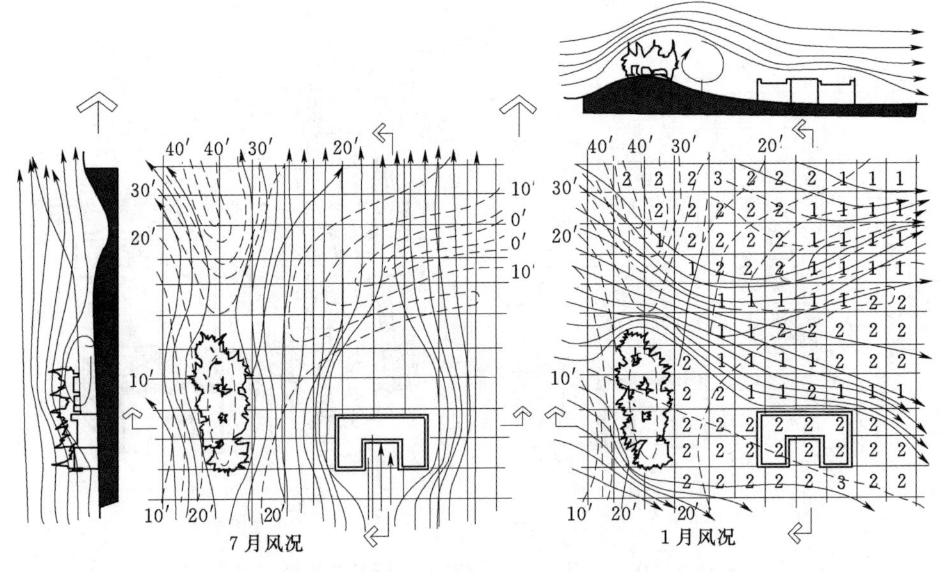

图 2 - 11　夏季(7 月)和冬季(1 月)风的流动状况

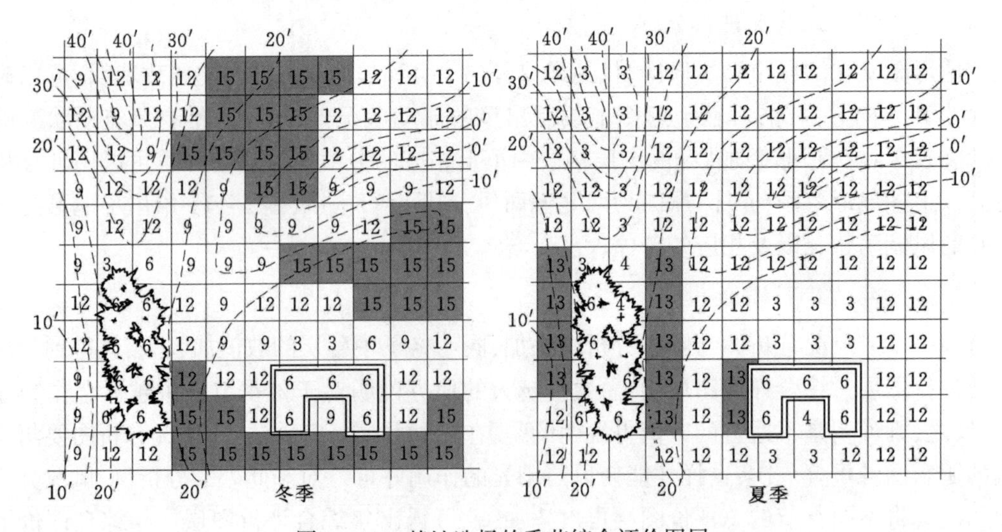

图 2 - 12　基址选择的季节综合评价图层

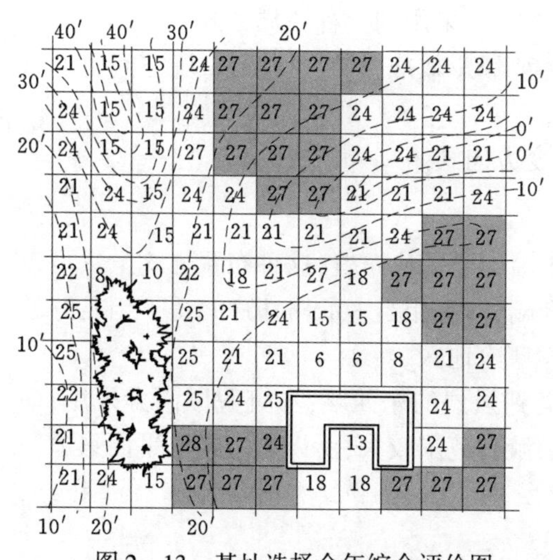

图 2－13　基址选择全年综合评价图

值得说明的是，这种方法为我们提供了可操作的分析途径，它随着网格的细化而不断精确。在实际工程中，遇到的情况可能比上述例子复杂得多，规划师、建筑师以及从事景观的工程人员可借助于计算机实现阴影和风况的精细分析，从而更真实地再现空气的流动状况，对各种选择方案进行方便的预测和比较。

通过以上四步得出分值最大的就是最佳选址方案。

二、建筑布局与节能

建筑基地选择得当与否会直接影响节能建筑的效果，但基地条件可以通过建筑设计及构筑物等配置来改善其微气候环境，避免及克服不利因素。

影响建筑规划设计组团布局的主要气候因素有：日照、风向、气温、雨雪等。在我国严寒地区及寒冷地区进行规划设计时，可利用建筑的布局，形成优化微气候的良好界面，建立气候防护单元，对节能很有利。设计组织气候防护单元，要充分根据规划地域的自然环境因素、气候特征、建筑物的功能、人员行为活动特点等形成完整的庭院空间。充分利用和争取日照、避免季风的干扰，组织内部气流。利用建筑的外界面，形成对冬季恶劣气候条件的有利防护，改善建筑的日照和风环境，做到节能。

（一）建筑布局形式

建筑群的布局可以从平面和空间两个方面考虑。一般的建筑组团平面布局有行列式、周边式、混合式、自由式几种，如图 2－14 所示。它们都有各自的特点。

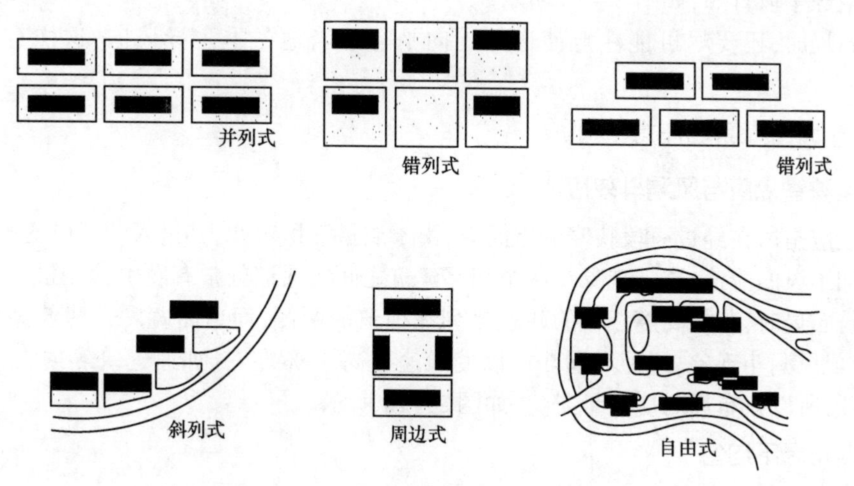

图 2－14　建筑组团式布局

1. 行列式

行列式包括并列式、错列式、斜列式。

并列式：建筑物成排成行地布置，这种方式能够争取最好的建筑朝向，使大多数居住房间得到良好的日照，并有利于通风，它是目前我国城乡中广泛采用的一种布局方式。

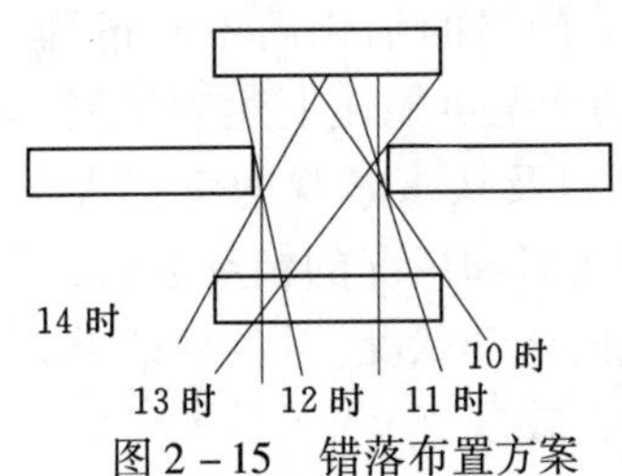

图 2－15　错落布置方案

错列式：可以避免“风影效应”，同时利用山墙空间争取日照，如图 2－15 所示。

斜列式：成组改变方向式。

2. 周边式

周边式是指建筑沿街道周边布置，这种布置方式虽然可以使街坊内空间集中开阔，但有相当多的居住房间得不到良好的日照，对自然通风也不利。所以这种布置仅适于北方寒冷地区。

特点：太封闭，不利于风的导入，且使较多房间受到强烈的东西晒，不宜我国南方采用；而且使建筑群内部的背风区和转角处出现气流停滞区，漩涡范围较大，所以周边式总平面只适用于严寒地区。

3. 混合式

混合式是行列式和部分周边式的组合形式。这种方式可较好地组成一些气候防护单元，同时又有行列式的日照通风优点，在北方寒冷地区是一种较好的建筑群组团方式。

4. 自由式

当地形复杂时，密切结合地形构成自由变化的布置形式。这种布置方式可以充分利用地形特点，便于采用多种平面形式和高低层及长短不同的体形组合；可以避免互相遮挡阳光，对日照及自然通风有利，是最常见的一种组团布置形式。

另外，规划布局中要注意点、条组合布置，将点式住宅布置在好朝向的位置，条状住宅布置在其后，有利于利用空隙争取日照，如图 2－16 所示。

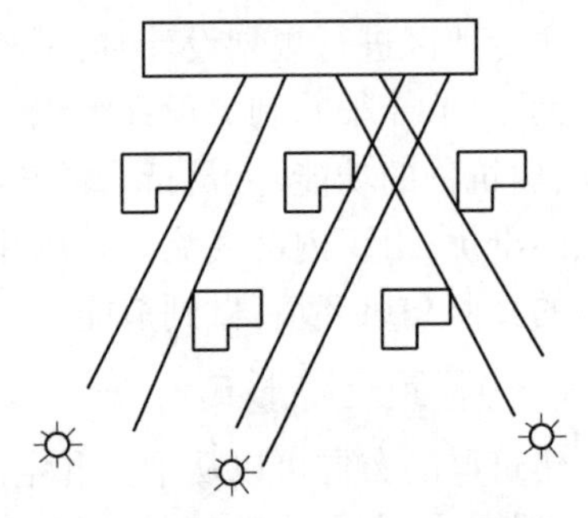
图 2－16　条式与点式住宅结合布置方案

建筑布局时，还要尽可能注意使道路走向平行于当地冬季主导风向，这样有利于避免积雪。

（二）建筑布局需要注意的问题

1. 避免狭管效应与风漏斗效应

狭管效应是风在经过一段狭窄的空间时，由于质量守恒定律，其进入的端口变小导致体积减小而增加了风的流速，这一现象在两个相邻建筑之间的通道处常有发生，如图 2－17 所示。

在建筑布局时，若将高度相似的建筑排列在街道的两侧，而道路宽度是建筑高度的 2～3 倍时，会形成风漏斗现象，这种风漏斗可以使风速提高 30% 左右，加速建筑热损失，并影响行人的舒适性，所以在布局时应尽量避免，如图 2－18 所示。

2. 避免布局不均匀

在组合建筑群中，当一栋建筑远高于其他建筑时，它在迎风面上会受到沉重的下冲气流的冲击，如图 2－19 中的(b)所示。另一种情况出现在若干栋建筑组合时，在迎冬季来风方向减少某一栋，均能产生由于其间的空地带来的下冲气流，如图 2－19 中(c)所示。这些下冲气流与附近水平方向的气流形成高速风及涡流，从而加大风压，造成热损失加大，应予以避免。

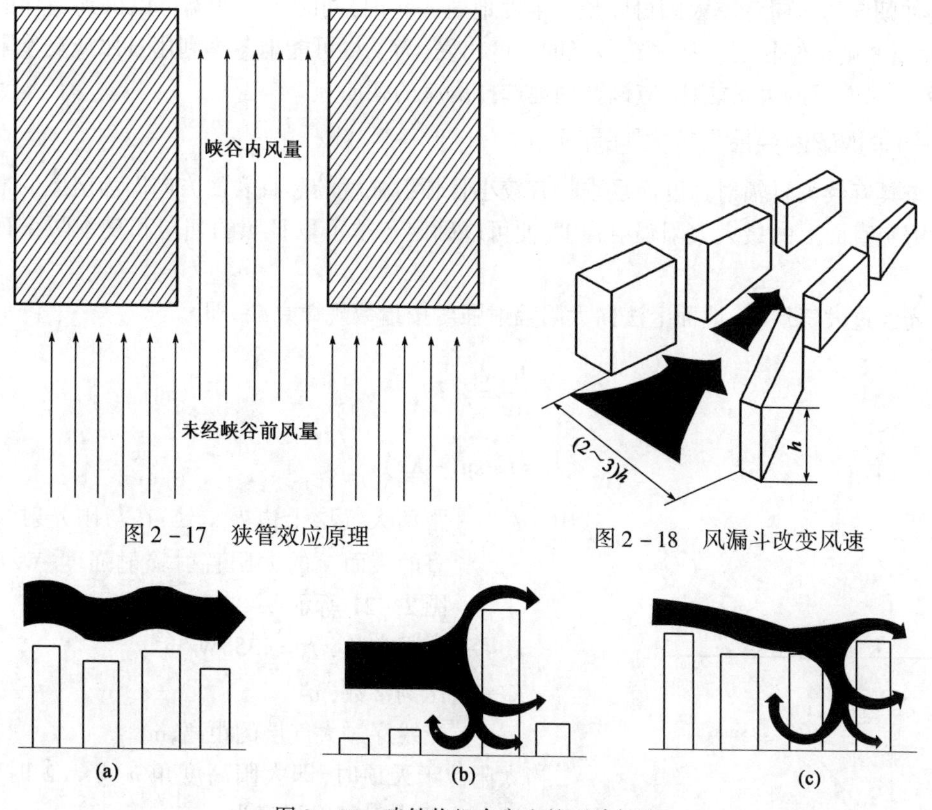

图 2－17　狭管效应原理

图 2－18　风漏斗改变风速

图 2－19　建筑物组合产生的下冲气流

3. 高低建筑合理布局

建筑布局在设计时能尽量减少相互之间的遮挡，高低建筑应合理布局。例如北面的建筑高，南面建筑较低，注意不要影响周围原有建筑的采光。对采光要求不高的低矮建筑可以布置在北侧，比如在北面设置停车场，如图 2－20 所示。

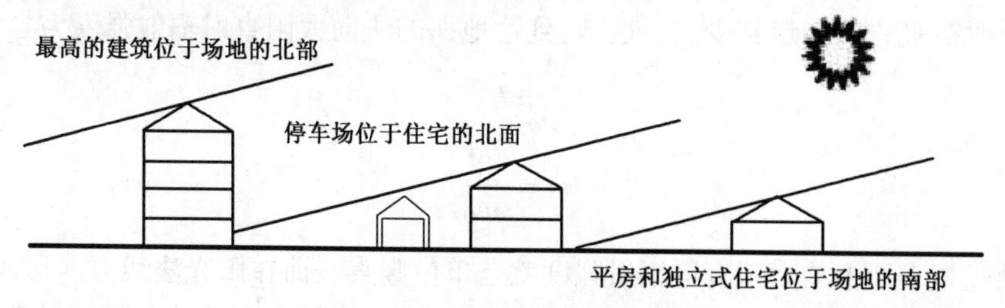

图 2－20　高低建筑合理布局

三、建筑朝向与节能

选择合理的住宅建筑朝向是住宅群体布置中首先考虑的问题。影响住宅朝向的因素很多，如地理纬度、地段环境、局部气候特征及建筑用地条件等。常常会出现这样的情况：理想的日照方向也许恰恰是最不利的通风方向，或者在局部建筑地段（如道路、地形的影响）不可能实现。因此，“良好朝向”或“最佳朝向”范围的概念是一个具有地区条件限制的提法，它是在只考虑地理和气候条件下对朝向的研究结论。我国大部分地区处于北温带，房屋“坐北朝南”,这种朝向的房屋冬季太阳可以最大限度地射入室内,同时南向外墙可以得到最佳的受热条件,而夏季则正好相反。从建筑节能的角度出发,为了尽可能地冬季利用日照或夏季限制日照,避免冷风造成的大量能耗,应该合理地选择房屋的朝向。

(一)争取或避免最大的太阳辐射热

冬季具有较大日辐射强度而夏季具有较小日辐射强度的竖直表面方向即为房屋的最佳朝向。求解竖直面上的最大太阳辐射强度,便可以确定冬季争取日照的朝向和夏季防止日晒的方位。

阳光经过大气层时,地面上法向太阳辐射强度按指数规律衰减,即

$$\frac{dI_x}{dx} = -KI_x \tag{2-5}$$

则

$$I_x = I_0 \exp(-Kx) \tag{2-6}$$

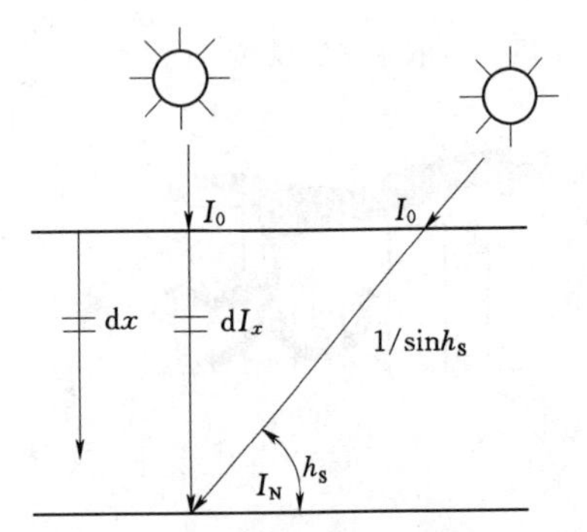

图 2-21　距离大气层上边界 x 处太阳直射辐射强度计算简图

式中　I_x——距离大气层上边界 x 处,在与阳光射线相垂直的表面上的太阳直射辐射强度,W/m²,如图 2-21 所示;

I_0——太阳常数, $I_0 = 1353\text{W/m}^2$;

K——比例常数,m^{-1};

x——光线穿过大气层的距离,m。

当太阳位于天顶时,即太阳高度角 $h_x = \pi/2$ 时,到达地面的法向太阳直射辐射强度为

$$I_l = I_0 \exp(-Kl)$$

即

$$\frac{I_l}{I_0} = p = \exp(-Kl) \tag{2-7}$$

p 称为大气透明系数,是衡量大气透明程度的标志。p 值越接近 1 ,表明大气越清澈,阳光通过大气层时被吸收的能量越少。一般地,到达地面的法向太阳直射辐射强度为

$$I_l = I_0 p^m \tag{2-8}$$

其中

$$m = \frac{1}{\sin h_S}$$

照射到竖直表面上的太阳直射辐射强度就是单位竖直表面在阳光法线方向形成的投影面上的太阳直射辐射量。当竖直表面的方位与太阳的方位一致时,竖直表面上的太阳直射辐射强度可以表示为

$$I_{竖} = I_l \cos h_S \tag{2-9}$$

$$I_{竖} = I_0 p^{\frac{1}{\sin h_S}} \cos h_S \tag{2-10}$$

其最大辐射强度为

$$I_{竖\max} = I_0 p^{\frac{1}{\sin h_{S0}}} \cos h_{S0} \tag{2-11}$$

根据辐射强度的极值条件有

$$\frac{dI_{竖max}}{dh_{S0}} = \frac{I_0 p^{\frac{1}{\sinh_{S0}}}}{\sin_{h_{S0}}{}^2}(\sin^3 h_{S0} + \ln p \cos^2 h_S) = 0$$

解此方程有

$$\sin h_{S0} = \frac{\ln p}{3} + \sqrt[3]{-\frac{b}{2} + \sqrt{\left(\frac{b}{2}\right)^2 + \left(\frac{a}{3}\right)^3}} + \sqrt[3]{-\frac{b}{2} + \sqrt{\left(\frac{b}{2}\right)^2 + \left(\frac{a}{3}\right)^3}} \quad (2-12)$$

其中 $$a = -\frac{(\ln p)^2}{3}; b = (\ln p)\left[1 - \frac{2}{27}(\ln p)^2\right]$$

对于某个地区,可以由以上求得的高度角按下式得到此时的太阳方位角:

$$\cos A_{S0} = \frac{\sin h_{S0} \cdot \sin \phi - \sin\delta}{\cos h_{S0} \cdot \cos\phi} \quad (2-13)$$

式中 ϕ——地理纬度;

δ——赤纬角。

A_{S0}是能够达到最大太阳辐射强度的垂直面的方位角,此时建筑物可以获得最大的太阳辐射强度,用以确定建筑物的合理朝向。

上面得到的垂直面上达到最大太阳辐射强度的太阳高度角 h_{S0}和方位角 A_{S0}与大气透明系数有关。大气透明系数随时随地而有不同,冬季最小,夏季最大,农村较大,城市较小,污染越重的地区,大气透明系数越小。因此在房屋的日照设计中应该根据当地大气观测数据,冬季取较小值,夏季取较大值。一般夏至日正午太阳高度角 h_{Smax} 比垂直面上达到最大太阳辐射强度的太阳高度角 h_{S0}大,因此夏至日能够获得最大太阳辐射强度的垂直面方向有两个,A_{S0}和 $-A_{S0}$,分别在东向和西向。这样将房屋外表面积最小的一面指向 A_{S0}和 $-A_{S0}$方向有利于避免外墙强烈的日晒。如 $A_{S0}=90°$,这时达到最大太阳辐射强度的垂直面方向近似于正东向和正西向,对于长方形平面的建筑,其外表面积最小的两个面正好可以指向正东向和正西向,同时避免强烈的东、西晒。冬至日高纬度地区 h_{Smax} 可能比 h_{S0}小,这时能够达到最大太阳辐射强度的垂直面方向为正南向,房屋朝向正南向最有利于争取日照。低纬度地区 h_{Smax} 可能比 h_{S0}大,这时获得最大太阳辐射强度的垂直面方向有两个,A_{S0}和 $-A_{S0}$,分别在南偏东和南偏西,房屋的朝向取这两个方向都对争取日照有利。

(二)主导风向与建筑朝向的关系

主导风向直接影响冬季住宅室内的热损耗及夏季居室内的自然通风。因此,从冬季的保暖和夏季降温考虑,在选择住宅朝向时,当地的主导风向因素不容忽视。另外,从住宅群的气流流场可知,住宅长轴垂直主导风向时,由于各幢住宅之间产生涡流,从而影响了自然通风效果。因此,应避免住宅长轴垂直于夏季主导风向(即风向入射角为零度),从而减少前排房屋对后排房屋通风的不利影响。在实际运用中,当根据日照已将住宅的基本朝向范围确定后,再进一步核对季节主导风时,会出现主导风向与日照朝向形成夹角的情况。从单幢住宅的通风条件来看,房屋与主导风向垂直效果最好。但是,从整个住宅群来看,这种情况并不完全有利,而往往希望形成一个角度,以便各排房屋都能获得比较满意的通风条件。

(三)建筑体形与建筑朝向

建筑物的朝向对于建筑节能亦有很大的影响,这一点已成为人们的共识。例如,同是长方形建筑物,当其为南北向时,耗热较少。而且在面积相同的情况下,主朝向的面积越大,这种倾向越明显。因此，从节能的角度出发，如总平面布置允许自由考虑建筑物的形状和朝向，则应首先选长方形体形，采用南北朝向。

但是，由于种种因素的影响，实际设计中建筑所可能采取的体形不能实现最佳的朝向设置。而有关建筑朝向与节能关系的论述虽常可见到，但多是以长方形体这一假设为前提，且仅限于南、北、偏东、偏西等有限的朝向，故对实际设计的指导意义不大。建筑体形不同会使建筑物在不同朝向有不同的太阳辐射面积，这方面蔡君馥、张家璋等进行了大量研究，为我们提供了极为详尽的资料，极具借鉴价值。详细内容，如图 2 – 22、图 2 – 23 及表 2 – 5 ~ 表 2 – 10 所示。

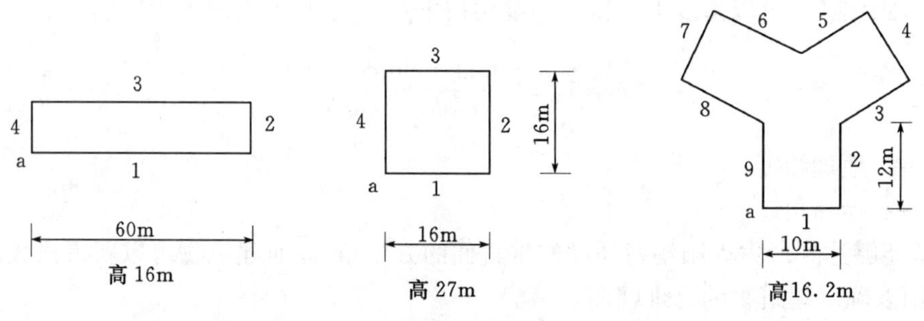

图 2 – 22　板式、点式、Y 型住宅的基本形式

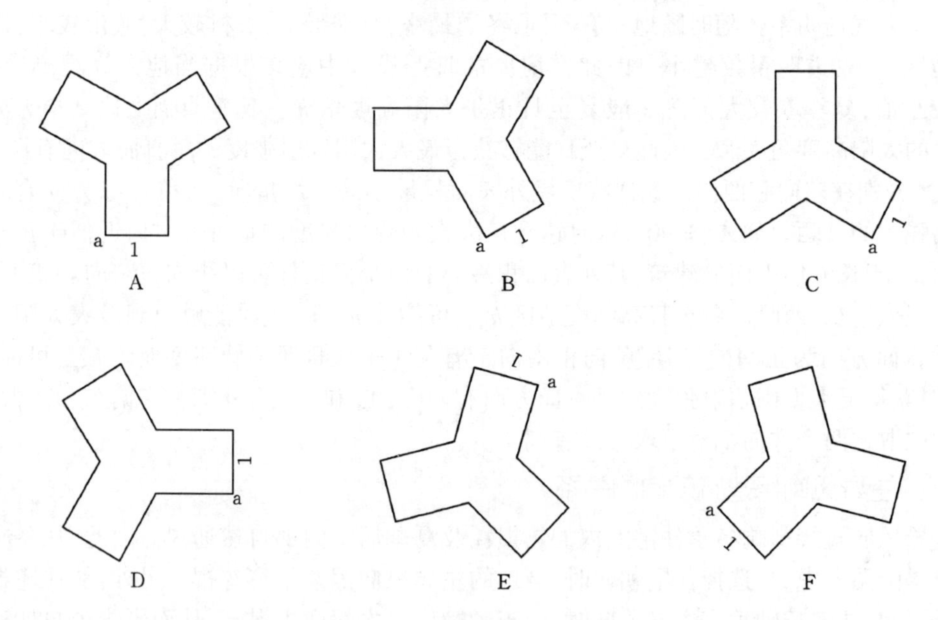

图 2 – 23　不同角度的 Y 型住宅

由上述图表可以看出：

(1) 不同体形对朝向变化敏感程度不同；

(2) 无论何朝向均有辐射面积较大之面；

(3) 板式体形以南北主朝向时获热最多；

(4) 点式体形与板式相仿但总获热较少；

(5) Y 型体形总辐射面积小于上述两种；

(6) Y 型体形中以 C、A 型获得热量最多。

表 2-5　冬至日不同建筑朝向所受太阳辐射面积

旋转角度(°)		0		15(-15)		30(-30)		45(-45)		60(-60)		75(-75)		90(-90)	
序号	面积(m^2)	总辐射面积(m^2)	平均(m^2)	总辐射面积(m^2)	平均(m^2)	总辐射面积(m^2)	平均(m^2)	总辐射面积(m^2)	平均(m^2)	总辐射面积(m^2)	平均(m^2)	总辐射面积(m^2)	平均(m^2)	总辐射面积(m^2)	平均(m^2)
1	972	2965.158	3.051	2872.967	2.956	2602.677	2.678	2182.033	2.245	1713.066	1.762	1265.976	1.302	875.132	0.900
2	178.2	160.441	0.900	103.714	0.582	66.051	0.371	49.299	0.278	47.589	0.267	47.589	0.267	47.589	0.267
3	972	259.579	0.267	259.579	0.267	259.79	0.267	268.904	0.278	360.286	0.371	565.727	0.582	875.152	0.900
4	178.2	160.441	0.900	232.094	1.302	314.062	1.762	400.039	2.245	477.158	2.678	526.711	2.956	543.612	3.051
Σ_1	2300.4	3545.619	1.541	3468.354	1.508	3242.369	1.409	2900.275	1.261	2598.099	1.129	2405.994	1.046	2341.285	1.108
Σ_2	2960.4	4702.500	1.588	4625.234	1.562	4399.250	1.486	4057.153	1.370	3754.975	1.268	3562.865	1.204	3498.355	1.182

注:长方形住宅·平面尺寸 $60\times11m^2$,高 16.2m。

Σ_2 包括屋顶面积时的数据。

表 2-6　夏至日不同建筑朝向所受太阳辐射面积

旋转角度(°)		0		15(-15)		30(-30)		45(-45)		60(-60)		75(-75)		90(-90)	
序号	面积(m^2)	总辐射面积(m^2)	平均(m^2)	总辐射面积(m^2)	平均(m^2)	总辐射面积(m^2)	平均(m^2)	总辐射面积(m^2)	平均(m^2)	总辐射面积(m^2)	平均(m^2)	总辐射面积(m^2)	平均(m^2)	总辐射面积(m^2)	平均(m^2)
1	972	1276.157	1.313	1318.404	1.356	1406.566	1.447	1480.674	1.523	1499.669	1.543	1469.569	1.512	1388.005	1.428
2	178.2	254.468	1.428	226.929	1.273	192.850	1.082	155.366	0.872	115.589	0.649	83.125	0.466	69.786	0.392
3	972	380.650	0.392	453.413	0.466	631.039	0.649	847.462	0.872	1051.922	1.082	1237.802	1.273	1388.005	1.428
4	178.2	254.468	1.428	269.421	1.512	274.939	1.543	271.457	1.523	257.871	1.447	241.707	1.356	233.962	1.313
Σ_1	2300.4	2165.743	0.941	2268.167	0.968	2505.394	1.089	2754.959	1.198	2925.151	1.272	3032.203	1.318	3079.758	1.339
Σ_2	2960.4	5394.313	1.822	5496.734	1.857	5733.961	1.937	5983.524	2.021	6153.715	2.079	6260.768	2.115	6308.333	2.131

注:长方形住宅·平面尺寸 $60\times11m^2$,高 16.2m。

Σ_2 包括屋顶面积时的数据。

表 2－7　冬至日不同建筑朝向所受太阳辐射面积

旋转角度(°)		0		15(－15)		30(－30)		45(－45)		60(－60)		75(－75)		90(－90)	
序号	面积(m^2)	总辐射面积(m^2)	平均(m^2)	总辐射面积(m^2)	平均(m^2)	总辐射面积(m^2)	平均(m^2)	总辐射面积(m^2)	平均(m^2)	总辐射面积(m^2)	平均(m^2)	总辐射面积(m^2)	平均(m^2)	总辐射面积(m^2)	平均(m^2)
1	432	1317.848	3.051	1276.874	2.956	1156.745	2.678	969.792	2.245	761.363	1.762	562.652	1.302	388.948	0.900
2	432	388.948	0.900	251.428	0.582	160.124	0.371	119.512	0.278	115.368	0.267	115.368	0.267	115.368	0.267
3	432	115.368	0.267	115.368	0.267	115.368	0.267	119.513	0.278	160.127	0.371	251.434	0.582	388.956	0.900
4	432	388.948	0.900	562.625	1.302	761.363	1.762	969.792	2.245	1156.745	2.678	1276.874	2.956	1317.848	3.051
Σ_1	1728	2211.112	1.280	2206.332	1.277	2193.600	1.269	2178.609	1.261	2193.603	1.269	2206.218	1.277	2211.120	1.280
Σ_2	1984	2659.845	1.341	2655.055	1.338	2642.333	1.332	2627.340	1.324	2642.333	1.332	2655.055	1.338	2659.844	1.341

注:方形住宅・平面尺寸 $60 \times 16m^2$,高 27m。

Σ_2 包括屋顶面积时的数据。

表 2－8　夏至日不同建筑朝向所受太阳辐射面积

旋转角度(°)		0		15(－15)		30(－30)		45(－45)		60(－60)		75(－75)		90(－90)	
序号	面积(m^2)	总辐射面积(m^2)	平均(m^2)	总辐射面积(m^2)	平均(m^2)	总辐射面积(m^2)	平均(m^2)	总辐射面积(m^2)	平均(m^2)	总辐射面积(m^2)	平均(m^2)	总辐射面积(m^2)	平均(m^2)	总辐射面积(m^2)	平均(m^2)
1	432	567.181	1.313	585.957	1.356	625.141	1.447	658.078	1.523	666.519	1.543	653.142	1.512	616.891	1.428
2	432	616.891	1.428	550.130	1.273	467.516	10.82	376.644	0.872	280.458	0.649	201.514	0.466	169.178	0.392
3	432	169.178	0.392	201.517	0.466	280.462	0.649	376.650	0.872	467.521	1.082	550.134	1.273	616.894	1.428
4	432	616.891	1.428	653.142	1.512	666.519	1.543	658.078	1.523	625.141	1.447	585.957	1.356	567.181	1.313
Σ_1	1728	1970.141	1.140	1990.746	1.152	2029.638	1.175	2069.450	1.198	2029.639	1.175	1990.747	1.175	1970.144	1.140
Σ_2	1984	3222.437	1.624	3243.046	1.635	3291.931	1.659	3321.741	1.674	3291.930	1.659	3243.039	1.635	3222.437	1.624

注:方形住宅・平面尺寸 $60 \times 16m^2$,高 27m。

Σ_2 包括屋顶面积时的数据。

表 2-9 冬至日不同建筑朝向所受太阳辐射面积

序号		1	2	3	4	5	6	7	8	9	10
面积(m^2)		162	194.4	194.4	162	194.4	194.4	162	194.4	194.4	1652.4
A	总辐射面积(m^2)	494.193	175.027	495.653 (520.630)	60.046	52.915	51.915	60.046	495.653 (520.630)	175.027	2059.475
	平均(m^2)	3.051	0.900	2.550	0.371	0.267	0.267	0.371	2.550	0.900	1.246
B	总辐射面积(m^2)	433.780	72.056	246.123 (345.787)	43.263	66.763	51.916	145.855	578.604 (597.617)	342.613	1980.973
	平均(m^2)	2.678	0.371	1.266	0.267	0.343	0.267	0.900	2.976	1.762	1.199
C	总辐射面积(m^2)	286.511	51.916	158.905 (175.027)	43.263	158.905 (175.027)	51.916	285.511	524.832	524.832	2085.591
	平均(m^2)	1.762	0.267	0.817	0.267	0.817	0.267	1.761	2.670	2.670	1.262
D	总辐射面积(m^2)	145.855	51.916	66.673	43.263	246.123 (345.787)	72.056	433.780	342.613	578.604 (597.617)	1980.973
	平均(m^2)	0.900	0.267	0.343	0.267	1.266	0.371	2.678	1.762	2.976	1.199
E	总辐射面积(m^2)	363.672	53.780	157.053 (246.028)	43.263	101.794 (114.413)	51.916	210.995	318.108 (578.146)	436.461	1737.042
	平均(m^2)	2.245	0.277	0.808	0.267	0.524	0.267	1.302	1.636	2.245	1.051
F	总辐射面积(m^2)	363.672	436.461	318.108 (578.146)	210.995	51.916	101.794 (114.413)	43.263	157.053 (246.028)	53.780	1737.042
	平均(m^2)	2.245	2.245	1636	1.302	0.267	0.524	0.267	0.808	0.277	1.051

注:括号里的数字为无自身遮挡时的辐射的辐射面积。

表 2－10　夏至日不同建筑朝向所受太阳辐射面积

序号		1	2	3	4	5	6	7	8	9	Σ
面积(m^2)		162	194.4	194.4	162	194.4	194.4	162	194.4	194.4	1652.4
A	总辐射面积(m^2)	212.693	277.500	226.676 (281.263)	175.319	126.980	126.980	175.319	226.676 (281.363)	277.500	1825.643
	平均(m^2)	1.313	1.427	1.372	1.082	0.653	0.653	1.082	1.372	1.427	1.105
B	总辐射面积(m^2)	234.428	126.206	270.806 (298.639)	105.172	147.476 (211.146)	76.123	231.334	235.492 (250.978)	299.934	1726.971
	平均(m^2)	1.447	0.649	1.393	0.641	0.759	0.392	1.423	1.211	1.543	1.045
C	总辐射面积(m^2)	249.945	126.206	194.820 (277.500)	63.442	194.820 (277.500)	126.206	249.945	278.521	278.521	1762.426
	平均(m^2)	1.543	0.649	1.002	0.392	1.002	0.649	1.543	1.433	1.433	1.067
D	总辐射面积(m^2)	231.334	76.130	147.476 (211.146)	105.172	270.806 (298.639)	126.206	234.428	299.934	235.492 (250.978)	1726.971
	平均(m^2)	1.423	0.392	0.759	0.641	1.393	0.649	1.447	1.543	1.211	1.045
E	总辐射面积(m^2)	246.779	169.490	276.624 (282.110)	75.568	172.280 (247.625)	90.681	244.928	199.906 (259.536)	296.135	1772.391
	平均(m^2)	1.523	0.872	1.426	0.466	0.886	0.466	1.512	1.028	1.523	1.073
F	总辐射面积(m^2)	246.779	296.135	199.906 (259.523)	244.928	90.681	172.280 (247.625)	75.568	276.624 (282.110)	169.490	1772.391
	平均(m^2)	1.523	1.523	1.028	1.512	0.466	0.866	0.466	1.423	0.872	1.073

注:括号里的数字为无自身遮挡时的辐射的辐射面积。

四、建筑间距与节能

（一）日照间距

在确定好建筑朝向之后，还要特别注意建筑物之间应具有较合理的间距，以保证建筑能够获得充足的日照。建筑设计时应结合建筑日照标准，建筑节能、节地原则，综合考虑各种因素来确定建筑间距。

1. 日照标准

日照时间：我国地处北半球温带地区，居住建筑希望在夏季能够避免较强的日照，而冬季又希望能够获得充分的直接阳光照射，以满足建筑采光以及得热的要求。居住建筑常规布置为行列式，考虑到前排建筑对后排房屋的遮挡，为使居室能得到最低限度的日照，一般以底层居室获得日照为标准。北半球的太阳高度角全年中的最小值是冬至日。因此，选择居住建筑日照标准时通常取冬至日中午前后两小时日照为下限（也有将大寒日作为最低的日照标准日），再根据各地的地理纬度和用地状况加以调整。

日照质量：住宅中的日照质量是通过两个方面的积累达到的，即日照时间的积累和每小时日照面积的积累。日照时间除了确定冬至日中午南向 2h 的日照外，还随建筑方位，朝向（即阳光射入室内的角度）的不同而异，即根据各地区经具体测定的最佳朝向来确定。阳光的照射量由受到日照时间内每小时室内墙面和地面上阳光投射面积的积累来计算。只有日照时间和日照面积得到保证，才能充分发挥阳光中紫外线的杀菌效用。同时，对于北方住宅冬季提高室温有显著的作用。

2. 住宅群的日照间距

计算建筑物的日照间距时根据建筑物所处的气候区、城市大小和建筑物的使用性质确定日照标准。在规定的日照标准日（冬至日或大寒日）的有效日照时间范围内，以底层窗台面为计算起点的建筑物长轴之间的外墙距离为日照间距。

在平地上，有任意朝向的建筑物两栋，如图 2－24 所示。其中，假设计算点在后栋建筑物底层窗台高度 m 点，也就是说使前栋建筑物的阴影正好落在点 m 处，$m\alpha'$为墙面法线，ma 为两栋建筑物的日照间距 D_0，bb'为前栋建筑物的计算高度 H_0，A 为太阳方位角即图中的$\angle Smb$，h 为太阳高度角即图中的$\angle bmb'$，α 为后栋建筑物的朝向方位角$\angle Sma$，γ 为后栋建筑物墙面法线与太阳方位角的夹角。

在　abm 中：$\frac{ma}{mb}=\cos\gamma$

在　$bb'm$ 中：$\frac{bb'}{mb}=\tan h_S$

综合上两式，则有 $ma=\frac{bb'}{\tan h}\cdot\cos\gamma$

其中 $ma=D_0$，$bb'=H_0$，$\gamma=A-\alpha$

$$D_0=H_0\mathrm{ctan}h_S\cdot\cos\gamma=H_0\mathrm{ctan}h_S\cdot\cos(A-\alpha) \quad (2-14)$$

当建筑物的朝向为正南向时可用下式计算得出建筑的日照间距：

$$D_0=H_0\mathrm{ctan}h_S\cdot\cos A \quad (2-15)$$

正南向的建筑物在正午时分的日照间距则可下式计算：

$$D_0 = H_0 \text{ctan} h_S \tag{2-16}$$

当建筑物的朝向为东、西向时，计算公式可为

$$D_0 = H_0 \text{ctan} h_S \cdot \cos(90° - A) \tag{2-17}$$

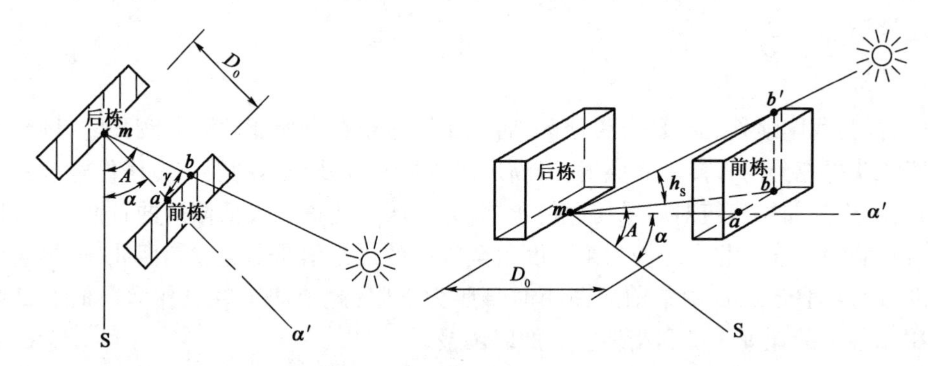

图2－24　平地日照间距计算图

由于对日照要求的不同，计算点的位置将会有所不同：一种是计算满窗日照时，计算点应该设置在窗台上窗口中点的外墙皮处；一种是当建筑物的窗口较多时，计算点应设置在日照条件最不利的位置，一般设置在整栋建筑物中间窗口的中点处。在这两种情况中，计算高度都应该是除去了窗口到外地面的高度的。

当两栋建筑物不处于同一水平线上时，建筑日照间距的计算只是需要注意计算高度的取值，其他的则与在同一水平线上的计算公式相同。

如图2－25所示，两栋建筑物处在不同的水平向上有两种情况，其计算高度的确定也是不同的。

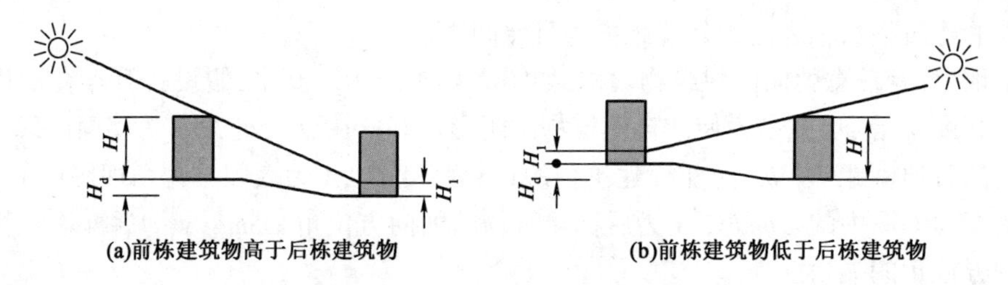

图2－25　坡地日照间距计算图

当前栋建筑物高于后栋建筑物的室外标高时，其建筑计算高度为

$$H_0 = H + H_d - H_1 \tag{2-18}$$

当前栋建筑物低于后栋建筑物的室外标高时，其建筑计算高度为

$$H_0 = H - H_d - H_1 \tag{2-19}$$

式中　H——建筑物自身的建筑高度；

H_d——两栋建筑物室外标高高差；

H_1——后栋建筑物自室外地坪到该楼底层窗台的高度。

（二）通风间距

室内外空气在一般情况下不断地进行交换，这种交换即居室的通风或换气。住宅房间必

须有适当的通风换气，以改善室内微气候，减低室内空气中二氧化碳的含量和室内来源的有害气体的浓度，以减少病原微生物和灰尘数量。

住宅中的通风一般是采用自然通风。自然通风是利用空气的自然流动达到通风换气的目的，较经济适用。但因受外界气象直接影响较大，通风不够稳定。住宅中的自然通风是利用空气的风压作用而形成的。设想空气是在一个极大的渠道中流动，房屋处于这个渠道中，当风吹向房屋迎风面墙壁时，气流受阻后改变原来流动方向沿着墙面和屋顶绕过房屋。在迎风面，由于气流受阻，迎风面的空气压力增大，超过大气压力。在背风面，由于气流形成旋涡，出现了空气稀薄现象，所以该处的空气压力小于大气压力。实际工作中，空气压力超过大压力时称为正压（+），小于大气压力时称为负压（-）。在正压区设进风口，在负压区设排风口，这样一压一吸，风从进风口进入室内，把室内的热空气或有害气体从排气口排至室外，达到通风换气的目的。如因建筑密度过大，或没有很好的考虑主导风向，或因门窗面积过小或安排位置不当时，可以采用机械通风。因厨房的油烟气和卫生间的臭气太大，且往往难以有良好的自然通风，则要使用机械通风并增设排气管道。

在改善夏季室内微气候上，主要是能使室内有一定的风速，即形成穿堂风。在严寒的冬季室内则应避免穿堂风的形成，需要利用通风以维持室内空气清洁新鲜时，可以安装适当的气窗。根据测定，形成适宜室内气候的风速在0.2～0.5m/s，最大不宜超过3m/s。建筑物和自然通风一方面和风向、风速、建筑物内处的温差等因素有关，另一方面与建筑设计如建筑的朝向、进出风口（门窗、气窗）面积的大小和位置以及建筑物之间的间距有关。

要改善夏季居住小区室外的风环境，进而改善室内的自然通风，首先应该在朝向上尽量让房屋纵轴垂直建筑所在地区夏季的主导风向。例如，我国南方在建筑设计中有防热要求的地区（夏热冬暖地区和夏热冬冷地区），其主导风向都是在南到东南方向之间。在这些地区的传统建筑，大多数的朝向都是向南或偏南的。

选择了合理的建筑朝向，还必须合理规划整个住宅建筑群的布局，才能组织好室内的通风。由于建筑物对气流的阻挡作用，在其背风面形成局部无风区域或风速变小并形成回旋涡流，该区称为风影区。如果另一幢建筑处于前面建筑的涡流区内，是很难利用风压组织起有效的通风的。

建筑物背风面形成的风影区和涡流长度与建筑物外形尺寸以及风向投射角有关。当建筑的长度和进深不变时，风影区长度随建筑的高度增加而逐渐加大，约为建筑高度的4～5倍；当建筑的高度和进深不变时，风影区随建筑宽度的增加而加大。图2-26给出了不同建筑排列时对后面气流涡流区的影响。风向投射角是风向与建筑外墙面法线的交角，如图2-27所示，如果是直吹建筑，则投射角为零度。仅从单体建筑来讲，风向投射角越小，对室内通风越有利，但实际上，在居住小区中住宅不是单排的，一般都是多排。如果正吹，建筑后的风影区较大。为了保证后一排住宅的通风，两排住宅的间距理论上要达到前栋建筑高度的4～5倍，这样的间距，用地太多，在实际建筑设计中是难以采用的。

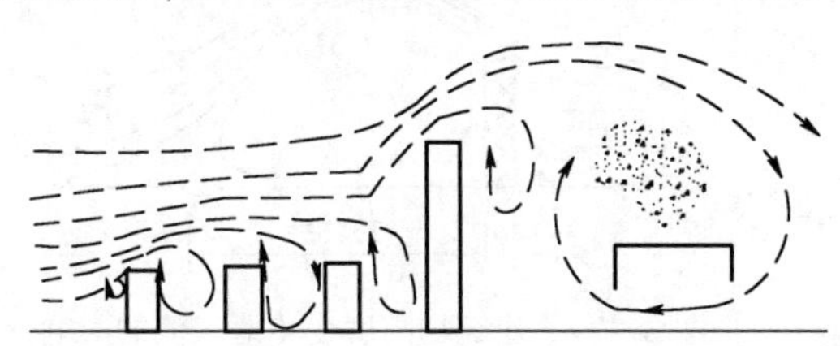
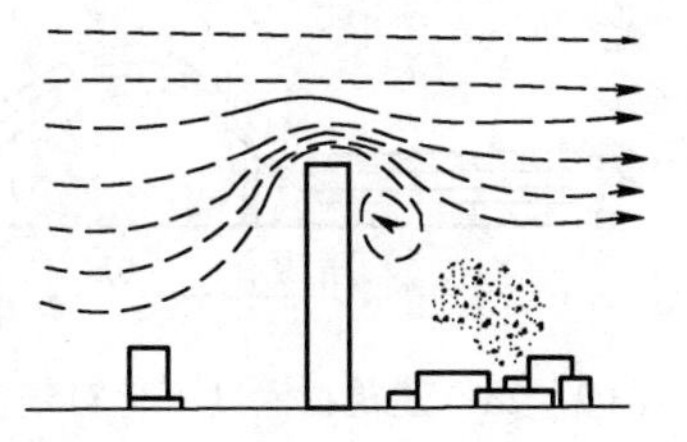

图2-26　气流涡流区

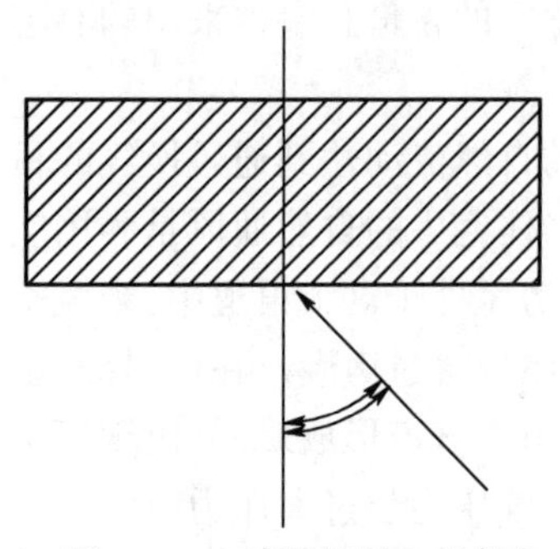
图 2－27　建筑的风向投射角

因此,建筑间距应该适当避开前面建筑的涡流区。根据研究,不同风向投射角情况下的建筑涡流区范围如表 2－11 所示。可见,风向投射角越小对通风越有利,但占地多。风向投射角增大,房屋背风面的涡流区长度减少,可以节省用地,但风向投射角太大,又会降低室内风速,不利于通风。所以,在建筑设计中要综合考虑这两方面的利弊,根据风向投射角对室内风速的影响来决定合理的建筑间距,同时也可以结合建筑群体布局方式的改变以达到缩小间距的目的。

表 2－11　不同风向投射角对自然通风的影响

风向投射角	室内风速降低(%)	房屋背风涡流区长度
0°	0	3.75*H*
30°	13	3.0*H*
45°	30	1.5*H*
60°	50	1.5*H*

注:*H* 为房屋高度。

单体建筑物的三维尺寸会对其周围的风环境造成较大的影响。从节能的角度考虑,应创造有利的建筑形态,减少风流、风压及耗能热损失。建筑物越长、越高,进深越小,其背风面产生的涡流区越大,流场越紊乱,对减少风速、风压有利,如图 2－28 至图 2－30 所示。从避免冬季季风对建筑的侵入来考虑,应减少风向与建筑物长边的入射角度。

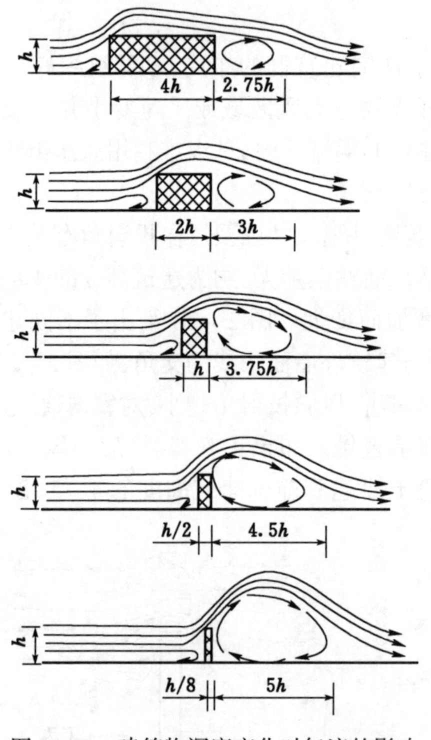

图 2－28　建筑物深度变化对气流的影响

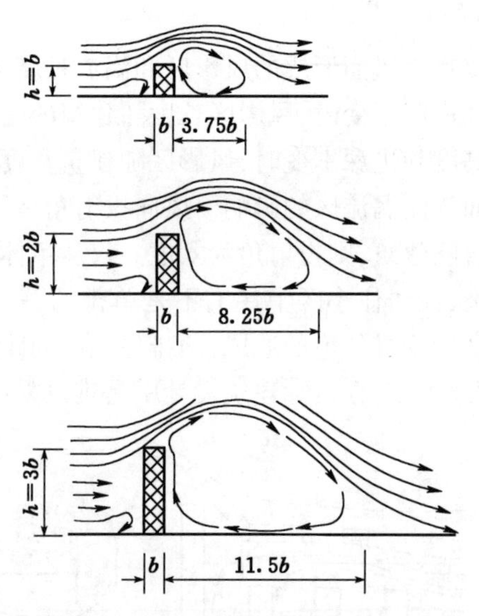

图 2－29　建筑物高度变化对气流的影响

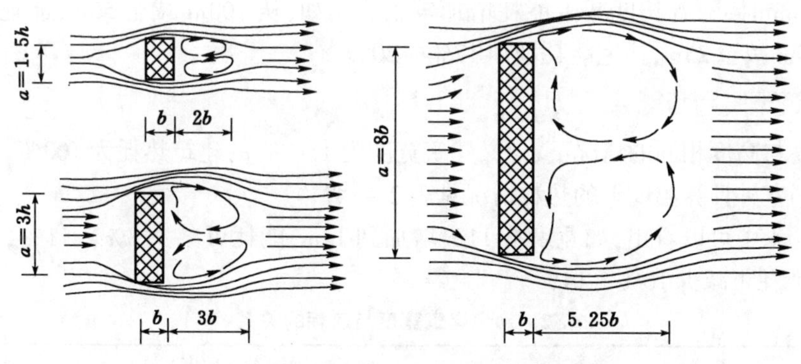

图 2－30　建筑物长度变化对气流的影响

第三节　建筑单体的节能设计

一、建筑平面尺寸与节能

(一)建筑平面形状与节能

建筑物的平面形状主要取决于建筑物用地地块形状与建筑的功能,但从建筑热工的角度上看,平面形状复杂势必增加建筑物的外表面积,并带来热耗的大幅度增加。从建筑节能的观点出发,在建筑体积 V 相同的条件下,当建筑功能要求得到满足时,平面设计应注意使围护结构表面积 F 与建筑体积 V 之比尽可能地小,以减小表面的散热量。在这里假定某建筑平面为40m×40m,高为17m,并定义这时建筑的热耗为100%,表2－12列出了相同体积下,不同平面形式的能耗大小。

表 2－12　建筑平面形状与能耗关系

平面形状	正方形	长方形	细长方形	L形	回字形	U形
F/V	0.16	0.17	0.18	0.195	0.21	0.25
热耗(%)	100	106	114	124	136	163

从表2－9可以看出,平面形状越复杂的建筑能耗越大,主要是平面形状复杂的建筑与环境大气接触的外表面大,与外界能量交换多,导致能耗增大。

(二)建筑长度与节能

建筑宽度与高度相同的情况下,定义长度为100m时的建筑热耗为100%,则不同建筑长度以及不同室外计算温度下的热耗情况见表2－13。

表 2－13　建筑长度与热耗的关系

热耗(%) / 室外计算温度(℃)	住宅建筑长度(m)				
	25	50	100	150	200
－20	121	110	100	97.9	96.1
－30	119	109	100	98.3	96.5
－40	117	106	100	98.3	96.7

表2－13显示了居住建筑物长度与其能耗的关系,增加居住建筑物的长度对节能有利。

长度小于 100m 时，随着长度减少能耗增加较大。例如，从 100m 减至 50m，能耗增加 6% ~ 10%。从 100m 减至 25m，住宅能耗增加 17% ~20%。

(三)建筑宽度与节能

建筑长度与高度相同的情况下，定义建筑宽度为 11m 时的建筑热耗为 100%，则不同建筑宽度以及不同室外计算温度下的热耗情况见表 2 - 14。

从表 2 - 14 中可以看出，如宽度从 11m 增加到 14m，能耗可减少 8% ~11%，如果增大到 15 ~16m，则能耗可减少 10% ~14%。

表 2 - 14　建筑宽度与热耗的关系

热耗(%) / 室外计算温度(℃)	住宅建筑宽度(m)							
	11	12	13	14	15	16	17	18
-20	100	95.7	92	88.7	86.2	83.6	81.6	80
-30	100	95.2	93.1	90.3	88.3	86.6	84.6	83.1
-40	100	96.7	93.7	91.9	89.0	87.1	84.3	84.2

从以上分析可以看出，增加建筑长度和宽度都会减小体形系数，但增加宽度比增加长度更易于实现，且节能效果更明显。

(四)建筑高度与节能

从体形系数公式(2 - 20)看随着高度增加，体形系数减少，有利于节能。建筑物高度增加，可以使体形系数相应减少。但也要考虑层高增加会带来造价提高，外墙面积变大会造成热辐射加剧导致空调负荷增加等负面效应，以及层高增加使得建筑上层周围风速增大，对夏季通风致凉的有利作用。

二、体形系数与节能

体形是建筑作为实物存在必不可少的直接形状，所包容的空间是功能的载体，除满足一定文化背景和美学要求外，其丰富的内涵和自由令建筑师神往。然而，节能建筑对体形有特殊的要求和原则，不同的体形会影响建筑节能效率。

建筑物热损失与以下三个因素有关：

(1)建筑物围护结构材料的热工性能；

(2)建筑物围合体积及所需的面积；

(3)室内外温差。

建筑师在设计过程中，可以通过相应的技术措施对以上前两个因素实施控制，但是对于某一确定的建筑空间和建筑围护结构，在选择建筑平面形状时(长、宽和高)有各种不同的变换方式，同样能满足建筑功能的要求，而所需的外表面积截然不同，由于外表面积的差异会造成建筑物热损失量的不同。

(一)体形系数概念

建筑物的外形千姿百态，往往建筑设计中外形设计是纯艺术性问题，但其会给建筑节能带来重大影响。由于建筑体形不同，其室内与室外的热交换过程中界面面积也不相同，并且因形状不同带来的角部热桥敏感部位增减，也会给热传导造成影响。所以应控制体形，给建筑师推荐相应的对节能有利的体形，使建筑设计过程中对体形有正确的评价。

目前,体形控制主要是通过体形系数进行,体形系数是指建筑物与室外大气接触的外表面积与其所包围的体积的比值。外表面积中,不包括地面和不供暖楼梯间等公共空间内墙及户门的面积,以比值 F/V 描述。对建筑节能概念来讲,要求用尽量小的建筑外表面,汇合尽量大的建筑内部空间。F/V 越小则意味着外墙面积越少,也就是能量的流失途径越少。从降低建筑能耗的角度出发,建筑物的平、立面不应出现过多的凹凸,应该将体形系数控制在一个较小的水平上。

体形系数不只是影响外围护结构的传热损失,它还与建筑造型、平面布局、采光通风等紧密相关。体形系数过小,将制约建筑师的创造性,造成建筑造型呆板,平面布局困难,甚至难以满足建筑功能的需要。因此,如何合理确定建筑形状,必须考虑本地区气候条件,冬、夏季太阳辐射强度、风环境、围护结构构造等各方面因素。应权衡利弊,兼顾不同类型的建筑造型,尽可能地减少房间的外围护面积,使体形不要太复杂,凹凸面不要过多,以达到节能的目的。

(二)体形系数计算和分析

体形系数由 F/V 来描述,对于建筑平面形状为矩形的建筑其计算公式:

$$\frac{F}{V}=\frac{ab+2bH+2aH}{abH}=\frac{1}{H}+\frac{2}{a}+\frac{2}{b} \tag{2-20}$$

式中 H——建筑物高度,m;

a——建筑物宽度,m;

b——建筑物长度,m。

《建筑节能与可再生能源利用通用规范》GB 55015—2011 规定了居住建筑体形系数和公共建筑体形系数的限值,如表 2－15 与表 2－16 所表示。

表 2－15 居住建筑体形系数限值

热工分区	建筑层数	
	≤3 层	>3 层
严寒地区	≤0.55	≤0.30
寒冷地区	≤0.57	≤0.33
夏热冬冷 A 区	≤0.60	≤0.40
温和 A 区	≤0.60	≤0.45

表 2－16 严寒和寒冷地区公共建筑体形系数限值

单栋建筑面积 A(m^2)	建筑体形系数
$300<A\leq800$	≤0.50
$A>800$	≤0.40

通过体形系数公式分析,可以明显得出:

(1)"高度反比律"。建筑物高度提高(或建筑层高增加),可以使 F/V 相应减少,即 F/V 与建筑层高成反比,这可从公式中看出。理论上是因为层高增加过程中,体积成三次方递增,而面积成二次方增加,即体积增率略大于面积增率,导致 F/V 值减小。

(2)"正方极限律"。由公式(2－20)可知,F/V 在 H、a 与 b 均相等时,即正方形平面为最小,对方形平面来讲,任何调整平面尺寸都会使 F/V 提高。因此,在节能建筑设计中,只要功能许可、技术条件允许,建筑平面接近正方形对建筑节能是有益的。

(3)"联列递减律"。建筑体形系数与建筑单元联列情况有关。通过分析表明,每增加一个联列数，*F/V* 相应递减约 0.03，以等差数列类推。主要原因是外墙面积因联列数增加而缩小，即可以节省山墙面积，对降低 *F/V* 价值很大，所以对节能住宅设计而言，适当增加住宅单元联列，对体形系数控制是有益的。

（4）*F/V—L/A*“替代律”。以高层建筑为对象，其体形系数一般均在 0.10～0.15 之间，远小于规范确定的 0.3 界限，并且高层建筑屋面面积相对于外墙面积要小得多，可以忽略不计。因此，为了简化计算，可以将 *F/V* 转换成 *L/A*，即建筑外墙平面长度之和与所围成的建筑面积之比值。与通常计算外墙长度来评价建筑平面合理性一样，*L/A* 同样可以反映建筑体形状况，通过理论分析 *L/A* 比 *F/V* 通常要小 2%～3%。因此，对高层建筑而论，控制 *L/A* 对节能评价同样重要。

（三）表面面积系数与节能的关系

利用太阳能作房屋热源之一，从而达到建筑节能的目的已越来越被人们重视。如果从利用太阳能的角度出发，建筑的南墙是得热面，通过合理设计，可以做到南墙收集的热辐射量大于其向外散失的热量。扣除南墙面之外其他围护结构的热损失为建筑的净热负荷。这个负荷量是与面积的大小成正比的。因此，从节能建筑的角度考虑，以外围护结构总面积越小越好这一标准去评价。为此，这里引入“表面面积系数”这一概念，即建筑物其他外表面面积之和（地面面积按 30% 计入外表面积）与南墙面积之比。这一系数更能体现建筑表面散热与建筑利用太阳能而得热的综合热工情况。

如图 2－31 所示，是体积相同的三种体形的表面面积系数的关系。通过大量分析，可以得出建筑物表面面积系数随建筑层数、长度、进深的变化规律。

（1）对于长方形节能建筑，最好的体形是长轴朝向东西的长方形，正方形次之，长轴南北的长方形最差。以节能住宅为例，板式住宅优于点式住宅。

（2）增加建筑的长度对节能建筑有利，长度增加到 50m 后，长度的增加给节能建筑带来的好处趋于不明显。所以节能建筑的长度最好在 50m 左右，以不小于 30m 为宜。

（3）增加建筑的层数对节能建筑有利，层数增加到八层以上后，层数的增加给节能建筑带来的好处趋于不明显。

（4）加大建筑的进深会使表面面积系数增加，从这个角度上看节能建筑的进深似乎不宜过大，但进深加大，其单位集热面的贡献不会减少，而且建筑体形系数也会相应减小。所以无论住宅进深大小都可以利用太阳能。综合考虑，大进深对建筑的节能还是有利的。

（5）体量大的节能建筑比体量小的更有利。也就是说发展多层节能住宅比低层节能住宅效果好，收益大。

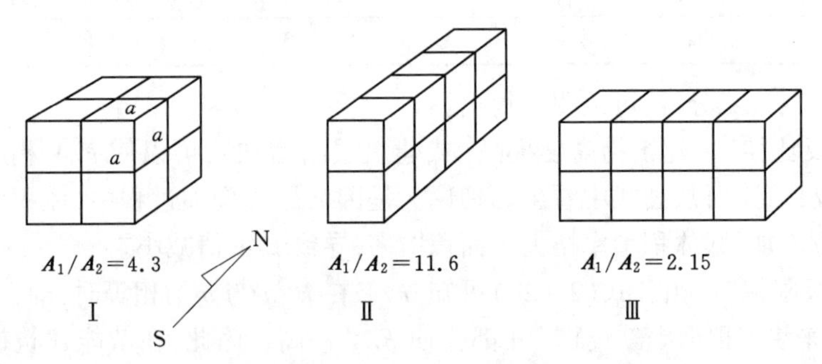

图 2－31　相同体积的三种体系表面面积系数比较

(四)建筑日辐射得热量

1.相同体积不同体形建筑日辐射得热量

相同体积不同体形建筑日辐射得热量如图2-32所示。冬季通过太阳辐射得热可提高建筑物内部空气温度,减少采暖能耗;在夏季,过多的太阳辐射会加重建筑的冷负荷。从图2-32可见,当建筑体积相同时,D是冬季日辐射得热最少的建筑体形,同时也是夏季得热最多的体形。E、C两种体形全年日辐射得热量较为均衡,而长宽比例较为适宜的B型,在冬季得热较多而夏季相对得热较少。所以B型是最好的建筑体形。

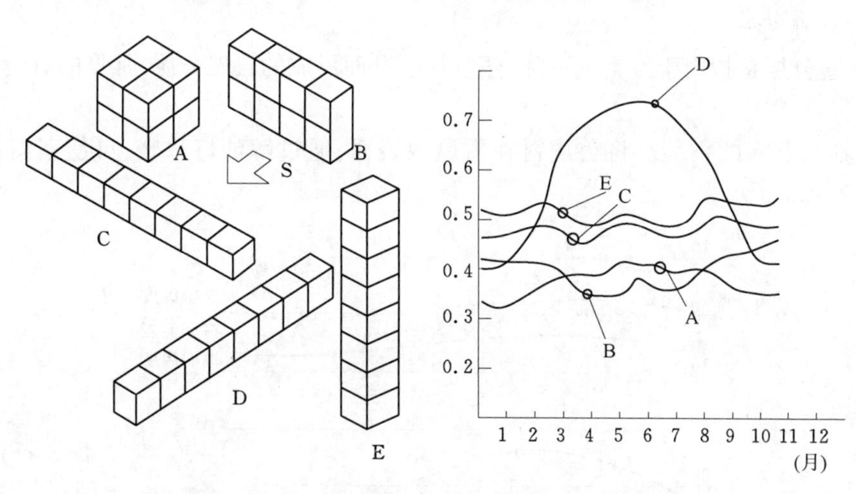

图2-32　相同体积不同体形建筑日辐射得热量

2.长宽比对太阳辐射的影响

当建筑为正南朝向时,一般是长宽比越大得热也越多,但随着朝向的变化,其得热量会逐渐减少。当偏向角达到67°左右时,各种长宽比体形建筑的得热量基本趋于一致,而当偏向角为90°时,则长宽比越大,得热越少。表2-17描述了这一变化情况。

表2-17　不同长宽比对太阳辐射的影响

朝向长宽比	比值					
	0°	15°	30°	45°	67.5°	90°
1:1	1	1.015	1.077	1.127	1.071	1
2:1	1.27	1.27	1.264	1.215	1.004	0.851
3:1	1.50	1.487	1.447	1.334	1.021	0.851
4:1	1.70	1.678	1.603	1.451	1.059	0.81
5:1	1.87	1.85	1.752	1.562	1.103	0.81

(五)建筑平面布局与节能

合理的建筑平面布局给建筑在使用上带来了极大的方便,同时也能有效地提高室内的热舒适度且有利于建筑节能。在建筑热工环境中,主要从合理的热工环境分区及温度阻尼区的设置两个方面来考虑建筑平面布局。

不同房间的使用要求不同,因而,其室内热环境也各异。在设计中,应根据各个房间对热环境的需求而合理分区,即将热环境质量要求相近的房间相对集中布置。对热环境质量要求较高的设于温度较高区域，从而最大限度利用日辐射保持室内具有较高温度；对热环境质量要求较低的房间集中设于平面中温度相对较低的区域，以减少供热能耗。

为了保证主要使用房间的室内热环境质量，可在该热环境区与温度很低的室外空间之间，结合使用情况，设置各式各样的温度阻尼区。这些阻尼区就像是一道“热闸”，不但可使房间外墙的传热损失减少，而且极大减少了房间的冷风渗透，从而减少了建筑的渗透热损失。设于南向的日光间、封闭阳台等都具有温度阻尼区作用，是冬季减少耗热的一个有效措施。

1. 利用热分层或热分区布置房间

1）热的垂直分层

热的垂直分层是指由于冷空气下降，热空气上升而形成的自然分层，常见的有爱斯基摩人的雪屋和瑞典滑雪旅馆。

（1）爱斯基摩人的雪屋。将兽皮衬在雪屋内表面，通过鲸油灯采暖，可使室内温度达到15℃，如图2－33所示。

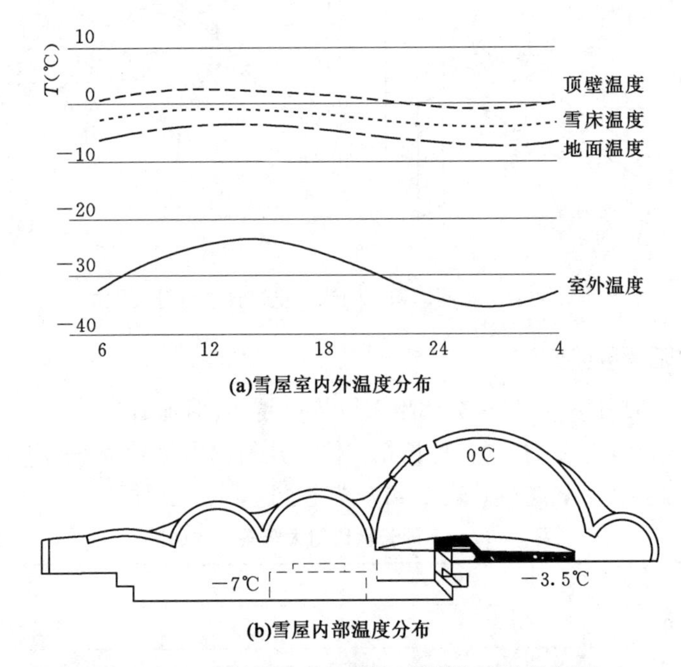

(a)雪屋室内外温度分布

(b)雪屋内部温度分布

图2－33　爱斯基摩人的雪屋（利用热的垂直分层）

（2）瑞典滑雪旅馆。流动空间被放在剖面最低处，起居室或烹饪室放在中间层，卧室放在最上层，如图2－34所示。

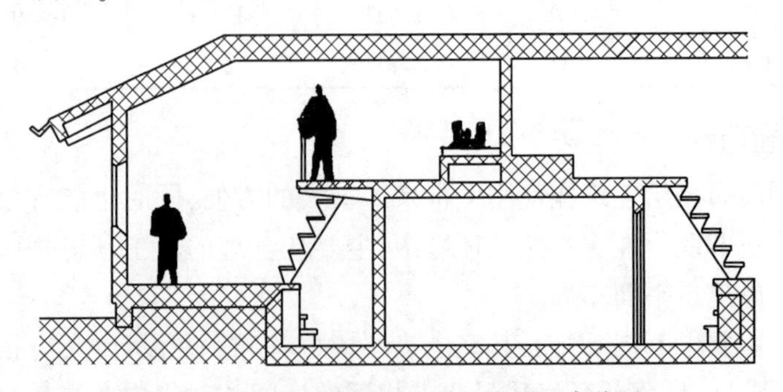

图2－34　瑞典滑雪旅馆（利用热的垂直分层）

2) 热的水平分层

热的水平分层是指由于建筑物内含有高密度的运行设备或活动人员,他们会发出大量热量,这种发热源导致了产热区及其附近区域温度高,而远离产热区的地方温度低。

例如在传统的新英格兰住宅中,房间往往围绕中心的厨房壁炉布置,以便房间采暖和防止热量散失,壁炉的产热主要流向北侧房间,与受日照的南面区域温度相平衡,如图 2-35所示。

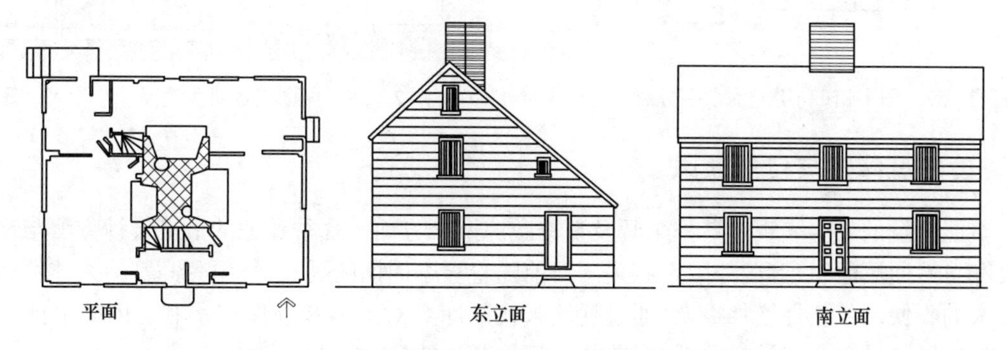

图 2-35　传统的新英格兰住宅(利用热的水平分层)

2. 利用气候缓冲区布置房间

外层房间对内层房间有保温隔热作用,同时能减缓室外气候急剧变化对内层房间的影响。因此,在建筑设计中,应将那些使用频率不高或对温度稳定性要求不高的房间,如储藏室、停车库、交通空间等布置在建筑外层或与室外气候相邻。

例如拉尔夫厄斯金的瑞典别墅,车库和储藏室放在北侧而南侧房间向东西方向伸展,且高度增加以利于争取更多日照,如图 2-36 所示。建筑中的庭院,带有玻璃的日光间都属于气候缓冲区。

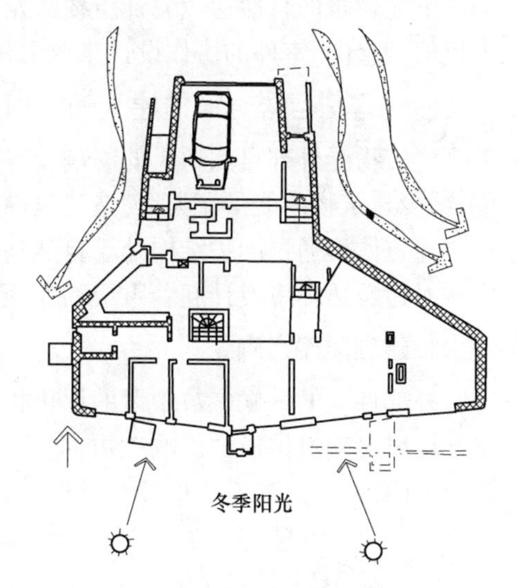

图 2-36　拉尔夫厄斯金的瑞典别墅

3. 利用光分层或光分区布置房间

(1) 光的垂直分层:自然光随层高增加而增加,形成垂直方向上的采光差别。下层房间较上层房间容易被外界遮挡,天空视角相对小。

楼层布置:采光要求高的房间建在上层。

(2) 光的水平分层:在同一楼层中,离外窗近处比离外窗远处采光好,因为近窗看到的天空面积大。

房间安排:采光要求高的房间布置在外周。

例如图书馆(利用光水平分层),需要照度较高的阅览区,沿靠近外墙的窗口布置,要求低照度的藏书区,远离窗口布置,如图 2-37 所示。

美国芝加哥大会堂,常用的办公室沿建筑外围布置,大礼堂放在较暗的中心部分,如图 2-38所示。

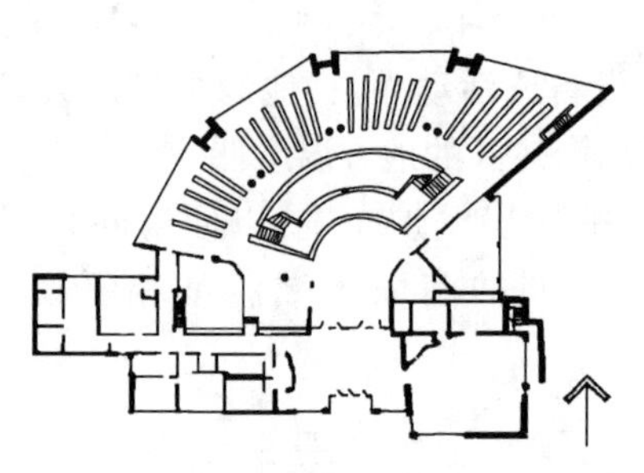

图 2－37　图书馆(利用光的水平分层)

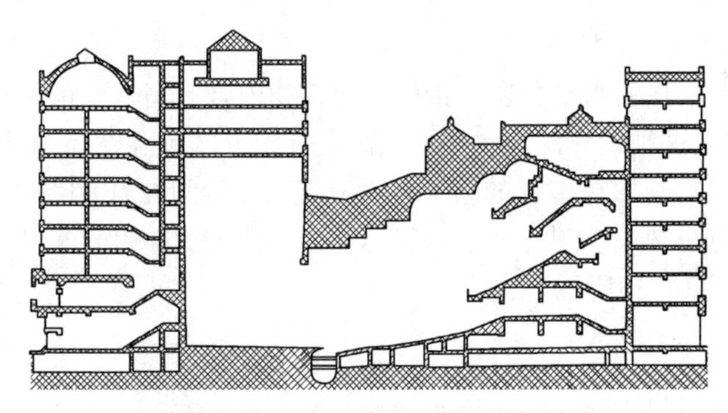

图 2－38　美国芝加哥大会堂

三、建筑体形与自然通风

节能建筑的效应表现在冬季采暖及夏季致凉两个方面。夏季致凉的节能设计方法与途径主要和自然通风组织、遮阳等因素有关。目前随着夏季周期的延长、气温骤高都给人体舒适带来极大的不便。仅选择增加空调，通过耗能来换取凉爽对节能和环保均不利。因此节能建筑的自然通风设计成为建筑夏季致凉、节能与环境共生的最佳选择。

节能建筑的自然通风设计主要涉及室外自然通风的协调、应用及室内的通风组织、设计。可以通过室内、室外的协作设计来改善建筑的风环境，达到节能的目的。

(一)室外自然通风对建筑的影响

建筑物受外部自然通风的影响，通过建筑设计方法来控制建筑体形受自然通风的影响程度，减少建筑物的能量流失，创造建筑内部空间的热稳定环境是一项重要的课题。

建筑体形通过围护结构处于自然环境之中，时刻受到外界气候参数的影响，其中自然通风影响对建筑热环境设计起着重要的作用。

1. 建立风流方向

外部环境的气候参数中风的评价指标是通过方向和速度两个参数来决定的，其中作为自然环境风对建筑体形的影响，“方向”问题是一个重要指标。应该首先确定特定地形环境中的风流方向，并通过建筑体形的合理调整，控制风流对建筑的影响程度，达到科学地应用外界风流，创造舒适热环境条件的最终目标。

N

W　　E

S

冬季

夏季

图 2－39　上海风玫瑰图

(1)风玫瑰图。它是建筑中衡量外界风流方向的主要方法，各地都有不同的风向及速度。其中，在风玫瑰图中，反映了夏季(6 月、7 月、8 月)与冬季(12 月、1 月、2 月)不同的风向特征。通过风玫瑰图，可以确定特定地区的风向状况，作为建筑选择朝向的基本依据。

(2)风向定位。确定常年基本风向定位对于建筑热环境设计是非常重要的，尤其在进行建筑体形讨论中，不同的建筑体形在不同的风向环境中所表现出的影响程度差异甚大。

以上海地区为例，从风玫瑰图 2－39 可见：

夏季(6 月、7 月、8 月)的主导风向是南偏东 45°(即东南向)，并以此为中心向两侧偏 22.5°的范围以内变化，如图 2－40（a）所示。

冬季（12 月、1 月、2 月）的主导风向是北偏西 45°（即西北向），并以此为中心在 22.5°范围以内变化，如图 2－40（b）所示。

以冬夏两个季节的风向定位，分析两个典型季节的风流对建筑的影响，基本能表达建筑体形室外风流影响的状态情况。因此，以主导风向及其主要变化范围作为基本参数，并以主导风向为主要参数，成为在建筑热环境设计中，控制风对建筑影响的重要指标。

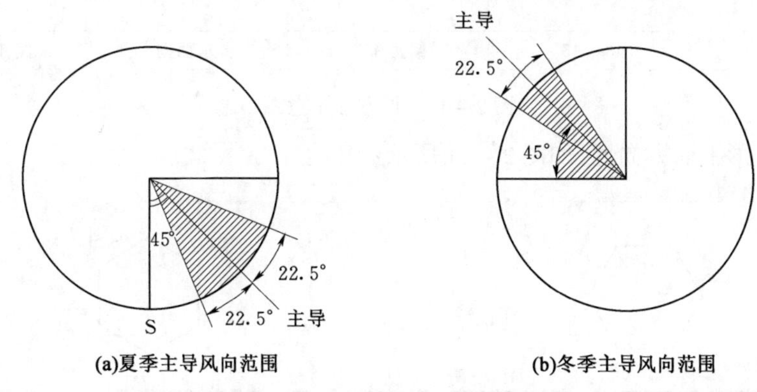

图 2－40　上海地区主导风范围

2. 建筑体形的方向性

在特定地区一旦典型季节的外界环境风流方向确定以后，建筑体形围合本身同样存在其方向性，并与风流方向形成一定的组合关系。

建筑体形的方向性是可以控制和调整的，方向性的最终目标是合理组织和应用外界环境风流，创造舒适热环境。建筑体形的方向性控制大致有如下几种：

（1）正方形平面方向性，如图 2－41 所示；

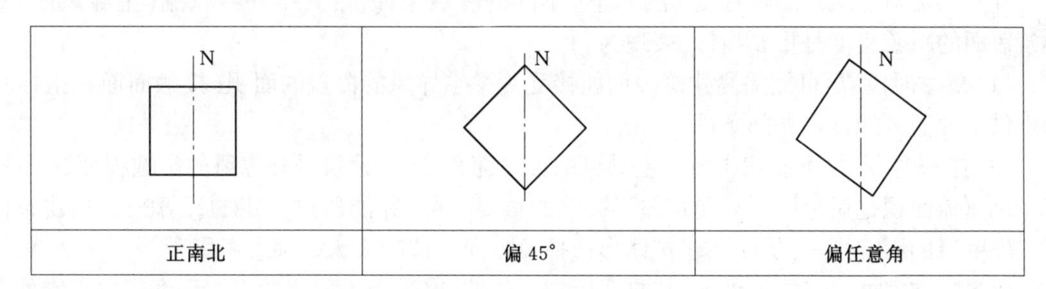

图 2－41　正方形示意图

（2）正三角形平面方向性，如图 2－42 所示；

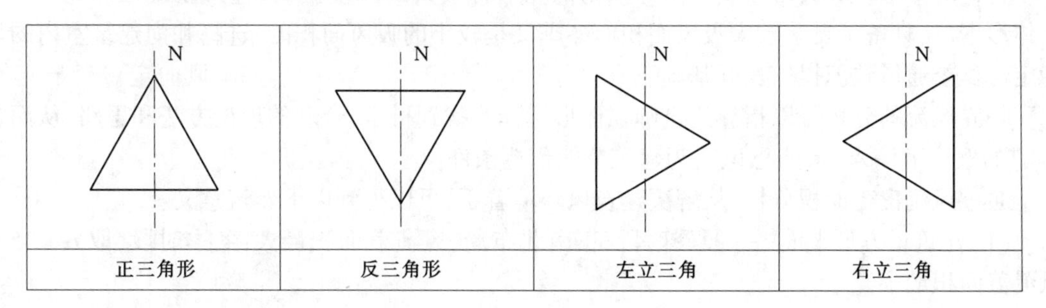

图 2－42　正三角形示意图

(3)1∶2 长方形平面方向性,如图 2－43 所示;

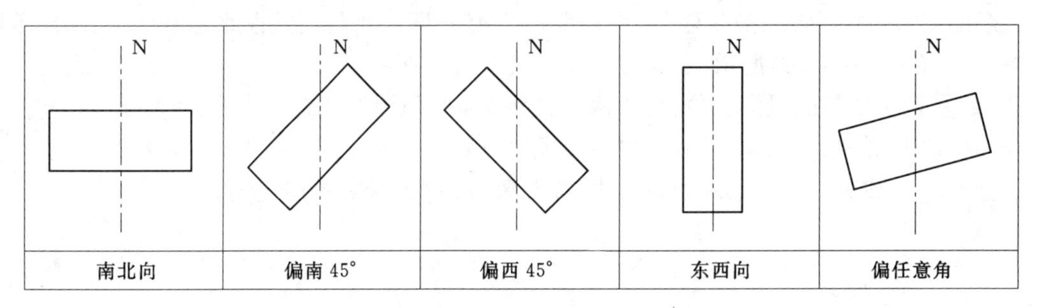

图 2－43　长方形示意图

(4)正六边形平面方向性,如图 2－44 所示;

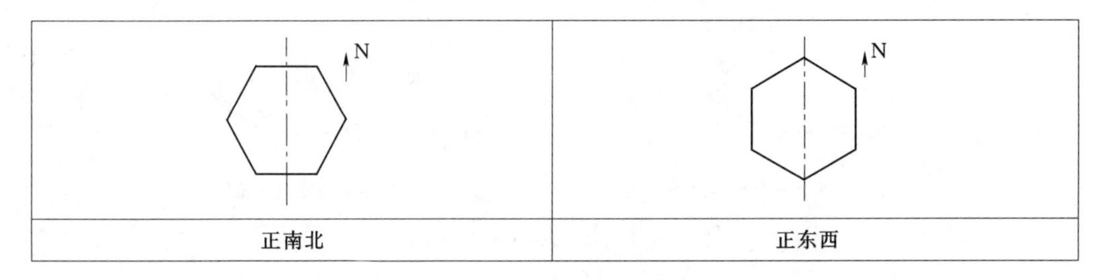

图 2－44　正六边形示意图

(5)圆形平面不存在方向性。

3. 室外自然通风

各种不同的建筑体形在典型季节的风流环境中,由于体形的方向改变而造成各种不同的影响情况。

外界风流对建筑的影响程度,可以通过不同的参数来评价,其中外界风流(主导风向)对建筑表面的覆盖程度是重要指标,表现为:

(1)夏季时段,尽可能提高建筑表面能接受夏季主导风的覆盖的面积(接触面面积指标),以提供室内通风的良好外部条件。

(2)冬季时段,尽可能缩小冬季主导风的覆盖面积,减少建筑受外界风的影响程度。

风覆盖面积是讨论风流对建筑体形影响的重要参数,并能通过一定的计算来表达建筑体形室外风流的影响指标,从而在建筑体形选择及方向定位时成为一项参考因素。

建筑物在室外风气候条件下,其热环境指标的波动,受室外风流的影响程度仅次于室外温度条件,室外风流状况成为影响室内热环境的重要指标之一。在建筑的体形选择过程中,找到一个合适的体形使其具备在夏季主导风场情况下有最大的风覆盖面积值,显得尤为重要。作为体形本身,具备了夏季较大吸风面积而冬季又是较小的吸风面积的条件,并为建筑室内的热稳定与夏季通风致凉提供良好基础。

外界风流的分析可以指导建筑师在体形选择时找到科学、合理的理论方法和思路,从而在“风”的概念上注入“节能意识”,为建筑节能创造条件。

通过风流覆盖面积分析,从解决建筑风环境着手,可以得到以下建筑意义:

(1)建筑正方形平面——夏季时段,正南北布局,风覆盖面积最大;冬季时段,取 $\alpha = 45°$,风覆盖面积最小。

(2)建筑 1∶2 长方形平面——夏季时段,以平面对角线呈 45°时风覆盖面积最大;冬季时段，平面短边呈45°时风覆盖面积最小。

(3)建筑正三角形平面——夏季时段，以某边呈45°时，风覆盖面积最大；冬季时段，以三角形高度呈45°时风覆盖面积最小。

(4)建筑六边形平面——夏季时段，以正对角线呈45°时风覆盖面积最大；冬季时段，以正对角线与垂直线呈45°时风覆盖面积最小。

(5)作为建筑平面在实际选择时是多变的，所考虑的制约因素来自众多方面，以室外风流对建筑平面的影响而言，通过典型平面的讨论分析，有以下原则可用来指导建筑风环境的设计：

①建筑物所处气候区域以夏季防热为主要目标时，宜采取将建筑复杂平面内的最长线(一般为对角连线)与夏季主导风向相垂直布局，以争取建筑尽量大的吸风面积；

②建筑物所处气候区域以冬季御寒为主要目标时，宜采取将建筑复杂平面内的最短线(需具体讨论)与冬季主导风向相垂直布局，以减少建筑的吸风面积。

当建筑物所处区域为冬寒夏热气候条件，风流环境必须兼顾两季情况，其室外风流特征主要应满足夏季尽量大的吸风面积来考虑，理由如下：

(1)当满足夏季较大的吸风面积时，即意味着冬季建筑同样存在吸风面积较大的不利条件，此时可以通过加强冬季迎风围护结构(窗和墙)的密闭性、抗渗能力和保温性能来达到防寒目的。

(2)因冬季吸风面积增大而造成的不利影响，同样可采取建筑之外的因素(构筑物、绿化或建筑群的组合)来调整，削弱冬季风对建筑的影响。

以上海地区为例，按上海风玫瑰图得到的夏季和冬季两个主导风向结论来讨论。为满足上海地区冬寒夏热的气候特点，选择正三角形建筑平面较为有利。建筑可以满足在一个位置条件下，夏季主导风吸风面积最大，同时冬季吸风面积较小。

(二)建筑“变形”体形的室外自然通风

建筑体形围合组成是极其复杂多样的，以上的讨论是通过对典型平面特征的研究，找到关于基本体形的风环境设计的一般规律。为了比较全面及正确地反映建筑的体形特征，探讨有限的“变形”体形围合的风流特征，以便解决在实际操作中常常遇到的问题。

1. 高度方向的“变形”体形

室外风流对于建筑物的影响程度取决于三个因素：(1)风流风速；(2)建筑物体形；(3)建筑物高度。

作为受风流影响的高度因素是对最典型的建筑类型——高层建筑而言的，风流与建筑的体形关系成为建筑师为解决风环境问题而密切关注的课题，已引起建筑界关注。

室外风流随建筑物高度的变化可按公式(2-3)计算。从公式(2-3)可以看出，建筑物室外风流速度，在离地面10m以上时，其值随高度增加而递增，即建筑物的高耸部分受室外风流影响趋于严重之势。

以建筑热环境设计而言，过强的室外风流速度(无论对冬季还是夏季)都无法满足人的舒适条件。一旦高层建筑高耸部分的室外风流远超过人舒适风速值域，风流对人成为不舒适因素，在夏季同样会表现出这样的问题。因此，高层建筑的高耸部分受室外风流会影响越大，其建筑热环境稳定和人体舒适问题越严峻。尤其在寒冷的冬季，室外风流会对建筑物的热环境设计带来灾难。在此理论背景下，建筑物沿高度方向的“变形体形”应运而生。

建筑物沿高度方向"变形"体形，就是建筑在达到一定高度以后，其上层部分的体形平面，逐渐缩小，形成高层建筑的"尖塔"体形特征，该体形特征，主要是基于以下考虑：

(1)室外风流特性影响。"尖塔"体形可以满足建筑物越向上外墙面积越小，以此来降低"超风速"对建筑热环境的影响，削弱室外风流对墙面的风速压力，为墙体抗风雨渗透创造良好条件。

(2)建筑使用功能影响。"尖塔"体形从高层建筑人流量条件出发，减小垂直交通枢纽的尽端面积(上部部分)以削减人数，是符合建筑使用功能要求的。

(3)建筑结构条件影响。"尖塔"体形可有效削弱高层建筑在抵抗水平力(位移)所产生的"鞭梢"效应，对建筑抗震有利。

(4)城市视觉景观影响。减少上部体形的容量，可以创造城市比较开敞、有较大的天空面积、空透感强的"城市天际线"，为城市发展及生态环境创造提供有利条件。

建筑高度方向的"变形"体形有其合理性，是值得推荐的一种城市建筑类型。

2.水平方向的"变形"体形

为了协调室外风流和建筑体形之间的关系，在进行典型平面的不同组合时，建筑师对体形在水平方向进行变形，以最大程度地为建筑创造有利于热环境设计的体形条件。下面介绍几种有效、可行的水平方向的"变形"方式。

1)扭曲或尖劈平面

建筑平面在满足基本功能和形式美的前提下，基于改善室外风流对建筑热环境设计的影响，对平面作出适当的调整重组，可以达到关于风流问题解决的良好途径。

扭曲平面：使朝向夏季主导风方向的外表面积增大，改善吸风面的风环境(夏季)条件，同时使面向冬季主导风向表面积减小，两项措施的集合为建筑热环境设计带来较大的帮助。

尖劈平面：该"变形"体形主要立足于冬季寒风对建筑体形的影响。这种"尖劈"使朝向冬季主导风向的外表面避免了垂直关系，使风在建筑体形的"尖劈"作用下得到削弱。降低了外墙表面(包括窗)的风雨热渗漏压力，为建筑热环境设计和热稳定性创造了良好的外部条件(当然，尖劈平面组合中的末端凹部，看似会使风流加强，但是由于"紊流效应"，紊流风形成"气幕"，反而使凹部风流对墙体的压力得到削弱)。

2)通透及开放空间

为减轻建筑迎风面一侧外表面的风流压力(风速造成)，可在适当部位给强劲风流提供一个释放途径，该处理方法常被用于削弱冬季主导风对建筑外表面的影响，并得到了有效的效果。

通透空间：建筑的每层高度，设均匀或不均匀的开敞处理方法，常被应用在居住建筑。在建筑平面具备良好的通风走向条件下，立面采取通透方法，会极大疏导室外风流。该手法常见于炎热地区的民居(干栏住宅)中，也可以在个别高层建筑体形及立面处理上见到，通透空间多用于夏季通风。

开放空间：又称为"掏空"处理，这种手法常用于室外风流比较突出的环境，如海边、开阔地及超高层中(不排除有许多建筑"掏空"处理是纯美观目的)。开放空间可以很有效地疏导或释放较大的室外风流，减轻建筑表面的风速压力，是在建筑体形选择时，考虑建筑热环境设计的一条有效途径。该方法同时要解决好开放空间本身部分的风流加强问题。

(三)室内自然通风和节能致凉

室内自然通风和节能致凉是直接作用于人体的舒适要素,是建筑设计的一项重要内容,也是建筑节能和致凉的常用手法,主要与以下因素有关:(1)建筑洞口(窗、门)的面积,以及相对位置;(2)建筑平面布局;(3)建筑室内陈设、家具;(4)建筑室内装修特征。

室内自然通风和节能致凉对改善室内通风条件至关重要。对于建筑室内而言,自然通风主要由来自室外风速形成的"压差"及由洞口间位置及温度的"温差"造成。

温差形成的条件如下:

室内沿高度方向的温度场的不均匀性。按热力学原理,其存在温度沿高度逐渐向上递增的特点,该特征是随层高增加而使上下之间温差加剧的主要原因。因此在相对密闭的室内空间(系统)内能感觉到气流的流动。室内风流由热力学原理决定加强或抑制气流流动,以满足室内热舒适条件。

室内人为因素造成的温度分布不匀,主要表现为采暖(或制冷)输出口位置不当,形成温差加剧。同时为达到增强室内通风的目的,常采取人工加温(应用太阳能等)的方法,使室内形成"强迫"温差,加强通风。该处理方式常用于带"竖井"空间的住宅建筑,夏季应处理好上部高温倒流造成热舒适不佳的问题。

"竖井"空间主要形式如下:

(1)纯开放空间——空间比超过1∶3的竖井共享空间;

(2)楼梯结合空间——与楼梯相结合的竖向贯通空间;

(3)双墙空间——超过600mm宽的双墙夹层空间;

(4)"烟囱"空间——冲出屋面的竖向突兀空间。

建筑室内洞口的相对位差也是造成自然通风温差的重要因素,位差的形成条件有:

(1)窗(或门)洞口的入口和出口之间的位置差(洞口高差)是加速室内通风的有效措施,其实质是室内外温差及由温差引起的热压,它是推动室内自然通风的主要动力。

(2)利用设计方法形成竖向"烟囱"空间,利用该空间两端的位置差(井式高差)来加速气流,以带动室内的通风。与前述一样,其实质依然是"温差—热压—通风"。由于其"井式高差"值的自由度较大,故可以有效改善室内自然通风。

综上所述,室内自然通风的真正原因,无论是温差,还是位差,全部是以温度问题来展开的,其中温差是引起室内自然通风的主要原因。

建筑室内自然通风的影响因素很多,对建筑自然通风设计有较大影响,与建筑设计紧密相关的因素有以下五个方面。

1. 室内造型影响

现代建筑为满足当今时代的需要,除创造建筑良好的外观形象外,还对建筑室内的形象设计日趋重视,室内造型愈益复杂。因而在设计过程中,建筑师常立足于形式、视觉功能,而忽略(或根本未意识到)由此造成的对室内通风条件的影响,这种影响是永久的通风"非可逆"损伤。

建筑室内造型的对象主要包括墙、顶棚、地面等六个面,其中墙面、地面由于受功能制约,不能存在明显的凹凸,对室内通风效果影响不大,顶棚设计形式则成为影响建筑通风的主要原因。

建筑装饰上的吊顶顶棚有时多从美观、隐藏管线(风管、电线管、水管、通信线路等)来考虑。吊顶棚与屋面之间空间较大,如能妥善组织通风,其降温效果要比双层屋面好。建议在室内装修要求吊顶棚时结合隔热的需要进行,尤其有利于提高通风效果。尽管造价较高,但将会极大提高建筑的使用质量。顶棚通风隔热屋面设计中应满足下列要求并注意的涉及的几个问题。

(1)必须设置一定数量的通风孔,使顶棚内的空气能迅速对流。平屋顶的通风孔通常开设在外墙上,孔口饰以混凝土花格或其他装饰性构件,坡屋顶的通风孔常设在挑檐顶棚处、檐口外墙处、山墙上部,屋顶跨度较大时还可以在屋顶上开设天窗作为出气孔,以加强顶棚层内的通风。进气孔可根据具体情况设在顶棚或外墙上。有的地方还利用空气屋面板的孔洞作为通风散热的通道,其进风孔设在檐口处,屋脊处设通风桥。

(2)顶棚通风层需要有足够的净空高度,应根据各综合因素所需高度加以确定。如通风孔自身的必需高度,屋面梁、屋架等结构的高度,设备管道占用的空间高度及供检修用的空间高度等。仅作通风隔热用的空间净高一般为500mm左右。

(3)通风孔须考虑防止雨水飘进,特别是无挑檐遮挡的外墙通风孔和天窗通风口应注意解决好飘雨问题。当通风孔较小(300mm×300mm)时,只要将混凝土花格靠外墙的内边缘安装,利用较厚的外墙洞口即可挡住飘雨。当通风孔尺寸较大时,可以在洞口处设百叶窗片挡雨。

(4)应注意解决好屋面防水层的保护问题。较之架空板通风屋面,顶棚通风屋面的防水层由于暴露在大气中,缺少了架空层的遮挡,直射阳光可引起刚性防水层的变形开裂,还会使混凝土出现碳化现象。防水层的表面一旦粉化,内部的钢筋便会锈蚀。因此,炎热地区应在刚性防水屋面的防水层上涂上浅色涂料,既可用以反射阳光,又能防止混凝土碳化。卷材特别是油毡卷材屋面也应做好保护层,以防屋面过热导致油毡脱落。

(5)应尽量使通风口面向当地夏季主导风向。由于风压与风速的平方成正比,所以风速大的地区,利用顶棚通风效果还是比较显著的。

2. 平面比例影响

建筑平面设计,尤其是一个空间单元设计,很大程度上受制于建筑模数、家具陈设和人员活动等功能要求。以住宅建筑为例,单元平面的开间和尺寸的选择主要有以下依据:

(1)以模数体系为准则,目前采取的是3m,体系是单元尺寸依据;

(2)以家具、人员活动为基础,卧室是以床(长=2100mm)为依据,并考虑人的活动范围,故多在3600mm左右(开间);

(3)以采光,使用为目的,如住宅居室进深确定主要因素是自然采光和人的使用目的,一般以层高2.8m,进深4.2~4.5m为宜。

平面尺寸一旦确定以后,其平面比例也就确定了。在有关建筑通风分析过程中,建筑室内是通风流径的“管道”,它的平面比例是否会对建筑通风造成影响呢?

从工程流体力学可知,将室内理解为空气流动(通风)的理想管道,必须使流体在此管道内有一定长度的流经区域,即通过一定长的过程,以使室内空气作为理想流体形成有规则的定常、分层流动,不至于造成空间内的相互过甚的扰动(紊流)而影响室内通风质量。因此从流体力学理论来说,沿通风方向适当长的流动区域,对通风是有益的。

工程流体力学向人们揭示要创造室内良好通风,主要是因为有室外造成的风压及室内由于洞口高差和空气温差造成的热压。浅进深、大开间对充分利用风压改善室内通风质量是有效的,而对室内本身形成的热压通风会带来影响,在炎热的夏季利用高差热压通风显得十分重要。

根据工程流体力学基本原理，流体管径的水力半径(R)是衡量流程中有效断面及特征几何尺寸的必要条件，水力半径按下式计算：

$$R = \frac{A}{X} \tag{2-21}$$

式中 A——特征几何尺寸 $d = 4R$，m；

d——流管的管径，m；

X——各断面的湿周，m。

任何不同断面(方、圆、多边形)都可转化为水力半径来衡量，建筑室内通风定量同样采取水力半径来计算。从通风特征来看风流流经长度与特征几何尺寸有关，如果以洞口高差热压作用进行室内通风，应保证其流程长度与特征几何尺寸相同，如图2-45所示。只有这样才能保证通风完成稳定的流动特征，并由此产生中性层区域，保证热压通风的舒适效果，即

$$L = d = 4R \tag{2-22}$$

式中 L——流程长度，m；

d——流管的管径，m；

R——水力半径，m。

从式(2-22)可知，在确定建筑平面尺寸比例时，以流体水力半径为依据，可以十分方便地确定平面比例。

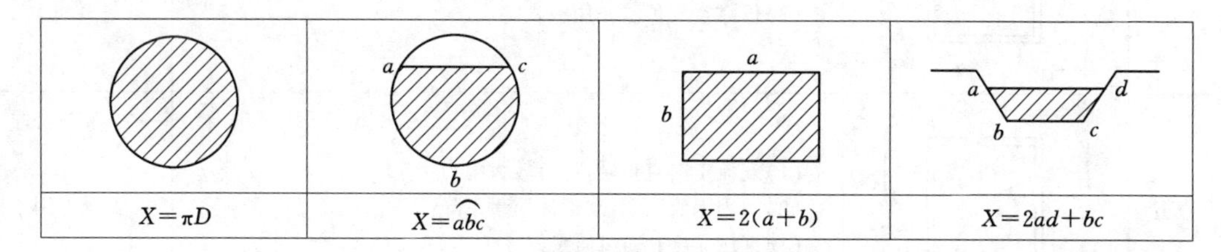

图2-45 各断面湿周(X)图

通过不同建筑单元纵断面(垂直于通风方向)的水力半径计算而确定的建筑单元进深(平行于通风方向)，其值一般接近于1∶0.85，即建筑单元平面比例以1∶0.85为最佳。其中，加入了高度值(水力半径计算与高度、宽度有关)，因此在确定建筑单元比例对通风影响时，实际上同样与层高有一定关系，从 $L = 4R$ 可知，建筑宽度开间为定值，进深随层高增加而递增，即

$$L = 4R = \frac{4ah}{2(a+h)} = \frac{1}{2\left(\frac{1}{h} + \frac{1}{a}\right)} \tag{2-23}$$

当 a = 常数时，L 随 h 增加而递增，即建筑平面比例 a∶L 越接近长向平面。该规律实际上充分反映了热压通风中性层概念。要产生稳定的中性层，必然需要与之相配合的合适流程长度。

基于室内通风考虑的建筑单元平面比例，层高 h = 2.8～3.2m 时，其平面比例 a∶L = 1∶0.85为佳，即接近于开间稍大于进深的窄向平面，并且 L 值随层高 h 增加而递增，使建筑单元平面比例纵向拉长而形成纵向平面。

3. 洞口相对位置影响

建筑洞口在垂直方向的位置即高差，对热压形成的室内自然通风有较大影响时，洞口在建筑平面方向上的相对位置对室内通风质量和数量同样有明显的影响。

建筑平面窗洞设计的主要相对位置及其对通风质量影响见表2－18。

表2－18　洞口位置与通风

名称	图　示	通风特点	备注
侧过型		(1)室外风速对室内通风影响小； (2)室内空气扰动很小； (3)无法创造室内良好通风条件	尽量避免
正排型		(1)只有进风口，无出风口； (2)典型的通风不利型； (3)室内只存在一点气流扰动	尽量避免
逆排型		(1)只有出风口，无进风口(相对而言)； (2)最不佳洞口方式； (3)仅靠空气负压作用吸入空气	尽量避免
垂直型	b a	(1)气流走向直角转弯，有较大阻力； (2)室内涡流区明显，通风质量下降； (3)区域a比b通风质量好	少量采用
错位型		(1)有较广的通风覆盖面； (2)室内涡流较小，阻力较小； (3)通风直接，较流畅	建议采用
侧穿型		(1)通风直接、流畅； (2)室内涡流区明显，涡流区通风质量不佳； (3)通风覆盖面较小	少量采用
穿堂型		(1)有较广的通风覆盖面； (2)通风直接、流畅； (3)室内涡流区较小，通风质量佳	建议采用

为通风创造有利条件的建筑洞口相对位置设计应满足以下准则：

(1)覆盖面。使通风流经尽量大的区域，增加覆盖区，可以有效地提高室内通风质量，通风质量一般通过通风流线图表示并进行评价；

(2)风速值。洞口位置应对通风风速有利，即尽量使通风直接：流畅，减少风向转折和阻力，这是保证通风质量的必要条件；

(3)涡流区。应使室内空间减少较大的涡流区。涡流区是通风质量较差的区域，其室内空气品质也因涡流区而下降，洞口相对位置应尽量避免造成明显的涡流区。

以工程流体力学的基本原理来讨论建筑通风设计覆盖面、风速值和涡流区三者的关系是十分重要的。从流体力学管内流量定义可知，建筑室内的进风口流量等于出风口流量(通风过程为非压缩理想流体定常运动)，得如下两式：

$$L_{in} = L_{out} \tag{2-24}$$

$$L_{in} = V_1 \cdot A_i, L_{out} = V_2 \cdot A_0, \frac{V_1}{V_2} = \frac{A_0}{A_i} \tag{2-25}$$

式中 L_{in}——进风口流量；

L_{out}——出风口流量；

V_1——进风口风速；

V_2——出风口风速；

A_i——进风口面积；

A_0——出风口面积。

从式(2-25)可以看出，当不改变进风口面积 A_i 条件下，增大出风口面积 A_0，进口风速会极大提高，表现为流速大、覆盖面小、流线直接、涡流区域更明显；当减小 A_0 值，则进风口 V_1 会减少，表现为流速小、气流扩散、室内覆盖面大、涡流区不明显，整个室内空间能感觉到气流，但风速不大。

建筑设计要按照室内空间对通风的不同要求，来确定洞口相对位置和对应的洞口面积，协调好建筑通风的覆盖面、风速值和涡流区的关系。

4.门窗开启方式影响

门窗开启方式是建筑围合过程中为满足使用目的而必不可少的设计过程，传统上建筑师确定开启方式有许多思维方式，即构造简单、闭启方便、密封好、防水佳、窗体保温隔热性能好。

利用门窗的开启方式来改善建筑室内通风质量的研究与讨论甚少，认识不足。从人们生活习惯来看，常会自觉地通过调整门窗的开启角度来引导自然风，但往往又因为建筑师在这方面思考不够而造成通风缺陷，给人们造成不便。因此，建筑师在确定门窗开启方式时，强化对通风的作用，将会极大改善通风效果，做到建筑的“有机”围合。

按建筑学一般原理，建筑常用门窗可分为若干基本形式，如表2-19所示。分析不同开启方式的特点及对通风的影响程度，成为建筑师在进行门窗设计时满足通风目的的指导准则。

一般门都处于出风口部位，且门的开启方式较简单，故通过门的调整对于室内通风影响程度不明显，但以门扇尽可能满足有较大的开启(洞口率大)为目标。

由表 2－19 可见,窗开启方式的不同对通风的影响程度是不同的,评价依据主要为:

(1)窗的开启应满足有较大洞口率,以保证足够大的面积完成通风任务;

(2)有可调整的开启角度,并有效达到引导风的目的;

(3)尽量使进风指向下侧,以达到增加进出风口相对位置的计算高差,并满足风流流经人体高度的目的。

建筑师在进行门窗开启方式选择时,应遵循以上评价依据,以便提高建筑室内的通风质量。

表 2－19　窗开启—通风表

	基本图示	对通风影响情况		结　　论
平开窗	(平面)	A 洞口面积减半	B 窗扇遮挡风(阴面)	是一种通风产生负影响的开启方式
横式悬窗	 (剖面) 上悬窗	 (外开) A 风流导向上方	 (内开) B 风流导向下方	内开比外开更能提高室内通风质量
	(剖面) 中悬窗	(正反) A 风流导向上方	(逆反) B 风流导向下方	(1)逆反对通风有利; (2)与上悬窗相比其通风效果更佳; (3)B 是主张采用的
	(剖面) 下悬窗	(外开) A 风流导向上方	(内开) B 窗扇遮挡风(阴面)	(1)外开比内开好但风速会减慢; (2)与上悬窗内开相比通风效果较差
立式转窗	 (平剖面) 正轴	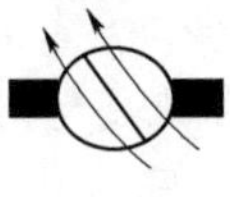 (正反) A 可调整导风角度	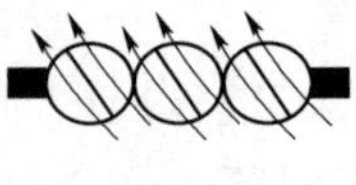 (内开) B 可形成导风百页	(1)良好的导风窗; (2)满足最大洞口率; (3)A、B 是主张采用的
	(平面) 偏轴	(外开) A 导风面大	(内开) B 作用不大	(1)偏轴法有较好的通风质量; (2)与正轴相比 A 有更好的导风效果; (3)A 是主张采用的

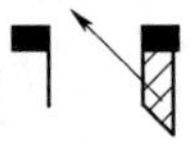

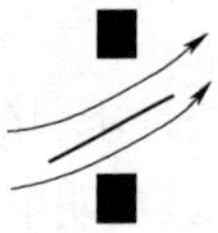

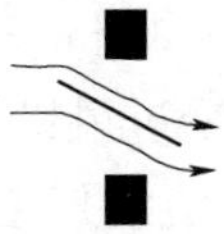

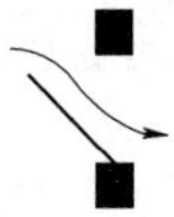

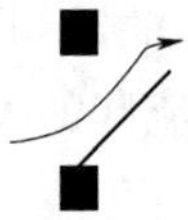

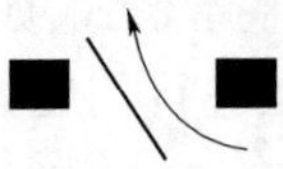

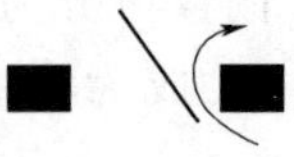

续表

	基本图示	对通风影响情况				结论
推拉窗	 （平面）	 （侧置）		 （中置）		（1）外长比内长有更好的导风效果； （2）由于洞口率 50% 不主张采用
	水平推拉	A	永远只有半通风口	B	可减少室内涡流区	
	 （剖面）	 （上置）		 （下置）		（1）上置法是对室内通风有利； （2）由于洞口率 50% 不主张采用
	垂直推拉	A	进风口较低	B	进风口较高	

5. 挡板（遮阳）设置影响

1）挡板的功能

挡板对室内风流的引导及改善室内通风质量起较大的作用。建筑挡板的作用如下：

（1）遮阳体系。利用挡板遮挡夏季炎热阳光，改善室内舒适条件（稳定室内温度）。

（2）导风体系。通过一定规则的挡板设置，将室外风流经挡板引入室内，增加建筑通风的正压。

现代发达国家的高层建筑外墙挡板变化多端、极富装饰性。材料有不锈钢、高强塑料、玻璃钢等，给建筑造型带来生机。但其除了装饰意义外，挡板还充分起到遮阳与导风作用。有时单一考虑（仅考虑遮阳或者导风），有时是综合考虑（即将通风与遮阳进行结合），而后者显得尤其重要。

利用挡板作通风改善构件主要有表 2－20 给出的几种基本形式。

表 2－20　挡板通风形式

名称	简图	通风效果图	特征
集风型	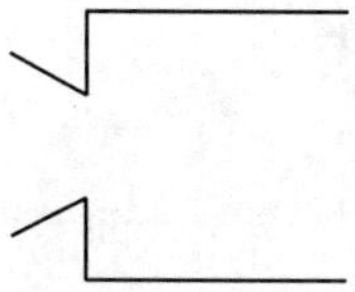	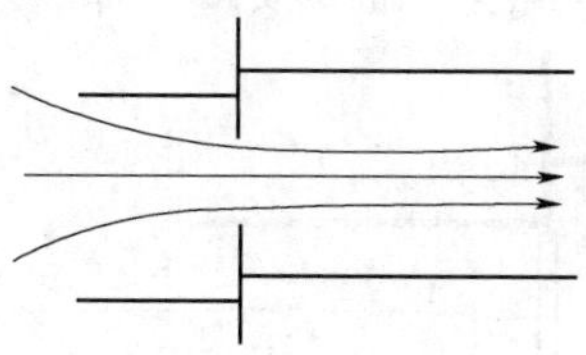	（1）一组挡板共同使用； （2）导风显著； （3）立面影响较大
挡风型	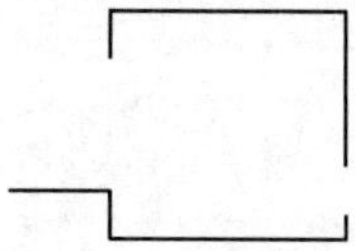	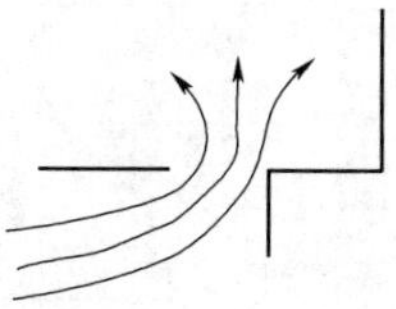	（1）置于迎风一侧； （2）导风显著； （3）室内风向影响较大

续表

名称	简图	通风效果图	特　征
百叶型			(1)导风方向可以按需调整; (2)与遮阳板结合较好; (3)有效改善室内通风效果
双重型			(1)一组挡板共同使用; (2)形成风压差显著; (3)不佳朝向的有效改善方法

如表2-20所示的挡板通风形式,对导风和室内通风均有显著的改善作用,改善原理同样符合前文中有关通风形式及工程流体力学伯氏方程描述的流动性质。其中,百叶型通风百叶导风将气流下压,实际上加大了洞口计算高差值,改善了热导通风效果。双重型就是应用风力压差来改善室内通风,通过挡板的不同位置,形成进风的正压区和出风的负压区,人为形成风力压差,达到室内通风的目的。

在现代建筑中,挡板作为遮阳系统是应用最广泛的挡板遮阳形式,在现代建筑近百年的发展历程中,建筑遮阳也经历了一段曲折的过程。

2)挡板应用的注意事宜

挡板的应用对自然通风有较大影响,应注意以下问题:

(1)不利气流的逆导问题。如果挡板遮阳设置于下部,在热源排出的洞口上方,挡板会形成一个输导体,将热源反向吸入室内,造成室内空间的升温与空气品质问题。解决方法是挡板采取百叶或羽板、挡板与外墙面离开一段距离等。

(2)遮阳挡板的通风应考虑建筑遮阳,以窗洞上方的水平遮阳居多,常在低纬度的南向洞口采用,该朝向一般又是当地夏季的主导风向。挡板遮阳将导致室内通风质量下降。在图2-46中,水平遮阳作用会使来自洞口下部的风力压相对提高,使风流指向建筑空间的上部,最终会影响室内通风条件,使人体高度上通风质量下降。

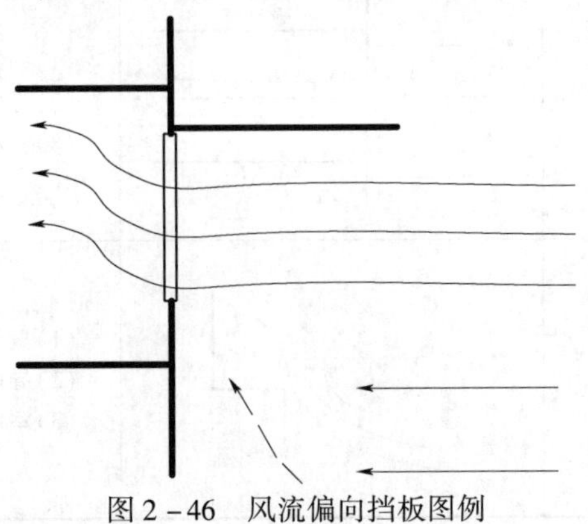

图2-46　风流偏向挡板图例

四、建筑体形与建筑遮阳

（一）建筑遮阳的作用

正确的建筑遮阳设计有许多作用，总结起来主要包括以下几点：

（1）有效地防止太阳辐射进入室内，不仅改善室内的热工环境，而且可以极大降低夏季的空调制冷负荷。

（2）可以避免围护结构被过度加热而通过二次辐射和对流的方式加重室内冷负荷。

（3）建筑遮阳能够有效地防止眩光，起到改善室内光环境的作用。

（4）遮阳还可以防止直射日光，尤其是其中紫外线对室内物品的损害。

（二）传统的建筑遮阳形式

1. 挑檐

在我国南方地区的木构架建筑中，挑檐是最常见的建筑遮阳形式，尽管很多人认为挑檐的主要功能是防雨水侵蚀墙面。但是，客观上确实也起到了遮阳防晒的作用。从全国范围来看，除沿海地带由于台风的影响民居中出檐较少，其他地区纬度越低出檐越大，而且做法也层出不穷。大出檐、重檐、腰檐等的防晒、防雨应用非常广泛。比如出檐深远的周庄民居、傣族干栏式住宅及东南亚的船型住宅等。

2. 院落

院落遮阳是中国传统民居平面布局的特点，在我国南方地区，炎热多雨，当地民居为了适应这种气候，平面布置多为“H”型、“口”型。院落空间较小，南北向相对较短，建筑出檐的阴影正好投射在院落中，造成了阴凉的小天井，既可在夏季辟出阴凉，也可在冬季迎来温暖的阳光，是冬暖夏凉的舒适空间。同时，狭高的天井也起着拔风的作用，民居正房即堂屋朝向天井，完全开敞，可见天日；各屋都向天井排水，风水学说称之为“四水归堂”。

3. 门窗格栅

利用窗体自身材料以及构造形式遮挡太阳辐射也是传统民居常用的遮阳手段。古香古色的联排折叠式木百叶与各式花样的门窗格栅可遮阳，也可导风避雨，既灵活方便又能通风采光，至今人们仍在使用。

4. 柱廊

西方最早对建筑物遮阳问题的文字叙述来源于古希腊共和时期的作家赞诺芬，他在其著作中提到设置柱廊，以遮挡角度较高的夏季阳光而又使角度较低的冬季阳光射入室内。

（三）建筑遮阳的分类

1. 建筑遮阳

（1）建筑互遮阳。建筑互遮阳是利用建筑群的紧密关系产生阴影来实现遮阳。这种简易的遮阳方式在我国江南的民居中得到广泛应用。街道狭长而进深大，两侧邻房紧靠或只用狭小的胡同相隔，将直接采光处有意识地置于建筑阴影处，如徽州民居、南方的冷巷。

（2）建筑自遮阳。建筑自遮阳是通过建筑自身体形凹凸形成阴影区，实现有效遮阳。皖南民居中的院落遮阳是典型的建筑自遮阳实例，其院落空间小，南北相对较短，建筑的阴影正好投射在院落中，造成了凉爽的小天井。广州属炎热地区，常常在建筑三面或四面设置外廊，称“走马楼”或“走马骑楼”。这种外廊有时设在内院,有时设在外院,主要目的是减少太阳对墙面的辐射,同时提供人们避雨和活动的空间。

2. 绿化遮阳

绿化遮阳是一种经济有效的措施。可以通过在窗外一定距离种树,也可以通过在窗外或阳台上种植攀缘植物实现对墙面的遮阳,还有屋顶花园等形式。落叶树木可以在夏季提供遮阳,常青树可以整年提供遮阳。植物还能通过水分蒸发降低周围的空气温度。常青的灌木与草坪对于降低地面反射和建筑反射作用很明显。绿化植物的位置除满足遮阳的要求外,还要尽量减少对通风的影响。

3. 按建筑遮阳构件形式分类

按照遮阳构件的形状,针对建筑窗口的遮阳构件分为五种:水平式、垂直式、综合式、挡板式以及百叶式。

(1)水平式遮阳。这种形式的遮阳能有效遮挡高度角较大的、从窗口上方投射下来的阳光。在我国,则宜布置在南向及接近南向的窗口上,此时能形成较理想的阴影区。另外,水平式遮阳的另一个优点在于:经过计算,遮阳板设计的宽度及位置能非常有效地遮挡夏季日光而让冬季日光最大限度地进入室内。水平遮阳是人们最为常见的方式。

(2)垂直式遮阳。它能够有效地遮挡高度角较大、从窗侧面斜射过来的阳光。但缺点是,对于从窗口正上方投射的阳光,或者接近日出日落时正对窗口照射的阳光,垂直式遮阳都起不到遮阳的作用。

(3)综合式遮阳。对于各种朝向和高度角的阳光都比较有效,进入室内的自然光线也更为均匀,适用于从东南向到西南向范围内的方位的窗户遮阳。在今天,以遮阳格栅为主要建筑语汇的现代主义作品层出不穷。

(4)挡板式遮阳。平行于窗口的遮阳设施,能有效遮挡高度角较小的、正射窗口的阳光。主要适用于阳光强烈地区及东西向附近的窗口。它的缺点是挡板式遮阳对视线和通风阻挡都比较严重,所以一般不宜采用固定式的建筑构件,而宜采用可活动或方便拆卸的挡板式遮阳形式。

(5)百叶式遮阳。前面四种做法中均包含了百叶的做法,严格意义上不需要重新归类。但百叶是一种最为广泛使用的遮阳方式,国内外的许多遮阳设计研究也是集中于这个方面。本书中后文对于遮阳的其他分类方式也是以百叶为基础研究对象来划分的,故将其单独划为一种类别。

百叶式遮阳的优点众多,如能够根据需要调节角度,只让需要的光线与热量进入室内;可以结合建筑立面创造出丰富的造型与层次感;不遮挡室内的视野,综合满足遮阳和通风的需要,等等。法兰克福商业银行采用了先进的自动控制百叶遮阳系统,轻质的铝合金百叶遮挡住夏季的直射阳光,而将柔和的漫反射光线引向室内。

4. 按遮阳构件相对于窗户位置分类

根据遮阳构件相对于窗口位置,可以把遮阳分为内遮阳、外遮阳和中间遮阳三类。

(1)外遮阳。外遮阳是安装在窗口室外一侧的遮阳措施,国内外的遮阳产品种类繁多,如遮阳百叶、遮阳篷、遮阳纱幕等,同类产品中有多种式样和颜色可供选择。夏季外窗节能设计应该首选外遮阳。使用外遮阳不只是使用者个人的事情,因为建筑立面会不可避免地为之改观。这需要建筑设计师在建筑设计时结合造型予以充分考虑。

(2)内遮阳。内遮阳是安置在窗口室内一侧的遮阳设施。如百叶帘、卷帘、垂直帘、风琴帘等。浅色窗帘一般比深色的遮阳效果要好些,因为浅色反射太阳辐射热量更多。

但内遮阳的隔热效果不如外遮阳。遮阳设施反射部分阳光,吸收部分阳光,透过部分阳光。而外遮阳只有透过的那部分阳光会直接到达玻璃外表面,并部分可能成为冷负荷。尽管内遮阳同样可以反射掉部分阳光,但吸收和透过的部分均成为室内的冷负荷,只是对高温的峰值有延迟和衰减。

(3)中间遮阳。中间遮阳是遮阳位于两层玻璃之间,即位于单框多玻璃窗的两层玻璃之间,或者建筑外围护结构的两层玻璃幕墙(double-skin facade)之间。

同样的遮阳,以百叶为例,分别做成外遮阳、内遮阳、玻璃中间遮阳,其遮阳效果差别很大。例如,当浅色百叶位于双玻窗外侧时,窗的遮阳系数是0.14;当浅色百叶位于双玻之间时,窗的遮阳系数是0.33;而当浅百叶位于双玻窗内侧时,窗的遮阳系数为0.58。产生这种差异的原因是遮阳吸收太阳辐射升温会向环境散热,由于玻璃的"透短留长"特性,升温后的外遮阳仅小部分传入室内,大部分被气流带走。内遮阳则相反,中间遮阳介于两者之间。

5.按遮阳构件是否固定分类

根据遮阳构件能否随季节与时间的变换进行角度和尺寸的调节,甚至在冬季便于拆卸,窗口遮阳可分为固定式遮阳和可调节式遮阳。

(1)固定式遮阳。固定式遮阳常是结合建筑立面、造型处理和窗过梁设置,用钢筋混凝土等做成的永久性构件,常成为建筑物不可分割和变动的组成部分。它的优点是成本低,一旦建成就不需要再调理;缺点是不能根据季节、天气和一天时间的变化进行调整,以满足室内环境(如采光与热流控制等)的需求,缺少灵活性。

(2)可调节式。与固定遮阳相反,可以根据季节、时间的变化以及天空的阴暗情况,任意调整遮阳板的角度。在寒冷季节,为了避免遮挡太阳辐射,争取日照,还可以拆除。这种遮阳灵活性大。

(四)不同建筑方位的遮阳选择

虽然因地理位置差异,同朝向的遮阳策略会略有不同,但以下的遮阳策略对于我国大部分地区均为有效。

1.南向

在我国,南向比较合适的遮阳方式是水平式固定遮阳。尤其对较热季节,高度角大而方位角在90°附近的时段的遮阳效果最佳,其遮阳效率高而且对视线、采光和通风的影响很小。在日出后和日落前的一段时间,由于太阳高度角较低,南向水平遮阳的效果要较其他时段差。但此时段一则气温不高,二则此时太阳的方位角更倾向于东向和西向,南立面的太阳辐射本身就不强,所以一般此时对遮阳要求不强,南向遮阳足以满足要求。南向水平遮阳的一个优点是利用冬夏季太阳高度角的差异,在热季有效阻挡日光而不阻挡冬季阳光入室,传统建筑中的大屋檐就很好地利用了这个特点。现在有许多水平固定隔栅遮阳的实例,如果合理设计隔栅倾斜的角度,那么其冬季对阳光的引入率会更高。因此,在设计中,首先应该确定过热季节来确定临界太阳高度角,从而运用遮阳构件的计算公式确定遮阳构件的形式,设计尺寸以及隔栅的宽度、倾角等。

2.东西向

从几何计算的结果来看,最合适的方式是挡板式遮阳,但由于普通的挡板式遮阳对于视线和通风的负面影响较大,应谨慎使用。现在东西向遮阳的一个误区是采用垂直于墙面的固定垂直式遮阳板,但这种方式的实际遮阳效果很差,而且会阻挡冬季阳光入室。在武汉针对垂直式遮阳板的效果做过遮阳实测,发现对东西向窗户在夏季只能有效遮挡阳光 0.5h,基本上起不到任何遮阳作用,而在冬季反而会遮挡 2 ~ 3h 的阳光。可见,东西墙设置垂直于墙面的遮阳板是一种错误的选择。

如果要采用固定式垂直遮阳措施,可将遮阳板向南倾斜一定的角度。与普通垂直遮阳相比,遮阳效果会极大加强,而且可以允许冬季更长时段阳光的进入。如果结合水平式遮阳遮挡高度角高的阳光,综合效果更好。如果将遮阳板向北向倾斜,夏季遮阳效果会优于南向倾斜方式,但却会完全阻挡冬季阳光进入室内。

手动或者电动可调节的垂直式帘片是东西向遮阳的最佳办法。如果条件允许,通过计算机程序追踪太阳运行轨迹而自动调整页片角度,可以达到非常理想的效果。水平百叶式遮阳如果向下倾斜而且间距足够小,其遮阳效果也很好,但此时却又可能出现不可忽视的视线遮挡问题。

3. 东南、西南向

结合水平式和垂直式的综合式遮阳可以取得较好的效果,但构件尺寸应根据朝向角度不同进行精心设计。同样,有效管理的可调节式遮阳效果更好。

4. 东北、西北向

垂直遮阳板是较好的选择,板距和倾斜角度应根据朝向角度的不同进行设计。

5. 北向

对我国大部分地区而言,在热季,太阳在日出和日落时的短暂时间内能照到北窗,此时日照辐射强度和方位角均很小,对北窗的影响有限,一般可以不采取遮阳措施。如果确有需要,采用出挑尺寸较小的垂直遮阳板就可以有效遮阳。对于我国地处北回归线以南的热带地区,在热季夏至日前后太阳全天运行轨迹均在北向,所以要考虑北向遮阳问题,采取一定的水平遮阳或者综合式遮阳的措施可以满足要求。

6. 屋顶

水平屋顶接受的日太阳辐射是最大的,几乎是西墙接受辐射量的 2 倍,所以对屋顶进行遮阳相当有必要。由于屋顶没有可调节性的遮阳要求,所以因地制宜地考虑对热季阳光能有效进行遮挡的构件。另外,传统的双层通风隔热屋顶和绿化屋顶也是很好的选择。

通过日照规律和气候特征,人们可以了解太阳光对室内环境的影响。以北半球而言,由于夏至太阳高度角高、冬至太阳高度角低,日照入射到室内墙与地面上的投影完全不同。冬至日在有效日照时间里受照面积较大,夏至日受照面积虽小,但是对室内降温带来极大影响。所以,遮阳的主要目的是将夏季的阳光遮挡住而不致影响冬季的日照。常采取的遮阳形式适用范围如图 2 – 47 所示。

(五)遮阳设计——构件尺寸的计算

在进行遮阳计算前,应了解建筑物所处环境的遮阳时区,如图 2 – 48 所示。从图中可以看出三个不同地区在夏季不同时段每小时的气温范围。根据气温范围进行遮阳设计计算,一般在室内气温大于 29℃的时段要考虑设遮阳。为了遮挡进入室温大于 29℃的室内的日照(要求夏季日照直射室内,深度小于 0.5m),根据不同朝向的日照特点,设水平遮阳、垂直遮阳等形式。

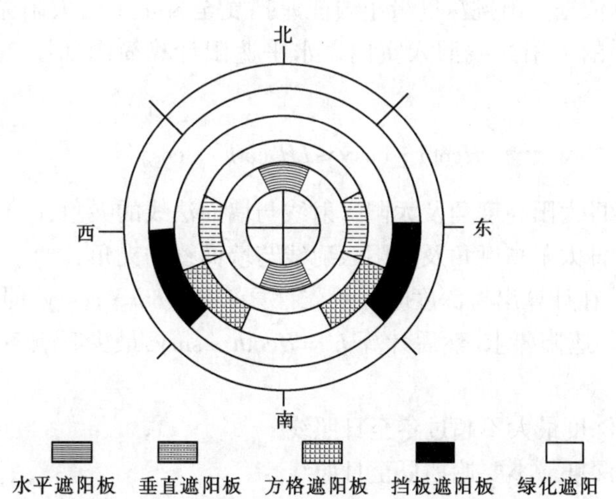

图 2-47　各种遮阳的适宜朝向

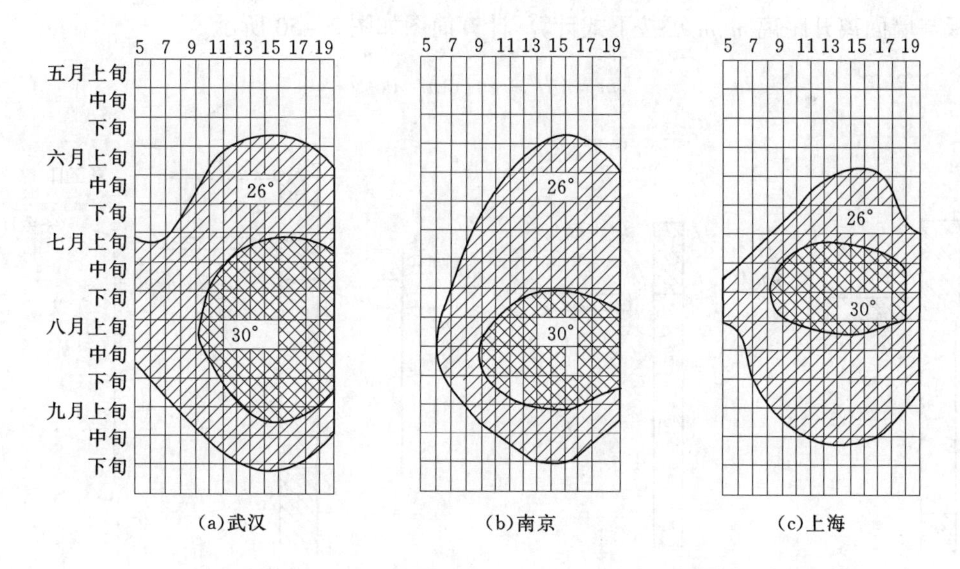

图 2-48　三座城市"高温期"每小时平均气温范围图

1. 水平遮阳计算

计算经验公式：

$$L = H\coth \cdot \cos\gamma \qquad (2-26)$$

$$L' = H\coth \cdot \sin\gamma$$

式中　H——遮阳板底与窗台面的垂直距离，m；

L——水平遮阳板出挑深度，m；

L'——水平遮阳板两侧挑出长度，m；

h——太阳高度角，(°)；

γ——太阳入射线与墙面法线的夹角，(°)。

在确定水平遮阳板出挑深度时，一般取冬至日（12.21）和夏至日（6.21）两个典型节气的太阳日照情况为计算依据。出挑深度最小要能遮挡夏至日正午的太阳光线,而出挑深度最大要不影响冬至日正午的太阳光线照入室内。水平遮阳计算简图如图 2－49 所示,可按下式计算:

$$H\mathrm{coth} \cdot \cos\gamma \leqslant LH'\mathrm{coth}' \cdot \cos\gamma' \tag{2-27}$$

式中　h,γ——夏至日太阳高度角及太阳入射线与墙面法线的夹角,(°);

　　h',γ'——冬至日太阳高度角及太阳入射线与墙面线的夹角,(°)。

根据式(2－27),在计算出挑深度时一般先计算 $L = H\mathrm{coth} \cdot \cos\gamma$,即按夏至日情况计算遮阳,最大可能满足夏季遮阳要求,然后计算 $L' = H\mathrm{coth} \cdot \sin\gamma$,最少影响冬季日照。从计算得出以下设计方法:

(1)水平遮阳板深度最大不超过冬至日照线。

(2)水平遮阳板深度最小要遮挡夏至日照线。

(3)遮阳板高度不应与窗顶高度相同,而应高出窗顶 H。

(4)水平遮阳板为了不阻挡室外墙面热空气上升涡流进入室内,如图 2－49 所示。宜将遮阳板与墙面离开距离 m,m 可按下式计算,计算简图如图 2－50 所示。

$$m = (H' + e)\mathrm{coth} \cdot \cos\gamma \tag{2-28}$$

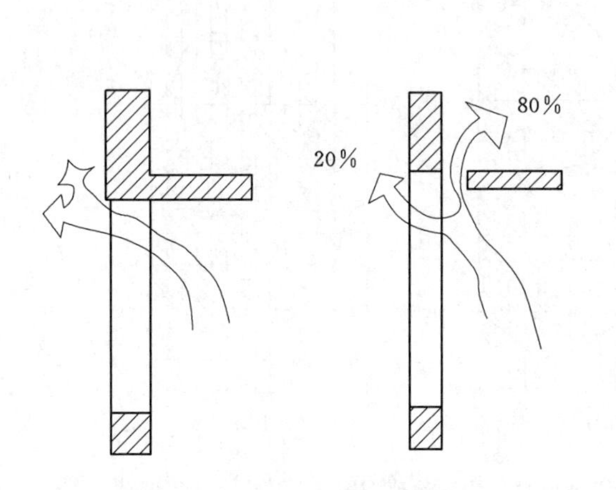

图 2－49　遮阳板气流分析图

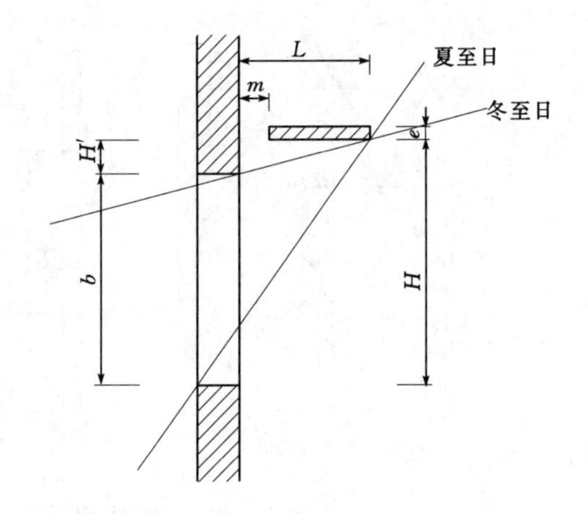

图 2－50　水平遮阳计算简图

H—遮阳板计算高度;e—遮阳板厚度;L—遮阳板计算宽度;m—分离宽度;H'—梁底与板底距离;b—洞口高度

(5)水平遮阳板可以按夏至日日照光线将其分解成“多层遮阳”形式。在不影响夏季正常遮阳要求下,通过板面的反光特性,可极大改善室内采光条件,且不影响冬季日照总量,称为“百叶遮阳”,如图 2－51 所示。

(6)水平遮阳板板面本身可分隔成条状,成为“栅状遮阳”,如图 2－52 所示。它不但可以改善室内采光,而且使墙面上升热流不至于流向室内,提高室内自然通风质量,也称为“固定百叶”。

(7)综合以上(5)、(6)方法,引入“可控性”,将固定百叶设计为可调节系统。按不同日照光线调整角度以控制日照,控制的最主要目标是让接受冬至日的日照尽量多地进入室内,提高冬季室温,改善热环境。“可控性”对改善采光条件有益。

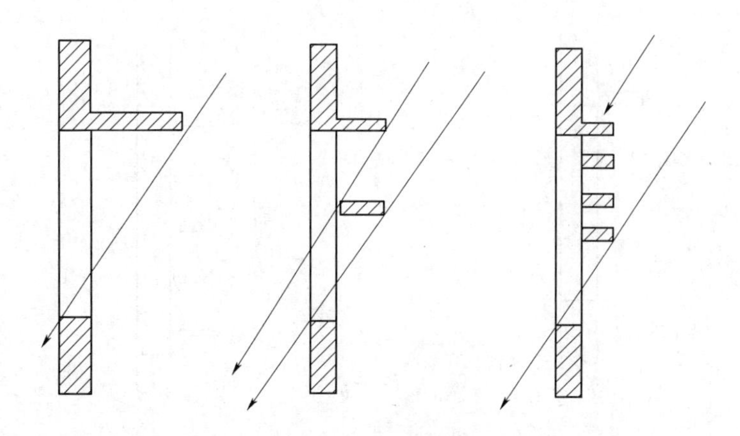

图 2-51　百叶遮阳

2. 垂直遮阳计算

计算经验公式：　　$N=\alpha\cot\gamma$　　　(2-29)

式中　α——窗洞宽度,m；

N——垂直遮阳板出挑深度(包括墙体厚度),m；

γ——太阳入射线与墙面法线的夹角,(°)。

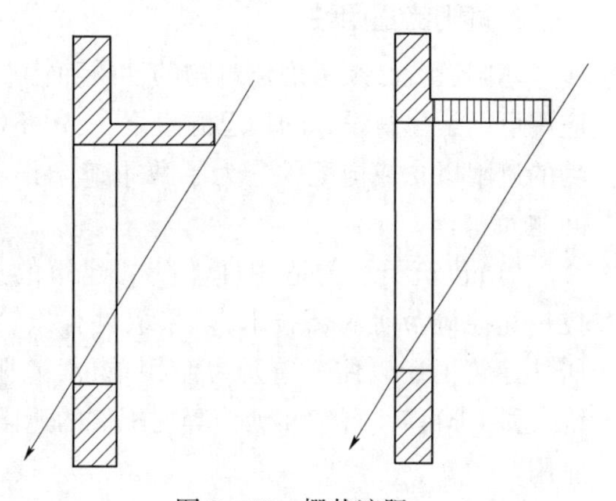

图 2-52　栅状遮阳

垂直遮阳在传统概念上均考虑设在建筑物的东、西立面,但从公式(2-29)可知,垂直遮阳一般是遮挡与建筑墙面夹角较小的场合(即 γ 值较大)。通过墙面与太阳方位关系得知,当墙面与正南相垂直时(即东西向,$\alpha=90°$) γ 要取较大值,则 A(方位角)要求越小越有利,可通过下列表达式：

$$\gamma=\alpha-A=90°-A \qquad (2-30)$$

在相同节气和时刻条件下,地理纬度越高,则其方位角越小,故东、西两向设垂直遮阳对高纬度地区有利,对如上海等较低纬度地区,垂直遮阳对东、西立面遮挡西晒意义不大。必须找到另外一种有效的遮阳方式。

据此,对垂直遮阳设计方法定义如下：

(1)南方地区单独设垂直遮阳意义不大,宜选用和水平遮阳组合的方法,或更佳方案。

(2)垂直遮阳在高纬度地区对防止西晒有一定遮阳作用。

(3)在东、西立面采取垂直板与其说为了遮阳,倒不如说其对南方地区夏季盛吹东南(或南)风起引导风进入室内作用,如图 2-53 所示。设单侧垂直板可很好地导风。

(4)东、西立面采取垂直遮阳宜选用可调节系统,将垂直板分解成垂直百叶。调整角度,并且满足百叶一字型排开后相互搭接而成为“日照屏障”。对南方地区防止西晒,不影响采光及导风。

(5)垂直遮阳对建筑北立面防止东西晒有利。以上海地区而言,夏至日下午 3:00 以后,大暑日(7 月 23 日,实际上此节令为盛夏期,气温最高)下午 3:30 以后太阳方位角均大于 90°,而转向北立面,这时北侧设垂直遮阳是有利的。

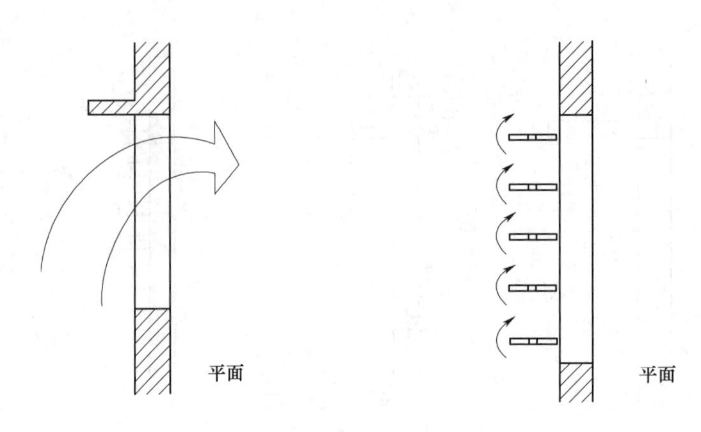

图 2－53　垂直板的导风

3. 遮阳的适用性

遮阳设置必须考虑建筑物的性质和特点，及其建筑所处的地理位置等问题。遮阳的成功应用可以是建筑设计的构思源泉之一，但不能盲目地去模仿及“引进”在其他应用领域表明成功的遮阳概念或构配件。为了尊重遮阳设置的目的性和适用价值，提出如下四项应考虑的问题。

(1)建筑类型的适用性。公共建筑的遮阳措施可以整体考虑，可以引进阳光追踪、温控—光控调节等高新技术，多采取具有建筑一体化的遮阳概念方式，与建筑设计密切结合。居住建筑由于以住户单元为使用单位，遮阳设施往往是独立的，每单元单独控制的简易系统，适用于百叶、自然和延伸等构配件的遮阳方式，以利各单元按各自对热的感觉和需求调整遮阳。

(2)建筑采光面的特征。现代建筑千姿百态，玻璃幕墙代替窗更是屡见不鲜。对于为室内创造舒适环境而言，玻璃幕墙更需要有遮阳装置，但是对于幕墙的完整性和美观，不容许设置“笨重”的遮阳板，而应考虑金属板的百叶遮阳或可控遮阳系统，以与幕墙取得协调。

(3)建筑方位的决定性。常规遮阳设计表明，由于日照的因素，不同方位立面要求不同的遮阳形式。作为建筑节能的手段之一，最终目的是创造室内舒适环境，建筑师应全面讨论不同方位的立面设计对室内热环境的影响，不能简单地将一种遮阳，设置于各个方位，不考虑特殊性，最终遮阳会影响室内舒适性。

(4)建筑高度的制约性。一般来讲，超过 50m 的建筑高度由于受风力影响不宜设置悬臂类的遮阳系统。从香港及美国高层住宅建设来看，那里的高层建筑同样注重遮阳。但基于安全多以有孔洞的挡板遮阳为主，造价低、效果好、抗风性强。而高层办公建筑由于玻璃采光面的增加，应以“可控遮阳＋双层外壁”系统为主。这样，遮阳设置安全，摆脱了高度制约，遮阳设计进入自由王国；同时如果高层建筑无法避免悬挑遮阳，也应采取轻质固定百叶遮阳，以削弱风力的影响。

建筑遮阳是一项古老的形式和构配件，发展至今有顽强的生命力，说明它具备一定的应用前景，只是没有在概念和意义、产品和制作方面进一步研究挖掘和开发。正因为遮阳对创造室内热舒适环境贡献甚大，对于建筑节能来讲更是一种有效的方式。建筑师应在建筑设计过程中引入建筑节能意识，其中包含遮阳价值的含义和应用。

(六)遮阳的系统化设计

住宅建筑设计理论日益更新,造型呈多样化、丰富化,而住宅遮阳设计理论却发展较慢,发展的滞后将直接导致遮阳措施与建筑造型产生种种不适应。住宅遮阳设计中遮阳构件难以与建筑协调。

1. 遮阳一体化设计

遮阳一体化设计是将外窗遮阳与建筑屋顶、阳台、外廊、表皮进行整合设计,使遮阳构件与建筑完美结合。这种集多种功能于一体的思路是一种非常有效的设计方法,有助于解决目前长江流域住宅遮阳设计中遮阳构件难以与建筑协调的难题。

1)遮阳与屋顶

屋顶处理手法是建筑设计中的核心部分,如何将优美的造型与实用的功能相结合是建筑师们一贯的追求。建筑屋顶与遮阳整合,屋顶出檐提供遮阳的方式是一种经典的遮阳与造型结合的方式,不仅创造出独特的建筑形式,也为屋顶下方提供了阴影,无论是在世界各地的传统民居中还是现代住宅中都可以看到这种方式。

(1)屋顶出檐遮阳。现代主义大师赖特著名的草原别墅就是屋顶出檐遮阳的典型代表。美国中西部夏季太阳辐射强烈,他根据当地春秋分等特定时间的太阳高度角以及各房间对阳光的需求设计了深浅不一的挑檐,这些造型舒展的檐口在墙面和窗户上投下了大片的阴影,起到了遮阳的功效,成就了遮阳与屋顶一体设计的典范。

(2)屋顶构架。屋顶构架遮阳的原理是利用冬夏太阳高度角的变化,将构架叶片设置成一定角度,阻挡夏季辐射而让冬季辐射穿过。

马来西亚建筑师杨经文设计的 Roof - Roof 住宅,如图 2 - 54 所示,是遮阳与屋顶构架作为遮阳措施的典范。杨经文的核心理念是将建筑围护系统定义为一个"环境过滤器",他将屋顶设计成带有遮阳格片的整体构架,屋顶构架把整个住宅遮蔽在其下,根据太阳自东向西全年各季节的运行轨迹,格片被做成了不同的角度,遮挡夏季辐射而让冬季辐射进入。

图 2 - 54　马来西亚建筑师杨经文设计的 Roof - Roof 住宅

(3)屋顶延伸。这种方式取之于传统的"帆布遮阳棚"概念,即应用导轨将遮阳体(布或金属、塑料)延伸或收缩,起到灵活调控遮阳效果的目的。延伸遮阳可以有效解决遮阳影响冬季日照的难题,技术简单,造价不高,是值得发展的建筑构配件。屋顶延伸是将遮阳措施作为屋顶的延伸,与屋顶结合设计的一种重要手法。

2)遮阳与外廊

建筑外廊兼做遮阳早已被建筑师所认同,住宅遮阳与建筑外廊一体化设计适合各种高度的通廊式住宅,对于这类住宅解决东西辐射具有重要的借鉴意义。比如杨经文设计的位于马来西亚的卡萨德索尔公寓就是将外廊和建筑遮阳结合起来的优秀住宅设计,如图2-55所示。建筑整个形态呈现为一个半环形,主体朝向为东西向。考虑到西向强烈的太阳辐射,杨经文在西立面上设置了一个结构上单独承重的走廊,既起到了作为交通连接每个居住单元的作用,又对午后西向强烈的太阳辐射起到了缓冲和遮蔽的作用。

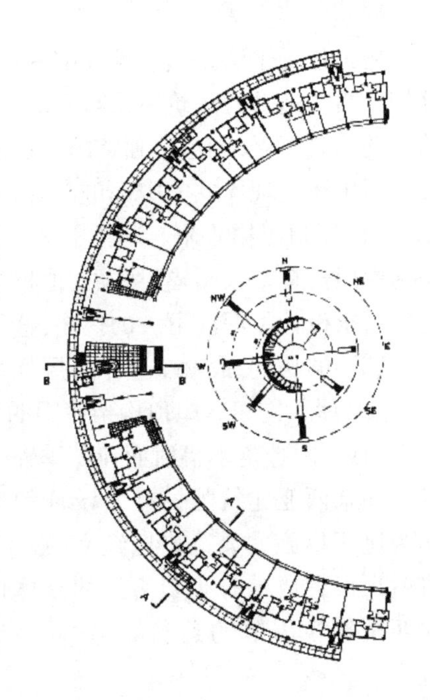

图2-55　卡萨德索尔公寓

3)遮阳与阳台

建筑造价是建筑师设计时必须考虑的问题之一,阳台作为住宅建筑的必要元素,既能丰富建筑造型,又能起到类似水平遮阳或综合遮阳的作用,且不增加额外的造价,因此遮阳设施与阳台的一体化设计在住宅建筑中具有非常广泛的意义。

凸阳台:凸阳台作为住宅建筑立面上出挑的构件,可以起到类似水平遮阳的作用。

凹阳台:凹阳台设置在住宅建筑立面可以起到类似综合遮阳的作用。

4)遮阳与表皮

遮阳与住宅建筑表皮一体化设计是将遮阳作为建筑表皮的主题元素,一方面遮阳与遮阳建筑表皮的结合可以解决遮阳与建筑造型之间的矛盾,可以使立面产生无限变化的可能性。另一方面使遮阳构件内嵌在围护结构中,可以随意推拉,减少遮阳构件所占空间,增加遮阳适用度。住宅建筑与表皮一体设计的遮阳多是百叶、活动挡板、帘布等可回收的可调遮阳,在某些采光、视线、通风需求较小的房间的外窗外也可以采用固定遮阳。

5)遮阳与空调机位及装饰

遮阳不仅可以与屋顶、阳台、表皮等围护结构设计结合成一体,也可以与空调机位、装饰构件进行一体化设计。

空调机位:遮阳措施与空调机位结合设计对于新建住宅或原有住宅改造都有重要意义。新建住宅可以将突出墙面的空调机位设置在外窗上方或两侧,配合线脚处理,实现遮阳的目的。

装饰构件:遮阳措施与外窗附近的装饰构件结合设计也是一体化设计的重要方式。既可以在整个建筑立面上运用,也可以仅仅针对外窗;既可以丰富建筑造型,又可以遮挡太阳辐射。常见的凹窗就是这种方式针对外窗最简单的表现。

2. 遮阳艺术化设计

遮阳艺术化设计就是要充分发挥遮阳在建筑美学中的表现力,充分展现遮阳技术的美感,寓遮阳于建筑中。

1)对外部空间的营造

建筑遮阳构件在住宅建筑立面构成上常常可以抽象为点、线、面三种形式,充分运用这三种形式进行变化或组合,在立面可以创造多种艺术效果。

(1)表现节奏韵律。节奏的基本特征是“重复”,连续的窗洞与遮阳构件可以抽象成连续的点或线成为建筑基本的构图要素,使立面上有规律地重复变化,形成节奏感,可以给人以韵律美。常用手法有连续、渐变、交错和起伏等。

(2)表现虚实关系。在遮阳设计中可以利用遮阳构件在立面上营造虚实关系。“虚”的部分能给人以空透、开敞、轻盈的感觉,而“实”的部分能给人以不同程度的封闭、厚重、坚实的感觉,造成视觉上的对比,形成视觉上的张力,给人以生动、强烈的印象。一种方式是通过遮阳点、线、面构图自身的材质、肌理或透明度与建筑表面产生对比。遮阳与建筑之间的关系可以是“虚实”对比也可以是“实虚”对比。另一种方式是遮阳点、线、面构图通过组合和排列,形成相互对比。

(3)表现光影层次。运用遮阳构件点、线、面的构图方式,可以在立面上创造丰富的光影和层次感。整齐统一的遮阳构件在阳光的作用下显示出秩序性和稳定感,也使建筑在阳光下更加生动有趣充满变幻,增加建筑的层次感。局部变化的遮阳构件可以带来立面光影层次的变化,使得整个建筑造型更加丰富。

(4)表现统一中蕴含变化。单独采用遮阳点、线、面三种构图形式中的一种可以突出立面的整体性,把连续的遮阳构件作为建筑的基本构图要素。遮阳构件整齐地排列组合会使建筑立面的整体统一性得以展现,将建筑复杂的功能统一于简洁的形体之中,表现出建筑简洁统一的气质。当采用活动遮阳设置时,遮阳构件还可以带来动态性的变化,实现统一中蕴含变化。

(5)表现色彩与质感。遮阳设计中质感的处理十分重要。不同材质的遮阳构件能使人产生不同的心理感受,粗糙的混凝土和石材显得厚重坚实,而朴实无华的竹片、木材使人感到自然亲切。

2)对内部空间的营造

遮阳设置作为调节阳光的措施,可以为住宅的室内带来丰富的光影效果,影响人们对空间场所精神的认知。

(1)表现光的效果。光线从室外进入室内,通过遮阳设施的塑性,利用反射、折射、漫射等方式,创造独特的空间场所感知。

(2)表现影的效果。影是光被界面实体遮挡产生的,遮阳设施的大小、形状、透明度都影响着影的效果。影与光一样,也能营造人们对空间场所的认知,不同的是影还能起到装饰的作用。百叶、隔栅等遮阳设施可以产生规律的光影交替,使空间产生韵律。百叶窗将光线过滤成细密的光带,为住宅室内营造了一种温馨的空间认知。

3. 材料丰富化

建筑遮阳可采用如下材料:

(1)混凝土。耐久度、安全性高,储热系数一般,光线控制力弱,气质表现厚重、有体量感,可预制、浇筑,造型灵活,造价相对适中。

(2)金属。耐久度、安全性高,储热系数大,表面反射光线,环保性高。气质表现轻盈、精致、细腻,机械化加工生产,超强的可塑性,构造细部精美,造价相对较高。

(3)织物。耐久度高,抗风荷载弱,光线可透射,环保性高,气质表现轻柔飘逸,可以任意裁切,材质色彩丰富,造价相对较低。

(4)玻璃。耐久度高,安全性高,光线控制力出色,储热系数大,气质表现通透轻柔,机械化加工生产,构造细部精美,造价相对较高。

(5)木材。耐久度适中,安全性高,储热系数很小,亲切自然的气质,加工方便,精美的构造细部,造价相对较高。

(6)塑料。耐久度适中,安全性高,光线控制力较出色,储热系数大,可以任意裁切,材质色彩丰富造,造价各异。

(7)植物。环保性超高,改善微气候的机能,气质表现生态自然,构造细部造精美,造价由攀附构架决定。

第四节　典型案例分析

一、案例一:法兰克福商业银行总部大厦

由来自于英国的福斯特联合建筑事务所完成的法兰克福商业银行总部大厦建筑设计,其结构同样是英国的阿如普公司设计。它是高层绿色建筑的一次成功的尝试。

它是1997—2004年间最高的摩天楼,其实际高度是258.7m,连同标杆的高度达300m。这座商业银行的总部大楼,面积121000m^2,共53层,外观图如图2-56所示。大楼设有天然光系统和空气流通系统。

(一)平面分析

法兰克福商业银行总部大厦的平面图如图2-57所示。传统的位于塔楼中央的公共交通等核心(电梯、步梯、洗手间等)在本建筑中分散在建筑三角形平面的三个角,而解放出中部较大的空间来重新设计。每两个交通核心之间的梯形部分则是建筑的主要办公部分,三个梯形又围合出一个空透的三角形中庭。福斯特的过人之处是在这些梯形部分每隔8层就安排了1个高达4层(约14m)的空中花园,而且花园是错落上升设置的,这让每层的办公室都可以接触到花园般的景色。

图 2－56　法兰克福商业银行总部大厦外观图

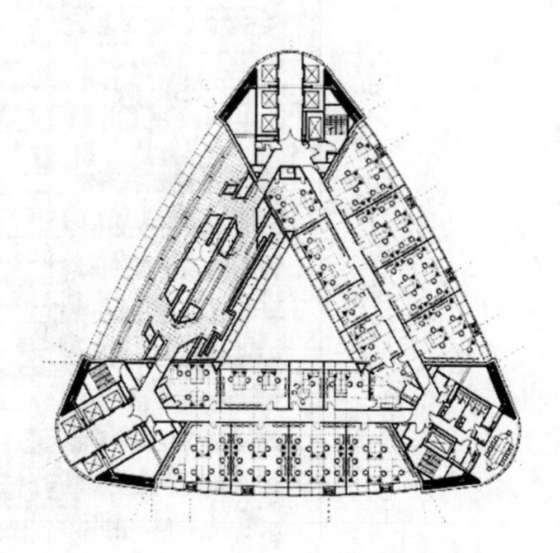

图 2－57　法兰克福商业银行总部大厦平面图

（二）立面分析

除了贯通的中庭和内花园的设计外，建筑外皮双层设计手法同样增加了该高层建筑的绿色性，外层是固定的单层玻璃，而内层是可调节的双层 Low-E 中空玻璃，两层之间是 165mm 厚的中空部分，室外的新鲜空气可进入到此空间。当内层可调节玻璃窗打开时，室内不新鲜的空气也进入到这一中空部分，完成空气交换。在中空部分还附设了可通过室内调节角度的百叶窗帘，炎热季节通过它可以阻挡阳光的直射，寒冷季节又可以反射更多的阳光到室内。

（三）气流分析

法兰克福商业银行总部大厦的气流组织如图 2－58 所示。外围的办公室通过立面的覆层系统直接与外部通风，内部的办公室经过花园。同时，中庭和空中花园的设置使得在全年的大多数工作时间里，该大厦仅靠自然通风和采光手段已经满足内部通风和采光的需要。

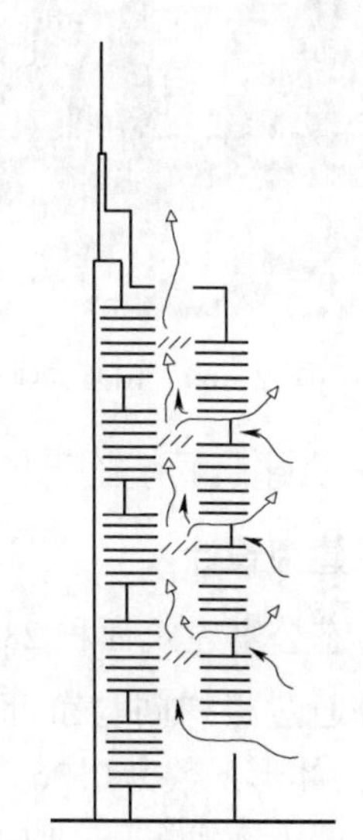

图 2－58　法兰克福商业银行总部大厦通风示意图

（四）剖面分析

法兰克福商业银行总部大厦的建筑剖面如图 2－59 所示。建筑的剖面局部从这里可以看到办公室和景观区的交接处，工作空间和这些花园直接相连，从而使人们享受自然通风。

上述种种自然通风、采光方法以及智能控制技术等在法兰克福商业银行总部大厦中的综合应用，使得该建筑自然通风量达 60%。这在高层建筑中是非常难得的，大厦也成为欧洲最节能的高层建筑之一，使用第一年的耗电量仅为 185kW · h/m^2。但是，该大厦也存在一些不足之处，由于设计者将较大空间安排为空中花园和中庭，使得建筑的办公面积使用效率较低。

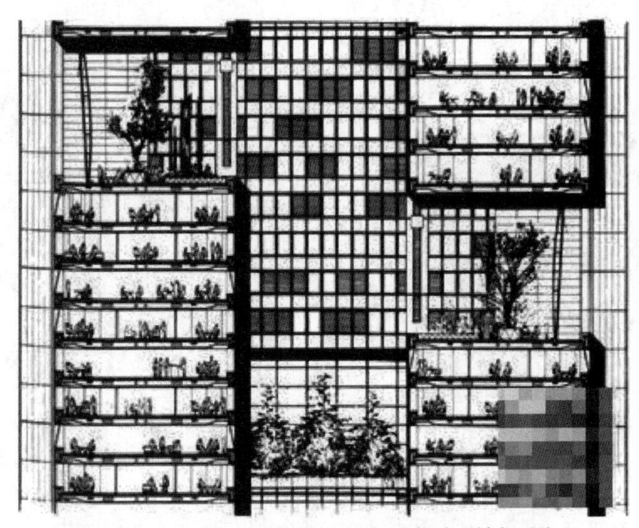

图 2-59　法兰克福商业银行总部大厦剖面图

二、案例二：山东建筑大学梅园 1 号学生公寓楼

近年来，我国高校办学规模不断扩大，基础设施也大量扩建。1999—2002 年，全国新建大学生公寓 3800 多万平方米，改造 $1000 \times 10^4 m^2$，是之前新中国成立 50 年间建设总量的 1 倍以上。然而，通过对我国寒冷地区高校调查发现，学生公寓目前还普遍存在着能耗高、室内空气品质和室内舒适性较差等问题。为了探索如何有效解决这些问题，文中结合山东建筑大学新校区学生公寓的建设来分析，该建筑是同加拿大可持续发展中心合作设计的生态学生公寓科技示范楼。该工程采用了生态建筑的设计理念和多项节能技术。从投入使用两年的耗能情况分析，达到了节能、环保、舒适、健康的目标，2005 年被建设部授予建筑节能科技示范工程，其外观如图 2-60 所示。

图 2-60　山东大学生态公寓

（一）建筑节能的总体策略

1. 建筑设计

生态公寓建筑面积 $2300m^2$，长 22m，进深 18m，高 21m，共 6 层，72 个房间，均为 4 人间。该部分通过楼梯间与东部普通公寓相连接。外墙平直，体形系数为 0.26。

采用内廊式布局，北向房间的卫生间布置于房间北侧，作为温度阻尼区阻挡冬季北风的侵袭，有利于房间保温；南向房间的卫生间设于房间内侧沿走廊布置，因此南向外窗的尺寸得以扩大，便于冬季室内能够接受足够的太阳辐射热，标准层平面布局如图 2-61 所示。

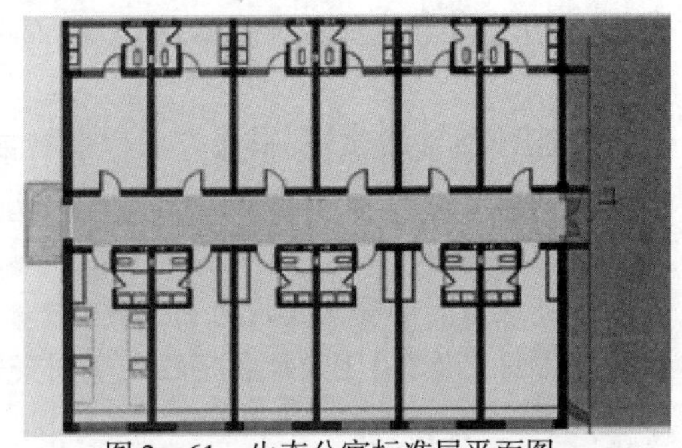

图 2-61　生态公寓标准层平面图

2. 围护结构

采用砖混结构,使用黄河淤泥多孔砖、外墙外保温。西向、北向外墙在370mm厚多孔砖基础上敷设50mm厚挤塑板。南外墙窗下墙部分采用370mm厚多孔砖加20mm厚水泥珍珠岩保温砂浆,安装了太阳墙板的窗间墙部分外挂25mm厚挤塑板。楼梯间墙增加了40mm厚憎水树脂膨胀珍珠岩。屋顶保温层采用50mm厚聚苯乙烯泡沫板。外窗全部采用平开式真空节能窗。

3. 供暖形式

采用常规能源与太阳能相结合的供暖方式:南向房间采用被动式直接受益窗采暖,北向房间采用太阳墙系统;常规能源作补充,房间配备低温辐射地板采暖系统,设有计量表和温控阀,实现了有控制有计量。将温控阀设置在室内舒适温度18℃,先充分利用太阳提供的热能,如室内达不到设定温度,温控阀自动打开,由常规采暖系统补上所需热量,达到节约能源的目的。

4. 中水系统

卫生间冲刷用水采用学校统一处理的中水。

(二)太阳能综合利用策略

1. 太阳能采暖

南向房间采用了比值为0.39的窗墙面积比,以直接受益窗的形式引入太阳热能,白天可获得采暖负荷的25%~35%。北向房间采用加拿大技术太阳墙系统采暖,如图2-62所示。建筑南向墙面利用窗间墙和女儿墙的位置安装了157m^2的深棕色太阳墙板。太阳墙加热的空气通过风机和管道输送到各层走廊和北向房间,有效解决了北向房间利用太阳能采暖的问题。太阳墙系统的总供风量为6500m^2/h,每年可产生212GJ热量,9月到第二年5月可产生182GJ热量。夏季白天,太阳墙系统不运行,南向外窗受铝合金遮阳板遮蔽,如图2-63所示,能够防止过度辐射。

图2-62 生态公寓太阳墙系统采暖示意图

图2-63 生态公寓太阳墙与遮阳板图

太阳墙系统送风风机的启停由温度控制器控制,其传感器位于风机进风口处。当太阳墙内空气温度超过设定温度2℃时,风机启动向室内送风,低于设定温度1℃时关闭风机,这样能够保证送入室内的新风温度,并且允许空气温度在小范围内波动,避免风机频繁启停。

2. 太阳能通风

设置太阳能烟囱利用热压加强室内自然通风是生态公寓的一项重要技术措施。通风烟囱位于公寓西墙外侧中部,如图2－64所示。与每层走廊通过6扇下悬窗连接,由槽型钢板围合而成,总高度27.2m,风帽高出屋面5.5m。充足的高度是足够热压的保证,而且宽高比接近1∶10,通风量最大,通风效果最好。

夏季,烟囱吸收太阳光热,加热空腔内空气,热空气上升,从顶部风口流出;在压力作用下各层走廊内空气流入烟囱,房间内空气通过开向走廊的通风窗流入走廊,如此加强了室内的自然通风,如图2－65所示,有利于降温。冬季,走廊开向通风烟囱的下悬窗关闭,烟囱对室内不再产生影响。

图2－64　生态公寓太阳能烟囱

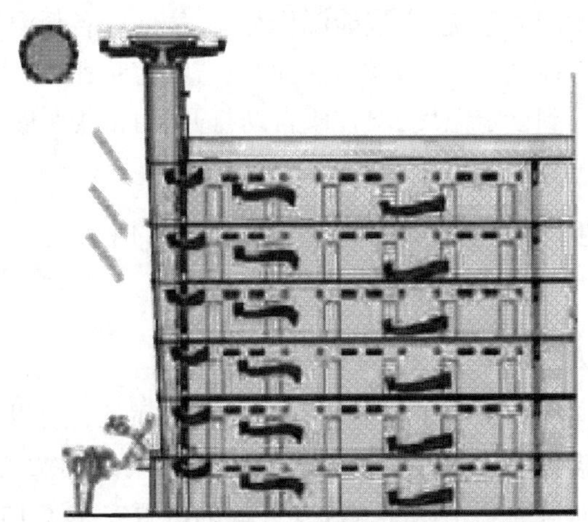

图2－65　生态公寓太阳能烟囱通风示意图

3. 太阳能热水

公寓屋顶上安装了太阳能热水系统,如图2－66所示。采用30组集热单元串并联结构,每组由40支47×1500的横向真空管组成。四季接受日照稳定,可满足规范要求的每天每个房间连续45min提供120L热水。实行定时供水,供水前数分钟打开水泵,将管网中的凉水打回储热水箱,保证使用时流出的都是热水,水温为50～60℃。系统可独立运行,也可以辅以电能。10t的储热水箱放置于7层的水箱间内,有利于保温和检修。采用智能控制系统控制和平衡各房间的用水量,热水的使用由每个房间的热水控制器控制。使用时在控制器上输入密码打开电磁阀即可,水温水量可通过混水阀调节,密码需向公寓管理部门购买。

图2－66　生态公寓屋顶的太阳能热水系统

4. 光伏发电

在示范楼的南面，采用高效精确追踪式太阳能光伏发电系统，如图 2－67 所示。该系统能够精确跟踪太阳运动，使光伏电池板始终垂直于太阳光线，效率比固定式高出近 1 倍。装机容量 1500W，晴好天气每天可发电 12kW·h 左右，并设有蓄电设施，为生态公寓提供风机动力、走廊照明及室外环境照明。

图 2－67　生态公寓太阳能光伏发电

（三）室内环境控制策略

1. 对流通风及新风系统

房间向走廊开有通风窗，位于分户门上方，安全性能比门上亮子好。通风窗与房间外窗形成穿堂形布局，结合太阳能烟囱，有较广的通风覆盖面，通风直接、流畅，室内涡流区小。另外，对于北向房间来说，冬季太阳墙系统为其提供了预热新风；夏季，将太阳墙系统风机的温度控制器设定在较低温度，当室外气温低于设定温度时风机运转，把室外凉爽空气送入室内，能够加快通风降温。南向房间采用通风器过滤控制新风。通风器安装在窗框上，有 3 个开度，用绳索手动控制，可为房间提供持续的适量新风，满足卫生要求。

2. 卫生间背景排风

卫生间的排风道按房间位置分为南北两组，每组用横向风管在屋面上把各个出风口连接起来，最终连到一个功率在 1.5～2.2kW 之间的 2 级变速风机上。室内的排风口装有可调节开口大小的格栅。平时格栅开口较小，室外风机低速运行，为房间提供背景排风。卫生间有人使用时开启排风开关，格栅开口变大，风机高速运行，将卫生间中的异味抽走，有效降低卫生间对室内空气的污染。排风开关由延时控制器控制，可根据需要设定延迟时间，防止使用者忘记关闭开关造成能源浪费。

思 考 题

1. 为什么建筑选址应尽量避免选择低洼地带？
2. 比较麦克哈格千层饼选址和生态评分选址方法的优缺点。
3. 满足夏季致凉的有哪些节能设计方法？
4. 在组合建筑群中，当一栋建筑远高于其他建筑时，或在迎冬季来风方向减少某一栋，对建筑会产生什么影响？为什么？
5. 什么是风阴影，建筑物长度、进深及高度对风阴影长度有哪些影响？
6. 分析城市环境热岛效应产生的原因及解决方法。

7. 简述板式建筑外遮阳的形式及应用方位。

8. 为保证日照时间满足规范要求，南方地区和北方地区要求的最小住宅楼间距是否相同？为什么？

9. 建筑单体设计时，采取那些建筑布局措施可以实现节能？

10. 地处严寒地区 A 区的某十层矩形办公楼（正南北朝向、平屋顶），其围护结构平面几何尺寸为 57.6m × 14.4m，每层层高均为 3.1m，其中南向外窗面积最大（其外窗面积为 604.8m^2），计算该建筑的体形系数和南向窗墙面积比。

11. 北京地理纬度为北纬 40°，有一组住宅建筑，室外地平的高度相同，设其建筑朝向为南偏东 15°，后栋建筑一层窗台距室外地平高 1.5m，前栋建筑从室外地平至檐口总高 15m，要求后栋建筑在大寒日从 11 点到 13 点有 2 小时满窗日照，已知大寒日 11 点太阳高度角为 28°，太阳方位角为 16°，求其最小建筑日照间距。

参 考 文 献

[1] 涂逢祥. 建筑节能技术[M]. 北京：中国计划出版社，1996.

[2] 扬善勤. 民用建筑节能设计手册[M]. 北京：中国建筑工业出版社，1997.

[3] 房志勇. 建筑节能技术[M]. 北京：中国建材工业出版社，1999.

[4] 夏云，夏葵，施燕. 生态与可持续建筑[M]. 北京：中国建筑工业出版社，2001.

[5] 王立雄. 建筑节能[M]. 北京：中国建筑工业出版社，2004.

[6] 金招芬，朱颖心. 建筑环境学[M]. 北京：中国建筑工业出版社，2001.

[7] 宋德萱. 节能建筑设计与技术[M]. 上海：同济大学出版社，2003.

[8] 王金鹏. 建筑遮阳节能技术研究[D]. 天津：河北工业大学，2007.

[9] 鲁鑫. 长江流域住宅建筑外窗遮阳研究[D]. 重庆：重庆大学，2009.

[10] 陈衍庆，王玉荣. 建筑新技术[M]. 北京：中国建筑工业出版社，2002.

[11] 涂逢祥. 建筑节能 33[M]. 北京：中国建筑工业出版社，2001.

[12] 涂逢祥. 建筑节能 34[M]. 北京：中国建筑工业出版社，2001.

[13] 郭秋月. 对中国传统民居的生态价值的溯源开思[D]. 长春：东北师范大学，2008.

[14] 蔡君馥. 住宅节能设计[M]. 北京：中国建筑工业出版社，1999.

[15] 卜毅. 建筑日照设计[M]. 2 版. 北京：中国建筑工业出版社，1988.

[16] 桐嘎拉嘎. 北京四合院民居生态性研究初探[D]. 北京：北京林业大学，2009.

[17] 民用建筑节能设计标准(采暖居住建筑部分)[S]：JGJ 26—1995.

[18] 冉茂宇. 生态建筑[M]. 武汉：华中科技大学出版社，2008.

[19] 龙惟定，武涌. 建筑节能技术[M]. 北京：中国建筑工业出版社，2009.

[20] 唐陆冰. 趣话我国的民居与气候[J]. 地理教育，2005，03：78.

[21] 居住建筑节能检测标准[S]：JGJ/T 132—2009.

[22] 民用建筑热工设计规范[S]：GB 50176—2016.

[23] 黑玫瑰. 建筑风水学选址原则[EB/OL]. http://www.chinagb.net/bbs/viewthread.php? tid = 47250，2007.

[24] 谢浩，刘晓帆. 体现可持续发展原则创造高技术生态建筑——以德国法兰克福商业银行总部大厦为例[J]. 房材与应用，2002，05：7 – 8.

[25] 王崇杰，何文晶，薛一冰. 我国寒冷地区高校学生公寓生态设计与实践——以山东建筑大学生态学生公寓为例[J]. 建筑学报，2006，11：29 – 31.

[26] 严寒和寒冷地区居住建筑节能设计标准[S]：JGJ 26—2018.

[27] 徐伟，邹瑜，张婧，等. GB 55015—2021《建筑节能与可再生能源利用通用规范》标准解读[J]. 建筑科学，2022，38(02)：1 – 6.

[28] 温和地区居住建筑节能设计标准[S]：JGJ 475—2019.

[29] 公共建筑节能设计标准[S]：GB 50189—2015.

[30] 建筑节能与可再生能源利用通用规范[S]：GB 55015—2021.

第三章　建筑材料及围护结构的节能

本章分析影响围护结构传热的因素，分别针对墙体、门窗、屋面及地面提出相应的节能措施。在保证建筑物室内舒适温度的条件下，通过改善建筑围护结构的热工性能，隔绝夏季室外热量进入室内，阻止冬季室内热量散出室外，从而减少采暖、制冷等设备的负荷，最终达到节能的目的。

第一节　建筑围护结构热阻与节能的关系

一、建筑围护结构的传热原理与计算

（一）一维平壁稳态导热

一维平壁稳态导热的特征：

（1）平壁内各点温度均不随时间变化，且导热物体的温度仅在一个坐标方向发生变化；

（2）通过平壁的热流密度 q 处处相等，即 $q = Const$（常数）；

（3）平壁内部温度呈直线分布，即 $\frac{dt}{dx} = Const$（常数）。

1. 单层匀质平壁的导热

已知一个厚度为 δ、没有内热源的单层匀质平壁，其两个壁面分别维持在均匀而恒定的温度 t_{w1}、t_{w2}，坐标如图 3-1 所示。

单层匀质平壁的导热量：

$$\Phi = A\frac{\lambda}{\delta}(t_{w1} - t_{w2}) \tag{3-1}$$

单层匀质平壁的导热热流密度：

$$q = \frac{\Phi}{A} = \frac{\lambda}{\delta}(t_{w1} - t_{w2}) = \frac{\Delta t}{\frac{\delta}{\lambda}} \tag{3-2}$$

单层匀质平壁的导热热阻：

$$R_\lambda = \frac{\delta}{\lambda} \tag{3-3}$$

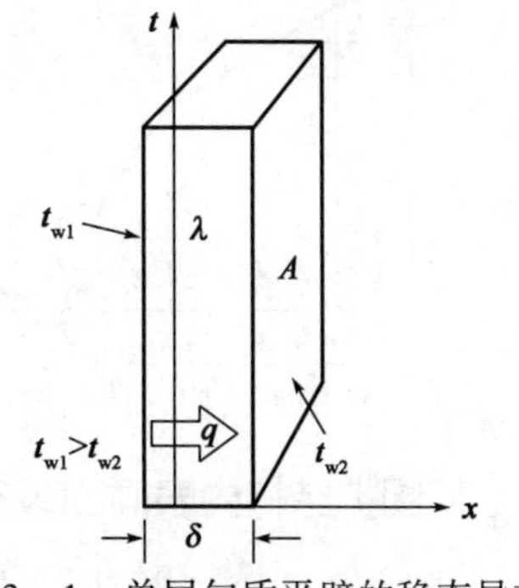

图 3-1　单层匀质平壁的稳态导热

式中　Φ——单层匀质平壁的稳态导热量，W；

q——单层匀质平壁的稳态导热热流密度，W/m^2；

t_{w1}——平壁内表面的温度，℃；

t_{w2}——平壁外表面的温度，℃；

λ——单层匀质平壁的导热系数，$W/(m \cdot K)$；

δ——单层匀质平壁的厚度，m；

R_λ——单层匀质平壁的导热热阻，$(m^2 \cdot K)/W$。

热阻的物理意义:表征物质阻抗传热能力的物理量。可以理解为热流量在传热路径上遇到的阻力,反映介质或介质间传热阻力的大小。

2. 多层平壁的导热

房屋外围护结构一般都是由几层不同材料组成的多层平壁,如图 3-2 所示为三层平壁。t_2 和 t_3 是内部材料层界面上的温度。

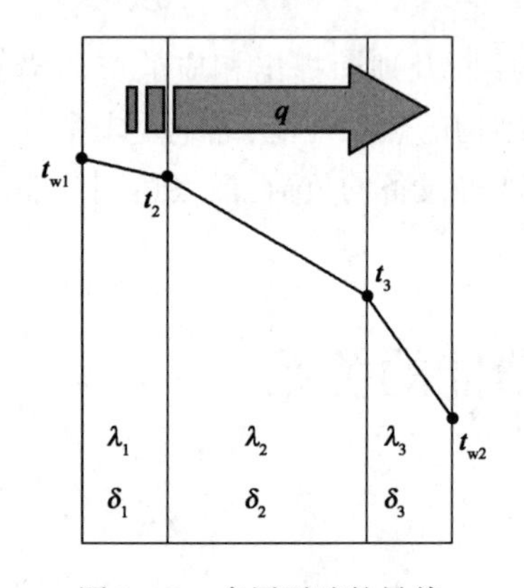

图 3-2　多层平壁的导热

$$q_1 = \frac{t_{w1} - t_2}{\dfrac{\delta_1}{\lambda_1}} \tag{3-4}$$

$$q_2 = \frac{t_2 - t_3}{\dfrac{\delta_2}{\lambda_2}} \tag{3-5}$$

$$q_3 = \frac{t_3 - t_{w2}}{\dfrac{\delta_3}{\lambda_3}} \tag{3-6}$$

$$q_1 = q_2 = q_3 = q \tag{3-7}$$

$$q = \frac{t_{w1} - t_{w2}}{\dfrac{\delta_1}{\lambda_1} + \dfrac{\delta_2}{\lambda_2} + \dfrac{\delta_3}{\lambda_3}} = \frac{t_{w1} - t_{w2}}{R_1 + R_2 + R_3} \tag{3-8}$$

对 n 层平壁的导热:

$$q = \frac{t_{w1} - t_{w2}}{\sum\limits_{j=1}^{n} R_j} \tag{3-9}$$

与导电问题相似,传热方向上每个传热环节均有热阻。总的传热热阻满足串联相加的关系,即串联关系的各传热环节,其热阻加和就是总热阻。

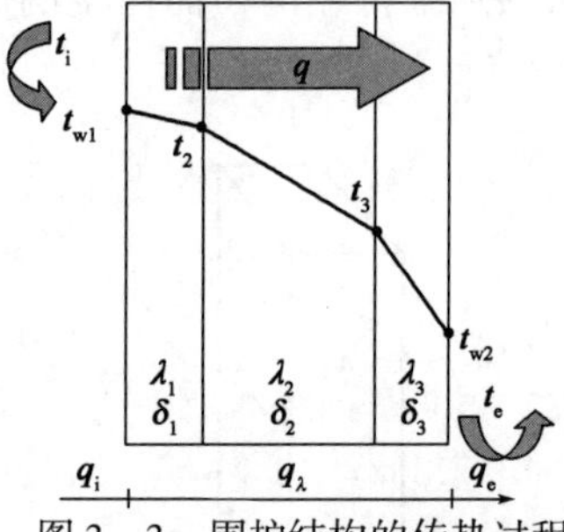

图 3-3　围护结构的传热过程

(二)围护结构的稳态传热过程

传热过程:是指热量从固体壁面一侧的流体传递到另一侧流体的过程。

稳态传热过程:温度场不随时间变化的传热过程。

将外围护结构两侧空气换热考虑在内,围护结构传热过程经历三个阶段:围护结构内表面的吸热、围护结构材料层的导热、围护结构外表面的散热,如图 3-3 所示。

1. 围护结构内表面的吸热

设 $t_i > t_e$, $t_i > t_{w1}$ 时,内表面以对流和辐射的方式吸热:

$$q_i = \alpha_i (t_i - t_{w1}) = \frac{t_i - t_{w1}}{\dfrac{1}{\alpha_i}} = \frac{t_i - t_{w1}}{R_i} \tag{3-10}$$

式中　q_i——平壁内表面吸热热流密度,W/m^2;

α_i——内表面的复合换热系数,$W/(m^2 \cdot K)$;

t_i——室内空气温度,℃;

t_{w1}——围护结构内表面的温度,℃;

R_i——内表面换热热阻,$(m^2 \cdot K)/W$,按《民用建筑热工设计规范》GB 50176—2016 的规定取值,见表 3－1。

表 3－1 围护结构内表面换热热阻

表面特性	$\alpha_i[W/(m^2 \cdot K)]$	$R_i[(m^2 \cdot K)/W]$
墙面、地面、表面平整或有肋状突出物的顶棚($h/s \leq 0.3$)	8.7	0.115
有肋状突出物的顶棚($h/s > 0.3$)	7.6	0.132

注:h—肋高,s—肋间净距;适用于冬季和夏季。

2. 围护结构材料层的导热

$$q_\lambda = \frac{t_{w1} - t_{w2}}{\frac{\delta_1}{\lambda_1} + \frac{\delta_2}{\lambda_2} + \frac{\delta_3}{\lambda_3}} = \frac{t_{w1} - t_{w2}}{R_1 + R_2 + R_3} \tag{3-11}$$

式中 q_λ——通过围护结构的导热热流密度,W/m^2。

3. 围护结构外表面的散热

$t_{w2} > t_e$,外表面把热量以对流和辐射的方式传给室外的空气及环境:

$$q_e = \alpha_e(t_{w2} - t_e) = \frac{t_{w2} - t_e}{\frac{1}{\alpha_e}} = \frac{t_{w2} - t_e}{R_e} \tag{3-12}$$

式中 R_e——围护结构外表面换热热阻$(m^2 \cdot K)/W$,按《民用建筑热工设计规范》GB 50176—2016 的规定取值,见表 3－2。

表 3－2 围护结构外表面换热热阻

季节	表面特征	$\alpha_e[W/(m^2 \cdot K)]$	$R_e[(m^2 \cdot K)/W]$
冬季	外墙、屋顶、与室外空气直接接触的表面	23.0	0.043
	与室外空气相通的不采暖地下室上面楼板	17.0	0.06
	闷顶、外墙上有窗的不采暖地下室上面楼板	12.0	0.08
	外墙上无窗的不采暖地下室上面楼板	6.0	0.17
夏季	外墙和屋顶	19.0	0.05

4. 围护结构传热过程

对于一维稳态传热过程:

$$q = q_i = q_\lambda = q_e \tag{3-13}$$

$$q = \frac{t_i - t_e}{\frac{1}{\alpha_i} + \sum\frac{d}{\lambda} + \frac{1}{\alpha_e}} = \frac{t_i - t_e}{R_i + R + R_e} = \frac{t_i - t_e}{R_0} \tag{3-14}$$

$$q = K_0(t_i - t_e) \tag{3-15}$$

$$K_0 = \frac{1}{R_0} = \frac{1}{\frac{1}{\alpha_i} + \sum\frac{d}{\lambda} + \frac{1}{\alpha_e}} \tag{3-16}$$

式中 q——通过围护结构的传热热流密度,W/m^2;

R_0——围护结构的总传热阻,表示热量从围护结构一侧传到另一侧时所受到的总阻力,$(m^2 \cdot K)/W$;

K_0——围护结构的传热系数，$W/(m^2 \cdot K)$。

围护结构的传热系数物理含义：当 $t_i - t_e = 1℃$ 时，单位时间内通过围护结构单位表面积的传热量。

K_0 与 R_0 都是极其重要的热工性能指标，在不同时期的建筑节能设计标准中有明确规定限值。

二、卫生底限必需热阻

（一）卫生底限必需热阻计算

确定围护结构传热阻时，围护结构内表面温度 θ_i 是一个最主要的约束条件。除浴室等相对湿度很高的房间外，θ_i 值应满足内表面不结露的要求。内表面结露可导致耗热量增大并使围护结构易于损坏。室内空气温度 t_i 与围护结构内表面温度 θ_i 的温度差还要满足卫生要求。当内表面温度过低，人体向外辐射热过多，会产生不舒适感。根据上述要求而确定的外围护结构传热热阻，称为卫生底限必需热阻（$R_{0 \cdot \min \cdot N}$）。

对冬季采暖房间从卫生要求限制了室内气温与围护结构的内表面温差。例如，对于居住、医院、托幼等建筑的外墙温差$[\Delta t] \leqslant 6K$，屋顶温差$[\Delta t] \leqslant 4K$；办公、学校、门诊等建筑的外墙温差$[\Delta t] \leqslant 6K$，屋顶温差$[\Delta t] \leqslant 4.5K$；公共建筑（除上述外）外墙温差$[\Delta t] \leqslant 7K$，屋顶温差$[\Delta t] \leqslant 5.5K$。$[\Delta t]$值的规定，按稳态传热原理，围护结构的卫生底限必需热阻则由下式确定：

$$R_{0 \cdot \min \cdot N} = \frac{t_i - t_e}{[\Delta t]} R_i \tag{3-17}$$

式中 $R_{0 \cdot \min \cdot N}$——卫生底限必需热阻（简称卫生底限热阻），$(m^2 \cdot K)/W$；

t_i ——室内空气计算温度，℃；

t_e ——室外空气计算温度，℃；

$[\Delta t]$ ——卫生要求的室内气温与围护结构内表面的允许温差，℃或 K；

R_i ——感热阻，一般可取 $R_i = 0.115(m^2 \cdot K)/W$ 计算。

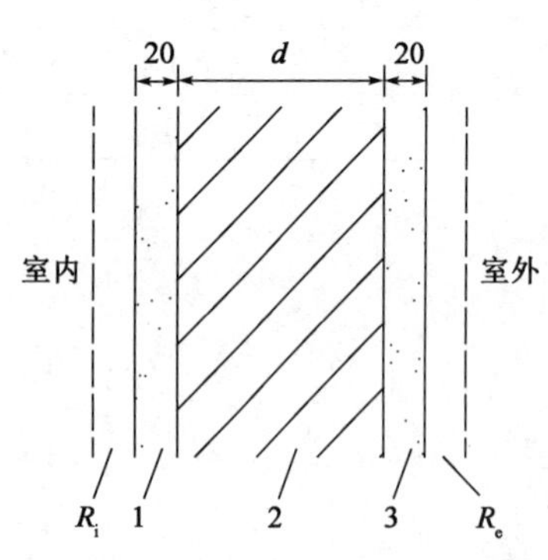

图 3-4　按例题所设计的外墙剖面
1—石灰砂浆抹灰 20；2—普通砖厚待定；3—水泥砂浆抹灰 20；R_i—感热阻；R_e—放热阻图

［例 3-1］　求西安地区某居住建筑（砖混结构）的 $R_{0 \cdot \min \cdot N}$，并设计其外墙。设 $t_i = 20℃$，$t_e = -6℃$（水蒸气渗透检验时用 $t_e = -5℃$），室内相对湿度 $\phi_i = 70\%$，室外相对湿度 $\phi_e = 50\%$。

解　$R_{0 \cdot \min \cdot N} = \frac{t_i - t_e}{[\Delta t]} R_i = \frac{20-(-6)}{6} \times 0.115 = 0.498$ $(m^2 \cdot K)/W$

考虑到该墙兼为承重墙，采用砖墙，剖面构造如图 3-4 所示。

重砂浆砌筑黏土砖砌体密度 $\rho = 1800kg/m^3$，导热系数 $\lambda = 0.81W/(m \cdot K)$；石灰砂浆密度 $\rho = 1600kg/m^3$，导热系数 $\lambda = 0.81W/(m \cdot K)$；水泥砂浆密度 $\rho = 1800kg/m^3$，导热系数 $\lambda = 0.93W/(m \cdot K)$。

该墙总热阻 R_0 如下：

$$R_0 = R_i + R_1 + R_2 + R_3 + R_e = 0.115 + \frac{0.02}{0.81} + \frac{d}{\lambda_2} + \frac{0.02}{0.93} + 0.043 = \frac{d}{0.81} + 0.204$$

令 $R_0 = R_{0 \cdot \min \cdot N}$

$$\frac{d}{0.81} + 0.204 = 0498$$

则 $d = (0.498 - 0.204) \times 0.81 = 0.238(\mathrm{m})$

取240mm,即1砖墙。

西安地区现有砖混建筑的外墙绝大多数都是24墙(即1砖墙),从热工上就是按上述卫生底限必需热阻设计的。20世纪90年代起,已注意按节能要求采用空心砖墙或复合墙。但对已有建筑的改造,是一项繁重的任务。华北、东北、西北等采暖区都存在类似的情况。

(二)墙体内部水蒸气凝结判断

仍以西安某建筑墙体为例,从建筑热工原理和节能要求检验24墙。结果表明,不但温差大,而且产生内表面及内部凝结水的危险性也较大。下面用图解法进行检验,很容易证明这一点。

一般自然空气是以氮(占78.08%体积比)、氧(占20.95%体积比)为主的多种气体和水蒸气的混合物,通称大气或空气。处在空气中的物体会受到该多种混合气体的压力(称干空气分压力)和水蒸气压力(称水蒸气分压力)的作用,合称大气压力作用。一个标准大气压为101.325千帕(kPa)。要注意的是,这两种分压力是各自独立起作用的。例如,冬季通过墙体、屋面和门窗缝隙的空气渗透,其动力通常就是室内外气体(即干空气)分子的热压差。这种空气渗透的方向不是单一方向进行的,室内热气分子由上部围护结构渗出,同时室外冷气分子由下部渗进,有出有进达到平衡。绝大多数建筑就是靠这种空气渗透达到换气效果。冬季,一般民用建筑,室内水蒸气比室外水蒸气多,室内水蒸气分压力比室外水蒸气分压力大,在这种水蒸气分压力差的作用下,室内水蒸气就会通过墙体、屋顶和门窗缝隙向外渗透(单方向渗透)。室内水蒸气源(人体散发、炊事、湿作业等)不断提供水蒸气,这种单向水蒸气渗透就一直会进行下去。墙体等内部有了水蒸气,达到露点以下温度就会产生凝结水,温度再低就会冻结,不仅极大降低了保温性能,还会减弱承载能力。

本例题中24墙双面抹灰(内石灰砂浆、外水泥砂浆),凝结水情况究竟如何呢?用图解法可简单明了地显示出来,如图3-5所示。

图解法的关键是找出该墙体的三条曲线:

(1)作出该墙剖面从室内到室外的温度下降t曲线。

(2)作出从墙的内表面到外表面对应于t曲线上各温度点的最大水蒸气(饱和水蒸气)分压力曲线——p_s曲线。在一定大气压和一定温度下,空气中的含湿量(水蒸气量)有极限值,即每立方米湿空气中能含的水蒸气饱和量(g)数。对应于该饱和水蒸气量所显示的水蒸气分压力即为该温度下的饱和水蒸气分压力p_s(以Pa为单位,脚码s是英语“饱和”saturated的首字)。

(3)在上述剖面图上作出墙体内表面到外表面实际水蒸气分压力曲线p曲线(以Pa为单位)。

凡是p大于p_s的区域就会产生凝结水。产生凝结水的区域,其实际水蒸气分压力曲线就是该段的p_s曲线。

t曲线作法:以热阻为横坐标,定出适当比尺[本例中横坐标1分格代表热阻0.005$(\mathrm{m^2 \cdot K})/\mathrm{W}$],在横坐标上截取总热阻$R_0$值,在$R_0$值两端作垂线(平行于纵坐标的线),在纵坐标上按适当比尺(本例中纵坐标1分格代表0.2℃)得出温度标识。在R_0左端垂

线上量取 $t_i=20℃$，划出标识点，再在 R_0 右端垂线上量取 $t_e=-5℃$，划出标志点。连接 t_i-t_e 标志点所成斜直线即 t 曲线，如图 3－5 所示。

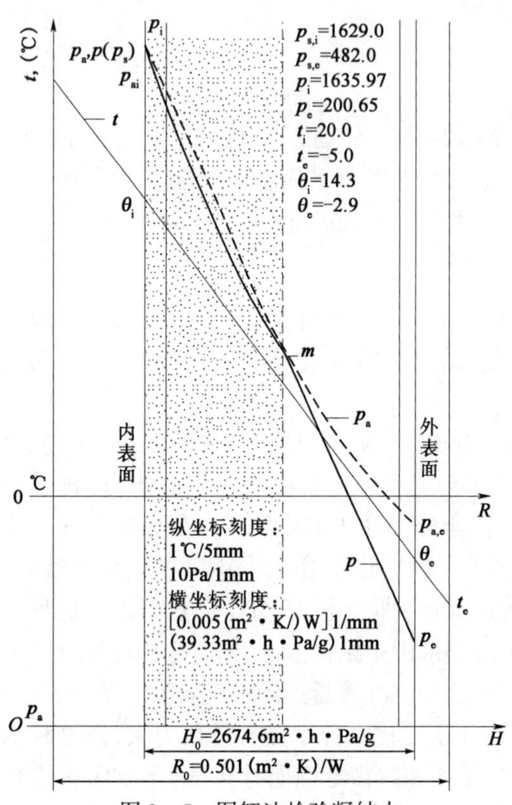

图 3－5　图解法检验凝结水

本例中总热阻 R_0 为

$$R_0=R_i+R_1+R_2+R_3+R_e=0.501(m^2\cdot K)/W$$

p_s 曲线作法：本例以下列诸点为例，即在 $R_i=0.115$，$R_1=0.025$，$R_2=0.296$，$R_3=0.022$，$R_e=0.043$ 各点作垂线，分别交于 t 曲线上各相应点，得出该墙内表面温度 $\theta_i=14.26℃$，石灰砂浆与砖墙交界面温度 $\theta_1=13.01℃$，砖墙与水泥砂浆交界面温度 $\theta_2=-1.76℃$，水泥砂浆外表面（即该墙体外表面）温度 $\theta_3=-2.85℃$。

相对应的饱和水蒸气分压力分别为

$\theta_i:p_{si}=1629.0Pa$；

$\theta_1:p_{s1}=1497.0Pa$；

$\theta_2:p_{s2}=528.6Pa$；

$\theta_3:p_{s3}=482.0Pa$。

在纵坐标上以恰当比尺（本例中纵坐标 1 分格代表 10Pa），并取某恰当点为 0Pa 点，则可在上述各相应温度垂线上划出 p_{si}，p_{s1}，p_{s2}，p_{s3} 值的标志，然后再用对折法多找出几个温度点及其相应的 p_s 值，观察各 p_s 值的标志点趋势，即可画成一条较准确的 p_s 曲线，如图 3－5 所示（任意取足够多点的 t 值，查出对应的 p_s 值，也可作出 p_s 曲线）。

p 曲线作法：p 曲线和前述 t 曲线一样，也是一条斜直线。在图 3－5 上找出作用在内表面上的实际水蒸气分压力 p_i 值和作用在外表面上的实际水蒸气分压力 p_e 值，连接 p_i-p_e 所成斜直线即为 p 曲线。

p_i 与 p_e 怎么求呢？

相对湿度：

$$\phi=\frac{p}{p_s}\times 100\% \tag{3-18}$$

式中　p——该空气中的实际水蒸气分压力，Pa；

p_s——该空气温度下的饱和水蒸气分压力，Pa。

本例室内相对湿度 $\phi_i=70\%$，室内温度 $t_i=20℃$；室外 $\phi_e=50\%$，$t_e=-5℃$，20℃对应的 $p_{si}=2337.1Pa$，由此可得作用在内表面上的实际水蒸气分压力：

$$p_i=\phi_i p_{si}=0.7\times 2337.1=1635.97(Pa)$$

同理，可得出作用在外表面上的实际水蒸气分压力：

$$p_e=\phi_e p_{se}=0.5\times 401.3=200.65(Pa)$$

求出 p_i 和 p_e 值后，在图 3－5 代表内表面和外表面的垂线上画出 p_i 和 p_e 的标志点，连接 p_i 和 p_e 标志点所成的斜直线即为 p 曲线。从图上观察到 p 曲线与 p_s 曲线交于 m 点，m 点以左到墙体结构内表面的区域内 $p > p_s$,可知该区域会产生凝结水。m 点以右到墙体结构外表面的区域内 $p < p_s$,该区域不会产生凝结水。这样,该剖面最后实际的水蒸气分压力曲线乃由 $p_{si} - p_m$ 实粗曲线段(即该段 p_s 曲线)和 p_m(同时也是 p_{sm})$- p_e$ 实粗直线(即该段 p 曲线)组成。至此,图 3-5 已清楚地显示了上述墙体的凝结水区域。

上例说明,按卫生底限热阻设计围护结构,不仅耗能大,而且内表面及内部冷凝水危险性也大。克服上述缺点的有效措施之一就是采用节能热阻,采用节能热阻设计围护结构,不仅可以节能和避免冷凝水,还会带来其他优点。

三、节能热阻

(一)节能热阻计算

我国建筑节能是以 1980—1981 年的建筑能耗为基础,按每步在上一阶段的基础上提高能效 30% 为一个阶段,循序渐进,逐步实施节能目标的。1980—1981 年的建筑设计时仅满足卫生底限必需热阻要求,要实现各阶段的节能目标,围护结构的热阻必须相应提高。

通过卫生底限必需热阻 $R_{0 \cdot \min \cdot N}$ 墙体单位面积的传热量,可表达如下(各符号意义同前面公式):

$$q = \frac{t_i - t_e}{R_{0 \cdot \min \cdot N}} \tag{3-19}$$

设以此为准,节能率为 $n\%$,即等式两边各乘以 $1 - n\%$,得

$$q(1 - n\%) = \frac{t_i - t_e}{R_{0 \cdot \min \cdot N}}(1 - n\%) = \frac{t_i - t_e}{\dfrac{R_{0 \cdot \min \cdot N}}{(1 - n\%)}} \tag{3-20}$$

由上可得,以卫生底限热阻为基准,节能率为 $n\%$ 的节能热阻为

$$R_{0 \cdot ES} = \frac{R_{0 \cdot \min \cdot N}}{(1 - n\%)} \tag{3-21}$$

仍以例 3-1 为例,例 3-1 中已求得

$R_{0 \cdot \min \cdot N} = 0.498(\mathrm{m^2 \cdot K})/\mathrm{W}$

按节能率 50% 计算节能热阻　$R_{0 \cdot ES} = 2 \times 0.498 = 0.996[(\mathrm{m^2 \cdot K})/\mathrm{W}]$

如果仍做砖墙,该墙多厚呢? 设墙厚为 d,导热系数 $\lambda = 0.81\mathrm{W}/(\mathrm{m \cdot K})$。

令该墙总热阻

$$R_i + \frac{d}{\lambda} + R_e = R_{0 \cdot ES}$$

得墙厚

$$d = (R_{0.ES} - R_i - R_e) \times \lambda = (0.996 - 0115 - 0.043) \times 0.81 = 0.68(\mathrm{m}),\text{即}2\frac{3}{4}\text{砖厚。}$$

显然,实际中不应该为了比卫生底限热阻减少 50% 的失热量而采用自重达 $1224\mathrm{kg/m^2}$ 厚的砖墙,其结构面积是 24 墙的 2.83 倍。这就意味着同样的建筑面积,采用这么厚的墙,使用面积将大为减少,而且用在多层建筑中,上部外墙太重,对抗震也不利。

黏土砖、混凝土等重质材料有较好的承重能力,耐久、耐水、防火等性能也较好。许多轻质微孔材料绝热性能好,但承重、耐水、耐紫外线、防火等性能都较差。因此,按优势互补的原则就产生了复合结构,如黏土砖夹心墙、混凝土砌块夹心墙、钢筋混凝土夹心墙板、钢筋混凝土夹

心屋面板等。重质材料发挥承重的长处,轻质微孔材料发挥绝热的优势。

(二)节能热阻的效益

采用节能热阻设计的围护结构比以前用卫生底限热阻设计的围护结构至少有下列八个方面的优点。

1. 节能

如上例,卫生底限热阻每平方米散热面积、每秒耗能:

$$q_1 = \frac{t_i - t_e}{R_{0 \cdot \min \cdot N}} = \frac{20-(-6)}{0.498} = 52.2(\mathrm{J})$$

采用节能热阻,上述耗能则可降到:

$$q_2 = \frac{26}{0.996} = 26.1(\mathrm{J})$$

节能50%。

2. 改善围护结构内部温度场,避免冷凝水

图3-6为用节能热阻 $R_{0 \cdot ES}=0.996(\mathrm{m^2 \cdot K})/\mathrm{W}$ 作的图解法检验内部及表面凝结水情况(其他条件同前例)。

由图3-6可以清楚看出,从内表面到外表面全部剖面中,各处饱和水蒸气分压力 p_s 都大于相应处实际水蒸气分压力 p,证明无冷凝水危险。

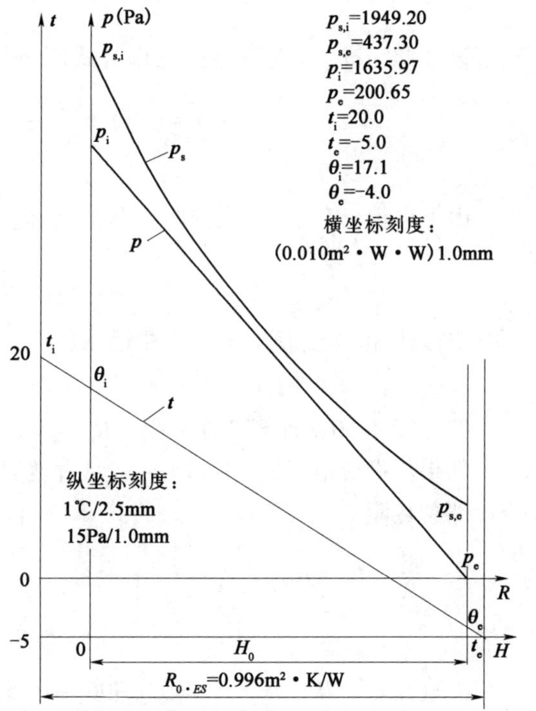

图3-6 图解法检验用节能热阻设计外墙的凝结水

3. 减少外墙内表面的冷辐射,提高热舒适性

由图3-6还可看出,采用节能热阻后,外墙内表面温度升高到17℃,使室内空气温度20℃与该内表面温差缩小到3℃(按卫生底限热阻设计时,该内表面为14℃,室内气温与该内表面温差为6℃)。

4. 提高外围结构剖面内部平均温度

采用节能热阻设计的外围结构(外墙、屋顶)剖面内部平均温度比用卫生底限热阻设计的外围结构剖面内部平均温度高,当供热有事故停止时,可使室内温度降低较慢。

5. 节省建筑面积与占地面积

采用复合结构,要求承重的7层及7层以下的居住建筑外墙,墙厚可做成400~240mm,比单纯砖墙极大节约结构面积。在同等使用面积时,可节省建筑面积与占地面积。

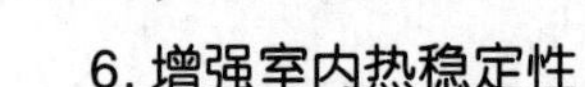
6. 增强室内热稳定性

采用节能热阻的外围护结构的热惯性或称热惰性(热阻 R 与储热系数 S 的乘积 RS 值)比用卫生底限热阻的外围结构的热惯性大,因而维持室内热稳定的能力较强。

7. 回收期短

采用节能热阻可获得经过回收期(一般 3 ~4 年)后的长期净得益的经济效益以及使用面积或建筑面积的增益效益。

8. 环保

采用节能热阻,减少了污染性能源煤、气、油、柴的消耗,也就减少了污染,有利于环保。

建筑围护结构热工性能直接影响居住建筑的供暖和空调的负荷与能耗,必须予以严格控制。由于我国幅员辽阔,各地气候差异很大。为了使建筑物适应各地不同的气候条件,满足节能要求,应根据建筑物所处的建筑气候分区,确定建筑围护结构合理的热工性能参数。确定建筑围护结构传热系数的限值时不仅应考虑节能率,而且也应从工程实际的角度考虑可行性、合理性。《建筑节能与可再生能源利用通用规范》GB 55015—2021 规定了居住建筑及公共建筑围护结构的热工性能指标。

第二节　外墙节能技术

外墙按其材料组成分为单一外墙体和复合外墙体。单一外墙体是由一种材料组成的,具有保温与承重兼顾的特点。复合外墙体是由高效保温材料与承重结构经构造处理而成的多层结构,是目前节能较为理想的构造墙体。外墙保温通过传热系数小的建筑材料合理组合,或者将墙体进行组合设计,阻隔热量由墙体向外传递的途径,达到节能的目的。复合墙体主要有五种形式:内保温复合外墙、夹心保温复合外墙、外保温复合外墙、空气间层法、新型墙体。

一、内保温复合外墙

(一)内保温复合墙的构造

1. 复合板内保温系统

复合板内保温系统的基本构造应符合表 3 –3 的规定。

表 3 –3　复合板内保温系统基本构造

基层墙体①	系统基本构造				构造示意
	黏结层②	复合板③		饰面层 ④	
		保温层	面板		
混凝土墙体、砌体墙体	胶黏剂或黏结石膏 + 锚栓	EPS 板、XPS 板、PU 板、纸蜂窝填充憎水型膨胀珍珠岩保温板	纸面石膏板、无石棉纤维水泥平板、无石棉硅酸钙板	腻子层 + 涂料或墙纸(布)或面砖	① ② ③ ④

注:当面板带饰面时,不再做饰面层。

2. 有机保温板内保温系统

有机保温板内保温系统的基本构造应符合表 3 –4 的规定。

表 3－4　有机保温板内保温系统基本构造

基层墙体①	系统基本构造				构造示意
	黏结层②	保温层③	防护层		
			抹面层④	饰面层⑤	
混凝土墙体、砌体墙体	胶黏剂或黏结石膏	EPS 板、XPS 板、PU 板	做法一:6mm 抹面胶浆复合涂塑中碱玻璃纤维网布; 做法二:用粉刷石膏 8 ~ 10mm 厚,横向压入 A 型中碱玻璃纤维网布,涂刷 2mm 厚专用胶黏剂压入 B 型中碱玻璃纤维网布	腻子层 + 涂料或墙纸(布)或面砖	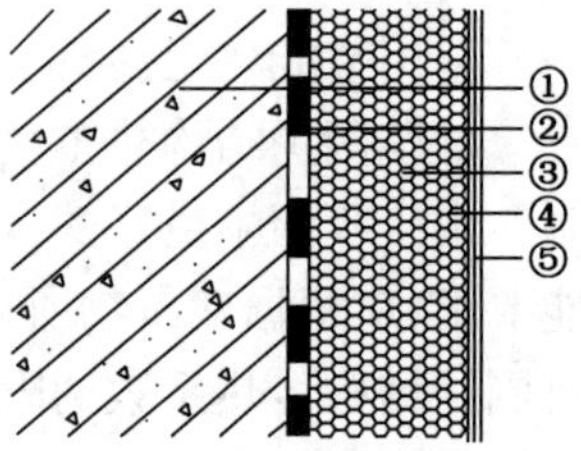

注:(1)做法二不适用面砖饰面和厨房、卫生间等潮湿环境。
(2)面砖饰面不做腻子层。

3. 无机保温板内保温系统

无机保温板内保温系统的基本构造应符合表 3－5 的规定。

表 3－5　无机保温板内保温系统基本构造

基层墙体①	系统基本构造				构造示意
	黏结层②	保温层③	防护层		
			抹面层④	饰面层⑤	
混凝土墙体、砌体墙体	胶黏剂	无机保温板	抹面胶浆 + 耐碱玻璃纤维网布	腻子层 + 涂料或墙纸(布)或面砖	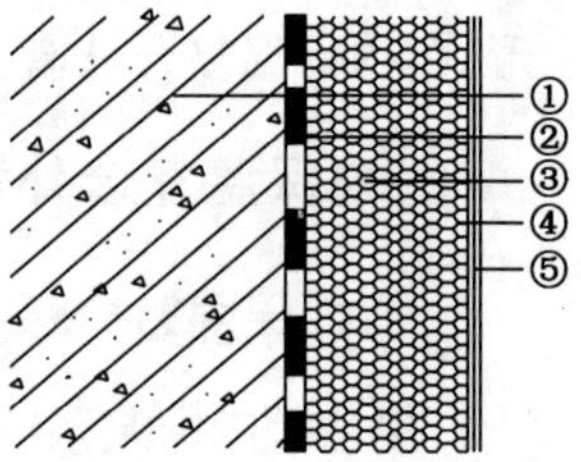

注:面砖饰面不做腻子层。

4. 保温砂浆内保温系统

保温砂浆内保温系统基本构造应符合表 3－6 的规定。

表 3－6　保温砂浆内保温系统基本构造

基层墙体①	系统基本构造				构造示意
	界面层②	保温层③	防护层		
			抹面层④	饰面层⑤	
混凝土墙体、砌体墙体	界面砂浆	保温砂浆	抹面胶浆 + 耐碱纤维网布	腻子层 + 涂料或墙纸(布)或面砖	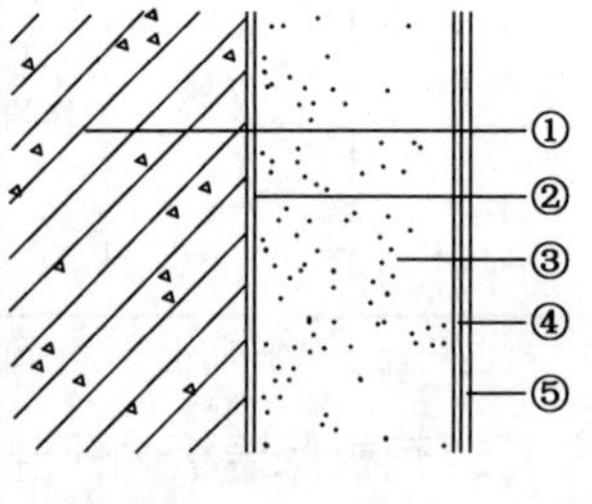

注:面砖饰面不做腻子层。

5. 喷涂硬泡聚氨酯内保温系统

喷涂硬泡聚氨酯内保温系统的基本构造应符合表 3 –7 的规定。

表 3 –7　喷涂硬泡聚氨酯内保温系统基本构造

基层墙体①	系统基本构造						构造示意
	界面层②	保温层③	界面层④	找平层⑤	防护层		
					抹面层⑥	饰面层⑦	
混凝土墙体、砌体墙体	水泥砂浆聚氨酯防潮底漆	喷涂硬泡聚氨酯	专用界面砂浆或专用界面剂	保温砂浆或聚合物水泥砂浆	抹面胶浆复合涂塑中碱玻璃纤维网布	腻子层＋涂料或墙纸（布）或面砖	①②③④⑤⑥⑦

注：面砖饰面不做腻子层。

6. 玻璃棉、岩棉、喷涂硬泡聚氨酯龙骨固定内保温系统

玻璃棉、岩棉、喷涂硬泡聚氨酯龙骨固定内保温系统的基本构造应符合表 3 –8 的规定。

表 3 –8　玻璃棉、岩棉、喷涂硬泡聚氨酯龙骨固定内保温系统基本构造

基层墙体①	系统基本构造						构造示意
	保温层②	隔汽层③	龙骨④	龙骨固定件⑤	防护层		
					面板⑥	饰面层⑦	
混凝土墙体、砌体墙体	离心法玻璃棉板（或毡）、摆锤法岩棉板（或毡）、喷涂硬泡聚氨酯	PVC、聚丙烯薄膜、铝箔等	建筑用轻钢龙骨或复合龙骨	敲击式或旋入式塑料螺栓	纸面石膏板或无石棉硅酸钙板或无石棉纤维水泥平板＋自攻螺钉	腻子层＋涂料或墙纸（布）或面砖	做法一 ①②③④⑤⑥⑦ 做法二 ③①②⑥④⑦

注：(1) 玻璃棉、岩棉应设隔汽层，喷涂硬泡聚氨酯可不设隔汽层。

(2) 面砖饰面不做腻子层。

（二）内保温构造的优点

(1)对饰面和保温材料的防水、耐候性等技术指标的要求不高,纸面石膏板、石膏抹面砂浆等均可满足使用要求,取材方便。

(2)内保温材料被楼板所分隔,仅在一个高层范围内施工,不需要搭设脚手架。

(3)保温材料不受外界环境的影响与侵蚀。

（三）内保温复合墙体的缺点

(1)保温层热惰性小,房间温度上升与下降幅度大,速度快。

(2)由于圈梁、楼板、构造柱等热损失较大热桥部位得不到加强,热桥部位热损失多。主墙体越薄,保温层越厚,热桥的问题就越趋于严重。冬天,热桥不仅会造成额外的热损失,还可能使外墙内表面潮湿、结露,甚至发霉和淌水。

(3)保温材料位于房间的内侧,占用一定的建筑使用面积。

(4)不便于用户二次装修和吊挂饰物。

(5)许多种类的内保温做法,由于材料、构造、施工等原因,饰面层出现开裂。

(6)对既有建筑进行节能改造时,对居民的日常生活干扰较大。

这种结构较适合应用在间歇使用的场所,要求温升速度快的建筑或房间,如影剧院、体育馆、会堂等类间歇使用的公共建筑。

二、夹心保温复合外墙

（一）夹心保温复合外墙的构造

外墙夹心保温系统由内叶墙(在夹心墙结构中,作为主体结构的承重墙体或填充墙,设置在内侧,此结构层称为内叶墙)、保温层、外叶装饰墙(在夹心墙结构中,作为装饰层的外侧砌块墙体,称为外叶墙)组成,内、外叶墙之间应采用拉结件进行拉结,如图 3－7 所示。夹心保温墙板可广泛应用于预制墙板或现浇墙体中,适用于高层及多层装配式剪力墙结构外墙、高层及多层装配式框架结构非承重外墙挂板、高层及多层钢结构非承重外墙挂板等外墙形式,可用于各类居住与公共建筑。

外叶墙和保温层宜采用分层承托的结构方式,可由各层楼板处的悬挑托板或托梁承托,如图 3－8 所示。

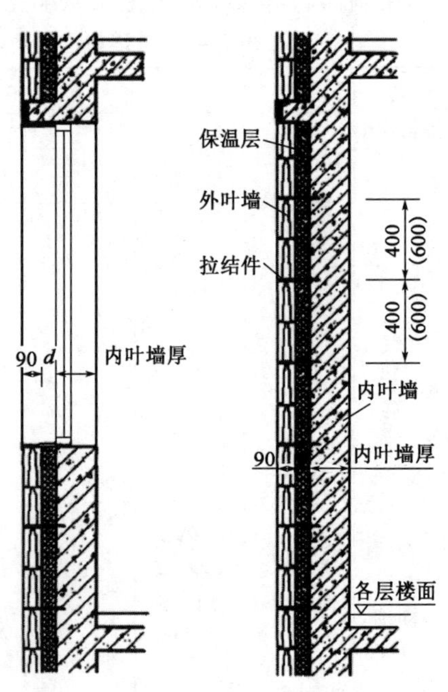

图 3－7　外墙夹心保温构造示意图

（二）夹心保温复合外墙的优点

(1)由于两侧的传统材料防水及耐候等性能良好,对内侧墙体和保温材料形成有效的分配制度,对保温材料的选材强度要求不高,聚苯乙烯、玻璃棉、岩棉等各种材料均可使用,保温层不受外界环境侵蚀;

(2)对施工季节和施工条件的要求不十分高,不影响冬期施工。近年来,在黑龙江、内蒙古及甘肃北部等严寒地区得到一定的应用。

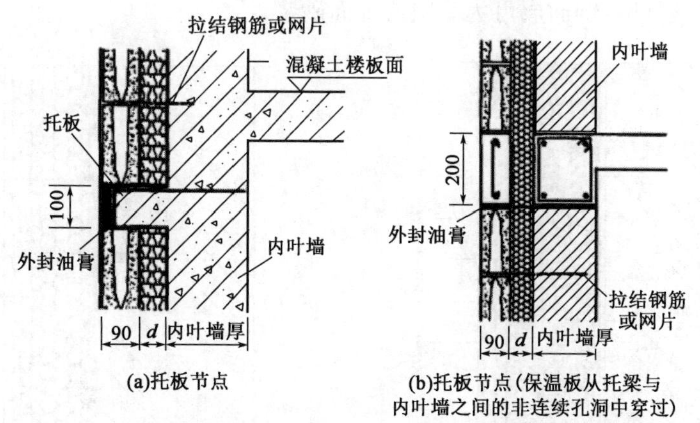

图3-8　承托外叶墙的托板、托梁

（三）夹心保温复合外墙的缺点

(1)内、外墙片之间需有连接件连接,存在着过梁、圈梁、内外墙体拉结等部位热桥影响,构造较传统墙体复杂;

(2)地震区建筑中设置圈梁和构造柱,有热桥存在,保温材料的效率仍然得不到充分发挥;

(3)内外墙体的整体性差,对抗震不利。

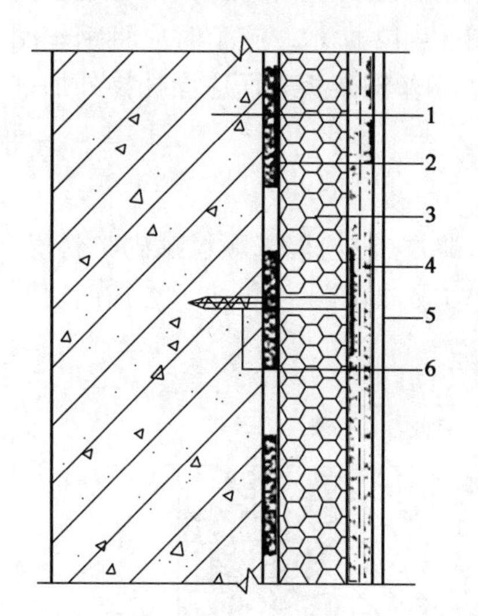

图3-9　粘贴保温板薄抹灰外保温系统
1—基层墙体;2—胶黏剂;3—保温板;4—抹面胶浆复合纤维网;5—饰面层;6—锚栓

三、外保温复合外墙

（一）外保温复合外墙的构造

1. 粘贴保温板薄抹灰外保温系统

粘贴保温板薄抹灰外保温系统应由黏结层、保温层、抹面层和饰面层构成,如图3-9所示。黏结层材料应为胶黏剂;保温层材料可为EPS板、XPS板和PUR板或PIR板;抹面层材料应为抹面胶浆,抹面胶浆中满铺玻纤网;饰面层可为涂料或饰面砂浆。

2. 胶粉聚苯颗粒保温浆料外保温系统

胶粉聚苯颗粒保温浆料外保温系统由界面层、保温层、抹面层和饰面层构成,如图3-10所示。界面层材料为界面砂浆;保温层材料为胶粉聚苯颗粒保温浆料,经现场拌和均匀后抹在基层墙体上;抹面层材料应为抹面胶浆,抹面胶浆中满铺玻纤网;饰面层可为涂料或饰面砂浆。其中,胶粉聚苯颗粒保温浆料保温层设计厚度不宜超过100mm。

3. EPS板现浇混凝土外保温系统

EPS板现浇混凝土外保温系统应以现浇混凝土外墙作为基层墙体,EPS板为保温层,EPS板内表面(与现浇混凝土接触的表面)并有凹槽,内外表面均应满涂界面砂浆,如图3-11所示。施工时应将EPS板置于外模板内侧,并安装辅助固定件。EPS板表面应做抹面胶浆抹面层,抹面层中满铺玻纤网;饰面层可为涂料或饰面砂浆。

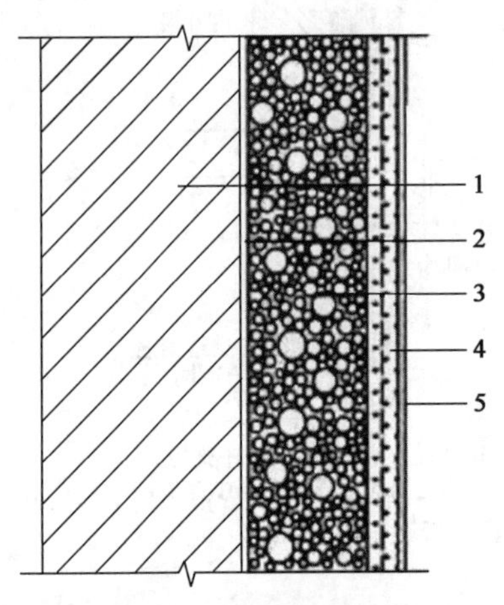

图3-10　胶粉聚苯颗粒保温浆料外保温系统
1—基层墙体;2—界面砂浆;3—保温浆料;4—抹面胶浆复合玻纤网;5—饰面层

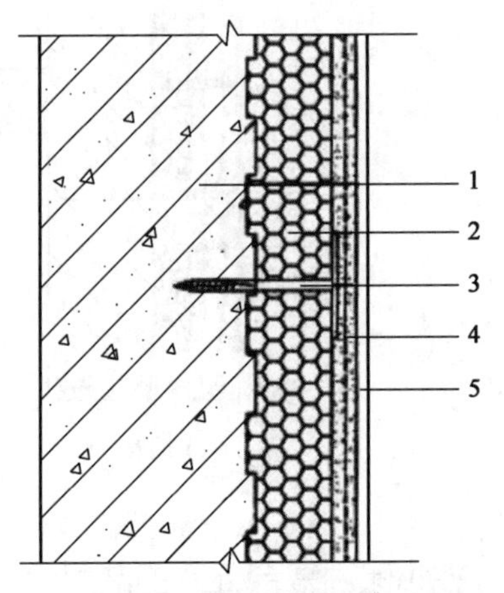

图3-11　EPS板现浇混凝土外保温系统
1—现浇混凝土外墙;2—EPS板;3—辅助固定件;4—抹面胶浆复合玻纤网;5—饰面层

4. EPS钢丝网架板现浇混凝土外保温系统

EPS钢丝网架板现浇混凝土外保温系统应以现浇混凝土外墙作为基层墙体,EPS钢丝网架板为保温层,钢丝网架板中的EPS板外侧开有凹槽,如图3-12所示。施工时应将钢丝网架板置于外墙外模板内侧,并在EPS板上安装辅助固定件。钢丝网架板表面应涂抹掺外加剂的水泥砂浆抹面层,外表可做饰面层。

5. 胶粉聚苯颗粒浆料贴砌EPS板外保温系统

胶粉聚苯颗粒浆料贴砌EPS板外保温系统应由界面砂浆层、胶粉聚苯颗粒贴砌浆料层、EPS板保温层、胶粉聚苯颗粒贴砌浆料层、抹面层和饰面层构成,如图3-13所示。抹面层中应满铺玻纤网,饰面层可为涂料或饰面砂浆。

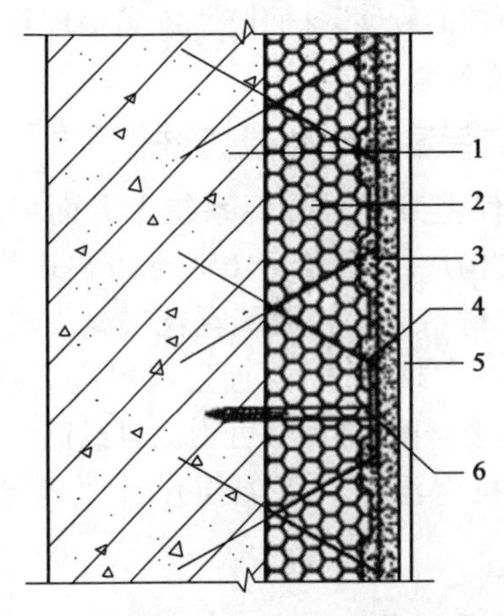

图3-12　EPS钢丝网架板现浇混凝土外保温系统
1—现浇混凝土外墙;2—EPS钢丝网架板;3—掺外加剂的水泥砂浆抹面层;4—钢丝网架;5—饰面层;6—辅助固定件

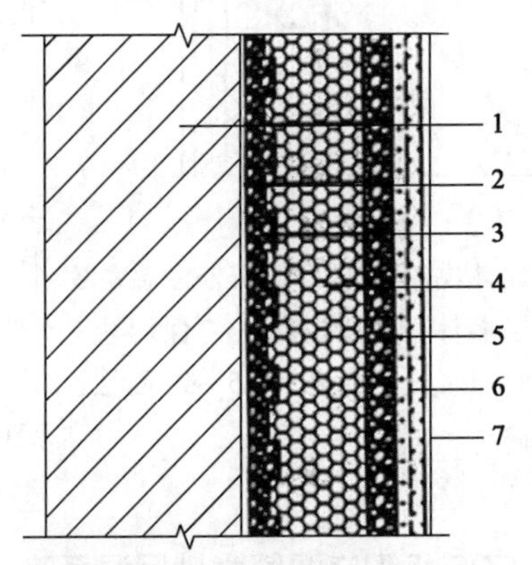

图3-13　胶粉聚苯颗粒浆料贴砌EPS板外保温系统
1—基层墙体;2—界面砂浆;3—胶粉聚苯颗粒贴砌浆料;4—EPS板;5—胶粉聚苯颗粒贴砌浆料;6—抹面胶浆复合玻纤网;7—饰面层

保温层导热系数可按下式计算：

$$\overline{\lambda}=\frac{\lambda_1F_1+\lambda_2F_2}{F_1+F_2} \tag{3-22}$$

式中 $\overline{\lambda}$ ——保温层平均导热系数，W/(m·K)；

λ_1——EPS 板导热系数，W/(m·K)；

F_1——EPS 板面积，m^2；

λ_2——贴砌浆料导热系数，W/(m·K)；

F_2——砌缝处贴砌浆料面积，m^2。

6. 现场喷涂硬泡聚氨酯外保温系统

现场喷涂硬泡聚氨酯外保温系统一般由界面层、现场喷涂硬泡聚氨酯保温层、界面砂浆层、找平层、抹面层和饰面层组成，如图 3－14 所示。抹面层中应满铺玻纤网，饰面层可为涂料或饰面砂浆。

（二）外保温复合外墙的优点

（1）适用范围广。外保温不仅适用于北方需冬季保温地区的采暖建筑，也适用于南方需夏季隔热地区的空调建筑；既适用于新建建筑，也适用于既有建筑的节能改造。

（2）它在一定程度上阻止了雨水对墙体的浸湿，提高了墙体的防潮性能，对冬季向外散发水蒸气有利，可降低室内墙体发生结露、霉斑的可能性，如图 3－15 所示。

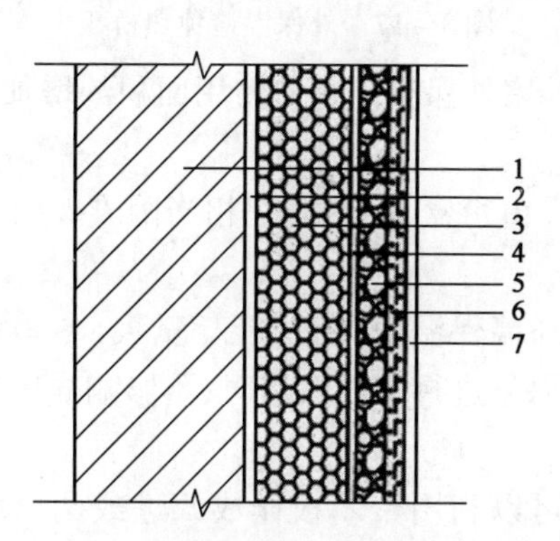

图 3－14 现场喷涂硬泡聚氨酯外保温系统

1—基层墙体；2—界面层；3—喷涂 PUR；4—界面砂浆；5—找平层；6—抹面胶浆复合玻纤网；7—饰面层

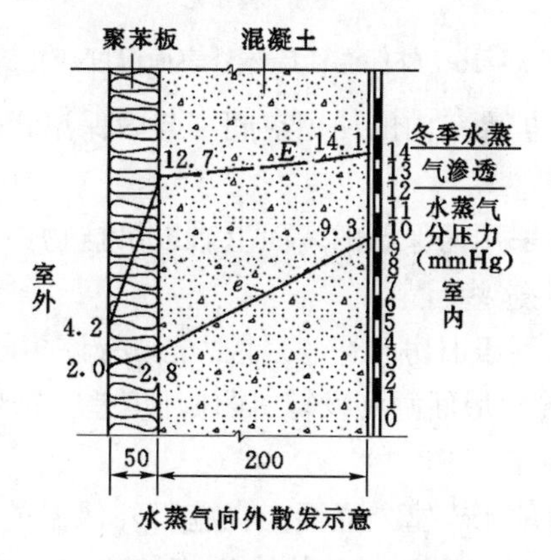

图 3－15 外保温避免水蒸气在墙体内部凝结

（3）保护主体结构。置于建筑物外侧的保温层，极大减少了自然界温度、湿度、紫外线等对主体结构的影响。随着建筑物层数的增加，温度对建筑竖向的影响已引起关注。国外的研究资料表明，由于温度对结构的影响，建筑物竖向的热胀冷缩可能引起建筑物内部一些非结构构件的开裂。外墙采用外保温技术可以降低温度在结构内部产生的应力，即冬季室外气候不断变化时，墙体内部较大的温度变化发生在外保温层内，内部的主体墙温度变化较为平缓，温度高，热应力小，因而主体墙产生裂缝、变形、破损的危险减轻，寿命得以极大延长，如图 3－16 所示。

(4)保温复合墙体提高室内热稳定性,改善室内环境。外保温墙体由于内部的实体墙热容量大,室内能蓄存更多的热量,使诸如太阳辐射或间歇采暖造成的室内温度变化减缓,室温较为稳定,热环境舒适。而在夏季,外保温层能减少太阳辐射热的进入和室外高气温的综合影响,使外墙内表面温度和室内空气温度得以降低。可见,外墙外保温有利于使建筑冬暖夏凉。室内居民实际感受到的温度,既有室内空气温度又有外墙内表面的影响。

(5)保温效果明显。由于保温材料在建筑物外墙的外侧,基本上可以消除在建筑物各个部位"热桥"的影响,从而充分发挥轻质高效保温材料的效能。相对于外墙内保温和夹心保温墙体,它可使用较薄的保温材料,达到较高的节能效果,如图 3 – 17 所示。

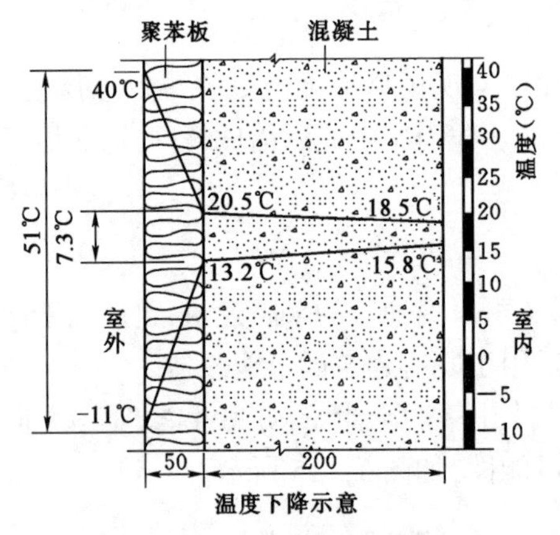

图 3 – 16　外保温使墙体外表面温度变化降低

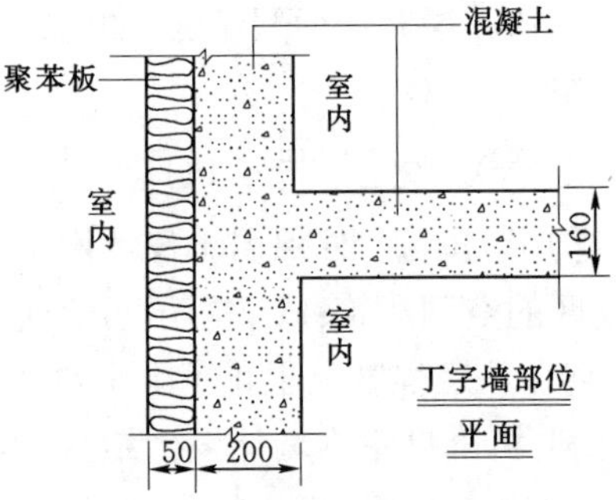

图 3 – 17　外保温避免热桥

(6)扩大室内的使用空间。与内保温相比,采用外墙外保温使每户使用面积约增加 1.3 ~ 1.8m^2。

(7)采用内保温的墙面上难以吊挂物件,甚至安设窗帘盒、散热器都相当困难。而外保温可以解决这些问题。

(8)利于旧房改造。目前,全国有许多既有建筑外墙保温效果差,能耗量大,冬季室内墙体结露导致墙面潮湿发霉,居住环境差。采用外墙外保温进行节能改造时,不影响居民在室内正常生活和工作。

(9)便于丰富外立面。在施工外保温的同时,还可以利用聚苯板作成凹进或凸出墙面的线条及其他各种形状的装饰物,不仅施工方便,而且丰富了建筑物外立面。特别对既有建筑进行节能改造时,不仅使建筑物获得更好的保温隔热效果,而且可以同时进行立面改造,使既有建筑焕然一新。

(10)外保温的综合经济效益很高。外保温工程每平方米造价比内保温相对要高一些,但只要技术选择适当,单位面积造价高得并不多;特别是由于外保温比内保温增加了使用面积近 2%,实际上是单位使用面积造价得到降低。加上有节约能源、改善热环境等一系列好处,综合效益是十分显著的。

(三)外保温复合外墙的缺点

由于保温材料位于室外一侧,不仅要求保温材料要容重轻、导热系数小、防水、防冻、防老化,同时又要求具有憎水特征。因此,目前国外常将保温、防水、外表装修等数层复合制成保温用复合构件,达到综合提高的目的。

外保温材料应具备抗风力和轻度碰击的能力，要求在保温层外覆增强外表涂料（弹涂或喷涂），以满足一定的硬度要求，这将会使造价上升。

应限制外墙装修的选材，一些面砖、锦砖等装饰材料将不可使用，只能全部改作涂料，但这恰恰符合当今建筑外墙面装饰的发展需要。

四、空气间层法

空气层的隔热是一种廉价的隔热方式，是将“空气”作为隔热材料的特殊做法，由于其良好的隔热性能，在隔热构造设计中被经常采用。

（一）空气层隔热原理

空气间层的隔热原理，如图 3－18 所示。该热量传递过程包括两个传热途径。一个途径是不需要空气作为中介物进行的热量传递，即高温侧表面与低温侧表面之间的辐射传热；另一个途径则是需要空气参与的热量传递。这部分传热包括三个环节：高温侧表面与空气之间的自然对流传热，通过空气层的传热（包括导热和热对流），空气与低温侧表面之间的自然对流传热。

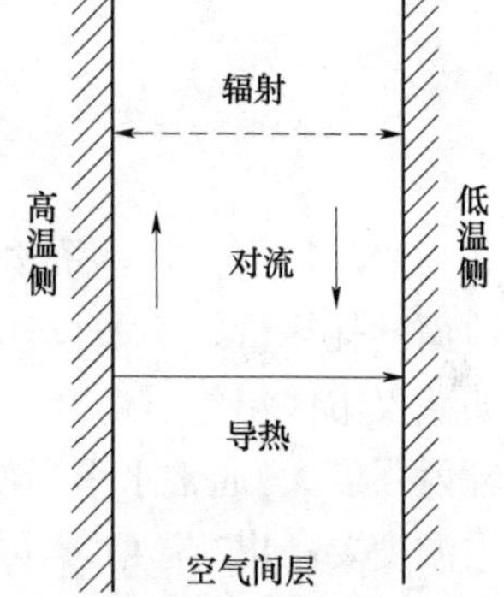

图 3－18　空气间层的传热

以上热量传递过程又因为下列条件的不同而产生差异：

（1）空气间层厚度。空气间层厚度增大时，空气对流换热加快，当厚度达到某程度时，对流换热与空气热阻效果互相抵消。研究表明，空气间层在 0～20mm 范围内热阻随间层厚度 d 的增大有明显的增加趋势，随着 d 的继续增大，空气间层热阻的增量越来越小，当间层厚度为 65mm 左右时，热阻取得最大值。间层厚度大于 65mm 时，随着 d 的继续增大，热阻有减小的趋势。

（2）热流方向。对于水平空气间层，如图 3－19 所示。当热流方向向上时，传热最大，热阻最小，表现为保温差；当热流方向向下时，原则上不产生对流，传热最小，热阻最大，表现为隔热效果良好，垂直空气间层介于二者之间。对于垂直构件设置空气间层，研究表明，垂直构件空气间层的热阻随空气间层垂直高度 H 的增大有增加趋势，但是增加幅度随着空气间层 H 的增大而减小，结合实际工程安装时控制 H 大小应综合龙骨强度、防火隔断等要求确定，宜将 H 的数值控制在 2～3m 范围内比较合理。

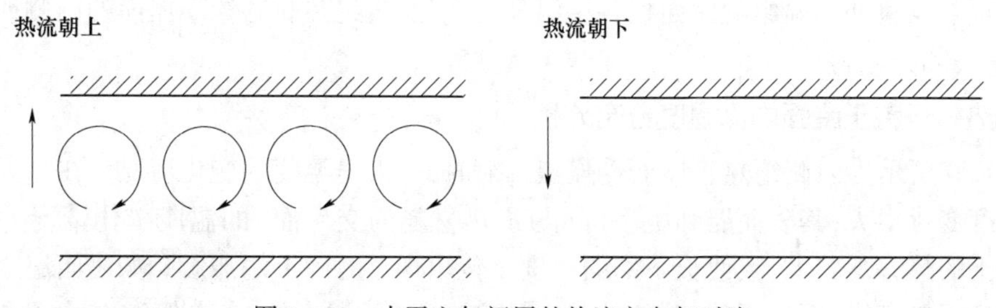

图 3－19　水平空气间层的热流方向与对流

（3）空气间层的密闭程度。尽量满足空气间层的密闭程度。但是建筑施工现场很难保证密闭，室内外空气可能直接侵入，传热量会增大，隔热性能降低。

（4）两侧表面的光洁度。空气间层内两侧的表面会存在一定温差，如果提高内表面光洁度，将可以反射热辐射，使辐射换热减少，一般常在高温一侧覆盖铝箔层，可以极大提高墙体隔热性能。

（二）空气间层隔热应用

空气间层被用于炎热气候地区，主要隔热部位在屋面、墙体、双层窗中，隔热效果好，存在以下特点：

(1)增大了墙体体积，相同建筑面积条件下，使得使用面积减少；

(2)由于空气层两侧的墙体受结构稳定限制，必须设一定的连接件，这些连接件应做好隔热措施，防止冷热桥产生；

(3)空气间层设于墙体部分，起隔热和保温双重作用，而水平构件（如屋面）则仅起隔热作用。

第三节　屋面节能技术

屋面作为一种建筑物外围护结构所造成的室内外温差传热耗热量，大于任何一面外墙或地面的耗热量。例如，华中大部分地区属湿热性气候，全年气温变化幅度大，干湿交变频繁。如武汉市区年绝对最高与最低温差近50℃，有时日温差接近20℃，夏季日照时间长，而且太阳辐射强度大，通常水平屋面外表面的空气综合温度达到60～80℃，顶层室内温度比其下层室内温度要高出2～4℃。因此，提高屋面的保温隔热性能，对提高抵抗夏季室外热作用的能力尤其重要，这也是减少空调耗能，改善室内热环境的一个重要措施。在多层建筑围护结构中，屋面所占面积较小，能耗约占总能耗的8%～10%。据测算，夏季每降低1℃（或冬季每升高1℃），空调减少能耗10%，而人体的舒适性会极大提高。因此，加强屋面保温节能对建筑造价影响不大，节能效益却很明显。

在屋面设计时，应选择容重小，导热系数小，不易受潮的保温材料。屋面按其保温层设置位置可以分为屋面外侧绝热和屋面内侧绝热。保温材料所处位置不同，日照条件下屋面的温度变化也不同。

一、日照条件下屋面的温度变化状况分析

（一）温度分布分析

太阳辐射及室外气温影响屋面板各层温度的变化，将绝热材料置于屋面的内侧或外侧，其影响是不一样的。

1. 绝热材料置于屋面内侧温度分布分析

图3－20所示为内侧绝热且屋面受强烈日射时，一天里温度的变化情况。在一天中，混凝土板的温度变化很大，其表面层和板下部（与绝热材料的交界面）的温度变化情况并不相同。由于混凝土的热容量较大，致使板下部的温度变化出现了时间上的滞后。如表面温度在14点钟左右达到了最高值，而板下部（与绝热材料的交界面）的温度在17点钟左右才达到最高值。若是采用内侧绝热，虽然绝热材料可以阻止混凝土向室内传热，但是，当绝热材料下侧的室内空气的温度很高时，绝热材料本身也会相应地具有很高的温度。

2. 绝热材料置于屋面外侧温度分布分析

图3－21所示为外侧绝热时，屋面上各层温度的变化情况。这时，混凝土的温度变化很小。盛夏时，若是采用内侧绝热，混凝土板的温度变化值在一天之内可高达30℃左右，而采用

外侧绝热,混凝土温度的变化值仅为4℃左右。另从图3-21可见,外侧绝热时,绝热材料的外表面温度与室外综合温度的变化几乎完全相同。

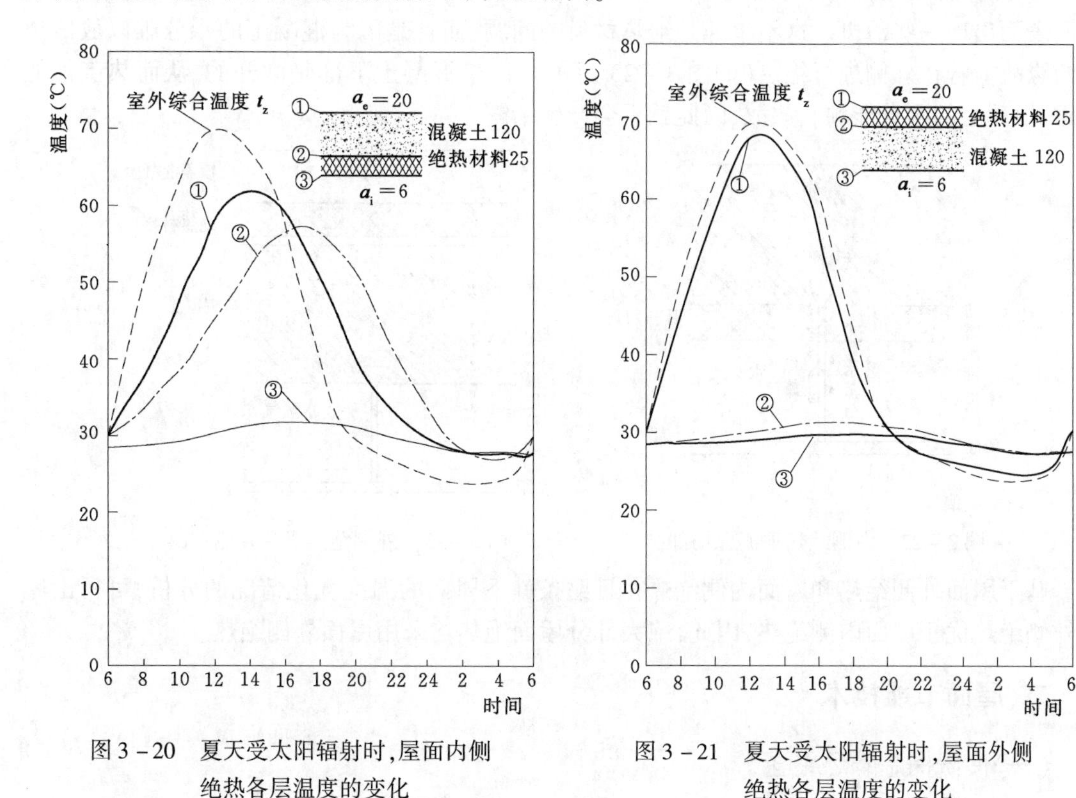

图3-20　夏天受太阳辐射时,屋面内侧绝热各层温度的变化

图3-21　夏天受太阳辐射时,屋面外侧绝热各层温度的变化

(二)特点分析

1.绝热材料置于屋面内侧特点分析

从一年的温度变化情况来看,在温暖地区,采用内侧绝热的混凝土板温度,夏天可达60℃左右,冬天为-10℃左右。在寒冷地区的严冬季节,可达-20℃左右。可见,混凝土板的温度在一年里有70℃ 左右的变化,因此,混凝土板势必会出现热胀冷缩的现象。

2.绝热材料置于屋面外侧特点分析

(1)屋面外侧绝热能减少混凝土储热量,防止"烘烤"、防止热应力。

由于混凝土的热容量非常大,在夏天,接受太阳辐射热后,便将热蓄积于内部,到了夜里,又把热释放出来。

夏天,室内空气温度容易高于室外气温,这主要是由于太阳辐射的影响,使空气被加热,温度升高而上浮,热空气停留于房间的上部的缘故。一到夜里,又加上混凝土板向室内的传热,则绝热材料表面或顶棚的内表面温度就会比人体的表面温度高得多,从而对人体进行热辐射,使人感到如似"烘烤"一般。

为了防止这种"烘烤"现象,可以设法通风换气,使顶棚底部的空气温度下降至低于人体的体温,而最主要的还是设法力求减少混凝土受太阳辐射后的储热量。如果采用外侧绝热,便可减少混凝土的储热量,此时,混凝土板温度只有30℃左右,人体自然就不会感受到热辐射,还可防止热应力,所以最好将绝热材料布置在外侧。

(2)外侧绝热可避免局部结露。

在寒冷地区,往往由于顶棚上设有金属吊钩(如图 3 - 22 所示)引起的局部结露,而使得顶棚表面出现一些污斑。这不单纯是绝热材料的问题,而且是因为混凝土的水分难以放散出去的缘故。若在外侧进行绝热(如图 3 - 23 所示),由于混凝土下部是敞开的,从而热工性能可靠,混凝土的水分能顺利放散,因此就不会产生结露。

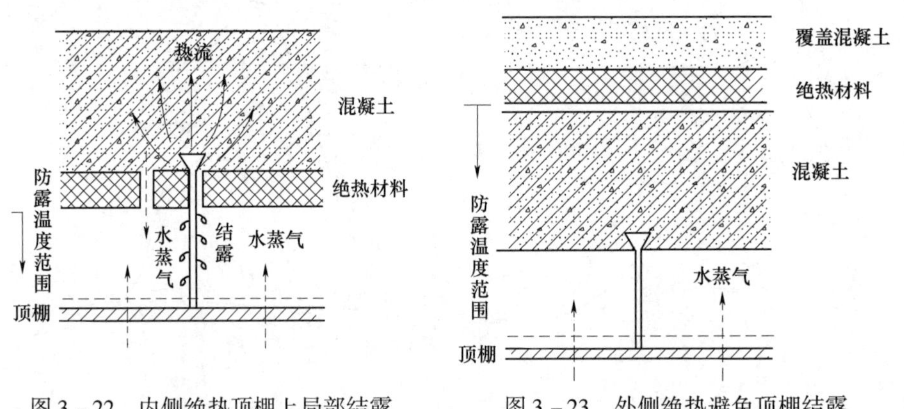

图 3 - 22　内侧绝热顶棚上局部结露　　图 3 - 23　外侧绝热避免顶棚结露

基于屋面外侧绝热和屋面内侧绝热在日照条件下屋面的温度变化情况的分析,可得出屋面外侧绝热优于屋面内侧绝热,因此,绝大部分屋面绝热均采用屋面外侧绝热。

二、屋面节能技术

(一)传统保温隔热屋面

传统屋面构造做法,即正置式屋面,其构造一般为隔热保温层在防水层的下面,如图 3 - 24所示。传统屋面隔热保温层的选材一般为珍珠岩、水泥聚苯板、加气混凝土、陶粒混凝土、聚苯乙烯板(EPS)等材料,这些材料普遍存在吸水率大的通病。如果吸水,保温隔热性能极大降低,无法满足隔热的要求,所以一定要使防水层做在其上面,防止水分的渗入,保证隔热层的干燥,方能隔热保温。为了提高材料层的热绝缘性,最好选用导热性小、储热性大的材料。同时要考虑不宜选用容重过大的材料,防止屋面荷载过大。屋面保温隔热材料不宜选用吸水率较大的材料,以防止屋面湿作业时,保温隔热层大量吸水。为降低热材料层内不易排除的水分,设计人员可根据建筑的热工设计计算确定其厚度。此种形式的屋面适用于寒冷地区和夏热冬冷地区的新建及改造住宅的屋面保温,并能够保证冬季屋面内表面温度和室外采暖环境的差值小于 4℃。

(二)倒置式屋面

所谓倒置式屋面是外保温屋面形式的一个倒置形式,将保温层设计在防水层之上,极大减弱了防水层受大气、温差及太阳光紫外线照射的影响,使防水层不易老化,因而能长期保持其柔软性、延伸性等性能,有效延长使用年限,如图 3 - 25 所示。据国外有关资料介绍,倒置式屋面可延长防水层使用寿命 2 ~4 倍。倒置式屋面省去了传统屋面中的隔气层及保温层上的找平层,施工简化,更加经济。即使出现个别地方渗漏,只要揭开几块保温板,就可以进行处理,易于维修。同时倒置式屋面的构造要求保温隔热层应采用吸水率低的材料,如聚苯乙烯泡沫板、泡沫玻璃、挤塑聚苯乙烯泡沫板等。且在保温隔热层上应用混凝土、水泥砂浆或干铺卵石作为保护层,以免保温隔热材料受到破坏。在使用保护层混凝土板或地砖等材料时,可用水泥砂浆铺砌卵石保护层,在卵石与保温隔热材料层间应铺一层耐穿刺且耐久性的防腐性能好的纤维织物。此种形式的屋面适用于寒冷地区和夏热冬冷地区的新建及改造住宅的屋面保温,并能够保证冬季屋面内表面温度和室外采暖环境的差值小于4℃。

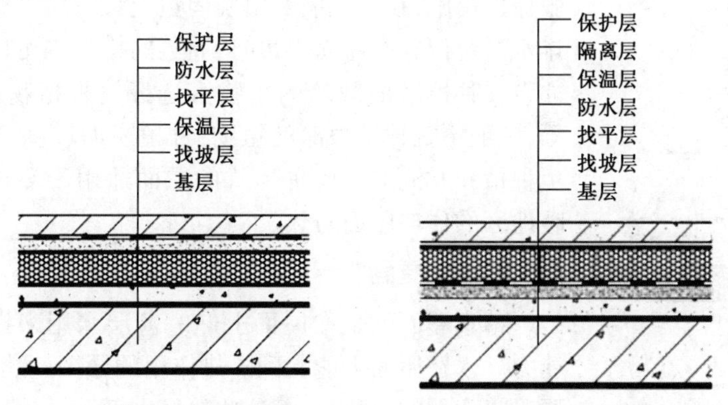

图3-24　传统屋面构造示意图　　图3-25　倒置式屋面构造示意图

(三)通风保温隔热屋面

通风屋面就是一种典型的保温隔热屋面。通风屋面是屋盖由实体结构变为带有封闭或通风的空气间层的双层屋面结构形式,在我国夏热冬冷地区广泛采用,尤其是在气候炎热多雨的夏季,这种屋面构造形式更显示出它的优越性。屋盖由实体结构变为带有封闭或通风的空气间层的结构,通过空气间层的空气流动带走太阳辐射热量,极大提高了屋盖的隔热能力。但在通风屋面的设计施工中应根据基层的承载能力,简化构造形式,通风屋面和风道长度不宜大于15m,空气间层以200mm左右为宜;架空隔热板与山墙间应留出250mm的距离;同时在架空隔热层施工过程中,要做好完工防水的保护工作。带可通风阁楼层的住宅,其原理与通风屋面相同,所不同的是阁楼的空间高大,通风效果比架空阶砖的通风屋面更好,且阁楼有良好的防雨防晒功能,能有效改善住宅顶部的热工质量。此种形式的屋面适用于夏热冬冷和夏热冬暖地区的新建及改造住宅的屋面保温。

(四)生态覆盖式保温隔热屋面

生态覆盖式保温隔热屋面是通过生态材料覆盖于建筑屋面,利用覆盖物自身对周围环境变化而产生的相应反应,来弥补建筑本身不利的能源损耗,其中以种植屋面和蓄水屋面较为典型。

1. 种植屋面

过去就有很多"蓄土种植"屋面的应用实例,通常被称为种植屋面。目前在建筑中此种屋面的应用更为广泛,利用屋面种草栽花,甚至种灌木、堆假山、设喷泉,形成了"操场屋面"或屋顶花园,是一种生态型的节能屋面。种植屋面是利用屋面上种植的植物阻隔太阳能防止房间过热的一项隔热措施。

它的隔热原理有三个方面,一是植被茎叶的遮阳作用,可以有效降低屋面的室外综合温度,减少屋面的温差传热量;二是植物的光合作用消耗太阳能用于自身的蒸腾;三是植被基层的土壤或水体的蒸发消耗太阳能。因此,种植屋面是一种十分有效的隔热节能屋面。如果植被种类属于灌木,则还可以有利于固化CO_2,释放氧气,净化空气,能够发挥出良好的生态功效。

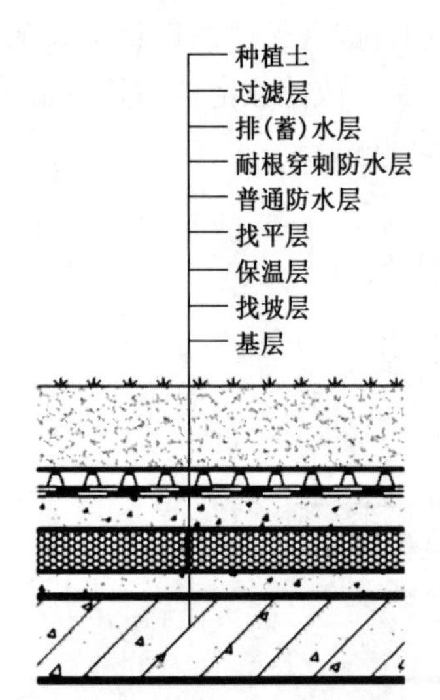

图3－26　种植屋面结构示意图

种植屋面结构示意图如图3－26所示。种植屋面宜为平屋面,不宜设置为倒置式屋面,保温层应采用吸水率低、导热系数小,并具有一定强度的保温材料。种植屋面应设置冬季防冻胀保护措施,在女儿墙及山墙周边应设置缓冲带。当建筑物的排水系统位置在屋面周边时,周边的排水沟可以作为防冻胀缓冲带。种植屋面栽培的植物宜选择浅根植物如各种花卉、草等,一般不宜种植根深的植物;种植屋面坡度不宜大于3%,以免种植介质流失。此种形式的屋面适用于夏热冬冷和夏热冬暖地区的住宅屋面防热。

2. 蓄水屋面

蓄水屋面就是在屋面上储一薄层水用来提高屋面的隔热能力。水在屋面上能起到隔热作用的原因,主要是水在蒸发时要吸收大量的汽化热,而这些热量大部分从屋面所吸收的太阳辐射中摄取,所以极大减少了经屋面传入室内的热量,相应地降低了屋面的内表面温度。

用水隔热是利用水的蒸发耗热作用,而蒸发量的大小与室外空气的相对湿度及风速之间的关系非常密切。其中空气相对湿度最小时,从屋面吸收而用于蒸发的热量最多。而这个时刻内的屋面室外综合温度恰恰最高,即适逢屋面传热最强烈的时刻。这时如果在一般的屋面上喷水、淋水,亦会起到蒸发耗热而削弱屋面的传热作用。因此在夏季气候干燥、白天多风的地区,用水隔热的效果必然显著。

蓄水屋面也存在一些缺点,在夜里屋面蓄水后外表面温度始终高于无水屋面,这时很难利用屋面散热。且屋面蓄水也增加了屋面静荷重,以及为防止渗水还要加强屋面的防水措施。防水层的做法是采用40mm厚、200#细石混凝土加水泥用量0.05%的三乙醇胺(或水泥用量1%的氯化铁)、1%的亚硝酸钠(体积浓度98%),防渗漏性能很好。

混凝土防水层应依次浇筑完毕,不得留施工缝。立面与平面的防水层应一次做好,防水层施工气温宜为5～35℃,应避免在0℃以下或烈日暴晒下施工。刚性防水层完工后应及时养护,蓄水后不得断水。此种形式的屋面适用于夏热冬冷和夏热冬暖地区的住宅屋面防热。

(五)浅色坡屋面

目前,大多数住宅仍采用平屋面,在太阳辐射最强的中午时间,太阳光线对于坡屋面是斜射的,而对于平屋面是正射的,平屋面耗能较多且防水较为困难。若将平屋面改为坡屋面,并内置保温隔热材料,不仅可提高屋面的热工性能,还有可能提供新的使用空间(顶层面积可增加约60%),也有利于防水。特别是随着建筑材料技术的发展,用于坡屋面的坡瓦材料形式多,色彩选择广,对改变建筑千篇一律的平屋面单调风格,丰富建筑艺术造型,点缀建筑空间有很好的装饰作用。在中小型建筑如居住、别墅及城市大量平改坡屋面中被广泛应用。其中浅色坡屋面节能效果明显,深暗色的平屋面仅反射不到30%的日照,而非金属浅暗色的坡屋面至少反射65%的日照,反射率高的屋面节省20%～30%的能源消耗。美国环境保护署(U.S. Environmental Protection Agence,EPA)和佛罗里达太阳能中心(Florida Solar Energy Center)的研究表明,使用聚氯乙烯膜或其他单层材料制成的反光屋面,确实能减少至少5%的空调能源消耗,在夏季高温酷暑季节能减少10%～15%的能源消耗。但坡屋面若设计构造不合理、施工质量不好,也可能出现渗漏现象。因此坡屋面必须搞好屋面细部构造设计,保温层的热工设计,使其能真正达到防水、节能的要求。

坡屋面应采用倒置式屋面做法,构造示意图如图3-27所示。保温板材应采用聚合物黏结砂浆粘贴牢固,拼缝严密,保温板材镶嵌在顺水条之间,保温层上宜设置防水透气膜;对坡度大于45%的屋面,保温板材除应粘贴牢固外,檐口端部宜设置档台构造;坡屋面不宜采用散状保温隔热材料;当坡屋面坡度大于100%时,宜采用内保温隔热措施。

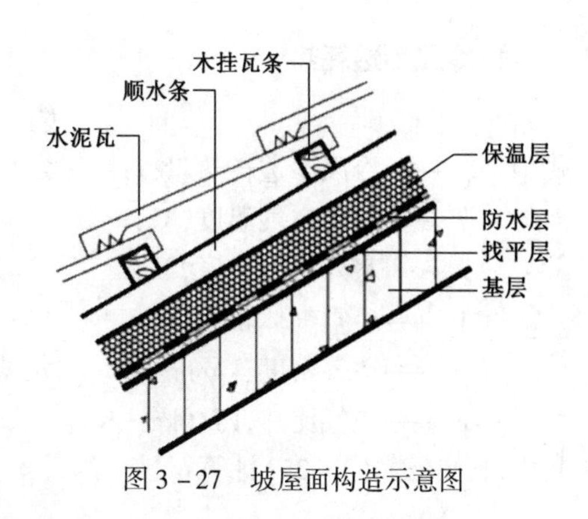

图3-27　坡屋面构造示意图

第四节　门窗节能技术

门窗是建筑围护结构的重要组成部分,是建筑物外围开口部位,也是房屋室内与室外能量阻隔最薄弱的环节。有关资料表明,通过门窗传热损失能源消耗约占建筑能耗的28%,通过门窗空气渗透能源消耗约占建筑能耗的27%,两者总计占建筑能耗的50%以上。可见,门窗节能是建筑节能的关键。因此,研究和应用节能窗,对于减少外窗热损失,促进建筑整体节能有着极为重要的意义。

门窗节能的本质,就是尽可能地减少室内空气与室外空气通过门窗这个介质进行热量传递。因此本节从分析影响窗的传热因素出发,提出减少外窗热损失的方法。

一、窗的传热分析

冬季采暖时,建筑窗的热交换通常由日射得热和温差传热(失热)两部分组成。

(一)日射得热

日射得热是太阳辐射热通过玻璃向室内的进热,只在有太阳辐射时才有。日射得热计算公式为

$$Q_1 = AIT\alpha\tau_1 \tag{3-23}$$

式中　Q_1——日射得热,J;

A——窗面积,m^2;

I——单位玻璃面积受到的太阳辐射功率,W/m^2;

T——窗玻璃透过率;

α——室内物体的储热系数;

τ_1——玻璃面当天受日照时间,h。

日射得热对于冬季供热来说是一个有利因素,适当增大该得热会降低热负荷。日射得热的值与窗面积A、窗玻璃透过率T及室内物体的储热系数α成正比。

(二)温差传热

窗的温差传热是由于室内外温差引起。对于冬季供热来说,室内失热。这种失热是每天24h都在进行的。温差传热包括冷风渗透耗热、透明构件传热耗热和非透明构件传热耗热三部分。

1. 冷风渗透耗热

$$Q_2 = (T_i - T_e) V\rho c \tag{3-24}$$

式中　Q_2——冷风渗透耗热量,J;

T_i——室内空气温度,℃;

T_e——室外空气温度,℃;

V——冷空气体积,m^3;

ρ——空气密度,kg/m^3;

c——空气比热,kJ/(kg·K)。

其中,V 按公式(3-25)计算:

$$V = vlw\tau_2 \tag{3-25}$$

式中　v——空气速度,m/s;

l——缝隙长度,m;

w——缝隙宽度,m;

τ_2——散热时间,h。

因此,冷风渗透耗热量与窗缝长度 l 及窗缝宽度 w 成正比。

2. 透明构件传热耗热

$$Q_3 = (T_i - T_e)\frac{A\tau_2}{R_{0\cdot g}} \tag{3-26}$$

式中　Q_3——透明构件的耗热量,J;

$R_{0\cdot g}$——透明构件的热阻,$(m^2\cdot K)/W$。

单玻热阻:

$$R_{0\cdot g} = \frac{1}{\alpha_e} + \frac{\delta}{\lambda} + \frac{1}{\alpha_i} \tag{3-27}$$

$$\alpha_e = 6.12 \times \varepsilon + 3.6$$

$$\alpha_i = 6.12 \times \varepsilon + 17.9$$

式中　δ——透明构件的厚度,m;

λ——透明构件的导热系数,W/(m·K);

α_e——室外对流换热系数,$W/(m^2\cdot K)$;

α_i——室内对流换热系数,$W/(m^2\cdot K)$。

双玻热阻:

$$R_{0g} = \frac{1}{\alpha_e} + \frac{\delta_1}{\lambda} + R_{gap} + \frac{\delta_2}{\lambda} + \frac{1}{\alpha_i} \tag{3-28}$$

空气间层热阻 R_{gap} 的计算:

$$\frac{1}{R_{gap}} = h_{gr} + h_{gc} + h_{g\lambda} \tag{3-29}$$

h_{gr}、h_{gc}、$h_{g\lambda}$ 分别代表玻璃间层中辐射、对流、传导三种热传递方式的折合传热系数,其中

$$h_{gr} = \frac{0.01 \times C_0}{\frac{1}{\varepsilon_1} + \frac{1}{\varepsilon_2} - 1}\left(\frac{T_1}{100} + \frac{T_2}{100}\right) \times \left[\left(\frac{T_1}{100}\right)^2 + \left(\frac{T_2}{100}\right)^2\right] \tag{3-30}$$

在厚度为10mm左右的平行间隙中，在建筑中常见的边界温差下，空气对流受到很大制约，玻璃与空气之间的对流换热微乎其微，可以近似为零，即：

$$h_{gc} \approx 0 \tag{3-31}$$

间层中空气导热项折合传热系数为：

$$h_{g\lambda} = \frac{\lambda_0}{d} \tag{3-32}$$

因此，提高窗玻璃热阻可减少其耗热。单层玻璃窗可通过降低玻璃发射率提高热阻；双层玻璃窗可通过降低玻璃发射率以及适当增加空气层厚度来提高热阻。

3. 非透明构件传热耗热

$$Q_4 = (T_i - T_e)\frac{F\tau_2}{R_{0 \cdot f}} \tag{3-33}$$

式中 Q_4 ——非透明构件的耗热量，J；

F——非透明构件的面积，m^2；

$R_{0 \cdot f}$——非透明构件的热阻，$(m^2 \cdot K)/W$。

该耗热与非透明构件材料的热阻成反比。

二、节能方法分析

我国幅员辽阔，南北方、东西部地区气候差异很大。窗、透光幕墙对建筑能耗高低的影响主要有两个方面，一是窗和透光幕墙的热工性能影响到冬季供暖、夏季空调室内外温差传热；二是窗和幕墙的透光材料（如玻璃）受太阳辐射影响而引起建筑室内的得热。冬季通过窗口和透光幕墙进入室内的太阳辐射有利于建筑的节能，因此，通过减小窗和透光幕墙的传热系数抑制温差传热是降低窗口和透光幕墙热损失的主要途径之一；夏季通过窗口和透光幕墙进入室内的太阳辐射成为空调冷负荷，因此，减少进入室内的太阳辐射以及减小窗或透光幕墙的温差传热是降低空调能耗的途径。从窗的传热分析可得出以下五方面的节能措施。

（一）控制窗墙面积比

窗墙面积比是窗户洞口面积与房间立面单元面积的比值，反映出了房间开窗面积的大小。一般普通窗户（包括阳台门的透光部分）的保温隔热性能比外墙差很多，窗墙面积比越大，供暖和空调能耗也越大。不同朝向的窗户热工参数与窗墙面积比对室内热环境的影响也会有所不同。因此，从降低建筑能耗的角度出发，必须限制窗墙面积比。

由于不同纬度、不同朝向的墙面太阳辐射的变化很复杂，墙面日辐射强度和峰值出现的时间是不同的，因此，不同纬度地区窗墙面积比也应有所差别。

1. 公共建筑

近年来公共建筑的窗墙面积比有越来越大的趋势，这是由于人们希望公共建筑更加通透明亮，建筑立面更加美观，建筑形态更为丰富。但为防止建筑的窗墙面积比过大，《公共建筑节能设计标准》（GB 50189—2015）规定要求严寒地区各单一立面窗墙面积比均不宜超过0.60，其他地区的各单一立面窗墙面积比均不宜超过0.70。夏季屋顶水平面太阳辐射强度最大，屋面的透光面积越大，相应建筑的能耗也越大，因此，甲类公共建筑的屋面透光部分面积不应大于屋面总面积的20%。

2. 居住建筑

1) 严寒和寒冷地区

《严寒和寒冷地区居住建筑节能设计标准》(JGJ 26—2018)规定严寒和寒冷地区居住建筑的窗墙面积比不应大于表3－9规定的限值。当窗墙面积比大于表3－9规定的限值时，必须按规定进行围护结构热工性能的权衡判断。

表3－9　严寒和寒冷地区居住建筑窗墙面积比限值

朝　向	窗墙面积比	
	严寒地区(1区)	寒冷地区(2区)
北	0.25	0.30
东、西	0.30	0.35
南	0.45	0.50

注：(1)敞开式阳台的阳台门上部透光部分应计入窗户面积，下部不透光部分不应计入窗户面积。

(2)表中的窗墙面积比应按开间计算。表中的“北”代表从北偏东小于60°至北偏西小于60°的范围；“东、西”代表从东或西偏北小于等于30°至偏南小于60°的范围；“南”代表从南偏东小于等于30°至偏西小于等于30°的范围。

严寒地区居住建筑的屋面天窗与该房间屋面面积的比值不应大于0.10，寒冷地区不应大于0.15。

2) 夏热冬冷地区

《夏热冬冷地区居住建筑节能设计标准》(JGJ 134—2010)规定不同朝向外窗(包括阳台门的透明部分)的窗墙面积比不应大于表3－10规定的限值。计算窗墙面积比时，凸窗的面积应按洞口面积计算。当设计建筑的窗墙面积比或传热系数、遮阳系数不符合标准规定时，必须按照规定进行建筑围护结构热工性能的综合判断。

表3－10　夏热冬冷地区居住建筑窗墙面积比限制

朝　向	窗墙面积比
北	0.40
东、西	0.35
南	0.45
每套允许一个房间(不分朝向)	0.60

注：(1)表中的“东、西”代表从东或西偏北30°(含30°)至偏南60°(含60°)的范围；“南”代表从南偏东30°至偏西30°的范围。

(2)楼梯间、外走廊的窗不按本表规定执行。

3) 夏热冬暖地区

《夏热冬暖地区居住建筑节能设计标准》(JGJ 75—2012)规定各朝向的单一朝向窗墙面积比，南、北向不应大于0.40；东、西向不应大于0.30。当设计建筑的外窗不符合上述规定时，其空调采暖年耗电指数(或耗电量)不应超过参照建筑的空调采暖年耗电指数(或耗电量)。建筑的卧室、书房、起居室等主要房间的房间窗地面积比不应小于1/7。当房间窗地面积比小于1/5时，外窗玻璃的可见光透射比不应小于0.40。居住建筑的天窗面积不应大于屋顶总面积的4%。

4)温和地区

《温和地区居住建筑节能设计标准》(JGJ 475—2019)规定温和A区不同朝向外窗(包括阳台门的透明部分)的窗墙面积比不应大于表3-11规定的限值。计算窗墙面积比时,凸窗的面积应按洞口面积计算。当设计建筑的窗墙面积比或传热系数不符合表中规定时,应按规定进行建筑围护结构热工性能的权衡判断。

表3-11 温和A区窗墙面积比限值

朝向	窗墙面积比
北	0.40
东、西	0.35
南	0.50
水平(天窗)	0.10
每套允许一个房间(非水平向)	0.60

注:(1)表中的"东、西"代表从东或西偏北30°(含30°)至偏南60°(含60°)的范围;"南"代表从南偏东30°至偏西30°的范围。

(2)楼梯间、外走廊的窗可不按本表规定执行。

(二)增大太阳辐射得热

(1)建筑选址时,争取有利朝向;

(2)设计有利反射,如图3-28所示;

(3)相变储热板:利用适合的相变材料做成窗盖板。白天吸收并储存太阳辐射热,晚上盖板关闭,贴紧窗口,将储存的热量再向室内慢慢释放出来。

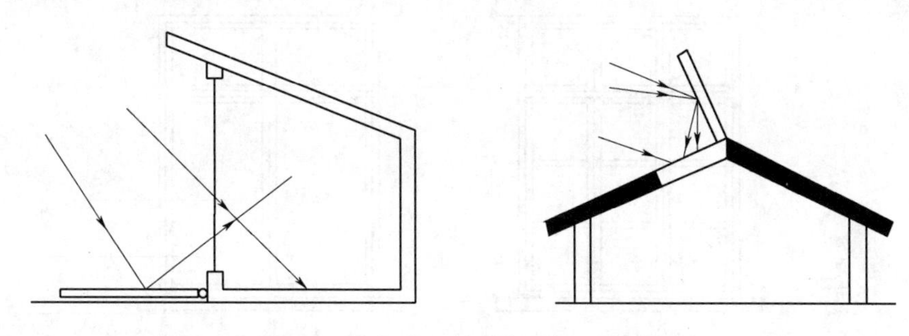

图3-28 铝箔反射面窗盖板反射原理

(三)减少渗透耗热量

1.正确选择窗框扇的材料

正确选择窗框扇的材料,避免由于外界条件导致的弯曲变形增大缝隙。

2.加强门窗的气密性能

门窗的气密性能低使通过开启缝隙的空气渗透量增加,导致热损失增加,因此气密性的好坏直接关系到建筑门窗的节能效果。目前塑料平开窗、铝合金平开窗采用橡胶密封条密封,气密性都能达到小于1.5m^3/(h·m)。气密性较差的是推拉开启的门窗类产品,该类门窗一般都采用毛条密封,有些推拉窗为提高气密性已将毛条密封改为橡胶密封条。选用三元乙丙橡胶密封条和硅化加片毛条对提高和保持门窗长期使用的密封性能起到重要作用。门窗框扇之间的搭接量和配合间隙也是影响门窗密封性能的很重要因素,门窗的框扇装配后要调整四边搭接量均匀一致。另外在窗型设计中采用大固定小平开的平开窗型,不但可提高门窗的气密性(由于整窗开启缝隙长度减少,使整窗空气渗透量相应减小),而且也使平开窗价格与推拉窗价格相接近,是值得推广的一种节能窗。

目前我国在窗的密封方法方面,多只在框与扇和玻璃与扇处作密封处理。由于安装施工中的一些问题,使得框与窗洞口之间的冷风渗透未能很好处理。因此为了达到较好的节能保温水平,必须要对框—墙、框—扇、玻璃—扇三个部位的间隙均作密封处理。目前用得较多的密封材料是密封料和密封条,从密封效果上看,密封料要优于密封条。这与密封料和玻璃、窗框等材料之间处于黏合状态有关,但框扇材料和玻璃等在干湿温变作用下所发生的变形,会影响到这种静力状态的保持,从而导致密封失效。密封条虽对变形的适应能力较强,且使用方便,但也不能达到较佳的效果,原因是:密封条采用注模法生产,断面尺寸不准确且不稳定,橡胶质硬度超过要求;型材断面较小,刚度不够,致使执手部位缝隙严密,而窗扇两端部位形成较大缝隙。因此必须生产和采用具有断面准确,质地柔软,压缩性大,耐火性较好的密封条。具体的密封方法:在玻璃下安设密封衬垫,在玻璃两侧以密封条加以密封(可兼具固定作用),在密封条上方再加注密封料。

3. 减少接缝长度

如图 3 – 29 和图 3 – 30 所示,窗口面积均为 1.5m 高 ×1.2m 宽。图 3 – 29 由 12 块 0.3m × 0.3m的玻璃组成,其接缝长度为 25.2m;图 3 – 30 由 4 块玻璃组成,其接缝长度为 8.4m。加大玻璃面积减少了窗扇数,不仅透光面略有增加而且接缝总长减少了,则空气渗透耗热量减小为原来的 1/3。

图 3 – 29　某居住建筑窗户图　　　图 3 – 30　改善后的窗户

(四)减少透明构件的失热

玻璃通常占整窗面积的 70% ~80%,因此玻璃部分的隔热保温能力对整窗的保温性能影响至关重要。玻璃是热的良导体,其导热系数约为 0.9W/(m · K),因此,单层玻璃的热阻非常小。如果使用单层玻璃,室内外热量直接通过传导的方式进行传递,热量流失极快。为了提高节能效率,改善玻璃的保温性能,降低门窗玻璃的传热系数,我国在节能玻璃领域不断取得新成就。

1. 中空玻璃

中空玻璃是将 2 片或多片玻璃以有效支撑均匀隔开并对周边粘接密封,使玻璃层之间形成有干燥气体的空腔,其内部形成了一定厚度的被限制了流动的气体层。由于这些气体的导热系数远远小于玻璃材料的导热系数，因此具有较好的隔热能力。中空玻璃的特点是传热系数较低，与普通玻璃相比其传热系数至少可降低40%。

除了透明中空玻璃以外，还有着色中空玻璃。着色中空玻璃是通过本体着色减小太阳光热量的透过率，增大吸收率。不同颜色类型、不同深浅程度的着色中空玻璃，都会使可见光透过率发生很大的改变。着色中空玻璃融合了着色玻璃的隔热性和中空玻璃的保温性，与透明中空玻璃相比，它的隔热性优于透明中空玻璃，但保温性与透明中空玻璃相差无几。

2. 填充惰性气体

中空玻璃空气层中填充惰性气体。因惰性气体分子大，流动性差，能降低气体对流产生的热传递。一般充氩气相比空气能降低玻璃 K 值 $0.2W/(m^2 \cdot K)$ 左右。

3. 镀膜中空玻璃

镀膜中空玻璃是在中空玻璃的其中一片玻璃靠近空气层侧镀上一层透明的低辐射膜，从而降低从高温区向低温区辐射传热和二次传热。单片镀膜玻璃传热系数 K 值一般在 $3.6W/(m^2 \cdot K)$ 左右；而与另一片普通玻璃组成中空玻璃后，K 值将在 $1.4 \sim 2.8W/(m^2 \cdot K)$ 之间；若使用隔热性能效果更好的双银镀膜玻璃，隔热效果可以达到 K 值为 $1.5W/(m^2 \cdot K)$；再在此基础上填充惰性气体，可以达到 K 值为 $1.3W/(m^2 \cdot K)$。

双层玻璃（中空玻璃）的传热能力和双层玻璃的间距直接有关。实验证明，双层玻璃间距在10mm以下时，间距和热阻几乎呈正比关系。当双层玻璃间距在10～30mm时，间距和热阻呈曲线关系。当间距超过30mm时，由于对流与辐射交换的综合作用使空气层的热阻增加十分缓慢。因此门窗设计应根据热阻的需要和框材的经济性适当确定玻璃的间距，一般不宜小于9mm。在严寒地区要采用三层玻璃时，同样要注意选用合理的玻璃间距，如果受窗框尺寸的限制，三层玻璃的距离太近（如每两层间距只有6mm）实际上只能达到双层玻璃的效果。

4. 特种玻璃

随着玻璃技术的不断发展，节能玻璃工艺日新月异。已经有非常多的特种深加工工艺的节能玻璃，并且取得了很好的应用效果，如真空玻璃、智能调光低辐射节能玻璃、气凝胶中空玻璃等。

真空玻璃是两片平板玻璃之间使用微小的支撑物隔开，玻璃周边采用钎焊密封，通过抽气孔将中间的气体抽至真空，然后封闭抽气孔保持真空层的特种玻璃。真空玻璃的保温性能非常优秀，主要是由于真空层的存在极大削减了热量的对流和传导损失。同时，真空玻璃还可以复合LOW－E玻璃组合成真空复合中空玻璃获得极佳的性能参数。一片6mm的真空玻璃的保温性能相当于370mm厚的实心黏土砖墙，其节能效率极高。理想的真空玻璃还具有很好的隔音性能，6mm厚度的真空玻璃可以将室内噪音降低到45dB以下（降噪值在33～35dB）。

智能调光低辐射节能玻璃是一种新型的窗口节能材料，它是通过调节太阳光的透过率达到节能效果。它的作用原理是：当作用于调光玻璃上的光强、温度、电场或电流发生变化时，调光玻璃的性能也将发生相应的变化，从而可以在部分或全部太阳能光谱范围内实现高透过率状态与低透过率状态之间的可逆变化。

气凝胶中空玻璃应用。在中空玻璃腔体内，不充入空气或其他惰性气体，也不抽成真空状态，而是填充透明的气凝胶固体保温材料，这样的做法仍然可以获得保温性能更佳的中空玻璃。硅气凝胶材料具备非常低的导热性，其硅粒子中包含有多微孔材料，而且比可见光的波长小得多。

（五）减少非透明构件的失热

窗框（扇）是窗户的支承体系。普通金属窗框（扇）没有断热措施，传热量极大增加。节能门窗在选择框（扇）材料时首先要选择热的不良导体，如塑料、玻璃钢等非金属材料。在用金属材料制作门窗时必须将窗框（扇）的热桥切断。断热铝合金窗、铝塑复合窗都是采用了窗框（扇）切断热桥技术。窗框（扇）的断面形式对窗框的传热也有影响。PVC 塑料型材有单腔、双腔、三腔、四腔之分，沿热流传导方向分割为双腔、三腔、四腔，对于提高窗框的断热性能有利，断热铝合金型材尼龙 66 隔热条的宽度对型材的传热系数也有影响，所以同样为 PVC 型材或断热铝合金型材，由于其断面形式不同其传热系数差别很大，在选择节能门窗的框（扇）材料时应注意其材料性质和断面形式。

我国幅员辽阔，不同地区的气候条件相差很大，当地门窗市场上的节能产品也多种多样。现有市场上常见的节能门窗主要有以下四种。

1. 断桥铝合金窗

隔热断桥铝又称断桥铝、隔热铝合金、断桥铝合金。两面为铝材，中间用塑料型材腔体做断热材料。依其连接方式不同可分为穿条式及注胶式。断桥铝合金型材热传导系数是普通铝合金型材的三分之一左右，极大降低了热量传导。这种门窗比普通门窗热量散失减少一半，隔声量达 30dB 以上，水密性、气密性良好，保温性、抗风压性都得到很大的提高。断桥隔热铝合金窗型材剖面图如图 3－31 所示。

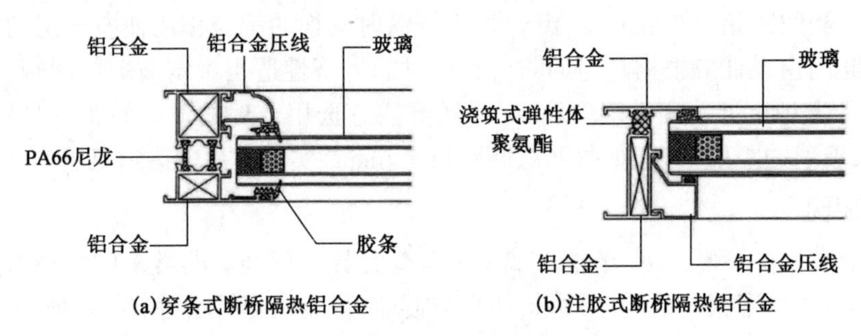

图 3－31　断桥隔热铝合金窗型材剖面图

2. 塑钢门窗

塑钢门窗是以聚氯乙烯（UPVC）树脂为主，添加辅助材料后，挤出成型材，并在需要时在型材空腔中增加钢材以增加网性的一种节能门窗。塑料的导热系数比铝合金低，塑钢门窗的保温性能优于铝合金窗。塑钢门窗气密性、水密性能优秀。但同时，PVC 材料强度较低，门窗的高度不能做大，不适合大型门窗；防火性能比铝合金窗差，不能使用在防火要求高的地方。塑钢框材用久了容易透风，接口处空隙太大无法黏合。虽然塑钢门窗随着腔体的增加，塑料型材本身的传热系数也相应降低。但是腔体的增加是有限的，节能效果的提高有瓶颈。

3. 铝木复合门窗

铝木复合门窗是将铝合金材料和纯实木通过机械方式连接而形成窗框窗扇型材的一种门窗。

铝木复合门窗是将隔热（断桥）铝合金型材和实木通过机械方法复合而成的框体。同时因为有两种材料组成，拥有两种材料的优点。铝木复合门窗内侧采用高级木材，既保持了木材天然的纹理，还可以根据不同的需求喷涂各种颜色的油漆，具有很好的观赏性和装饰性。而且木材的导热系数低,人体触感好,比断桥隔热型铝合金更为舒适。

4. 聚氨酯铝合金门窗

聚氨酯铝合金门窗的型材是由玻璃纤维与聚氨酯共挤的复合材料以无纺玻璃纤维为增强相,聚氯酯为基体,通过拉挤工艺成型。

聚氨酯节能玻璃门窗框的核心聚氨酯的导热系数比铝小,节能效果比塑钢和铝合金门窗更好。它的门窗型材系统是由玻璃纤维和聚氨酯树脂通过拉挤工艺而制得的一种复合材料。聚氨酯复合材料的生产速度快、有害物质挥发少,生产过程更加环保。聚氨酯铝合金门窗型材有较高的强度,不需要像塑钢门窗一样加衬钢,同时有着和 PVC 型材相近的保温性能,不需要使用隔热断桥;聚氨酯材料的线性热膨胀系数和玻璃接近,与玻璃、胶条之间的连接更加紧密,且变形较小,热胀冷缩或者风压变形不会造成漏气传热,因而气密性、水密性更好。

(六)采用可动式隔热层(活动隔热层)

目前多种形式的窗帘均有商品出售,但都很难满足太阳能建筑的要求。窗户虽然可设计成有阳光时的直接得热构件,但就全天 24h 来看,通常都是失热的时间比得热的时间长得多,故采暖房间的窗户历来都是失热构件。要使这种失热减到最少,窗帘或窗盖板的隔热性能(保温性能)必须足够。多层铝箔—密闭空气层—铝箔构成的活动窗帘有很好的隔热性能,但价格昂贵。采用平开或推拉式窗盖板,内填沥青珍珠岩、沥青蛭石,或沥青麦草、沥青谷壳等可获得较高隔热值及较经济的效果。有人已经进行研究将这种窗盖板采用相变储热材料白天储存太阳能,夜间关窗同时关紧盖板,该盖板不仅有高隔热值阻止失热,同时还向室内放热,这才真正将窗户这个历来的失热构件变成得热构件了(按全天 24h 算)。虽然实验取得较好效果,但要商品化仍有许多问题、如窗四周的耐久性密封问题、相变材料的提供以及造价问题等均有待解决。

第五节　楼地面节能技术

在建筑围护结构中,通过地面向外传导的热(冷)量约占围护结构传热量的3% ~5%。对于我国北方严寒地区,在保温措施不到位的情况下所占的比例更高,因此,地面的保温隔热对促进建筑整体节能也非常重要。

一、楼地面的定义

楼地面是“楼面”和“地面”的总称。楼面指不直接接触土壤的地板,是楼层之间的分割构件,一般将二楼及二楼以上的楼板称楼面;地面指直接接触土壤的底层。楼面包括不接触室外空气的层间楼板、接触室外空气的地板、不采暖地下室上部的地板、底部架空的地板。地面分为周边地面和非周边地面,周边地面指距外墙内表面 2m 以内的地面,其余部分划为非周边地面。位于室外地面以下的外墙(地下室外墙)应从与室外地面相平的墙壁算起,往下 2m 范围内为周边地面,其余部分划为非周边地面。

二、楼地面保温隔热设计要求

居住建筑楼板的传热系数及地面的热阻应根据所处城市的气候分区按表 3 - 12 的规定进行设计。公共建筑楼板地面的传热系数及地下室外墙的热阻应根据所处城市的气候分区按表 3 - 13和表 3 - 14 的规定进行设计。

表3-12 居住建筑不同气候分区楼地面的传热系数及热阻限值

气候分区	楼地面部位	传热系数 K W/(m^2·K)		热阻 R (m^2·K)/W
		≤3层	≥4层	
严寒地区A区	架空或外挑楼板	0.25	0.35	
	周边地面			2.00
	地下室外墙(与土壤接触的外墙)			2.00
严寒地区B区	架空或外挑楼板	0.25	0.35	
	周边地面			1.80
	地下室外墙(与土壤接触的外墙)			2.00
严寒地区C区	架空或外挑楼板	0.30	0.40	
	周边地面			1.80
	地下室外墙(与土壤接触的外墙)			2.00
寒冷地区A区	架空或外挑楼板	0.35	0.45	
	周边地面			1.60
	地下室外墙(与土壤接触的外墙)			1.80
寒冷地区B区	架空或外挑楼板	0.35	0.45	
	周边地面			1.50
	地下室外墙(与土壤接触的外墙)			1.60
夏热冬冷地区	底面接触室外空气的楼板	1.00	1.50	
	楼板	2.00	2.00	

表3-13 甲类公共建筑不同气候分区楼地面及地下室外墙的传热系数及热阻

气候分区	楼地面部位	体形系数不大于0.3	体形系数大于0.3	热阻 R (m^2·K)/W
严寒地区A区、B区	底面接触室外空气的架空或外挑楼板	K≤0.38	K≤0.35	
	地下车库与供暖房间之间的楼板	K≤0.50	K≤0.50	
	周边地面			R≥1.1
	供暖地下室与土壤接触的外墙			R≥1.1
严寒地区C区	底面接触室外空气的架空或外挑楼板	K≤0.43	K≤0.38	
	地下车库与供暖房间之间的楼板	K≤0.70	K≤0.70	
	周边地面			R≥1.1
	供暖地下室与土壤接触的外墙			R≥1.1
寒冷地区	底面接触室外空气的架空或外挑楼板	K≤0.50	K≤0.45	
	地下车库与供暖房间之间的楼板	K≤1.0	K≤1.0	
	周边地面			R≥0.60
	供暖地下室与土壤接触的外墙			R≥0.60
夏热冬冷地区	底面接触室外空气的架空或外挑楼板	K≤0.70		
夏热冬暖地区	底面接触室外空气的架空或外挑楼板	K≤1.50		

表 3-14　乙类公共建筑不同气候分区楼地面及地下室外墙的传热系数及热阻

围护结构部位	传热系数 K[W/(m² · K)]				
	严寒 A、B 区	严寒 C 区	寒冷地区	夏热冬冷地区	夏热冬暖地区
底面接触室外空气的架空或外挑楼板	K≤0.45	K≤0.50	K≤0.60	K≤1.0	—
地下车库与供暖房间之间的楼板	K≤0.50	K≤0.70	K≤1.0	—	—

三、楼地面的热工计算

（一）楼板层的传热系数

$$K=\frac{1}{R_0}=\frac{1}{R_i+R+R_e} \tag{3-34}$$

其中 $$R=\sum R_j, R_j=\frac{\delta_j}{\lambda_{c\cdot j}}$$

楼面传热系数计算的几点说明：

（1）上下为居室的层间楼板的上、下表面换热阻均取 $R_{i,e}=0.11(m^2 \cdot K)/W$。

（2）底面接触室外空气的架空或外挑楼板的上表面换热阻 $R_i=0.11(m^2 \cdot K)/W$，下表面换热阻 $R_e=0.06(m^2 \cdot K)/W$。

（3）有地下室或地下室停车库楼板的上表面换热阻 $R_i=0.11(m^2 \cdot K)/W$，下表面换热阻 $R_e=0.08(m^2 \cdot K)/W$。

（4）保温层材料的导热系数应按下式计算：

$$\lambda_{c\cdot j}=a\lambda_j \tag{3-35}$$

式中　$\lambda_{c\cdot j}$——保温材料导热系数计算值，W/(m · K)；

λ_j——保温材料导热系数，W/(m · K)；

a——保温材料导热系数的修正系数，按《民用建筑热工设计规范》GB 50176—2016 规定取值。

（5）有钢筋混凝土梁、肋的底面接触室外空气的架空通风或外挑楼板，当采用的外保温系统只是黏结在楼板底面时，应考虑热桥的影响，计算楼板的平均传热系数 K_m，并使 K_m 符合标准中规定的限值。

（二）底层地面的热阻

底层地面由于上下不是空气边界层，不能采用传热系数 K 作为评价底层地面的热工性能指标，只能采用热阻作为评价其热工性能的指标，底层地面的热阻 R_g[$(m^2 \cdot K)/W$]按下式计算：

$$R_g=R_a+R \tag{3-36}$$

式中　R_a——地面上表面的换热阻，$(m^2 \cdot K)/W$，取 $R_a=0.11\ (m^2 \cdot K)/W$；

R——基础持力层以上各层材料的热阻之和，$(m^2 \cdot K)/W$，包括面层、保温层、垫层及至基础地面的土层。

四、楼地面的节能设计

在北方严寒和寒冷地区，如果建筑物地下室外墙的热阻过小，墙的传热量会很大，内表面尤其是墙角部位容易结露。同样,如果与土壤接触的地面热阻过小,地面的传热量也会很大,地表面也容易结露或产生冻脚现象。因此,从节能和卫生的角度出发,要求这些部位必须达到防止结露或产生冻脚的热阻值。

在夏热冬冷、夏热冬暖地区,由于空气湿度大,墙面和地面容易返潮。在地面和地下室外墙做保温层增加地面和地下室外墙的热阻,提高这些部位内表面温度,可减少地表面和地下室外墙内表面温度与室内空气温度间的温差,有利于控制并防止地面和墙面的返潮。

(一)楼板的节能设计

楼板分层间楼板(底面不接触室外空气)和底面接触室外空气的架空或外挑楼板(底部自然通风的架空楼板),传热系数 K 有不同的规定。保温层可直接设置在楼板上表面(正置法)或楼板底面(反置法),也可采取铺设木搁栅(空铺)或无木搁栅的实铺木地板。

(1)保温层在楼板上面的正置法,如图 3-32 所示。可采用铺设硬质挤塑聚苯板、泡沫玻璃保温板等板材或强度符合地面要求的保温砂浆等材料,其厚度应满足建筑节能设计标准的要求。

(2)保温层在楼板底面的反置法,如图 3-33 所示。可如同外墙外保温做法一样,采用符合国家、行业标准的保温浆体或板材外保温系统。

(3)底面接触室外空气的架空或外挑楼板宜采用反置法的外保温系统。

(4)铺设木搁栅的空铺木地板,宜在木搁栅间嵌填板状保温材料,如图 3-34 所示,使楼板层的保温和隔声性能更好。

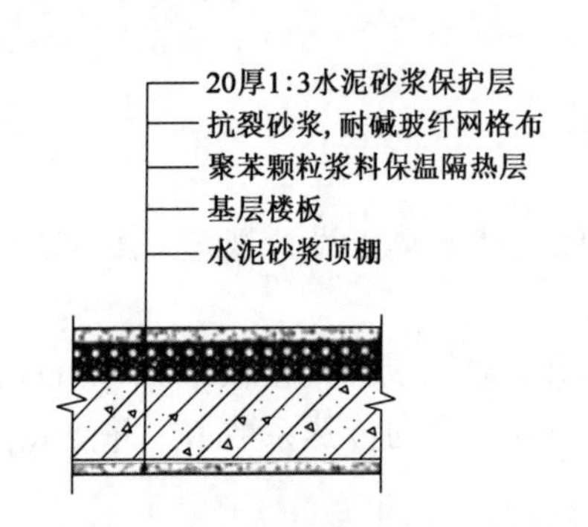

图 3-32　保温层在楼板上面的正置法

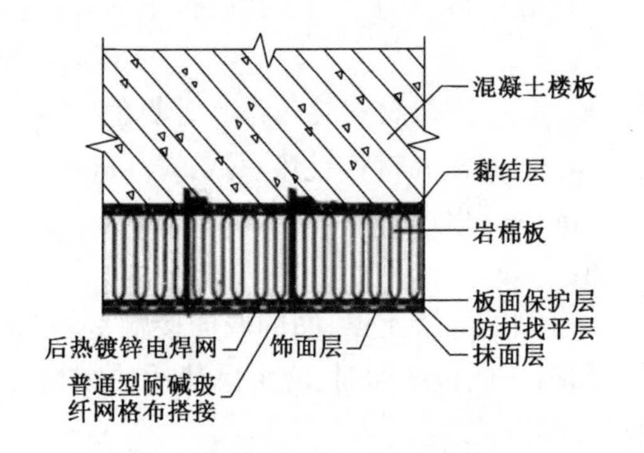

图 3-33　保温层在楼板底面的反置法

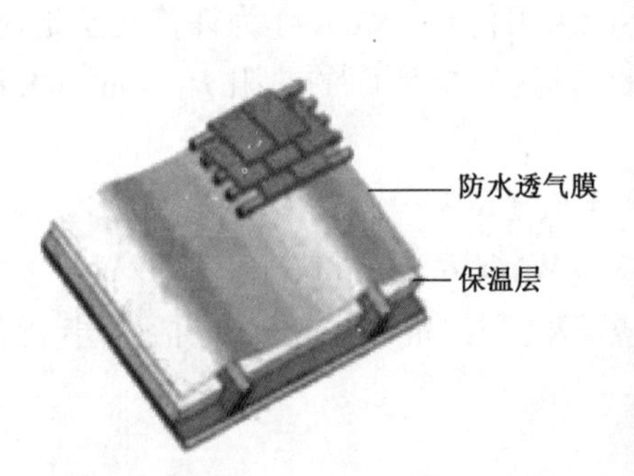

图 3-34　木地板的搁栅间嵌填保温材料

(二)底层地面的节能技术

底层地面的保温、防热及防潮措施应根据地区的气候条件,结合建筑节能设计标准的规定采取不同的节能技术。

(1)寒冷地区采暖建筑的地面应以保温为主,在持力层以上土层的热阻已符合地面热阻规定值的条件下,最好在地面面层下铺设适当厚度的板状保温材料,进一步提高地面的保温和防潮性能,如图 3-35 所示。

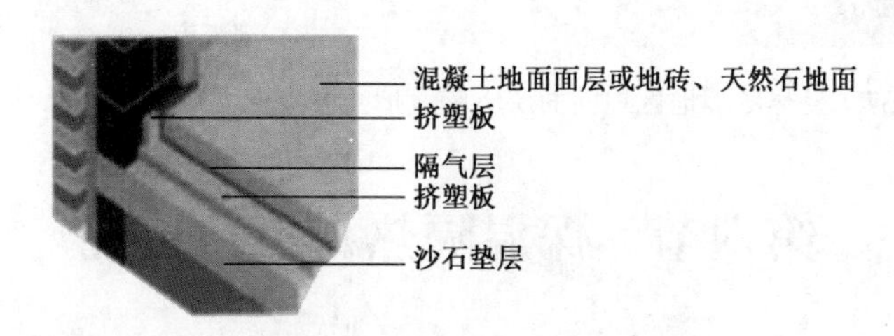

图 3-35　寒冷地区地面面层下铺设适当厚度的板状保温材料

夏热冬冷和夏热冬暖地区的居住建筑底层地面,在每年的梅雨季节都会由于湿热空气的差异而产生地面结露,特别是夏热冬暖地区更为突出。底层地板的热工设计除热特性外,还必须同时考虑防潮问题。防潮设计措施有:

①建筑室内一层地表面宜高于室外地坪 0.6m 以上;

②采用架空通风地板时,通风口应设置活动的遮挡板,使其在冬季能方便关闭,遮挡板的热阻应满足冬季保温的要求;

③地面和地下室外墙宜设保温层;

④地面面层材料可采用储热系数小的材料,减少表面温度与空气温度的差值;

⑤地面面层可采用带有微孔的面层材料;

⑥面层宜采用导热系数小的材料,使地表面温度易于紧随空气温度变化;

⑦面层材料宜有较强的吸湿、解湿特性,具有对表面水分湿调节作用。

(2)夏热冬冷地区应兼顾冬天采暖时的保温和夏天制冷时的防热、防潮,也宜在地面面层下铺设适当厚度的板状保温材料,提高地面的保温及防热、防潮性能,如图 3-36 所示。

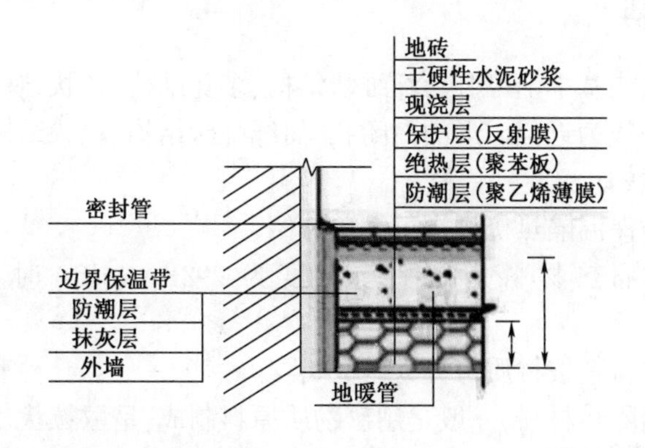

图 3-36　夏热冬冷地区地面面层下铺设适当厚度的板状保温材料

(3)夏热冬暖地区底层地面应以防潮为主,宜在地面面层下铺设适当厚度保温层或设置架空通风道以提高地面的防热、防潮性能,如图 3-37 所示。

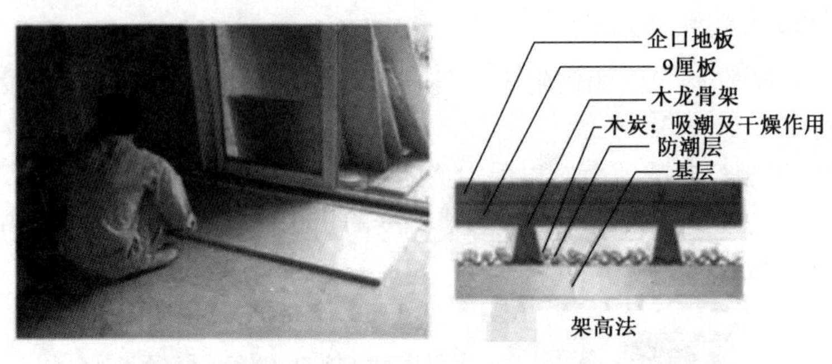

图 3 – 37　夏热冬暖地区地面面层下铺设适当厚度保温层或设置架空通风道

第六节　保温隔热材料与节能

实践证明，建筑节能最直接有效的方法是使用保温隔热材料。据日本节能实践证明，每使用 1t 保温隔热材料，可节约标准煤 3t/a，其节能效益是材料生产成本的 10 倍；根据欧美发达国家的经验，在住宅保温上每用 1t 岩(矿)棉制品，每年可以节约的能源相当于 1t 石油或 2.5 ~ 3.7t标煤。

保温隔热材料的发展是以建筑节能的发展为背景的，发达国家从 1973 年能源危机起开始关注建筑节能，制定相关的建筑节能标准并不断修订完善。而且国外保温材料工业已经有很长的历史，建筑节能用保温隔热材料占绝大多数。如美国从 1987 年以来建筑保温隔热材料占所有保温材料的 81% 左右，瑞典及芬兰等西欧国家 80% 以上的岩棉制品用于建筑节能。我国建筑节能工作从 20 世纪 90 年代初才刚刚启动，用于建筑节能的保温隔热材料相对较少，经过二十几年的发展，已形成品种比较齐全、初具规模的保温材料的生产和技术体系。

我国在 50% 节能目标中，建筑物围护结构节能占 30%，供热系统节能占 20%；在 65% 节能目标中，供热系统节能比例不变，增加的节能任务全部由建筑物围护结构承担；目前我们要执行 75% 的节能目标，对建筑物的围护结构提出更高要求，提高建筑物围护结构热工性能，则必须采用性能优良的保温隔热材料。

一、保温隔热材料

保温隔热材料的结构基本上可分为纤维状结构、多孔结构、粒状结构或层状结构。具有多孔结构的材料中的孔一般为近似球形的封闭孔，而纤维状结构、粒状结构和层状结构的材料内部的孔通常是相互连通的。

下面对几种典型的保温隔热机理进行简单介绍。

通常所指的保温隔热材料是指平均温度为 298K(25℃)时导热系数不应大于 0.08W/(m · K)的材料。

一般建筑保温隔热材料按材质可分为两大类：

第一类是无机保温隔热材料，一般是用矿物质原料制成，呈散粒状、纤维状或多孔状构造，可制成板、片、卷材或套管等形式的制品，包括石棉、岩棉、矿渣棉、玻璃棉、膨胀珍珠岩、膨胀蛭石、多孔混凝土等。

第二类是有机保温隔热材料，是由有机原料制成的保温隔热材料，包括软木、纤维板、刨花板、聚苯乙烯泡沫塑料、脲醛泡沫塑料、聚氨能泡沫塑料、聚氯乙烯泡沫塑料等。

(一)无机保温隔热材料

1. 石棉及其制品

石棉是天然石棉矿经加工而成的纤维状硅酸盐矿物的总称，是常见的耐热度较高的保温隔热材料。石棉又可分为纤维状蛇纹石石棉和角闪石石棉两大类。纤维状蛇纹石石棉又称温石棉、白石棉，平时所说的石棉是指温石棉；角闪石石棉包括青石棉和铁石棉。

石棉及其制品具有优良的防火、绝热、耐酸、耐碱、保温、隔音、防腐、电绝缘性和高的抗拉强度等特点。

2. 岩矿棉

岩矿棉是一种优良的保温隔热材料，根据生产所用的原料不同，可分为岩棉和矿渣棉。

(1)岩棉，以玄武岩或辉绿岩为主要原料，高温熔融后经高速离心法或喷吸法的工序制成的无机纤维材料。

(2)矿渣棉，与岩棉所不同的是利用工业废渣或矿渣(高炉渣或铜矿渣、铝矿渣)为主要原料制成，统称作矿物棉制品。矿渣棉与岩棉是两种性能和制造工艺基本相同的绝热材料，两者的化学成分均为二氧化硅、氧化钙、三氧化二铝和氧化镁。

3. 玻璃纤维

玻璃纤维一般分为长纤维和短纤维。连续的长纤维一般是将玻璃原料熔化后滚筒拉制；短纤维一般由喷吹法和离心法制得。短纤维(150μm 以下)由于相互纵横交错在一起，构成了多孔结构的玻璃棉，其表观密度为 100 ~ 150kg/m^3，导热系数低于 0.035W/(m·K)。

4. 陶瓷纤维

陶瓷纤维又名硅酸铝纤维，也称耐火纤维。陶瓷纤维采用氧化硅、氧化铝为原料，经高温(2100℃)熔融、喷吹制成，其纤维直径在 2 ~ 4μm，表观密度为 140 ~ 190kg/m^3，导热系数为 0.044 ~ 0.049W/(m·K)，最高使用温度为 1100 ~ 1350℃。

陶瓷纤维具有质轻、物理化学性能稳定、耐高温、热容量小、耐酸碱、耐腐蚀、耐急冷急热、机械性能和填充性能好等一系列优良性能。

陶瓷纤维可制成毡、毯、纸、绳等制品，被广泛用于电力、石油、冶金、化工、陶瓷等工业部门工业窑炉的高温绝热密闭以及用作过滤、吸声材料。

5. 多孔保温隔热材料

1) 轻质混凝土

轻质混凝土包括轻骨料混凝土和多孔混凝土。

(1)轻骨料混凝土。轻骨料混凝土是以发泡多孔颗粒为骨料的混凝土，其采用的轻骨料有多种，如膨胀珍珠岩、膨胀蛭石、黏土陶粒等；采用的胶结材也有多种，如各种水泥或水玻璃等。从而使其性能和应用范围变化很大。它们都具有质量轻、保温性能好等特点，既可保温也可减轻质量。

保温用轻骨料混凝土主要用于保温的围护结构或热工构筑物；结构保温用轻骨料混凝土主要用于不配筋或配筋的围护结构；结构用轻骨料混凝土主要用于承重的配筋构件、预应力构件或构筑物。

(2)多孔混凝土。多孔混凝土是具有大量均匀分布、直径小于 2mm 的封闭气孔的轻质混凝土。多孔混凝土是用水泥或加入混合材料与水制成的泡沫板和后硬化而成的多孔轻质材料，其中气孔体积可达85%，体积质量为300～500kg/m^3。多孔混凝土主要有泡沫混凝土和加气混凝土。

①泡沫混凝土。用水泥加水与泡沫剂混合后，硬化而成的一种多孔混凝土。由于其内部均匀地分布很多微细闭合气泡，因而表观密度较小，是一种较好的保温隔热材料。

②加气混凝土。由水泥、石灰、粉煤灰和发气剂(如铝粉)等原料，利用化学方法在泥料中产生气体而制得。产生气体的方法有加金属粉末、白云石与酸反应产生氢气或二氧化碳，还有碳化钙加水产生乙炔等。

2)泡沫玻璃

用玻璃细粉和发泡剂(石灰石、碳化钙和焦炭)经粉磨、混合、装模、燃烧(800℃左右)而得到的多孔材料称为泡沫玻璃。

泡沫玻璃是一种粗糙多孔分散体系，孔隙率达80%～95%，气孔直径为0.1～5mm。由于使用发泡剂的化学成分差异，在泡沫玻璃的气相中所含气体可为二氧化碳、一氧化碳、水蒸气、硫化氢、氧气、氮气等。

泡沫玻璃具有表观密度小、导热系数小、抗压强度高、抗冻性好、耐久性好，并且对水分、蒸汽和气体具有不渗透性，还容易进行机械加工，可锯、钻、车及打钉等，是一种高级保温隔热材料。

其他常用的无机保温隔热材料还有吸热玻璃、热反射玻璃、中空玻璃等。

(二)有机保温隔热材料

1.泡沫塑料

泡沫塑料是高分子化合物或聚合物的一种，是以各种树脂为基料，加入各种辅助料经加热发泡而成的一种轻质、保温、隔热、吸声、防震材料。它保持了原有树脂的性能，并且比同种塑料具有表观密度小(一般为20～80kg/m^3)，导热系数低，防震、吸音性能、电性能好，耐腐蚀、耐霉变，加工成型方便，施工性能好等优点，故广泛用于建筑保温、冷藏、绝缘、减震包装、衬垫、漂浮材料等若干领域。

泡沫塑料生产料制造时用发泡法。发泡法分为机械发泡、物理发泡和化学发泡三种。

(1)机械发泡：通过强烈的机械搅拌树脂的乳液、悬浊液或溶液，使产生泡沫，然后使之胶凝、稠合成固化，从而得到塑料泡沫。

(2)物理发泡：将压缩气体如氮气、二氧化碳或其他惰性气体、挥发性液体等用压力溶于树脂中，当压力下降时，即形成气孔。

(3)化学发泡：将化学发泡剂混入树脂中，成型时发泡剂遇热分解，放出大量气体，从而使树脂发泡膨胀。

注意：虽然物理发泡法用的发泡剂价格低廉，但却需要比较昂贵的、专门为一定用途而设计的设备，故目前大多使用化学发泡剂制造泡沫塑料。

1)聚苯乙烯泡沫塑料

聚苯乙烯泡沫塑料是用低沸点液体的可发性聚苯乙烯树脂为基料，经加工进行预发泡后，再放在模具中加压成型。

聚苯乙烯泡沫塑料是由表皮层和中心层构成的蜂窝状结构。表皮层不含气孔，而中心层含大量微细封闭气孔，孔隙率可达98%。

聚苯乙烯泡沫塑料具有质轻、保温、吸音、防震、吸水性小、耐低温性能好等特点，并且有较强恢复变形的能力。聚苯乙烯泡沫塑料对水、海水、弱酸、植物油、醇类都相当稳定。

2)聚氨酯泡沫塑料

聚氨酯泡沫塑料是以含有羟基的聚醚树脂或聚酯树脂为基料,与异氰酸酯反应生成的聚氨基甲酸酯为主体,以异氰酸酯与水反应生成的二氧化碳(或以低沸点碳化合物)为发泡剂制成的一类泡沫塑料。

聚氨酯泡沫塑料的使用温度在 -100 ~ +100℃之间,200℃左右软化,250℃分解。聚氨酯泡沫塑料耐蚀能力强,可耐碱和稀酸的腐蚀,并且耐油,但不耐浓的强酸腐蚀。

注意:在建筑上可用作保温、隔热、吸声、防震、吸尘、吸油、吸水等材料。但由于其本身属可燃性物质,抗火性能较差,因此在生产、运输和使用过程中应严禁烟火,避免受热。勿与强酸、强碱、有机溶剂等化学药品直接接触,避免日光暴晒和长时间承受压力,避免用尖锐锋利的工具勾划泡沫表面。

3)聚氯乙烯泡沫塑料

聚氯乙烯泡沫塑料是以聚氯乙烯树脂与适量的化学发泡剂、稳定剂、溶剂等,经过捏合、球磨、模塑、发泡而制成的一种闭孔型的泡沫材料。

聚氯乙烯泡沫塑料具有表观密度小、导热系数低、吸声性能好、防震性能好、耐酸碱、耐油、不吸水、不燃烧等特点。由于其高温下分解产生的气体不燃烧,可以自行灭火,所以它是一种自熄性材料,适用于防火要求高的地方。唯一的缺点是价格较为昂贵。

聚氯乙烯泡沫塑料的制品一般为板材,常用来作为屋面、楼板、隔板和墙体等的保温、隔热、吸声和防震材料,以及夹层墙板的芯材。

4)聚乙烯泡沫塑料

聚乙烯泡沫塑料是以聚乙烯为主要原料,加入交联剂、发泡剂、稳定剂等一次成型加工而成的泡沫塑料。

除具有质轻、吸水性小、柔软、隔热、吸声性能好等优点外,聚乙烯泡沫塑料吸声性能、耐化学性能和电性能优良,其缺点是易燃。

聚乙烯泡沫塑料可用作减震材料、热绝缘材料、漂浮材料和电绝缘材料。在建筑工程中主要作保温、隔热、吸声、防震材料。

5)酚醛泡沫塑料

酚醛泡沫塑料是热固性(或热塑性)酚醛树脂在发泡剂的作用下发泡并在固化促进剂(或固化剂)作用下交联、固化而成的一种硬质热塑性的开孔泡沫塑料。

酚醛树脂可采用机械或化学发泡法制得发泡体。机械发泡制得的泡沫酚醛塑料的气孔多为连续、开口气孔,因而导热系数较大,吸水率也较高,而化学发泡法所得的泡沫酚醛塑料的气孔多为封闭气孔,所以吸水率低,导热系数也较小。

酚醛泡沫塑料的耐热、耐冻性能良好,使用温度范围为 -150 ~ +150℃。加热过程中由黄色变为茶色,强度也有所增加。但温度提高到200℃时,开始碳化。酚醛泡沫塑料除了不耐强酸外,抵抗其他无机酸、有机酸的能力较强。酚醛泡沫塑料不易燃,火源移去后,火焰自熄。

酚醛泡沫塑料可用作绝热材料、减震包装材料、吸音材料及轻质结构件的填充材料。在建筑中主要是用作保温、隔热、吸声、防震材料,并可用来制造高温(3300℃)耐火绝缘材料及用作核裂变材料容器的包装材料。

6)脲醛泡沫塑料

脲醛泡沫塑料又称为氨基泡沫塑料,是以尿素和甲醛聚合而得的脲醛树脂为主要原料。脲醛树脂很容易发泡,将树脂液与发泡剂混合、发泡、固化即可得脲醛泡沫塑料。

脲醛泡沫塑料外观洁白、质轻(表观密度 0.01 ~ 0.015g/cm^3),价格也比较低廉,属于闭空型硬质泡沫塑料;它的缺点是吸水性高、质脆、机械强度低、尺寸稳定性较差、有甲醛气味。

脲醛泡沫塑料主要用于夹层中作为填充保温、隔热、吸声材料。

从性能而言,脲醛泡沫塑料远比不上低成本的聚苯乙烯泡沫塑料和高性能的聚氨酯泡沫塑料,但其原材料成本极低,是建筑业中极具发展前景的保温隔热材料。

2. 碳化软木板

碳化软木是一种以软木橡树的外皮为原料,经适当破碎后在模型中成型,再经 300℃左右热处理而成。

由于软木树皮层中含有大量树脂,并含有无数微小的封闭气孔,所以碳化软木板是理想的保温、绝热、吸声材料,且具有不透水、无味、无臭、无毒等特性,并富有弹性,柔和耐用,不起火焰只能阴燃。

3. 纤维板

凡是用植物纤维、无机纤维制成的,或是用水泥、石膏将植物纤维凝固成的人造板统称为纤维板。

纤维板的表观密度为 210 ~ 1150kg/m^3,导热系数为 0.058 ~ 0.307W/(m · K)。纤维板经防火处理后,具有良好的防火性能,但会影响它的物理力学性能。

纤维板在建筑上用途广泛,可用于墙壁、地板、屋面等,也可用于包装箱、冷藏库等。

4. 蜂窝板

蜂窝板是以一层较厚的蜂窝状芯材与两块较薄的面板钻结而成的复合板材,也称蜂窝夹层结构。蜂窝状芯材通常用浸渍过酚醛、聚酯等合成树脂的牛皮纸、玻璃布或铝片,经过加工粘合成六角形空腔的整块芯材。常用的面板为浸渍过树脂的牛皮纸、玻璃布或不经树脂浸渍的胶合板、纤维板、石膏板等。

蜂窝板的特点是强度大、热导率小、抗震性能好,可制成轻质高强的结构用板材,也可制成绝热性能良好的非结构用板材和隔声材料。如果芯材以轻质的泡沫塑料代替,则隔热性能更好。

5. 硬质泡沫橡胶

硬质泡沫橡胶用化学发泡法制成。

硬质泡沫橡胶的表观密度在 0.064 ~ 0.128g/cm^{3}之间。表观密度越小,保温性能越好,但强度越低。硬质泡沫橡胶为热塑性材料,耐热性不好,有良好的低温性能,低温下强度较高且具有较好的体积稳定性,因而是一种较好的保冷材料。

其他常用的有机保温隔热材料还有水泥刨花板(又称水泥木丝板)、毛毡、木丝板、甘蔗板、窗用绝热薄膜(又称新型防热片)等。

二、保温隔热材料防火要求

由于近年来多起建筑保温火灾事件的发生,引发了各界对保温防火的思考,保温材料的防火性能史无前例地引起了业内各界的高度重视。然而，很多保温材料起火都是在施工过程中产生的，如电焊、明火、不良的施工习惯。这些材料在燃烧过程中不断产生的融滴物和毒烟，同时释放出来的氯氟烃、氢氟碳化物、氟利昂等气体对环境的危害也不可忽视。为此，住房城乡建设部和公安部于2009年9月25日联合发布了《民用建筑外保温系统及外墙装饰防火暂行规定》公通字〔2009〕46号文通知。通知对不同建筑有如下要求：

(1)住宅建筑：建筑高度大于100m以上，保温材料的燃烧性能应为A级。

(2)其他民用建筑：建筑高度大于50m需要设置A级防火材料。

(3)其他民用建筑：24m≤高度<50m可使用A1级，也可使用防火隔离带。

2011年3月14日，公安部下发了《关于进一步明确民用建筑外保温材料消防监督管理有关要求的通知》(公消〔2011〕65号)，有机保温材料无法满足规定而被禁止使用，这促进了岩棉、发泡水泥、泡沫玻璃、发泡陶瓷、珍珠岩等无机保温材料的发展。但有机保温材料的开发还在继续，其抗燃能力不断提高，于是2012年12月3日公安部发布的《关于民用建筑外保温材料消防监督管理有关事项的通知》(公消〔2012〕250号)表示保温材料发展进入第四阶段，重新回到公通字〔2009〕46号所规定的有机、无机保温材料共有的格局。

三、新型建筑墙体

节能建筑要求建筑的围护构造有良好的保温隔热、轻质高强、经济合理的特性。常规的“秦砖汉瓦”不但建材工业本身耗能巨大，而且不能满足工业化建筑体系和建筑的可持续发展要求，已在各地禁止使用。节能建筑将推动新型墙体材料的发展，新材料、新技术的应用又给建筑节能提供了有力的保证。

目前运用于节能建筑的新型墙体材料主要有加气混凝土砌块、混凝土小型空心砌块、陶粒空心砌块、黏土空心砖和多孔砖等。

(一)加气混凝土砌块

加气混凝土砌块是以钙质材料和硅质材料为基本原料，以铝粉为发气剂，经配料、搅拌、浇注成型、切割和蒸气养护而成的一种多孔轻质墙体材料。加气混凝土热物理参数见表3-15。

(1)性能特点：容重轻、保温好、强度高，并且容易加工，施工简便。

(2)主要用途：可用于工业及民用建筑的墙体材料，多被用来作多层建筑承重墙和填充墙、内隔墙等。

(3)注意事项：用于保温外墙部位，应充分考虑加气混凝土砌块的热工参数和储热系数情况，并且墙体厚度要满足热工设计要求。

表3-15　加气混凝土热物理参数

热物理参数	容重与含水率							
	500(kg/m³)				700(kg/m³)			
	0	6%	12%	18%	0	6%	12%	18%
导热系数[W/(m·K)]	0.14	0.19	0.23	0.28	0.17	0.22	0.27	0.31
比热[kJ/(kg·K)]	0.92	1.09	1.26	4.42	0.92	1.09	1.26	1.42
导温系数(m²/h)	0.0010	0.0012	0.0013	0.0014	0.0009	0.0010	0.0011	0.0011
蒸气渗透系数 g/(m·h·mmHg)	2.9×10^{-2}				1.6×10^{-2}			

（二）混凝土小型空心砌块

混凝土小型空心砌块是以水泥为胶结料，砂、碎石或卵石为骨料，加水搅拌、浇灌、振动、振动加压或冲压成型，经养护并形成一定空心率的小型墙体材料。

（1）性能特点：节能、节土，并可利用工业废渣、因地制宜，工艺简便。

（2）主要用途：适用于一般民用与工业建筑的墙体。

（3）保温做法：为了提高空心砌块的保温性能，目前较多采取“插苯板”方法，即将苯板插入砌块的孔洞内，有良好的保温性能，不会影响内墙表面硬度和储热的特点，但会给施工带来麻烦，施工管理较难落实。

（三）陶粒空心砌块

陶粒空心砌块与混凝土小型空心砌块类同，主要是其骨料用膨化的陶粒替代，提高了砌块本身的保温性能，目前在节能建筑中用得较多。当前，美国等发达国家利用页岩陶粒，做成达到 C20、C40 的混凝土料，用于剪力墙等承重构件中，在满足强度同时，有很好的保温隔热性能，国内尚少，但对建筑节能而言，陶粒混凝土是有开发余地的。

（四）黏土空心砖和多孔砖

承重黏土空心砖墙的热工性能见表 3－16。与普通黏土砖相似，在砖身设空孔，以减轻砖自重并减少用土量，经焙烧而成，是目前禁止使用的普通黏土砖（240mm × 115mm × 53mm）的过渡材料。

（1）性能特点：有较高的强度、抗腐蚀、耐久，并且容重小、保温性能好。

（2）主要用途：可替代普通黏土砖用于墙体工程，但防潮层以下墙体不可使用。

表 3－16　承重黏土空心砖墙热工性能

品　　种	总热阻[$(m^2 \cdot K)/W$]		传热系数[$W/(m^2 \cdot K)$]	
	测试值	计算值	测试值	计算值
36 孔承重空心砖墙	0.781	0.651	1.28	1.536
48 孔承重空心砖墙	0.696	0.621	1.437	1.611
33 孔承重空心砖墙	0.642	0.639	1.557	1.565
26 孔承重空心砖墙	0.635	0.583	1.574	1.715

第七节　被动式超低能耗建筑

被动式超低能耗技术应用于建筑设计之中是围护节能技术综合应用的具体体现，也是环境保护的一大重要举措。人居环境的可持续发展需要同时解决建筑环境质量、建筑节能减排以及地域文化传承等问题，而利用被动式建筑设计技术打造适合地域气候和资源环境的超低能耗建筑，是实现人居环境可持续发展的根本途径。

长期以来，建筑界认为建筑的经济性、生态性、低能耗和可再生能源供应是不相容的，甚至是相互矛盾的目标，但许多已经建成的被动房证明，在尽量降低建筑能耗的前提下，经济性、生态性和可再生能源供应也可以很好地相互协调。尤其是近年来，国际上各个发达国家纷纷开展建筑节能减排专项工作。其中无论是被动房、被动式建筑、小型能源房、气候房还是超低能耗建筑，都是近零能耗建筑的一种形式。

被动式超低能耗建筑具有良好的气候特征、自然条件适应性,主要采用高性能的保温隔热、气密围护结构及新风热回收技术实现舒适的居住环境,且可再生资源利用率高。被动式设计策略多用于被动式超低能耗建筑的设计,主要是指采用适当的朝向、储热材料、遮阳设备和自然通风等策略进行建筑设计的设计类型。而这些策略又尽可能地接受被动式或直接使用可再生能源,为人们提供了一种舒适的、节约资源的方式,对人类社会的健康发展有着深远意义。

由于近零能耗建筑可以极大降低建筑能耗,同时满足不同规模建筑的不同用途,近年来,受到了广泛关注,各个发达国家也都出台了相应的政策来鼓励近零能耗建筑的发展。在国外,近零能耗建筑技术起步较早,发展迅速。

一、德国被动房理念

被动房是最初主要针对中欧地区住宅建筑而研发的技术体系,其最大的优点是相比其他低能耗技术体系建设投资少,运行维护成本低;有较高的热工舒适度、使用舒适方便、经久耐用、不易出现建筑损伤。德国被动房研究所对被动房的定义为“被动房是指建筑仅利用太阳能、建筑内部得热、建筑余热回收等被动技术使建筑不再需要传统的供热系统,并通过通风系统供应持续的新风,而不使用主动采暖设备,实现建筑全年达到规范要求的室内舒适温度范围和新风要求。被动房是一个节能、舒适的建筑节能标准,比既有建筑节能90%以上,比新建建筑节能75%以上”。此外,对于围护结构的传热系数,德国也有着严格的标准:要求外墙传热系数为0.28W/(m^2·K),热桥则为0.05W/(m^2·K),外窗的传热系数为1.3W/(m^2·K),屋面传热系数为0.2W/(m^2·K),架空、外挑楼板的传热系数为0.35W/(m^2·K),而气密性N_{50}则要求为0.6次/h。

1988年5月,瑞典隆德大学的阿达姆森教授(Bo Adamson)和德国的沃尔夫冈·法伊斯特博士(Wolfgang Feist)开始思考什么样的设计能使建筑更具有可持续性,更加节能。他们在共同进行的低能耗建筑研究项目过程中,首先提出完整的“被动房”建筑技术体系,找到了被动房的最佳技术组合。借鉴此项研究,在建筑师Bott和Ridder的帮助下,Feist于1991年在德国达姆施塔特的克兰尼斯坦地区的示范项目上实现了被动房的概念,成功建造了世界上第一栋被动房实验建筑,如图3-38所示。该建筑为一栋低层的联排别墅,针对建筑墙体、楼板以及屋顶的保温进行了特别处理,并首次采用了3层氪离子隔热密封窗。建筑的通风设备中也加入了废热回收交换器,其热回收效率达到80%。根据后期的跟踪监测数据显示,别墅单位面积的年采暖能耗为11.9kW·h/(m^2·a),只相当于德国已有居住建筑平均值的二十分之一,其一次能源消耗量为13.8kW·h/(m^2·a),也不及德国一般家庭平均值的一半。

图3-38 第一栋被动式房屋

1996年,法伊斯特博士在德国达姆施塔特创建了“被动房”研究所(Passive House Institute,简称PHI),该研究所作为独立的科研学术机构,是被动式建筑研究领域的权威机构,为世界上第一栋被动式住宅、第一栋被动式办公建筑、第一栋被动式学校建筑、第一栋被动式体育馆、第一栋被动式游泳馆等提供设计咨询、技术支持及后续跟踪研究。同时,被动房研究所编制出版了被动房设计手册(Passive House Planning Package,PHPP)、被动房计算软件、被动房评价认证标准，并不断进行设计方法和认证标准的维护与更新，并对达到被动房标准的建筑、建筑部品（门窗、保温系统、空调、新风设备等）进行认证。

德国能源房屋（The House of Energy）位于德国巴伐利亚州的考夫博伊伦市，与其他中欧的被动式建筑类似，采用高性能围护结构，如图3－39所示。外墙的传热系数为0.144W/(m^2·K)，外窗的传热系数为0.53W/(m^2·K)。建筑具备良好的气密性（N_{50}=0.2次/h）和无热桥结构设计及施工的特点，还采用了高效热回收通风系统。建筑的供暖及生活热水供应是由地源热泵系统（10.9 kW）实现；位于屋顶的250m^2太阳能光伏发电系统为整栋建筑提供电能，建筑年发电量可达到其用电量的五倍。建筑每年供暖需求仅为8kW·h/(m^2·a)，其年能源需求量仅为21kW·h/m^2，尽管年能源生成量103kW·h/m^2未达到要求，仍通过了首个“最高级别被动式建筑（Passive House Premium）认证”。

图3－39　德国能源房屋

德国被动房标准对既有建筑改造的评价和认证可以通过两种方法获得：(1)按照被动房标准提供的计算方法和边界条件，通过计算，证明改造后单位建筑的采暖能耗值Q_H≤25kW·h/(m^2·a)。同时须满足外围护结构基本传热系数限值要求。(2)通过使用获得被动房标准认证的构件系统，如外保温系统、外窗系统进行改造；或通过提供相关资料证明建筑构件达到相关要求。

目前被动房技术体系不断发展完善，除居住建筑以外，已扩展到其他建筑类型，包括办公、学校、酒店、体育馆、博物馆、工业建筑等，项目也扩展到其他气候地区，包括欧洲、亚洲、北美洲、南美洲、大洋洲。

二、我国被动式超低能耗建筑技术

（一）我国被动式超低能耗建筑的发展

我国对于“被动房”技术引进较晚，对于被动式低能耗建筑房屋设计的研究同其他发达国家相比也处于早期阶段。直到最近几年国家政策开始向节能减排倾斜，“被动房”技术作为建筑节能的有效途径被纳入研究人员的视野，相关研究工作也得以迅速展开并取得了一定的成果。基于国内首个被动房设计标准《被动式超低能耗居住建筑节能设计标准》，我国被动式低能耗居住建筑技术体系主要从居住建筑相关的设计、能源相关的计算、关键材料和产品性能的选取以及后期施工、测试、认定和运营这几个方面进行了规定与要求。明确了被动式超低能耗居住建筑的各项指标，阐述了被动式居住建筑的基本条件和要求，对室内环境、建筑气密性、建筑能耗和负荷、一次能源需求、建筑通风系统、建筑照明和遮阳设计以及防火设计等都做出了严格的要求。

我国《被动式超低能耗绿色建筑技术导则》（试行—居住建筑）对于近零能耗建筑（被动式超低能耗绿色建筑）的定义是：适应气候特征和自然条件，通过保温隔热性能和气密性能更高的围护结构，采用高效新风热回收技术，最大程度地降低建筑供暖供冷需求，并充分利用可再生能源，以更少的能源消耗提供舒适室内环境并能满足绿色建筑基本要求的建筑。

国家标准《近零能耗建筑技术标准（征求意见稿）》中对于近零能耗建筑的定义是：适应气候特征和自然条件，通过被动式技术手段，最大幅度降低建筑供暖供冷需求，最大幅度提高能源设备与系统效率,利用可再生能源,优化能源系统运行,以最少的能源消耗提供舒适的室内环境,且室内环境参数和能耗指标满足本标准要求的建筑物。

2008 年我国参与的“亚太清洁发展与气候合作伙伴计划”包含关于零能耗的专项研究课题和合作项目;2010 年上海世博会建立了中国第一个被动式超低能耗被动房;2012 年在中美合作项目下中国建筑科学院的近零能耗项目示范工程,以及到 2014 年,全国有 24 个超低能耗建筑列入住建部科技计划;2015 年全国已建成和正在建设的被动式超低能耗建筑已达 70 多项。近零能耗建筑有了很大的发展,在中国,近零能耗建筑经历了从无到有、从鲜为人知到能被老百姓接受、从个别的试点建筑到成规模化的住宅开发、从仅有的居住建筑到各种建筑类型、从北方地区的试点到已在全国各气候区开展试点建设、从无标准依据到发布《河北省被动式低能耗居住建筑设计标准》。可以说,我国已初步奠定了近零能耗建筑的理论和实践基础。

(二)我国近零能耗建筑发展特点

《中国超低/近零能耗建筑最佳实践案例集》共筛选出我国不同气候区超低/近零能耗示范建筑 50 个,涵盖严寒、寒冷、夏热冬暖和夏热冬冷四个气候区,包括居住建筑、办公建筑、商业建筑、学校、展览馆、体育馆、交通枢纽中心等不同建筑类型,全面展示示范建筑从设计、施工,到运行阶段的各个环节。可以看出我国超低/近零能耗建筑的发展呈现出以下特点:

(1)超低/近零能耗建筑已从试点成功向示范过渡,未来具有广阔的发展前景,三年间,我国超低/近零能耗示范项目已经从完全依赖国外的技术体系和指标发展到如今可以自主设计并施工建造近零能耗建筑。但与住建部科技司提出的“十三五”期间发展 $1000\times10^4\mathrm{m}^2$ 的行业目标相比,目前的工作仅处于起步阶段,行业还需不断总结并汇总出适合我国气候区和建筑类型的技术体系。

(2)产品部件的性能得到了极大的改善。示范工程选用的非透明围护结构传热系数可控制在 0.1 ~0.2 W/(m^2 · K),透明围护结构传热系数可控制在 0.6 ~ 1.0 W/(m^2 · K),建筑各部品的性能参数也与发达国家的水平基本一致。例如对于北京地区而言,建筑换气次数 N_{50} 规定要求≤0.6;对于户均建筑面积≤60m^2 的建筑,供暖供冷及照明能耗综合值需≤50kW · h/(m^2 · a),而对于户均建筑面积 >60m^2 的建筑,供暖供冷及照明能耗综合值则需≤40kW · h/(m^2 · a)。

(3)示范项目增量成本可控。通过对示范项目经济性成本的研究可发现,我国近零能耗建筑的增量成本为 800 ~ 1200 元/m^2,成本增量占比为 20% ~25%,主要增量成本来自被动式技术(60% ~75%)、主动技术(10% ~15%)、可再生能源(5% ~10%)和自动控制(0 ~5%)。

(三)我国被动式超低能耗建筑的特殊性

我国被动式超低能耗建筑的特殊性主要有以下几方面:

(1)室内环境标准。在室内环境方面,中国和德国有很大区别。德国是全时段、全空间;我国是部分时段、部分空间。我国居民习惯开窗通风,而欧美国家则依靠机械系统进行通风。我国现在的建筑能耗为低水平下的低能耗,而德国是高标准下造成的高能耗。

(2)建筑特点。中国的建筑绝大多数是中高层,中心城市和特大城市以高层建筑为主;欧美国家如德国主要以中小型为主,低密度建筑较多。我国建筑的体形系数较小,在同样的情况下,体形系数小导致了建筑能耗的独特特点。

(3)气候差异。从纬度上看,柏林与哈尔滨纬度接近;从气象参数来看,柏林冬季的室外温度与沈阳相近。我国绝大多数的建筑都需要供冷,而不同地区的供暖和空调指标差异很大。此外,除湿需求为我国建筑的另一个特点,而南方地区的湿负荷大导致了除湿的相对困难。

(4)生活习惯。由于历史和文化生活习惯的不同，中国由南到北、从东到西的生活习惯差异巨大。中国和西方的烹饪方式也有很大不同，中国厨房的排气量要比西方厨房大得多。

(5)用能不同。由于历史原因和我国居民勤俭的习惯，我国的住宅建筑用能水平偏低，远远低于欧美国家。

(6)能源核算方法。我国的一次能源结构和欧美国家有很大的不同，70%左右仍是燃煤发电，而燃煤发电的一次能源转换效率低，由于能源转换方式的不同，同样计算一次能源的消耗差异巨大。

因此，我国超低能耗建筑技术体系的发展要吸收和借鉴国际经验，要立足于我国国情，发展适应我国国情的超低能耗技术体系。

(四)我国被动式超低能耗技术体系

我国被动式超低能耗技术体系应该由以下内容组成：

(1)技术政策。政策激励是推动超低能耗建筑发展的重要动力。例如从科研课题、标准编制、产品研发、产业升级等多维度提供资金和政策倾斜，对符合标准的超低能耗建筑项目给予资金奖励，推动被动式超低能耗建筑的快速发展。住房和城乡建设部已经出台了一些鼓励政策。此外，还要探讨其他的技术政策来推动，各级政府要结合当地的实际情况，思考如何提供技术政策来支持被动式超低能耗建筑的发展。

(2)技术标准。世界各国都在通过技术标准促进高能效、高性能建筑的应用，我国也正在制定相关技术标准。在经验和工程量不够的情况下，需要制定技术指南为工程项目提供指导。在此基础上将进一步完善标准化体系。现阶段强调性能化的设计方法，以气候特征为导向的设计原则，规划、设计、施工、运行协同原则，对工程技术人员进行培训，强调精细化施工和全程控制，这些都是被动式超低能耗的基本技术性原则。全国推广的基本原则是先居住后共建，先北方后南方，先小型后大型，先示范后推广。

(3)科技支撑。通过“十三五”国家科技支撑、国际合作、省部级科研基金的科研经费支持，研究不同气候区、不同类型、不同规模建筑的技术路线；进行外窗、保温材料、新型墙体、冷热源等高性能建筑部品的研发；研究开发热回收技术、除湿技术、可再生能源等关键技术；示范项目的监测和后评估；设计评估工具的研究与开发等。

(4)产业创新。推进被动式超低能耗发展离不开产业支持，产业面临着转型升级。目前，我国有将近10个地区希望在被动式超低能耗方面有科技产业园，因此要带动产业的升级改造，支持整个行业的发展，实现关键部品和设备的本土化、产业化，如外窗、保温材料、热回收和冷热源设备等。通过产业集群促进产业升级、技术创新、创立自主品牌，进而促进建筑节能行业发展。

(5)评估体系。建立完善的评价考核体系，开展高性能建筑部品的认证，对被动式超低能耗建筑进行科学合理的认证，推动咨询服务的高端化、精细化、产业化，发挥市场经济对建筑行业的促进和推动作用。

三、建筑性能化设计

自2005年公共建筑节能设计标准发布以来，我国就节能方面给予了高度重视。建筑性能化设计就体现了与绿色建筑在节能方面相适应的特点，可以分析整合不同节能技术的综合效果，可以展示建筑的能耗特征，促进建筑节能技术的优化。与传统的建筑设计方法不同，建筑性能化设计更加注重气候、环境等因素的引导设计、定性设计方法的定量化、定量设计方法的可视化，同时更加注重集成技术的最优化设计。建筑性能化设计最早起源于性能化评价方法，随着计算机的发展，如结构分析、CFD 仿真分析等软件得到了长足的发展并开始大量应用于建筑领域，其中比较流行的软件有 Fluent、DOE、Ecotect、Airpak、Pkpm、Ansys 等。

目前并没有关于建筑性能设计方法的具体定义，根据建筑性能设计方法的特点可以简单定义如下：建筑性能设计方法是基于建筑物理、建筑传热学、流体力学等建筑工程学原理，以不同地区气象数据、地理环境为边界条件，以室内外舒适度、能耗、安全等具体指标为目标，推导各种设计措施的建筑设计方法。

传统的建筑设计方法对于某些技术的设计，通常使用经验公式或某些简化的图表进行计算，如自然采光空调风口的设计、噪声、空调处理过程等。但这种定量设计方法缺乏可视性和形象化，对于计算结果的验证也只能通过经验或者计算书的检查来实现，对于某些非专业的业主或者使用者就很难表达清楚。建筑性能化设计就可以通过一些计算机仿真技术将传统的定量设计方法进行可视化。这样一种建筑方案阶段性能化设计流程及能耗预测方法，可以快速、高效、科学地实现建筑性能的综合优化。通过建筑设计降低建筑本体能耗、因地制宜应用可再生能源系统满足建筑供暖、供冷需求，可最大幅度减少化石能源消耗，最终达到“使建筑趋近于零能耗”的目标。

如图 3 - 40 所示，性能化设计流程应符合以下要求：

(1)设定室内环境参数和能效指标。其中应包括空气温度和相对湿度、室内新风量、噪声等室内环境参数和供暖年耗热量、供冷年耗冷量、供暖供冷及照明能耗综合值、建筑总能耗综合值及建筑气密性指标等能效指标。

(2)确定初步设计方案。应根据建筑功能、环境资源条件和场地条件，以规定的建筑供暖年耗热量和供冷年耗冷量为约束条件，采用被动式建筑设计手段进行初步方案设计。

(3)利用能耗模拟计算软件等工具进行初步设计方案的定量分析及优化。应以建筑能效指标为约束条件，且建筑能效指标的计算方法应符合规定，并针对建筑和设备的关键参数对建筑负荷及能耗的影响开展定量分析。

(4)分析优化结果并进行达标判定。当技术指标不能满足所确定的目标要求时，应修改初步设计方案重新进行定量分析及优化，直至满足所确定的目标要求。其中判定应对室内环境参数及能效指标、能效指标计算方法是否符合要求、选取的技术是否进行了技术经济分析三方面进行验证。

(5)确定最终设计方案。

(6)编制性能化设计报告。其中报告应包括建筑概况、室内环境参数及能效指标、关键参数的分析及优化报告、能效指标计算报告。

通过性能化设计方法优化近零能耗建筑设计关键参数，结合可再生能源应用方案和设计运行与控制策略等，将设计方案和关键参数带入能耗计算软件，定量分析是否满足预先设定的近零能耗目标以及其他技术经济目标，确定满足性能目标的设计方案并且建立近零能耗建筑方案阶段能耗预测模型，将能耗预测数据量化地作用于决策制定过程，可以使设计决策更加客观化。实现多性能指标协同考虑，使建筑师在设计阶段能够简单且准确地获得设计建筑能耗状况，从而使设计向着有利于建筑节能的方向发展。

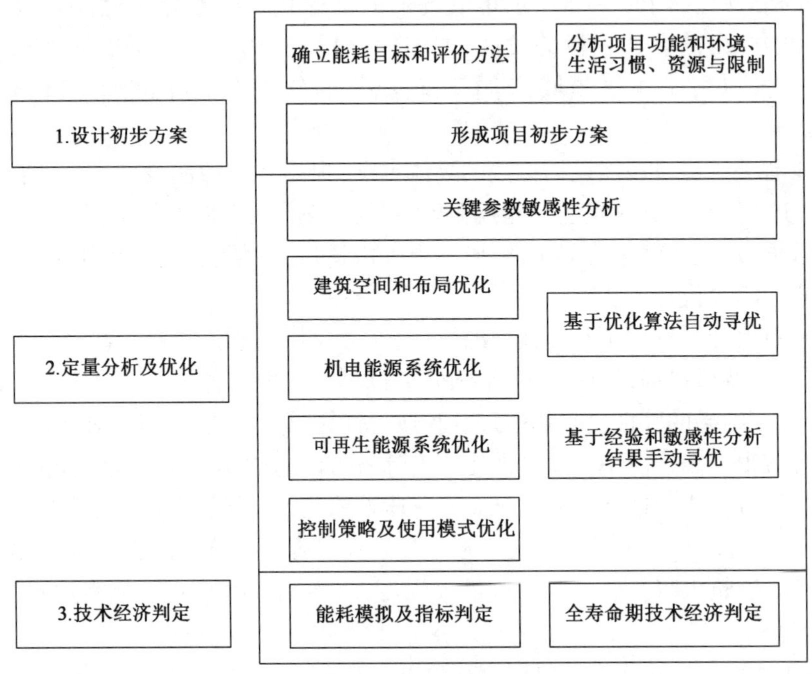

图3－40　性能化设计流程概述

四、被动式超低能耗建筑能耗特征分析

（一）被动式超低能耗建筑的能耗特征

通过利用DeST软件对对严寒地区的三座代表城市（沈阳、长春、哈尔滨）超低能耗建筑进行全年动态负荷模拟分析，探究被动式超低能耗建筑的能耗特征。案例建筑共有两层，一层层高3.3 m，二层层高3.6 m，总建筑面积334.8m^2。为典型的办公建筑，包括会议室、开敞办公区、控制室、展厅、设备室以及卫生间。建筑充分利用了太阳能、地热能和相变储能技术，大幅降低了对化石能源的依赖。建筑（办公建筑）主体结构为钢框架＋现浇聚苯颗粒泡沫混凝土墙体，外围护结构采用保温性能良好的技术措施。建筑体形系数为0.47，窗墙比：偏西侧为0.09、偏南侧为0.12、偏北侧为0.12、偏东侧为0.05。

对超低能耗建筑在三座城市的全年逐时供冷量、供热量、最大冷负荷、最小冷负荷、最大热负荷、最小热负荷进行了动态模拟，研究了建筑冷热负荷特性及其变化规律，分析了该模型在不同城市的能耗状况。根据《公共机构超低能耗建筑技术标准》（T/CECS 713—2020），以示范建筑为例，分别设置了建筑物围护结构参数、建筑人员、灯光和设备等内扰参数以及空调设计参数，其DeST模型如图3－41所示。

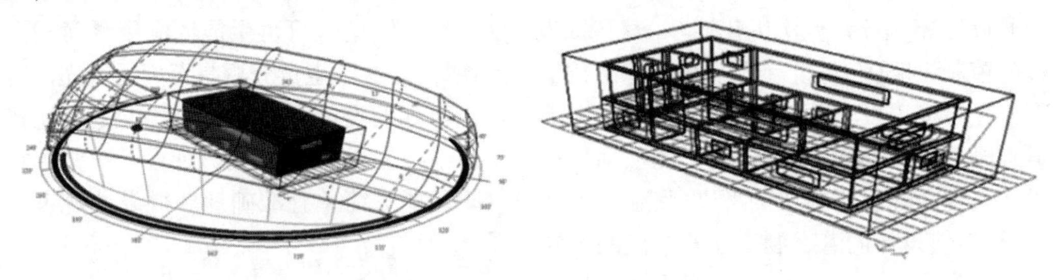
图3－41　超低能耗建筑的DeST模型

因沈阳、长春、哈尔滨的气候参数不同,表 3－17 统计了三座城市的年负荷最大值及年累计负荷值。表 3－18 所示为超低能耗示范建筑(办公建筑)在三座城市的空调季负荷最大值和空调季累计负荷值。

表 3－17　三座代表城市建筑全年负荷模拟结果

城市	冷负荷峰值指标(W/m^2)	热负荷峰值指标(W/m^2)	全年累计冷负荷(kW·h)	全年累计热负荷(kW·h)
沈阳	58.21	41.10	11557.30	9441.36
长春	47.67	45.16	10516.07	11838.53
哈尔滨	44.32	54.12	9310.79	14453.32

表 3－18　三座代表城市建筑空调季负荷模拟结果

城市	冷负荷峰值指标(W/m^2)	热负荷峰值指标(W/m^2)	空调季冷负荷指标(W/m^2)	采暖季热负荷指标(W/m^2)
沈阳	58.21	41.10	8.31	6.42
长春	47.67	45.16	7.15	7.37
哈尔滨	44.32	54.12	5.61	9.19

将超低能耗建筑在严寒地区三座代表城市的全年累计冷热负荷值进行对比分析,沈阳全年累计冷负荷为 11557.30kW·h,全年累计热负荷值为 9441.36kW·h。长春全年累计冷负荷值为 10516.07kW·h,全年累计热负荷值为 11838.53kW·h。哈尔滨全年累计冷负荷值为 9310.79kW·h,全年累计热负荷值为 14453.32kW·h。由于沈阳、长春、哈尔滨三座城市的室外干球温度及制冷季、空调季的时间不同,三座不同城市同一超低能耗建筑的累计冷热负荷值是不同的。受城市气象参数的影响,沈阳地区超低能耗建筑的冷负荷大于热负荷,总体来看建筑全年累计冷热负荷不平衡率适中,但沈阳地区空调季时间较其他两座城市短,尤其是采暖季。因此,相应的结果表明建筑空调季冷热负荷不平衡率较其他两座城市低。而长春地区冷负荷和热负荷相差不多,总体来看建筑全年累计冷热负荷不平衡率较低,长春夏季供冷时间和沈阳相同,但供暖季时间相较沈阳来说长一些。总体来看建筑空调季冷热负荷不平衡率处于持中水平。哈尔滨冬季气温偏低,且供暖季较长。DeST 模拟所得建筑的热负荷相较其他两座城市来说也是较大的,所以超低能耗建筑在哈尔滨的全年累计冷、热负荷及空调季累计冷热负荷的不平衡率也是偏高的。

与普通建筑相比,被动式超低能耗建筑更为节能,其具体特征如下:

(1)超厚外保温。普通建筑外墙保温约为 80 mm 厚,被动式超低能耗住宅建筑保温厚度一般超过 200 mm,相当于为被动式超低能耗住宅建筑穿上“羽绒服”,减少了室内冷热量向外的散失。

(2)隔墙保温。与普通建筑只外墙设置保温不同,被动式超低能耗住宅建筑所有户间隔墙、楼板均设置保温层,相当于为房间穿上了“保暖内衣”,有效地防止户间传热,避免因相邻用户“蹭暖”而造成室内温度的波动。

(3)节能外门窗。被动式超低能耗住宅建筑采用高保温节能的被动式保温密闭门,保温性能隔热比传统外门提高了 2～3 倍,保证其表面与室内温差不超过 3℃,维持室内舒适的温度环境。

(4)高气密性。被动式超低能耗住宅建筑的外门窗除了高隔热性能,还具有良好的气密性能;另外,门窗框处、隔墙顶部均设置防水隔汽膜相当于又给房间穿了一件防水防风的"冲锋衣"。在室内外压差50Pa时,由于门窗的渗透,普通建筑的换气次数约5~7次/h;被动房可以做到换气次数小于0.6次/h,气密性效果要好上10倍,有效地防止室外冬季冷风和夏季的热风通过缝隙渗透到室内,引起室内温度和湿度的波动。

(5)避免热桥。一般的热桥指连通室内外的结构柱、圈梁、门窗框,因其比带有保温的外墙有较好的热传导性,导致冬季热量流失大,内表面温度低,而产生热桥效应,造成房屋内墙结露、发霉甚至滴水。普通建筑为防止热桥产生,一般会在外墙和屋面等围护结构中外挑的部分设置0.3~0.5 m的构造保温,并不能完全避免热桥的产生。而被动式超低能耗住宅建筑则需要所有的构筑物外全部设置保温层,而且连续,不可间断。大到阳台、女儿墙,小到一个穿线管、固定锚栓,均要做保温处理,完全做到了防止热桥的产生。

(6)新风热回收。为保证密闭效果良好,房间内空气清新,被动式超低能耗住宅建筑为每户设置了新风换气机,并设置CO_2含量检测装置,保证室内CO_2含量≤0.1%。新风设备内置$PM_{2.5}$净化装置,保证室内空气的洁净。同时新风换气机还配置空调室外机,通过对空气的加热或制冷,给室内提供所需的热量或冷量,保证室内恒定的温度。

(7)室内恒静。门窗的高密封性能可以有效地隔绝室外噪声,户间楼板、隔墙的保温层除了具有保温效果,还能有效地起到隔声作用,降低住户间的声音传播,远离楼上宠物、淘气儿童的噪声骚扰。另外,新风设备吊装在厨房或储藏间吊顶内,卧室客厅区域仅设置送风口,不需另外设置空调室内机,避免了室内空调设备噪声的产生,保证室内安静舒适的环境。

因此,由于被动式建筑拥有高性能的外保温、无热桥的设计再加上气密性良好的外围护结构,使得它比普通建筑节能90%以上,即使是相对于新型建筑依旧可以节约75%的能耗。实际运行监测结果表明,示范项目的实际能耗均可达到能耗控制的设计目标。部分已建成并运行满一年以上的建筑能耗实测数据表明,寒冷地区超低/近零能耗示范项目年能耗可以控制在25~30kW·h/(m^2·a),较该地区同类建筑可节能80%;在夏热冬冷地区和夏热冬暖地区,这个节能率也可达到70%~75%。与国际同类项目比,我国部分示范项目的节能性能已达到国际先进水平。

(二)被动式超低能耗建筑优势

通过国内外关于近零能耗建筑理念与技术体系的对比,结合中国的气候、政策、环境以及建筑施工普遍做法,得出近零能耗建筑与传统建筑及一般节能建筑相比的优势有以下几点:

(1)极大缓解决能源和温室气体减排压力。近零能耗建筑能耗仅为普通节能建筑的1/10~1/4,以北方采暖地区估算,如将新建居住建筑建成被动房,可以在2050年时累计节省34×10^8 tce,并将每年采暖能耗增量控制在100×10^4tce以内。

(2)全面提升建筑质量。近零能耗建筑可以提供更高的居住品质,室内温度一年四季保持在18~24℃,房间全年有新鲜空气,不潮湿,无霉菌,有效改善了空气质量和生态环境;而且由于施工中非常强调气密、保温等施工细节,还可以改善粗放式施工,对于工程质量也有促进作用。

(3)促进节能产业升级。符合近零能耗建筑标准的外窗、滴水线条、护角胶条等构配件由于技术要求较高且应用不多,国内很少生产主要从国外进口,如能大面积推广近零能耗建筑,对国内建材产业的升级有很大帮助。

(4)有助于解决南方集中供暖问题。随着人们生活水平的提高,对于长江流域集中供暖的呼声越来越多,但是受限于我国能源供给能力以及供热管网尚未构建等因素,短期内难以实现,若采用近零能耗建筑,则无须考虑集中供暖问题。

第八节　典型案例分析

本节以清华大学低能耗建筑为例,介绍可持续建筑围护的设计。在决定建筑能量性能的各种因素中,围护结构起着决定性作用,直接影响建筑物与外环境的换热量、自然通风状况和采光水平。

一、清华大学超低能耗示范楼概况

清华大学超低能耗示范楼坐落于清华大学校园东区,紧邻建筑馆,建筑设计如图3-42所示,总建筑面积3000m^2,地下一层,地上四层。由办公室、开放式实验室或实验台及相关辅助用房组成。在建筑设计中选择生态策略时,设计人主张"被动式策略(自然通风、相变储热体、阳光房、保温隔热墙体等)优先,主动式策略(太阳能电池板、空调系统等)优化"。从建筑全生命周期的观点出发,采用了可循环利用的钢框架结构体系。外围护是以金属为饰面的多层复合轻质墙体和玻璃幕墙,钢构件支承外遮阳百叶,体现了钢结构建筑精密、细致的技术美感。同时尽可能选择可回收利用的材料,如石膏、加气混凝土、金属、玻璃等,在不同的方向,甚至相同朝向的不同开间、相同方向的不同层采用的围护做法也不尽相同,为今后开展各项与绿色建筑相关的实验数据测量做了准备。

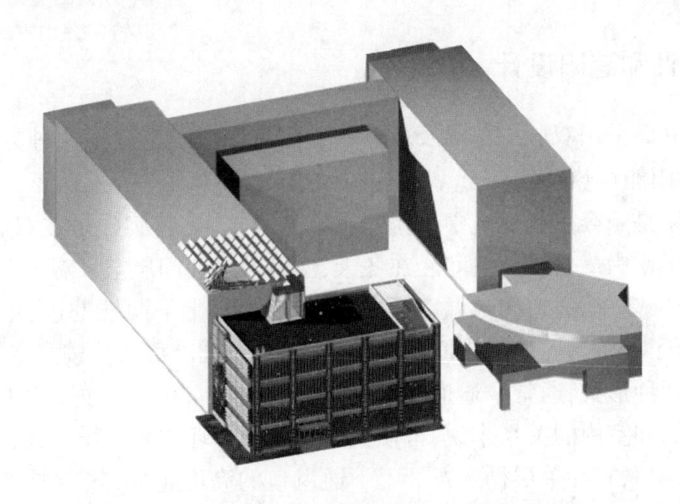

图3-42　清华大学超低能耗示范楼轴测图

超低能耗示范楼外围护结构体系主要是针对可调控的"智能型"外围护结构进行的,使其能够自动适应气候条件的变化和室内环境控制要求的变化。从采光、保温、隔热、通风、太阳能利用等进行综合分析,给出不同环境条件下的推荐形式。图3-43标明了示范楼外各个外立面采用的围护结构方式。东立面和南立面采用双层皮幕墙,西立面和建筑系馆墙体紧邻设变形缝的部位,采用加气混凝土砌块。西立面朝向内院的部分和北立面,采用现场复合的轻质保温外墙,屋面采用绿化种植屋面,地面采用相变储热地板设计。

通过围护结构的节能设计,使得冬季建筑物的平均热负荷仅为 0.7W/m²,最冷月的平均热负荷也只有 2.3W/m²,围护结构的负荷指标远小于常规建筑。如果考虑室内人员、灯光和设备等的发热量,基本可实现冬季零采暖能耗。夏季最热月整个围护结构的平均得热也只有 5.2W/m²。

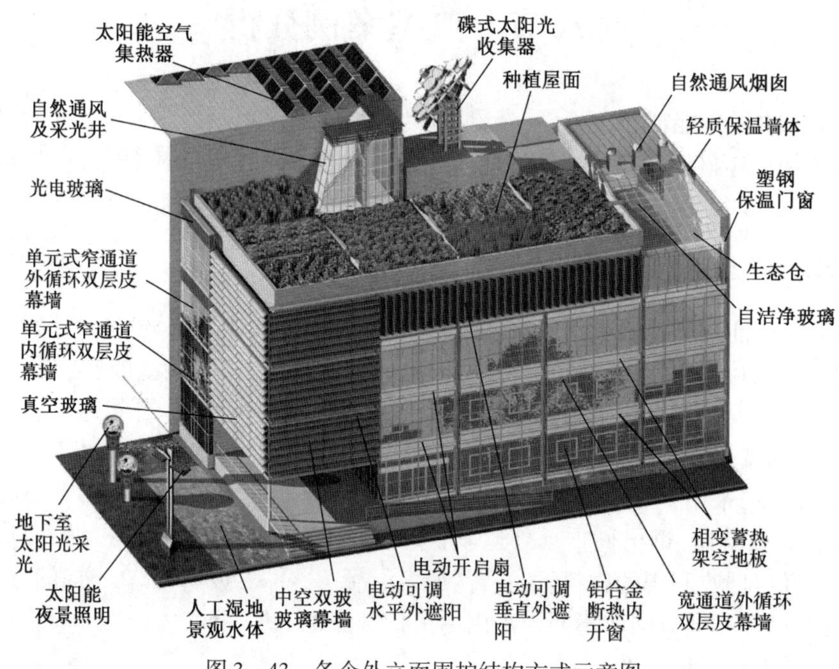

图 3-43　各个外立面围护结构方式示意图

二、幕墙设计和遮阳设计

东立面和南立面采用双层皮幕墙及玻璃幕墙加水平或垂直遮阳两种方式,综合得热系数 1W/(m²·K),太阳能得热系数 0.5。

双层呼吸幕墙是当今生态建筑中采用的一项先进技术,其实质是在双层幕墙之间留有一定宽度的空气间层作为气候缓冲空间。在冬天,温室效应使间层空气温度升高,通过开口和室内空气进行热循环;夏季,通道内部温度很高,打开热通道上下两端的进、排风口,气流带走通道内部热量,降低了内侧幕墙的外表面温度,从而减少空调冷负荷。按照空气间层的宽度分为窄通道和宽通道两种形式,通常窄通道间层的宽度为 150~300mm,宽通道间层宽度为 500mm 以上。从气流组织和室内的关系来说,幕墙又可分为内循环式和外循环式;从气流组织的高度来说,可以有多层串联式和单层循环式。上下通风口的高度越大,热压通风的效果越好;当气流速度较小时,也可以辅助小型风机加速气流。

(一)窄通道呼吸幕墙

节能楼在南立面 1~2 轴之间,1、2 层采用内循环式窄通道双层幕墙,通道宽度为 200mm。中间设宽 50mm 的电动百叶,为加速通道内风速,采用小型风机连通到室内通风系统;3、4 层采用外循环式窄通道双层幕墙,夹层 110mm 宽,中间电动百叶宽度为 25mm,在每层上下端分设排风口和进风口。南立面幕墙平面构造如图 3-44 所示,南立面窄通道幕墙剖面和单层幕墙水平百叶剖面如图 3-45 所示,窄通道双层皮幕墙循环示意图如图 3-46 所示。无论是内循环还是外循环式，内层幕墙均可开启，以便清洁；在凸出部分的两个侧面设置进风百叶，用以在过渡季节有更多的自然通风。

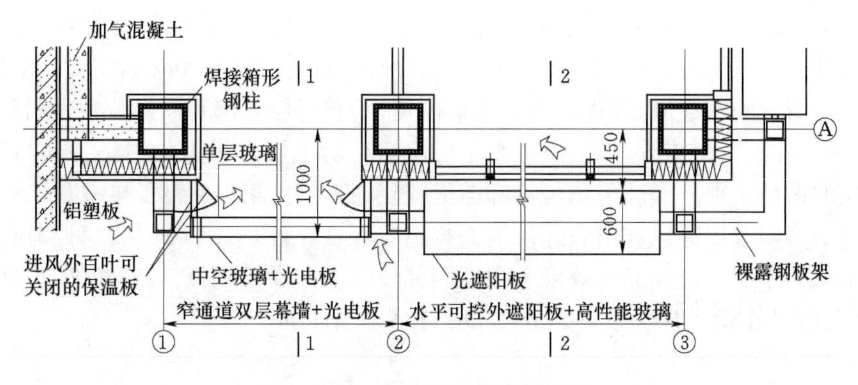

图3-44　南立面幕墙平面构造

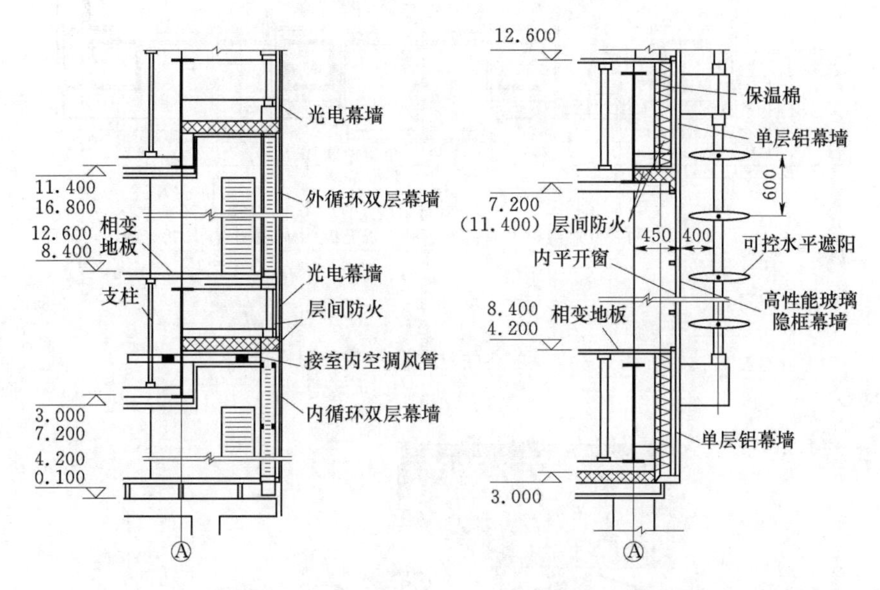

图3-45　南立面窄通道幕墙剖面(左)和单层幕墙水平百叶剖面(右)

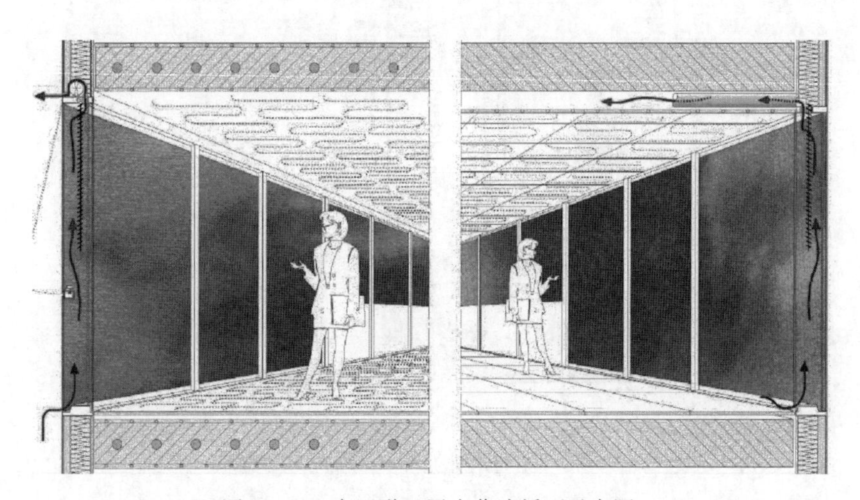

图3-46　窄通道双层皮幕墙循环示意图

（二）宽通道呼吸幕墙

东立面1～3层为双层皮幕墙，外层为单层隐框幕墙，内层为双Low－E双中空玻璃，两层幕墙间隔约为600mm，人员可进入检修。东立面宽通道幕墙1～3层平面构造如图3－47所示。宽通道外循环双层皮幕墙示意图如图3－48所示，以每层和每个开间划为一个独立单元，上下层以及左右开间不连通，噪声不会在通道内传播，在每层上部和下部分别设出气和进气的外旋窗，进气口和出气口错开开启，以减小下层出风口对上层进风口的污染，同时有利于双层通道内部风的循环。上下层间采用可拆卸盖板，能够把单层通风变为多层串联式通风。东立面宽通道双层幕墙单层通风和串联通风剖面构造如图3－49所示。研究表明，串联式通道热压通风效果优于单层循环式通风效果。在外侧幕墙的上方设折光板，调节角度，可增加室内深部照度，紧靠内层幕墙玻璃以外100mm处设铝合金遮阳百叶。

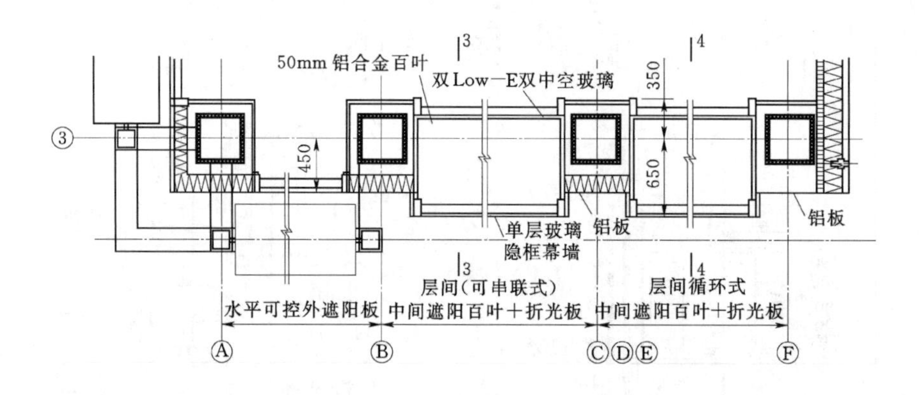

图3－47　东立面宽通道幕墙平面构造

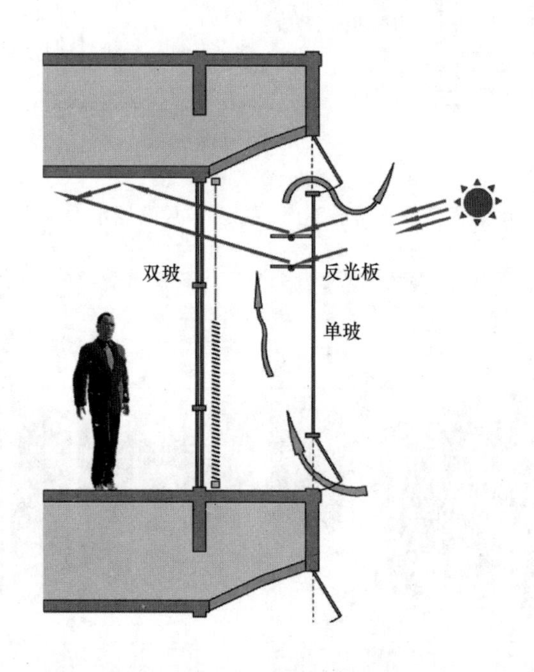

图3－48　宽通道外循环双层皮幕墙示意图

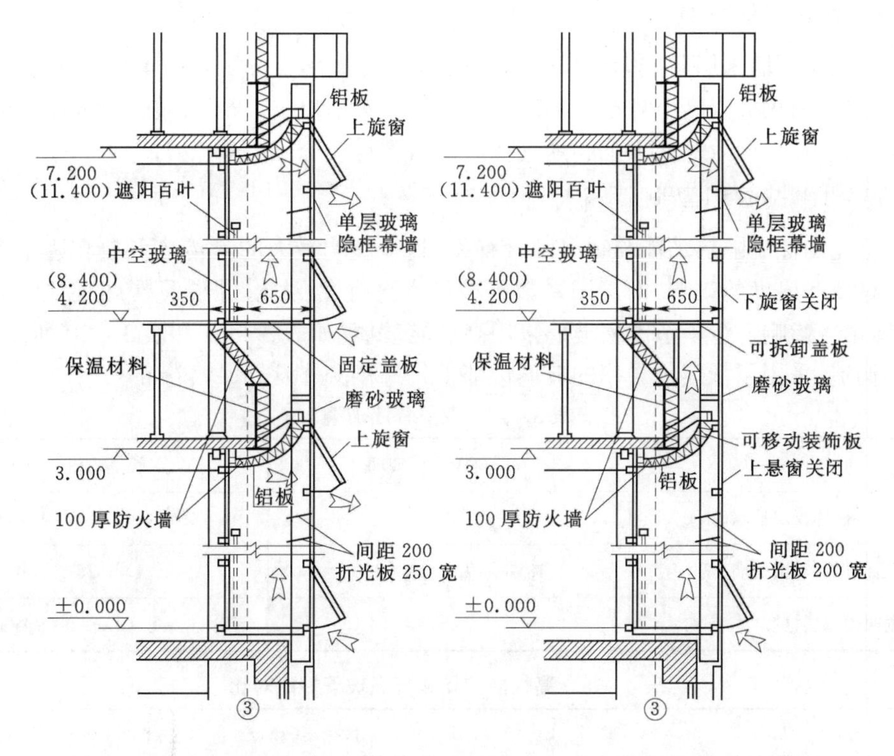

图3-49　东立面宽通道双层幕墙单层通风(左)和串联通风(右)剖面构造

(三)光电幕墙设计

光电电池的主要优点是可以与外装饰材料结合使用,特别是能够替代传统的玻璃等幕墙面板材料,集发电、隔音、隔热遮阳、安全、装饰功能于一身。而且运行时没有噪声和废气,使建筑物从单纯的耗能型转变为供能型,产生的电能可以独立存储,也可以并网应用。在节能楼每层楼板和管道夹层的立面位置上安装光电池板,如图3-50所示。光电池板有一定的遮挡作用,因此在外侧看不到主体钢结构以及层间防火的处理,产生的电能还用于控制室外遮阳百叶的转动和幕墙窗扇的开启。

图3-50　南立面光电幕墙

(四)双层幕墙防火设计

宽通道双层幕墙采用单层循环式幕墙方式,上下楼层防火分区被彻底分开,而且内层玻璃采用磨砂玻璃,耐火极限高于外层玻璃。一旦发生火灾,外层玻璃先炸裂,即可视为建筑外面发生火灾,而不是烟囱效应使火焰和烟气在通道内蔓延。

(五)高性能玻璃和智能遮阳设计

玻璃幕墙的保温隔热功能与很多因素有关,其中影响最大的是传热系数和遮阳系数。传热系数受材质和厚度的影响,而遮阳系数受玻璃本身特性(太阳得热系数)的控制,又受到遮阳构件、窗帘等影响。清华节能楼玻璃采用高性能玻璃,如表3-19和表3-20所示;窗框为断桥隔热构造,采用了低热传导率的玻璃边部密封材料窗外设外保温卷帘。

表3-19 双层幕墙玻璃

位置	双层幕墙外层玻璃	双层幕墙内层玻璃
窄通道外循环双层幕墙(南)	T8	T8Low-E+18A+4/PVB/T4
窄通道内循环双层幕墙(南)	T8Low-E+12A+T10	T8
宽通道双层幕墙(东)	T6	T4Low-E+9Ar+5+9Ar+T4Low

表3-20 高性能玻璃和普通玻璃性能对比

位置	玻璃	传热系数[W/(m^2·K)]	太阳得热系数SHGC
单层幕墙(南、西窗)	T5+6A+4+V+4+6A+T5	0.93	0.48
单层幕墙(东、北窗)	T4Low-E+9Ar+4+9·5Ar+T4Low-E	1.02	0.53
普通中空玻璃	6+12A+6	3.99	0.56

(六)智能化遮阳设计

智能化遮阳是一套较为复杂的系统工程,是从功能要求—控制模式—信息采集—执行命令—传动机构的全过程控制系统。它涉及气候测量、制冷运行状况的采集、电力系统配置、楼宇系统、计算机控制、外立面构造等多方面因素。节能楼单层幕墙外部设可控水平或垂直遮阳板,如图3-51所示。在冬季白天,叶片平行于入射光线,太阳入射光线进入室内,使室内升温。夜间,百叶叶片平行外幕墙,呈闭合状态,减少室内热量向室外散失。控制每层较高位置叶片的角度,使光线在百叶叶片和顶棚上反射,可以提高室内深部照度;夏季较低位置的叶片转动到基本和入射光线垂直的位置,阻挡直射光线的进入并遮挡室外的太阳辐射热,在冬季则平行入射光线。由于空气间层的存在,无论是宽通道还是窄通道双层幕墙均能够在缓冲空间提供一个保护空间用以安置遮阳设施,如图3-52所示。围护结构的测试包括各玻璃、窗框、遮阳百叶、保温墙体的表面温度、热流。控制系统可以采集室外各个测点的日照情况,以调节遮阳百叶的状态,减少建筑负荷。

三、钢结构体系的实墙体

低能耗楼采用钢结构体系,具有自重轻、抗震好、工厂制作、施工快、环境污染小、可回收利用等优点。西立面外墙基本是由两个部分构成,其一是和建筑系馆墙体紧邻设变形缝的部位,采用加气混凝土砌块,工人在节能楼内部施工比较容易,在钢柱和钢梁的位置,采用外砌加气保温块,阻止了冷桥。另一部分是西立面朝向内院的部分和北立面,采用现场复合的轻质保温外墙,300mm 厚,内侧板是 80mm“可呼吸”脱硫石膏砌块,中间是 150mm 铝箔保温玻璃棉,外饰面板是 50mm 聚氨酯保温铝幕墙板,墙体传热系数达到 0.35W/(m^2·K)。现场复合避免了单一材料板材和工厂预制复合板材在安装中的通缝问题,多层材料交错安装,具有良好的保温隔热性,有效避免了冷、热桥的产生,为隔绝雨水和室内潮气设置了多道屏障,空气间层不仅减少内部冷凝水的产生,也使少量进入到内部的水分能够及时排走,同时便于设备管线的安装;同时墙体各层相对独立,易于维修更换,外幕墙板可以根据建筑师的要求,选择饰面层,内层板也可根据室内装饰的需要选材。

图 3-51　智能化遮阳设施

图 3-52　双层幕墙中的遮阳百叶

四、绿化屋面设计

屋面种植能够有效地提高屋面隔热保温性能,同时改善生态与环境质量。节能楼屋面种植土厚度为 250mm,构造依次向下为滤水层(无纺布)、排水层(陶粒 30~50)、防水保护层、防水层(EPDM)、找坡层、保温层(130 聚氨酯)、防水层(SBS)和结构层,综合传热系数达到 0.1W/(m^2·K)。在靠近女儿墙部位及屋面中间纵横双向每 6m 间距设 600mm 宽走道,走道以两道砖墙架空,上铺活动盖板作为人行通道,走道下设屋面内排水口,砖墙最下一层留空缝,以便滤水。在植物种类选择上，屋面绿化以种植低矮的灌木、地被植物和宿根花卉、藤本植物等为主。为防止植物根系穿破建筑防水层，宜选择须根发达的植物，不宜选直根系植物或根系穿刺性较强的植物，清华楼屋面绿化如图3－53所示。

图3－53　清华楼屋面绿化

五、相变蓄能地板和设备夹层设计

示范楼的围护结构由玻璃幕墙、轻质保温外墙组成，热容较小。低热惯性容易导致室内温度波动大，尤其是在冬季，昼夜温差会超过10℃。为增加建筑热惯性，以使室内热环境更加稳定，示范楼采用了相变储热地板的设计方案。清华大学超低能耗示范楼相变储热地板设计方案如图3－54所示。具体做法是将相变温度为20～22℃的定型相变材料放置于常规的活动地板内作为部分填充物，由此形成的储热体在冬季的白天可蓄存由玻璃幕墙和窗户进入室内的太阳辐射热，晚上材料相变向室内放出蓄存的热量，这样室内温度波动将不超过6℃。现浇钢筋混凝土楼板浇筑在工字钢梁和桁架梁的下翼缘，相变活动地板以支柱支承在钢筋混凝土楼板上，活动地板架空层高度1.2m，空调风道、各类水管、电缆、综合布线等均隐藏在架空层内。保证室内干净整洁，而且不需要吊顶，房间净空高度大，有效利用空间多。

图3－54　清华大学超低能耗示范楼相变储热地板设计方案

六、自然采光技术

天然光是大自然赐予人类的宝贵财富，它不仅是一种清洁、安全的能源，而且是取之不尽、用之不竭的。充分利用天然采光不但可节省大量照明用电，而且能提供更为健康、高效、自然的光环境。建筑的天然采光就是将日光引入建筑内部,精确地控制并将其按一定的方式分配以提供比人工光源更理想且质量更好的照明。采光搁板、导光管、光导纤维、棱镜窗等新的采光系统,通过光的反射、折射、衍射等方法,可将天然光引入并传输到理想的地方。

(一)采光搁板

采光搁板是在侧窗上部安装1个或1组反射装置,使窗口附近的直射阳光经过1次或多次反射进入室内,以提高房间内部照度的采光系统。房间进深不大时,采光搁板的结构可以十分简单,仅是在窗户上部安装1个或1组反射面,使窗口附近的直射阳光,经过一次反射,到达房间内部的天花板,利用天花板的漫反射作用,使整个房间的照度和照度均匀度都有所提高,图3-55为清华低能耗楼在宽通道幕墙中设计的采光搁板。

图3-55　清华低能耗楼在宽通道幕墙中设计的采光搁板

(二)导光管

低能耗楼在屋面上采用了导光管技术。采光管适合于在天然光丰富、阴天少的地区使用。为了输送较大的光通量,导光管直径一般都大于100mm。由于天然光的不稳定性,往往导光管装有人工光源作为后备光源,以便在日光不足的时候予以补充。用于采光的导光管主要由三部分组成:一是用于收集日光的集光器;二是用于传输光的管体部分;三是用于控制光线在室内分布的出光部分,导光管的组成如图3-56所示。有的激光器管体和出光部分合二为一,一边传输,一边向外分配光线。垂直方向的导光管可穿过结构复杂的屋面及楼板,把天然光引入每一层直至地下层。

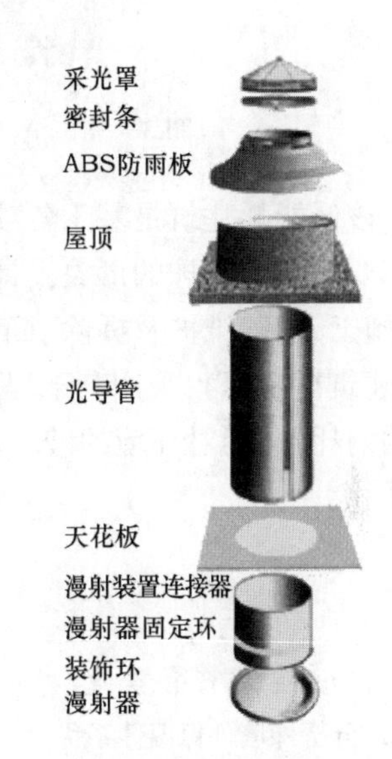

图3-56　导光管组成示意图

(三)光导纤维

光导纤维采光系统一般也是由聚光、传光和出光三部分组成。聚光部分把太阳光聚在焦点上,对准光纤束;传光的光纤束一般用塑料制成,直径在10mm左右,其传光原理主要是光的全反射原理,光线进入光纤后经过不断的全反射传输到另一端;在室内的输出端装有散光器,可根据不同的需要使光按照一定规律分布。"向日葵"式光纤采光系统的集光机、光纤和终端照明器具(吸顶式)示意图如图3-57所示。因为光纤截面尺寸小,所能输送的光通量比导光管小得多,但它最大的优点是在一定的范围内可以灵活地弯折,且传光效率比较高,因此同样具有良好的应用前景。图3-58是清华大学的超低能耗节能楼在地下室采用的光导传输系统,集光机"向日葵"安装在室外人造湿地上。

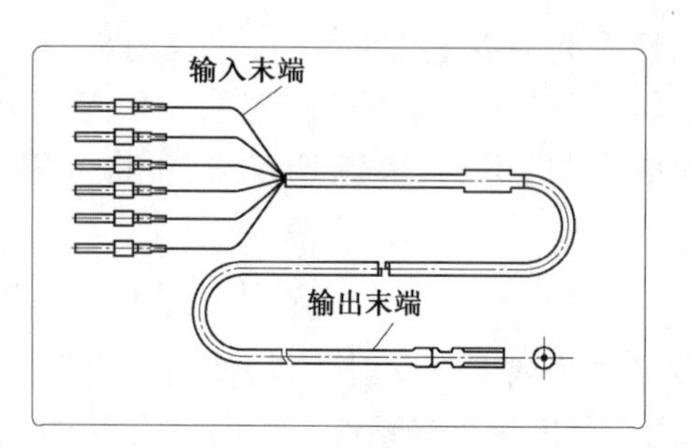

图3－57 “向日葵”式光纤采光系统的集光机、光纤和终端照明器具(吸顶式)

图3－58 清华大学的超低能耗节能楼在地下室采用的光导传输系统

该低能耗建筑是基于各项绿色技术而形成的，在设计中，没有刻意做外观形象设计，技术的需要形成了围护的形象设计和构造设计。力求在建筑全生命周期(物料生产、建筑规划设计、施工、运营维护及拆除、回用过程等)中实现高效率利用各种资源(包括能源、土地、水系源、建筑材料等)；采用利于提高材料循环利用效率的新型结构体系；尽可能减少不可替代资源的消耗，减轻对环境的破坏和污染；推广使用无害、无污染的绿色环保型建筑材料，保证室内品质。

思 考 题

1. 影剧院、体育馆、会堂等类间歇使用的公共建筑适合采用哪种保温墙体？

2. 分析外墙外保温体系优点。

3. 分析门窗节能的具体方法。

4. 什么是热桥？并对比分析墙体的内、外保温对热桥的影响。

5. 分析节能热阻所产生的经济效益。

6. 分析被动式超低能耗建筑的优势。

7. 现有一外保温外墙，砖层厚度为370mm，保温层厚度50mm，内外20mm厚水泥砂浆抹灰，设$t_i=20℃$，$t_e=-10℃$，砖的导热系数$\lambda_1=0.81W/(m\cdot K)$，水泥砂浆的导热系数$\lambda_2=0.9W/(m\cdot K)$，保温材料导热系数$\lambda_3=0.045W/(m\cdot K)$。

(1)计算该建筑外墙的卫生底限必需热阻，并分析此墙体是否满足卫生要求；

(2)若在此墙体基础上节能65%，计算增加保温材料的厚度。

参考文献

[1] 贝特霍尔德·考夫曼,沃尔夫冈·费斯特. 德国被动房设计和施工指南[M]. 徐智勇,译. 北京:中国建筑工业出版社,2015.

[2] Sun Y. Sensitivity analysis of macro – parameters in the system design of net zero energy building[J]. Energy and Buildings,2015,86:464 – 477.

[3] 杨柳,杨晶晶,宋冰,等. 被动式超低能耗建筑设计基础与应用[J]. 科学通报,2015,18:1698 – 1710.

[4] 德国被动式建筑研究所. http://passivehouse.com/,2022.

[5] 卢求. 德国被动房超低能耗建筑技术体系[J]. 动感(生态城市与绿色建筑),2015,1:29 – 36.

[6] 徐伟,邹瑜,孙德宇,等.《被动式超低能耗绿色建筑技术导则》编制思路及要点[J]. 建设科技,2015,23:17 – 21.

[7] 魏存,江一舟. 中国被动式超低能耗建筑技术体系及案例分析[J]. 建筑技术开发,2016,43(02):10 – 12 + 54.

[8] 冯国会,崔航,黄凯良,等. 严寒地区超低能耗建筑负荷特性研究[J]. 沈阳建筑大学学报(自然科学版),2021,37(04):724 – 729.

[9] 杨世铭,陶文铨. 传热学[M]. 北京:高等教育出版社,2019.

[10] 王立雄. 建筑节能[M]. 北京:中国建筑工业出版社,2015.

[11] 朱颖心. 建筑环境学[M]. 北京:中国建筑工业出版社,2016.

[12] 宋德萱. 节能建筑设计与技术[M]. 上海:同济大学出版社,2003.

[13] 民用建筑热工设计规范[S]:GB 50176—2016.

[14] 李海英,洪菲. 可持续建筑围护设计——以清华大学低能耗建筑为例[J]. 建筑科学,2007,06:98 – 105.

[15] 民用建筑外保温系统及外墙装饰防火暂行规定(公通字〔2009〕46 号)[S].

[16] 严寒和寒冷地区居住建筑节能设计标准[S]:JGJ 26—2018.

[17] 公共建筑节能设计标准[S]:GB 50189—2015.

[18] 外墙外保温工程技术标准[S]:JGJ 144—2019.

[19] 屋面工程技术规范[S]:GB 50345—2012.

[20] 陈秀英,符晓民. 建筑墙体和屋面保温隔热措施探讨[J]. 四川建材,2011,37(03):7 – 8.

[21] 邹学红. 建筑保温隔热材料性能研究[D]. 上海:东华大学,2008.

[22] 建筑保温隔热材料[DB/OL]. http://wenku.baidu.com/view/090c3a305a8102d276a22f68.html,2011.

[23] 石繁树. 高性能保温材料的应用及其对建构学的拓展[D]. 南京:东南大学,2019.

[24] 岩棉板外墙外保温系统施工应用技术规程[S]:DBJ/CT 080—2010.

[25] 高瑞凯. 空气间层对"一体化"外墙保温系统性能影响的研究[D]. 合肥:安徽建筑大学,2014.

[26] 建筑节能与可再生能源利用通用规范[S]:GB 55015—2021.

第四章 暖通空调节能

近二十年来，我国建筑增量巨大，包括商场、写字楼、住宅式公寓、商住楼、学校、托幼等各类公共建筑和民用建筑，工业厂房随着产业发展体量和规模也越来越大。伴随着经济的发展，人们对所处空间的舒适度要求日益提高，供暖、通风、空调等人工环境配套手段的使用越来越普遍，与此同时还伴随着空气品质需求等。暖通空调系统的能耗非常可观，建筑节能设计不光是要降低建筑围护结构形成的冷热负荷，还要提高各类系统的能源利用效率。同时，建筑节能也要在暖通空调系统运行过程中精细管理，不断提高运维水平，才能在满足舒适性需求的同时减轻能源供应的压力。本章重点介绍结合建筑功能特点，通过提高供热系统的热源效率和输送效率、控制空调能耗、降低建筑物给水及生活热水系统的能耗、可再生能源的合理应用等实现建筑节能的暖通空调技术措施。

第一节 供热系统节能技术

供热系统由热源、热网和热用户三部分组成，如图 4－1 所示。供热系统节能也从以下三个方面进行讨论。

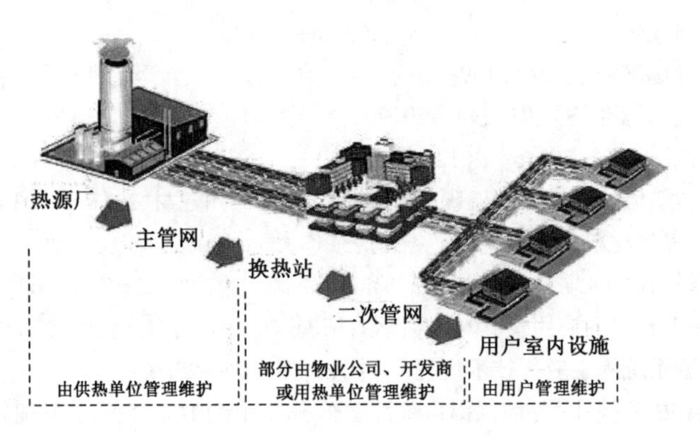

图 4－1 集中供热系统示意图

一、供热热源

面对全球气候变化，节能减排和发展低碳经济成为各国共识。当前我国北方地区大力推进清洁供暖以期减少温室气体排放，并进一步降低 $PM_{2.5}$ 的浓度。供热热源形式的选择会受到当地资源情况、环境保护、能源效率及用户对供暖运行费用可承受能力等因素的影响和制约。近年来，随着能源结构变化、供热体制改革和住宅商品化，建筑供暖技术出现多元化的发展趋势，多元化发展本身就说明各自的相对合理性和可行性，因此必须客观全面地对热源方案进行分析比较。

（一）区域锅炉房

集中供热是指以热水或蒸汽作为热媒，由热源通过热网向热用户供应热能的方式。目前已成为严寒和寒冷地区现代化城镇的重要基础设施之一，是城镇公共事业的重要组成部分。

集中供热热源主要是热电站和区域锅炉房，一般以煤、重油或天然气为燃料，有的地区利用垃圾作燃料，有的利用工业余热和地热，还有使用核能作为燃料的。

在单独的电力生产中，发电期间排放的热量通过冷却塔、烟道气或通过其他方式释放到自然环境中，被作为废热丢弃掉，不利于节能。从节能角度来说，能源应充分考虑梯级利用，如采用热、电、冷联产的方式。《中华人民共和国节约能源法》明确提出："推广热电联产，集中供热，提高热电机组的利用率，发展热能梯级利用技术，热、电、冷联产技术和热、电、煤气三联供技术，提高热能综合利用率"。大型热电冷联产是利用热电系统发展供热、供电和供冷为一体的能源综合利用系统。冬季用热电厂的热源供热，夏季采用溴化锂吸收式制冷机供冷，使热电厂冬夏负荷平衡，高效经济运行。

大中型燃煤热电厂的单机容量在135MW以上，一般由电力行业运营。目前，300MW级的是我国集中供暖的主流机组。煤热电厂一般采用高烟囱排放，由于环保设施齐备检测严格，通过超净排放改造，凭借污染物排放达标良好等优势成为供暖的主力热源，且由于运行成本低，达标排放，在大热网可覆盖的地方被优先使用。存在的问题是由于厂址一般建在离城市敏感区稍远的地点，长距离输送热损失大、管网初投资高，运行管理费用高。

工业区域锅炉房一般采用蒸汽锅炉，民用区域锅炉房一般采用热水锅炉。我国早期的集中锅炉房存在烟气污染环境、管网热损失大、管路输送能耗高、初期建设成本高等不利因素，且由于建设或运行管理水平的原因会造成冷热不均、跑冒滴漏的情况，每年冬季投诉率较高。但随着近些年不断进行技术革新和锅炉房改造，集中供暖自动化水平和设备能效较高，污染物排放处理设备也逐渐完备，运行效率不断提高，随着自动监测设施智慧供热的实现，清洁采暖不断推进，我国集中供暖技术目前已经非常成熟，安全环保。

1. 燃煤锅炉

在我国的一次能源中，煤炭占94%，这是由于我国煤炭储量大，开采使用成本较低。资源特点和国情决定了在很长历史阶段我国大多数城市不得不依靠燃煤供暖，一般由市政部门的供热企业管理。使用的锅炉炉型包括链条、往复、层燃、循环流化床等。燃料包括原煤、煤粉、型煤、水煤浆等。

大量使用化石燃料，导致温室气体排放量不断增加，也带来了环境污染等问题。为落实大气污染防治工作打赢蓝天保卫战，清洁供暖工作在不断推进。从2017年开始，我国北方地区按《京津冀及周边地区2017—2018年秋冬季大气污染综合治理攻坚行动方案》的具体要求，按城市中心区、直管县城等行政区级分别逐步淘汰35蒸吨①、20蒸吨以下燃煤锅炉，10蒸吨以下燃煤锅炉基本全面淘汰。目前经过技术经济比较，新建燃煤锅炉以40蒸吨以上大型锅炉为主，且需采取环保措施达到排放标准，否则就面临被淘汰的境遇。

经过几年的治理和改造，2020年采暖季前，在保障能源供应的前提下，京津冀及周边地区已经基本完成平原地区生活和冬季取暖散煤替代，基本建成无散煤区。清洁采暖改造工作还在持续不断进行中，暂不具备清洁能源替代条件的山区，允许使用"洁净煤+节能环保炉具"等方式取暖。目前35蒸吨以下的燃煤锅炉基本淘汰，65蒸吨及以上燃煤锅炉完成节能和超低排放改造。在保证热源供应的前提下，30×10^4kW及以上热电联产机组、供热半径15km范

① 在国际单位中，经常用MW来计量热力单位，与蒸吨相对应是$1t/h=0.7MW=2.5GJ/h=60\times10^4kcal$。

围内的燃煤锅炉和落后燃煤小热电完成关停整合。河北省《"十四五"公共机构节约能源资源工作规划》中指出2025年年底前全部完成燃煤供热锅炉淘汰任务。近几年来的治理工作使得空气质量持续改善,人民群众蓝天获得感、幸福感明显提高。

2. 燃气锅炉

天然气燃烧效率高、污染少,是较好的清洁能源,适合作为集中供热的调峰热源,与热电联产机组联合运行。鼓励有条件的地区将环保难以达到超低排放的燃煤调峰锅炉改为燃气调峰锅炉。大热网覆盖不到、供热面积有限的区域,在气源充足、经济承受能力较强的条件下也可作为基础热源。近年来在进行清洁采暖改造过程中,燃气锅炉得到了广泛应用。

燃气锅炉的效率与容量的关系不大,有时性能好的小容量锅炉会比性能差的大容量锅炉效率更高,关键是锅炉的配置、自动调节负荷的能力等。燃气锅炉直接供热规模不宜太大,每个直接供热的锅炉房的供热面积不宜大于$10\times10^4 m^2$。当受条件限制供热面积较大时,可采用分区设置热力站的间接供热系统。

充分回收烟气中的显热和水蒸气的凝结潜热可以降低排烟温度并回收热量。目前,燃气锅炉的低氮改造技术以及各种烟气冷凝热回收技术的结合使得燃气锅炉的排烟温度可降至很低,性能大幅提高。

燃油锅炉的节能设计可参照对燃气锅炉的要求,并符合燃油锅炉的相关规定。

3. 生物质锅炉

《"十三五"国家战略性新兴产业发展规划》中提到要拓展生物能源应用空间,重点推进高寿命、低电耗生物质燃料成型设备、生物质供热锅炉、分布式生物质热电联产等关键技术和设备研发,促进生物质成型燃料替代燃煤集中供热、生物质热电联产。根据我国的生物质资源条件,利用农林剩余物作为锅炉燃料使用具有环境友好、可以再生的特点。研究生物质燃烧技术,开发生物质燃料锅炉,对节约常规能源、优化我国能源结构,减轻环境污染有着积极意义。

由于电力、天然气供应和燃气管道的限制,无法将我国的燃煤锅炉全部改为电锅炉或燃气锅炉。生物质锅炉的价格低、运行成本低,正好填补了这项空白。生物质能颗粒燃料是利用秸秆、水稻秆、薪材、木屑、花生壳、瓜子壳、甜菜粕、树皮等所有废弃的农作物,经粉碎混合挤压烘干等工艺,最后制成颗粒状燃料。生物质能颗粒料以绿色煤炭著称,是一种洁净能源。作为锅炉的燃料,它的燃烧时间长,强化燃烧炉膛温度高,而且经济实惠,属于可再生能源。可以代替木材、煤、天然气,而运行成本仅是燃气的一半。我国大量的农业产生的原料给生物质锅炉的推广提供了坚强的物质保障,不仅能够解决农民秸秆焚烧的问题,同时将资源充分利用,燃烧过的灰渣是非常好的肥料,一举多得。

生物质锅炉及其系统设计时,在保证安全性能的前提下,要充分提高能源利用效率,减少水、电、自用热及其他消耗,促进热能回收和梯级利用。要根据生物质成型燃料的特性以及锅炉运行热点,选择合适的燃料输送方式、燃烧方式。由于各地区自然条件的差异,适宜采用的生物质能利用方式见表4-1。

表4-1 各地区适宜采用的生物质能利用方式

地　　区	推荐的生物质能利用方式
东北地区	生物质固体成型燃料
华北地区	户用沼气、规模化沼气工程、生物质固体成型燃料
黄土高原区、青藏高原区	节能柴灶

续表

地　　区	推荐的生物质能利用方式
长江中下游地区	户用沼气、规模化沼气工程、生物质气化技术
华南地区	户用沼气、规模化沼气工程
西南地区	户用沼气、规模化沼气工程、生物质气化技术
蒙新区	生物质固体成型燃料、生物质气化技术

以上所述的热源锅炉的选型要与当地长期供应的燃料种类相适应。在名义工况和规定条件下，锅炉的设计热效率不应低于表4－2至表4－4的数值。

表4－2　燃液体燃料、天然气锅炉名义工况下的热效率

锅炉类型及燃料种类		锅炉热效率（%）
燃油燃气锅炉	重油	90
	轻油	90
	燃气	92

表4－3　燃生物质锅炉名义工况下的热效率

燃料种类	锅炉额定蒸发量（t/h）/额定热功率 Q（MW）	
	$D \leqslant 10/Q \leqslant 7$	$D > 10/Q > 7$
	锅炉热效率（%）	
生物质	80	86

表4－4　燃煤锅炉名义工况下的热效率

锅炉类型燃料种类		锅炉额定蒸发量（t/h）/额定热功率 Q（MW）	
		$D \leqslant 20/Q \leqslant 14$	$D > 20/Q > 14$
		锅炉热效率（%）	
层状燃烧锅炉	三类烟煤	82	84
流化床燃烧锅炉		88	88
室燃（煤粉）锅炉产品		88	88

（二）热电厂首站

热电联产实现了能量的梯级利用，高品位能用于发电，低品位能用于供热，减少了污染物的生产和排放，极具节能环保和经济效益，近年来在我国得到了迅速发展。这里所说的热电厂首站由基本加热器、尖峰加热器及一级供热管网循环水泵等设备组成，以热电厂为供热热源，利用供热机组抽（排）汽换热的供热换热站。

供热量自动调节功能对热网的节能运行来说非常重要，建筑物的供暖负荷是波动的，如果供大于求，会造成热量浪费。因此热电厂首站要具备供热量自动调节功能，一般可通过在蒸汽侧设置蒸汽电动阀自动调节进入换热器的蒸汽量。

当热网的运行调节采用分阶段变流量的质调节、量调节或质量并调，首站的循环水泵设置调速装置以降低电耗，方便热网的运行调节。调速装置有变频、液力耦合、内馈等多种形式。

为提高热电联产的能源综合利用效率，在有条件的地区，可根据实际情况，由传统的“供热、发电、供蒸汽”改造为“供热、发电、供蒸汽、供生活热水”四联供系统。

除了常见的燃煤热电、燃气热电外，近年来也发展了一些新型热源，如核能供热，其供热原理如图4－2所示。从核电机组二回路抽取部分做过功的无放射性高压缸蒸汽作为热源，通过核电厂内厂区换热站进行汽—水热交换，产生的高温热水经主管网输送至热力公司总换热站进行水—水热量交换，热力公司再经市政供热管网将热水送至小区换热站换热，最终将热量供到千家万户。中间几次换热过程都是单独的回路进行汽—水或水—水的间接式换热，只有热量交换没有介质混合，更没有放射性物质进入热用户管道的可能，所以无论从核安全还是辐射安全来说都可以切实保障供热用水安全。

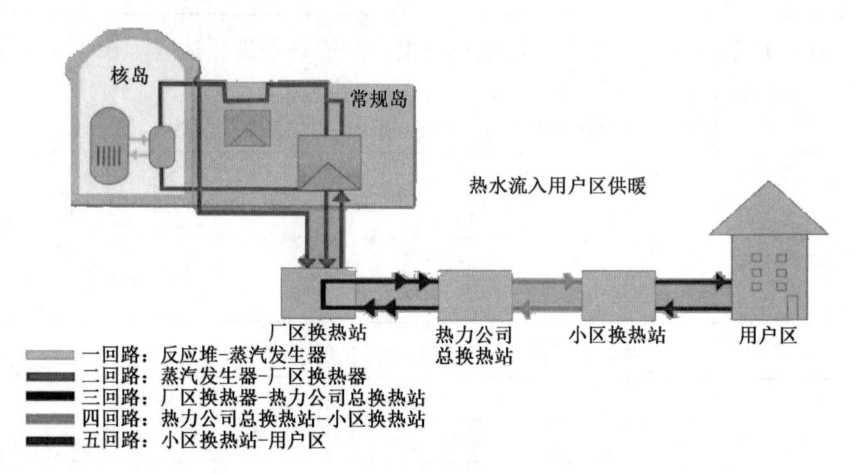

图4－2　核能供热原理图

核能是清洁、零碳、高效能源，利用核电机组二回路蒸汽作为热源对外供暖，相较化石能源等其他供暖形式有着明显的环保优势。经过测算，年采暖供热量70.4×10^4GJ的核能供暖项目，相对于燃煤火电机组每年可减少燃用标煤约2.46×10^4t，相应地每年减排二氧化硫1817t、氮氧化物908t、二氧化碳5.9×10^4t，具有明显的环境效益。

（三）其他热源

1. 户式燃气炉

燃气分户供暖、供热水（简称燃气分户供热）工作方式如图4－3所示，它具有强大的家庭中央供暖功能（可连接地暖、散热器、风机盘管等多种供暖末端），还能够提供大流量恒温生活热水，燃气炉运行时间和供暖温度都能由业主自主控制，行为节能效果好。相较于集中供热系统，燃气炉采暖按燃气使用量计量费用，而且仅有户内系统不需要建设外网和建筑内的公共管道，建设初投资较低。就运行费用而言，由于存在间歇采暖和邻户传热等问题，在相同热舒适度的情况下燃气费用较集中供暖热费要高。另外，燃气炉需要注意保养和定时清理、定期添加防腐，维护和折旧成本较高。

综上所述，有条件采用集中供热或在楼内集中设置燃气热水机组（锅炉）的高层建筑中不宜采用户式燃气供暖炉作为供暖热源。但是在缺乏集中供热资源的多层住宅和低层住宅供暖中，在选用安全高效产品的前提下，户式燃气炉是一种可供选择的供暖热源形式。

近年来，清洁采暖改造过程中煤改气的比例很高，户式燃气炉采暖比例剧增，燃气供应不足问题日益突出，个别地区冬季用气高峰期容易出现气荒，调峰供应能力不强，严重影响了广大群众的冬季取暖。

需要注意的是，即使是采用户用燃气炉的分散式系统，在设计阶段也应对每个房间进行热负荷和水力平衡计算，以便合理选用散热器或确定盘管间距、选定管道管径。户式燃气炉选型除了正常计算的热负荷外，还要附加户间传热量，在此基础上再适当留有余量以保证供暖效果。但是设备容量选择过大，会因为长期在部分负荷下运行大幅度降低热效率，并影响供暖舒适度。燃气炉部分负荷运行时，如果单纯进行燃烧量调节而不相应改变燃烧空气量，会由于过剩空气系数增大使热效率下降，因此应采用具有同时自动比例调节燃气量和燃烧空气量功能的产品，并具有水温调节和自动控制功能。配套供应的循环水泵的工况参数要与供暖系统的要求相匹配，必要时可以增加外置水泵。

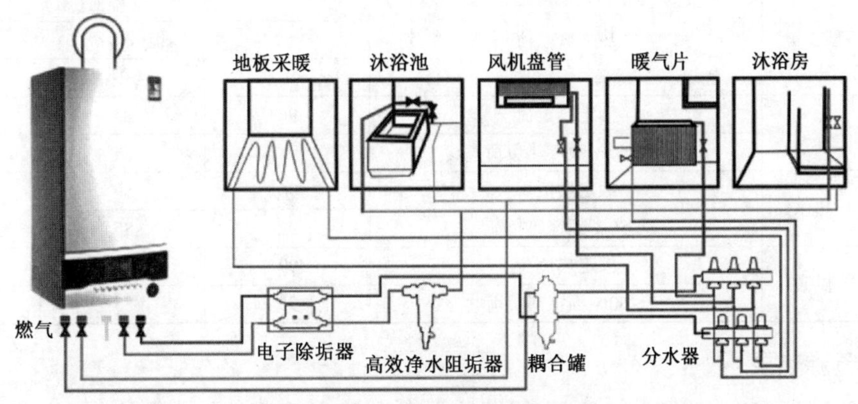

图4-3 户式燃气炉工作示意图

冷凝式户式燃气炉是一种新型节能型产品，其工作原理如图4-4所示。燃气炉内部增设潜热交换器预热进水，高温烟气在遇冷凝结过程中，烟气中水蒸气的潜热可被充分吸收和利用，排烟温度最低可降到40℃左右。冷凝式户式燃气炉燃烧方式为全预混比例调节的方式，燃烧更加完全。正因以上特点，冷凝式燃气炉的热效率可大于100%，最高可达109%（以低位发热量计算）。冷凝式燃气炉的燃烧室由不锈钢或硅铝合金材料制造，抗酸性腐蚀性能良好，因此对回水温度没有限制，使用寿命高达20年以上，适用于散热器、地暖、风机盘管等采暖系统。

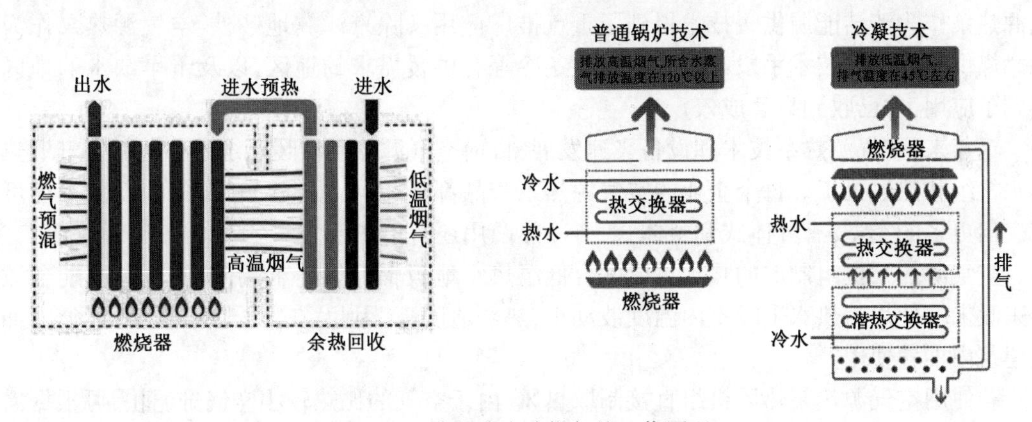

图4-4 冷凝式户式燃气炉工作原理

户式燃气采暖热水炉的能效等级情况见表4-5，按照最低热效率值分为三个等级。《家用燃气快速热水器和燃气采暖热水炉能效限定值及能效等级》GB 20665—2015规定了热水器和采暖炉节能评价值为能效等级2级，而有些地方标准中则提出了更高的要求。例如，早在2012年5月颁布实施的《天津市燃气供热设计导则》中规定燃气采暖热水炉应选用能效等级为1级的产品，《天津市住宅设计标准》DB29—22—2013中就以强制性条文规定“采用户式燃气供暖热水炉作为供暖热源时，其热效率应符合国家现行标准《家用燃气快速热水器和燃气采暖热水炉能效限定值及能效等级》GB 20665 中能效等级 1 级的规定值”,北京等其他城市也有类似的要求。如果按照能效等级 1 级的标准选用具有热回收功能的冷凝式燃气供暖炉,燃烧采用全预混方式,不但燃烧效率较高,而且可以大幅度降低氮氧化物的排放浓度。

需要注意的是,户式燃气炉自身要设置专用的进气和排气通道,这不仅是为了保证安全运行,更是为了解决进风不良引起的燃烧效率低下的问题。

表 4-5　热水器和采暖炉能效等级

类　型		热 负 荷	最低热效率值(%)		
			能效等级		
			1	2	3
热水器		额定热负荷	96	89	86
		≤50% 额定热负荷	94	85	82
采暖炉	热水	额定热负荷	96	89	86
		≤50% 额定热负荷	92	85	82
	供暖	额定热负荷	99	89	86
		≤50% 额定热负荷	95	85	82

2. 空气源热泵

热泵属于国家大力提倡的可再生能源的应用范围,结合当地气象条件、电力、燃气、余热条件使用适宜的热泵设备可以取得较好的效果。

1) 空气源热泵的供暖形式

空气源热泵以无处不在的环境空气为低品位能源,通过少量电能驱动压缩机运转实现热量的转移,能够减少传统供暖给大气环境带来的污染物排放,保证供暖效果的同时兼顾节能环保。空气源热泵是利用清洁能源供暖的有效措施之一,有着使用成本低、易操作、供暖效果好、安全等多重优势。在北京市推进农村“煤改清洁能源”、河北省“美丽乡村建设”的过程中,空气源热泵作为清洁能源供暖技术得到了重点推广应用。除京津冀地区外,空气源热泵作为替代燃煤供暖的重要技术手段,在寒冷、夏热冬冷等有供暖需求的地区,以及干旱缺水的地区都得到了应用,并已收到显著成效。

近年来,空气源热泵技术和设备飞速发展,目前空气源热泵供暖系统主要包括空气源热泵热水机组和热风机组。每个企业的空气源热泵产品都不相同,根据配套设备的设置等还可以派生出更多的类型,有分体式和整体式,有冷热两用还有单热型。

空气源热泵机组制取的热水可以配合低温热水地板辐射供暖末端使用,也可以配合散热器采暖末端使用。热水采暖室内温度波动小,热舒适度高,因此,在需要连续供暖的场合,如居住建筑内推荐使用。

若使用空气源热泵热风机组直接制取热风,由于空气的比热较小空气升温快,可根据需要开启或关闭机组实现按需供暖,节能性较好。但由于吹风感、干燥感、储热性能差及室内外风机噪声的影响,舒适性相对较差,比较适合间歇供暖的场合。对于夏热冬冷地区,冷热兼顾的末端系统优先采用空气源热泵加风机盘管热风采暖。

图 4-5 为空气源热泵冷热水机组供暖、空调两用系统,图 4-6 为空气源热泵冷热水机组供暖、空调、生活热水加热三用系统。都是通过中间的制冷剂—水换热器来完成冷水(夏季)、热水(冬季)、生活热水的制备,可实现夏季风机盘管供冷,冬季低温热水地板辐射或散热器供暖。当然在设计安装的时候也可以只选择实现供暖或空调一个功能。图 4-7 为空气源多联

机热泵热水机供暖、空调两用系统，通过制冷剂—水换热器可以完成热水的制备，也可以直接将制冷剂引入室内实现空调和采暖的目的。图4－5至图4－7都是可以实现多用途的系统，在设计安装的时候也可以只选择实现单一功能。

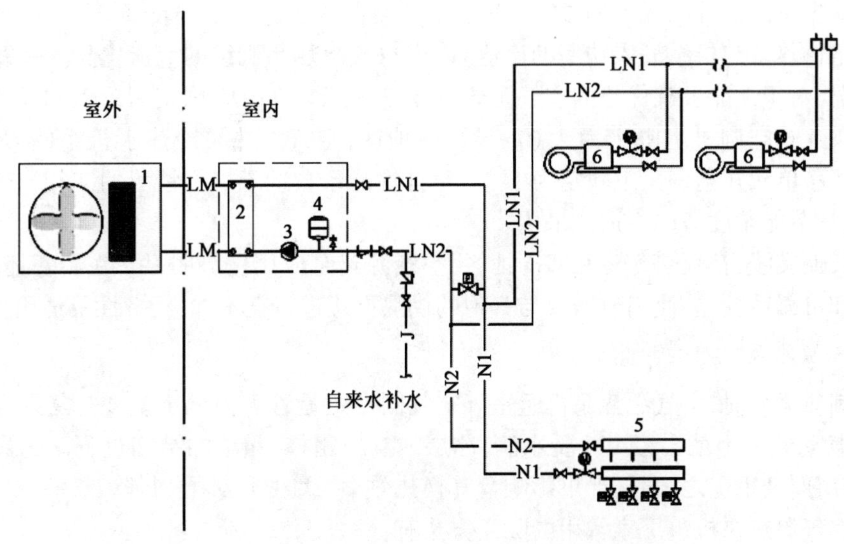

图4－5 空气源热泵冷热水机组供暖、空调两用系统

1—室外主机；2—制冷剂—水换热器；3—冷热水循环泵；4—膨胀罐；5—分集水器；6—风机盘管；LM—冷媒；LN—冷暖两用水；N—采暖用水；J—补给水

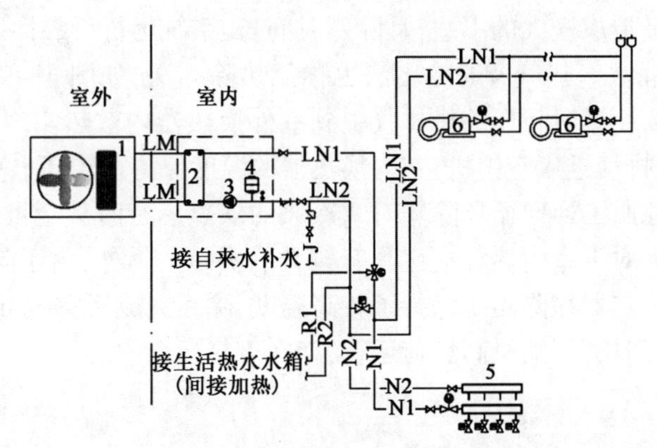

图4－6 空气源热泵冷热水机组供暖、空调、生活热水加热三用系统

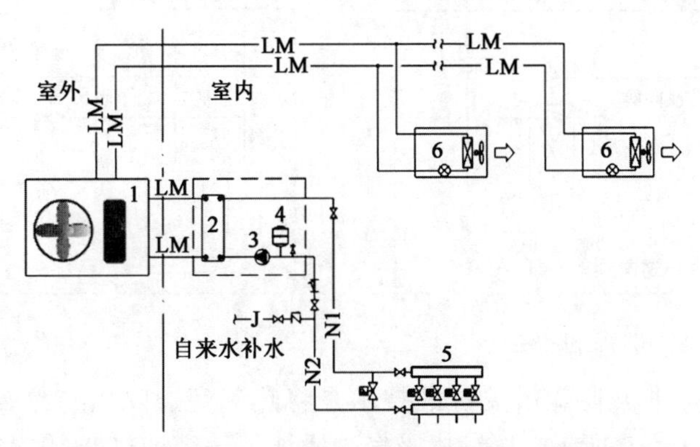

图4－7 空气源多联机热泵热水机组供暖、空调两用系统

2) 空气源热泵机组的 *COP*

空气源热泵的可靠性、运行时间、制热能力及制热能效比与室外空气温湿度密切相关。一般来讲，冬季室外空气温度越高，空气源热泵的适用性越好，能效和可靠性越高。

一般根据供暖设计工况下的 *COP*(冬季室外空调或供暖计算温度条件下，达到设计需求参数时机组供热量与机组输入功率的比值)确定空气源热泵机组的节能优势。在寒冷地区冬季设计工况，对于性能上有优势的空气源热泵冷热水机组的 *COP* 限定为2.2，对于规格较小的直接膨胀单元式空调机组限定为2.0。对严寒地区，空气源热泵冷热水机组的 *COP* 限定为2.0，直接膨胀单元式空调机组限定为1.8。设计性能系数低于以上情况的空气源热泵不具备节能优势，从节能角度考虑不适宜采用。

经过长期实践，在夏热冬冷和寒冷地区，空气源热泵应用优势明显。在严寒地区，空气源热泵能效和可靠性变差，使用时需要与其他的供热方式进行技术性、经济性及适用性比较。

3) 空气源热泵机组的除霜

冬季制热运行时，空气源热泵机组室外空气侧换热盘管表面低于室外空气露点温度且低于0℃时，换热翅片上就会经历冷凝水滴、冰层、霜晶、霜枝、霜层的结霜过程。随着热泵系统的运行，霜层厚度也随之增长，严重影响盘管换热效率，这时候必须进行除霜。

目前空气源热泵机组厂家常用的除霜方法有：

(1) 逆循环除霜法。逆循环除霜基本原理如图4-8所示，化霜时四通换向阀转向，制冷剂逆向循环从室内吸热，把热量输送到室外机盘管散热融霜。这种除霜方式不增加空调器成本，实现起来最简单，早期得到广泛应用。但是换向除霜时，室内机由吹热风转为吹冷风，室内温度下降，给室内人员造成极大的不适，且除霜时间长，系统运行可靠性差。

(2) 热气旁通除霜法。热气旁通除霜法也称显热除霜法，如图4-9所示，从压缩机排气口引出一支旁通回路，化霜时将压缩机排气引到室外换热器内散热实现除霜。在进行热气旁通除霜时仍有一部分排气进入室内机，室内换热器的温度保持在较高水平，可以通过自然对流的方式向室内散热，克服了逆向循环除霜时吹冷风的缺点。有时甚至可以在除霜的同时开启室内风机向室内供热，对于室内热舒适性具有较大的贡献。另外，由于除霜时四通阀不换向，压缩机不停机，室内换热器在除霜时保持了较高温度，除霜完成后室内可以立即送热风。但是这种除霜方式除霜时间长，压缩机高负荷运行，存在可靠运行问题。

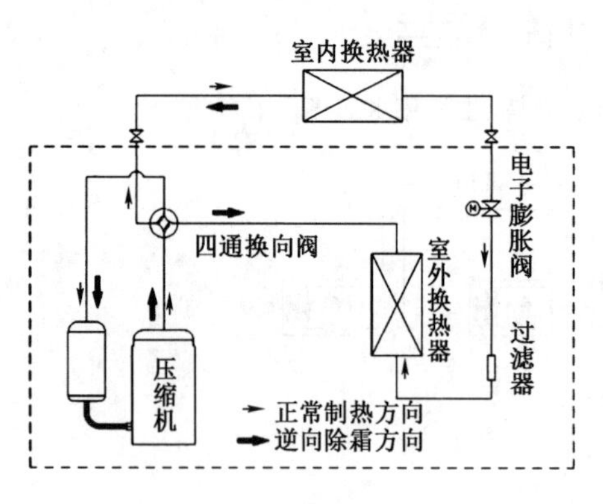

图4-8　逆循环除霜

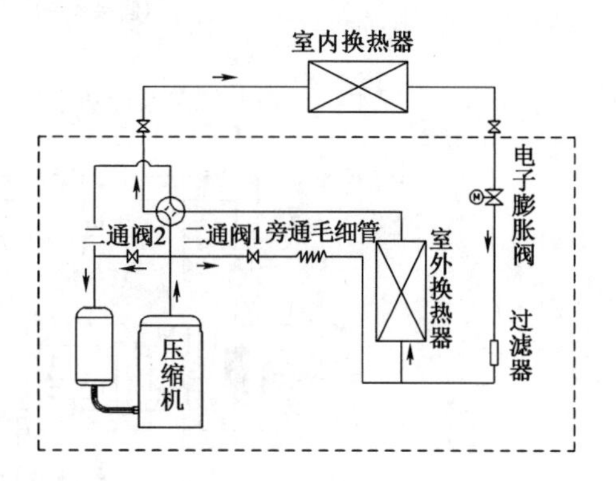

图4-9　热气旁通除霜

(3) 加热除霜法。加热除霜最关键的技术是将热气旁通除霜与冷媒直接加热技术相结合，其工作原理如图4-10所示。压缩机吸气端增加了一个加热器，化霜时四通阀不换向，压缩机不停机，室内可以实现持续供热，房间的舒适性好，化霜时间短，压缩机运行可靠。但是也存在耗电量高，成本较高的问题。

(4)相变蓄能除霜法。相变蓄能除霜法工作原理如图4－11所示，在热气旁通除霜方式的基础上，增加一个相变储热器作为低位热源(供热时相变材料储热，除霜时相变材料放热)。采用这种方式化霜时，四通阀不换向，压缩机无须停机，并且室内仍然可以持续供热。增加相变储热器作为低位热源克服了传统热气旁通除霜法的诸多缺点，除霜时房间舒适性好、化霜时间短、压缩机运行可靠，且节能效果明显优于加热除霜法。

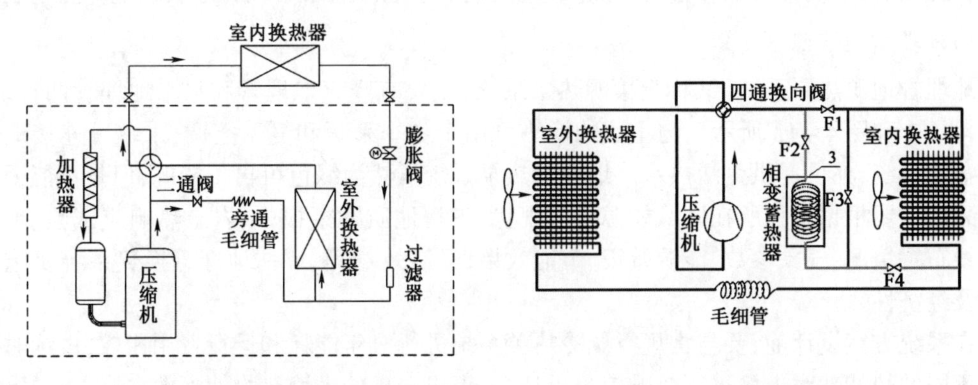

图4－10　加热除霜　　图4－11　相变蓄能除霜

优异的融霜技术是机组冬季运行的可靠保证。为了保证系统高效运行，选用的空气源热泵在最初融霜结束后的连续制热运行中，融霜所需时间总和不应超过一个连续制热周期的20%。

4)空气源热泵机组的辅助热源

冬季寒冷、潮湿的地区，当室外设计温度低于当地平衡点温度(机组的有效制热量与建筑物耗热量相等时的室外温度)，或当室内温度稳定性有较高要求时，需要设置辅助热源。采用辅助热源可解决极端寒冷气候条件下空气源热泵的可靠性问题，同时避免了由于选型过大造成初投资和运行费用的提高。空气源热泵的辅助热源可以根据工程当地实际能源情况，并结合可靠性、经济性和环保性选择工业余热、废热、太阳能、生物质或其他热源。对于建筑热负荷峰值常出现在电网低谷时段的情况，在符合政策要求的前提下推荐采用电能作为辅助热源。

设置辅助热源后要注意防止冷凝温度和蒸发温度超出机组的使用范围。辅助加热装置的容量，要根据在冬季室外计算温度下空气源热泵机组有效制热量和建筑物耗热量的差值确定。

5)热回收机组

带有热回收功能的空气源热泵机组可以把原来排放到大气中的热量加以回收利用，提高能源利用效率。对于同时供冷、供暖的建筑优先选用热回收式热泵机组。

除以上所述因素，空气源热泵机组的运行效率还很大程度上与室外机的换热条件有关。因此，室外机布置时要考虑主导风向、风压对机组的影响，避免产生热岛效应，一般出风口方向3m内不能有遮挡。防止进、排风短路是布置室外机时的基本要求，当受位置条件等限制时，应通过设置排风帽，改变排风方向等手段创造条件避免发生明显的气流短路，必要时可以借助于数值模拟方法辅助气流组织设计。此外，控制进、排风的气流速度也是有效避免短路的一种方法，通常机组进风气流速度宜控制在1.5～2.0m/s，排风口的排气速度不宜小于7m/s。室外机除了避免自身气流短路外，还要远离含有热量、腐蚀性物质及油污微粒等排放气体的位置，如厨房油烟排气和其他室外机的排风等，这是因为保持室外机换热器清洁也可以保证其高效运行。

3. 地源热泵

地源热泵系统是浅层地热能应用的主要方式。它主要以岩土体、地下水或地表水为低温热源，利用热泵将蓄存在浅层岩土体内的低温热能加以利用，对建筑物进行供暖和空调的系统，一般由水源热泵机组、地热能交换系统、建筑物内系统组成。根据地热能交换系统形式的不同，地源热泵系统分为地埋管地源热泵系统、地下水地源热泵系统和地表水地源热泵系统。

1）地埋管地源热泵系统

地埋管地源热泵系统（又称土壤源热泵系统）主要有竖直地埋管和水平地埋管两种形式，如图4－12和图4－13所示。与土壤的换热可用于冬季采暖和夏季空调，末端可连接地暖或风机盘管系统，亦可提供生活热水。地埋管热泵系统虽然为绿色可再生能源，但是不能因此而盲目采用。要根据工程所在区域能源供应现状、工程地质勘察报告、岩土热响应试验、现场地下管线布置情况、气象参数、能源政策、节能效果、经济效益等，评估地埋管换热系统实施的可行性及经济性。

在系统方案设计前，要与常规空调冷热源系统进行全年能耗和运行费用比较，设计时要按土壤不同的热特性对土壤进行热响应分析计算，得出合理的土壤热物性参数，进而对地下换热器的换热能力及承压能力进行计算。地埋管换热器的设计长度根据竖直地理管形式及满足土壤源热泵系统最大取热量或释热量来确定，当全年累积取热量和释热量相差大于20%，经技术经济分析确认合理后，可采用蓄能式土壤源热泵系统等可靠的调峰措施，并保证地下岩土体温度在全年使用周期内得到有效恢复。

对于地埋管系统，配合变流量措施，可采用分区轮换间歇运行的方式，使岩土体温度得到有效恢复。对于地下水系统，地下水流量增加，水源热泵机组性能系数提高，但抽水泵能耗明显增加；相反地下水流量较少，水源热泵机组性能系数较低，但抽水泵能耗明显减少。因此，设计时要以提高系统综合性能为目标，考虑抽水泵与水源热泵机组能耗间的平衡，确定地下水的取水量，同时考虑部分负荷下两者的综合性能，计算不同工况下系统的综合性能系数，优化确定地下水流量。这能有效降低地下水系统运行费用。

土壤源热泵系统各项运行监测数据可以直观地反映系统在一个运行周期结束时各项运行数据的变化，是系统长期运行时是否满足吸热和释热平衡的一个重要指标。因此地源热泵系统投入运行后，管理人员要结合每个运行周期内监测数据的变化，优化下一个运行周期的运行方案。

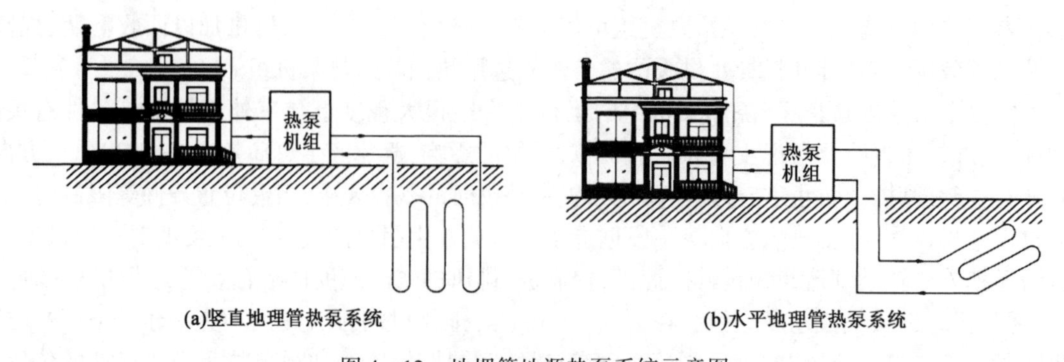

(a)竖直地理管热泵系统　(b)水平地理管热泵系统

图4－12　地埋管地源热泵系统示意图

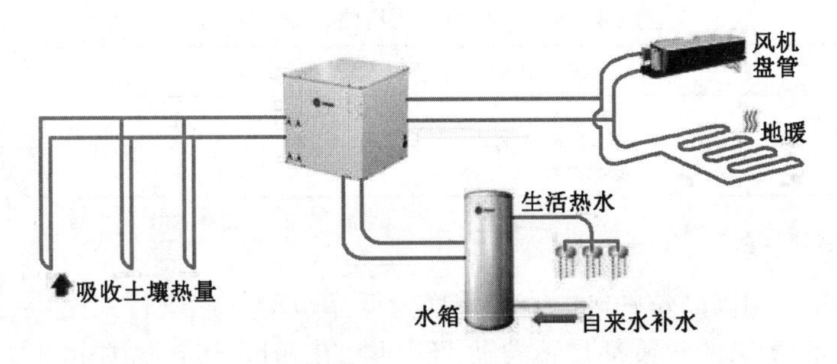

图 4－13　土壤源热泵三位一体机(热水、空调、地暖)

2)地下水地源热泵系统

有地下水资源的地区地下水地源热泵系统方案设计前,应进行工程场地状况调查,并对浅层地热能资源进行勘察。地下水换热系统应根据水文地质勘查资料进行设计,并必须采取可靠回灌措施,确保置换冷量或热量后的地下水全部回灌到同一含水层,不得对地下水资源造成浪费及污染。系统投入运行后,要对抽水量、回灌量及其水质进行监测。

3)地表水地源热泵系统

地表水地源热泵系统分为开式和闭式两种形式。开式系统如图 4－14 所示,是地表水在循环泵的驱动下,经处理后直接流经水源热泵机组进行热交换的系统;闭式系统如图 4－15 所示,一般是将封闭的换热盘管按照特定的排列方法放入具有一定深度的地表水体中,传热介质通过换热管管壁与地表水进行热交换的系统。地表水地源热泵系统应用时,要综合考虑水体条件,合理设置取水口和排水口,避免水系统短路。

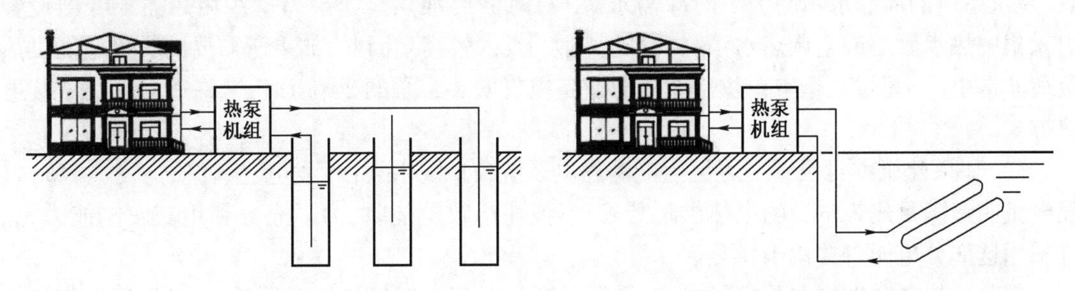

图 4－14　地表水地源热泵开式系统示意图　　　图 4－15　地表水地源热泵闭式系统示意图

地表水除了江河湖海的水,还可以利用城市原生污水或再生水。污水源热泵是否适宜使用主要看污水量是否满足建筑的负荷要求。一般说来,从污水主干渠取水易获得较大的水量,但是如果距离建筑较远,将导致系统效率低下。因此,以污水水源与用户靠近为宜。

污水源热泵既可以供单体建筑,也可以供多幢建筑群,在有可利用污水资源的地方应积极利用污水源热泵供暖。在采用污水源热泵方案前,要掌握污水水质、水量、水温、流经途径等资源条件,同时要对未来污水资源变化做出客观评价。在低层居住建筑中,可以结合过剩的太阳能热水系统,作为供暖补充热源。

当选择地源热泵系统作为居住区或户用空调(热泵)机组的冷热源时,应确保地下水资源不被破坏和不被污染,且地源热泵机组的能效等级应达到现行国家标准《水(地)源热泵机组能效限定值及能效等级》GB 30721—2014 的 1 级。地源热泵系统性能级别划分见表 4－6。

表4-6　地源热泵系统性能级别划分

工　　况	1级	2级	3级
制热性能系数 COP	$COP \geqslant 3.5$	$3.0 \leqslant COP < 3.5$	$2.6 \leqslant COP < 3.0$
制冷能效比 EER	$EER \geqslant 3.9$	$3.4 \leqslant EER < 3.9$	$3.0 \leqslant EER < 3.4$

4.电直接加热设备

如果是大规模应用高品位的电能直接转换为低品位的热能进行采暖,从能源合理利用的角度来说并不合理,历来的政策都是不鼓励、不认同的。但是随着我国电力事业的发展和需求的变化,电能生产方式和应用方式均呈现出多元化趋势,全国不同地区电能的生产、供应与需求也是不相同的。如果当地电能富裕、电力需求侧管理从发电系统整体效率角度有明确的供电政策支持时,不应一刀切,应该结合实际情况允许适当采用直接电热作为非主体热源使用。以下情况可以考虑使用直接电直接加热采暖:

(1)对于一些具有历史保护意义的建筑或者消防及环保有严格要求无法设置燃气、燃油或燃煤区域的建筑,由于这些建筑通常体量规模都比较小,在迫不得已的情况下,允许适当地采用电采暖,但应在征求消防、环保等部门的批准后才能进行设计。

这类建筑通常围护结构热工性能较差,建筑热负荷较大,在使用直接电采暖之前适宜进行节能改造,尤其是对局部热工性能薄弱部位(如窗户、屋面、山墙等)进行节能改造,以便实现节电和节费。

(2)对于一些设置了夏季集中空调供冷的建筑,其个别局部区域(如目前在一些南方地区,采用内、外区合一的变风量系统且加热量非常低时,有时采用窗边风机及低容量的电热加热、建筑屋顶的局部水箱间为了防冻需求等)有时需要加热。如果为这些用热需求专门设置引入集中热水管道或空调热水系统其难度较大,投入较高。因此,如果所需要的直接电能供热负荷非常小(不超过夏季空调供冷时冷源设备电气安装容量的20%)时,允许适当采用直接电热方式。

(3)如果建筑本身设置了可再生能源发电系统(如太阳能光伏发电、生物质能发电等),且发电量能够满足建筑本身的电热供暖需求,不消耗市政电能时,为了充分利用其发电能力,允许采用这部分电能直接用于供暖。

部分夏热冬暖地区冬季气候温和,需要采暖的时间很短且热负荷很低,分散设置电直接加热设备作为供暖热源时,系统惰性小、控制灵活,可以及时响应房间负荷的变化。目前这种情况地区的采暖往往是直接电采暖,如电供暖散热器采暖、红外线辐射器采暖、低温电热膜辐射采暖、低温加热电缆辐射采暖,甚至电锅炉热水采暖,等等。需要说明的是,采用这类方式时,一定要符合建筑防火要求,也要分析用电量的供应保证及用户运行费用承担的能力。

虽然近年来直接加热供暖系统应用的场合越来越多,但是必须强调,电直接加热供暖系统必须分散设置,不适合应用于集中供暖。推广电锅炉和其他电热供暖系统会导致冬季尖峰负荷迅速增长,电网运行困难,出现电力短缺。

5.太阳能采暖

从表4-7可以看到,我国很多地区太阳能资源丰富,尤其是一些高寒地区(如西藏和四川的川西、川西南高原地区)冬季太阳能极为丰富,且其他资源受限,应大力提倡充分利用太阳能供暖。但是由于太阳能的利用与室外环境密切相关,并不是任何时候都能满足应用需求,因此太阳能供暖系统一般要根据建筑物的使用特性合理设置辅助热源。

表 4-7　太阳能资源表

等级	太阳能条件	年日用时数（h）	水平面上年太阳辐照量［$MJ/(m^2.a)$］	地　区
一	资源丰富区	3200~3300	>6700	宁夏北、甘肃西、新疆东南、青海西、西藏西
二	资源较丰富区	3000~3200	5400~6700	河北西北、北京、天津、山西北、内蒙古及宁夏南、甘肃中东、青海东、西藏南、新疆南
		2200~3000	5000~5400	山东、河南、河北东南、山西南、新疆北、吉林、辽宁、云南、陕西北、甘肃东南、广东南
三	资源一般区	1400~2200	4200~5000	湖南、广西、江西、江苏、浙江、上海、安徽、湖北、福建北、广东北、陕西南、黑龙江
四	资源贫乏区	1000~1400	<4200	四川、广西、重庆

太阳能热水供暖技术采用水或其他液体作为传热介质，输送和储热所需空间小，与水箱等储热装置的结合较容易，与锅炉辅助热源的配合也较成熟。不但可以直接供应生活热水，还可与目前成熟的供暖系统，如散热器供暖、风机盘管供暖、地面辐射供暖设施配套应用，在辅助热源的帮助下可以保证建筑全天候都具备舒适的热环境。但是，采用水或其他液体作为传热介质也可能发生冻结或过热等两种极端状况，需要采取一定的防护措施。

与太阳能热水供暖系统相比，太阳能热风采暖的优点是系统没有漏水、冻结、过热等隐患，太阳得热可直接用于热风供暖，省去了利用水作为中间介质，系统控制使用方便。热风采暖可与建筑围护结构和被动式太阳能建筑技术很好结合，基本不需要维护保养，系统即使出现故障也不会带来太大的危害。在非供暖季，可以通过改变进出风方式强化建筑物室内通风，起到辅助降温的作用。此外，由于采用空气供暖，热媒温度不要求太高，对集热装置的要求也可以降低，可以对建筑围护结构进行相关改造使其成为集热部件，降低系统造价。

建筑物的供暖热负荷远大于生活热水负荷，如果以满足建筑物的供暖需求为主，太阳能供热供暖系统的集热器面积较大，在非供暖季会出现热水过剩、过热的现象。所以，设计时太阳能供热供暖系统必须注意全年的综合利用，供暖期提供供热供暖，非供暖期提供生活热水、其他用热或强化通风。

现行国家标准《太阳能供热采暖工程技术标准》GB 50495—2019 基本解决了以上技术问题，目前已取得了良好效果。该标准在设计部分对供热供暖系统的选型、负荷计算、集热系统设计、储热系统设计、控制系统设计、末端供暖系统设计、热水系统设计以及其他能源辅助加热/换热设备选型都作出了相应的规定，可以作为参考。

综上所述，无论地处哪里，是新建还是改造建筑，供热热源的选择应该坚持从实际出发，宜电则电，宜气则气，宜煤则煤，宜热则热，并注意以下几个具体原则：

（1）凡是在热电联产供热管网覆盖的地区，优先使用热电联产供暖热源。

（2）不在热电厂供暖范围，具有一定供暖建筑规模，且环境不敏感区域，以使用清洁燃烧的燃煤锅炉为佳。

（3）在冷热电负荷集中区域，适宜建设燃气分布式冷热电供能站。

（4）在环境敏感地区，在来源可靠、有政府补贴条件下，可采用燃气作供暖燃料。

（5）供暖负荷低密度区，适于用电供暖、空气源热泵、水源热泵、地源热泵等辅助性供暖方式。

(6)以燃气作燃料的供暖热源适宜于用作调峰热源。

(7)具备深层地热资源的地区,要整体规划、集约化开发,尽可能按照集中供热方式建设。

(8)生物质发电尽可能实行热电联产集中供暖,不具备建设生物质热电厂条件的地区,可推广生物质锅炉供暖或生物质成型燃料。

(9)有条件时,应积极利用太阳能、地热能等可再生能源。

二、供热管网

(一)一级管网与二级管网

在设置一级换热站的供热系统中,由热源至换热站的供热管道系统称为一级管网,由换热站至热用户的供热管道系统称为二级管网。

影响供热管网输送效率的因素有水力失调、散热损失和系统失水,其中水力失调损失所占的比例最大,也是供热系统普遍存在的现象。供热输配管网节能应该从这三方面着手进行。

1. 水力失调

系统中各并联管路的实际流量与设计流量的偏差超过允许范围的现象称为水力失调。水力失调的根本原因是管网阻力不平衡造成的,即系统在运行时管网不能在用户需要的流量下实现各用户环路阻力相等。产生水力失调的客观原因有很多,主要有以下几方面:

(1)循环水泵选择不当,流量或扬程过大、过小都会使水泵工作点偏离设计工况点导致水力失调。

(2)供热管网的用户增加或停运部分热用户,系统中的流量重新分配导致全网阻力特性改变导致水力失调。

(3)系统中用户用热量的增加或减少引起管网中的流量发生变化,从而使系统中的流量重新分配导致水力失调。

(4)流量调节阀选择不当,导致水力失调。

(5)人为随意调节入口处阀门或网路分支阀门,导致水力失调。

(6)管网管径设计不合理,或者管路中某管段堵塞使管网阻力增大,造成系统压力过大,超出了热源设备提供的压力,导致水力失调。

(7)供热管网失水严重,超过了补水设备的补水量,系统因缺水不能维持管网所需的压力,导致水力失调。

(8)热用户室内水力工况的改变导致水力失调。

水力不平衡是造成供热能耗浪费的主要原因之一,同时,水力平衡又是保证其他节能措施能够可靠实施的前提,因此对采暖系统节能而言,首先应该做到水力平衡。除规模较小的供热系统经过计算可以满足水力平衡外,一般室外供热管线较长,计算不易达到水力平衡。对于通过计算不易达到环路压力损失差要求的,解决供热管网水力失调的措施有:

(1)换热站一次侧设置动态压差调节阀,满足一次网回水系统的动态调节。

(2)在用户入口或热力站设置自力式压差平衡阀、自力式流量调节阀,在管网分支处设置平衡阀。平衡阀的性能要满足现行国家标准《采暖与空调系统水力平衡阀》GB/T 28636—2012 的规定。

(3)采用变频技术适时调节管网流量。变频水泵能适时根据用户热负荷的变化,自动调节网路中的流量,将管网中的流量重新分配来满足用户所需要的流量,减少阀门损失,降低能耗。

(4)采用智能供热控制技术,操作人员对热网进行适时的检测和调节,在换热站前端安装电动调节阀,对其压差进行有效调整和控制。

2. 散热损失

我国目前的集中供热系统管网热损失参差不齐,差异非常大。对于城市集中热网一次网来说,由于管理水平较高和采用直埋管技术,热损失在1% ~3%;而对于有些年久失修的庭院管网和蒸汽外网,管网热损失可高达所输送热量的30%。因此,良好的保温对减少散热损失、保证供热质量,节约能源都有重要影响。

对于管沟敷设的情况,管道内有积水是时常出现的,这就严重影响了保温管道的保温效果。保温管道在大面积受湿的情况下,保温材料的孔隙中会渗入水分(包括水蒸气和液态水),除空气分子的导热、对流传热和孔隙壁面的辐射换热外,还存在由蒸汽扩散引起的附加热传导,以及通过孔隙中的水分子的导热。水的导热系数约为空气的25倍,所以保温材料吸水后其导热系数将大幅度增加,这就直接影响了管道的输送效率,浪费了能源。因此,选用吸水率低的保温材料保温效果会更好,如聚氨酯硬质泡沫塑料保温材料。直埋保温管道采用聚氨酯硬脂泡沫保温材料,其导热系数比其他普通保温材料低得多。另外,聚氨酯硬脂泡沫保温材料吸水率小于10%,其他保温材料远远达不到此效果。这样低的导热率和吸水率,再加上保温层外面防水性能好的高密度聚乙烯或玻璃钢保护壳,极大减少了供热管道的整体热损失,提高了供热管网的输送能效。

整体式预制保温管直埋敷设与地沟敷设相比有以下特点:

(1)管道预制,现场安装工作量减少,施工进度快,不需要砌筑地沟,土方量及土建工程量减小,可节省供热管网的投资费用。

(2)整体式预制保温管严密性好,水难以从保温材料与钢管之间渗入,管道不易腐蚀。

(3)预制保温管受到土壤摩擦力约束,在管网直管段上可以不设置补偿器和固定支座,简化了系统,节省了投资。

(4)预制保温管结构简单,采用工厂预制,易于保证工程质量。

(5)占地小,易与其他地下管道的设施相协调。

(6)聚氨酯保温材料导热系数小,供热管道的散热损失小于地沟敷设。

在保温层厚度满足要求的前提下,无论是地沟敷设还是直埋敷设,管网的保温效率可以达到99%以上,因此保证保温良好不被破坏对于减少管道热损失有极大的帮助。

3. 系统失水

系统的补水,一部分是设备的正常漏水,另一部分为系统失水。如果供暖系统中的阀门、水泵密封填料、补偿器等经常维修且保证工作状态良好,正常补水量可以控制在循环水量的0.5%,正常补水耗热损失占输送热量的比例小于2%。热网非正常失水的原因主要有:

(1)供热单位维修管理力度不够,使用材质未达标的低劣管材和配件,管道的跑、冒、滴、漏现象严重,热网失水不能及时响应。

(2)一些供热单位置漏水现象而不理,私自向漏损系数较大的二次网补水。

(3)热网采用无补偿直埋管道时,没有满足标准规定的最小敷设深度,导致管道受压破坏出现漏、泄水。

(4)热用户窃水现象比较严重,造成管网失水。

在系统的供热过程中,系统失水就必须补水,系统损失多少水就必须补进多少水。然而,损失的是热水，补进的是冷水，严重影响系统的节能。补水造成的供水温度下降也造成供热质量的下降，致使一部分用户的室内温度达不到设计要求，严重影响了室内的热舒适性，用户投诉供热单位，造成供需之间的矛盾。有些供热单位为了补水不按照规章操作，直接补充自来水，导致锅炉腐蚀结垢，管道生锈，极大降低了供热设备和管网的使用寿命。因此，控制失水不但对节能有重大意义，对于提高供热质量也有很大的帮助。

（二）室内供暖管道

新建住宅的室内供暖系统，采用共用立管的分户独立系统形式有利于系统的水力平衡和实现分户热计量（分摊），且分户独立系统能够满足住宅分户管理、检修、调节的使用需求。如图4－16所示，具有公共功能的共用立管、总体调节和检修的阀门、系统排气装置等可以方便地设置在水暖井内，不占据套内空间，不需入户维护管理。此种系统型式经多年实践，使用情况良好，已取得许多有益经验。共用立管分户独立系统的户内供暖管道布置如图4－17至图4－20所示，可选用水平双管式系统、水平单管式系统、放射双管式系统、低温热水地板辐射采暖系统。

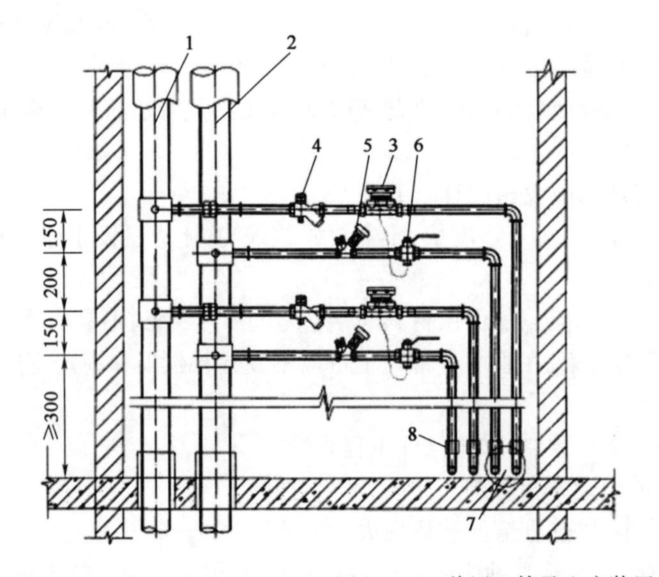

编号	名称
1	供暖供水管
2	供暖回水管
3	热表流量计
4	锁闭过滤球阀
5	静态水力平衡阀
6	测温球阀
7	球阀
8	钢塑连接件

图4－16　共用立管及入户装置

分户墙

(方式一)

(方式二)

(方式三)

(方式四)

(方式五)

编号	名称
1	共用立管
2	立管调节装置
3	入户装置
4	散热器
5	户内供回水管(可熔接)
6	高阻力两通恒温阀
7	手动放气阀
8	关断阀
9	自动排气阀
10	户内供回水管(不可熔接)
11	角型恒温阀
12	OV2组件
13	板式散热器
14	H型阀
15	潜插管式散热器恒温控制阀体

图4－17　共用立管水平双管户内系统

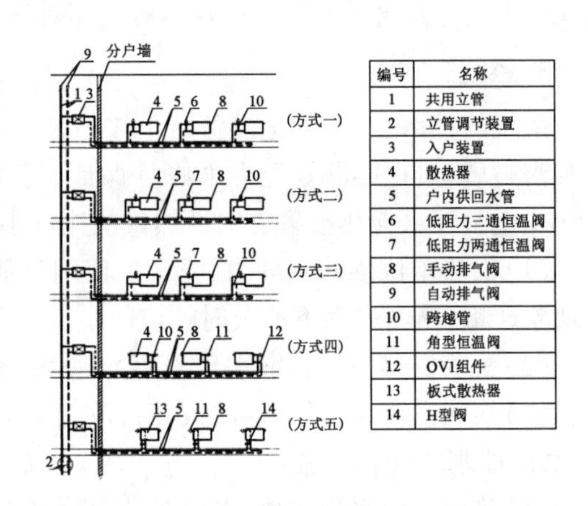

编号	名称
1	共用立管
2	立管调节装置
3	入户装置
4	散热器
5	户内供回水管
6	低阻力三通恒温阀
7	低阻力两通恒温阀
8	手动排气阀
9	自动排气阀
10	跨越管
11	角型恒温阀
12	OV1组件
13	板式散热器
14	H型阀

图4－18　共用立管水平单管户内系统

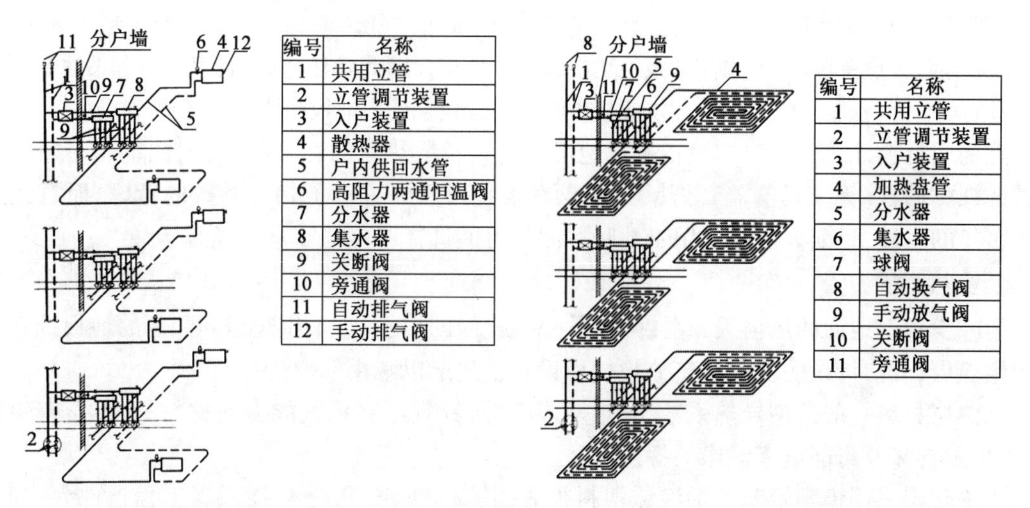

编号	名称
1	共用立管
2	立管调节装置
3	入户装置
4	散热器
5	户内供回水管
6	高阻力两通恒温阀
7	分水器
8	集水器
9	关断阀
10	旁通阀
11	自动排气阀
12	手动排气阀

编号	名称
1	共用立管
2	立管调节装置
3	入户装置
4	加热盘管
5	分水器
6	集水器
7	球阀
8	自动换气阀
9	手动放气阀
10	关断阀
11	旁通阀

图 4－19　共用立管放射式双管户内系统　　图 4－20　共用立管地板辐射式户内系统

住宅户内供暖系统由于各并联环路阻力较大，相对于传统的双管系统，实现水力平衡的条件较好，因此推荐采用双管式。但仍应重视管道布置和环路划分，并进行水力平衡计算。当条件不允许采用单管系统时可以设置跨越管，设置跨越管是为了能够对各组散热器进行调节。串联的散热器不宜超过 6 组以免阀门对散热器的调节性能过差。

三、室内采暖系统

室内采暖系统是供热系统的终端，由室内散热设备和管道等组成，使室内获得热量并保持一定温度。通常指的室内采暖系统形式包括地板辐射采暖、散热器采暖、其他形式采暖等。室内采暖系统的能耗是整个供热能耗的基础，合理设计、施工和运行调节对供热系统整体节能目标的实现起了至关重要的作用。本节着重介绍地板辐射采暖和散热器采暖。

（一）地板辐射采暖

低温热水地板辐射采暖具有温度梯度小、室内温度均匀、脚感温度高等特点，在热辐射的作用下，围护结构内表面和室内其他物体表面的温度都比对流供暖时要高，人体的辐射散热相应减少，人的实际感觉比相同室内温度下对流供暖时舒适得多。在同样的热舒适条件下，辐射供暖房间的设计温度可以比对流供暖房间低 2～3℃，是近年在国内发展较快的一种采暖方式，而且已不再局限于地面辐射供暖形式，顶棚、墙面辐射供暖及供冷系统已得到广泛应用。以下就影响地板辐射采暖能耗的四个因素予以介绍。

1. 面层材料的选择

面层热阻直接影响地面的散热量。实测证明，在相同的供暖条件和地板构造情况下，以花岗石、大理石、陶瓷砖等［热阻 0.02 $(m^2 \cdot K)/W$ 左右］做面层的地面散热量，比以木地板［热阻 0.10 $(m^2 \cdot K)/W$ 左右］为面层时要高 30%～60%，比以地毯［热阻 0.15 $(m^2 \cdot K)/W$ 左右］为面层时高 60%～90%。由此可见，面层材料热阻过大，地暖系统散热量减小，势必要减小地暖管间距，增大投资。为了节省能耗和运行费用，采用地面辐射供暖供冷方式时，要尽量选用热阻小于 0.05 $(m^2 \cdot K)/W$ 的材料做面层。

混凝土填充式供暖地面目前是使用最广泛的形式，可优先采用瓷砖或石材等热阻较小的面层，各种地暖专用复合木地板近年来也得到了广泛应用，但是不适宜采用架空木地板面层。

预制沟槽保温板和供暖板供暖地面的特点是轻薄、占据室内空间少，可直接铺设木地板，保温板或供暖板以及木地板面层均为干法施工，方便快捷，如采用瓷砖或石材面层为湿法施工，还需增加水泥砂浆找平层等厚度，且水泥砂浆绝热层有腐蚀作用。因此除住宅厨房、卫生间等不适宜使用木地板的场合外，预制沟槽保温板和供暖板供暖地面建议采用木地板面层，以避免湿作业。

除面层材料外，室内家具、设备等对地面的遮蔽对散热量的影响很大，因此室内必须具有足够的裸露面积（无家具覆盖）散热，这一点在设计时已经进行了相关系数的考虑，而且经过地暖多年的发展，目前人们对应用于地暖房间尽可能选择不落地家具已经有了共识。

2. 绝热层的设置

为减少辐射地面的热损失，直接与室外空气接触的楼板、与不供暖房间相邻的地板都必须设置绝热层，分户计量的住宅建筑分户楼板设置绝热层以减小邻户传热。

绝热层材料一般采用导热系数小、难燃或不燃，具有足够承载能力的材料，且不含有殖菌源，不散发异味及可能危害健康的挥发物。

当绝热层采用模塑聚苯乙烯泡沫塑料板时，其对应厚度见表 4－8。当工程条件允许时，适宜在此基础上再增加 10mm。采用其他泡沫塑料类绝热材料时，可根据其导热系数按热阻相当的原则确定厚度。发泡水泥和聚苯乙烯泡沫塑料绝热材料供暖地面构造具有不同特点，不要求两种类型的绝热层热阻相当。

表 4－8　模塑聚苯乙烯泡沫塑料板绝热层厚度

绝热层位置	绝热层厚度（mm）
楼层之间楼板上的绝热层	20
与土壤或不采暖房间相邻的地板上的绝热层	30
与室外空气相邻的地板上的绝热层	40

低温热水地板辐射采暖系统地面做法如图 4－21 和图 4－22 所示，与土壤层接触的地面，绝热层下要设置防潮层。卫生间地面在绝热层上还要设置隔离层。

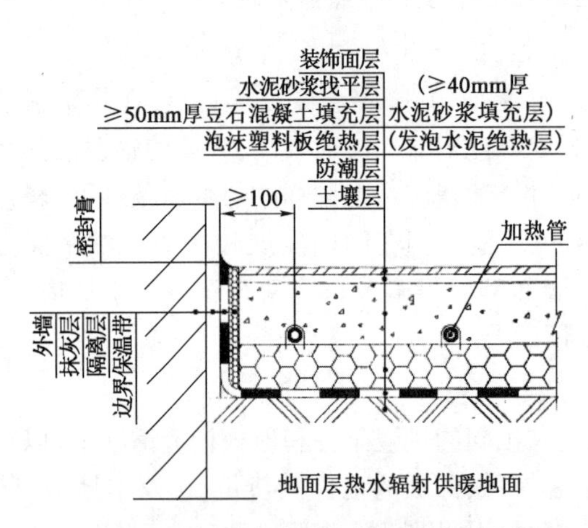

地面层热水辐射供暖地面

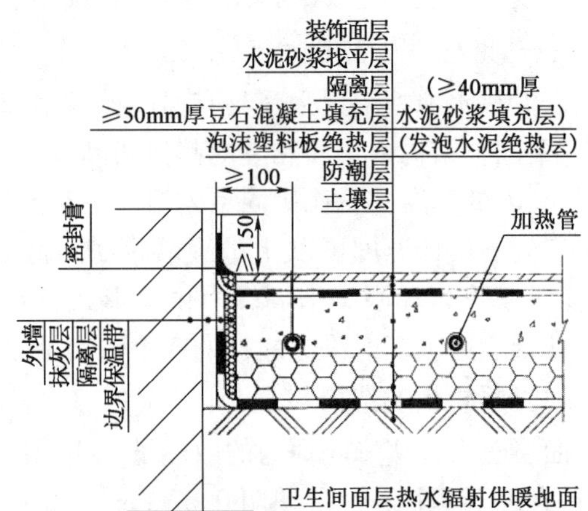

卫生间面层热水辐射供暖地面

混凝土填充式供暖地面发泡水泥绝热层厚度（mm）

绝热层位置	干体积密度（kg/m³）		
	350	400	450
楼层之间地板上	35	40	45
与土壤或不供暖房间相邻的地板上	40	45	50
与室外空气相邻的地板上	40	55	60

注：采用发泡水泥绝热层时，厚度不应小于上表数值

混凝土填充式供暖地面泡沫塑料绝热层热阻

绝热层位置	绝热层热阻（m²·K/W）
楼层之间地板上	0.488
与土壤或不供暖房间相邻的地板上	0.732
与室外空气相邻的地板上	0.976

注：采用泡沫塑料绝热板时，绝热层热阻不应小于上表

图 4－21　低温热水地板辐射采暖地面做法（一）

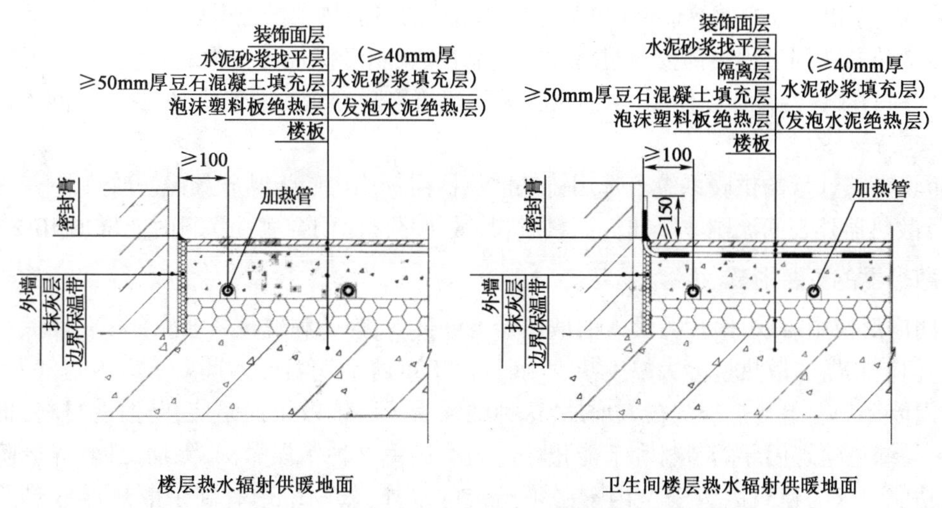

图4－22　低温热水地板辐射采暖地面做法(二)

3.地暖环路设计

地暖环路设计时,要注意环路长度不能过长、各环路长度相差不应过大,否则,地暖管道阻力增加,水力失调,造成供暖效果下降,冷热不均现象发生。各环路长度相差不宜超过15%。

4.地暖的清洗

虽然在采暖系统中都设置了过滤器,但是一般只能过滤掉大颗粒的杂质,地热盘管内部使用几个供暖期后会产生大量的生物黏泥覆盖在地热管内壁,每增加1mm污物就会使环境温度降低6℃,这不仅影响了正常的采暖温度,而且会降低水流速度,增大管道阻力,增加采暖能耗。生物黏泥过多还会造成盘管局部堵塞,为保证地暖盘管内壁清洁,延长其使用寿命,应进行定期维护及清洗保养。

清洗地暖的方法一般包括以下三种:化学药剂浸泡、射弹式清洗、脉冲波物理清洗。

化学药剂浸泡清洗效果很好,但因为对地暖管及系统部件容易产生腐蚀和老化作用以及排放有污染,目前都不采用这种方式。射弹式清洗需要将地暖管从分水器上解下来,将清洗弹放在地暖管里,然后用压缩空气将清洗弹射入地暖管中,从管的另一端出来,实现清洗目的。这种方法清洗效果好,缺点是拆解麻烦效率比较低,遇到地暖管有接头和弯折容易发生卡弹现象。脉冲波物理清洗的介质是气、水、超声波等,靠脉冲波和振动波对地暖管内壁进行冲击和振动实现清洗的目的,能将管内的锈垢和污泥清洗出来并快速排出管外,清洗效果比较好,操作简单,安全环保,是目前地暖清洗的主流方式。

(二)散热器采暖

1.散热器的选型

在采暖能耗问题研究过程中发现,通过对高效优质散热器的科学使用,能够满足节能方面的要求,并保持良好散热状况。

选用符合建筑节能要求的高效优质散热器时,应做到:

(1)通过对散热器耐压强度、耐腐蚀性、外观美观效果等要素全面地分析检验发现,应注重钢铝结合、铜铝结合的散热器使用，促使与之相关的节能技术措施得以充分发挥。

(2)散热器选用过程中需要通过对性能可靠性、成本经济性等方面进行考虑，确定实际应用效果良好的散热器并加以使用，从而改善居住建筑采暖方面的散热状况，并为节能工作开展积累丰富实践经验。

(3)设有热计量的供暖系统若选用铸铁散热器需选用内腔无黏砂灰铸铁散热器。

(4)散热器外表面涂刷非金属性涂料时，其散热量比涂刷金属性涂料时能增加10%左右。

2. 散热器的安装形式

早期广泛使用铸铁、串片等形式的散热器不够美观，为了和建筑装饰配合往往暗装在暖气罩内，不但散热器的散热量会大幅度减少，而且由于罩内空气温度远远高于室内空气温度，从而使罩内墙体的温差传热损失极大增加，这种纯粹为了装饰效果而暗装，既浪费材料，也不利于节能，与绿色建筑倡导的节材和节能相悖。为了避免这种错误做法，除幼儿园、养老院和其他特殊功能要求的建筑因为安全因素必须暗装的以外，鼓励采用有利于散热器散热的明装方式。

对于必须暗装的场合，出于对节能要求的考虑，需要注重改善暖气罩附近空气对流换热及辐射换热状况，使其应用过程中能够保持室内良好采暖效果。实践经验表明，带有格栅的暖气罩进气口净空面积不小于空气通过散热部位的净面积，并控制好出气口大小。进气口通常设在暖气罩下端，排气口设在暖气罩上端。

四、集中供热系统热计量与室温调控

《中华人民共和国节约能源法》第三十八条规定："新建建筑或者对既有建筑进行节能改造，应当按照规定安装用热计量装置、室内温度调控装置和供热系统调控装置"。用户能够根据自身的用热需求，利用供暖系统中的调节阀主动调节和控制室温是实现按需供热、行为节能的前提条件。实施集中供热系统热计量的目标是：供热量可调节、用热量可计量、用户室内温度可控制。通过对热的"量"的度量和对热的"质"的控制，使我国的供热系统能够实现科学供热，用户能够实现合理用热。

(一)供热系统热计量

我国传统的供热系统，热源不能实现按需供热，用户系统不能实现按需调节，导致能源浪费严重。供热计量是以集中供热或区域供热为前提，以适应用户热舒适的合理需求、增强用户节能意识、保障供热和用热双方利益为目的，通过一定的供热调控技术、计量手段和收费政策，实现用热量的计量和收费。

供热计量涉及热源热计量、热力站热计量、楼栋热计量及用户热计量。

1. 热源、热力站热计量

热源包括热电厂、热电联产锅炉房和集中锅炉房，热力站包括换热站和混水站。在热源处计量仪表分为两类，一类为贸易结算用表，用于产热方与购热方贸易结算的热量计量，如热力站供应某个公共建筑并按表结算热费，此处必须采用热量表；另一类为企业管理用表，用于计算锅炉燃烧效率、统计输出能耗，结合楼栋计量计算管网损失等，此处的测量装置不用作热量结算，计量精度可以放宽，如采用孔板流量计或者弯管流量计等测量流量，结合温度传感器计算热量。

国家现行标准《严寒和寒冷地区居住建筑节能设计标准》JGJ 26—2018 及《供热计量技术规程》JGJ 173—2009 中都强制规定热源和热力站应设置供热量控制装置。

气候补偿器是供热量自动控制装置的一种形式，比较简单且经济，主要用在热力站。它能够在保持室内温度的前提下，根据室外气候变化自动调节供热出力，从而实现按需供热，节能效果明显。气候补偿器还可以根据需要设成分时控制模式，如针对办公建筑，可以设定不同时间段的不同室温需求，在上班时间设定正常供暖，在下班时间设定值班供暖。结合气候补偿器的系统调节做法比较多，也比较灵活，监测的对象除了用户侧供水温度之外，还可能包含回水温度和代表房间室内温度，控制的对象可以是热源侧的电动调节阀，也可以是水泵的变频器。

2. 楼栋热计量

集中供暖系统中楼栋热计量是在建筑物热力入口处设置楼前热量表作为热量结算点，一般选用超声波或电磁式热量表，安装在回水管上。安装位置要保证仪表正常工作要求，不安装在检修困难、易受机械损伤、有腐蚀和振动的位置，一般安装在专用表计小室内。

楼栋热量表可以判断围护结构保温质量、判断管网损失和运行调节水平以及水力失调情况等，是判定能耗症结的重要依据。同时，楼栋计量结算还是户间分摊方法的前提条件，是供热计量收费的重要步骤。

3. 用户热计量

用户热量分摊一般根据建筑类别、室内供暖系统形式、经济发展水平，结合当地实践经验及供热管理方式来选择计量方法。热量分摊的方式主要有散热器热分配计法、温度面积法、流量温度法、通段时间面积法、户用热量表法。

1）散热器热分配计法

散热器热分配计法是利用散热器热分配计所测量的每组散热器的散热量比例关系，来对建筑的总供热量进行分摊。热分配计有蒸发式、电子式及电子远传式三种。散热器热分配计法适用于新建和改造的散热器供暖系统，特别是对于既有供暖系统的热计量改造比较方便、灵活性强，不必将原有垂直系统改成按户分环的水平系统，不适用地面辐射采暖系统。散热器热分配计的具体系统形式如图 4－23 和图 4－24 所示。

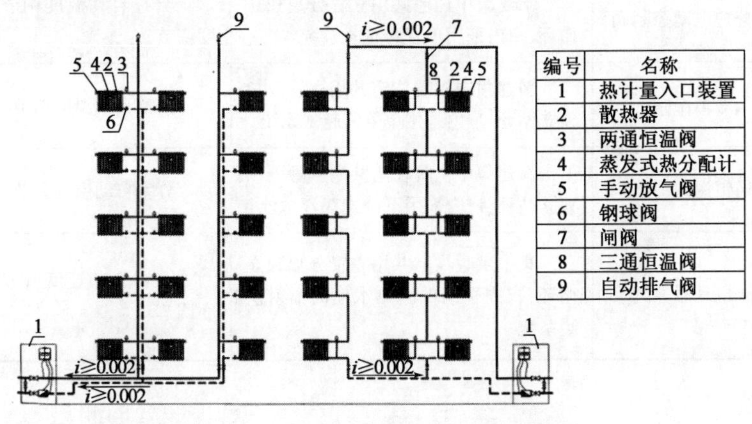

下供下回垂直双管供暖系统　上供下回垂直单管跨越式供暖系统

图 4－23　蒸发式热分配计

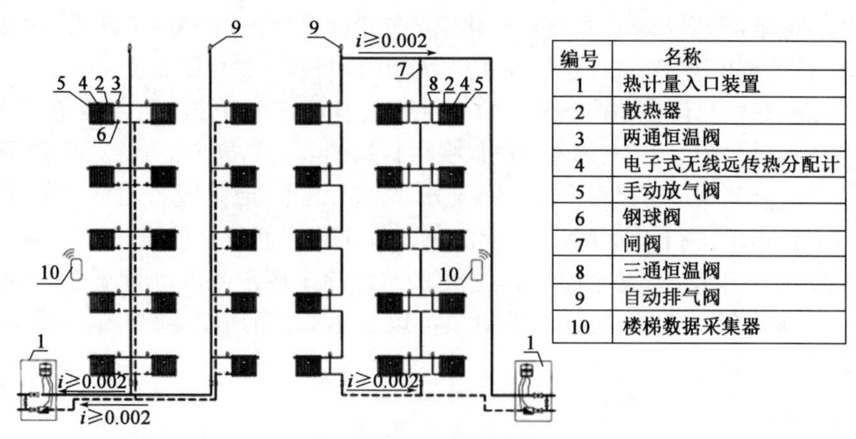

图 4－24　电子式热分配计

2) 温度面积法

温度面积法计量原则是"等温度,等收费"。通过按户设置测温末端测量室内温度,楼栋供热量、结合建筑面积热量(费)分摊。温度面积法与室内供暖系统没有直接联系,适合应用于各种采暖形式和场合,具体见表 4－9。

温度面积法四种常见的连接方式如图 4－25 至图 4－28 所示,其分配装置由安装在每一个主要房间的温度传感器、采集计算器及通信线路组成。工作时,温度传感器对住户主要房间的室内温度进行测量,采集器对住户的使用面积进行预先设置,每十分钟(不同产品该时间间隔可能不同)对所测得的室内温度进行一次计算,得出温度平均值,将住户的面积与温度平均值自动传送到显示器,显示器将采集器收集到的信息按照事先设定好的程序进行计算,并将计算结果发送至热量分配器,热量分配器将显示器传来的数据按程序进行热量分摊并回传显示器,显示器可以显示用户房间号、面积、平均温度、累计用热量,并将所显示数据通过程序模块进行远距离传输。

表 4－9　温度面积法热计量分配系统

类　型	适用场合	实现的功能
水平单管跨越式＋分户电动控制阀	新建集中住宅共用立管分户独立循环、户内采用单管跨越式系统	分户自动温度调节,分室手动温度调节
水平单管跨越式＋三通恒温阀	新建集中供暖住宅共用立管分户独立循环、户内采用单管跨越式系统	分室自动温度调节
水平双管系统＋两通恒温阀	新建集中供暖住宅共用立管分户独立循环、户内采用下分式双管系统	分室自动温度调节
地面辐射采暖系统＋电动温控阀	集中供暖住宅共用立管分户独立循环,户内采用低温热水地面辐射供暖系统	分户自动温度调节,分室手动温度调节

3) 流量温度法

流量温度法热分配装置是以采暖用户流量占流量结算点总流量的比例和温差作为热分配的依据,将供热区域热量计算点的热量总表所测量的热量分配至各用户的一种装置,由热量总表、热量分配器和温度采集处理器等设备组成。图4－29适用于共用立管分户独立供暖系统，户内系统可采用单管跨越式散热器系统、双管散热器系统或地板辐射采暖系统等形式。图4－30适用于新建及改造垂直单管跨越式散热器供暖系统，图中的测温三通阀只能实现手动调节，两通调节阀可采用低阻力型自力式恒温阀。

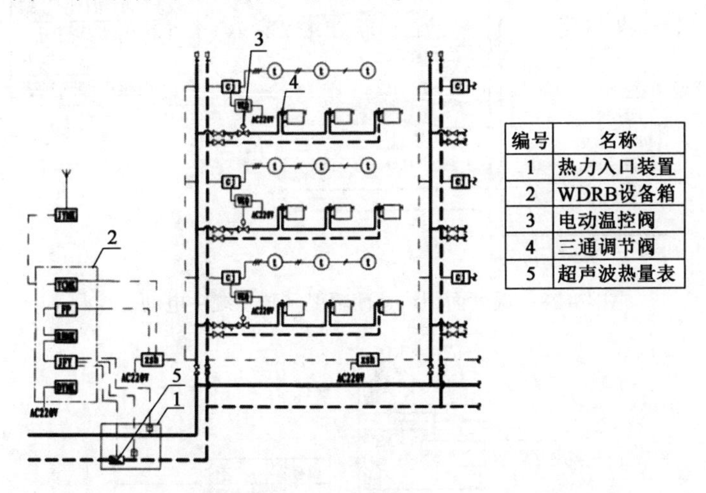

图4－25　温度面积法水平单管跨越式＋分户电动控制阀

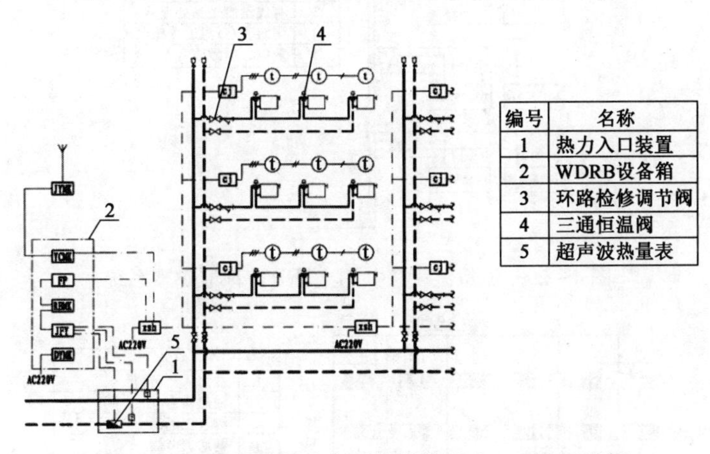

图4－26　温度面积法水平单管跨越式＋三通恒温阀

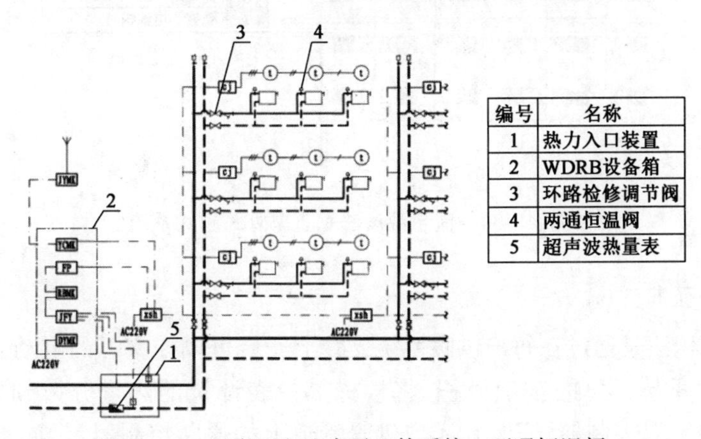

图4－27　温度面积法水平双管系统＋两通恒温阀

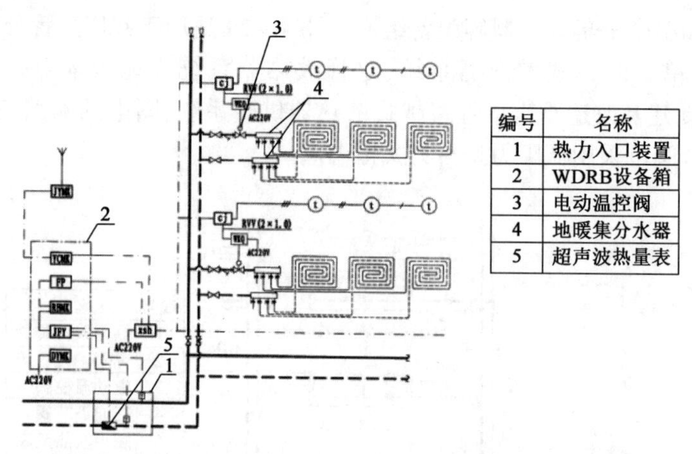

图4－28　温度面积法地面辐射采暖系统＋电动温控阀

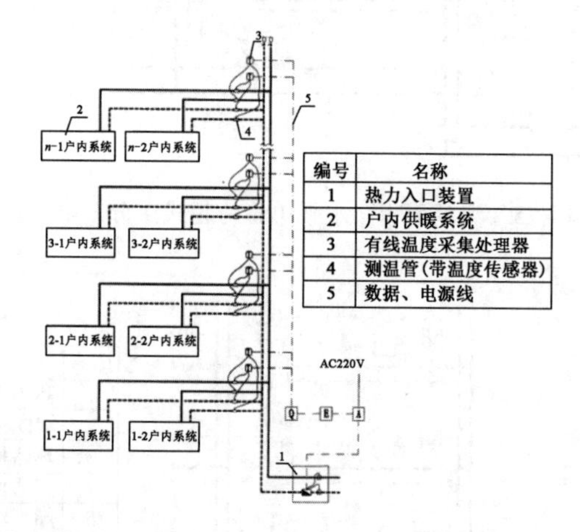

图4－29　流量温度法共用立管分户独立供暖系统

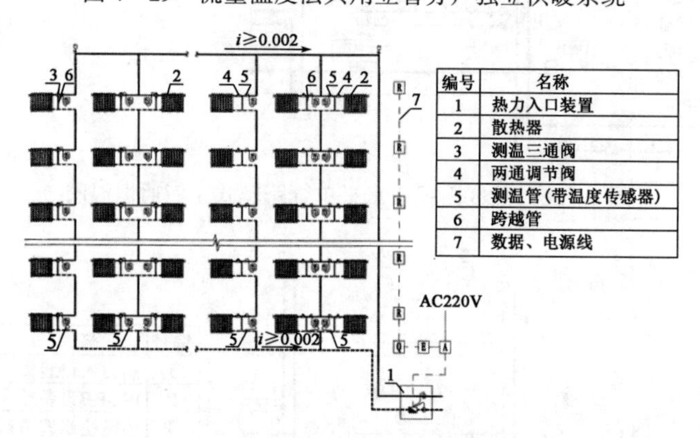

图4－30　流量温度法垂直单管跨越式系统

4)通段时间面积法

通段时间面积法是通过在每户供暖系统支管上安装可调控室温的电动通断阀门,根据阀门的累计接通时间与每户的基础面积,将楼栋热量表计量的热量分摊到每一个住户的方法。分配装置由室温控制器,安装在入户供暖管道上的通断控制器、供回水温度传感器、采集计算器以及数据信息处理系统组成。此计量方法仅控制阀与供暖循环水系统直接接触,受水质影响较小,同时具有热计量和户温控制的作用,具备“按需用热、按需供热、按需付费”的特点。

图4－31和图4－32适用于新建建筑采用通段时间面积法,有线通信传输的分户计量系统,供暖系统形式采用共用立管分户独立循环、户内采用单管顺流式散热器供暖或低温热水地板辐射采暖。室温控制器、通断控制器均可采用无线传输,相应的控制线路可以取消。

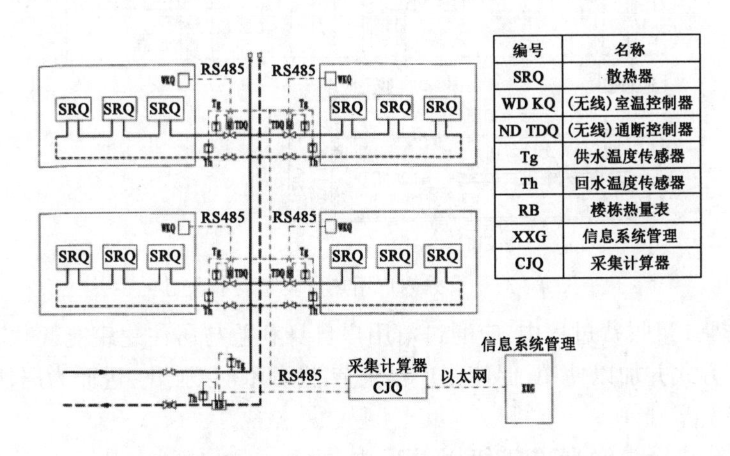

图4－31　通断时间面积法热计量分配系统原理图(一)

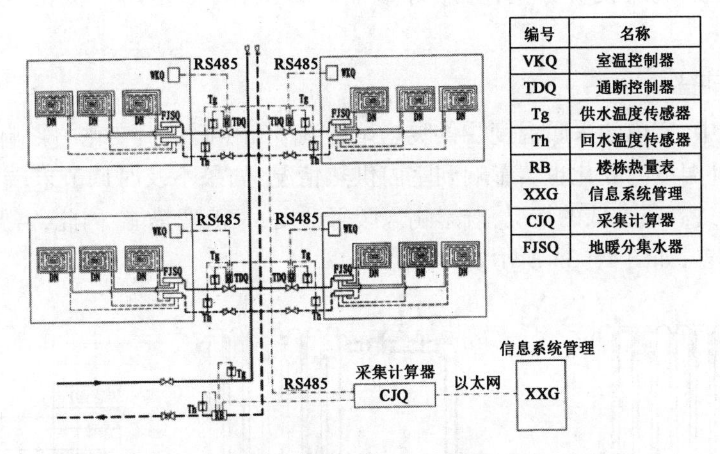

图4－32　通断时间面积法热计量分配系统原理图(二)

5)户用热量表法

一般由楼栋(或热力站)热量表和户用热量表组成。当楼栋热量表作为热量结算表时,户用热量表作为热费分摊的依据。户用热量表适用于新建居住建筑采用共用立管分户独立循环系统。共用立管分户独立系统的户内供暖管道布置可选用水平双管式系统、水平单管跨越式系统、放射式双管系统、低温热水地板辐射供暖系统。共用供回水水平干管一般布置在住宅的设备层、管沟、地下室或公共用房内,要具备检修条件。共用立管采用下供下回异程式,一般设于户外公共空间的管道井内,除了每层设置分集水器连接多户的系统外,一副共用立管每层连接的户数不大于三户。如图4－33所示为管井内户用热量表安装示意图。

热计量是一项重要的建筑节能措施。为了不断强化用户自主节能意识,从而降低建筑供热热损耗问题发生率,在推动热计量收费的过程中应做到:

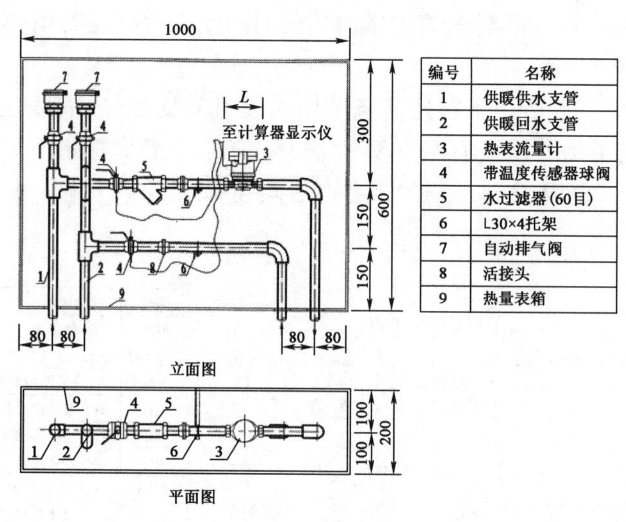

编号	名称
1	供暖供水支管
2	供暖回水支管
3	热表流量计
4	带温度传感器球阀
5	水过滤器(60目)
6	L30×4托架
7	自动排气阀
8	活接头
9	热量表箱

图4－33　管井内户用热量表安装示意图

(1)在供暖热计量收费过程中,应通过对用户自身利益与居住建筑能耗状况的考虑,确定有效的热表计量方式并加以使用,促使用户自主节能意识得以强化,进而为居住建筑采暖节能工作开展打下坚实基础。

(2)居住建筑热计量缴费方式使用过程中,需要通过对固定热费与计量热费两部分的考虑确定居住建筑的收费方案,并做好节能宣传工作,促使用户保持良好的自主节能意识。

(二)室温调控

在供暖过程中,室内的采暖温度受供暖热站的调节和供暖负荷变化的影响,供水温度和流速时常变化,室外温度的变化也会影响到室内供热情况,如果不及时调节末端水循环流量,就会出现房间温度过高或过低的情况,既影响采暖舒适度,又浪费热能,因此,需要在供暖系统中安装自动调温装置,如图4－34所示。

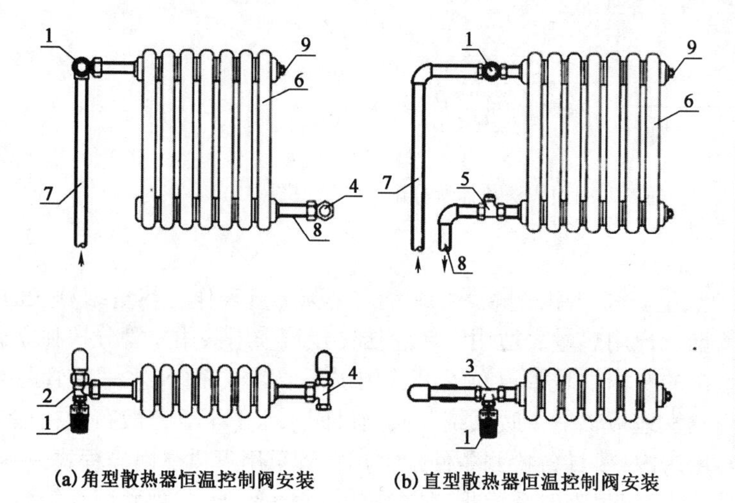

编号	名称
1	散热器恒温控制器
2	角型散热器温控阀体
3	直型散热器温控阀体
4	角型回水截止阀
5	直型回水截止阀
6	散热器
7	供暖供水管
8	供暖回水管
9	散热器放气阀

图4－34　散热恒温阀安装

散热器恒温控制阀已经使用多年,实践证明确实能从以下三方面起到维持房间舒适温度和节能的作用:

(1)集中热源总体调节的供热量仅是根据室外温度确定的,实际运行中当某些房间由于太阳照射和人员聚会、使用家电等产生较大的发热量时,恒温阀能动态调节阀门开度,维持房间温度恒定,充分利用“自由热”。

(2)当人员对室温有不同的需求时,可通过手动改变恒温阀的室温设定值,尤其是在采用分户热计量收费时,起到了显著的节能作用。

(3)由于恒温阀的调节作用,可减少锅炉等集中热源的供热量。在采用双管供暖系统时,恒温阀的调节作用改变了系统的总压差,当供暖循环泵采用变速调节时,可节省水泵耗能。因此集中供暖系统除采用通断时间面积法进行分户热计量(热分摊)的情况外,每组散热器均应设置恒温控制阀。

要实现室温调节和控制,必须在末端设备前设置调节和控制的装置,这是室内环境的要求,也是“供热体制改革”的必要措施,温控阀的选用和设置一般遵循以下原则:

(1)当室内供暖系统为垂直或水平双管系统时选用高阻力恒温控制阀,并在每组散热器的供水支管上安装,双管系统采用高阻力恒温控制阀是为了有利于水力平衡。

(2)当室内供暖系统为垂直或水平单管跨越式系统时,各组散热器之间无水力平衡问题。为了使跨越管支路和散热器支路获得合理的流量分配,选用低阻力两通恒温控制阀,安装在每组散热器的供水支路上或选用三通恒温控制阀。

(3)低温热水地面辐射供暖系统室温控制可采用分环路控制或分户总体控制。分环路控制是在一次分水器或集水器处分路设置自动调节阀,使房间或区域保持各自的设定温度值,如图4-35(a)、(b)、(c)、(d)所示。总体控制是在一次分水器或集水器总管上设置一个自动调节阀,控制整个用户或区域的室内温度,如图4-35(e)、(f)所示。

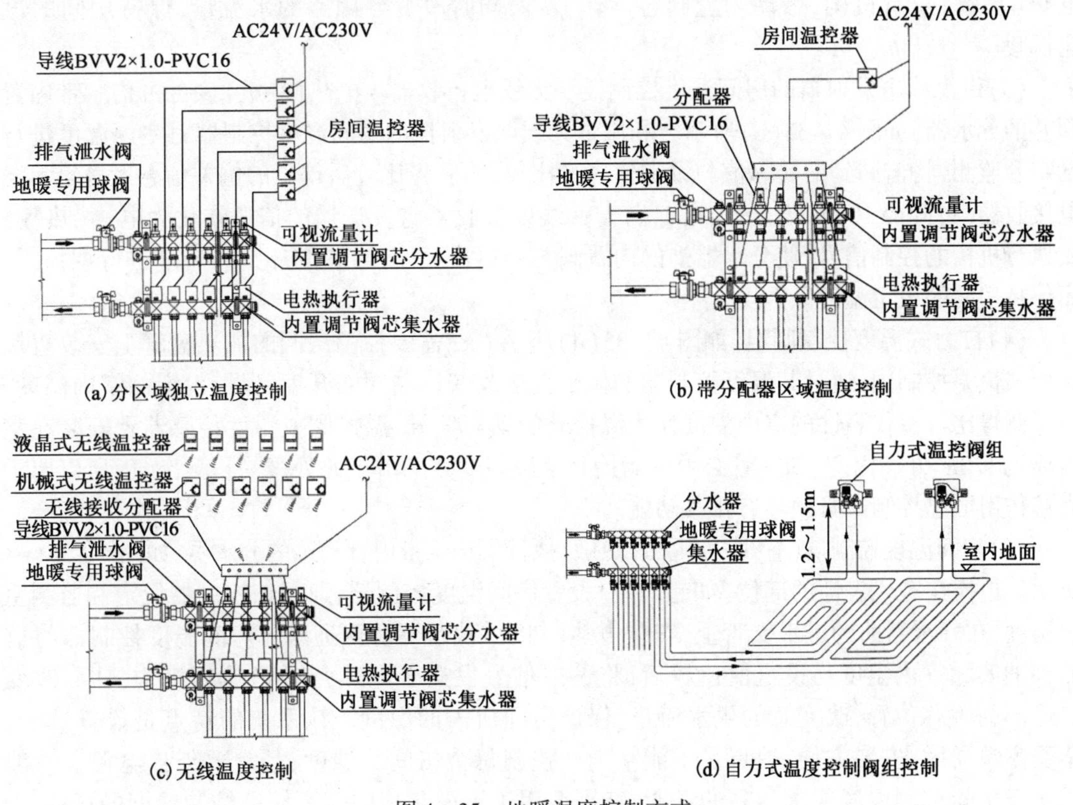

图4-35　地暖温度控制方式

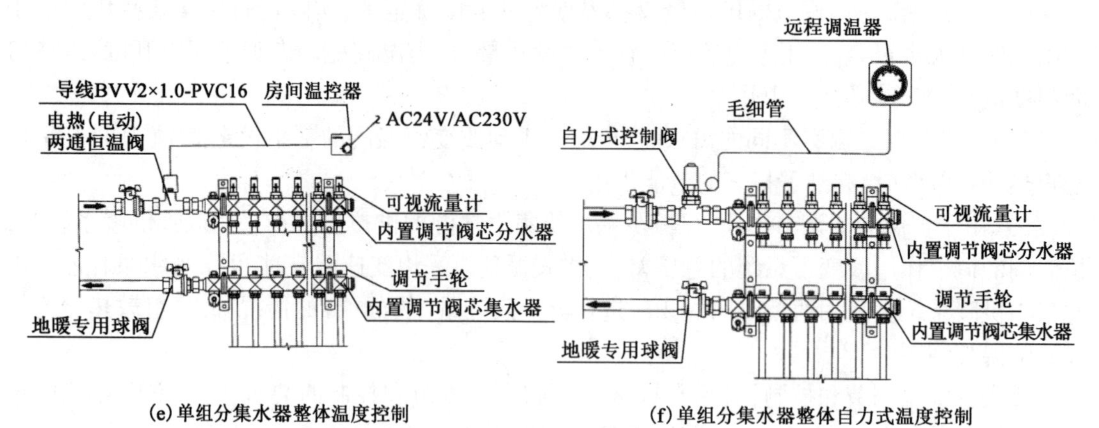

(e)单组分集水器整体温度控制

(f)单组分集水器整体自力式温度控制

图4-35 地暖温度控制方式(续)

室温控制可选择采用以下任何一种模式:

(1)房间温度控制器(有线)+电热(热敏)执行机构+带内置阀芯的分水器,如图4-35(a)所示。通过房间温度控制器设定和监测室内温度,将监测到的实际室温与设定值进行比较,根据比较结果输出信号,控制电热(热敏)执行机构的动作,带动内置阀芯开启与关闭,从而改变被控(房间)环路的供水流量,保持房间的设定温度。

(2)房间温度控制器(有线)+分配器+电热(热敏)执行机构+带内置阀芯的分水器,如图4-35(b)所示。与上一种类似,差异在于房间温度控制器同时控制多个回路,其输出信号不是直接至电热(热敏)执行机构而是到分配器,通过分配器再控制各回路的电热(热敏)执行机构,带动内置阀芯动作,从而同时改变各回路的水流量,保持房间的设定温度。

(3)带无线电发射器的房间温度控制器+无线电接收器+电热(热敏)执行机构+带内置阀芯的分水器,如图4-35(c)所示。利用带无线电发射器的房间温度控制器对室内温度进行设定和监测,将监测到的实际值与设定值进行比较,然后将比较后得出的偏差信息发送给无线电接收器(每间隔10min发送一次信息)。无线电接收器将发送器的信息转化为电热(热敏)式执行机构的控制信号,使分水器上的内置阀芯开启或关闭,对各个环路的流量进行调控,从而保持房间的设定温度。

(4)自力式温度控制阀组,如图4-35(d)所示。在需要控温房间的加热盘管上安装直接作用式恒温控制阀,通过其温度控制器的作用直接改变控制阀的开度,保持设定的室内温度。为了测得比较有代表性的室内温度作为温控阀的动作信号,温控阀或温度传感器要安装在室内离地1.5m处。因此,加热管必须嵌墙抬升至该高度处。由于此处极易积聚空气,所以要求直接作用恒温控制阀必须具有排气功能。

(5)房间温度控制器(有线)+电热(热敏)执行机构+带内置阀芯的分水器,如图4-35(e)所示。选择在有代表性的部位(如起居室)设置房间温度控制器,通过该控制器设定和监测室内温度,在分水器前的进水支管上,安装电热(热敏)执行器和两通阀。房间温度控制器将监测到的实际室内温度与设定值比较后,将偏差信号发送至电热(热敏)执行机构,从而改变二通阀的阀芯位置,改变总的供水流量,保证房间所需的温度。该系统的特点是投资较少、感受室温灵敏、安装方便;缺点是不能精确地控制每个房间的温度,且需要外接电源。一般适用于房间控制温度要求不高的场所,特别适用于大面积房间需要统一控制温度的场所。

(6)典型房间温度控制器(无线)+电动通断控制阀或电动调节阀,如图4-35(f)所示。选择在有代表性的部位(如起居室)设置房间温度控制器,设定和监测室内温度。在热用户入户管道(分水器前进水管)安装电动通断控制阀或电动调节阀。房间温度控制器将监测到的实际室内温度与设定值比较后,将偏差信号发送至电动通断控制阀或电动调节阀,从而改变热用户的供水通断阀频率或总供水流量,实现房间温度调节。本系统适用于分户室温调节的温控计量一体化系统及数据远传系统,并构成智慧供热的数据信息系统。

第二节 空调系统节能技术

目前,大型公共建筑中,空调系统能耗占整个建筑能耗的比例约为40%~60%,所以空调系统降能耗是建筑节能的关键。

一、空调冷热源

公共建筑中,冷、热源的能耗占空调系统能耗40%以上。经过多年的技术发展,空调冷源类型繁多,电制冷机组、溴化锂吸收式机组及蓄冷储热设备等各具特色,地源热泵、蒸发冷却等利用可再生能源或天然冷源的技术应用范围也很广泛。由于不同的机组、设备会受到能源、环境、工程状况、使用时间及要求等多种因素的影响和制约,因此要客观全面地对冷热源方案进行技术经济比较,以可持续发展的思路确定合理的冷热源方案。

通常,按照工作原理把空调冷源设备分为压缩式制冷、吸收式制冷两大类。压缩式冷水机组通常分为活塞式、螺杆式和离心式三种设备;吸收式制冷又有蒸汽型、直燃型和热水型三种常用类型。

从能量消耗角度来说,可以把空调冷源设备按照动力来源分为电能驱动、热能驱动、其他三种类型。

(一)电能驱动类空调冷热源

电能驱动类空调冷热源经过多年的发展,技术已经非常成熟,具有能效高、系统简单灵活、占地面积小等特点,在城市电网夏季供电充足的区域适宜选用电动压缩式冷水机组。

冷水机组是集中空调系统的主要耗能设备,其性能高低很大程度上决定了空调系统的能效。而我国地域辽阔,南北气候差异大,严寒地区的冷水机组夏季运行时间较短,从北到南,冷水机组的全年运行时间不断延长,而夏热冬暖地区部分公共建筑中的冷水机组甚至需要全年运行,因此对于冷水机组的性能提出不同的限值要求。

1. 性能系数 *COP*(coefficient of performance)

采用电动机驱动的蒸汽压缩循环冷水(热泵)机组时,其在名义制冷工况和规定条件下的性能系数(*COP*)见表4-10,并应符合下列规定:水冷定频机组及风冷或蒸发冷却机组的性能系数(*COP*)不应低于下表的数值;水冷变频离心式机组的性能系数(*COP*)不应低于下表中数值的0.93倍;水冷变频螺杆式机组的性能系数(*COP*)不应低于下表中数值的0.95倍。

表 4-10　名义制冷工况和规定条件下冷水(热泵)机组的制冷性能系数(*COP*)

类型		名义制冷量 *CC*(kW)	性能系数 *COP*(W/W)					
			严寒A、B区	严寒C区	温和地区	寒冷地区	夏热冬冷地区	夏热冬暖地区
水冷	活塞式涡旋式	*CC*≤528	4.10	4.10	4.10	4.10	4.20	4.40
	螺杆式	*CC*≤528	4.60	4.70	4.70	4.70	4.80	4.90
		528 < *CC*≤1163	5.00	5.00	5.00	5.10	5.20	5.30
		CC > 1163	5.20	5.30	5.40	5.50	5.60	5.60
	离心式	*CC*≤1163	5.00	5.00	5.10	5.20	5.30	5.40
		1163 < *CC*≤2110	5.30	5.40	5.40	5.50	5.60	5.70
		CC > 2110	5.70	5.70	5.70	5.80	5.90	5.90
风冷/蒸发冷却	活塞式涡旋式	*CC*≤50	2.60	2.60	2.60	2.60	2.70	2.80
		CC > 50	2.80	2.80	2.80	2.80	2.90	2.90
	螺杆式	*CC*≤50	2.70	2.70	2.70	2.80	2.90	2.90
		CC > 50	2.90	2.90	2.90	3.00	3.00	3.00

注:*COP* 是设计工况下,电驱动制冷系统的制冷量与制冷机、冷却水泵及冷却塔净输入能量之比。

2. 综合部分负荷性能系数(*IPLV*)

实际运行中,冷水机组绝大部分时间处于部分负荷工况下运行,只选用单一的满负荷性能指标来评价冷水机组的性能并不能全面体现冷水机组的真实能效,还需考虑冷水机组在部分负荷运行时的能效。电动机驱动的蒸汽压缩循环冷水(热泵)机组的综合部分负荷性能系数(*IPLV*)应按下式计算:

$$IPLV = 1.2\% \times A + 32.8\% \times B + 39.7\% \times C + 26.3\% \times D \qquad (4-1)$$

式中　*A*——100%负荷时的性能系数(W/W),冷却水进水温度30℃/冷凝器进气干球温度35℃;

B——75%负荷时的性能系数(W/W),冷却水进水温度26℃/冷凝器进气干球温度31.5℃;

C——50%负荷时的性能系数(W/W),冷却水进水温度23℃/冷凝器进气干球温度28℃;

D——25%负荷时的性能系数(W/W),冷却水进水温度19℃/冷凝器进气干球温度24.5℃。

IPLV 是对机组4个部分负荷工况条件下性能系数的加权平均值,相应的权重综合考虑了建筑类型、气象条件、建筑负荷分布以及运行时间,是根据4个部分负荷工况的累积负荷百分比得出的。相对于评价冷水机组满负荷性能的单一指标 *COP* 而言,*IPLV* 的提出提供了一个评价冷水机组部分负荷性能的基准和平台,完善了冷水机组性能的评价方法,有助于促进冷水机组生产厂商对冷水机组部分负荷性能的改进,促进冷水机组实际性能水平的提高。

电动机驱动的蒸汽压缩循环冷水(热泵)机组的综合部分负荷性能系数(*IPLV*)见表4-11。水冷定频机组的 *IPLV* 不应低于表中的数值;水冷变频离心式冷水机组的 *IPLV* 不应低于下表中水冷离心式冷水机组限值的1.30倍;水冷变频螺杆式冷水机组的 *IPLV* 不应低于下表中水冷螺杆式冷水机组限值的 1.15 倍。

表 4-11　冷水（热泵）机组综合部分负荷性能系数（*IPLV*）

类型		名义制冷量 *CC*（kW）	综合部分负荷性能系数 *IPLV*					
			严寒A、B区	严寒C区	温和地区	寒冷地区	夏热冬冷地区	夏热冬暖地区
水冷	活塞式涡旋式	*CC*≤528	4.90	4.90	4.90	4.90	5.05	5.25
	螺杆式	*CC*≤528	5.35	5.45	5.45	5.45	5.55	5.65
		528 < *CC*≤1163	5.75	5.75	5.75	5.85	5.90	6.00
		CC > 1163	5.85	5.95	6.10	6.20	6.30	6.30
	离心式	*CC*≤1163	5.15	5.15	5.25	5.35	5.45	5.55
		1163 < *CC*≤2110	5.40	5.50	5.55	5.60	5.75	5.85
		CC > 2110	5.95	5.95	5.95	6.10	6.20	6.20
风冷/蒸发冷却	活塞式涡旋式	*CC*≤50	3.10	3.10	3.10	3.10	3.20	3.20
		CC > 50	3.35	3.35	3.35	3.35	3.40	3.45
	螺杆式	*CC*≤50	2.90	2.90	2.90	3.00	3.10	3.10
		CC > 50	3.10	3.10	3.10	3.20	3.20	3.20

3. 电冷源综合制冷性能系数（*SCOP*）

在现有的建筑节能标准中，只对单一空调设备的能效相关参数限值作了规定。例如，规定冷水（热泵）机组制冷性能系数（*COP*）、单元式机组能效比等，却没有对整个空调冷源系统的能效水平进行规定。实际上，最终决定空调系统耗电量的是包含空调冷热源、输送系统和空调末端设备在内的整个空调系统，整体更优才能达到节能的最终目的，因此引入空调系统电冷源综合制冷性能系数（*SCOP*），它是名义制冷量（kW）与冷源系统的总耗电量（kW）之比。这个参数考虑了机组和输送设备以及冷却塔之间的匹配性，一定程度上能够督促设计人员重视冷源选型时各设备之间的匹配性，提高系统的节能性。通过对公共建筑集中空调系统的配置及实测能耗数据的调查分析，结果表明在设计阶段，对电冷源综合制冷性能系数（*SCOP*）进行要求，在一定范围内能有效促进空调系统能效的提升。但需要注意，仅从 *SCOP* 数值的高低并不能直接判断机组的选型及系统配置是否合理。*SCOP* 若太低，空调系统的能效必然也低，但实际运行并不是 *SCOP* 越高系统能效就一定越好。

SCOP 适用于采用冷却塔冷却、风冷或蒸发冷却的冷源系统，不适用于通过换热器换热得到冷却水的冷源系统。这主要是由于采用地表水、地下水或地埋管中循环水作为冷却水时，为了避免水质或水压等各种因素对系统的影响而采用了板式换热器进行系统隔断，增加的循环水泵能耗会使整个冷源的 *SCOP* 下降。

现行国家标准《蒸气压缩循环冷水（热泵）机组第 1 部分：工业或商业用及类似用途的冷水（热泵）机组》GB/T 18430.1—2007 的规定，风冷机组的 *COP* 计算中消耗的总电功率包括了放热侧冷却风机的电功率，因此风冷机组名义工况下的 *COP* 值即为其 *SCOP* 值。

空调系统的 *SCOP* 不应低于表 4-12 的数值。对多台冷水机组、冷却水泵和冷却塔组成的冷水系统，应将实际参与运行的所有设备的名义制冷量和耗电功率综合统计计算，当机组类型不同时，其限值应按冷量加权的方式确定。

表 4-12　空调系统的电冷源综合制冷性能系数($SCOP$)

类型		名义制冷量 CC (kW)	性能系数 COP(W/W)					
			严寒A、B区	严寒C区	温和地区	寒冷地区	夏热冬冷地区	夏热冬暖地区
水冷	活塞式涡旋式	$CC \leqslant 528$	3.3	3.3	3.3	3.3	3.4	3.6
	螺杆式	$CC \leqslant 528$	3.6	3.6	3.6	3.6	3.6	3.7
		$528 < CC \leqslant 1163$	4	4	4	4	4.1	4.1
		$CC > 1163$	4	4.1	4.2	4.4	4.4	4.4
	离心式	$CC \leqslant 1163$	4	4	4	4.1	4.1	4.5
		$1163 < CC < 2110$	4.1	4.2	4.2	4.4	4.4	4.5
		$CC \geqslant 2110$	4.5	4.5	4.5	4.5	4.6	4.6

(二)热能驱动类空调冷热源

利用热能完成制冷剂循环和吸收剂循环的制冷机称为吸收式制冷机。热能驱动类空调冷热源按照提供热能的种类可以分为以下三大类。

1. 废热、工业余热

采用废热或工业余热可变废为宝,节约资源和能耗。当废热或工业余热的温度较高、经技术经济论证合理时,冷源采用吸收式冷水机组。

2. 可再生能源

近年来政府一方面利用大量补贴、税收优惠政策来刺激清洁能源产业发展,另一方面也通过法规,帮助能源公司购买、使用可再生能源。因此,在技术经济合理的情况下,空调冷、热源可利用浅层地能、太阳能、风能等可再生能源。但是可再生能源受到气候等原因的限制可能无法保证使用,需要设置辅助冷、热源来满足建筑的需求。

3. 燃气、燃油、燃煤机组

对于采用电能制冷会受到较大的限制,既无城市热网,也没有较充足供电的地区,如果燃气供应充足的话,可以采用燃气锅炉、燃气热水机作为空调供热的热源,燃气吸收式冷(温)水机组作为空调冷源。

既没有城市热网,也缺乏燃气供应的地区,集中空调系统只能采用燃煤或者燃油来提供空调热源和冷源。采用燃油时,可以采用燃油吸收式冷(温)水机组。采用燃煤时,则只能采用吸收式冷水机组来作为空调冷源。选用这种方式时,需要综合考虑燃油的价格和当地环保要求。

(三)其他类型空调冷热源

1. 蒸发冷却冷水机组

蒸发冷却空调技术是利用空气的干湿球温度差,通过水与空气之间的热湿交换来获取冷量的一种环保高效而且经济的冷却方式。具有较低的冷却设备成本、能大幅度降低用电量和用电高峰期对电能的要求、减少温室气体和氟氯化碳(CFC)排放量的特点,被称为"零费用制冷技术""绿色空调""仿生空调",是真正意义上的节能环保和可持续发展的制冷空调技术,在我国的实施减排中起着重要作用。

我国幅员辽阔，地区海拔差异很大，受海上风及地理位置等因素的影响，形成湿热、温湿、干旱及半干旱等多样气候条件，多样的气候条件决定了蒸发冷却冷水机组在不同的地区有不同的适用性。在室外气象条件满足要求的前提下，推荐在夏季空调室外设计露点温度较低的地区(通常在低于16℃的地区)，如干热气候区的新疆、内蒙古、青海等，采用蒸发冷却空调系统，降温幅度大约能达到10～20℃的明显效果，有利于空调系统的节能。

蒸发冷却冷水机组分为直接蒸发冷却冷水机组、间接蒸发冷却冷水机组、间接—直接蒸发冷却冷水机组。根据水蒸发冷却原理，蒸发冷却冷水机组制取的冷水温度受气象条件的限制，在不同的气象条件下制取的冷水温度有所不同。直接蒸发和间接蒸发冷却冷水机组的供水温度主要取决于室外湿球温度和干、湿球温度差。采用间接—直接蒸发冷却冷水机组的供水温度介于低于湿球温度而接近露点温度的范围。

直接蒸发冷却冷水机组的工作介质(冷却排风)与产出介质(冷水)直接接触，工作介质温度升高，湿度增加，排至室外，而产出介质降温后，送入室内显热末端，如干式风机盘管、辐射末端、冷梁等。

间接蒸发冷却冷水机组的工作介质(冷却排风及循环喷淋水或冷却水)与产出介质(冷水)不直接接触。产出介质始终在冷却盘管内流动，通过冷却盘管壁与外界工作介质进行换热，工作介质温度升高，排至室外；而管内的产出介质降温后，送入室内显热末端，如干式风机盘管、辐射末端、冷梁等。

间接—直接蒸发冷却复合冷水机组的工作过程就是间接蒸发冷却和直接蒸发冷却的复合过程。首先室外空气先经过一个间接蒸发冷却器实现等湿降温后再经过滴水填料与循环水充分接触，实现等焓降温直接蒸发冷却，通过这个间接—直接蒸发冷却复合冷水机组，可以获得较低温度的冷水。

蒸发冷却冷水机组按照末端温差可分为：大温差型冷水机组，其适宜的最大温差为10℃；小温差型冷水机组，其适宜的最大温差为5℃。采用哪种形式的冷水机组要结合当地室外空气计算参数、室内冷负荷特性、末端设备的工作能力合理确定，其适宜的机组形式及判定条件见表4－13。

表4－13　适宜的蒸发冷却冷水机组形式及其判定条件

适宜蒸发冷却的冷水机组形式	直接蒸发或间接蒸发冷却冷水机组	间接—直接蒸发冷却冷水机组
判定条件	$\frac{t_W - 18}{t_W - t_N} \leq 80\%$	$80\% \leq \frac{t_W - 21}{t_W - t_N} \leq 120\%$

注：t_W 为夏季空气调节室外计算干球温度，t_N 为夏季空气调节室外计算湿球温度，18℃、21℃为蒸发冷却冷水机组出水温度设计值。

2. 蓄能系统

蓄能系统的合理使用，能够明显提高城市或区域电网的供电效率，优化供电系统，转移电力高峰，平衡电网负荷。同时，在分时电价较为合理的地区，也能为用户节省全年运行电费。为充分利用现有电力资源，鼓励夜间使用低谷电，国家和各地区电力部门制定了峰谷电价差政策。蓄能系统详见本书第五章。

蓄能系统可以搭配使用低温送风空调系统。

3. 冷热电联供

从节能角度来说，能源应充分考虑梯级利用，如采用热、电、冷联产的方式。《中华人民共和国节约能源法》明确提出:"大型热电冷联产是利用热电系统发展供热、供电和供冷为一体的能源综合利用系统。冬季用热电厂的热源供热,夏季采用溴化锂吸收式制冷机供冷,使热电厂冬夏负荷平衡,高效经济运行。"因此,当条件具备时冷热电联供是优先考虑的冷热源方案。

4. 分布式能源站

分布式能源站是布置在用户附近,以燃气、电力、可再生能源等作为可选择的输入能源,向用户供应能够就地消纳的电能或电能、热(冷)能组合的能源加工转换场所。

分布式能源站作为冷热源时,适宜选用由自身发电驱动、以热电联产产生的余热为低位热源的热泵系统来综合利用能源,余热利用系统配置形式与特点见表4－14。热电联产如果仅考虑如何用热,而电力只是并网上网,就失去了分布式能源就地发电的意义,其综合能效还不及燃气锅炉,在现行上网电价条件下经济效益也很差,必须充分发挥自身产生电力的高品位能源价值。

表4－14　余热利用系统配置形式与特点

发电机	余热形式	中间热回收	余热利用设备	用途
涡轮发电机	烟气	无	烟气双效吸收式制冷机、烟气补燃双效吸收式制冷机	空调、供暖、生活热水
内燃发电机	烟气高温冷却水	无	烟气热水吸收式制冷机、烟气热水补燃吸收式制冷机	空调、供暖、生活热水
大型燃气轮机热电厂	烟气蒸汽	余热锅炉蒸汽轮机	蒸汽双效吸收式制冷机、　烟气双效吸收式制冷机	空调、供暖、生活热水
微型燃气轮机	低温烟气	—	烟气双效吸收式制冷机、烟气单效吸收式制冷机	空调、供暖

图4－36为某工业园区分布式冷热电能源系统,包括动力设备(内燃发电机组)、制冷设备(余热吸收式制冷机组、吸收式除湿机)和供热设备(换热器)。能量输入为天然气,能量输出为电力、冷量(含除湿)和生活热水,系统发电装机总功率1200kW。该系统的能量输入及输出情况见表4－15。

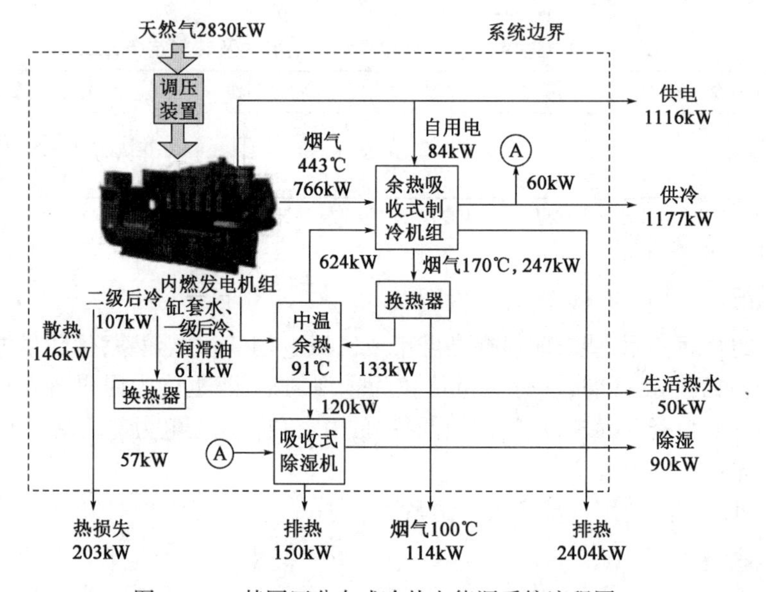

图4－36　某园区分布式冷热电能源系统流程图

表4－15　某园区分布式冷热电能源系统能量输入及输出情况

	能量形式	能量数量(kW·h)
能量消耗	天然气	2830
能量输出	用户用电量	1116
	供冷量(含除湿)	1177
	热水	50

以上所述的冷热源形式可以单独使用,当具有电、城市供热、天然气、城市煤气等多种人工能源以及多种可能利用的天然能源形式时,也可采用几种能源合理搭配作为空调冷热源,如“电＋气”“电＋蒸汽”等。节能减排的形势要求下,多种能源形式向一个空调系统供能的可以实现能源的梯级利用、综合利用、集成利用。实际上很多工程都通过技术经济比较后采用了复合能源方式,降低了投资和运行费用,取得了良好的经济效益。城市的能源结构若是几种共存,空调也可适应城市的多元化能源结构,用能源的峰谷季节差价进行设备选型,提高能源的一次能效,使用户得到实惠。

二、空调水系统

(一)空调冷冻水系统

1.两管制及四管制水系统

当建筑所有区域只要求按季节同时进行供冷和供热转换时,采用如图4－37所示的只有一根供水管和一根回水管的两管制空调水系统完全可以满足要求,优先推荐使用。当空调水系统的供冷和供热工况转换频繁或需要同时使用时,采用如图4－38所示的有两根供水管和两根回水管的四管制空调水系统,末端可以根据实际情况采用单盘管或双盘管。目前很多新建公共建筑为了彰显高标准高舒适度,不对实际使用进行详尽分析,不充分利用新风天然冷量盲目采用四管制系统是对能量的一种极大浪费。

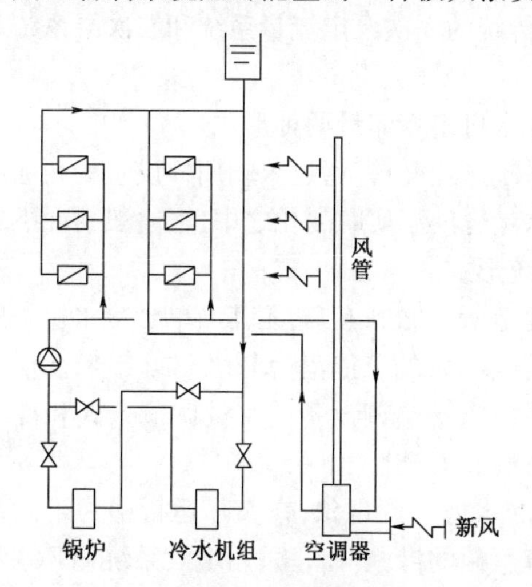

图4－37　两管制系统

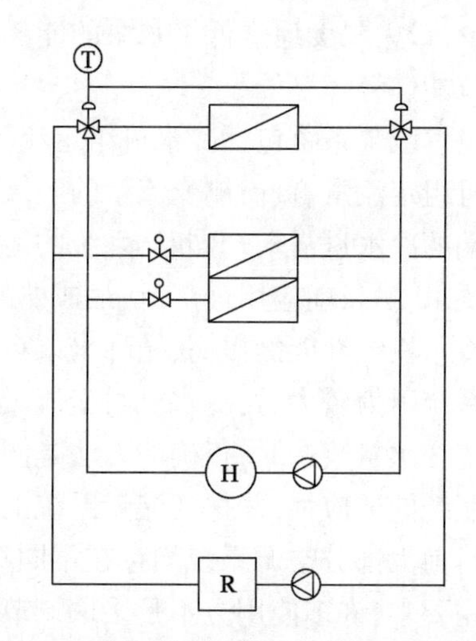

图4－38　四管制系统(单盘管、双盘管)

当建筑内一些区域的空调系统需要全年供冷,其他区域仅要求按季节进行供冷和供热转换时,可采用分区两管制空调水系统,系统形式如图4－39所示。需全年供冷的区域(不仅限于内区)在非供冷季首先应该直接采用室外新风作冷源,如针对全空气系统可以通过增大新风比、设置独立新风系统来增大新风量。只有在新风冷源不能满足供冷量需求时,才需要在供热季设置为全年供冷区域单独供冷水的管路,即分区两管制系统。对于一般工程,如果仅在理论上存在一些内区,但实际使用时发热量常比夏季采用的设计数值小且不长时间存在,或这些区域冬季即使短时温度较高也不影响使用,这时候采用分区两管制系统常出现不能正常使用的情况,甚至在冷负荷小于热负荷时出现房间温度过低而无供热手段的情况。因此工程中应考虑建筑是否真正存在冷负荷较大需要全年供应冷水的区域,确定最经济和满足要求的空调管路制式。

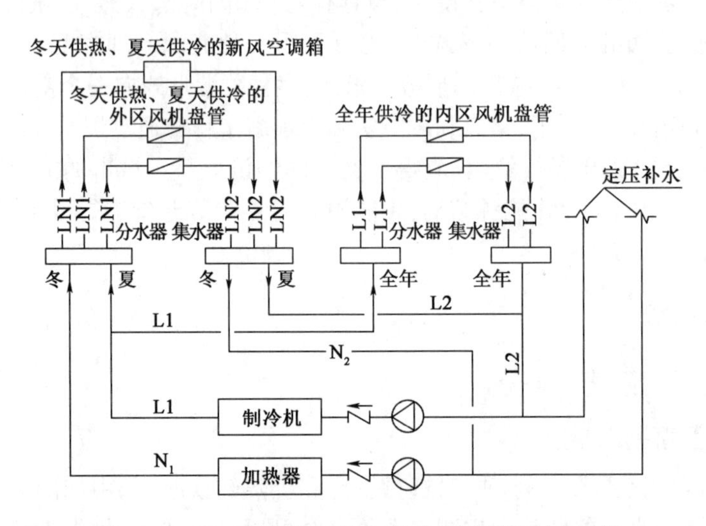

图 4－39　典型的风机盘管加新风分区两管制水系统

2. 变流量一级泵系统

冷水水温和供回水温差要求一致且各区域管路压力损失相差不大的中小型工程适宜采用如图 4－40 所示的变流量一级泵系统。变流量一级泵系统利用变速装置,根据末端负荷调节系统水流量,最大限度地降低了水泵的能耗,与传统的一次泵定流量系统和二次泵系统相比具有很大的节能优势。

变流量一级泵系统包括冷水机组定流量、冷水机组变流量两种形式。

冷水机组定流量、负荷侧变流量的一级泵系统形式简单,通过末端用户设置的两通阀自动控制各末端的冷水量需求。同时,系统的运行水量也处于实时变化之中,在一般情况下均能较好地满足要求,是目前应用最广泛、最成熟的系统形式。

随着冷水机组性能的提高,循环水泵在能耗上所占比例上升,尤其当单台冷水机组所需流量较大或系统阻力较大时,冷水机组变流量运行其水泵的节能潜力较大。近年来在很多建筑中进行系统变水量改造时,正确的方法是同时考虑末端空调设备的水量调节方式和冷水机组对变水量系统的适应性,确保变流量系统的可行性和安全性。

由于目前大部分空调系统均存在不同程度的水力失调现象,在实际运行中为了满足所有用户的使用要求,许多使用方不是采取调节系统平衡的措施,而是采用增大系统循环水量来克服自身的水力失调,造成大量的空调水系统处于“大流量、小温差”的运行状态。系统改造为变流量后,由于在低负荷状态下,系统水量降低,系统自身的水力失调现象将会表现得更加明显,会导致不利端用户的空调使用效果无法保证。因此在进行变水量系统改造时应采取必要的措施保证末端空调系统的水力平衡特性。

3. 变流量二级泵系统

系统作用半径较大、设计水流阻力较高的大型工程一般采用如图4－41所示的变流量二级泵系统。当各环路的设计水温一致且设计水流阻力接近时，二级泵一般集中设置；当各环路的设计水流阻力相差较大或各系统水温或温差要求不同时，则按区域或系统分别设置二级泵，且二级泵采用调速泵。

冷源设备集中但用户分散的区域供冷的大规模空调冷水系统，当二级泵的输送距离较远且各用户管路阻力相差较大，或者水温（温差）要求不同时，可采用多级泵系统，各级泵采用调速泵。

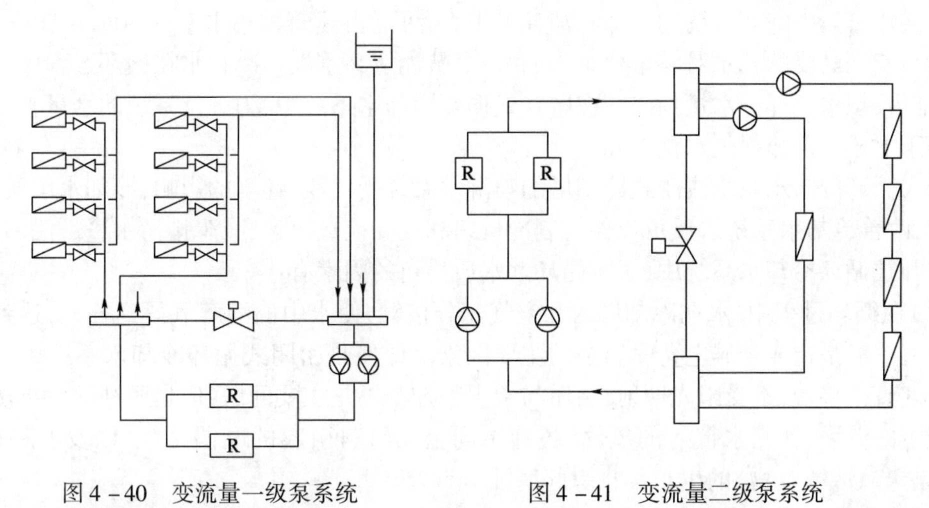

图4－40　变流量一级泵系统　　　　图4－41　变流量二级泵系统

4. 冷热水循环泵的设置

由于冬、夏季空调水系统流量及系统阻力相差很大，两管制系统如果冬夏季合用循环水泵，一般按系统的供冷运行工况选择循环泵。供热时系统和水泵工况不吻合导致水泵不在高效区运行，而且系统小温差大流量运行，浪费电能。即使冬季改变系统的压力设定值，水泵变速运行，水泵在冬季负荷下也可能长期低速运行，降低效率，因此两管制空调水系统应分别设置冷水和热水循环泵。如果冬、夏季冷热负荷大致相同，冷热水温差也相同（如采用直燃机、水源热泵等），流量和阻力基本吻合，或者冬夏不同的运行工况与水泵特性相吻合时，从减少投资和机房占用面积的角度出发，也可以合用循环泵。

（二）空调冷却水系统

冷却水系统除了和冷冻水系统一样尽力减小在管道系统中的输送能耗，还要重视其在冷却塔内的能耗。

循环冷却水系统通常以循环水是否与空气直接接触而分为密闭式系统和敞开式系统。民用建筑空气调节系统一般采用敞开式循环冷却水系统。当采用水环热泵系统，以及数据机房、计算机房等需要常年供冷区域的空调情况时，气候条件适宜时利用冷却塔作为冷源提供空调用冷水，这时可采用间接换热方式的冷却水系统，此时的冷却塔通常采用密闭式。

1. 冷却塔位置设置

冷却塔位置设置直接影响热湿交换效果，一般需要设置在气流通畅、湿热空气回流影响小（回流是指机械通风冷却塔运行时，从冷却塔排出的湿热空气，一部分又回到进风口重新进入塔内）、建筑物最小频率风向的上风侧。不能布置在热源、废气和烟气排放口附近，也不适宜布置在高大建筑物中间的狭长地带上。

当采用多台冷却塔双排布置时，需要考虑湿热空气回流对冷却效率的影响，因此设计时必须对选用的成品冷却器的热力性能进行校核，并采取相应的技术措施（如提高气水比）。在目前的一些工程设计中，片面考虑建筑外立面美观等原因，将冷却塔安装区域用建筑外装修进行遮挡，忽视了冷却塔通风散热的基本要求，导致冷水机组不能达到设计的制冷能力，只能靠增加冷水机组的运行台数等非节能方式来满足建筑空调的需求，加大了空调系统的运行能耗。

2. 补水能耗

公共建筑集中空调系统的冷却水消耗量很大，可能占建筑物用水量的30% ~50%。减少冷却水系统不必要的耗水对整个建筑物的节水、节能意义重大。冷却水在循环过程中，主要有蒸发、排污、飘水三部分水量损失。在敞开式循环冷却水系统中，为维持系统的水量平衡，补充水量等于上述三部分损失水量之和。

开式循环冷却水系统或闭式冷却塔的喷淋水系统受气候、环境的影响，冷却水水质比闭式系统差，改善冷却水系统水质可以保护制冷机组和提高换热效率，减少排污水量。民用建筑空调的敞开式循环冷却水系统中，影响循环水水质稳定的因素有：

（1）在循环过程中，水在冷却塔内和空气充分接触，使水中的溶解氧得到补充，达到饱和，水中的溶解氧是造成金属电化学腐蚀的主要因素。即使是密闭式循环冷却水系统中，虽然水不与空气直接接触，不受阳光照射，结垢与微生物控制不是主要问题，但是腐蚀问题仍然存在。可能产生的泄漏、补充水带入的氧气、各种不同金属材料引起的电偶腐蚀，以及各种微生物（特别是厌氧区微生物）的生长都将引起腐蚀。

（2）水在冷却塔内蒸发，使循环水中含盐量逐渐增加，加上水中二氧化碳在塔中解析逸散，使水中碳酸钙在传热面上结垢析出的倾向增加。

（3）冷却水和空气接触，吸收了空气中大量的灰尘、泥沙、微生物及其孢子，使系统的污泥增加。冷却塔内的光照、适宜的温度、充足的氧和养分都有利于细菌和藻类的生长，从而使系统黏泥增加，在换热器内沉积下来，形成了黏泥的危害。

以上因素导致冷却水系统换热设备的水流阻力加大，水泵的电耗增加，传热效率降低，造成换热器腐蚀并泄漏等问题。水质稳定处理，主要任务是去除悬浮物、控制泥垢及结垢、控制腐蚀及微生物三个方面。

民用建筑空调系统的循环冷却水一般是通过设置水处理装置和化学加药装置改善水质，减少排污耗水量。水处理通常采取旁滤处理（取部分循环水量按要求进行处理后，仍返回系统）。旁滤处理方法可分为去除悬浮固体和溶解固体两类。在民用建筑空调系统中通常是去除悬浮固体，这是因为从空气中带进系统的悬浮杂质以及微生物繁殖所产生的黏泥，补充水中的泥沙、黏土、难溶盐类，循环水中的腐蚀产物、菌藻、冷冻介质的渗漏等因素使循环水的浊度增加，仅依靠加大排污量是不能彻底解决的，也是不经济的。

冷却塔的蒸发耗水量是其必须的消耗，而随风飘散到冷却塔外的冷却水是无效耗水，其值越小意味着冷却塔节水性能越好。性能较差的冷却塔其飘水耗水量可能会超过循环水量的0.2%，一栋$1\times10^4m^2$的写字楼一般配置冷却塔在$300m^3/h$左右，按照每天运行12h计算，年耗水量超过$864m^3$，因此限制冷却塔的飘水率对建筑节水有重要作用。

开式冷却塔或闭式冷却塔的喷淋水系统设计不当时，高于集水盘的冷却水管道中部分水量在停泵时有可能溢流排掉。为减少上述水量损失，设计时可采取加大集水盘、设置平衡管或平衡水箱等方式，相对加大冷却塔集水盘浮球阀至溢流口段的容积，避免停泵时的泄水和启泵时的补水浪费。

在补水总管上设置水流量计量装置，对补水量进行计量能让管理者主动建立节能意识，同时为政府管理部门监督管理提供一定的依据。

三、空调风系统

（一）风系统阻力

空调风系统在设计时应该尽量减少系统阻力从而降低风系统的输配能耗。

在实际工程中，风管长短边比过大（矩形风管长短边比不宜大于4，不应超过10）、管件连接不合理、风速偏大的现象较为普遍，直接造成系统阻力大能耗高。设计的过程中不应滥用联箱、急剧变径，要注意弯管曲率半径的要求、导流叶片的设置、风管与风机或空调机组的通畅连接。在满足射程和气流分布的前提下，优先采用低阻力型送风口。

（二）风机能耗

风机的能耗取决于效率，因此应选用高效率的风机。《通风机能效限定值及能效等级》GB 19761—2020中将通风机的能效等级分为1、2、3级，其中1级最高，3级最低。规定选用风机能效限定值不低于3级，节能评价值不低于2级。《绿色建筑评价标准》GB/T 50378—2019中将水泵、风机的节能评价值作为评分项。

在满足给定的风量和风压要求的条件下，通风机在最高效率点工作时，其轴功率最小。但是由于风机规格所限，不可能保证设计工况的工作点恰好是所选择风机的最高效率点，一般要求应处于通风机的高效工作区内（90%以上）。根据我国目前通风机的生产及供应情况来看，做到这一点是不难的。

空调风系统和通风系统的风量大于10000m³/h时，风道系统单位风量耗功率（W_S）不宜大于表4-16的数值。做此规定的目的是鼓励优化风管系统划分、机房布置及管网设计，适当减小风系统的作用半径，降低系统设计工况下的阻力，从而降低输配系统的能耗，鼓励选用高性能风机。

$$W_S = p/(3600 \times \eta_{CD} \times \eta_F) \quad (4-2)$$

式中 W_S——风道系统单位风量耗功率，W/（m³/h）；

p——空调机组的余压或通风系统风机的风压，Pa；

η_{CD}——电动机及传动效率，%（取0.855）；

η_F——风机效率，%。

表4-16 风道系统单位风量耗功率 W_S

系统形式	W_S 限值［W/（m³/h）］
机械通风系统	0.27
新风系统	0.24
办公建筑定风量系统	0.27
办公建筑变风量系统	0.29
商业、酒店建筑全空气系统	0.30

随着工艺需求和气候等因素的变化,建筑对通风量的要求也随之改变。系统风量的变化会引起系统阻力更大的变化。对于运行时间较长且运行过程中风量、风压有较大变化的系统,为节省系统运行费用可考虑采用双速或变速风机。对于要求不高的系统,为节省投资通常可采用双速风机,但要对双速风机的工况与系统的工况变化进行校核。对于要求较高的系统采用变速风机,采用变速风机的系统节能性更加显著,但是采用变速风机的通风系统应配备合理的控制措施。

(三)过渡季新风

空调系统设计时不仅要考虑到设计工况,而且要考虑全年运行模式。在过渡季①,空调系统采用全新风或增大新风比运行,都可以有效地改善空调区内空气的品质,大量节省空气处理所需消耗的能量,因此应注重进行有效的运行调节管理。但要实现全新风运行,设计时必须认真考虑新风进风口和新风管所需的截面积,并妥善安排好排风,确保室内满足正压值的要求。

全空气空调系统的风机容量、送风管截面积有利于在过渡季实现大新风比运行,设计时要以实现全新风运行作为努力目标。商场、展览等场所人员密集、内部发热量大,全空气空调系统过渡季节加大新风比可取得更显著的节能效果,这些部位可达到的最大新风比至少要满足50%,条件允许时还要在此基础上提高。

低温送风系统的送风量小,相同新风量对应的新风比大于常规全空气空调系统,此时对系统变新风比的评判不应仅以新风比作为指标,而应该关注新风量加大的具体数值。

在风机盘管或多联机加新风的系统中,过渡季加大新风量也有节能效果。但加大新风量涉及送风管的加大,增设送风机,实施起来有一定的难度。办公、酒店等塔楼建筑的空调机房通常位于核心筒内,难以设置很大面积的新风井道,加大新风量运行存在困难,此时不做强制要求,但是可以通过开窗等行为节能方式加大新风量。

利用新风免费供冷(增大新风比)工况的判别方法可采用固定温度法、温差法、固定焓法、电子焓法、焓差法等。从理论分析,采用焓差法的节能性最好,然而该方法需要同时检测温度和湿度,但湿度传感器误差大、故障率高,需要经常维护,数年来在国内外的实施效果不够理想。而固定温度法和温差法,在工程中实施最为简单方便。

(四)漏风量

风管系统由于结构的原因,少量漏风是正常的,也可以说是不可避免的。但是过量的漏风,则会影响整个系统功能的实现并造成能源的大量浪费。

允许漏风量是指在系统工作压力条件下,系统风管的单位表面积在单位时间内允许空气泄漏的最大数量。矩形金属风管的严密性检验,在工作压力下的风管允许漏风量应符合表4-17的规定。低压、中压圆形金属与复合材料风管,以及采用非法兰形式的非金属风管的允许漏风量,应为矩形金属风管规定值的50%。砖、混凝土风道的允许漏风量不应大于矩形金属低压风管规定值的1.5倍。排烟、除尘、低温送风及变风量空调系统风管的严密性要符合中压风管的规定,N1~N5级净化空调系统风管的严密性要符合高压风管的规定。目前不允许以漏光来决定漏风量的达标与否。

---

① 即使是夏天,在每天的早晚也有可能出现“过渡季”工况,尤其是全天24h使用的空调系统,因此,不要将“过渡季”理解为一年中的春、秋季节。

表 4－17　风管允许漏风量

风管类别	允许漏风量
低压风管	$\leqslant 0.1056p^{0.65}$
中压风管	$\leqslant 0.0352p^{0.65}$
高压风管	$\leqslant 0.0117p^{0.65}$

注：p 为系统风管工作压力，Pa。

低压风管划分为两个等级，125Pa 及以下的微压风管，以目测检验工艺质量为主，不进行严密性能的测试；125Pa 以上的风管按规定进行严密性能的测试，其漏风量不大于该类别风管的规定。随着国家加强环境保护，大力推行节能、减排的方针深入，通风与空调设备工程作为建筑能耗的大户，严格控制风管的漏风，提高能源的利用率具有较大的实际意义。从工程量的角度来分析，低压风管可占总风管数的 50% 左右，因此提高对低压风管漏风量的控制是一个较好的举措。

工程中存在一些使用砖、混凝土、石膏板等材料构成的土建风道、回风竖井等情况，最突出的问题就是漏风严重。而且由于大部分是隐蔽工程无法检查，导致系统不能正常运行，处理过的空气无法送到设计要求的地点，能量浪费严重。同时由于混凝土等墙体的储热量大，没有绝热层的土建风道会吸收大量的送风能量，严重影响空调效果，因此空气调节风系统一般不应利用土建风道作为送风道和输送冷、热处理后的新风风道。

但在实际工程中，如在一些下送风方式（如剧场等）的设计中，为了管道的连接及与室内设计配合，有时也需要采用一些局部的土建式封闭空腔作为送风静压箱，对这类土建风道或送风静压箱要有严格的防漏风和绝热要求。为防止漏风可采用现浇混凝土风道，采用砖风道时可以内衬钢板。

四、温湿度独立控制空调系统

温湿度独立控制空调系统由相互独立的两套系统分别控制空调区的温度和湿度。与传统空调系统相比，能够更好地实现对建筑热湿环境的调控，具有较大的节能潜力。它的工作原理如图 4－42 所示。空调区的显热负荷由高温冷源设备和干工况室内末端设备承担，空调区的湿负荷由经新风机组处理后的新风承担。

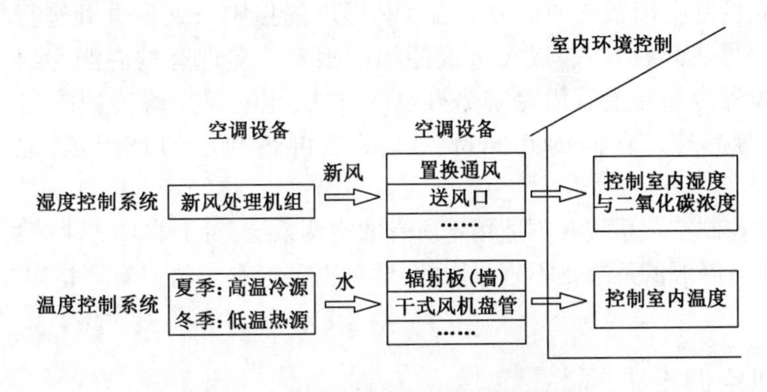

图 4－42　温湿度独立控制空调系统

由于两套独立的空调系统分别控制着空调区的温度与湿度，从而避免了常规空调系统中温度与湿度联合处理所带来的损失（空气冷却除湿后再热升温，冷热抵消）。温度控制系统处理显热时，冷水温度要求低于室内空气的干球温度即可，为天然冷源的利用创造了条件。即使采用人工冷源，系统制冷能效比也高于常规系统，因此冷源效率得到了大幅提升。末端设备干工况运行，避免了室内盘管表面滋生霉菌等。夏季采用高温末端之后，末端的换热能力增大，冬季的热媒温度可明显低于常规系统，这为使用可再生能源等低品位能源作为热源提供了可能性。因此，当空调区散湿量较小时，推荐采用温湿度独立控制空调系统。

由于新风和空调区的全部湿负荷都由湿度控制系统承担，因此，采取何种除湿方式是实现新风湿度控制的关键。常用的有两种方式，一种是吸收（附）式除湿，可以使用溶液除湿或转轮除湿；另外一种是冷却（凝）除湿，如双冷源除湿。

虽然随着技术的不断发展，各种除湿技术的应用日益广泛，但再生等技术手段还有待提高，一旦设计不当会导致投资过高或综合节能效益不佳，无法体现温湿度独立控制的优势。结合以往的工程经验，系统在设计过程中需注意解决好以下三个方面的问题。

（1）除湿方式和高温冷源的选择。

①对于空气含湿量高于12g/（kg·g）的潮湿地区，引入的新风应进行除湿处理之后再送入房间。设计者要通过对空调区全年温湿度要求的分析，合理采用各种除湿方式。如果空调区全年允许的温、湿度变化范围较大，冷却除湿能够满足使用要求，也是可应用的除湿方式之一。对于干燥地区，将室外新风直接引入房间（干热地区可能需要适当的降温，但不需要专门的除湿措施）即可满足房间的除湿要求。

②人工制取高温冷水、高温冷媒系统、蒸发冷却等方式或天然冷源（如地表水、地下水等）都可作为温湿度独立控制系统的高温冷源。一般要对建筑所在地的气候特点进行分析论证后合理采用，主要的原则是尽可能减少人工冷源的使用。

（2）考虑全年运行工况，充分利用天然冷源。

①由于全年室外空气参数的变化，设计采用人工冷源的系统在过渡季节也可直接应用天然冷源或可再生能源等低品位能源。例如，在室外空气的湿球温度较低时，采用冷却塔制取16～18℃高温冷水直接供冷。与采用7℃冷水的常规系统相比，全年冷却塔供冷的时间远远多于后者，从而减少了冷水机组的运行时间。

②当冬季供热与夏季供冷采用同一个末端设备时，一般冬季的热水温度在30～40℃即可满足要求，如果有低品位可再生热源，则应在设计中充分考虑和利用。

（3）不宜再热。

温湿度独立控制空调系统的优势是温度和湿度的控制与处理分开进行，因此空气处理时通常不宜采用再热升温方式，以免造成能源的浪费。在现有的温湿度独立控制系统中，有采用热泵蒸发器冷却除湿后用冷凝热再热的方式，也有采用表冷器除湿后用排风、冷却水等进行再热的措施。它们的共同特点是虽然再热利用的是废热，但会造成冷量的浪费。

温湿度独立控制空调系统并不适用于所有的空调系统，对于非舒适性空调区域、室内不是采用高温冷源进行降温的系统是不宜采用的，对氯离子等有害物质有严格限制的场合也不宜使用。

五、多联机空调系统

多联机空调是一台（组）空气（水）源制冷或热泵机组配置多台室内机，通过改变制冷剂流量适应各房间负荷变化的直接膨胀式空调系统（装置），简称VRV系统，系统形式如图4－43所示。多联机系统室内机形式多样，可满足不同送风要求并配合建筑装饰装修。

近年来，多联机空调技术迅猛发展，是目前民用建筑中最为活跃的空调系统形式之一，被广泛应用于学校、办公楼、商业及住宅等建筑中。采用 R22、R410A、R407C 等为制冷剂的多联式空调（热泵）机组，通过变制冷剂流量控制技术对空调房间进行冷热调节。与传统集中空调相比，多联机既可单机独立控制，又可群组控制，克服了传统集中空调只能整机运行、调节范围有限、低负荷时运行效率低的弊端。与水系统空调相比，由于无水冷系统，不需要中间换热，消除了漏水的隐患，提高了换热效率，节省了冷却系统的能耗及自来水的消耗。同时与传统中央空调相比，不仅减少了集中空调冷水机房，而且系统简单，操作容易，更便于计量。

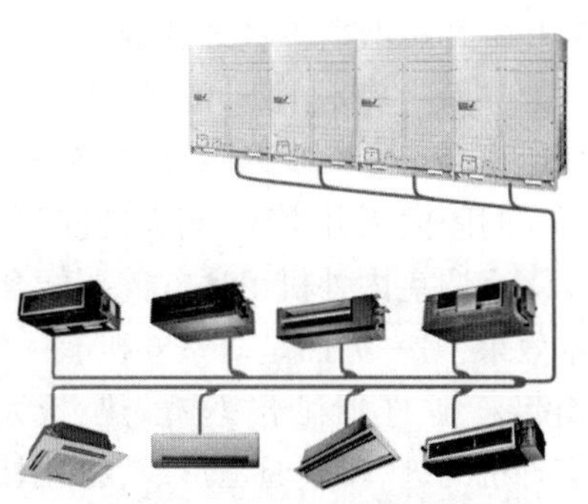

图 4－43　VRV 空调系统

多联机空调系统有多种不同类型，按多联机所提供的功能，可分为单冷型、热泵型和热回收型三大类；按压缩机的变容调节方式，可分为变频多联机和变容多联机，其中，变频多联机分直流调速和交流变频两种形式，而变容多联机以采用数码涡旋压缩机为主；按多联机是否具有蓄能能力，可分为蓄能型（储热、蓄冷型）和非蓄能型。实际工程中，多联机空调系统类型的选择需要根据建筑物的负荷特点、所在的气候区、初投资、运行经济性、使用效果等多方面因素综合考虑。表 4－18 为多联式空调（热泵）机组的能源效率等级限值要求，多联机的能效等级分为 5 级，其中节能评价值为下表中能效等级的 2 级所对应的制冷综合性能系数 *IPLV*（C）指标。

表 4－18　多联式空调（热泵）机组的能源效率等级限值

制冷量 *CC*（kW）	制冷综合性能系数				
	1	2	3	4	5
$CC \leqslant 28$	3.60	3.40	3.20	3.00	2.80
$28 < CC \leqslant 84$	3.55	3.35	3.15	2.95	2.75
$CC > 84$	3.50	3.30	3.10	2.90	2.70

一般来说，制冷剂连接管越长，多联机系统的能效比损失越大。目前市场上的多联机通常采用 R410A 制冷剂，由于 R410A 的黏性和摩擦阻力小于 R22，所以在相同的满负荷制冷能效比衰减率的条件下，其连接管允许长度比 R22 制冷剂系统长。根据厂家技术资料，当 R410A 系统的制冷剂连接管实际长度为 90～100m 或等效长度在 110～120m 时，满负荷时的制冷能效比（*EER*）下降 13%～17%，制冷综合性能系数 *IPLV*（C）下降 10% 以内。目前市场上优良的多联机产品，其满负荷时的名义制冷能效比可达到 3.30，连接管增长后其满负荷时的能效比（*EER*）为 2.74～2.87。设计实践表明，多联机空调系统的连接管等效长度在 110～120m，已能满足绝大部分大型建筑室内外机位置设置的要求。

多联机空调系统虽然有系统灵活等优势，但与传统的集中式全空气系统相比，由于很多建筑不设专门的新风系统，主要靠空气渗透或开窗通风补充新风，因此存在建筑内区不能充分利用过渡季自然风降温的问题。风冷多联机空调系统还存在冬季室外机结霜、制热不稳定、制冷剂管长、室内外机高差等因素限制系统能效的问题，在选择多联式空调系统时要充分考虑这些因素。

多联机及其他形式空调的风冷外机布置时，应保证相邻的室外机吹出的气流互不干扰，以避免室外机散热不利导致效率下降。对于居住建筑开放式天井来说，如果天井内两个相对的主要立面距离不小于6m 则室外机吹出气流射程一般不至于相互干扰，但是如果天井两个立面距离小于6m 时，则要考虑室外机偏转一定的角度，使其吹出射流方向朝向天井开口方向。对于封闭内天井来说，当天井底部无架空且顶部不开敞时，不适合布置室外机。

空调室内外机组通常需要配合建筑装饰进行隐蔽装饰设计，一方面是提高建筑立面的艺术效果，另一方面是对室外机有一定的遮阳和防护作用。有的公共建筑用百叶窗将室外机封闭起来，这样不利于夏季散热，极大降低能效比，因此应该注意装饰的构造形式不要对空调器室外机的进、排气通道形成明显阻碍。

六、水环热泵空调系统

水环热泵系统是用水环路将小型的热泵机组并联在一起，构成一个以回收建筑物内部余热为主要特点的热泵供暖、供冷的空调系统，原理如图4－44所示。对于有较大内区且有稳定的大量余热的建筑物或者原建筑冷热源机房空间有限，且以出租为主的办公楼及商业建筑，适宜采用水环热泵空调系统供冷、供热。

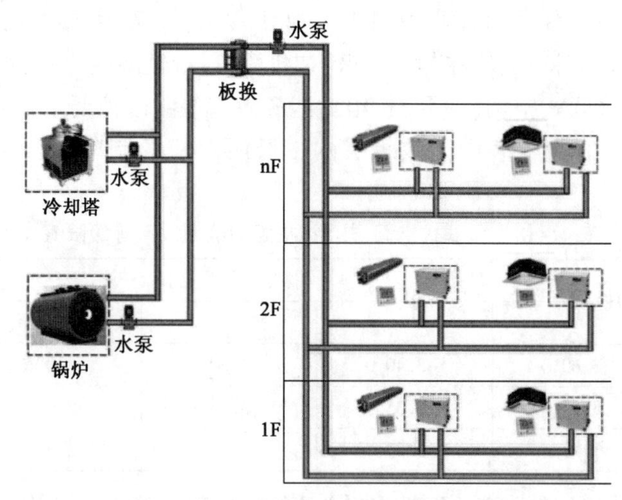

图4－44　水环热泵系统工作原理图

水环热泵的概念最早在20世纪60年代首先由美国提出，国内从20世纪90年代开始已在一些工程中采用。系统按负荷特性在各房间或区域内分散布置水源热泵机组。使用过程中根据房间的需要控制机组制冷或制热，供冷时将房间余热传向水侧换热器，供热时从水侧吸收热量，系统设置辅助加热和冷却塔来供给系统热量的不足并排除多余热量。若同时存在供冷和供热，则水环热泵系统的优势就显现出来。

水环热泵系统的节能潜力主要表现在冬季供热时。从能耗上看，只有当冬季建筑物内存在明显可观的冷负荷时，才具有较好的节能效果。冬暖夏热地区（如福建、广东等）使用水环热泵系统比集中式空气调节反而不节能，因此上述地区不宜采用。实际工程中，应进行供冷、供热需求的平衡计算，当冬季的热负荷较大时，需要设置辅助热源。在计算辅助热源的安装容量时，应考虑到系统内各种发热源（如热泵机组的制冷电耗、空调内区冷负荷等）。

由于水环热泵系统没有新风补给功能，需设单独的新风系统。压缩机分散布置在室内，维修、消除噪声、空气净化、加湿等也比集中式空气调节复杂。分散设置的压缩机安装容量较小，*COP* 值相对较低，从而导致整个建筑空调系统的电气安装容量相对较大，因此应经过经济技术比较后采用。

水环热泵的循环水系统是构成整个系统的基础。由于热泵机组换热器对循环水的水质要求较高,适合采用闭式系统。如果采用开式冷却塔,最好也设置中间换热器使循环水系统构成闭式系统。需要注意的是,设置换热器之后会导致夏季冷却水温偏高,因此对冷却水系统(包括冷却塔)的能力、热泵的适应性以及实际运行工况,都应进行校核计算。当然,如果经过开式冷却塔后的冷却水水质能够得到保证,也可以直接将其送至水环热泵机组之中,这样可以提高整个系统的运行效率。

七、分散式空调器

如果集中供冷、供暖的经济性不好,或者对既有建筑增设空调系统,在机房、管道设置方面存在较大的困难时,适宜采用分散式空调系统。分散设置的空调系统,虽然设备安装容量下的能效比低于集中设置的冷(热)水机组或供热、换热设备,但其使用灵活多变,可适应多种用途、小范围的用户需求,容易实现分户计量,在行为节能方面很有优势。

一般建议以全年供冷运行季节时间3个月(非累积小时)和年供暖运行季节时间2个月来作为时间分界线。当然,在有条件时还可以采用全年负荷计算与分析方法,或者通过供冷与供暖的"度日数"等方法,通过经济分析来确定。

但是这里也要强调,分散设置的空调装置或系统是指单一房间独立设置的蒸发冷却方式或直接膨胀式空调系统(或机组),不仅指人们所熟知的家用空调器,还包括为单一房间供冷的水环热泵系统或多联机空调系统,这两种空调方式前面已经有所叙述,本节主要讲述房间空调器。

工程中采用分散式房间空调器(以分体式空调器为主),进行空调和供暖时要选择能效比高的产品。即使是由用户自行采购,也要在政策和宣传方面指导用户购买能效比高的节能型产品。表4-19和表4-20中分别列出了现行国家标准《房间空气调节器能效限定值及能效等级》GB 21455—2019中,热泵型房间空调器能效等级指标值和单冷型房间空气调节器能效等级指标值,实际工程中应选择表中规定的能效等级2级及以上的产品。

表4-19 热泵型房间空调器能效等级指标值

额定制冷量 CC (W)	全年能源消耗效率(APF)				
	能效等级				
	1	2	3	4	5
$CC \leq 4500$	5.00	4.50	4.00	3.50	3.30
$4500 < CC \leq 7100$	4.50	4.00	3.50	3.30	320
$7100 < CC \leq 14000$	4.20	3.70	3.30	3.20	3.10

表4-20 单冷型房间空调器能效等级指标值

额定制冷量 CC (W)	全年能源消耗效率(APF)				
	能效等级				
	1	2	3	4	5
$CC \leq 4500$	5.80	5.40	4.00	3.90	3.70
$4500 < CC \leq 7100$	5.50	5.10	4.40	3.80	3.60
$7100 < CC \leq 14000$	5.20	4.70	4.00	3.70	3.50

分体式空调器的能效除了与空调器自身性能有关外，还与室外机合理的布置有很大关系。为了保证空调器室外机功能和能力的发挥，不应设置在通风不良的建筑竖井或内走廊等地方。如果室外机设置在阳光直射的地方，或有墙壁等障碍物，使进、排风不畅和短路都会影响室外机功能和能力的发挥而使空调器能效降低。室外机安装时，要确保室外机的四周按照要求留有足够的进排风和维护空间，进排风应通畅，必要时室外机应安装风帽及气流导向格栅。另外，实际工程中因为清洗不便导致室外机换热器被灰尘堵塞，造成能效下降甚至不能运行的情况很多。因此，在设计安装位置时，要保证室外机便于安装、有利于散热和有清洗的条件。

八、低温送风空调系统

低温送风空调系统通常指送风温度不高于10℃的全空气空调系统。低温送风空调系统的低温冷媒可由蓄冷系统、直接膨胀式蒸发器的整体式空调机组或利用乙烯乙二醇水溶液作冷媒的制冷机等提供。当冷源采用蓄冷系统时，由于制冷能耗主要发生在非用电高峰期，明显地减少了用电高峰期的电力需求和运行费用；但是若采用制冷机直接供冷时，由于需要的冷水温度低，制冷能耗比常规系统高。

低温送风空调系统由于送风温差和冷水温升比常规系统大，系统的送风量和循环水量小，减小了空气处理设备、水泵、风道等的初投资，节省了机房面积和风管所占空间高度，特别适用于空调负荷增加而又不允许加大风管、降低房间净高的改造工程。

低温送风空气温度低，如果使用普通风口容易造成吹风感，也易在风口产生凝露和吹雾现象。实际工程中要采取相应的技术措施加以避免，如当房间初始温、湿度较高时，可采用渐调末端空气处理设备旁通水量或风量的方法，也可采用高扩散诱导风口。

送风温度低对风管及其配件的保温要求相应提高。为减少系统冷量损失并防止结露，保证整个系统设备、风管、送风末端送风装置的正确保冷与密封，保冷层应比常规系统厚。风管漏风也会造成大量的能量损失，而且在泄漏点会造成凝露。为了将能量损失控制在一定范围内，低温送风的漏风量应小于常规送风温度同样压力下的风管漏风量。

采用低温送风空调系统时，空调区内的空气含湿量较低，室内空气的相对湿度一般为30%～50%。因此，不适合在空气相对湿度或送风量要求较大的空调区应用，如植物温室、手术室等。

低温送风空调系统由于存在着明显的优点和缺点，因此在进行方案选择时要经过技术经济比较。

第三节　建筑通风及新风系统节能技术

建筑通风被认为是消除室内余热余湿、改善室内空气品质最有效的手段。当采用通风可以满足要求时应该优先选用通风方式，这样相较于完全依赖空调系统来说建筑能耗可以极大降低。

一、建筑通风系统

（一）通风节能概述

一般说来，建筑通风主要包括被动式通风、主动式通风、复合式通风。以下分别讨论其适应场合和节能设计及运行。

1. 被动式通风

被动式通风(自然通风)指的是采用"天然"的风压、热压作为驱动力来降温除湿,去除室内污染物的无动力空气流通方式。

我国多数地区的居住建筑和小体量的公共建筑,结合合理的建筑形式设计,利用热压和风压可以取得良好的换气与降温效果。尤其是在过渡季节室外气温低于26℃时,对于室内发热量小的空间,这段时间通过自然通风可以完全消除室内的余热余湿,改善室内热舒适状况。即使是室外气温高于26℃,但只要低于30℃时,人在自然通风的条件下仍然会感觉到舒适。

在建筑设计时要充分考虑室内的气流组织,努力提高自然通风效率。在确定自然通风方案之前,必须收集目标地区的气象参数,进行气候潜力分析。自然通风潜力指仅依靠自然通风就可满足室内空气品质及热舒适要求的潜力,然后根据潜力制定出相应的气候策略,即风压、热压的选择及相应的措施。现有的自然通风潜力分析方法主要有经验分析法、多标准评估法、气候适应性评估法及有效压差分析法等。

热压和风压是否满足通风条件,需要经计算确定。一般28℃以上的空气难以降温至舒适范围,室外风速3.0m/s会引起纸张飞扬,所以对于室内无大功率热源的建筑,"风压通风"的通风利用条件宜采取气温20~28℃,风速0.1~3.0m/s,湿度40%~90%的范围。由于12℃以下室外气流难以直接利用,"热压通风"的通风条件宜设定为气温12~20℃,风速0~3.0m/s,湿度不设限。根据我国气候区域特点,中纬度的温暖气候区、温和气候区、寒冷地区,更适合采用中庭、通风塔等热压通风设计,而热湿气候区、干热地区更适合采用穿堂风等风压通风设计。

当常规自然通风系统不能提供足够风量时,可采用一定的手段强化自然通风。

1)捕风装置强化自然通风

捕风塔是古老的伊斯兰建筑在可持续发展方面的一个杰出的传统建筑元素,已有2000多年的历史,它在中东传统建筑中所起的作用类似于现代的空调系统。如图4-45所示,捕风塔采用纵向的通风结构,利用风压和热压的综合作用形成较强的对流,通过捕获高处的空气并将它们引入室内(尤其是地下室)形成室内空气流动,实现为建筑通风降温。传统的捕风塔(Wind Tower)通常与建筑融为一体,由石块或者砖石混合建成,结构厚重且缺少风量调节功能。在中东以外的非炎热地区使用时,冬季会灌入冷风,不仅降低室内热舒适度,还浪费大量热量。现代的捕风器(Wind Catcher)是在传统捕风塔的基础上发展而来,原理上与传统捕风塔类似,它利用捕风装置对自然风的阻挡,在其迎风面形成正压、背风面形成负压,与室内空气形成一定的压力梯度,将新鲜空气引入室内,并将室内的浑浊空气抽吸出来,从而加强自然通风换气能力。为保持捕风系统的通风效果,捕风装置内部用隔板分为两个或四个垂直风道,每个风道随外界风向改变轮流充当送风口或排风口。开口设置成一定角度的防雨百叶,百叶内侧风口布置细密的过滤网用来阻止昆虫和大颗粒物进入。在捕风器的底部,设置有手动或电动风阀,用来调节风量大小以及在冬季关闭捕风器。如图4-46所示,现代捕风器通常采用轻质易加工的材料制作而成,并加入了许多创新。比如,增加了风量调节阀,与太阳能光伏电池结合,甚至与光导管结合——既通风又采光。

捕风器作为被动式通风技术的一种,与其他自然通风方式相比,其优点是无论风向如何,总能将风捕捉并引入室内。如图4-47所示,捕风器特别适用于地下空间以及大进深的房间,这些建筑空间利用开窗通风的换气效果有限,在不借助于机械通风的情况下室内空气品质极差,安装地下空间捕风器就是一种很好的选择。

图 4 -45　传统捕风塔通风原理

图 4 -46　安装于屋顶的捕风器

图 4 -47　地下空间安装捕风器

捕风器是一种零能耗被动式绿色建筑技术,可以完美取代机械通风系统,避免了机械通风风机带来的能耗、噪声、维护等问题。

2)无动力风帽

无动力风帽是通过自身叶轮的旋转,将任何平行方向的空气流动,加速并转变为由下而上垂直的空气流动,从而将建筑物内的污浊气体吸上来并排出,以此来提高室内通风换气效果的一种装置。该装置不需要电力驱动,可长期运转且噪声较低,近些年来在国内使用非常广泛。

3)太阳能诱导通风

太阳能诱导通风方式是依靠太阳辐射给建筑结构加热而产生大的温差,比传统的由内外温差引起流动的浮升力驱动的策略获得更大的风量,从而能够更有效地实现自然通风。典型的三类太阳能诱导方式为:特伦布(Trombe)墙、太阳能烟囱、太阳能屋顶。

需要注意的是,自然通风属于无组织通风,风量和风速都难以保证,且开窗进入的空气未经过滤处理,所以对室内气流速度、温湿度梯度、洁净度有要求的场所不适合使用。

2. 主动式通风

主动式通风是指利用机械设备组织室内换气的方法。当建筑内大部分时间自然通风不能满足换气和热舒适的要求时,需要设置机械通风或空气调节系统。早期受经济条件和生活水平的限制,很多建筑只是为了防止厨房、卫生间的污浊空气扩散才在厨房、卫生间安装了局部机械排风装置,属于最简单的主动式通风系统。目前住宅建筑竖向变压式排风道都具有防火、防倒灌的功能,但是用户安装使用的过程中,有重复加止回阀的现象,一方面影响排风效果,一方面加大风机能耗。

随着生活水平的提高,不仅公共建筑设有空调或专用的机械通风系统,居住建筑中专门的新风系统使用率近年来也不断提高,这也属于主动式通风系统。

3. 复合式通风

复合通风系统是指自然通风和机械通风在一天的不同时刻或一年的不同季节里,在满足热舒适和室内空气质量的前提下交替或联合运行的通风系统。研究表明,复合通风适用场合包括净高大于5m且体积大于$1\times10^4m^3$的大空间建筑及住宅、办公室、教室等易于在外墙上开窗,并通过室内人员自行调节实现自然通风的房间。复合通风系统可以增加自然通风系统的可靠运行和保险系数,通风效率高,通过自然通风与机械通风手段的结合,可节约风机和制冷能耗约10%~50%,既带来较高的空气品质又有利于建筑节能。

复合通风系统的主要形式包括三种:

(1)自然通风与机械通风交替运行。

自然通风系统与机械通风系统并存,由控制策略实现自然通风与机械通风之间的切换。要想达到节能效果,运行控制是关键。系统一般要根据控制目标设置必要的温湿度、CO_2、CO监测传感器和相应的系统切换启闭执行机构。

交替运行要优先利用自然通风,根据传感器的监测结果判断是否开启机械通风系统。当室外温湿度适宜时,通过执行机构开启建筑外围护结构的通风开口进行自然通风。当传感器监测到室内CO_2浓度超过1000μg/g,或室内温湿度超过舒适范围时,开启机械通风系统,此时系统处于自然通风和机械通风联合运行状态。当室外参数进一步恶化,如温湿度升高导致通过复合通风系统也不能满足消除室内余热余湿要求时,关闭复合通风系统,开启空调系统。

(2)带辅助风机的自然通风。以自然通风为主,且带有辅助送风机或排风机的系统。当自然通风驱动力较小或室内负荷增加时,开启辅助送排风机。

(3)热压/风压强化的机械通风。以机械通风为主,并利用自然通风辅助机械通风系统。例如,可选择压差较小的风机,而由自然通风的热压/风压驱动来承担一部分压差。

复合通风系统中自然通风和机械通风所占比重需要通过技术经济及节能综合分析确定,按常规方法一般难以计算,需要采用计算流体力学或多区域网络法进行数值模拟确定,并由此制定对应的运行控制方案。一般自然通风量不低于复合通风联合运行时风量的30%,并根据所需自然通风量确定建筑物的自然通风开口面积。

(二)汽车库和发热量大房间的通风

除了民用建筑内常见的通风系统以外,还要关注一下民用建筑内一些特殊房间的通风。这些场所的通风往往持续时间较长,风量较大,一旦设计不到位、运行方案不合理将导致能耗非常高。

1. 汽车库通风系统

汽车库在公共建筑和居住建筑中已经非常普遍,多为地下1~2层,土地稀缺地块可多达地下4层,车库的通风系统运行能耗也较为突出。

目前,一些建筑出于节能、环保等方面考虑,利用地形以半地下汽车库(一般汽车库顶板高出室外场地标高1.5m)的形式营造自然通风、采光的良好停车环境。通过侧窗及大量顶板开洞方式，达到建筑与自然景观的充分融合。其依靠自然通风获得的通风换气量基本可以满足要求，这对节约能源和投资都是有利的。上海虹桥火车站和机场的停车库就是一个好的范例。

但是必须承认，非敞开式车库占比较高，需要依靠机械通风系统才能满足通风换气的需求，一般汽车库换气次数见表4－21，在设计和运行的过程中降低通风系统的能耗对建筑节能很关键。

表4－21　机动车库换气次数

建筑类型	换气次数（次/h）
商业类建筑	6
住宅类建筑	4
其他类建筑	5

由于机动车排出的大部分废气密度较空气大，车库的送、排风系统应使气流分布均匀，避免通风死区。为了有效排出废气，新鲜空气的送风口要设在主要通道上，以利于空气良性循环。当车库需设置机械排烟系统时，机械通风系统可结合消防排烟系统设置以节约投资。当（排烟量－平时通风量）/排烟量≥30%时，可采用平时通风与排烟兼用的双速消防风机系统；当比值<30%时，要采用平时通风与排烟合用的单速消防风机系统，风量按两者最大值选取，平时送风系统采用与消防补风合用的单速风机系统。

不同场所汽车库使用频率有很大差别，内部空气质量与使用频率变化有直接关系。一方面汽车库卫生条件较好时，通风系统保持恒定最大风量运行往往造成不必要的能源浪费；另一方面，很多车库为了强调节能、节省运行费用，往往置空气品质于不顾，长时间不运转通风系统。为避免以上情况发生，车库运行时，当车流量变化有规律时，可按时间设定风机开启台数，无规律时采用CO浓度传感器联动控制多台并联风机或可调速风机的方式可以起到很好的节能效果。对于车流量随时间变化较大的车库，送、排风机设计阶段选用多台并联或变频调速可以适应不同情况下风量调节要求，节能效果明显。

具备自然进风条件时，合理设置的采光通风井和车道进风也可以起到很大的作用。

当设有分布均匀的开启外窗、通风天窗、洞口、出入口，且没有设置防火卷帘的防火分区，推荐采用自然补风，自然补风对减少地下车库通风及排烟能耗有巨大的贡献。

严寒地区采暖车库出入口处冷风侵入、冷风渗透容易造成车库内及出入口附近远低于要求的温度，一般会设置热空气幕以保证车库内温度符合要求，并采取防冷风渗透措施。严寒地区的高端住宅小区地下车库一般会设计散热器值班采暖，由于电热空气幕耗电量大，且电能为高品位能源，所以如果是有集中供热的场合，热空气幕热源优先结合集中热源。

2. 发热量大房间的通风

1）变配电室通风系统

建筑内变配电室通常由高、低压器配电室及变压器组成，其中的电气设备散发一定的热量，尤其是变压器的发热量最大。如果变配电器室内温度太高，过热保护频繁动作跳闸影响设备工作效率。因此需要进行通风去除余热，条件适宜时，优先选用自然通风。

当自然通风不满足排热要求时，需要设置独立的送、排风系统，优选机械排风，自然进风的方式。室内气流适宜从高低压配电区流向变压器区，从变压器区排至室外，排风温度不宜高于40℃。进排风系统要注意过滤防尘，以防设备积灰过多对电气设备使用寿命有影响。

当通风无法保障工作要求时,还要设置空调降温系统。设计排风系统时,变配电室等发热量较大的机电设备用房如果夏季室内计算温度取值过低,甚至低于室外通风温度,既没有必要也无法充分利用室外空气消除室内余热,需要耗费大量制冷能量,因此夏季室内计算温度取值不低于室外通风计算温度,但不包括设备需要较低的环境温度才能正常工作的情况。

2)厨房热加工间通风

厨房的热加工间炉灶、洗碗机、蒸汽消毒设备等发热量大且散发大量油烟和蒸汽,设置局部机械排风设施的目的是有效地将热量、油烟、蒸汽等控制在炉灶等局部区域并直接排出室外,不对室内环境造成污染。局部排风风量的确定原则是保证炉灶等散发的有害物不外溢,计算方法参见各设计手册、技术措施。即使炉灶等设备不运行、人员仅进行烹饪准备的操作时,厨房各区域仍有一定的发热量和异味,需要全面通风排除。对于燃气厨房,经常连续运行的全面通风还提供了厨房内燃气设备和管道有泄漏时向室外排除泄漏燃气的排气通路。当房间不能进行有效的自然通风时要设置全面机械通风。

当夏季仅靠设置机械通风不能保证人员对环境的温度要求时,一般需要设置空气处理机组对空气进行调节降温。由于排除油烟所需风量很大,所以加工间采用补风式油烟排气罩节能效果明显。空调采用大风量的不设热回收装置的直流式送风系统,空调送风区域夏季室内计算温度取值不宜低于夏季通风室外计算温度。如果计算室温取值过低,供冷能耗大,直流系统将温度较低的室内空气直接排走,不利于节能。

二、建筑新风系统

随着节能标准不断上升,公共建筑的整体气密性提高以后,建筑本身在自然压差下的换气次数大幅降低。为了满足人员健康要求,配合中央空调系统必须要设置集中式新风系统。

早期的居住建筑多通过自然通风来获得新风,后来也有采用负压单向流新风系统的,但是这两种方式都是以室外空气为清洁空气为前提的。实际上室外空气污染严重(如雾霾、沙尘天气)时,开窗自然通风会加剧室内环境的污染。有研究表明,对于没有明显室内污染源的建筑,75%的$PM_{2.5}$来自室外,对于有明显室内污染源(吸烟、烹饪、装修)的建筑,室内$PM_{2.5}$中仍然有55%~60%来自室外。近几年来,受雾霾天气、装修污染、过敏人群增多的影响,人们对室内空气品质尤其关注。新风系统可以将新风净化处理后送入室内,是改善和提高室内空气品质的主要途径之一,也正越来越多地被人们所接受,甚至已经成为新建精装修地产项目的标配。近几年国家通过各种手段进行大气治理,蓝天天数越来越多,$PM_{2.5}$水平持续下降,但是民众对设置新风系统接受度很高,热度依然不减。

(一)新风系统形式概述

新风系统在应用的过程中有多种不同的分类形式,以下内容按分类进行其节能设计和节能运行的讨论。

1.集中式、分户式新风系统

集中式新风系统是将风机和净化处理设备集中设置在新风机房内,新风经集中处理后由送风管道送入室内的系统。集中式新风系统可以为整栋住宅建筑输送新风,便于集中统一管理和运行维护,可以有效地保证室内新风效果。对于大型公共建筑一般配合中央空调系统一起使用;对于公寓等室内空气质量要求差异不大,且有统一管理需求时,也可以采用集中式新风系统。集中式新风系统入户送风管末端管段上装设风量调节阀。风机采用变速调节以适应

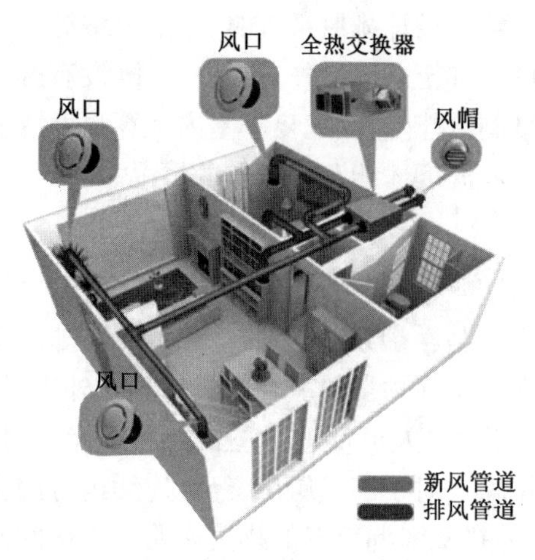

图4－48　分户式新风系统示意图

用户新风量需求的大小,有利于系统节能。

分户式新风系统是以每个住户为单元单独设置的新风系统,如图4－48所示。分户式新风系统不占用住宅的公共区域,用户可以独立控制系统的启停、新风量的大小等,根据室内空气质量要求,采用相应的新风处理措施。

2. 单向流、双向流新风系统

单向流新风系统只具有单一的送风或排风功能。

若新风经送风机送入室内,使室内形成正压,室内污浊空气通过门窗缝隙排出,即为正压单向流新风系统。若排风通过排风机排至室外,使室内形成负压,室外新风通过墙体或窗户上的风口进入室内,即为负压单向流新风系统。这种方式新风只是经过简单的过滤,在空气污染比较严重的地区一般不宜采用。

单向流新风系统无法对新风进行预冷或预热,在夏季供冷和冬季供暖时新风直接进入室内会产生较大的负荷,并导致室内的温湿度波动影响室内热舒适性。因此在采用单向流新风系统时要进行负荷的计算,并校核建筑能耗是否满足节能标准要求,同时计算新风对室内温升和温降的影响。

双向流新风系统对建筑外墙的破坏性最小,一般一套系统仅需在外墙上开两个孔洞,但是通风器和热回收装置占据室内的吊顶空间,在室内铺装的进风和排风管道也要占据室内吊顶空间或地面空间,当房屋层高较低时会影响室内的装修,且需要配合室内中央空调系统布置风口,否则会影响室内气流组织。

3. 全热回收、显热回收、储热回收新风系统

采用热回收新风系统可以回收室内的冷量和热量,降低新风的冷热负荷,有利于建筑节能。同时对新风进行预冷或预热可以提高新风系统的热舒适性,但热回收新风系统会增加初投资,运行维护费用也会增加,在采用时应进行经济性分析。

热回收新风机组并不是在所有地区都适用的,也并非在所有情况下都经济。严寒和寒冷地区冬季室内外温差大,进行新风热回收可以有效降低新风负荷,是解决换气与能耗损失间矛盾的重要手段。需要注意的是,实际运行中当室内外温差(焓差)小于经济阈值时,热回收的节能量小于多消耗的风机功耗,此时开启热回收是不节能的,因此设置的新风热回收装置的通风系统要具备旁通功能,当室内外温差(焓差)不满足要求时,新风和排风可不经过热回收段直接旁通,避免增加不必要的风机功耗。因此,是否开启热回收需要先计算一下室内外经济阈值。

现行国家标准《热回收新风机组》GB/T 21087—2020中规定了新风热回收装置在制冷和制热工况下的效率,其焓效率适用于全热交换,温度效率适用于显热交换。设计时优先使用效率高的能量回收装置,并根据处理风量、新排风中的显热和潜热构成,以及排风中污染物种类等因素确定热回收装置类型。

在寒冷冬季如果存在结霜的可能性会影响系统工作,产生霜冻取决于低温的持续时间、空气流量、空气温湿度、热回收器芯体温度和传热效率等多种因素。为保证新风系统绝大部分时间能够正常工作，应进行防结露校核计算。如果排出口空气相对湿度计算值大于等于100%，就要设置预热装置。

4. 无管道、有管道新风系统

无管道新风系统室内侧不需要铺设管道，通风器采用壁挂式、墙式、窗式等形式，不占用建筑空间，且装修前后都适合安装，特别适合建筑层高不足的不能安装管道双向流系统的情况。一般居室每个房间的面积比较小，设置无管道新风系统时要保证送入室内的新风与室内空气充分混合交换，避免送风口和排风口的短路；对于设计储热回收的系统，通风器交替送、排风的时间要保证送入室内的新风与室内空气充分混合交换。

有管道新风系统可以采用全热交换等热回收手段，且能将新风送到需要的点位，特别适合配合户式中央空调系统使用。

以上介绍的每一种形式都有各自的适用场合，在实际选用的时候要考虑新风效率和建筑能耗，对用户的实际需求、设备价格和后期的运行维护等进行分析，做到技术经济合理。

（二）新风量和排风量

新风量的选取关系到室内通风效果的好坏，还关系到建筑能耗的大小。

（1）公共建筑的新风量选取参考中央空调系统新风量的选择。新风量首先要满足卫生要求，在此基础上还要满足稀释室内的污染物浓度达标的要求。

（2）住宅建筑中，建筑污染比重一般要高于人员污染，按人员新风量指标所确定的新风量不能体现建筑污染部分的差异，因此，综合考虑住宅建筑污染与人员污染的影响，以换气次数确定住宅新风系统的最小新风量，详见表4-22。

新风系统的设计新风量=max（按换气次数计算的最小设计新风量，按卧室与起居室计算的新风量之和）

按卧室与起居室计算的新风量=max（卧室按设计人数或实际使用人数用换气次数法计算的新风量，室内CO_2浓度限值所需的新风量）

室内CO_2浓度限值所需的新风量按下式计算：

$$Q_b = 0.1 \times \frac{x_c}{y_{c2} - y_{c1}} \tag{4-3}$$

式中 Q_b——卧室新风量，m^3/h；

x_c——室内CO_2散发量，L/h，按室内人数和每人呼出的CO_2量进行计算，一般可按14.4L/(h·人)计算；

y_{c2}——室内CO_2浓度限值，%，按设计要求或取0.1%；

y_{c1}——室外CO_2浓度，%，取0.04%。

表4-22 最小设计新风量设计换气次数

人均居住面积F_p	换气次数n
$F_p \leq 10m^2$	0.70次/h
$10m^2 < F_p \leq 20m^2$	0.60次/h
$20m^2 < F_p \leq 50m^2$	0.50次/h
$F_p > 50m^2$	0.45次/h

注：人均居住面积为居住面积除以设计人数或实际使用人数。

新风的排风系统设计关系到住宅室内的气流组织和通风效果。

采用机械送风、机械排风系统形式时，为了避免室外环境中没有处理的空气进入室内，影响室内空气质量，要求室内应保持正压，但也不能保持很大的正压，否则大量经过处理的室内空气流失不利于建筑节能，一般按照排风量为新风量的80% ~90%来考虑即可。

对于自然送风、机械排风系统来说，排风造成室内负压，新风在负压的作用下通过门窗缝隙进入室内。若想形成足够大的负压必然要求风机风量较大，这样能耗较高，且噪声也随之增加。

对于机械送风、自然排风系统，靠正压送入新风，通过门窗缝隙的排风量也要能保证新风量的要求，以形成良好的室内外空气交换。

（三）新风的净化

过滤净化设备是新风系统的主要局部阻力部件，对风机能耗有很大的影响。过滤设备为了满足后期更换维护需求，可单独设置在新风进风管上，也可集成在通风器壳体内部。

一般来说，新风机过滤设备的过滤效率越高阻力越大，阻力越大风机能耗越高、噪声越大。因此，过滤设备效率等级不是越高越好，需要针对当地的室外空气质量和室内的空气洁净度要求进行选择。$PM_{2.5}$的综合净化效率如下式计算：

$$E_{2.5} = (1 - \frac{C_{in}}{C_{out}}) \times 100\% \tag{4-4}$$

式中 $E_{2.5}$——过滤设备对$PM_{2.5}$的综合净化效率，%；

C_{in}——设计室内$PM_{2.5}$浓度，$\mu g/m^3$；

C_{out}——设计室外$PM_{2.5}$浓度$\mu g/m^3$，取历年平均不保证5天的日平均浓度。

新风系统实际运行中，过滤器上会沉积大量的灰尘，造成阻力增大，新风量减少。一般配套的阻力检测和报警装置在阻力达到设定的阻力值时会报警提示清洗或更换过滤器，防止造成风机的负担，但是频繁更换或清洗过滤器会增加使用和维护成本。因此，在设计时要根据项目所在地的室外大气情况选择适当的容尘量，保证系统效果。

过滤设备的容尘量宜按下式计算：

$$D = C_x \times E_x \times Q_d \times t/1000 \tag{4-5}$$

式中 D——过滤器的设计容尘量，g；

C_x——室外颗粒物年平均浓度，mg/m^3，对粗效过滤器、中效过滤器和高中效及以上过滤器，分别取项目所在地近三年的室外的TSP、PM_{10}和$PM_{2.5}$颗粒物年平均浓度的平均值；

E_x——粗效过滤器、中效过滤器和高中效及以上过滤器分别对TSP、PM_{10}和$PM_{2.5}$的净化效率，%；

Q_d——新风系统设计新风量，m^3/h；

t——过滤器更换时间，h。

如果过滤器没有设置阻力检测和报警装置，对于粗效过滤器，在室外空气污染较严重时，运行2~3个月，甚至1个月就达到其终阻力，需要清洗或更换；在室外空气质量较好的条件下，粗效过滤器达到其终阻力的时间会长些，但一般也不超过6个月。因此规定粗效过滤器每3~6个月进行清洗（滤料可以清洗反复使用）或更换（滤料无法反复使用）。对于静电过滤器一般可以水洗，清洗比较方便。当室外污染比较严重时可根据新风系统运行情况适当缩短清洗或更换的时间间隔。

(四)新风的气流组织

良好的气流组织是达到新风系统效果的关键,新风系统的气流组织可以采用射流计算、数值模拟和模型实验等方法进行优化设计。

一般配备新风系统的建筑同时也配备了中央空调系统,空调送风口和回风口位置设置对新风送、回风的影响较大。要保证同时运行时不发生短路,新风送风口距离空调送风口或回风口至少1.0m以上,且新风系统送风口不要与空调回风口相对布置。

如果采用地板辐射供暖系统时,新风可以考虑地送风的系统形式。目前在很多住宅中安装的新风系统都采用地送风的形式,专用风口与装饰装修配合的较好,新鲜空气最先到达人的活动区,但是地送风不适合可能存在扬尘或清洁度不够的公共场所。

(五)新风管材与水力平衡

根据调研,普通户式住宅新风系统普遍风量较小,风管大多采用非金属材质圆形风管,如PE、PP等材质,弯曲度好,阻力小。而镀锌钢板等金属材质风管主要应用于集中式新风系统中。

住宅卧室和起居室对噪声要求比较高,给出的风速考虑了气流在风管中产生再生噪声和室内的允许噪声级。气流在风管中产生的再生噪声与风管的截面积和风速大小有关,比如,对于直径为100mm的支管,管内气流速度为2~3m/s时,产生的再生噪声为4~13dB,对室内噪声影响不大,此时风量为56~85m^3/h,可满足室内新风量要求。

把新风系统各并联管段间的压力损失差额控制在一定范围内,是保障系统运行效果和节能的关键。在设计计算时,通过调整管径的办法使系统各并联管段间的压力损失达到所要求的平衡状态,不仅能保证各并联支管的风量要求,而且可不装设调节阀门,对减少漏风量和降低系统造价也较为有利。国内的习惯做法是并联管段的压力损失相对差额不大于15%,相当于风量相差不大于5%。这样既能保证通风效果,设计上也是能做到的,如在设计时难以利用调整管径达到平衡要求时要装设风量调节阀。

新风系统施工完成后也要进行总风量和各风口风量的调试,在主管上设置测定孔进行总风量的调试。设置风管检查孔于新风系统经常需要检修的地方,如风管内的电加热器、过滤器等。对于风管设置在地板下的新风系统,风管的尺寸较小,直接清洗有困难的情况有必要设置清洗孔。

(六)新风系统的监测与控制

为了更好地达到新风系统的设计效果,控制新风系统的合理高效运行,建议设置监控系统,对室内外的空气质量参数进行监测。监测室内的$PM_{2.5}$浓度和CO_2浓度可以反映室内的污染状况和新风量是否满足要求,同时监测室外的$PM_{2.5}$浓度和CO_2浓度,可以判断新风系统的净化效果和新风量大小。

监测室内送风口的$PM_{2.5}$浓度,可以判断设计的过滤器是否满足新风的净化要求。与室内$PM_{2.5}$浓度的对比,可以分析住宅围护结构、室内人员活动等对室内空气质量的影响。通过监测过滤器进出口的静压差,可以知道过滤器的运行阻力,在达到装置终阻力时能够及时对过滤器进行清洗或更换,节省风机能耗降低噪声。

对室内空气品质要求高的,还建议设置CO_2、$PM_{2.5}$、甲醛、苯、TVOC等空气污染物超标报警功能,对于设置静电过滤器的新风系统还要设置臭氧浓度超标报警功能。

第四节 给排水系统节能技术

我国水资源短缺和水环境污染的问题日益突出，严重影响了社会经济的可持续发展。对于城市管网供水和建筑物的加压供水，无论是水的净化处理还是输送，都需要消耗电能等能源，生活热水系统还需要额外消耗热能，因此广义上节水就是节能。本节主要对建筑生活给水、生活热水、建筑排水系统的节能降耗进行阐述。

一、建筑生活给水

（一）充分利用市政水压

为节约能源，减少生活饮用水水质污染，除了有特殊供水安全要求的建筑以外，建筑物底部的楼层要充分利用城镇给水管网或小区给水管网的水压直接供水，这样可以减少二次加压水泵的能耗。某些工程设计中将管网进水直接引入储水池中，白白损失掉了市政水压，尤其是当储水池位于地下层时，非常不经济合理。很多公共建筑的底部几层常常是用水量较大的公共服务商业设施，如公共浴室、洗衣房、汽车库、美发厅等，这部分用水量占建筑物总用水量相当大的比例，如果全部由储水池经水泵加压供水，无疑是一个极大的浪费。例如工程中有这样一个实例，某座大厦是32层的综合性高层建筑，地下2层为车库，冲洗汽车用水量为$25m^3/d$，地上1至3层商业服务用水量为$25m^3/d$，4至6层办公楼用水量为$12m^3/d$，绿化、喷洒及其他用水$10m^3/d$，一般城市管网水压为0.3～0.4MPa，可保证供给3层及3层以下的用水，若这部分用水全部由位于地下2层的储水池通过水泵房负担，则年多耗电量约为$1.75\times10^4kW\cdot h$，造成很大的能源浪费。

当城镇给水管网或小区给水管网的水压、水量不能满足多层、高层建筑的各类供水系统供水要求时，可根据卫生安全、经济节能的原则选用储水调节或加压供水方案。常用的加压供水方式包括高位水箱供水、气压供水、变频调速供水和管网叠压供水这四种供水方式。从节能节水的角度比较，中、高位水箱和管网叠压供水占有优势。水箱供水稳定可靠，但是需要定期消杀清洗。在征得当地供水行政主管部门及供水部门批准认可时，可采用直接从城镇给水管网吸水的叠压供水系统。但是需要注意，工程设计中，在考虑节能节水的同时，还需要兼顾其他因素，如顶层用户的水压要求、市政水压的供水条件、供水的安全性、用水的二次污染等问题。因此应结合市政条件、建筑物高度、安全供水、用水系统特点等因素综合考虑选用合理的加压供水方式。

（二）合理竖向分区节能

给水配件阀前压力大于流出水头，给水配件在单位时间内的出水量超过额定流量的现象，称超压出流现象，该流量与额定流量的差值，为超压出流量。给水配件超压出流量，不但会破坏给水系统中水量的正常分配，对用水工况产生不良的影响，同时因超压出流未产生使用效益，为无效用水量，即浪费的水量。因为它在使用过程中流失，不易被人们察觉和认识，属于“隐形”水量浪费，应引起足够的重视。给水系统在设计阶段就应该采取压力分区措施控制超压出流现象，并适当采取减压措施，避免浪费。水压过高还会影响加压水泵的流量和功率。因此，给水系统应竖向合理分区，每区供水压力不大于0.45MPa，并且合理采取减压限流的节水措施。

各加压供水分区一般分别设置加压泵，不采用减压阀分区。但在工程设计时，为简化系统，常按最高区水压要求设置一套供水加压泵，然后再将低区的多余水压采用减压或调压设施加以消除，显然被消除的多余水压是无效的能耗。对于高层居住建筑，尤其是供洗浴和饮用的给水系统水量较大，完全有条件按分区设置加压泵，避免或减少无效能耗。

生活热水需要通过冷、热水混合调整到所需要的使用温度，所以热水供应系统需要与冷水系统分区一致，保证系统内冷水、热水压力平衡，以达到节水、节能和用水舒适的目的。

（三）降低水泵能耗

给水泵能耗是给水系统的主要能耗，因此一定要在管网水力计算的基础上选择和配置适合系统的供水加压泵。给水泵选用具有随流量增大，扬程逐渐下降特性的产品能够保证水泵工作稳定、并联使用可靠，有利于节水节能。选用的变频调速泵在额定转速时的工作点要位于水泵高效区的末端（右侧），以保证水泵大部分时间均在高效区运行。当给水流量大于10m^3/h时，变频组工作水泵由2台以上水泵组成比较合理。可以根据用水量、用水均匀性合理选择大泵、小泵搭配，泵组也可以配置气压罐供小流量用水以避免水泵频繁启动，达到降低能耗的效果。

水泵的效率不应低于国家现行标准规定的泵节能评价值。泵节能评价值计算与水泵的流量、扬程、比转数有关，可以按现行国家标准《清水离心泵能效限定值及节能评价值》GB 19762—2007的规定进行计算、查表确定，工程项目中所应用的给水泵的泵节能评价值一般可由给水泵供应商提供。

（四）避免管网漏损

给水系统管网漏失水量包括：阀门故障漏水量、室内卫生器具漏水量、水池和水箱溢流漏水量、设备漏水量和管网漏水量。

为避免漏损，可采取以下措施：

（1）给水系统中使用的管材、管件必须符合现行产品行业标准的要求。

（2）选用性能高的阀门、零泄漏阀门等。

（3）合理设计供水压力，避免供水压力持续高压或压力骤变。

（4）做好室外管道基础处理和覆土，控制管道埋深，加强管道工程施工监督，把好施工质量关。

（5）水池、水箱溢流报警和进水阀门自动联动关闭。

（6）安装分级计量水表，下级水表的设置覆盖上一级水表的所有出流量，不得出现无计量支路。

（五）用水器具节能

采用节水型卫生器具是最明显、最直观的节水措施。例如在公共卫生间使用感应式水龙头、感应式便器，既可以防止交叉传染，还能达到节水的目的。不采用一次冲洗用水量9L以上的便器、螺旋升降式（铸铁）水嘴、进水口低于溢流口水面、上导向直落式便器水箱配件、铸铁截止阀等明令淘汰的用水器具。相较于使用9L以上的便器，全部使用冲水量小于6L的马桶，则住宅可节水14%，宾馆、饭店可节水4%，办公楼可节水27%，节水节能效果明显。

目前，我国已对部分用水器具的用水效率制定了相关标准，卫生器具的用水效率等级一般共有3～5级，1级表示用水效率最高，各类节水器具的用水效率等级可参考表4－23。实际工程中，应该根据用水场所和用水特点选用合适的节能型产品，不断推广新工艺、新材料、新设备。受淘汰产品目录、用水阶梯价格、用水计量等多方面的影响,我国用水器具节水节能这方面执行的效果很好。

总之,给水系统的节能潜力很大,在设计时应该精心考虑,反复衡量,从可靠性、经济性、节能性等方面进行综合考虑,并结合建筑的实际情况,运用科学的设计方法,改善给水系统的节能效果。后期运行过程中,也应该对水泵等设施进行监测和控制,提高运行效果,各种举措并行推进节水型社会和节水型城市建设。

表 4-23 各类节水器具的用水效率等级表

<table>
<tr><td colspan="3">用水效率限定值</td><td>1 级</td><td>2 级</td><td>3 级</td><td>4 级</td><td>5 级</td></tr>
<tr><td colspan="3">水嘴流量(L/s)</td><td>0.100</td><td>0.125</td><td>0.150</td><td>—</td><td>—</td></tr>
<tr><td rowspan="4">坐便器用水量</td><td>单挡</td><td>平均值</td><td>4.0</td><td>5.0</td><td>6.5</td><td>7.5</td><td>9.0</td></tr>
<tr><td rowspan="3">双挡</td><td>大挡</td><td>4.5</td><td>5.0</td><td>6.5</td><td>7.5</td><td>9.0</td></tr>
<tr><td>小挡</td><td>3.0</td><td>3.5</td><td>4.2</td><td>4.9</td><td>6.3</td></tr>
<tr><td>平均值</td><td>3.5</td><td>4.0</td><td>5.0</td><td>5.8</td><td>7.2</td></tr>
<tr><td colspan="3">小便器冲水量(L)</td><td>2.0</td><td>3.0</td><td>4.0</td><td>—</td><td>—</td></tr>
<tr><td colspan="3">大便器冲洗阀冲洗水量(L)</td><td>4.0</td><td>5.0</td><td>6.0</td><td>7.0</td><td>8.0</td></tr>
<tr><td colspan="3">小便器冲洗阀冲洗水量(L)</td><td>2.0</td><td>3.0</td><td>4.0</td><td>—</td><td>—</td></tr>
<tr><td colspan="3">淋浴器流量(L/s)</td><td>0.08</td><td>0.12</td><td>0.15</td><td>—</td><td>—</td></tr>
</table>

二、生活热水

随着生活水平的提高,不论建筑标准高低,生活热水系统已经成为民用建筑的必要配置,系统形式和热源的选择均在建筑设计阶段统一考虑,从节能角度出发居住建筑要尽量分散设置,避免集中设置。当公共建筑必须采用集中热水供应时,热源的选择应经过技术经济比较。

(一)生活热水热源的选择

1. 首选热源

1)太阳能

目前全国多地都出台了执行太阳能热水系统与民用建筑一体化的政策,要求新建民用建筑将太阳能热水系统作为建筑设计的组成部分,与建筑主体工程同步设计、同步施工、同步验收。十二层及以下的新建居住建筑和实行集中供应热水的医院、学校、饭店、游泳池、公共浴室(洗浴场所)等热水消耗大户,必须采用太阳能热水系统与建筑一体化技术;对具备利用太阳能热水系统条件的十二层以上民用建筑,建设单位应当采用太阳能热水系统。国家机关和政府投资的民用建筑,应带头采用太阳能热水系统。

旅馆、医院等公共建筑因使用要求较高,且管理水平较好适宜采用集中集热、集中供热太阳能热水系统。而普通住宅因存在管理困难,收费矛盾等众多难题适宜采用集中集热、分散供热太阳能热水系统或分散集热、分散供热太阳能热水系统。

太阳能是一种低密度、不稳定、不可控的热源,其热水系统不能按常规热源热水系统设计,必要时要设置辅助热源。辅助热源要因地制宜选择,分散集热、分散供热太阳能热水系统和集中集热、分散供热太阳能热水系统适合采用燃气、电;集中集热、集中供热太阳能热水系统适合采用城市热力管网、燃气、燃油、热泵等。

2) 工业余热废热、地热能

对于需要设置集中热水系统的建筑,应优先采用工业余热、废热、地热。利用工业余热和废热保证率高,不像太阳能需要根据天气状况配置辅助热源并消耗大量能量,节能效果非常好,如果有条件应该优先采用。

对于地热资源丰富的地区,亦可将地热作为首选热源,在征得当地政府同意和批准的情况下对这种可再生能源合理加以使用。

2. 限制使用的热源

1) 直接电加热

我国电能多为煤电,采用电能直接加热生活热水是对高品质二次能源的降级使用,相同热值的电能换算成耗费的标煤量约是燃气相当标煤的 3.3 倍,因此限制使用电能作为集中生活热水系统的主体热源,不得不用电能驱动热源时要优先考虑空气源热泵等热源形式。

但是近年来,我国电力能源形式越来越多样,且发电量巨大。如果当地供电部门鼓励采用低谷时段电力,并给予较大的优惠政策时,允许采用利用谷电加热的储热式电热水炉,但必须保证在峰时段与平时段不使用,并设有足够热容量的储热装置。当最高日生活热水量大于 $5m^3$ 时,除电力需求侧管理鼓励用电,且利用谷电加热的情况外,不应采用直接电加热热源作为集中热水供应系统的热源。以最高日生活热水量 $5m^3$ 作为限定值,是以酒店生活热水用量进行测算的,酒店一般最少 15 套客房,以每套客房 2 床计算,取最高日用水定额 160L/(床·日),则最高日热水量为 $4.8m^3$。所以当最高日生活热水量大于 $5m^3$ 时,要尽可能避免采用直接电加热作为主热源或集中太阳能热水系统的辅助热源,除非当地电力供应富裕、电力需求侧管理从发电系统整体效率角度,有明确的供电政策支持时,才允许适当采用直接电热。

办公楼集中盥洗室仅设有洗手盆时,每人每日热水用水定额为 5 ~ 10L,热水用量较少,如设置集中热水供应系统,管道长,热损失大,为保证热水出水温度还需要设热水循环泵,能耗较大,故限定仅设有洗手盆的建筑,不宜设计集中生活热水供应系统。办公建筑内仅有集中盥洗室的洗手盆供应热水时,可采用小型储热容积式电加热热水器供应热水。

2) 蒸汽换热

对于酒店、洗浴中心等热水用量大,需要设置集中式热水的场所,以燃气作为热源时可采用燃气热水锅炉直接制备热水。不应采用燃气或燃油锅炉制备蒸汽再通过汽—水换热器制备热水,这样的热源或辅助热源形式因为蒸汽的能量品位比热水要高得多,属于能量的高质低用,应避免采用,除非有其他用汽要求(熨烫等)的情况。例如对于医院的中心供应中心(室)、酒店的洗衣房等有大量蒸汽需求的场所可以设置蒸汽锅炉,并通过汽—水热交换器制备生活热水。

3. 其他热源

1) 燃气壁挂炉

在建筑安全允许的情况下,可以采用户式燃气炉作为生活热水热源。具体选用原则可以参见第一节户式燃气炉的介绍。

2) 空气源热泵热水机

如图 4-49 所示,空气源热泵热水机是运用热泵工作原理,以电能为动力,吸收室外空气中的低品位热量,经过中间介质与水进行间接换热的产品。该产品热效率高于直接电加热,且不需要电加热元件与水直接接触，没有电热水器漏电的危险，也没有燃气热水器的安全隐患，是一种安全节能的产品。

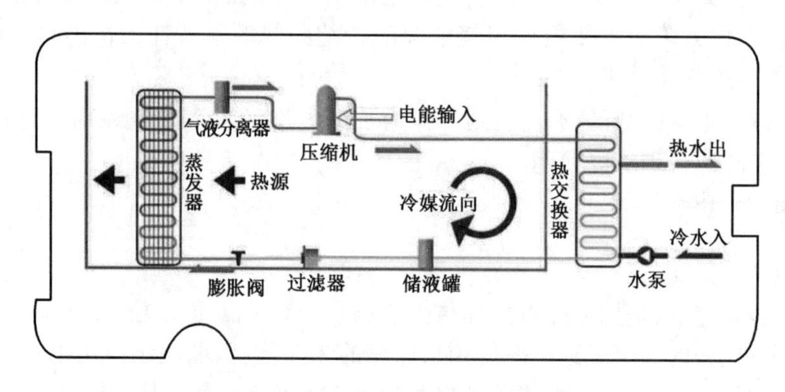

图 4-49　空气源热泵热水机工作原理图

空气源热泵热水机组较适用于夏季和过渡季节较长的地区，是满足我国广大南方地区热水需求的一种不错的选择。随着各种厂家高效热水机的不断开发，南方地区的使用普及率近几年不断提高，很多新建建筑已经是标配产品。但是在严寒和寒冷地区，需要考虑机组的经济性与可靠性。最冷月平均气温小于0℃的地区，空气源热泵冬季运行 *COP* 值一般低于 1.5，达不到商用空气源热泵 *COP*≥1.8 的要求，此时就失去了热泵在节能方面的优势，此类地区不推荐使用。

选用空气源热泵热水机组制备生活热水时应注意热水出水温度，在节能设计的同时还要满足现行国家标准对生活热水的卫生要求。一般空气源热泵热水机组热水出水温度低于60℃。为避免热水管网中滋生军团菌，需要采取抑制细菌繁殖的措施，如每隔 1～2 周采用65℃的热水供水 1 天。但必须有用水时防止烫伤的措施，如设置混水阀等，或采取其他安全有效的消毒杀菌措施。

采用空气源热泵热水机组制备生活热水时，制热量大于 10kW 的热泵热水机在名义制热工况和规定条件下，性能系数不应低于表 4-24 的规定，并应有保证水质的有效措施。

表 4-24　热泵热水机性能系数（*COP*）（W/W）

<table>
<tr><th>制热量(kW)</th><th colspan="2">热水机形式</th><th>普通型</th><th>低温型</th></tr>
<tr><td rowspan="3">H≥10</td><td colspan="2">一次加热式</td><td>4.40</td><td>3.70</td></tr>
<tr><td rowspan="2">循环加热</td><td>不提供水泵</td><td>4.40</td><td>3.70</td></tr>
<tr><td>提供水泵</td><td>4.30</td><td>3.60</td></tr>
</table>

为了有效地规范国内热泵热水机（器）市场，以及加快设备制造厂家的技术进步，现行国家标准《热泵热水机（器）能效限定值及能效等级》GB 29541—2013 将热泵热水机能源效率分为五个等级。1 级表示能源效率最高，2 级表示达到节能认证的最小值，3、4 级代表了我国的平均能效水平，5 级为标准实施后市场准入值。表 4-24 中能效等级指标是依据现行国家标准《热泵热水机（器）能效限定值及能效等级》中能效等级 2 级编制的，在设计和选用空气源热泵热水机组时，推荐采用达到节能认证的产品。

生活热水的瞬时秒流量所需加热量很大。如果采用即热系统，按冬季供暖量选用的空气源热泵的供热量可能不满足设计秒流量所需耗热量，加大空气源热泵规格会增加一次投资和降低供暖空调时的运行效率。采用加热水箱或储热水箱，冬季可以在室外气温较高时加热并储存生活热水,在气温较低的晚间使用,提高运行效率和使用时的保证率。因此无论是作为生活热水热源还是太阳能生活热水系统的辅助热源,都要求具有一定的储热量,一般常采用容积式加热水箱。但是这也是目前广受诟病的地方,因为水箱侵占了建筑空间,而且很难和建筑装修相配合,所以在装修阶段就被很多业主拆除了,成为清洁生活热水推广过程中的痛点,亟须得到解决。

(二)生活热水的水温控制

对于集中式热水系统,过高的热水供水温度不利于节能。为了防止结垢,在保证配水点水温的前提下,可根据热水供水管线长度、管道保温等情况确定合适的供水温度,以缩小管内外温差,减少热损失,节约能源。

对于管网输送距离较远、用水量较小的个别热水用户(如需要供应热水的洗手盆),当距离集中热水站较远时,可以采用局部、分散加热方式,不需要为个别的热水用户敷设较长的热水管道,避免造成热水在管道输送过程中的热损失。

热水用量较大的用户,如浴室、洗衣房、厨房等,适宜设计单独的热水回路,有利于管理与计量。

生活热水需要通过冷、热水混合后调整到所需要的使用温度。故热水供应系统需要与冷水系统分区一致,保证系统内冷水、热水压力平衡,达到节水、节能和用水舒适的目的。要求按照现行国家标准《建筑给水排水设计标准》GB 50015—2019 和《民用建筑节水设计标准》GB 50555—2010 有关规定执行。

三、建筑排水

有些工程将部分或全部地面以上的污废水先排入地下污水泵房,再用污水提升泵排入室外管网,这种做法既浪费能源又不安全,应该优先采用重力流直接排入室外管网方式。但由于目前地下室外轮廓扩出地上建筑物之外的现象很普遍,地下室顶板上是室外地面的情况很多,致使污水管道在地下室铺设路线过长,污废水管线无法就近排入室外管网,针对这种情况污水可排入污水泵房再提升排出。

第五节　典型案例分析

国家速滑馆是北京 2022 年冬奥会的标志性场馆,又称"冰丝带",它的外形由 22 条晶莹美丽的"丝带"状曲面玻璃幕墙环绕,与明亮剔透的超白玻璃相结合,象征着速度滑冰运动员在冰上留下的滑行轨迹。与雄浑钢结构的"鸟巢"、灵动膜结构的"水立方"相得益彰,共同组成北京这座世界首个"双奥之城"的标志性建筑群。

国家速滑馆承担 2022 年第 24 届冬季奥林匹克运动会速度滑冰项目的比赛和训练,冬奥会后,该场馆还将成为能够举办滑冰、冰球、冰壶等国际赛事及大众进行冰上活动的多功能场馆。场馆由 Populous 进行外立面、室内、景观、标识和运营设计,设计深化及施工图由北京市建筑设计研究院完成。国家速滑馆除了有着眼前一亮的外观外,它在设计的过程中也对实用功能进行了充分的考虑,坚持可持续发展策略,在设计、建设、运行全过程期间践行节能低碳原则,场馆的设计根据《北京 2022 冬奥会和冬残奥会场馆与基础设施可持续性指南》达到绿色三星级标准(节能、节地、节水、节材、保护环境和减少污染)。

国家速滑馆属于多层民用公共建筑，特级体育建筑，地上3层，地下2层，总建筑面积为126000m^2，其中地上建筑面积28925m^2，地下建筑面积97075m^2。场馆座位约为12000席，其中永久座席8000席，临时座席4000席，是此次冬奥会北京赛区唯一新建的冰上竞赛场馆。

速滑馆的设计集成了通用空间、超大跨结构、自由曲面幕墙、冰场节能等关键技术，为北京冬奥会赛时、赛后的可持续运营提供保障。速滑馆内严格控制比赛场地内的空气温湿度、冰面温度、浇冰水纯度和温度等。场地、看台、屋顶形成的比赛大厅如同一台密闭的巨大冰箱，为比赛提供一个精密控制的环境，如图4－50所示。

图4－50　速滑馆绿色节能技术

一、冷热源系统

该项目空调冷负荷约为11500kW，设置四台高性能（一级能效）变频离心式冷水机组，单台制冷量800冷吨。这些制冷机组标准工况*COP*可达到6.72（高于节能规范22.5%），*IPLV*可达到11.1（高于节能规范37%）。冷冻水循环系统采用大温差系统，供回水温度5/13℃。制冷机房位于主体建筑北侧地下二层，冷却塔设置在北部广场下沉空间。热源由市政热力提供一次热水，总空调热负荷约为11200kW，供回水温度60/45℃。热力站位于主体建筑南侧地下二层。

二、空调系统

冰场南北最长端211.4m，地面最长端190.4m，东西最长端144m，地面最长端80m，冰面距离低辐射吊顶最高点25.2m，最低点14m。冰面温度可调范围为花样滑冰－3～－5℃，短道速滑－4～－8℃，冰球－5～－7℃，大道速滑－6～－10.5℃，冰壶－4～－7℃，比赛大厅的室内空气计算参数详见表4－25。由表中参数可见，即使同在场馆内，冰面上的参赛运动员和看台上的观众对空调温度、湿度、风速的要求也不尽相同。冰面上的温湿度直接影响着冰面硬度，关乎运动员的发挥甚至安全，而对于“围冰而坐”的观众，场馆要保证其感受不到任何寒意，在舒适的环境中享受国际赛事的视觉盛宴，因此对场馆空调系统要求极高。这就需要对冰面和观众席的温湿度合理分区，通过对冰场除湿、观众席座椅送风等技术手段确保冰场内部以及观众席的不同区域都始终保持适宜的温湿度。

表 4-25　比赛大厅室内空气设计参数

室内设计参数	夏季		冬季		新风量	人员密度	备注
	温度（℃）	相对湿度（%）	温度（℃）	相对湿度（%）	$m^3/(h\cdot 人)$		
速滑冰场场地——比赛模式	16	40	16	40	100	—	冰面风速≤0.2m/s
速滑冰场场地——赛后冰上运动	16	40	16	40	50	—	冰面风速≤0.2m/s
速滑冰场场地——赛后无冰运动	26	60	20	—	50	—	—

针对以上需求，大空间采用全空气空调系统，运动员用房、媒体用房、赞助商用房、场馆运用等房间采用风机盘管加新风系统。

观众席区域为了提高舒适度，永久观众席采用座椅送风，共设置了八台空调机组，利用地下二层的环形主风管，把空调风送到每个观众座椅。每台机组对应一台回风机，根据观众人数采用变机组台数控制送风量。座椅送风夏季送风温度21℃，使用二次回风全空气定风量系统减少了二次加热，降低了系统能耗。冬季送风温度21℃，采用一次回风系统，简化控制。送风形式上采用底部座椅送风，送风口和座椅结合，严格控制送风速度，防止出现吹风感。临时观众席采用上送风，一次回风全空气定风量空调系统，观众席后方设置回风口和排风口，如图4-51所示。

图 4-51　观众席座椅送风

由于人员呼吸及冰面温度很低使得空气中所能容纳的水蒸气含量极大降低，需要除湿设备及时去除空气中多余的水蒸气，因此比赛大厅的空调系统为转轮除湿兼空调系统。除湿系统选择四台转轮式除湿机，通过冰场顶部的环形风管使用喷口送风降温除湿，顶部送风的球形喷口距地高度18～22m不等。为了保障冬季供热工况和其他季节供冷工况都能达到室内温湿度要求，每一个送风口的风量都是可调节的。每个风口的最大送风量约1350m^3/h，场馆下方四周设置16个2000mm×1500mm回风口，将湿度大的空气直接回风送至除湿机组，如图4-52所示。

除湿机再生热源采用冰场废热与电加热器共用的方式，可以尽量多利用废热并能保证足够的冰场除湿效果。

空调水系统为两管制系统，竖向不分区，夏季供冷水，冬季供热水，每台空气处理机组设置动态平衡电动调节阀，每台风机盘管设置动态电动两通阀。水泵都选用变频设备，为后期节能提供条件。

图4-52　比赛大厅顶部送风口

三、通风系统

通风方面,观众入口大厅和比赛大厅在室外气温适宜时,通过可开启通风口自然通风,当自然通风不能满足风量要求时,开启空调机组全新风运行,尽量减少空调使用时间。

室内空气品质控制方面,根据二氧化碳浓度调整新风阀门开度,同时设置室内二氧化碳测点和$PM_{2.5}$、甲醛测点。空调机组和新风机组设置电子除尘装置与中高效过滤器,主要功能房间的风机盘管回风管上安装电子除尘过滤器,确保比赛场地日均值$PM_{2.5} \leqslant 25\mu g/m^2$,主要功能房间日均值$PM_{2.5} \leqslant 35\mu g/m^2$。

在场馆运营过程中,自动化安全控制系统可以实时监测制冰机房、地下管廊、观众席三个主要区域内的二氧化碳浓度,一旦出现异常,在及时报警的同时,系统将自动启动相应的应急事故风机进行排风,确保场馆内的人身和设备安全。

四、供暖系统

供暖方面,观众集散大厅设置地板辐射采暖(供冷)系统作为值班采暖,可提高人体舒适感。热源利用两台高效空气源热泵机组,冬季供回水温度50/40℃。此空气源热泵机组还作为夏季的辅助供冷措施,提供17/22℃冷水(防结露温度)。

五、余热回收

废热回收方面,冰场制冰机具有运行时间长、负荷大的工作特点,会产生大量的冷凝热,能提供的冷凝热水最高温度可达到70℃,可以用于修补冰面,洗浴、餐厅用生活热水和转轮除湿机组的再生用热水。提供的较低温度的热水可以用于融冰池融冰,还可作为防冻胀加热盘管(设置在冰面下方与结构底板之间)用热水。

本项目选用热回收型新风机组最大限度回收排风的冷热能量。

六、二氧化碳跨临界直冷制冰

国家速滑馆实现了首例全冰面设计。速滑比赛场地按照国际滑联(ISU)标准设置400m赛道。通过冰面的分区控制,可满足速度滑冰、短道滑冰、花样滑冰、冰壶、冰球等五大类冰上运动项目的竞赛要求。也可以实现各分区同时制冰,形成一整块无缝完整冰面,其面积约

$1.15\times10^4 m^2$,赛后能够实现2000人同时上冰的全民健身需求,助力“三亿人参与冰雪运动”。

虽然冰场非常大,但是却非常环保节能,这是因为为了秉承“绿色办奥”理念,国家速滑馆放弃了国际惯用的氟利昂制冷剂,选择采用最先进、最环保、最高效的二氧化碳跨临界直冷制冰技术。此方案成为最早提出使用该技术的冬奥场馆,也是技术最复杂、功能最多、制冰面积最大的二氧化碳跨临界直冷制冰系统的冬奥场馆。

CO_2(R744)作为一种天然工质制冷剂,其 *ODP*(破坏臭氧层潜能值)为0,*GWP*(全球变暖潜能值)为1,并且无异味、不可燃、不助燃,具备优异的环保性和可持续性。作为载冷剂,同时也提高了冰场温度的均匀性和热回收效率,与常规制冷剂相比,可以提升能效20%以上。采用这种技术碳排放量几乎为零,相比于传统制冰技术,它每年可以节约用电近200×10^4kW·h度,相当于北京6000个家庭一个月的用电量,相当于减少了3900辆汽车的碳年度排放量,或者是栽种了120多万棵树。

对于速滑这个项目来说,运动员要在冰面上进行快速滑行,最快时速能达到60~70 km。采用先进的“二氧化碳跨临界直冷制冰技术”能够保证冰面整个的温度更加均匀,温差控制在0.5℃。温差越小,冰面的硬度就越均匀,冰面越平整,也就越有利于滑行。“最快的冰”的美誉也就由此而来。

思考题

1. 为什么推荐具有多种能源的地区采用复合式能源供冷、供热?
2. 我国严寒和寒冷地区供热热源选择的优先顺序是什么?
3. 为什么早期严格限制使用电直接加热供暖,而现在可以有条件地使用电加热?
4. 除了居住建筑,为什么公共建筑热量和冷量的计量也是一种建筑节能措施?
5. 热水管网热媒输送到各热用户的过程中有哪些热损失?
6. 为什么供暖空调系统要设置自动温度控制设施?
7. 为什么温和地区居住建筑供暖方式及其设备的选择要根据建筑的用能需求结合当地能源情况、用户对设备运行费用的承担能力等进行综合技术经济分析确定?
8. 设置余热回收的新风系统是否一定是节能的?
9. 水力失调对建筑能耗的影响是什么?设置水力平衡装置的好处有哪些?
10. 为什么当利用通风可以排除室内的余热、余湿或其他污染物时,要充分采用通风方式,过渡季节也要尽量多利用室外新风?
11. 什么情况下适宜采用分散设置的空调装置或系统?
12. 空气源热泵机组同时具有供冷和供热的功能,是否适合全国推广使用?
13. 为什么建筑给水系统要选择高性能的水泵?

参考文献

[1] 住房和城乡建设部科技发展促进中心. 中国建筑节能发展报告(2020年)[M]. 北京:中国建筑工业出版社,2020.

[2] 民用建筑热工设计规范[S]:GB 50176—2016.

[3] 居住建筑节能设计标准(北京)[S]:DB 11891—2020.

[4] 严寒和寒冷地区居住建筑节能设计标准[S]:JGJ 26—2018.

[5] 既有采暖居住建筑节能改造技术规程[S]:JGJ 129—2016.

[6] 通风机能效限定值及能效等级[S]:GB 19761—2020.

[7] 供热工程项目规范[S]:GB 55010—2021.
[8] 空调通风系统运行管理标准[S]:GB 50365—2019.
[9] 付祥钊,丁艳蕊.夏热冬冷地区居住建筑暖通空调季节转换与节能设计[J].暖通空调,2020,50(09):72-78.
[10] 张迪,曹明凯,丁琦.户用分时控温热力平衡系统应用研究[J].暖通空调,2020,50(10):82-86.
[11] 吕莉.国家速滑馆柔性索网结构下方除湿风管安装技术[J].施工技术,2021,50(08):105-109.
[12] 马一太,王派.2022年北京冬奥会国家速滑馆 CO_2 制冷系统和国家雪车雪橇中心氨制冷系统的简介[J].制冷技术,2020,40(02):2-7.
[13] 林坤平.国家速滑馆暖通设计与研究[DB/OL].https://mp.weixin.qq.com/s/pqsDX5SYjmecAR7cwRjCIg,2022.
[14] 张振雯,宇文怡旋,张振迎. CO_2 制冷技术在人工冰场中的应用现状[J].制冷,2021,40(02):28-33.
[15] 郑方.国家速滑馆:面向可持续的技术与设计[J].建筑学报,2021(Z1):32-35.
[16] 孙卫华,董晓玉,郑方."冰"与"速度":国家速滑馆的设计策略[J].建筑实践,2021,07:48-51.

第五章　储能技术在建筑节能中的应用

储能技术的发展与应用对建筑制冷和供暖节能发挥了重要作用，本章目的是理解储热（冷）技术的基本原理，掌握储热技术在热电联产机组灵活性调节、太阳能供热系统和热泵系统中的应用形式，主要介绍了热能储存基本原理与分类、集成储热的热电联产调峰技术、跨季节储热技术和储热型热泵系统、蓄冷空调技术、跨季节蓄冷技术六部分内容。

第一节　热能储存基本原理与分类

为缓解建筑制冷和供暖对电网造成的负荷波动，国内外提出了实施"移峰填谷"的各项政策和技术措施，其中，蓄冷空调和储热锅炉都是热能储存技术在建筑能源系统中的典型应用。另一方面随着可再生能源与建筑供能系统相结合，发展了太阳能区域供热、太阳能制冷等技术形式。热能储存技术在主动式系统中的应用不仅可以提高建筑能源系统的经济性，也可以为解决电网峰谷差过大的问题作出巨大贡献。而被动式系统主要通过建筑围护结构降低冷热消耗，实现室内环境舒适、建筑能耗和外部环境之间的平衡。因此，热能储存技术已成为建筑节能技术的重要分支。

一、热能储存基本原理

热和冷是相对概念，它们具有相同的能量属性。因此，储热与蓄冷技术具有相同的基本原理。该技术以储热（冷）材料为介质，当环境温度高（低）于储热介质时，介质吸收环境中的热（冷）量储存于介质内部，环境温度低（高）于储热介质温度时释放，力求解决热（冷）能量供给与需求在时间、空间或强度上的不匹配所带来的问题，最大限度地提高整个系统的能源利用率。利用材料内部能量的转化，对热（冷）量进行收集、存储与释放，进而实现对热（冷）量供求关系的合理调控。热能储存技术的开发和利用能够有效提高能源综合利用水平，对于建筑节能、工业余热回收、太阳能热利用、电网调峰等领域都具有重要的研究和应用价值。

二、热能储存方式分类

热能储存技术根据原理不同分为物理储热和化学储热，如图 5－1 所示。其中，物理储热分为显热和潜热两种形式，化学储热可以分为浓度差、化学吸附和热化学反应储热。

（一）显热储热

显热储热主要通过导热、对流和热辐射使储热材料温度发生变化，但在温度变化区间不发生相态变化。显热储热量取决于储热材料的质量、比热容以及初/最终状态的温度梯度。常见的显热储热材料包括固、液体两种形式，其中固体介质分为金属类和非金属类。金属类主要包括铜、铝、铁等及其合金，常适用于中高温储热，这类物质密度和成本都相对较高；非金属类包括混凝土、碎石、砖和花岗岩等，这类物质虽然经济性好，但是比热容和导热系数较低，成为限制其规模化应用的主要瓶颈。金属材料具有很高的热扩散系数，因此适合于快速充放热的应

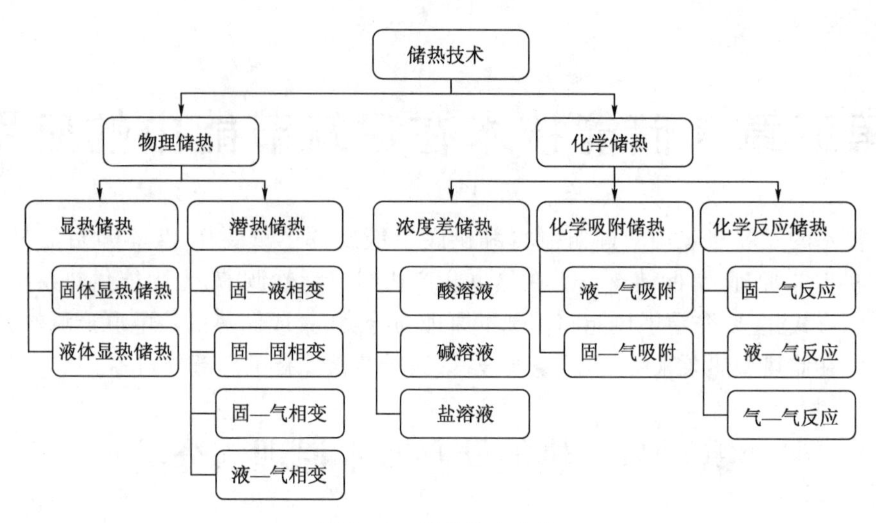

图 5-1　储热技术分类

用,而非金属材料由于热扩散系数较低更适合于充放热周期缓慢的应用。液态储热介质主要包括熔融盐、水和油等。水由于具有较高的比热容和较低的成本在低温领域广泛应用;在中高温领域熔融盐具有良好的热物性而备受关注,但在实际应用中为了防止熔盐腐蚀泄漏需要对储罐采取特殊措施,因此增加了熔盐储热系统的技术成本。

显热储热技术由于运行时只有温度发生变化,运行和管理较为简单且技术成熟,是最早实现的储热方式。然而显热储热的储热密度偏低,储热系统的体积庞大,储热效率随储存需求的增大而降低。目前,在建筑节能领域应用最多的显热储热介质是水和石块。水的比热容约是石块的 4.8 倍,而石块的密度是水的 2.5 ~ 3.5 倍,因此水的储热容积密度比石块大。石块的优点是可以避免水的泄漏和腐蚀问题,一般与太阳能空气加热系统联合使用。

1. 储热水箱

储热水箱是一种既可以储热,又可以蓄冷的装置,是在给建筑物供应热水、供暖及空调系统中作为一个组成部分而发展起来的,主要用于调节能源与能耗之间的不平衡,以便提高系统热利用效率及满足热负荷需要。

在太阳能热水系统中,通过太阳能集热器接受太阳辐射,然后集热器将收集到的太阳辐射能转化为热能,这些热能被平板或真空管太阳能集热器中的介质吸收后升温。如果在集热器环路中的工作介质是防冻液,则必须在防冻液环路与储热液体(水)之间增设换热器。若不必考虑防冻问题,水就可直接在集热器与水箱间循环。当采用水作为储热介质时,通常应防止水箱和管路的腐蚀、泄漏和结冰等问题。储热水箱的容量取决于负荷的大小及要求储热水箱工作时间的长短。若温度升高 30℃,则 1000 kg 水可蓄存的热能为

$$1000\text{kg} \times 4.186\text{kJ}/(\text{kg} \cdot ℃) \times 30℃ = 125.6\text{MJ}$$

储热水箱顶部水温最高,随着高度的降低,水温也逐渐下降,底部的水温最低。对太阳能热水系统来说,若进入集热器的水的温度越低,则集热器的效率将因热损减少而提高。而对负荷来说,总是要求流体有较高的温度。为此,储热水箱中的温度分层对改善系统的性能是有利的。有关储热水箱中温度分层的研究,主要是弄清各种因素对温度分层的影响,这对水箱的设计及运行控制有很大的实际意义。实验研究表明,良好的温度分层,可使整个系统的性能提高 20% 以上。

2. 岩石床储热器

在太阳能空气加热系统中，储热器多数采用岩石床，它既是储热器，又是换热器。

对岩石床来说，空气和石块之间的传热速率及空气通过石块床时引起的压降损失是最重要的特性参数。从总体效果对这些特性参数进行权衡，是高效、经济的岩石床储热器设计的主要内容。石块越小，床和空气的换热面积就越大。因此，选择小的卵石将有利于传热速率的提高；石块小，还能使石块床有较好的温度分层，从而在取热过程中可得到较多的能量，以满足所需温度的热量。但石块越小，给定空气通过石块床时的压降就越大。因此，在选择石块的大小时应考虑送风功率的消耗情况，为尽量减小不储热及不取热时石块床的自然对流热损，储热时可使热空气从石块床的顶部进入。

若石块的尺寸选择恰当，将得到较大的传热速率和均匀的气流分布，也较易保持良好的温度分层。分层好的石块床，在取热过程中，当气流离开石块床时具有与石块床顶部大致相同的温度；在储热过程中，自石块床流出的气流的温度接近床底的温度。这对整个系统来说，使供热场所得到接近于石块储热床中最高温度的热空气，而进入空气加热器的则是接近于石块床中最低温度的气流，这十分有利。

由于通过石块床的有效导热较小，且不存在对流渗混，故与液体储热系统相比，石块储热床可保持很好的温度分层。

为了解石块储热床的热性能，即确定在给定石块床的几何尺寸、进入石块床的气流的流速和温度及其温度场和出口气流的温度随时间的变化关系，必须对石块储热床进行理论分析和实验研究。

目前有两种储热方法，一种是将岩石床置于温室地面以下 40 ~ 50cm 深处或者地面，岩石被密闭在一个热的混凝土储箱内。有太阳辐射时，用送风机将温室内的热空气吹进储存箱内，加热岩石床；没有太阳辐射时，房间冷空气经岩石储热床加热后返回房间，形成采暖—储热—供暖循环。

3. 液—固组合式储热设备

由于石块的比热容小，故石块储热床的容积储热密度比较小。当太阳能空气加热系统采用石块床储热时，需体积相当大的石块床，这是石块储热床的缺点。为设法改进，出现了一种液体固体组合式储热方案。例如，储热设备可由大量灌满了水的玻璃瓶罐堆积而成，这种储热设备兼备了水和石块的储热优点。储热时，热空气通过“充水玻璃瓶床”，使玻璃瓶和水的温度都升高。由于水的比热容很大，故这种组合式储热设备的容积储热密度比石块床的大，其传热和储热特性很适用于太阳能空气加热供暖系统。

固液混合储热通常利用单罐斜温层原理，把廉价的固态显热储热材料碎砂石、砂砾置于储热罐，与液态导热工质结合，用于储存热能。例如，美国加州 Solar One 塔式太阳能光热电站利用固体和液体混合置于储热罐的方法用于热能储存，如图 5 - 2 所示。斜温层单罐是利用密度与温度冷热的关系，当高温熔盐在储热罐顶部被高温泵抽出，经过油盐换热器冷却后，由储热罐的底部进入储热罐内时，或者当低温熔盐在储热罐的底部被低温泵抽出，经过油盐换热器加热后，由储热罐的顶部进入储热罐内时，在储热罐的中间会存在一个温度梯度很大的自然分层，即斜温层。斜温层以上熔盐保持高温，斜温层以下熔盐保持低温，随着熔盐的不断抽出，斜温层会上下移动，抽出的熔盐能够保持恒温，当斜温层到达储热罐的顶部或底部时，抽出的熔盐温度会发生显著变化。该系统采用了液态储热材料 $NaNO_3$ 与 KNO_3 的混合物与固态储热材料石英岩、硅质沙。

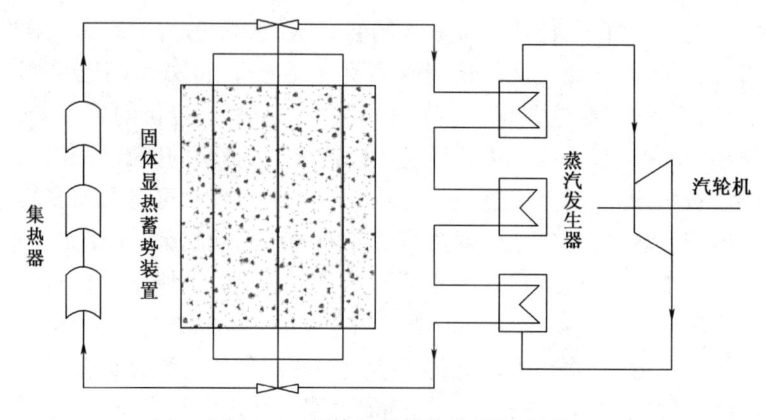

图 5-2　固体显热储热装置示意图

（二）潜热储热

潜热储热是利用储热介质的相变特性吸收和释放热量的过程，用于潜热储热的材料称为相变材料（phase change material，PCM），因此也称为相变储热。PCM 总储热量由显热和潜热两部分组成，主要取决于 PCM 的比热容和相变潜热，储热原理如图 5-3 所示。PCM 的相变形式主要包括液—气、固—气、固—固和固—液相变，相变过程中如果有气态物质产生由于体积和压力变化较大而不易控制，目前应用较多的是固—液相变材料。

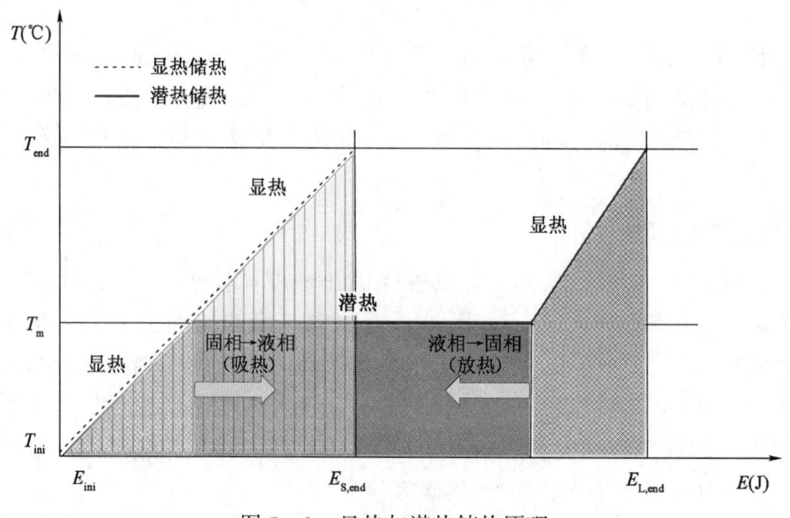

图 5-3　显热与潜热储热原理

固—液 PCM 根据材料性质分为有机类、无机类和共熔物类。有机类包括石蜡、烷烃、酯类、脂肪酸、醇类和各种化合物，具有良好的储热密度和较低的成本，熔化和凝固过程中很少甚至没有过冷现象，但大部分材料导热系数较低；无机类包括盐类、水合盐类和金属类等，具有相变焓高和成本低、不易燃等优点，导热系数略高于有机材料，水合盐类还具有过冷度高和相分离的缺点。常用 PCM 的应用温区和相变潜热，如图 5-4 所示。除了单一物质，近年来研究人员广泛关注于二元、三元以及四元共熔物，常利用 Schrader 方程设计多元共熔物材料获得期望的热物性。

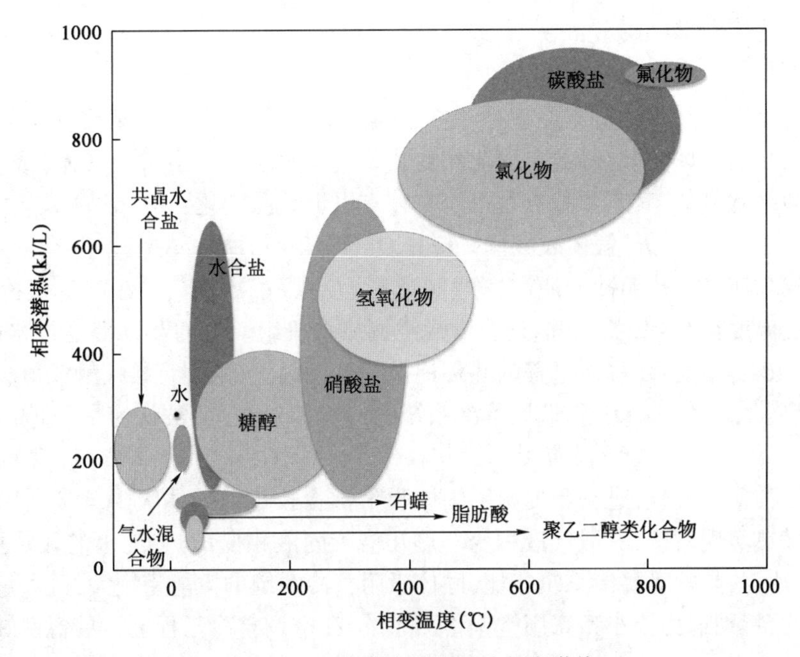

图 5－4　PCM 的应用温区和相变潜热

1. 相变储热供暖

为了减少城市用电的峰谷差,应充分利用夜间廉价的电能加热相变材料,使其产生相变,以潜热的形式蓄存热能。白天这些相变材料再将蓄存的热能释放出来,供房间采暖。

在利用相变储热的采暖方式中,应用最广的是电加热储热式地板采暖。与传统的散热器采暖相比,其优点是舒适性好。普通散热器主要靠空气对流散热,而地板采暖主要利用地面辐射,人可同时感受到辐射和对流加热的双重效应,更加舒适,且运行费用远低于无储热的电热供暖方式。另外,吸收太阳能辐射热的相变储热地板、利用楼板储热的吊顶空调系统,以及相变蓄能墙等建筑物蓄能的新方法也正在开发研究之中。

2. 冰蓄冷

冰蓄冷技术是利用冰的相变潜热对冷量进行储存的技术。冰蓄冷的优点在于储能密度大,价格低廉,无毒无害随处可取等。例如,在 0℃时冰的蓄冷密度高达 334kJ/kg,储存相同的冷量,冰蓄冷所需的体积比水蓄冷小很多,水的体积约为冰的数十倍。同时,由于冰蓄冷属于潜热蓄冷方式,冰融化时是恒温相变过程,水温稳定不易波动。然而,冰蓄冷的投资较高,冰蓄冷空调系统的设备及管路较为复杂,冰的凝固温度太低,降低了制冷性能,且冰具有严重的过冷度,限制了实际应用。

3. 共晶盐蓄冷

共晶盐蓄冷技术是利用固液相变特性蓄冷的另一种蓄冷方式,其性能主要取决于相变蓄冷介质。蓄冷介质是由无机盐、水、成核剂和稳定剂组成的混合物,相变温度在 8 ~9℃。通常将蓄冷介质封装在密封件中,再将其放置在蓄冷容器中。由于共晶盐蓄冷能力高于水蓄冷,低于冰蓄冷,因此共晶盐蓄冷容器的体积小于水蓄冷,大于冰蓄冷。共晶盐蓄冷中,蓄冷介质的相变温度较高,不需要冰蓄冷较低的蒸发温度,可利用普通的空调冷水机组。然而,共晶盐蓄冷介质的储能密度低,蓄、放冷过程中换热性能较差,设备占地面积大,对设备要求高,阻碍了该技术的推广应用。

4. 气体水合物蓄冷

气体水合物蓄冷技术的基本原理是在一定的温度和压力下，水在某些气体分子周围会形成坚实的网络状结晶体，同时释放出固化相变热。气体水合物是由常规气体（或易挥发液体）和水形成的包络状晶体，其重要特点是可以在冰点以上结晶固化，其一般的反应方程为

$$R(\text{气体或液体}) + nH_2O \rightleftharpoons R \cdot nH_2O + \Delta H$$

气体水合物属新一代蓄冷介质，又称“暖冰”，它克服了冰、水、共晶盐等蓄冷介质的致命弱点。其相变温度在5～12℃之间，适合常规空调冷水机组。它的蓄冷密度与冰相当，熔解热约为302.4～464kJ/kg，蓄/释冷过程的热传递效率高，而且可采用直接接触式蓄、释冷系统，进一步提高传热效率。气体水合物低压蓄冷系统的造价相对较低，被认为是一种比较理想的蓄冷方式。

对比这三种蓄冷方式，进一步提出了固体吸附蓄冷技术。固体吸附蓄冷利用液体制冷剂的汽液相变潜热实现蓄冷，一般气液相变潜热几倍于固液相变潜热，比水的显热更是大得多，与常规的水、冰、共晶盐等蓄冷系统相比，固体吸附蓄冷系统的蓄能密度大，可大量节省蓄冷设备体积。因此，特别适用于小型家用空调蓄冷系统，在空调蓄冷工程上将具备良好的发展和应用前景。

（三）化学储能

化学储热是起步较晚的储能方法，目前正处于不同层次的研究阶段，与物理储热相比具有储能密度大、工作温度范围宽的优势。化学储热是利用化学变化中吸收、放出热量进行热能的储存和释放，是未来重要的储热技术之一。其中，浓度差储热是利用溶液浓度变化时物理化学势能的差别对热量进行储存与释放；吸附储热是通过固态吸附剂对气态吸附质的捕获和固定实现的，通过分子间的聚合力储存和释放能量。

自从1773年席勒（C. W. Scheele）发现“木炭—气体”体系中的吸附现象以来，吸附技术在化学、食品等工业部门，以及在对气体和液体的精制、分离等方面得到了广泛应用。近年来，固体吸附技术开始用于制冷领域。当气体与固体接触时，在固体表面或内部发生容纳气体的现象称为吸附，气体从固体表面或内部脱离的过程称为脱附。吸附过程中放出热量，脱附过程中吸收热量。

吸附蓄冷技术的原理是用某种固体作吸附剂，某种气体作制冷剂，从而形成吸附对，利用吸附剂的化学亲和力进行吸附过程，在固体吸附剂对气体吸附物吸附的同时，液体吸附物不断地蒸发变成可供吸附的气体。蒸发过程中实现制冷，然后用热能使吸附物解吸，利用吸附物的汽液相变把冷量储存起来，如此反复，可实现吸附蓄冷。

固体吸附中，吸附工质对的选择是影响系统蓄冷性能的重要因素。理想蓄冷剂必须具备某些化学、物理和热力学性质，一般要求蒸发压力不要太低，冷凝压力不能太高，蒸发潜热大，比容小，传热系数高，汽相和液相的黏度都低，化学性质不活泼等。对于固体吸附剂，则要求具有密集的细孔构造，对蓄冷剂有良好的吸附特性和特殊的解吸性质，以满足反复使用的要求。

化学反应储热是利用可逆化学反应中分子间的分解与再结合实现热能的储存和释放，储热量与化学反应的程度、反应物质量和反应热相关。这种技术具有较高的能量密度和较低的热损耗，但是由于运行条件、腐蚀性、化学不稳定性和成本问题限制了现阶段的大规模应用。

化学储热材料在储/放热过程中发生如下的化学反应：

$$A + B \rightleftharpoons C + \Delta E$$

化学储热通过发生可逆的热化学反应来进行热量的存储和释放。在储热过程中，物质C吸收热量分解为物质A和物质B，将热能存储在物质A和物质B中，是一个将热能转化为化学能的过程。在放热过程中，物质A与物质B混合产生物质C重新释放出热能，是一个将化学能转化为热能的过程。

与温差焓和相变焓相比，反应焓要大得多。因此，化学储热的储能密度较显热储能和相变储能更大。有研究表明，化学储热约为显热储能的15倍，相变储能的6倍。与显热储热和潜热储热相比，热化学储热在热量储存与运输过程中基本无热能损失。将生成的物质A和物质B分开储存，避免接触发生反应造成热能的损失，从而可以达到以化学能的形式长期储存热量的目的。

然而，与显热储热和潜热储热相比，热化学储热主要还停留在实验室阶段，目前还不能大规模应用到实际中。常见的热化学储热材料介质有：氢氧化物[如$Ca(OH)_2$]、碳酸盐(如$CaCO_3$)、金属氢化物(如MgH_2)、固—气复合材料(如$CaCl_2/NH_3$)以及无机盐水合物(如$MgSO_4 \cdot 7H_2O$)等。理想的热化学储热材料应具备以下特征：

(1)反应焓值高，储能密度大；

(2)吸热和放热反应温度范围适宜；

(3)反应条件不苛刻，对设备要求不高；

(4)反应可逆性好，无副反应的发生；

(5)正、逆反应的反应速率快，使得热能存储/释放能高效地进行；

(6)储能材料便于储存，反应产物易分离；

(7)原材料廉价易得、性能稳定、环境友好。

综合考虑前期储热技术研究的进展及主流观点，对显热储热、潜热储热及热化学储热的储能规模、储能周期、成本、优缺点、成熟度等技术特色分别进行统计、凝练，对比分析见表5-1。

表5-1 各储热技术的主要特色对比

储能类型	显热储能	潜热储能	热化学储能
储能密度	低/0.02~0.03kW·h·kg^{-1}	中/0.05~0.1kW·h·kg^{-1}	高/0.5~1kW·h·kg^{-1}
储能规模	0.001~10MW	0.001~1MW	0.01~1MW
储能周期	数小时~数天	数小时~数周	数天~数月
运输距离	短	短	理论上无限长
技术成熟度	高：工业、建筑、太阳能热发电领域已有大规模的商业运营系统	中：处于从实验室示范到商业示范的过渡期	低：处于储热介质基础测试、实验原理及验证阶段
技术优点	系统集成相对简单；成本低；环境友好	近似等温释热，有利于热控；储能密度大	储能密度大，装置紧凑；散热损失可忽略不计
技术缺点	储能密度低，系统庞大；热损失大	储热介质与容器的相容性差；热稳定性差	储、放热过程复杂；传热传质特性差
技术复杂度	简单	中等	复杂

第二节　集成储热的热电联产调峰技术

一、大型火电机组热电联产技术

热电联产是根据能源梯级利用原理,先将煤、天然气等一次能源发电,再将发电后的余热用于供热的先进能源利用形式。根据用能规模将热电联产系统分为以下两种形式:一是楼宇型热电联产系统,是指通常用来满足建筑物内的冷热负荷,典型原动机为往复式内燃机或微燃机的热电联产系统;二是区域型热电联产系统,是指通常与蒸汽设备一起应用于工业企业园区和城市建筑区域的能源供应,一般采用蒸汽轮机或燃气轮机技术的热电联产系统。现阶段对于我国北方地区城市用能特征,电负荷的日波动量大,热负荷的年波动量大。在同时有热、电需求的情况下,基于蒸汽轮机的大型火电机组热电联产系统是最有效的方式。它的主要特征为在整个能量生产、供应系统范围内,热源既生产电能、又供应热能,而且供热所需热能全部或部分来源于热做功过程中的低品位热能,充分实现了能量的梯级利用,远大于传统的热电分产效率。

通过图 5 - 5 和图 5 - 6 可以看出热电分产系统和热电联产系统产生电能和热能过程中的输入能量与输出能量之间的关系。为了方便比较,两个系统中均输出相同的电能和热能,假设为 35 和 50 个单位。在热电分产系统中,发电产生的损失很大,加上输电网损失,高达 86 个单位,因此需要燃料输入为 121 个单位,在产生热量过程中,锅炉损失为大约 9 个单位,所以需要输入燃料 59 个单位。两者分产需要输入的热量为 180 个单位,这样总的能量效率约为 47% 。在热电联产系统中,总的损失仅为 15 个单位,因此需要燃料输入为 100 个单位,这样总的能量效率约为 85% 。

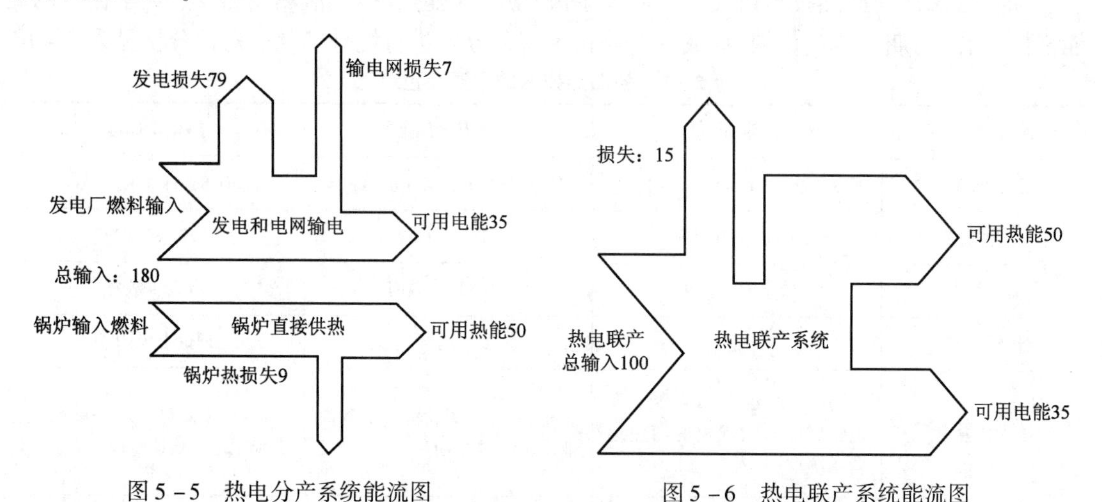

图 5 - 5　热电分产系统能流图　　　图 5 - 6　热电联产系统能流图

在基于蒸汽轮机的大型火电机组热电联产系统中,蒸汽机的热力循环是朗肯循环。在蒸气循环过程中,水首先被增压送入锅炉,然后再加热到相应压力的饱和温度,接着再加热到过热蒸汽。高压蒸汽在多级汽轮机内膨胀到低压状态,汽轮机排汽进入凝汽器,或者被送入供热系统。目前常见的用于热电联产系统的机组形式有抽气式和背压式,如图 5 - 7 和图 5 - 8 所示。对于背压式机组,全部的汽轮机排汽送入工业工艺或蒸汽供热管网。“背压”是指汽轮机排汽压力达到或超过大气压力,这个压力由特定的热电联产应用系统确定。汽轮机排气压力越低,产生的功率越大。对于抽气式汽轮机,其汽缸上设有抽气口,抽出某一压力下的部分蒸汽至热网加热器,抽气口蒸汽压力是可以调节的。

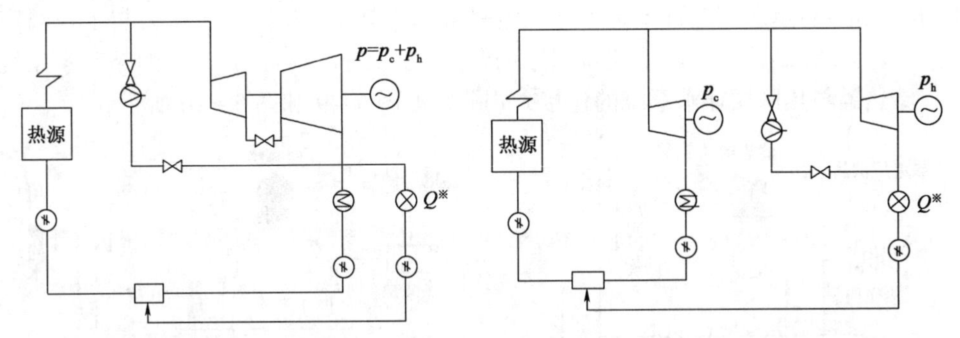

图5-7　调节抽气式热电联产汽轮机　　　　图5-8　背压式热电联产汽轮机

热电联产技术的特点不仅表现在调整了热能、电能生产之间的关系,使能量的质量得以合理利用,还体现在由于热能供应方式的改变带来的能量数量节约方面的好处。因此,这种技术形式目前仍是国内外发展热化事业的基础,是联产集中供热的主要形式。

二、集成储热的热电解耦原理

在我国三北地区,热电联产机组比重大,水电、纯凝机组等可调峰电源稀缺,调峰困难已经成为电网运行中最为突出的问题。以东北电网为例,其目前的电源结构中,火电占总装机的70%,风电占总装机的20%,核电机组也在陆续投运。在冬季采暖期,供热机组运行容量占火电机组运行总容量的70%,热电机组按"以热定电"方式运行,调峰能力仅为10%左右,使得风电消纳问题更为突出。上述情况导致了电网调峰困难的三个严重后果:一是电网低谷电力平衡异常困难,调度压力巨大,增加了电网安全运行风险;二是电网消纳风电、光电及核电等新能源的能力严重不足,弃风问题十分突出,不利于地区节能减排和能源结构转型升级;三是电网调峰与火电机组供热之间矛盾突出,影响居民冬季供暖安全,存在引发民生问题的风险。

提升火电灵活性的主要技术路线有两种:第一种是设置储热式,如热水储热装置、储热式电锅炉(在有峰谷电价时)及熔岩储热装置等,通过增设储热装置实现热电解耦。当电网存在调峰困难时段利用储热装置对外供热,补充热电联产机组由于发电负荷降低带来的供热能力不足,降低供热强迫出力;第二种是非储热式,即取消储热装置,通过直供式电锅炉(在没有峰谷电价时)或机组通过减温减压直接生产用于加热热网循环水的加热蒸汽,进而满足供热需求,同时满足电网对电厂的调峰要求。

储热技术是提高能源利用效率和保护环境的重要技术,旨在解决热能供求之间在时间和空间上不匹配的矛盾,是提高能源利用效率的一种能源技术。以热水储热装置、熔岩储热装置为代表的储热系统在太阳能利用、电力调峰、废热和余热的回收利用以及工业与民用建筑和空调的节能等领域具有广泛的应用前景。但在集中供热领域,综合考虑投资、系统复杂程度等方面因素,大型储热水罐的储热形式得到了广泛应用。

热水储热系统主要利用水的显热来储存热量。储热设备主要采用储热水罐,储热罐的型式有多种,按压力变化的情况划分,可分为变压式储热罐和定压式储热罐。变压式储热罐分为直接储存蒸汽的储热罐以及储存热水和小部分蒸汽的储热罐两类;定压式储热罐分为常压式储热罐和承压式储热罐两类。按照安装形式还可分为立式、卧式以及露天与直埋式储热罐。

根据区域供热系统的特点,储热装置通常采用常压或承压式热水储热罐。一般而言,供热管网供水温度低于98℃时设置常压储热罐,高于98℃时设置承压储热罐。常压储热罐结构简单,投资成本较低,最高工作温度一般为95～98℃,储热罐内水的压力为常压,如同热网循环水系统的膨胀水箱;承压储热罐最高工作温度一般为110～125℃,工作压力与工作温度相适应,对储热罐的设计制造技术要求较高,但系统运行与控制相对简单,与热网循环水系统耦合性较好。储热罐与热网循环水系统的连接方式分别如图5-9和图5-10所示。

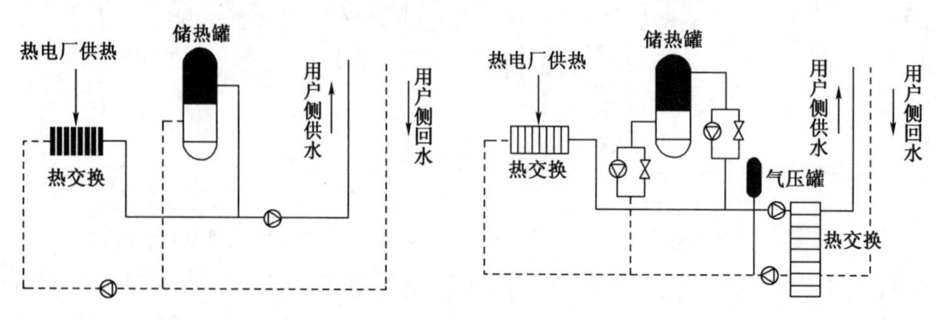

图5-9　储热罐与热网系统直接连接　　　图5-10　储热罐与热网系统间接连接

如图5-11所示,抽汽式热电联产机组的运行区域在*ABCDE*包围的区域中,横坐标为机组的产热量,垂直向上作直线可得某点产热量对应的发电量范围。由于“以热定电”政策人为地限制了热电联产机组的最小热出力,相应地,机组的电出力调节范围也受到了限制。如图5-11所示,为响应“以热定电”政策,抽凝式机组在冬季供暖期间,其最小热出力限制在h_{force}点,对应地,其电出力调节范围也被限制在P_F至P_G之间,其运行区域也被限制在BCGF所包围的区间。因为电力出力调节范围的减小,热电机组在供暖期间的参与调峰能力也受到了限制,同时,也降低了系统对其他能源,如风电的消纳能力。

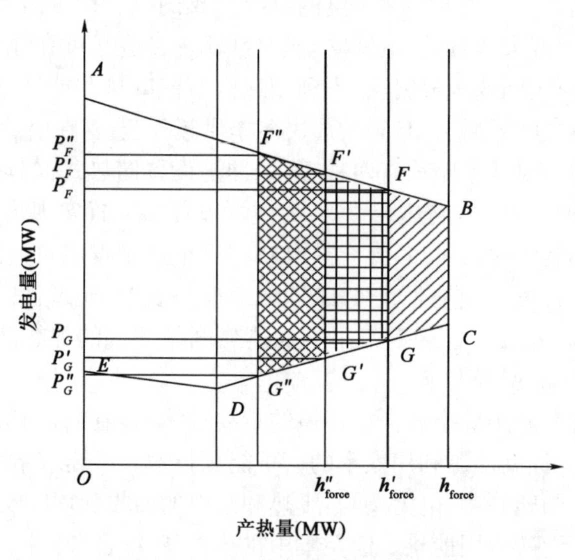

图5-11　抽汽式机组的热电关系

当热电联产系统中引入热水储热罐作为外部附加热源h_{sto}。由于引入了外部附加热源,当用户的热负荷需求保持不变时,通过调节汽轮机抽汽量,对热电机组的热需求从h_{force}降低至h'_{force},而热电联产机组的电出力调节范围可从P_F至P_G增大到P_F'至P_G',相应地,热电机组的运行区域也扩大到*BCG′F′*。在此基础上,若继续向热电联产系统中引入电锅炉、热泵等可充当热源的设备。当用户的热负荷保持不变时,对热电机组的热需求可以进一步下降到h''_{force},而热电机组的电出力调节范围也可进一步扩展到P_F''至P_G''，相应地，其运行区间也扩大至$BCG''F''$。

目前热电联产机组装机容量已经接近火电装机容量的40%，热电联产机组参与电网调峰是电力发展的必然。燃煤热电联产机组的调峰能力主要受限于机组“热电耦合特性”。热电耦合是指热电联产系统中，热与电之间互相转化以达到削峰填谷、满足负荷的目的。热电耦合的中长期机理主要是实现热电联产系统中长期运行的最优化，短期机理主要是完成调峰任务。热电联产系统负荷调节范围弱于纯凝发电机组，且随着热负荷的增加调峰能力受限，调峰能力通常只有20%左右。目前针对供热机组调峰的研究主要对机组进行流程改造和控制优化，以改善机组的流通特性，或者通过增加辅助供热手段实现热电解耦。

三、大型储热水罐

热水储热罐通常被设计成圆柱形立式，为钢筋混凝土结构或由钢板焊接而成。热水储热罐也经常被称作热水储热器，其容积、高度、安置位置等由热用户的热负荷特点、热电厂实际空地情况等决定，如图5－12所示。

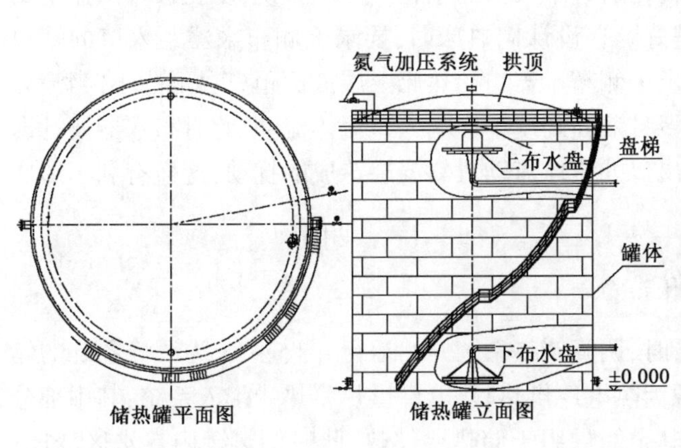

图5－12　热水储热罐

水储热采用显热储热，单位体积储热密度低，因此储水罐的体积较基于相变储存原理的储热罐要大得多。安装空间局限性成为储水罐设计时要考虑的重要因素。当安装空间有限时，热水储热罐可布置在地下或半地下。对于新建项目，热水储热罐与建筑物一体化能极大降低投资，一体化比单独新建一个储水罐更经济。

热水储热罐的体型一般有长方体和圆柱体两种，在相同的容积下，圆柱体的表面积要小于长方体的表面积，因而圆柱体的表面热损失相对较小。因此，储热罐的体型一般采用平底圆柱体。

四、斜温层性质与布水器性能

在一个由于密度差导致自然分层的热水储热罐中，由于冷、热水之间存在温度差，冷、热水分界面附近将发生热传导过程。导热会使得热水温度有所降低，冷水温度有所升高，从而在冷热水的交界面处形成一个温度过渡层——斜温层。斜温层内水温变化的梯度较大，温度近似直线上升。斜温层是影响冷、热水分层，进而影响储热罐储热效率的重要因素。它会由于罐体的构造、入口流体流速带来的扰动、冷热水层导热、水和储水槽壁面的导热以及随着储存时间的不同而不断变化，因此会导致实际可用的储热体积减小，储热量也随之减小。因此，为了保障热水储热罐的有效储热容量，在热水储热罐的设计阶段、运行阶段都要采取相应措施以降低斜温层的厚度。

例如在设计阶段，通过合理设计布水器及储热罐构造，可以控制其开口处的水流速度，从而降低扰动对冷、热水层混合的影响。研究表明，储热罐进水水流的雷诺数（Re）和弗洛得数（Fr）均会对斜温层造成影响，并且 Re 数的影响要大于 Fr 数。Fr 数是作用在流体上的惯性力与重力的比值，用来判别水流的状态。当 $Fr \leqslant 1$ 时，浮力大于惯性力并占支配地位。此时密度差产生的浮力能保证水流以重力流的形式从布水器进口进入储热罐内，并产生较小的掺混。反之，当 $Fr \geqslant 1$ 时，惯性力大于浮力并占主导地位，水流在布水器入口处将以喷射状流入罐体内。当 Fr 数充分大时（$Fr \geqslant 2$），重力流由于较大的惯性力将不会形成，进入储热罐内的流体将完全呈喷射状，引起流体明显的掺混。因此在布水器设计时，通常使 $Fr \leqslant 1$。

布水器是使流体均匀分布在某一表面的装置，一般分为绕丝管布水器、多孔板布水器、穹形板布水器。在储热床中，一般在进出口处采用如图 5－12 所示的布水器，即多孔板布水器，通过在平板上均匀打孔，使流体因重力均匀通过平板上的小孔。一般来说，多孔板布水器上的小孔数量越多、孔径越小，则布水效果越好。在设计储热床时，要求上侧布水器距入口的距离等于下侧布水器距出口的距离，同时要求上侧布水器与储热床上层液面距离尽可能小，当流体流经上侧布水器时，若在布水器上侧积聚且液面高度不影响入口流体流动，此时布水器设计即为合理。布水器主要作用是降低入口、出口处流体流动对斜温层造成的扰动，这样有利于形成良好的斜温层。

五、储热罐工作流程及应用条件

当热电厂供热量大于用户所需热量时，调峰储热系统开始运行，图 5－13 为调峰系统的储热过程能量流动示意图。此时主要热源为热电厂供热，热电厂供热将热量带入系统，其中部分能量用于热网供水将热量输送给用户，其余能量用于储热罐储热，此时储热罐内热水区变厚，储热罐储热量上升，储热罐出水口的冷水与热网回水混合后，通过循环泵与热电厂热水混合，回流至储热罐。

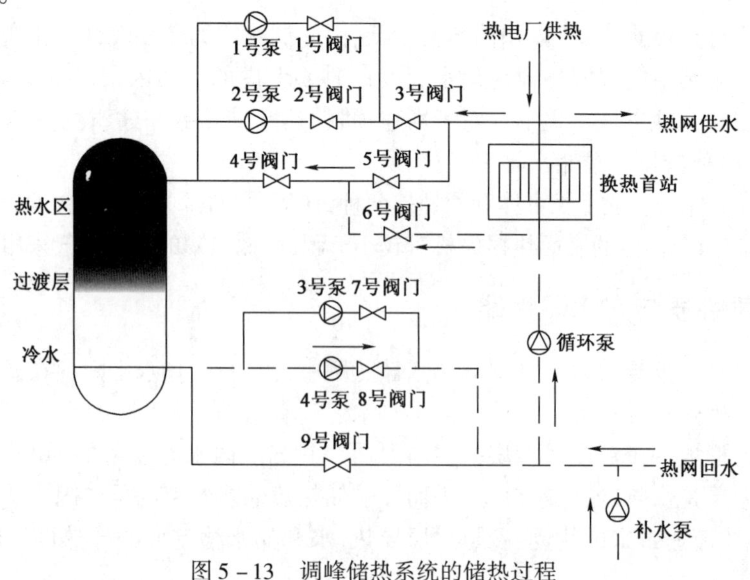

图 5－13　调峰储热系统的储热过程

当热电厂供热量小于用户所需热量时,调峰放热系统开始运行,如图 5 - 14 所示为调峰系统的放热过程能量流动示意图,此时主要热源为储热罐,储热罐将上层热水抽出直接供给热网,热网回水部分回流至储热罐,其余部分继续在系统内循环。此时储热罐热水区减少,过渡层上移,储热罐储热量下降。

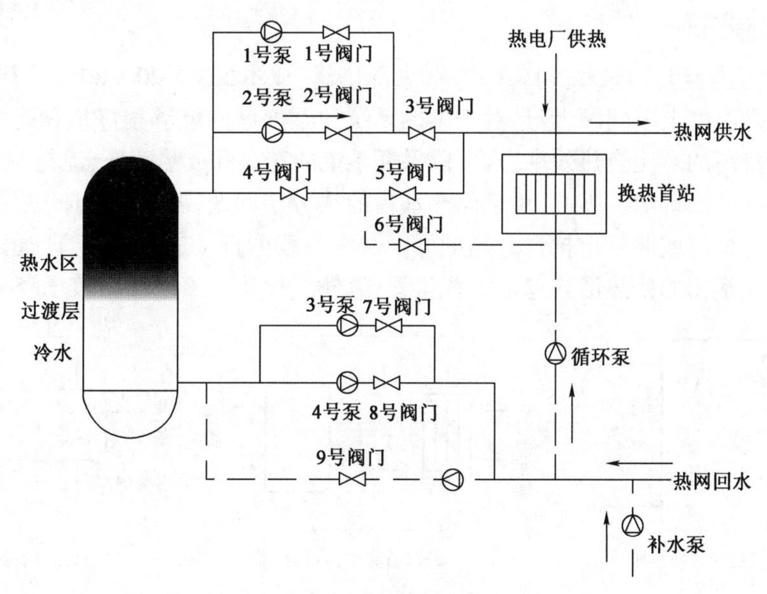

图 5 - 14　调峰储热系统的放热过程

第三节　跨季节储热技术

近年来我国以太阳能为主的可再生能源供热得到了快速发展,然而由于受气候、地域和季节等因素的限制,具有很强的间歇性和不稳定性。我国北方地区供热需求也存在显著的季节性特点,体现为夏季太阳能资源丰富,但往往不能被有效利用,冬季资源匮乏,难以满足对热能的需求。因此,当"热源"侧和"负荷"侧同时存在显著的季节性时,跨季节储热技术的优势就凸显出来。跨季节储热也被称为季节性储热或长期储热,该技术可以将热量由夏季或过渡季转移到冬季,有效解决可再生能源供热系统在时间、空间和强度上的不匹配特性,克服了短期储热技术不稳定和利用率低的缺点,扩大了可再生能源利用的深度和广度。通过对跨季节储热技术进行合理的研究和开发,能够进一步构建资源节约型和环境友好型社会,从而保障国际能源安全、改善能源结构,促进"双碳"目标的实现。

跨季节储热系统规模比短期储热大很多,Braun 评估结果表明跨季节储热的太阳能集热器面积需要比短期储热大 100 至 1000 倍。Fisch 报告也显示对于大型太阳能跨季节供热系统,每平方米的集热器投资成本是短期储热系统的两倍。因此,开发具有低成本、高效率的跨季节储热技术对于可再生能源供热的发展具有重要意义。

一、跨季节显热储热

相对于其他储热方式,显热储热原理较为简单,成本较低,技术较为成熟。在 20 世纪 80 年代瑞典首创对大型太阳能季节性储热的研究,并通过与国际能源机构(IEA)及广泛的国际合作将该技术普及全世界。目前,应用该概念的设施已在瑞典、丹麦、荷兰、德国、加拿大、美国等诸多国家运行。储热介质的成本是工程应用需要考虑的重要因素,由于跨季节储热系统往往具有较大的规模,所以显热储热介质的选择尤为重要。目前,跨季节显热储热系统中主要采用水、土壤或岩石作为储热介质。

(一)水箱储热

由于水的比热容大[4.2/kJ(kg·K)]、来源广泛、成本低,是20~80℃的首选储热介质。其主要的限制是温度上限问题,但是对于供热系统的温度区间能够很好地满足需求。水的另一优势是具有较高的对流换热效率,这可以保证系统的充热和放热速率,但是对于温度的分层也产生了一定程度的影响。因此,对于储热水箱的热分层问题需要进一步开展研究。储热水箱或水罐一般为金属或混凝土材料。热量可以以水为载体直接进出水箱,或通过间接式热交换器进行输送。常用的换热形式包括内置盘管式、外部管壳式和包覆式,如图5-15所示。

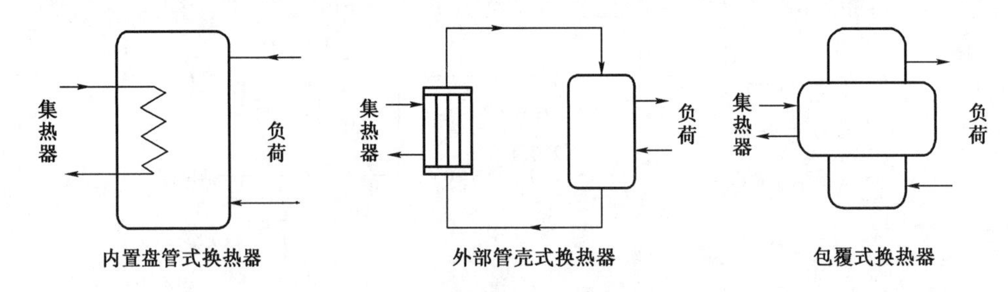

图5-15 将热量输送至水箱的常见配置

(二)地下含水层储热

含水层是包含地下水的地下沙土、砾石、石灰岩层。当这些地层上、下层都是基本封闭的,且存在适当的滞水层或是很慢的自然地下水流动时,这样的含水层可以用作热量或者冷量的储存,适用于地下跨季节储热系统,地下含水层储热系统示意如图5-16所示。为了使热损失降低到合理程度,这种储热方式的容积一般要超过$100 \times 10^4 m^3$,储热温度一般为20~30℃,若储水层足够深温度可以达到60~90℃。

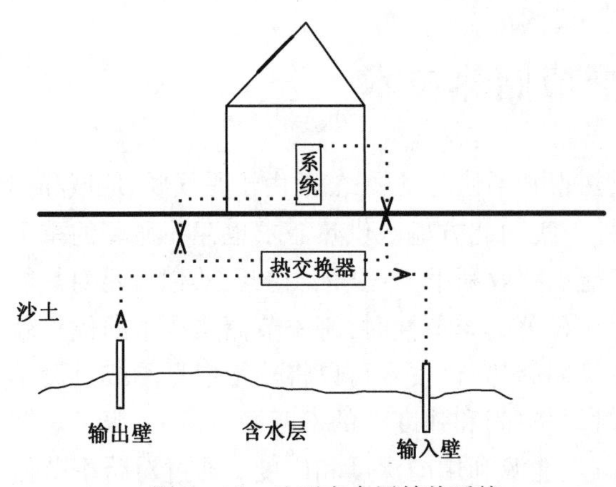

图5-16 地下含水层储热系统

据Lottner等的报道,地下含水层储热被称为跨季节储热中最具经济能效比的选择。地下含水层储热自1976年被提出后就受到了广泛关注,经过大量的理论研究和实际探索,现在已经得到大规模应用示范。Schmidt等在德国建立了地下含水层跨季节储热系统,以$1000m^2$屋顶太阳能集热器作为热源,为108栋公寓共计$7000m^2$的建筑区域进行供暖,冷井和热井的工作温度在10~50℃范围。地下含水层储热可存储的能量主要取决于允许变化的温度、导热系数以及自然的地下水流量,被认为是最适用于大规模储热的系统,很多欧洲国家都开展了相关示范工程的建设。但这项技术对环境影响较大,设计者还需考虑可能引起的潜在的环境问题。

(三)太阳池储热

1902年夏末,匈牙利物理学家Kalecsinsky在特兰西尼亚的迈达夫湖发现在1.32m深的湖水处的温度明显高于湖水表面的温度，这种现象是由于湖水中的盐分浓度沿着深度的增加而呈现不同分布状态所产生的。至此之后，太阳池这一现象出现在了人们的视野中。

太阳池是一种以太阳辐射为能源的盐水池，如图 5－17 所示。太阳池利用具有一定盐浓度梯度的天然或人工池水收集并长期储存太阳能。由于太阳池的结构简单、成本低廉，足以提供性能稳定的低品位热源，而引起了越来越多国家的关注。太阳池之所以能够储存大量的热量是由于其内部池水中的盐浓度随着池体深度的加深而呈现梯度增长，这使得池底温度明显高于表面温度，可达到 70～100℃。

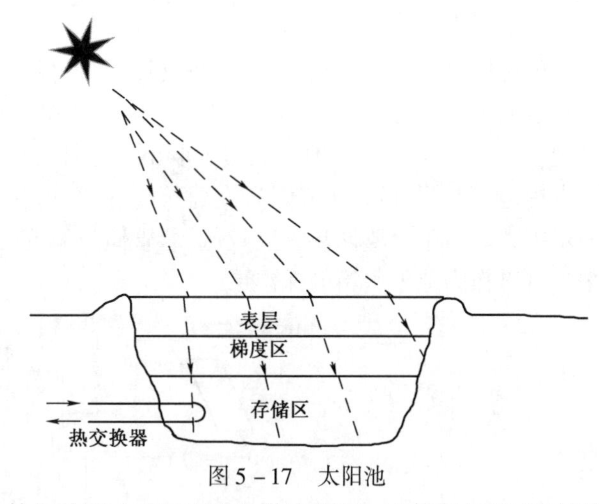

图 5－17　太阳池

(四)岩石类储热

在岩石类储热中常用的介质有鹅卵石、砾石、砂石、砖石等，岩石床与换热流体(水或空气)交换热量实现热量的储存和释放，如图 5－18 所示。当传热介质为空气时，传热介质对储热量几乎没有贡献，因此可以看作被动式储热系统；当传热介质为水时，由于水本身的比热容较大可以看作为主被动混合式系统。由于岩石能量密度低，一般岩石类储热系统体积约为水箱储热系统的 3 倍。更大的储存空间意味着更大的热损失，以及更高的施工成本。但从经济性角度考虑，岩石储热对于太阳能空气集热器具有更好的选择性。

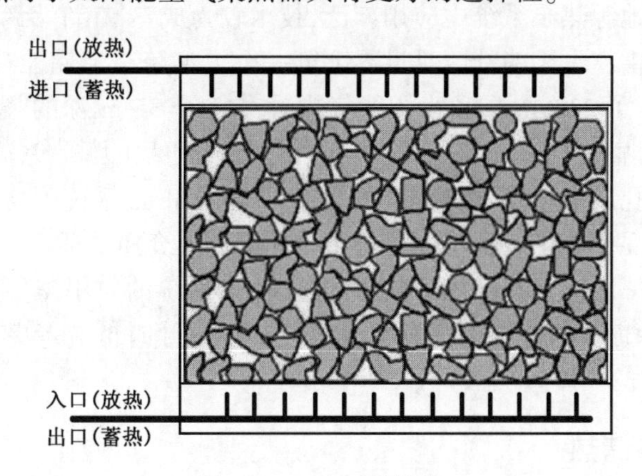

图 5－18　岩石类储热

岩石类储热的保温与水箱保温类似，在储热区域顶部和四周加装保温材料。这种方式也有大规模的应用，在 Stuttgart(1050m^3)、Chemnitz(8000m^3)、Augsburg(6500m^3)、Eggenstein(4500m^3)等地均有示范项目。以德国 Eggenstein 的太阳能跨季节储热系统为例，热源来自该地区体育馆和学校楼顶的 1600m^2 太阳能平板集热器，4500m^3 的砾石—水储热装置储存热量，用于 12000m^2 建筑区域的集中供暖，系统另配备两台 600kW 燃气锅炉作为备用供热装置，一次能源节约率的设计值可达到 65%。

（五）土壤储热

土壤储热技术主要是通过地埋管或地埋管群实现的，其典型结构如图5－19所示。在热量充足的夏季，通过埋地U型管将热量输入到较深的土壤中进行储存，在热量不足的冬季通过埋地U型管将热量从地下土壤中取出。这种方式能够完成大规模的热量储存，同时地埋管不占用地表空间，可以将其设置在建筑物、停车场、绿化带等位置的地下空间，使其应用范围进一步扩大。由于土壤储热密度较低，埋管储热系统土壤体积约为水箱储热系统的3～5倍。土壤也可以作为地下水箱的保温层。

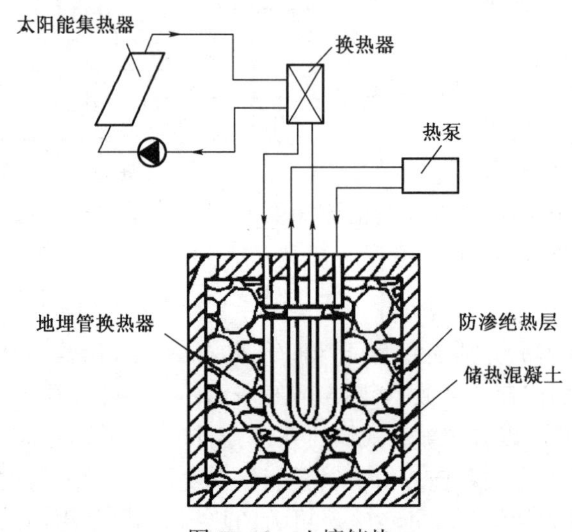

图5－19　土壤储热

竖直埋管技术在地源热泵系统中应用广泛，技术较为成熟，在许多跨季节储热项目中得到了应用。加拿大的德雷克太阳能社区是世界上第一个大型跨季节储能社区，它拥有跨季节埋管储热系统，其中包含了2300m^2屋顶太阳能集热器，144个35 m深的竖直埋管换热器。利用太阳能，该系统可满足整个社区90%的冬季供热需求。虽然土壤是免费的储热介质，但是在施工过程中埋管的钻孔成本较高。Chuard等人统计在Vaulruz系统中挖掘施工费用占储热系统成本的40%。Givoni比较了三种不同土壤条件作为储热介质的适用性。通过对比得出长期储热适用于沙漠和干旱地区。在降雨量较少的地区，该系统的应用需要充分考虑水渗透的影响。因此，在埋管的地面区域应该考虑覆盖并隔热。在设计时也应考虑湿土相对于其体积的膨胀。

二、跨季节潜热储热

在以往的研究项目中，相变储热技术常以被动储热的方式应用于节能建筑，相变材料常与混凝土等其他建筑材料混合或单独使用，以发挥建筑围护作用（墙体、天花板和地面）。大多数的被动式储热可控程度不高，太阳能利用率低，仅限于短期储热。

对于跨季节大规模储热方式，采用主动方式更为适宜，利用换热流体将太阳能集热系统收集的热量储存于相变储热系统中。ÖZTÜRK等在土耳其建立了跨季节相变储热系统，用于180m^2温室的供热，相变储热器填充了6000kg的石蜡，结果表明该系统储热效率可以达到40.4%。ESEN等建立了具有储热功能的太阳能辅助热泵系统，如图5－20所示。其中储热器中填充1090kg的$CaCl_2 \cdot 6H_2O$作为相变材料，系统为75m^2的实验室提供地板采暖。当太阳能充足时,集热器收集热能,首先储存于相变储热器中,多余的热量作为热泵系统的热源。

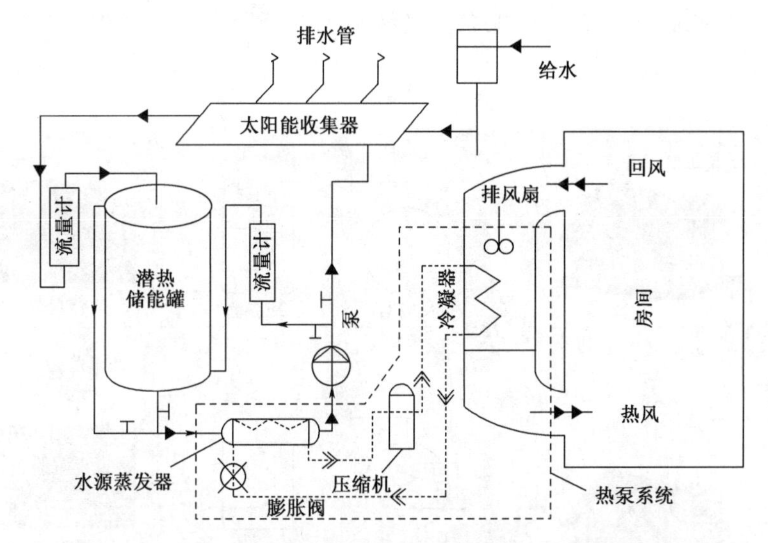

图 5-20　具有储热功能的太阳能辅助热泵系统

当太阳能不足时,储热器提供热泵所需的热量。土耳其的 BENLI 等在实验室建立了带有相变储热装置的地源热泵系统,为一个 $30m^2$ 的玻璃温室供热。储热装置填充 300kg $CaCl_2 \cdot 6H_2O$ 相变材料,由太阳能提供相变储热装置和热泵的热源。根据 2005 年和 2006 年采暖季节的实验结果,*COP* 在 2.3 ~ 3.8 之间,整个系统的 *COP* 为 2 ~ 3.5。在 IEA - SHC Task32 中有五个关于跨季节相变储热的项目,其主要采用 $CH_3COONa \cdot 3H_2O$ 作为相变材料,模拟和实验结果表明其效果较预期差距大。相对于水箱储热,使用相变储热不能显著提高储热密度。

三、跨季节热化学储热

相比于另外两种热能储存方式,热化学储热具有较高的储热密度,并且能够实现在接近环境温度下长期无热损储热。而其中热化学吸附和吸收反应温区与太阳能中低温热利用温区相一致,尤其适用于建筑采暖、结构紧凑的跨季节储热。$34m^3$ 水温度上升 70℃ 的储热量相当于 $1m^3$ 热化学的储热量。

热化学吸附、吸收与热化学反应不同在于储热材料不发生分子结构的破坏和重组,而是通过强大的聚合力对特定气体进行吸附/吸收,并释放热量的过程。典型的闭式吸附/吸收系统工作原理如图 5-21 所示,系统主要包含吸附/吸收反应器和蒸发/冷凝器,两者通过阀门和管道连接。

关于吸附/吸收热化学跨季节储热系统,国内外研究学者展开了广泛的研究,表 5-2 列举了一些相关应用实例,但仅限于实验室研究。瑞士联邦材料测试与开发研究所的 WEBER 和 DORER 建立了用于跨季节储热的 $NaOH/H_2O$ 吸收式系统,该装置包含三个储液器和一个反应器,实验表明这种单级系统对热源温度的要求高达 150℃,储热容量达到 8.9kW · h,储热密度达到 $250kW \cdot h/m^3$。德国 ZAE Bayern 的 HAUER 在慕尼黑建成了一个目前规模最大的吸附储热装置,该系统采用沸石 13X/水为工质对,130 ~ 180℃ 的市政管网蒸汽在夜间加热吸附床。白天吸附床释热用于一所学校的供暖,功率达到 130kW,吸附床储热密度达到 $124kW \cdot h/m^3$。MAURAN 等建立了以 $SrBr_2$ 为吸附剂的闭式热化学吸附储热系统,系统主要包括吸附反应器、蒸发器和冷凝器。共填充 171.3kg $SrBr_2$,热源温度要求 80℃,在释热温度为 35℃ 条件下设计储热容量为60kW·h,储热密度达到321W·h/m³。N'TSOUKPOE 等研究了以 $LiBr/H_2O$ 为吸附剂的热化学吸附储热系统,实验结果表明,系统储热量可以达到8kW·h,释放1 kW 的能量。

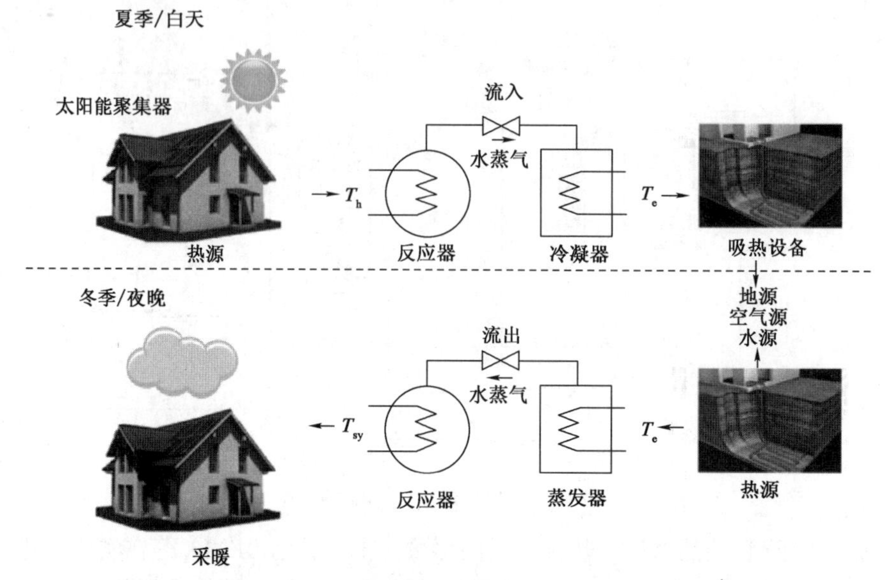

图5-21　闭式吸附/吸收系统工作原理

表5-2　热化学跨季节储热系统应用示例

技术	材料	热源温度(℃)	容量(kW·h)	储热密度(kW·h/m³)	机构
闭式三相吸收储热	$LiCl/H_2O$	87	30.0	253	瑞典
闭式吸收储热	NaOH/H2O	150	8.9	250	瑞士 EMPA
闭式吸收储热	沸石4A/H2O	180	12.0	160	德国 ITW
闭式吸收储热	沸石13X/H2O	180	—	124	ZAE Bayern
闭式吸收储热	$SrBr2-ENG/H_2O$	80	60.0	321	法国 CNRS
闭式吸收储热	Na_2S/H_2O	80~90	3.2	1070	荷兰 ECN
闭式吸收储热	$BaCl_2/NH_3$	60~70	20.0	114	法国 CNRS

四、工程技术规范

在我国《太阳能供热采暖工程技术规范》GB 50495—2019 中,季节储热太阳能供热采暖系统定义为储热装置可储存非采暖季太阳能得热量的太阳能供热采暖系统。其中太阳能储热系统应根据用户需求、投资、供热采暖负荷、太阳能集热系统的形式、性能、太阳能保证率等进行技术经济性分析后选取并确定储热系统规模。储热方式选用见表5-3。

表5-3　储热方式选用

系统形式	储热方式				
	储热水箱	储热水池	土壤埋管	卵石堆	相变材料
液体工质集热器短期储热系统	●	●		●	
液体工质集热器季节储热系统	●	●	●		
空气集热器短期储热系统	●			●	●

注:表中"●"为可选用项。

季节储热系统的储热体容积宜通过模拟计算确定。通过简化计算获得不同规模季节储热系统的单位太阳能集热器采光面积,对应储热容积范围见表5－4。

表5－4 容积范围

系统规模	中型季节储热系统（太阳能集热器面积＜$10000m^2$）	大型季节储热系统（太阳能集热器面积≥$10000m^2$）
储热水箱、储热水池容积范围	$1.5\sim2.5m^3/m^2$	$\geq3m^3/m^2$

当设计季节储热水池或储热水箱容量时,应校核计算储热水池或储热水箱的最高储热温度,最高储热温度应比工作压力对应的沸点温度低5℃。季节储热水池应采取温度均匀分层的技术措施。

对于地埋管土壤季节储热系统,设计前应对场区内岩土体地质条件进行勘察,并应进行岩土热响应试验。土壤埋管季节储热的埋管换热系统设计应根据太阳辐照量、建筑负荷、系统太阳能保证率等参数,通过模拟计算,确定埋管数量、尺寸、深度和总储热容积。土壤埋管季节储热系统换热埋管的顶部应设置保温层,保温层厚度应按系统换热量和保温材料热性能等影响因素通过计算确定。当与地埋管地源热泵系统配合使用时,土壤埋管季节储热系统应根据当地气候特点采用相应的地埋管布置方式,有夏季空调需求的地区应根据土壤温度场的平衡计算结果设置地埋管。

第四节 储热型热泵系统

热泵和储能本质上都是实现能量转移的技术。热泵技术可以通过消耗少量的电能或一次能源实现能量从低品位向高品位的转移,从而利用本来无法直接利用的低品位可再生或余热资源,替代常规能源实现建筑供冷供热,减少化石燃料消耗,是我国降低建筑能耗、促进终端用能清洁化、提高建筑可再生能源利用率的有效方式。储能技术将热量以显热或潜热的形式储存在某种介质中,并在需要时释放出来,从而实现能量在时间上的转移。热泵与储能技术的结合,可以实现能量在不同品位和时间上的转移,从而有效地利用低品位或不连续的可再生能源。

储热型热泵是目前广泛使用的一种可以较好地改善热泵在低环境温度下运行性能的方法。所谓储热就是在电力负荷的低谷期,通过设备产热。利用储热介质的显热或潜热特性,用一定方式将热量储存起来,而在电力负荷的高峰期将热量释放出来,以满足需求。

在此前的清洁供热市场中,热泵和储能供热产品颇有竞争之势,但从未来发展来看,热泵和储能技术的发展并不矛盾,相反,两者的携手并进更加符合未来的综合能源发展趋势,实现节能、省钱、调节电力峰谷等多重效益。

在"双碳"目标背景下,热泵与储能技术可以推动清洁能源高效利用,对实现能源系统的高效节能、平衡电网负荷、推动能源网络系统的稳定性、提高建筑的可再生能源利用率、减少污染物排放均具有重要的意义,热泵储能耦合的供冷供热系统必将获得更大规模的推广和应用。

将热泵的优势与储热有效组合,构建适用于"双碳"背景下未来建筑智慧能源采暖(供冷)系统。

一、储热型热泵的工作原理

储热型热泵区别于一般热泵的地方是给后者增加了一个储热器,如图5－22所示。在冬季较高温度取暖时,冷凝器出来的热流体不是直接节流,而是先经过一个储热罐,过冷以后再节流,而后蒸发去压缩机。储热罐中的储热介质不断吸收热量以后温度不断提高,至一定温度以后制冷剂过冷所释放的热量用于平衡储热罐的漏热量。当气候条件恶化,室外温度降到较低的温度时,蒸发器的换热效果明显下降,仅仅通过蒸发器吸收室外热量已无法达到预期的热量,此时就可以用储热罐来弥补。方法有两种,即所谓的并联法和串联法。并联法是指从冷凝器出来的冷剂一部分流进储热罐过冷后节流,再在蒸发器中吸热蒸发,而另一部分冷剂经过三通阀 1 再节流后直接吸收储热罐的热量蒸发,最后两部分气体在三通阀 2 中混合后进入压缩机。串联法是指在较低温度下冷凝器出来的流体全部流过三通阀 1,节流后在储热罐中吸热蒸发。

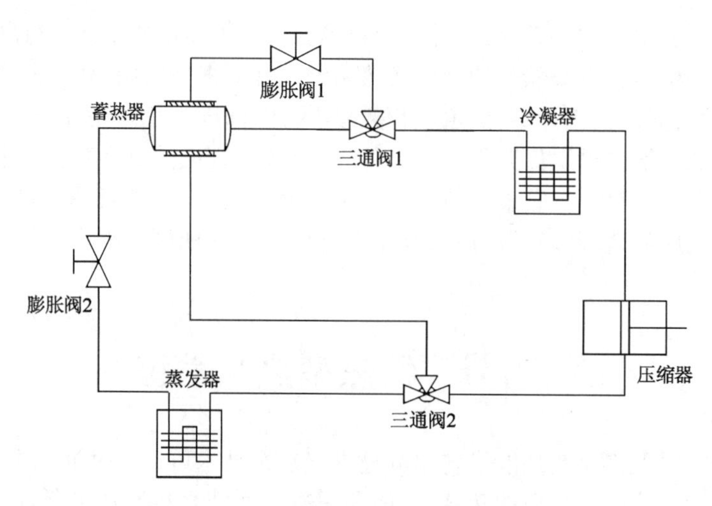

图 5 - 22　储热型热泵工作流程图

与传统热泵相比,储热式热泵具有如下特点:

(1)通常储热式热泵系统的热泵机组的容量可减小,其附属运转设备的电力设施的容量或功率均可相应减小,从而节省了设备投资费用。

(2)用夜间低谷负荷的廉价电力,可大幅度节省电费开支,且峰谷电差价越大,其经济效益越显著。

(3)储热式热泵的主机经常处于满负荷运转状态,有利于主机运行效率的提高。

(4)储热式热泵空调的连续运转,避免了间歇运行中的启动、停机时造成的不必要的能源浪费。

(5)由于储热式热泵系统的储热槽内储有热能,一旦发生意外停电,启动小功率应急发电机带动循环水泵的风机,可以保证局部重要区域的空调要求。

(6)除冬季储热外,还可以用于夏季蓄冷。将热泵系统运行于制冷模式,制取 7℃ 的冷水于槽中储存,即可作为建筑物的冷源,一套系统,多种运行模式。

二、热泵储热理论计算

对于一台确定的热泵机组,当冷凝器的出热水温度要求给定时,其制热量随着环境温度变化而变化。如图 5 - 23 所示为热泵制热量 Q_2 随环境温度变化示意图。图中也给出了采暖负荷 Q_1 随环境温度的变化趋势。两条曲线的交点称为临界点,对应的环境温度为 T_c。当环境温度 T_a 小于 T_c 时,$Q_a > Q_d$,即热泵的产热量不足。如果热泵压缩机的吸气温度能够达到 T_b 所对应的蒸发温度，则 $Q_b = Q_a$。从而可以得到启示：并联式热泵关键是两部分气流的混合温度。

如图 5－24 所示是储热型热泵的理论循环图，从压缩机出来的过热蒸汽由状态点 2 经冷凝器冷凝到状态点 3，分成两股：质量流量为 m_1 的饱和流体节流后，流经储热器吸热后至状态点 7；另一股质量流量为 m_2 的液体经储热器过冷后，节流至状态点 6，再在室外蒸发器中吸热蒸发至状态点 8。两股流体在三通阀中混合成状态点 1 后压缩至状态点 2，从而完成一个循环。循环各状态点的参数及负荷可确定如下。

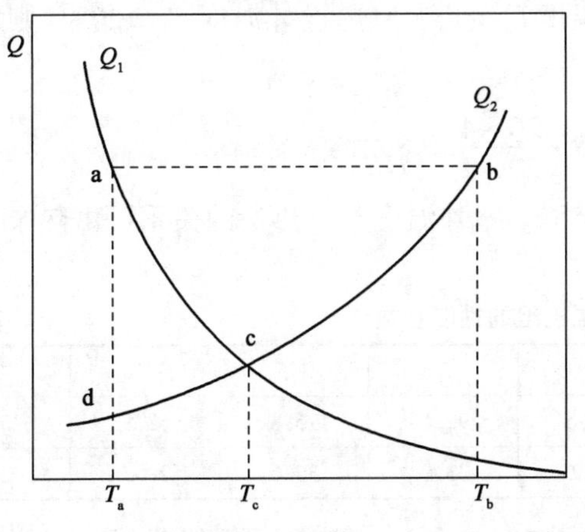

图 5－23　热泵机组制热量随温度变化示意图

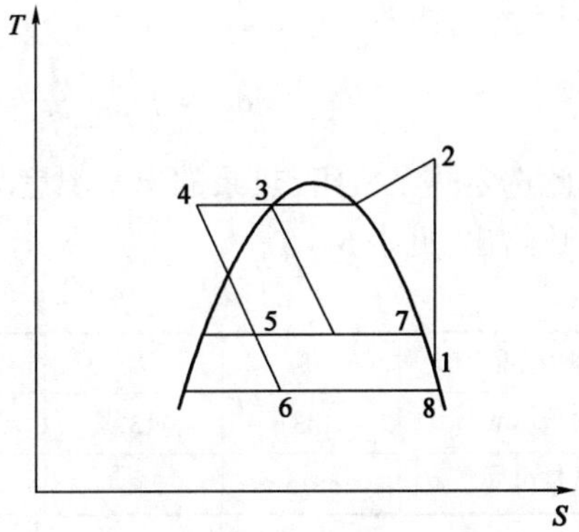

图 5－24　储热型热泵的理论循环图

状态点 1：温度 $T_1 = T_b - \Delta T$。T_b 可由环境温度 T_a 确定，满足 $Q_1(T_a) = Q_2(T_b)$。ΔT 为蒸发温差，一般为 5～10℃，由此可确定压力和焓。

状态点 2：热泵出热水的温度是有要求的，从而可以确定冷凝温度、冷凝压力。根据 $S_1 = S_2$ 可以确定其焓值。

状态点 3：压力 p_2 下的饱和液体状态。

状态点 5：满足 $h_5 = h_4$。

状态点 7：当采用电子膨胀阀时，状态 7 的压力 p_7 随着储热器的温度 T_a 而改变，由储热器的温度 T_s 以及蒸发换热的温差 ΔT 可以确定状态 7 的温度：

$$T_7 = T_s - \Delta T \tag{5-1}$$

状态点 8：温度 T_8 随着环境温度及蒸发为温差 ΔT，即

$$T_8 = T_a - \Delta T \tag{5-2}$$

状态点 4：温度 T_4 由制冷剂的过冷度确定。

压缩机的耗功：

$$W = m(h_2 - h_1) \tag{5-3}$$

冷凝器的热负荷即热泵的制热量：

$$Q_c = m(h_2 - h_3) \tag{5-4}$$

室外蒸发器的负荷：

$$Q_{e1} = m_2(h_8 - h_6) \tag{5-5}$$

通过储热器的蒸发吸热量：

$$Q_{e2} = m_1(h_8 - h_3) \tag{5-6}$$

冷剂通过储热器的过冷量：

$$Q_r = m_2(h_3 - h_4) \tag{5-7}$$

三通阀混合过程存在以下关系：

$$m_1h_7 + m_2h_8 = mh_1 \tag{5-8}$$

$$m_1 + m_2 = m \tag{5-9}$$

循环的性能系数：

$$COP = Q_0/W \tag{5-10}$$

陆国强等人给出了一个储热型热泵计算的例子。设室外计算温度为 $T_a = -2℃$，对应的供暖负荷为 $q = 135\text{kW}$。供暖时室外的平均温度 $\overline{T_a} = 4℃$，室内设计温度 $T_1 = 20℃$，则对应于 T_a 时的供暖负荷为

$$q_{T_1} = q\frac{T_1 - \overline{T_a}}{T_1 - T_a} = 135 \times \frac{20-4}{20+2} = 98.2(\text{kW})$$

由此选定热泵机组，热泵的出水温度为45℃。室外温度与制热量的关系可由热泵机组的性能参数给出，见表5－5。

表5－5　热泵机组的性能参数

室外环境温度(℃)	15	7	4	0	－5	－10	－15
制热量(kW)	143	113.3	103.5	92.6	76.8	62.8	64.0
耗电量(kW)	38.5	35.4	34.2	33.0	30.6	28.2	25.8

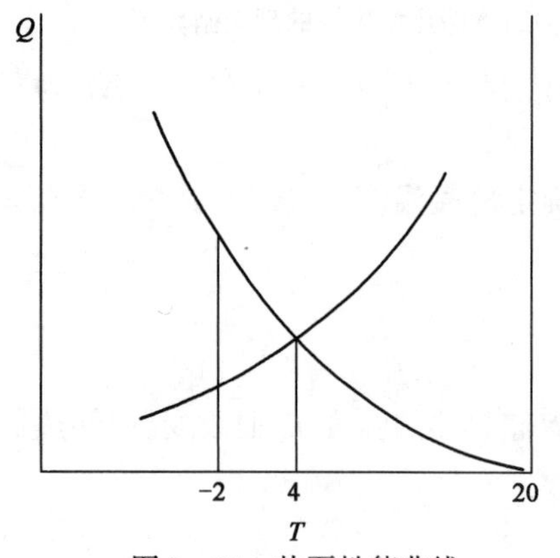

图5－25　热泵性能曲线

如图5－25所示为热泵的性能曲线。在假设室内供暖负荷与室外温差成正比的前提下，图中也给出了负荷曲线。

当环境温度降至室外计算温度 $T_a = -2℃$ 时，按常规的设计，需用的辅助加热量为

$$q - q_{T_a} = -2℃ \tag{5-11}$$

式(5－11)右边第2项为 $T_a = -2℃$ 时热泵的制热量，按表插值可以求得其值为86.44kW，则有

$$Q = 135 - 86.44 = 48.56(\text{kW}) \tag{5-12}$$

若采用储热型热泵循环，为了使热泵的制热量达到135kW，只要使压缩机的吸气温度对应于环境温度为12.8℃时的温度，就不必附加加热器了。若选定蒸发温差为7.8℃，则 $T_b = 5℃$，对应室外的蒸发器，在环境温度 $T_a = -2℃$ 时，考虑到结霜等因素的影响，选用温差为10℃，则 $T_1 = -12℃$。T_7 的温度由储热材料确定，若选用 $Na_2SO_4 \cdot 10H_2O$，其相变温度为32.4℃，若温差为7.4℃，则 $T_7 = 25℃$。另外，选定过冷度 $T_4 = 38℃$，冷凝温度 $T_3 = 50℃$。则各参数的理论计算值如下：

质量流量：$m = 0.775\text{kg/s}$；

分流量比：$\frac{m_1}{m} = 0.509$；

压缩机耗功：$W = 23.5\text{kW}$；

冷凝器的制热量：$Q_c = 135\text{kW}$；

室外蒸发器的负荷：$Q_{e1} = 58.5\text{kW}$；

通过储热器的蒸发吸热量：$Q_{e2} = 59\text{kW}$；

储热器的过冷得热量：$Q_r = 6\text{kW}$；

循环的性能参数：$COP=5.74$。

由于诸多原因，实际过程中的 COP 是无法达到这样高的。如果在不同的环境温度下计算出三通阀的分流量比，则可以将三通阀设置成数档，对应于一定的温度使之切换，从而达到调节的目的。

三、相变储热型热泵

储热型热泵的储热温度都不高，一般低于 50℃，因而属于低温储热。主要是显热储热和潜热储热两种方式，但是显热储热的缺点是储热密度小，热损失较大，故大多以潜热储热为主。

例如，相变储热蒸发型空气源热泵机组在传统空气源热泵原理基础上增加了相变储热器，结合热泵技术与储热技术于一体，构成了一种新型的空气源热泵系统。增加储热器解决了传统的空气源热泵机组在低温环境下运行时出现的一系列问题，为空气源热泵在北方寒冷地区的应用提供了一种新的思路。相变储热蒸发型空气源热泵机组主要由压缩机、室外翅片式蒸发器、四通换向阀、套管式冷凝器、单向阀、电子膨胀阀、相变储热器、气液分离器及电磁阀等组成，其工艺流程如图 5-26 所示。

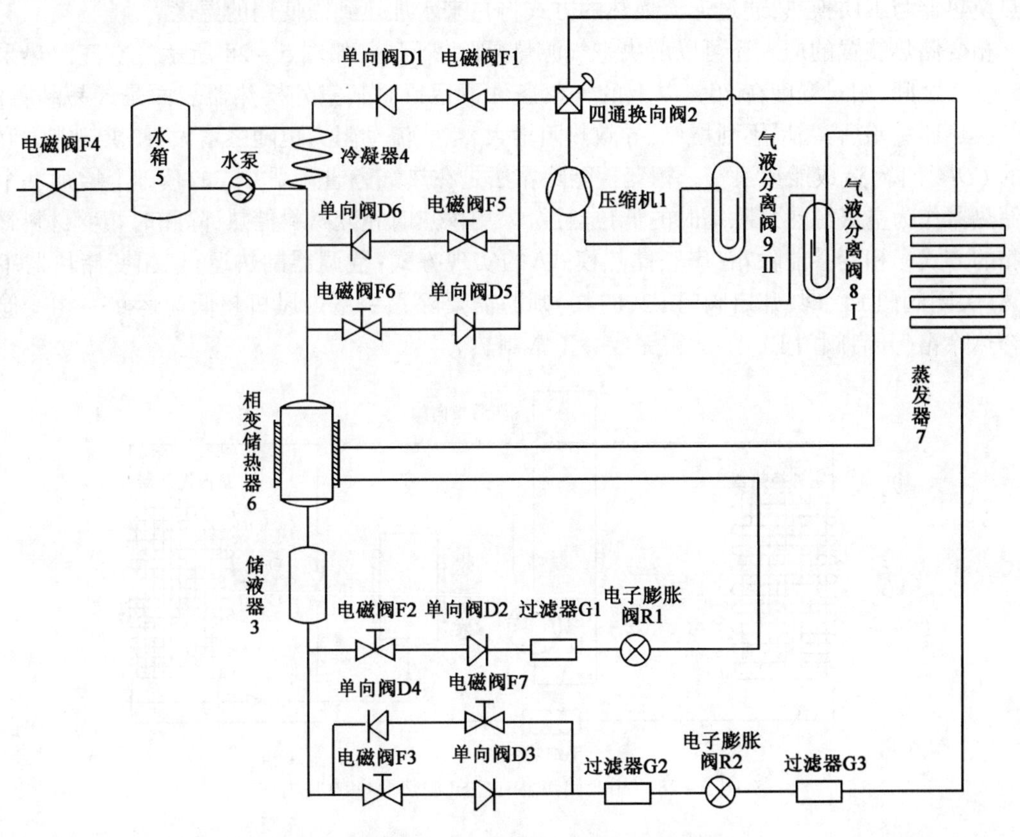

图 5-26　相变储热型热泵工艺流程

还有相变储热装置与热泵热水器的结合，它由压缩机、蒸发器、节流元件、储热装置和加热换热器构成，如图 5-27 所示。储热装置内又由相变储热材料、储热换热器和取热换热器构成。储热换热器管路与取热换热器管路交错布置，周围被相变材料所包围，加热换热器为套管式换热器。

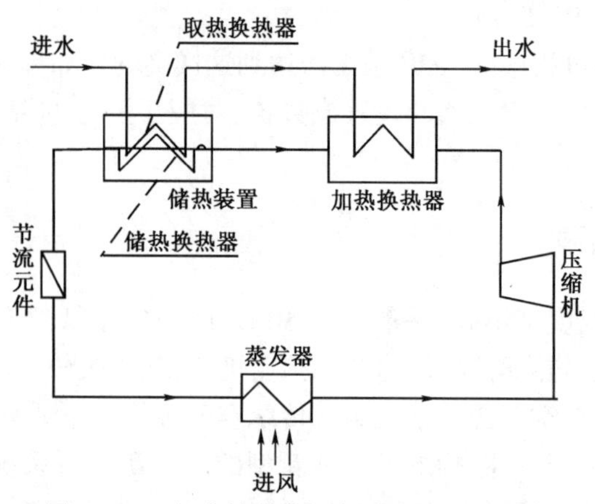

图 5－27　相变储热装置与热泵热水器系统

储热阶段：控制进水、出水的阀门都被关闭，利用压缩机排出的高温高压工质与相变储热材料通过储热换热器进行热量交换，热泵产生的热量以相变潜热和显热形式储存在相变材料中。放热阶段：相变材料先通过取热换热器将自来水预热到一定温度，预热后的自来水再流经加热换热器与工质换热，通过逆流换热的方式将自来水加热到需使用的温度。

相变储热装置的加入还可以解决空气源热泵除霜问题，如图 5－28 所示。空气源热泵在 －5～5℃之间，相对湿度在 70% 以上的气象条件下运行时其室外换热器表面是最易结霜的。室外换热器结霜后，霜层不断增厚，导致热阻增大，空气流动阻力也随之增大，使供热能力和机组的 *COP* 下降，造成能量浪费。相变蓄能除霜法是在热气旁通除霜方式的基础上增加一个相变储热器作为空气源热泵除霜时的低位热源，采用供热时相变材料储热，除霜时相变材料释热除霜的方式。相变蓄能除霜（串联储热模式）的实现方式：空调器制热运行、相变储热器串联储热（关闭阀门 F1、F4，开启阀门 F2、F3）→判断需要除霜→室内风机超低速运转→相变储热器释热除霜（开启阀门 F4）→除霜完成→正常制热。

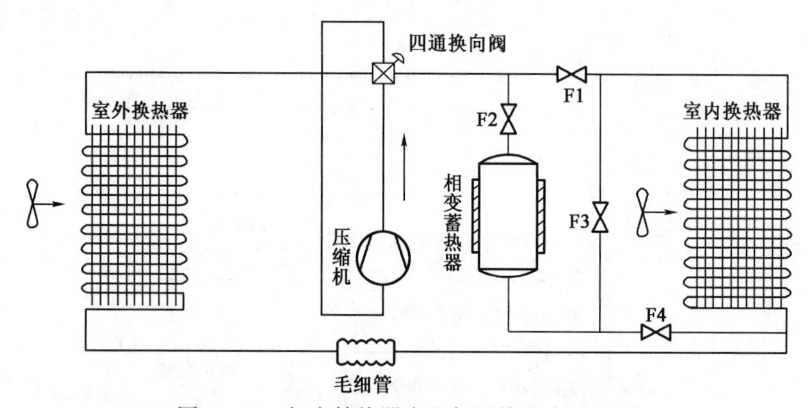

图 5－28　相变储热器在空气源热泵中的应用

第五节　蓄冷空调技术

一、蓄冷空调系统工作原理与分类

蓄冷空调系统就是根据水、冰以及其他物质的蓄冷特性，尽可能地利用峰值电力，使制冷机在满负荷条件下运行,将空调所需的制冷量以显热或潜热的形式部分或全部地储存于水、冰或其他物质中;在用电高峰时,便可以使用这些蓄冷物质储存的冷量来满足空调系统的需要。它的特点是转移制冷设备的运行时间,减少白天峰值电负荷,达到电力移峰填谷的目的。用来储存水、冰或其他介质的设备通常是一个空间或容器,成为蓄冷设备。蓄冷系统则包括了制冷设备、蓄冷设备、连接管路及控制系统。蓄冷空调系统是蓄冷系统和空调系统的总称。

在建筑内外扰因素的作用下,空调系统的负荷分布具有一定的不均匀性。以某办公楼为例,其24h冷负荷需求曲线如图5－29所示。图中横坐标为1天的时间分布,纵坐标为该办公楼的冷负荷需求,很明显8:00～18:00为空调系统运行时间。采用常规空调系统时,制冷机的选择必须满足峰值负荷的要求,即 $Q_m = 1000kW$;而采用蓄冷空调系统则可以充分利用夜间时间,制冷机组工作时间由原来的10h延长到24h,制冷机组装机容量也相应下降到 $Q_x = 300kW$。蓄冷空调系统的蓄冷过程为:夜间,乙二醇载冷剂通过制冷机组和蓄冷装置构成蓄冷循环,此时溶液出制冷机组温度为－3.3℃。在蓄冷装置中,载冷剂将冷量转移给蓄冷材料,回制冷机组温度为0℃,其循环如图5－30所示。放冷过程为:白天,载冷剂通过蓄冷装置及并联旁通,通过设定出水温度调节阀控制蓄冷装置流量和并联旁通流量的比例,确保出水温度为给定值,然后经换热装置将冷量并入常规空调系统管网内,或以大温差送风的方式直接送入室内,循环如图5－31所示。

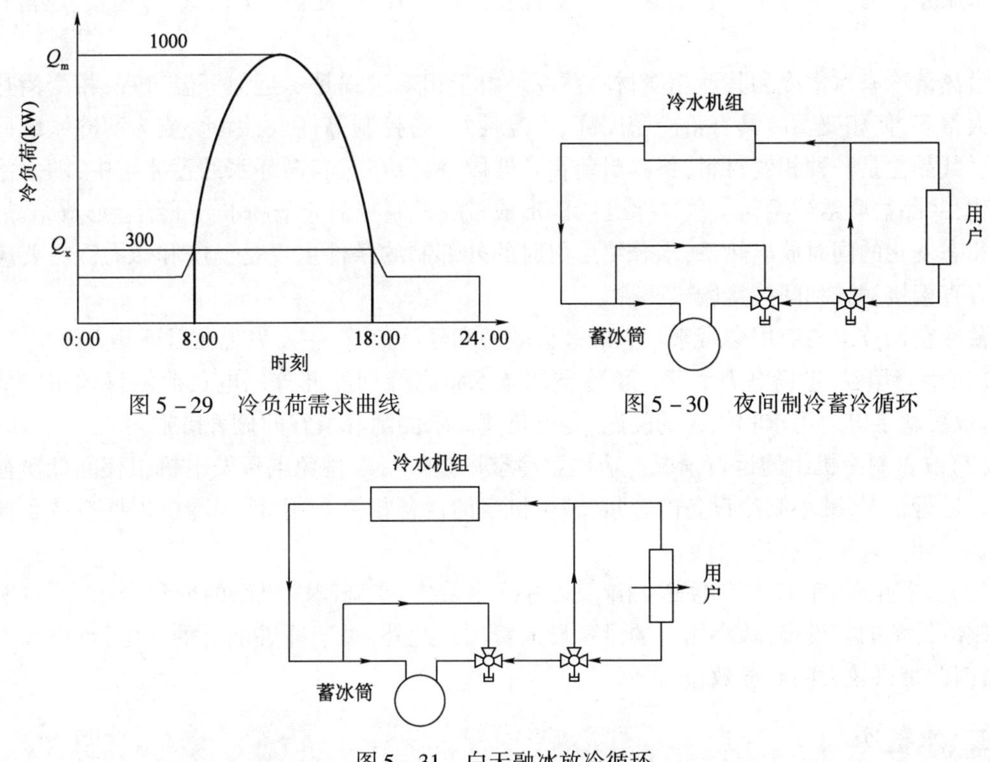

图5－29　冷负荷需求曲线

图5－30　夜间制冷蓄冷循环

图5－31　白天融冰放冷循环

蓄冷空调的蓄冷方式有两种:一种是显热蓄冷,即蓄冷介质的状态不改变,降低其温度蓄存冷量;另一种是潜热蓄冷,即蓄冷介质的温度不变,其状态变化,释放相变潜热储存冷量。按照蓄冷介质可分为水蓄冷、冰蓄冷、共晶盐蓄冷、气化水合物蓄冷;按蓄冷装置的结构形式可以分为盘管式、板式、球式、冰晶式和冰片滑落式等,如图5－32所示。

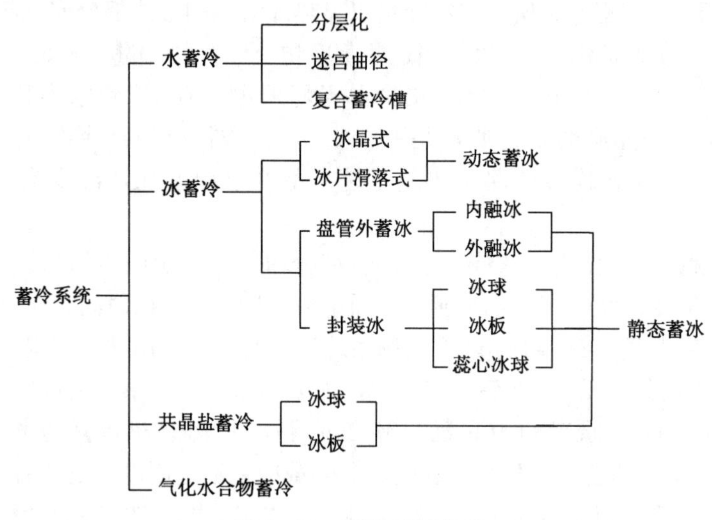

图 5－32　蓄冷系统分类

显热蓄冷主要是指水蓄冷，水蓄冷系统通常水温在 4～12℃之间变化来储存显热。水蓄冷系统在蓄冷工况和制冷工况下对制冷剂的要求近乎相同，所以制冷机组不需要设置双工况，且能维持较高的制冷机效率。蓄冷容量随供回水温差而增大，为减少蓄冷槽体积，宜采用较大供回水温差。为了使冷温水有效隔离，避免能量掺混，蓄冷槽有温度分层式、多槽式、迷宫式及隔膜式等。

潜热蓄冷有冰蓄冷和其他相变材料蓄冷。由于相变过程是一近似等温过程，相变潜热较显热大得多，使相变蓄冷具有蓄冷密度高、等温性好、易控制等优点，因此，成为蓄冷系统研究热点。共晶盐是一种相变材料，将其封装在容器内，浸没在充满循环水的蓄冰槽中，随水温度的变化，共晶盐凝结或融化。气体水合物的形成过程是制冷剂分子和水分子结合形成结晶体，发生相态变化的同时放出热量，水合物形成时的外部制约条件主要是温度和压力。主要应用形式有直接接触式和间接接触式两种。

蓄冷空调技术的应用会带来较大的社会效益和经济效益，主要表现在以下几方面：

(1)削峰填谷，平衡电力负荷。蓄冷空调技术将高峰期的部分用电负荷转移到用电低谷期，有效缓解了电力需求和供应的问题，是电负荷需求侧削峰填谷的显著措施。

(2)改善制冷机组的运行情况。应用蓄冷空调技术可以避免电厂发电机组夜间低负荷低效率的运行情况，减小制冷设备的容量，减少机组的设备投资费用，使制冷机根据空调负荷的大小在最佳的效率下运行。

(3)峰谷电价，节省用户电费支出。采用蓄冷系统，空调制冷机组的容量减小，可以明显降低制冷设备的初投资，减小用户的设备投入费用。此外，由于峰谷电价的实施，可极大节省电费，因此带来较大的经济效益。

二、水蓄冷

水蓄冷是利用冷水储存在储槽内的显热进行蓄冷，即夜间制出 4～7℃的低温水供白天空调用，该温度适合于大多数常规冷水机组直接制取冷水。水蓄冷技术利用峰谷电价差，在低谷电价时段将冷量存储在水中，在白天用电高峰时段使用储存的低温冷冻水提供空调用冷。水蓄冷的容量和效率取决于储槽的供回水温差，以及供回水温度有效的分层间隔。因此，工程中应尽量维持较大的蓄冷温差并防止冷水与热水的混合来获得最大的蓄冷效率。蓄冷槽的结构形式应能防止所蓄冷水与回流热水的混合。为实现这一目的,目前可分为以下四类。

（一）自然分层蓄冷

自然分层蓄冷是利用不同温度下密度的不同将热水和冷水分隔开。在上部热区和下部冷区之间创造并保持温度剧变的斜温层。系统组成是在常规的制冷系统中加入蓄水罐,如图5－33(a)所示。在蓄冷循环时,制冷设备送来的冷水由底部散流器进入蓄水罐,热水则从顶部排出,罐中水量保持不变。在放冷循环中,水流动方向相反,冷水由底部送至负荷侧,回流热水从顶部散流器进入蓄水罐。图5－33(b)所示是蓄冷特性曲线图。纵坐标为温度,横坐标为蓄水量的百分比。A、C分别为放冷循环时制冷机的回水和出水特性曲线;B、D分别为蓄冷循环时制冷机的回水和出水特性曲线。一般用蓄冷效率来描述蓄水罐的蓄冷效果。蓄冷效率的定义是蓄冷罐实际入冷量与蓄冷罐理论可用蓄冷量之比,即:

蓄冷效率＝(曲线A与C之间的面积)/(曲线A与D之间的面积)

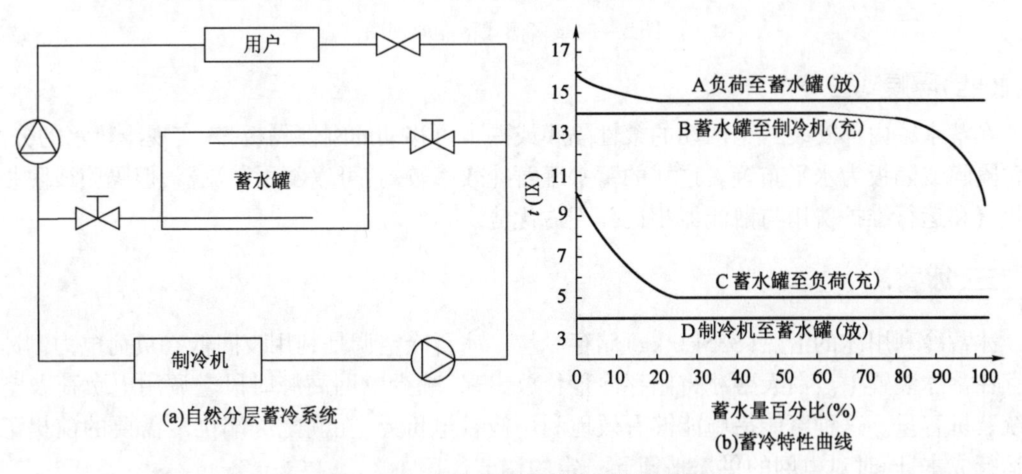

图5－33　自然分层水蓄冷系统原理图

一般来说,自然分层蓄冷是最简单、有效且经济的,如果设计合理,蓄冷效率可以达到85%～95%。

（二）多槽式蓄冷

将冷水和热水分别储存在不同的罐中,以保证送至负荷侧的冷水温度维持不变。如图5－34所示,它保持蓄水罐系统中总有一个罐在蓄冷或释冷循环开始时是空的。随着蓄冷或释冷的进行,各罐依次倒空。由于在所有的罐中均为热水在上、冷水在下,利用水温不同产生的密度差就可防止冷热水混合。多槽式系统在运行时其个别蓄水罐可以从系统中分离出来进行维护检修,但系统使用的阀门较多,管路和控制较为复杂,初投资和运行维护费用较高。

（三）迷宫式蓄冷

采用隔板把蓄水槽分成若干个单元格,水流按照设计的路线依次流过每个单元格。迷宫式蓄冷能较好地防止冷热水混合,对不同温度的冷热水分离效果较好。但在蓄冷和放冷过程中有热水从底部进口进入或冷水从顶部进口进入的现象,易因浮力造成混合;另外,水的流速过高会导致扰动及冷热水的混合;流速过低会在单元格中形成死区,降低蓄冷系统的容量。

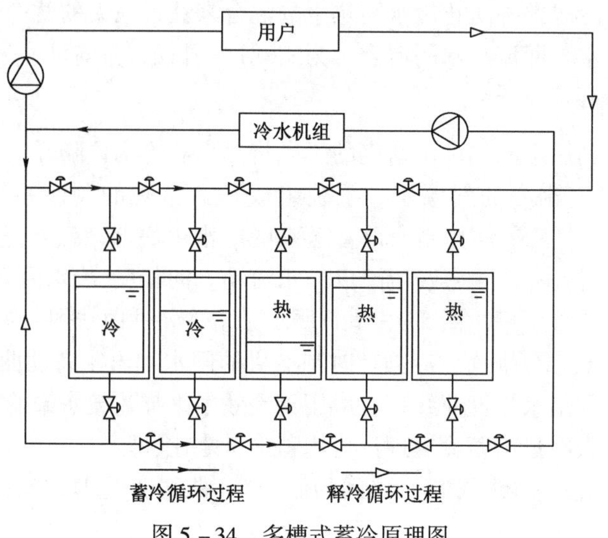

图 5-34　多槽式蓄冷原理图

(四)隔膜式蓄冷

在蓄水罐内部安装一个活动的柔性隔膜或一个可移动的刚性隔板,来实现冷热水的分离,通常隔膜或隔板为水平布置。这样的蓄水罐蓄冷效率较高,可以不用散流器,但隔膜或隔板的初投资和运行维护费用与散流器相比并不占优势。

三、冰蓄冷

冰蓄冷利用冰的潜热(335kJ/kg)储存冷量。冰蓄冷空调是利用夜间低谷负荷电力制冰并储存在蓄冰装置中。白天融冰将储存冷量释放出来,减少电网高峰时段空调用电负荷及空调系统装机容量。这种蓄能措施能够有效地利用峰谷电价差,在满足终端供冷需要的前提下降低运行成本,同时对电网的供需平衡起一定的调节作用。

(一)冰蓄冷空调系统

蓄冰空调系统,制冷机包括蓄冰和释冰两种运行工况。蓄冰工况时,冷却的低温乙二醇溶液进入蓄冰换热器内,将蓄冰槽内静止的水冻结成冰。释冰工况时,经板式换热器换热后的系统回流温热乙二醇进入蓄冰换热器,将冰融化。同时,乙二醇溶液温度降低,再送回负荷端满足空调冷负荷的需要。冰蓄冷所需体积远小于水蓄冷,而且由于冰水温度低,在相同空调负荷下可减少冰水供应量。同样,可减少空调送风量,从而减少送风机容量、供冰水管道和风管尺寸。但冰蓄冷系统也有不足之处:制冷机组在冰水出口端的温度低至 -5 ~ 10℃,从而使制冷剂的蒸发温度降低,使机组性能系数 *COP* 减小;通常在不计入电力增容费的前提下,其一次性投资比常规空调系统大;蓄冰系统的技术水平要求较高,设计和控制比水蓄冷系统复杂。

根据制冰方法分类,可以将冰蓄冷系统分成动态蓄冰和静态蓄冰。动态蓄冰指冰的制备和储存不在同一位置,制冰机和蓄冰槽相对独立,如冰片滑落式、冰晶式等,如图 5-35 和图 5-36所示。冰片滑落式蓄冰系统的蓄冷温度为 -4 ~ -9℃,释冷温度为 1 ~2℃,该方式融冰速率快,冰晶式蓄冰系统蓄冷时蒸发温度为 -3℃,蓄冰槽一般为钢制,其蓄冰率约为 50%。

静态蓄冰指冰的制备和融化在同一位置进行,蓄冰设备和制冰部件为一体结构。具体形式有盘管外蓄冰和封装式蓄冰,盘管外蓄冰又分为外融式蓄冰和内融式蓄冰。对于冰盘管,载冷剂在盘管内,盘管需浸没在满水的蓄冰槽内,当蓄冰时冰层会附着在盘管外壁,融冰取冷时

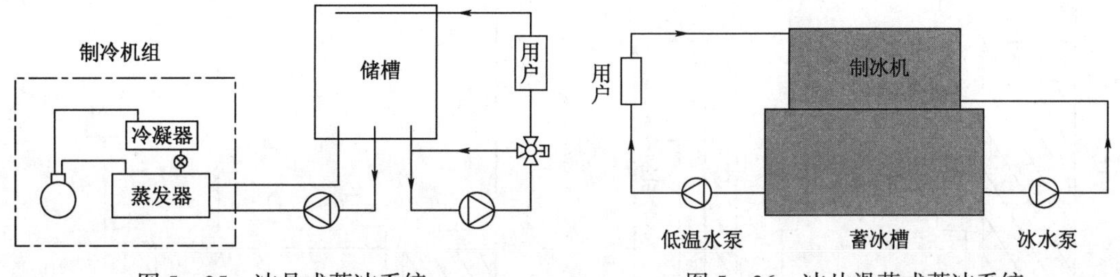

图 5-35　冰晶式蓄冰系统　　　　图 5-36　冰片滑落式蓄冰系统

将具有较高温度的载冷剂流过盘管内使管外冰层从内表面开始融化，将冷量传给管内的载冷剂带走，称为内融冰方式；也可以利用蓄冰槽内的水流动促使盘管外的冰层从外表面开始融化供冷，称为外融冰方式。该蓄冷方式的蓄冷温度一般为 -3 ~ -6℃，释冷温度为 1 ~ 3℃。

封装式蓄冰是将水或其他相变蓄冷材料封装起来，蓄冷相变材料为封装体内的冷量吸收和释放的载体。需具备单位面积相变潜热大、换热能力强、蓄冷过冷度小、腐蚀性小和性质稳定等特点，故水在实际工程中应用最为广泛。封装体将相变材料与蓄冷流体相互隔离，要满足高导热性、抗腐蚀性和一定的变形能力。按容器形状可分为球形、板形和表面有多处凹窝的椭球形。该蓄冷方式的蓄冷温度为 -3 ~ -6℃，释冷温度为 1 ~ 3℃。蓄冷过程大致分为四个阶段，分别为显热蓄冷阶段、过冷阶段、相变蓄冷阶段和过冷蓄冷阶段，如图 5-37 所示。释冷过程分为三个阶段，分别为过冷释冷阶段、稳定释冷阶段和快速升温阶段，如图 5-38 所示。

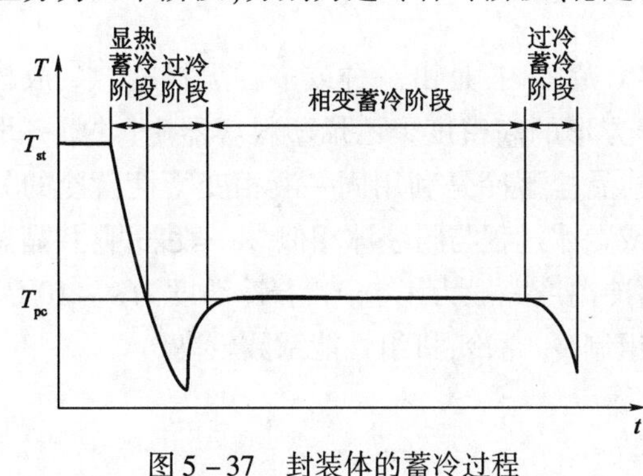

图 5-37　封装体的蓄冷过程

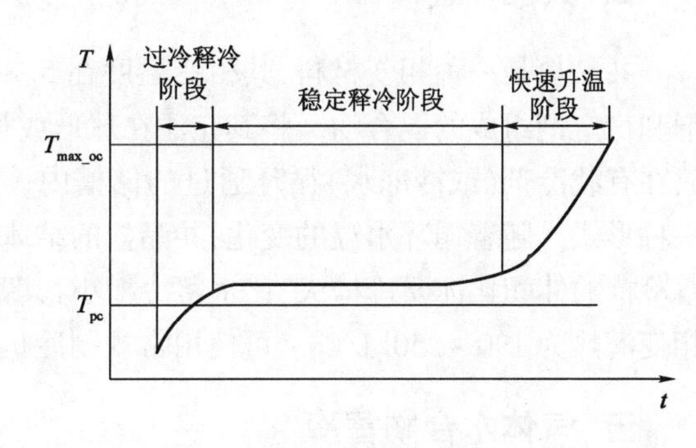

图 5-38　封装体的释冷过程

（二）冰蓄冷系统的运行策略和工作模式

1. 运行策略

所谓蓄冷系统运行策略是指蓄冷系统以设计循环周期的负荷及其特点为基础，按电费结构等条件对系统以蓄冷容量、释冷供冷或以释冷连同制冷机组共同供冷作出最优的运行安排考虑。一般可归纳为全部蓄冷策略和部分蓄冷策略。

全部蓄冷策略是将用电高峰期的冷负荷全部转移到电力低谷期，将全天所需冷量均由用电低谷期蓄存的冷量供给。该运行方式的运行费用低，但制冷机和蓄冰设备容量将会加大，设备投资高。适宜短时段空调或限制制冷用电的工程。绝大部分实际工程均采用部分负荷蓄冰系统，基本思路是保证制冷机在全天 24h 内连续工作，晚上在负荷间歇期正好利用电网可提供的廉价低谷时段制冰蓄冷，白天可以进行取冷补充制冷机供冷。典型负荷分配如图 5-39 和图 5-40 所示。

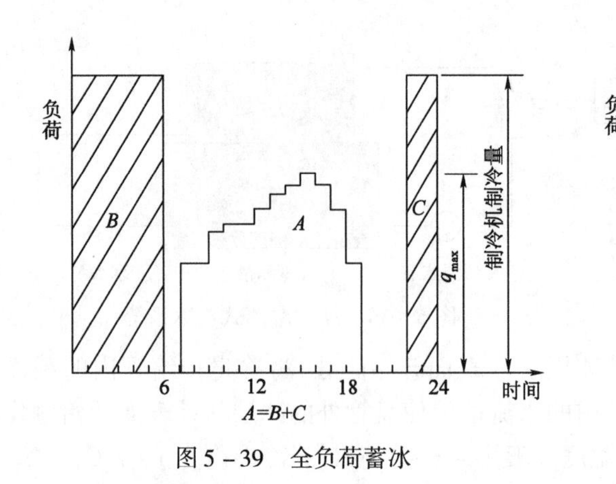

图 5－39　全负荷蓄冰

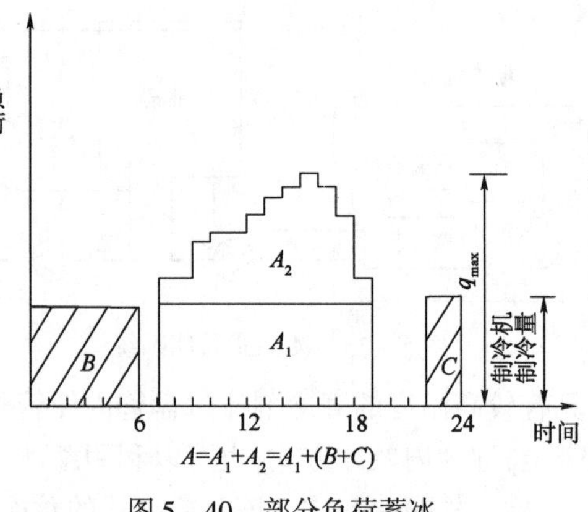

图 5－40　部分负荷蓄冰

2. 工作模式

蓄冷系统工作模式是指系统在充冷还是供冷，供冷时蓄冷装置及制冷机组是各自单独工作还是共同工作。蓄冷系统需在规定的几种方式下运行，以满足供冷负荷的要求。常用的工作模式分为以下五种，分别为机组制冰模式、制冰同时供冷模式、单制冷机供冷模式、单融冰供冷模式、制冷机与融冰同时供冷模式。

四、共晶盐蓄冷

共晶盐是一种相变材料，其相变温度在 5～8℃范围内，是由一种或多种无机盐、水、成核剂和稳定剂组成的混合物。将其充注在球形或长方形的高密度聚乙烯塑料容器中，并整齐堆放在有载冷剂（或冷冻水）循环通过的储槽内。共晶盐蓄冷是利用固—液相变特性蓄冷的另一种形式。随着循环水温的变化，共晶盐的结冰或融冰过程与封装冰相似。一般来讲，共晶盐蓄冷槽的体积比冰蓄冷槽大，比水蓄冷槽小，其蓄冷温度一般为 4～6℃，释冷温度为 9～10℃，相变潜热为 190～250kJ/kg。可使用常规制冷机组制冷、蓄冷，机组性能系数较高。

五、气体水合物蓄冷

气体水合物为气体或易挥发液体和水形成的包络状晶体，气体水合物蓄冷技术是利用气体水合物可以在水的冰点以上结晶固化的特点形成的特殊蓄冷技术。用制冷剂气体水合物作为蓄冷的高温相变材料可以克服冰蓄冷效率低、水蓄冷密度小和共晶盐换热效率低、易老化失效等蓄冷介质的弱点。其相变温度在 5～12℃，适合采用常规空调冷水机组进行蓄冷，极大提高了蓄冷效率；融解潜热约为 302～464kJ/kg，蓄冷密度大；易于采用直接接触式蓄、放冷系统，蓄冷和放冷过程的热传递效率高。早期被研究的气体水合物对大气臭氧层有破坏作用，国内外对一些替代制冷剂气体水合物进行研究，并已经得到了具有较好蓄冷特性的制冷剂气体水合物。

第六节　跨季节蓄冷技术

跨季节蓄冷技术是一种利用可再生的自然冷源进行冷量储存的储能技术。它把冬季储备好的冰中的冷量跨时间空间于夏季使用，是一种不消耗化石能源的方案。充分利用自然能源是实现建筑节能，降低对常规能源依赖的一个重要途径。但是自然能源有间断性、能流密度低和不稳定性的特点，需要结合蓄能技术才能实现稳定和连续供能。研究跨季节蓄冷技术与跨季节自然蓄冰装置对降低建筑能耗具有极其重要的意义。本节的重点是叙述跨季节蓄冷技术及跨季节蓄冰桶的应用方案，分析其各方面特征及应用潜力，并对其提出优化方案。

一、跨季节蓄冷技术发展与方案分析

（一）跨季节蓄冷技术发展

由于人口快速增长、城市化以及舒适度的要求，全世界对降温方面的需求在过去的几十年里显著增加。传统的方法通常是由电力或者热力驱动设备降温，这些设备会消耗大量的化石能源。无限制的能源消耗不但加剧了全球能源危机，也给地球自然环境造成了严重污染，加快了全球气候变暖的进度。建筑在能源消耗上所占的比例是其他能源总量的三分之一以上。建筑使用的大部分能源是由化石燃料为基础的热能系统，用于空间供热、制冷和热水。如果这些系统可以被可再生能源系统所取代，那么与建筑相关的二氧化碳排放量就可以极大减少。但是，可再生能源（如太阳能和空气能）通常有每日和季节可用性。按照储能时间可分为短期储存和长期储存。例如，冰蓄冷系统是一种典型的短期蓄冷系统，它在夜间产生冰，白天用于空调冷却供应。季节性储热是指储热或蓄冷长达数月，也称为长期储热。例如，在炎热的月份储存太阳能收集器的热量，以便在冬季取暖，这是典型的季节性储热的方法。季节性储存与短期储存相比，要求装置拥有大量的存储空间来储存冷热量，并且季节性储存具有更大的热损失风险，因此在技术上也更具有挑战性。

自然冷源指的是常温环境中自然存在的低温差、低温热能，简称冷能。我国位于欧亚大陆的东南部，由于地理原因，使得我国在冬季成为世界上同纬度上最寒冷的国家。表5－6和表5－7分别给出了中国漠河、哈尔滨、北京、上海、广州以及西沙群岛六个观测站的统计数据，冬季最低气温低于0℃的天数与低于－10℃的年平均天数。通过分析这些数据可以更好地了解中国的温度分布情况。

表5－6　中国6个观测站最低气温低于0℃的年平均天数表

站名	漠河	哈尔滨	北京	上海	广州	西沙群岛
天数	241	182	129	41	1	0

表5－7　中国6个观测站最低气温低于－10℃的年平均天数

站名	漠河	哈尔滨	北京	上海	广州	西沙群岛
天数	175	122	36	极少	0	0

表5－6与表5－7分别给出全国范围内由北及南六个地区全年气温低于0℃和全年气温低于－10℃的年平均天数。可以看出，北京、哈尔滨、漠河这三个城市自然冷资源十分丰富，可以通过跨季节储冷技术将自然冷源充分地利用。

蓄冷空调可以在夜间利用谷段的低价电力来制冷，并通过蓄冷介质，如水、优态盐的显热或潜热效应，将冷量储存起来。所谓的削峰填谷就是在日间电价处于峰值时通过融冰的方法，来满足生产工艺的需求和建筑空调负荷，进而起到缓解日间电网压力、转移高峰电力和填补低谷电力的作用。在峰谷电价政策的推动下，空调蓄冷技术迅速发展，出现了水蓄冷、冰蓄冷、共晶盐蓄冷等一系列蓄冷形式。其中冰蓄冷以其蓄冷密度大、占用空间小和技术相对成熟的优势在工程中得到广泛应用。通过对国家电力政策的调整，鼓励移峰填谷，充分利用已有的电力资源发展电力需求侧管理，在中国推广和应用冰蓄冷空调技术对实现经济、能源与环境的发展具有十分重要的意义。

相比传统的电力制冰,跨季节蓄冷技术是一种利用冬季室外低温空气制冰,将冬季冰中的冷量跨季节于夏季使用的储能技术,是一种不消耗化石能源的方案。在电制冷机组出现以前,世界上很多地区包括我国,有着寒冷而漫长的冬季与温和短暂的夏季的地区,一般年平均气温较低。利用气候特点,把冬季自然条件下形成的冰通过某种方式储存起来,为来年夏季建筑物空调供冷或事物冷藏使用。

跨季节冰蓄冷系统原理图如图 5-41 所示,该系统由两个部分组成,蓄冷系统和释冷系统。冬季,蓄冷系统利用室外低温空气将蓄冰槽内的水冻结成冰,跨时空保存冷量。夏季通过泵提取装置内储存的冰的冷量,将其应用于空调系统,达到缓解峰值用电压力、节能减排的目的。蓄冰装置是由两个圆柱型桶组成,外筒壁粘贴保温材料,两桶之间为空气流道,内桶里装充相变材料水。冬季制冰工况,利用室外低温空气制冰,空气流道的进口出口处于开放状态,春季蓄冰时进口和出口为封闭状态。制冰工况,开放进出口可以更好地加速制冰速度,蓄冰期封闭进出口,使两桶之间的空间密闭进一步延长蓄冰时间,达到跨季节蓄冰的目的。

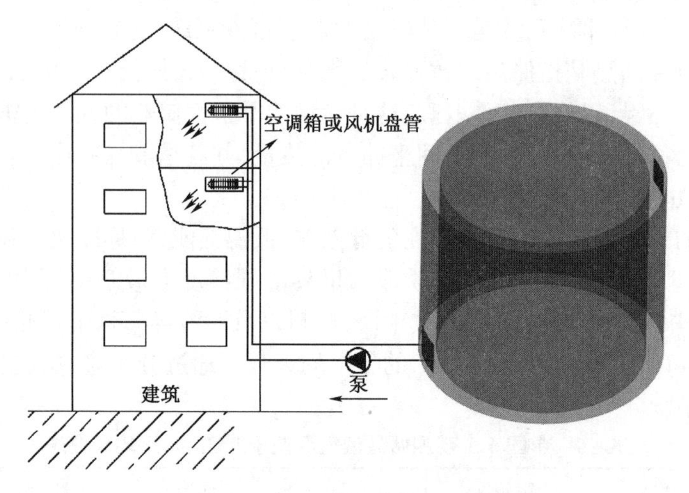

图 5-41　跨季节冰蓄冷系统原理图

(二)跨季节蓄冷技术方案分析

人类利用自然冷能的历史悠久。文献记载,在古希腊和伊朗,人们冬季采集湖泊、河流中的天然冰,存储在仓库中,用来保存食物。我国从商周时起就开始建造冰窖,用来存放冬季天然冰块。但直到 20 世纪 60 年代,人们才开始运用现代蓄冷技术蓄存自然冷能,其中最具有代表性的包括美国、日本、瑞典和中国等国家。

20 世纪 90 年代,伊利诺伊州立大学内一些建筑采用季节性雪蓄冷空调系统,储雪池容积为 $1.3\times10^4 m^3$,设置在地下停车场,空调面积为 $0.9\times10^4 m^2$,空调冷负荷为 700kW,系统 *COP* 值为 10~30。

瑞典在过去的20 世纪末的10 年间深入研究了 10 个季节性冰雪蓄冷项目,包括舒适性供冷项目、工业供冷项目、工业与舒适性供冷项目和食物储藏项目,研究项目的蓄冷规模为 6~175000MW·h。其中以松兹瓦尔区医院季节性雪蓄冷工程最具代表性,研究结果显示该系统的 *COP* 值超过 10。

2001 年,在日本札幌建立了储存冬季积雪作为夏季空调系统冷源的供冷系统。该系统为一座办公建筑供冷,空调面积为 $1637m^2$。经过测试供冷前系统的冷量损失率大约为 26%,整个系统的总供冷量为7259MJ。

2008年，石文星提出了一种将跨季节自然蓄冷和机械式夜间蓄冷相结合的复合式蓄冷空调系统，将该系统应用于奥运村幼儿园。计算结果表明，与7℃供水的冷水机组相比，该系统的冷源部分的运行费用节约70%。

2010年，余延顺副教授建立了圆柱形地下储库热过程的数学模型，将该模型应用于北京市四类典型建筑特征参数的计算，得出储存期间冷量损失均低于10%。

2010年，杨光通过实验证明1000 kg冰可使面积为108.81m^2、冷负荷为6700.3 W的空调实验室在59h内保持25.0～28.0℃。2011年时继虎利用冬季自然冷能建立冰池喷淋制冰和蓄冰模型，用于夏季矿井降温。

2015年，李高峰等人建立了地下圆柱型储库蓄冰过程的非稳态传热数学模型，将该模型应用于哈尔滨市和石家庄市体育馆中央空调的冷负荷平衡计算，得出分别储存180d和210d时，储存冷量分别可供使用87.9h和121.4h。

二、跨季节蓄冰桶最佳保冷厚度

对于蓄冰装置来说，防止或减少周围环境中的热量进入是非常重要的。为防止或减少周围环境中的热量进入低温设备和管道内，防止低温设备和管道外壁表面凝露，通常在其外表面采取保温包裹措施。保冷措施的关键在于保冷材料的选择和保冷层厚度的设置，保冷厚度太薄则冷损失严重，反之则初投资太大，回收期限太长。合理确定保冷层厚度对整个保冷结构的设计起着十分重要的作用。本文对圆柱型跨季节自然蓄冰装置的结构进行分析，通过计算保冷投资的保冷费用与保冷后的冷损失费用之和，得到保冷层的经济厚度，即最佳保冷厚度。

（一）保冷层厚度的计算

使初投资与冷损失之和最小的费用所对应的保冷层厚度为保冷层经济厚度。

图5－42为保冷层厚度与年费用关系图。针对圆柱型装置，设制冷投资的保冷费用为P_1，保冷后的冷损失费用为P_2，则制冷总费用P等于P_1与P_2之和。保冷费用P_1随着保冷层厚度的增加而增加，保冷后的冷损失费用P_2随着保冷层厚度的增加而减小。总费用P随着保冷层厚度先增加后减小，存在一个P值为P_1与P_2之和的最小值，此时为保冷层经济厚度。

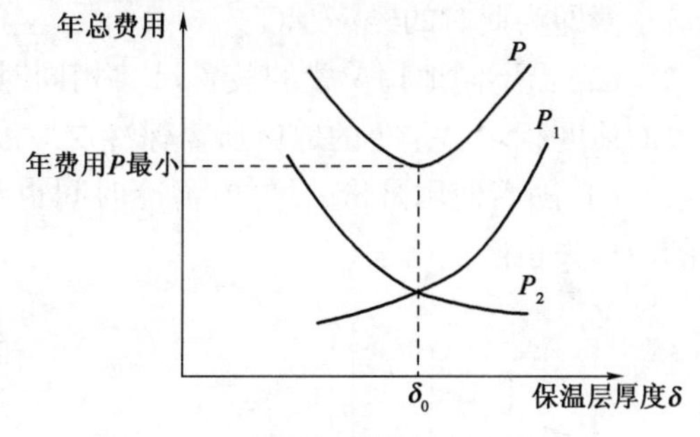

图5－42　保冷层厚度与年费关系

根据不同地区装置最优尺寸与需求侧结合，采用不同数量的跨季节自然蓄冰装置满足用户侧需求。

保冷材料费用计算公式为：

$$P_1 = \pi[(D_0 + \delta_1)^2 - D_0^2]hS_1 \tag{5-13}$$

式中　P_1——保冷材料费用，元/m；

D_0——装置的半径，m；

δ_1——保冷材料的厚度，m；

h——装置的高度，m；

S_1——保冷材料的价格，元/m^3。

保冷后的冷损失费用：

$$P_2 = NP_{\mathrm{E}}\tau q_1 \tag{5-14}$$

式中 P_2——保冷后的损失费用,元/m;

N——使用年限;

P_{E}——冷价,元/GJ;

τ——运行小时数,h;

q_1——单位长度的冷损失,W/m。

根据传热学基本知识,在稳态传热下,单位冷损失计算公式为:

$$q_1 = \frac{t_0 - t_\alpha}{R_1 + R_{\mathrm{W}}} = \frac{t_0 - t_\alpha}{\left(\frac{1}{2\pi\lambda_1}\ln\frac{D_0 + \delta_1}{D_0} + \frac{1}{\pi D_1 \alpha_{\mathrm{w}}}\right)} \tag{5-15}$$

式中 t_0——环境(空气)温度,℃;

t_α——介质温度,℃;

R_1——保冷层导热热阻,(m·℃)/W;

R_{W}——保温层外表面与空气的热阻,(m·℃)/W;

D_1——保冷结构外径,mm,一般保冷层节后外径取管道保冷层外径;

α_{w}——外表面与环境的换热系数,W/(m²·℃)。

t_0 为年平均温度的平均值,一般热力计算时,$\partial w = 1.163 \times (10 + 6\sqrt{v})$,$v$ 为运行期间平均风速,m/s。

(二)影响保冷层经济厚度的因素

对保冷层经济厚度影响的主要因素有冷价、地理位置和蓄冷时间。其中,冷价、不同地理位置以及不同的蓄冷时间对保冷经济厚度有着不同的影响:

(1)保冷层经济厚度随冷价增加而增大。随着保冷层厚度的增加总费用先降低后增加,最小值即为此时的经济厚度。

(2)当不同地理位置的装置尺寸相同时,温差在经济厚度求解时起到重要的作用。温差大的地区相较温差小的地区所需保冷层厚度更大一些。

(3)随着使用月份的增加,蓄冷时间也在增加,所需要的保冷经济厚度也随之增加,相应的冷损失也随之增加。

三、跨季节蓄冰装置数学模型与分析方法

通过对圆柱型跨季节自然蓄冰装置数学模型的简化,对装置的传热过程进行分析。设立合理的假设,简化圆柱型跨季节自然蓄冰装置的模型,建立制冰的数学模型,给出初始条件及边界条件结合对流换热系数开始对蓄冰过程分析求解。在蓄冰桶内部设有由内到外共 3 组换热盘管,每组 10 层,采用的载冷剂为乙二醇水溶液(浓度 25%),图 5-43 为蓄冰桶内部构造图。

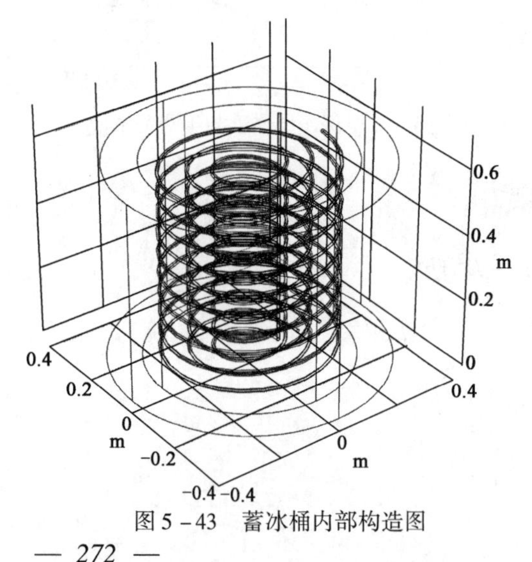

图 5-43 蓄冰桶内部构造图

圆柱型跨季节自然蓄冰装置的工作过程分为制冰和释冷两个过程。制冰过程为装置在冬季利用室外低温空气进行制冰,该过程不消耗任

何的化石燃料。释冷过程为装置在夏季通过换热盘管,将内部的冷量提取用于夏季室内空气调节。由于两个工作过程的内部换热工程受影响因素甚多,特别是释冷过程装置内部特别复杂。故为了便于读者对该装置进一步理解,对该装置的两个过程建立了相应的数学模型,并对其进行了简化工作和边界条件、物性的假设。掌握该装置的传热模型后,可以编写对应程序在Matlab、OpenFOAM 以及 Ansys Flueut 等相关软件进行数值模拟。

(一)圆柱型跨季节自然蓄冰装置数学模型

1. 冰桶制冷数学模型

为方便计算与理解,将圆柱型蓄冰桶装置的三维立体模型简化为二维模型,并提出以下假设:

(1)相变材料的相变温度是恒定的;

(2)相变材料以及空气的比热容、密度为常数;

(3)相变材料为均匀状态且各向同性;

(4)相变材料为液体时,其对流传热效果可忽略不计;

(5)默认热交换流体在其流动方向的垂直截面的温度相同。

换热流体能量平衡方程:

$$\frac{\partial T_f}{\partial \tau}+\frac{m_f}{\rho_f \cdot A_f}\cdot\frac{\partial T_f}{\partial \lambda}=\frac{hp}{\rho A}(T-T_f) \tag{5-16}$$

式中 T_f——换热流体温度,℃;

τ——时间步长;

m_f——质量流量,kg/s;

ρ_f——换热流体密度,kg/m^3;

A_f——流道横截面积,m^2;

h——对流换热系数,$W/(m^2 \cdot K)$;

ρ——相变材料密度,kg/m^3;

A——换热流体与相变材料的接触面积,m^2;

T——相变材料温度,℃。

$$\frac{m_f}{A_f \cdot \rho_f}\cdot\frac{\partial T_f}{\partial x}=0 \tag{5-17}$$

对于相变材料控制方程,考虑到自然对流的影响,应补充假设条件:

(1)忽略流体黏性耗散部分;

(2)除密度以外的物理参数都是常数;

(3)在动量方程中,仅考虑体积相关项的密度变化,而其他项的密度不变。

此时相变材料控制方程变为:

(1)能量守恒方程。

$$\rho\left(\frac{\partial H}{\partial \tau}+u\frac{\partial H}{\partial X}\right)=\frac{k}{c_p}\cdot\frac{\partial^2 H}{\partial x^2}+S_h \tag{5-18}$$

式中 H——相变材料焓值,℃;

u——相变材料沿传热方向的速度,m/s;

k——导热系数,$W/(m \cdot K)$;

c_p——比定压热容,kJ/(kg·℃);

S_h——能量方程源项。

(2)动量守恒方程。

$$\rho\left(\frac{\partial u}{\partial \tau}+u\frac{\partial u}{\partial X}\right)=\mu\cdot\frac{\partial^2 u}{\partial x^2}+S_u \tag{5-19}$$

其中

$$\rho=\rho_{ref}[1-\beta(T-T_{ref})] \tag{5-20}$$

式中 μ——运动黏度,m^2/s;

S_u——动量方程源项;

T_{ref}——相变温度,℃;

β——相变材料膨胀系数。

能量方程源项 S_h 与动量方程源项 S_u 分别按下式计算:

$$S_h=\frac{\rho}{c_p}\frac{\partial\Delta H}{\partial\tau} \tag{5-21}$$

$$S_u=\frac{(1-L)^2}{(L^3+\varepsilon)}A_{mush}u+\frac{\rho_{ref}g\beta(h-h_{ref})}{c_p} \tag{5-22}$$

式中 L——液相率;

ε——防止分母为0的极小值,$\varepsilon=0.01$;

A_{mush}——模糊区常数,一般取104~107;

g——重力加速度,m/s^2;

h_{ref}——相变温度下的焓值。

(3)在两相界面上有额外的边界条件。

两相界面上的温度满足:

$$T_{pcm,s}|_1=T_{pcm,l}|_2 \tag{5-23}$$

两相界面的热流密度满足:

$$-k\left(\frac{\partial T}{\partial n}\right)_{pcm,s}|_1=h(T_{pcm,s}-T_{pcm,l})|_2 \tag{5-24}$$

式中 1,2——固相界面与液相界面;

s,l——固体与液体;

n——温度传递方向。

对于不可压缩流体,动力方程源项 $S_u=0$。

当 R_a 大于 5×10^6 时,自然对流起主导作用。当导热传热起主导作用时,能量方程源项 $S_h=0$。

$$R_a=\frac{g\beta_l^3\Delta T}{\alpha\nu_{pcm}} \tag{5-25}$$

式中 α——热扩散率;

ν_{pcm}——相变材料动力黏度;

l——特征尺寸。

(4)边界条件与初始条件设置。

对于边界条件与初始条件,做出如下假设:

①无热源将热量传递给底部的水；

②相变材料在初始时刻的温度分布是均匀的；

③热交换流体的温度认为是恒定的。

根据以上假设条件可以得到以下公式：

$$\frac{\partial T}{\partial x}\bigg|_{x=e}=0 \tag{5-26}$$

$$T\big|_{t=0}=T_0 \tag{5-27}$$

$$T_{\mathrm{f}}\big|_{t=0}=T_{\mathrm{w}} \tag{5-28}$$

式中 e——水深，m；

T——相变材料的温度，℃；

T_0——相变模块初始温度，℃；

T_{f}——换热流体温度，℃；

T_{w}——换热流体进口温度，℃。

对流换热系数按下式计算：

$$h=\frac{kNu}{l} \tag{5-29}$$

当雷诺数小于 5×10^4 时，流动为层流，Nu 假定为5；当雷诺数大于 5×10^4 时，流动为湍流，Nu 按下式计算：

$$Nu=\frac{\frac{f}{8}(Re-1000)Pr}{1+12.7\sqrt{\frac{f}{8}}(Pr^{\frac{2}{3}}-1)}\left(\frac{T_{\mathrm{f}}}{T}\right)^{0.45} \tag{5-30}$$

其中

$$f=(1.82\lg Re-1.64)^{-2} \tag{5-31}$$

式中 Nu——努谢尔特准则数；

Pr——普朗特准则数。

2. 蓄冰桶释冷数学模型

在释冷过程中，冰的融化分为冰未完全融化时的潜热释冷和完全融化以后的显热释冷这两个阶段。实际的换热过程会受到很多因素的影响，较为复杂，为简化模型计算，对圆柱型跨季节自然蓄冰装置这一模型作出如下假设：

(1)冷媒即载冷剂入口温度恒定；

(2)忽略管道的轴向传热，认为传热仅发生在径向；

(3)取冷过程中，忽略冰桶与周围环境的热交换；

(4)取冷过程中相变界面呈同心圆管状变化，冰块固定无上浮偏斜情况，整个过程是对称的；

(5)忽略由冰水相变引起的体积变化；

(6)潜热释冷阶段下桶内为冰水混合物，水温默认为0℃。

融冰开始时，载冷剂通过盘管流过冰桶内部，将能量传递给冰层使其融化，同时载冷剂以较低的温度流出。根据能量守恒定律，载冷剂在蓄冰盘管内获得的冷量等于冰层融化释放的冷量。

1)建立蓄冰桶热平衡方程

$$q = G \cdot \rho_{ref} \cdot C_{ref}(T_i - T_o) = K_l \cdot L \cdot \Delta T_m \quad (5-32)$$

$$\Delta T_m = [(T_i - T_n) - (T_o - T_n)]/\ln\left(\frac{T_i - T_n}{T_o - T_n}\right) \quad (5-33)$$

式中 q——单位时间换热量,kW;

K_l——单位长度盘管传热系数,W/(m·K);

L——盘管长度,m;

G——体积流量,m^3/s;

C——比热,kJ/(kg·℃);

ρ——密度,kg/m^3;

T_i、T_o——载冷剂进出口温度,℃;

T_n——蓄冷介质温度,℃;

ΔT_m——对数平均温差。

下标 w、ref、ice、i、o 分别代表水、载冷剂、冰、入口和出口。

2)蓄冰桶盘管传热方程

根据热阻网络法,求解得单位长度总热阻 R:

$$\frac{10^3}{K_l} = R = R_{ref} + R_{tub} + R_w \quad (5-34)$$

其中

$$R_{ref} = \frac{1}{\alpha_{ref}\pi d_i} \quad (5-35)$$

$$R_{tub} = \frac{1}{2\pi\lambda_{tub}}\ln\frac{d_o}{d_i} \quad (5-36)$$

式中 α——对流换热系数,$W/(m^2 \cdot K)$;

λ——导热系数,W/(m·K);

d——直径,m;

tub——下标,换热管。

这里采用的载冷剂为乙二醇水溶液(浓度25%),乙二醇溶液具有热容较大,传热性能好,化学性能稳定等优点。换热管内载冷剂的换热系数 α_{ref} 与雷诺数 Re 有关:

(1)当 $Re>2300$ 时,制冷剂在盘管中处于紊流工况,按迪图斯—贝尔特公式进行计算:

$$Nu = 0.023Re^{0.8}Pr^{0.4} \quad (5-37)$$

(2)当 $Re \leqslant 2300$ 且 $Re \cdot Pr \cdot d_i/L < 10$ 时,载冷剂在管内流动处于热充分发展区,根据相关文献:

$$Nu = 3.66 + \frac{0.0534(Re \cdot Pr \cdot d_i/L)^{1.15}}{1 + 0.316(Re \cdot Pr \cdot d_i/L)^{0.84}} \quad (5-38)$$

$$\alpha_{ref} = Nu\frac{\lambda_{ref}}{d_i} \quad (5-39)$$

其中,定性温度为载冷剂进出口平均温度,定型尺寸为盘管内径。

3. 水环热阻及总换热量

融冰释冷时盘管与冰之间形成的同心水环,不仅存在导热热阻,还存在对流换热热阻,其具体的换热计算过程较为复杂。为方便简化计算,引入当量导热热阻概念,用留斯勃提出的有效导热系数 λ_{eff} 计算,同心长圆柱内自然对流对导热影响的经验公式为:

$$\lambda_{eff} = 0.386\lambda\left(\frac{Pr}{Pr + 0.861}\right)^{0.25} Ra_c^{0.25} \tag{5-40}$$

$$Ra_c = \frac{\ln(d_w/d_o)^4}{(d_w^{-0.6} + d_o^{-0.6})^5 \delta^2} Ra_1 \tag{5-41}$$

其中,Ra_1 是以 δ 为定性长度,载冷剂进出口平均温度为定性温度的瑞利数,$\delta = \frac{d_w - d_o}{2}$。

因此可以求得:

$$R_w = \frac{1}{2\pi\lambda_{eff}} \ln\frac{d_w}{d_o} \tag{5-42}$$

4. 载冷剂出口温度及水层半径

随着取冷的不断进行,冰层厚度一直处于变化之中。根据蓄冰桶的能量平衡方程,将融冰过程分为 n 个时间段,每个时间段内载冷剂带走的冷量总和等于冰层融化发生相变释放的冷量。

$$Q = G \cdot \rho_{ref} \cdot C_{ref} \sum_{i=1}^{n} \Delta T_{\tau_i} \cdot \Delta\tau = \frac{\pi}{4}(d_w^2 - d_o^2) \cdot L \cdot \rho_{ice} \cdot h_{ice} \tag{5-43}$$

生成水环直径迭代关系式:

$$d_w = \sqrt{\frac{Q}{\frac{\pi}{4} L h_{ice} \rho_{ice}} + d_o^2} \tag{5-44}$$

载冷剂出口温度关系式:

$$T_o = T_i \cdot e^{-k_1 \cdot L/G \cdot \rho_{ref} \cdot C_{ref}} \tag{5-45}$$

如果定义蓄冰桶效能 ε 为蓄冰桶实际换热量与最大换热量之比,则

$$\varepsilon = 1 - \frac{T_o}{T_i} \tag{5-46}$$

由上式可得实际放冷量为:

$$Q_s = \varepsilon \cdot G \cdot \rho_{ref} \cdot C_{ref}(T_i - T_f) = \varepsilon \cdot G \cdot \rho_{ref} \cdot C_{ref} \cdot T_i \tag{5-47}$$

式中　Q_s——冰层实际放冷量,kW;

　　　h_{ice}——冰的熔解热,334kJ/kg。

(二)分析方法

通过公式(5-13)至公式(5-15)可计算出保冷层经济厚度,进而确定整个装置的最佳保冷厚度。在模拟计算发生相变的工况时,用来衡量相变程度的一个重要指标即为液相率 β。液相率 β 被定义为:

$$\beta = \begin{cases} 0 & T < T_{\text{solidus}} \\ \dfrac{T - T_{\text{solidus}}}{T_{\text{liquidus}} - T_{\text{solidus}}} & T_{\text{solidus}} < T < T_{\text{liquidus}} \\ 1 & T > T_{\text{liquidus}} \end{cases} \tag{5-48}$$

当液相率在0到1之间时,认为相变过程处于模糊区域,当相变温度恒定时,$T_{\text{solidus}} = T_{\text{liquidus}}$。通过模拟计算发生相变的工况,可以得出蓄冰装置的尺寸大小、蓄冰的时间以及进行释冰工作的时间节点。结合不同北方/东北典型城市室外温度情况,可以分析出该圆柱型蓄冰装置在不同城市的适用性,通过不同地区的气温极高年室外温度,计算出最佳制冰半径,进而精准判断出该设备的适用性。关于设备适应性的表述,将在下一小节讨论。

为了比较各种设备的蓄冰能力,定义在一个蓄冷循环周期内,蓄冰容器内所制取冰的体积与蓄冰桶体积的比值为蓄冰率。

$$IPF = \frac{V_1}{V_0} \times 100\% \tag{5-49}$$

式中 V_1——蓄冰槽中蓄冰体积,m^3;

V_0——蓄冰槽有效容积,m^3。

蓄冰率常用来对蓄冰槽的大小进行衡量,但无法计算出蓄冰量的多少,为此重新定义另一概念——制冰率,即蓄冰容器中蓄存的冰量与蓄冰初始时水的质量之比,也常用 *IPF* 表示。

$$IPF = \frac{M_{\text{ice}}}{M_{\text{w}}} \times 100\% \tag{5-50}$$

式中 M_{ice}——蓄冰槽中冰的质量,kg;

M_{w}——蓄冰槽中初始水的质量,kg。

对于相变材料——水的冻结程度采用液相率 β 进行评判。当 β 为1时,水未发生相变;当 β 处于0到1之间时,认为此时液体的相变过程处于模糊区域,即冰水混合物状态。

用制冰率对装置的蓄冰量进行衡量,制冰率越大,蓄冰槽中冰所占的比例越大;用蓄冰率决定蓄冰槽的大小。

四、案例分析与蓄冰结构优化

对蓄冰装置进行进一步的优化,则可以更高效地利用冬季的自然冷源,蓄存更多的冷量。本小节针对圆柱型跨季节自然蓄冰装置结构进行优化分析,结合节能经济性、环保效益及适用性进行综合分析,使装置发挥更好的节能作用。

(一)圆柱型跨季节自然蓄冰装置结构优化分析

1. 结构优化方案

在冬季自然冷源被充分利用的情况下,蓄冰装置的直径成为影响蓄冰量的重要因素。当装置的直径过小时,则不能完全利用冬季自然冷源;当装置直径过大时,则会导致整个冬季的制冰时间不足以支撑全部的水冻结成冰。首先对蓄冰装置的直径进行计算,再对装置的直径尺寸验证。以沈阳地区为例进行分析,选用中国建筑热环境分析专用气象数据作为室外环境条件。如图5-44所示,选择从11月份开始进行制冰,2月份制冰结束。11月份的平均干球温度为1℃,12月份的平均干球温度为-5.4℃,1月份的平均干球温度为-13.2℃,2月份的平均干球温度为-6.5℃。从11月开始制冰,水的温度在11月达到1℃。

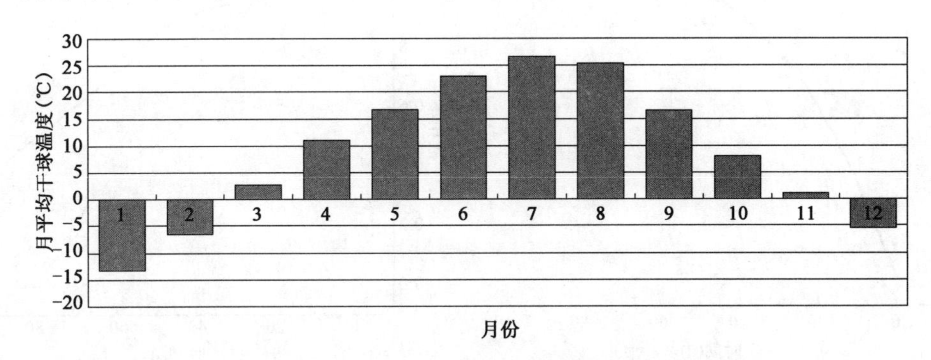

图5-44 沈阳地区各月平均干球温度

从图5-45中可以看出,制冰过程中水的最低温度为269.2K,时间点为制冰开始的第50天(1月下旬)。之后温度开始上升,但仍低于273.15K。

从图5-46可以看出随着制冰的进行,液相率逐渐降低,最低值为0.2,此时仍有部分水未结成冰。想要进一步得到最优装置直径,需要得到蓄冰厚度随时间变化的关系。

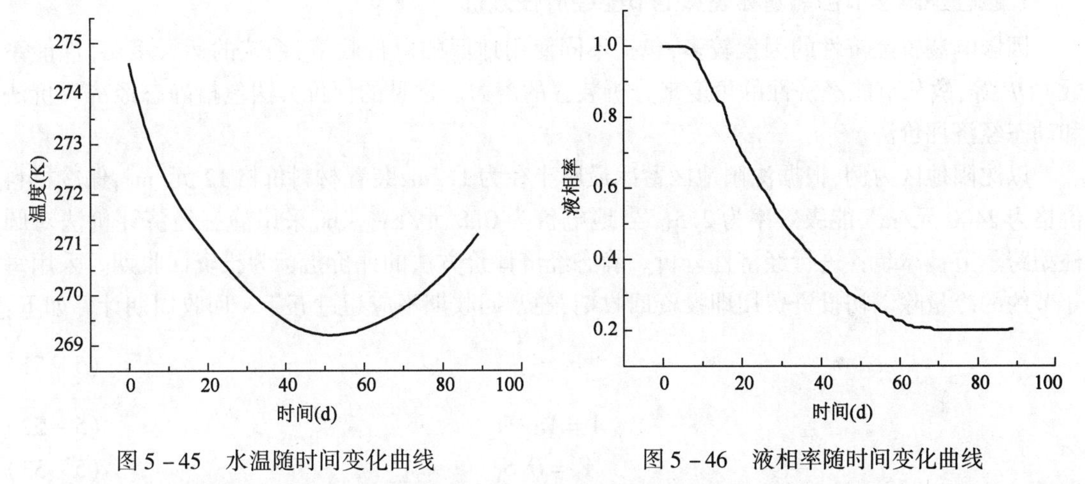

图5-45 水温随时间变化曲线　　图5-46 液相率随时间变化曲线

图5-47为蓄冰半径与时间的关系,从图中可以看到随着制冰过程的进行,蓄冰半径逐渐增加,在50d时达到最大,此时厚度为1.2m。

2.结构优化模拟结果

从图5-48上可以看出当装置半径为1.25m时,制冰至2月末,此时装置内部的液相率并未达到0,说明蓄冰槽内的相变材料——水并没有完全冻结成冰,证明了整个冬季的制冰时间并不足以支撑大容积的装置完全制冰。当装置为1.15m时,制冰至2月末,此时装置内部的液相率提前9天达到0,证明装置得尺寸可以设置得更大一些,用来蓄更多的冰,存储更多的冷量。为了使装置在整个冬季达到完全制冰和存储更大的冷量,需要对装置的蓄冰半径求得最优解。从图5-44可知,最优解范围应在1.15~1.25m之间。发现当蓄冰半径为1.2m时,在制冰时间内,刚好使液相率为0。

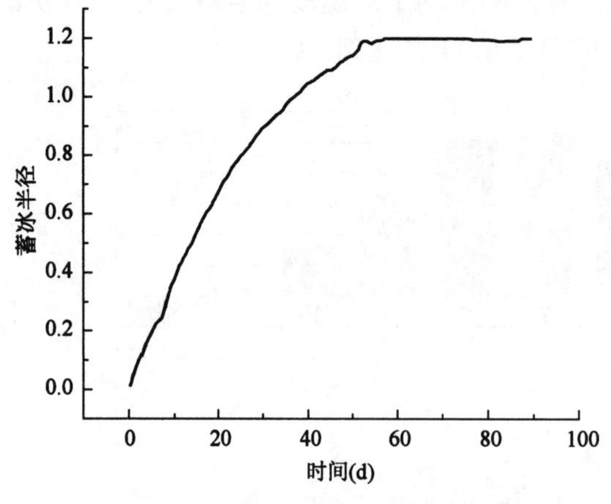

图5－47　蓄冰半径随时间变化曲线

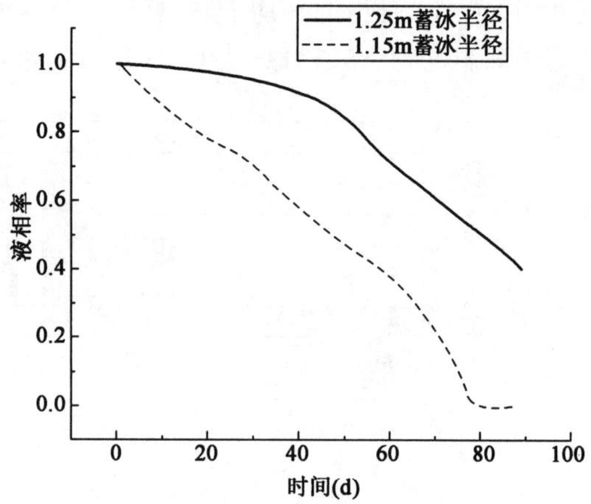

图5－48　液相率随时间变化曲线

（二）圆柱型跨季节自然蓄冰装置应用潜力分析

通过对圆柱型跨季节自然蓄冰装置的节能经济性、环保效益以及适用性分析，来综合判定该装置的应用潜力。

1. 圆柱型跨季节自然蓄冰装置的节能经济性分析

因影响装置经济性的因素较多，包括不同使用地区的电价政策、系统的运行策略、性能系数 *COP* 等，故从节能经济性的角度来分析装置的潜力。常见的评价方法包括静态经济评价法和动态经济评价法。

以沈阳地区为例，根据沈阳地区蓄冰最厚半径为1.2m，装置材料价格12元/m^2，保冷材料价格为2400元/m^3，能级效率为2.5。当地电价为0.8元/kW·h，采用静态经济评价法对圆柱型跨季节蓄冰装置进行经济性分析。静态经济评价方法的评价指标为投资回收期。采用每年节约的冷量除以初投资费用即投资回收期，通常回收期不应超过五年。回收周期计算如下：

$$m = \frac{A}{C} \tag{5-51}$$

$$A = A_1 + A_2 \tag{5-52}$$

$$A_1 = Q_1 S_1 \tag{5-53}$$

$$A_2 = Q_2 S_2 \tag{5-54}$$

$$C = \frac{N}{E} D \tag{5-55}$$

式中　m——回收周期，年；

A——蓄冰装置所需价格，初投资 A 包括两部分，一部分为蓄存冰材料的价格 A_1，元，另一部分为保冷材料的价格 A_2，元；

C——传统用电蓄冰所需要的价格，元；

Q_1——装置的体积，m^3；

S_1——装置材料的价，元/m^3；

Q_2——保冷材料的体积，m^3；

E——能级效率；

D——当地电价，元/(kW·h)。

图5-49为装置高度与回收期之间的关系。从图上可以看出,高度在0~1.4m之间时,回收周期下降较明显。从数据上看,当回收周期为5年时,此时高度为1.21m。

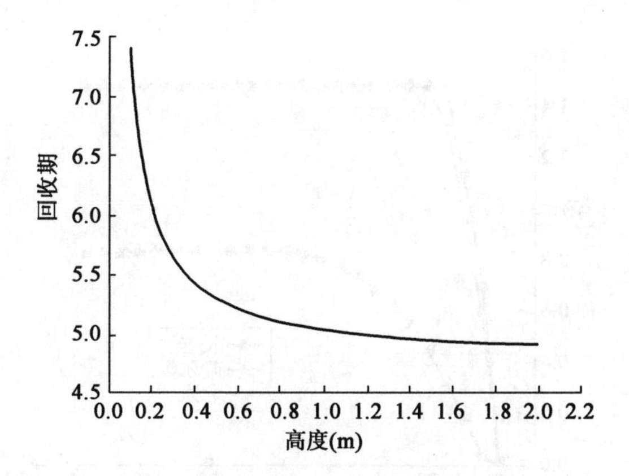

图5-49 装置高度与回收期的关系

当选择最佳蓄冰半径、回收期控制在5年时,就可以确定装置每年可以蓄存的冰量。根据管网冷损失在1%~4%,可以得到每年(1.82~1.77)×10^6kJ的冷量。

2.圆柱型跨季节自然蓄冰装置的环保效益分析

从环境保护的角度对跨季节蓄冰装置的优点进行分析。每1kW·h的电将消耗400g标煤,并产生272g碳粉尘、997g二氧化碳、30g二氧化硫等有害污染物。相较于传统的冰蓄冷技术,跨季节蓄冰装置可以利用自然冷源来制冰,一方面减少用电制冰的现象,另一方面也减少了火力发电带来的大气污染现象。每年装置可以节约的电为673.2kW·h,节约产生的碳粉尘671.2kg、20.2kg,可以节约用煤量为269.3kg。

3.圆柱型跨季节自然蓄冰装置的适用性分析

结合不同北方/东北典型城市室外温度情况,可以分析出该圆柱型蓄冰装置在不同城市的适用性。室外气象年参数包括典型气象年逐时参数、气温极低、气温极高时的逐时参数。

图5-50给出了北京、长春、哈尔滨三个典型地区冬季气温极高年室外温度。通过结合这三个城市的气温极高年室外温度,计算出这三个城市的最佳制冰半径,对不同地区装置尺寸进行指导。

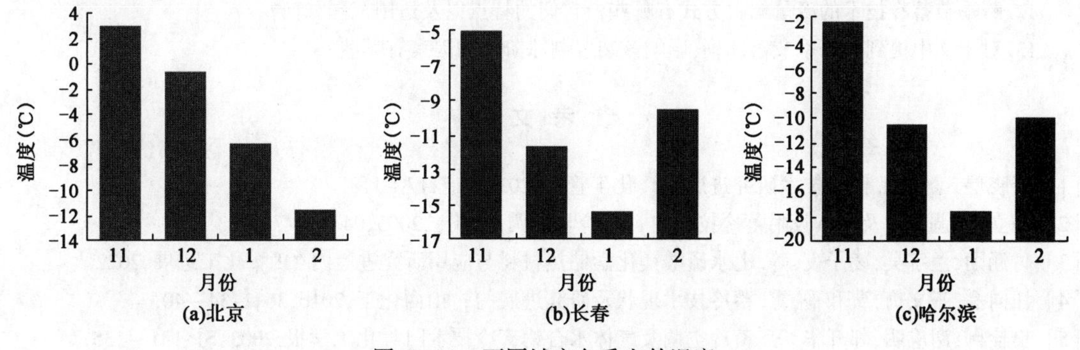

图5-50 不同城市冬季室外温度

图5-51为根据这三个城市冬季室外温度所求出的最厚蓄冰半径。从图上可以看出,长春的蓄冰半径最大,为1.48m;哈尔滨的最大蓄冰半径为1.47m;北京的蓄冰半径较小,为

0.84m，为这三个地区的最佳装置尺寸作出指导。结合之前计算得到沈阳地区的蓄冰半径1.2m，东北严寒地区，哈尔滨、长春、沈阳比非东北地区北京都更加适合利用自然冷源。

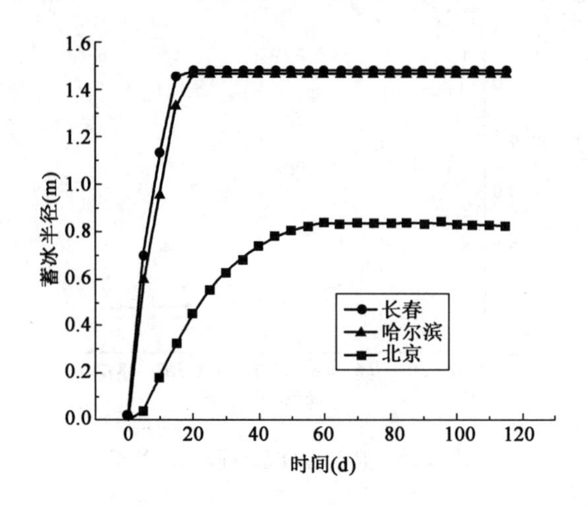

图5－51　不同城市的蓄冰半径

思　考　题

1. 热能储存技术根据原理不同如何进行分类？

2. PCM的相变形式包括哪些，常采用哪种相变形式，为什么？

3. 热电联产机组是如何利用储热技术进行热电解耦的？

4. 大型储热水罐的斜温层有什么作用，如何避免斜温层造成的影响？

5. 跨季节显热储热可以采用哪些介质？各有什么特点？

6. 储热式热泵与常规热泵相比具有哪些特点？

7. 如何通过相变储热装置实现空气源热泵的除霜问题？

8. 储冷空调是如何实现电力“移峰填谷”的？

9. 简述跨季节蓄冷系统的组成及工作原理？

10. 跨季节蓄冰桶最佳保冷厚度如何计算？

11. 传统的冰蓄冷技术和跨季节蓄冷技术，在储能手段上各有哪些特点？为何跨季节蓄冷技术在应用上比传统的冰蓄冷技术更受限制？

12. 跨季节蓄冷技术的冷量储存方式有哪些？它们的特点以及适用范围如何？

13. 对于文中提到的跨季节蓄冰桶，影响该装置制冰阶段的因素有哪些？

参 考 文 献

[1] 于晓琨，栾敬德. 储热技术研究进展[J]. 化工管理，2020，11：117－118.

[2] 马立. 空调蓄冷及固体吸附蓄冷技术[J]. 制冷与空调（四川），2005，04：69－71＋83.

[3] 付涵勋，兰宇昊，凌子夜，等. 七水硫酸镁化学储热材料与应用研究进展[J/OL]. 化工进展，2022.

[4] 汪向磊，王文梅，曹和平，等. 蓄冷技术现状及研究进展[J]. 山西化工，2016，36，1：34－40.

[5] 樊栓狮，谢应明，郭开华，等. 蓄冷空调及气体水合物蓄冷技术[J]. 化工学报，2003，S1：131－135.

[6] Li S F, Liu Z H, Wang X J. A comprehensive review on positive cold energy storage technologies and applications in air conditioning with phase change materials[J]. Applied Energy, 2019, 255: 113667.

[7] Alva G, Lin Y, Fa N G. An overview of thermal energy storage systems[J]. Energy, 2018, 144: 341－378.

[8] Guelpa E, Verda V. Thermal energy storage in district heating and cooling systems: A review[J]. Applied Energy, 2019, 252: 113474.

[9] Zhang H, Baeyens J, G Cáceres, et al. Thermal energy storage: Recent developments and practical aspects[J]. Progress in Energy and Combustion Science, 2016, 53: 1 - 40.

[10] 孙继伟,郭磊宏,雷春鸣,等.浅谈相变储热对热电联产集中供热的作用[J].区域供热,2020,06:23 - 29.

[11] 包治光.北方地区热电联产机组灵活性深度调峰改造技术路线研究[J].自动化应用,2020,12:147 - 148 + 152.

[12] 杨世豪,孙小平,田丰,等.热电联产中电锅炉调峰问题[J].沈阳航空航天大学学报,2021,38(01):63 - 69.

[13] 王坤,王建,张应田,等.基于吸收式热泵改造热电联产机组深度调峰运行分析[J].能源与环境,2018,151(06):50 + 54.

[14] 柳文洁.热水蓄热罐在热电联产供热系统中的应用研究[D].哈尔滨:哈尔滨工业大学,2016.

[15] Semple L, Carriveau R, Ting S K. A techno - economic analysis of seasonal thermal energy storage for greenhouse applications[J]. Energy and Buildings, 2017: S0378778817311118.

[16] Jiang L, Wang R Z, Wang L W, et al. Investigation on an innovative resorption system for seasonal thermal energy storage[J]. Energy Conversion and Management, 2017, 149: 129 - 139.

[17] Narula K, Fleury D, Villasmil W, et al. Simulation method for assessing hourly energy flows in district heating system with seasonal thermal energy storage[J]. Renewable Energy, 2020, 151.

[18] Yang T, Liu W, Kramer G J, et al. Seasonal thermal energy storage: A techno - economic literature review[J]. Renewable and Sustainable Energy Reviews, 2021, 139.

[19] 黄俊鹏,徐尤锦.欧洲太阳能区域供热的发展现状与趋势[J].建设科技,2016,23:63 - 69.

[20] 左春帅,樊海鹰,王恩宇.太阳能跨季节储热供热系统性能研究[J].华电技术,2020,42(11):44 - 50.

[21] 赵璇,赵彦杰,王景刚,等.太阳能跨季节储热技术研究进展[J].新能源进展,2017,5(01):73 - 80.

[22] 黄晟辉,赵大军,马银龙.太阳能跨季节地下储热技术[J].煤气与热力,2010,30(12):29 - 31.

[23] 齐承英,王华军.土壤高温储热技术研究现状与进展[J].河北工业大学学报,2013,42(01):94 - 99.

[24] Zhou X, Xu Y, Zhang X, et al. Large scale underground seasonal thermal energy storage in China[J]. The Journal of Energy Storage, 2020, 33: 102026.

[25] Zhai X Q, Wang X L, Wang T, et al. A review on phase change cold storage in air - conditioning system: Materials and applications[J]. Renewable and Sustainable Energy Reviews, 2013, 22(8): 108 - 120.

[26] Hasnain S M. Review on sustainable thermal energy storage technologies, Part Ⅱ: cool thermal storage[J]. Energy Conversion and Management, 1998.

[27] Kang Z, Wang R, Zhou X, et al. Research Status of Ice - storage Air - conditioning System[J]. Procedia Engineering, 2017, 205: 1741 - 1747.

[28] Yau Y H, Rismanchi B. A review on cool thermal storage technologies and operating strategies[J]. Renewable & Sustainable Energy Reviews, 2012, 16(1): 787 - 797.

[29] 张秀丽,季健莲,张旭.冰蓄冷空调技术的应用及经济性分析[A]//西安热能动力学会,西安交通大学.中国西安能源动力科技创新研讨会及展示会论文集[C].

[30] 罗东磊.冰蓄冷与水蓄冷空调系统应用分析研究[D].西安:西安建筑科技大学,2018.

[31] Fang G, Tang F, Cao L. Dynamic characteristics of cool thermal energy storage systems - a review[J]. International Journal of Green Energy, 2016, 13(1 - 5): 1 - 13.

[32] 何天祺.国外冰蓄冷空调技术的发展动向[J].建筑技术通讯(暖通空调),1989,06:21 - 25.

[33] 张永铨.我国蓄冷技术的现状及发展[A]//中国制冷学会2007学术年会论文集[C].中国制冷学会,2007:795 - 799.

[34] 方贵银.蓄冷空调技术的研究进展[A]//中国工程院.长三角清洁能源论坛论文专辑[C].

[35] Osterman E, Stritih U. Review on compression heat pump systems with thermal energy storage for heating and cooling of buildings[J]. The Journal of Energy Storage, 2021, 39(2): 102569.

[36] Zhu N, Hu P, Xu L, et al. Recent research and applications of ground source heat pump integrated with thermal energy storage systems: A review[J]. Applied Thermal Engineering, 2014, 71(1): 142 – 151.

[37] Cabeza L F, Sole A, Barreneche C. Review on sorption materials and technologies for heat pumps and thermal energy storage[J]. Renewable Energy, 2016, 110: 3 – 39.

[38] Moreno P, Sole C, Castell A, et al. The use of phase change materials in domestic heat pump and air – conditioning systems for short term storage: A review[J]. Renewable & Sustainable Energy Reviews, 2014, 39: 1 – 13.

[39] Pardinas A A, Alonso M J, Diz R, et al. State – of – the – Art for the use of Phase – Change Materials in Tanks Coupled with Heat Pumps[J]. Energy & Buildings, 2017, 140: 28 – 41.

[40] 赵洪运,邱国栋,宇世鹏.空气源热泵蓄热除霜研究进展[J].节能技术,2019,37(05):429 – 434.

[41] 董旭,田琦,武斌.太阳能光热空气源热泵制热技术研究综述[J].太原理工大学学报,2017,48(03):443 – 452.

[42] Paksoy H O. Annex 14 Cooling in All Climates with Thermal Energy Storage, General State – of – The – Art Report, Subtask 1[J]. Cukurova University Adana (Turkey), 2003.

[43] Yan C, Shi W, Li X, et al. A seasonal cold storage system based on separate type heat pipe for sustainable building cooling [J]. Renewable energy, 2016, 85: 880 – 889.

[44] Di S M, Yan B, Bianco N, et al. Operation optimization of a distributed energy system considering energy costs and exergy efficiency[J]. Energy Conversion and Management, 2015, 103: 739 – 751

[45] Mathiesen B V, Lund H, Connolly D, et al. Smart Energy Systems for coherent 100% renewable energy and transport solutions[J]. Applied Energy, 2015, 145: 139 – 154.

[46] Siano P, Graditi G, Atrigna M, et al. Designing and testing decision support and energy management systems for smart homes[J]. Journal of Ambient Intelligence and Humanized Computing, 2013, 4(6): 651 – 661.

[47] Xu J, Wang R Z, Li Y. A review of available technologies for seasonal thermal energy storage[J]. Solar Energy, 2014, 103: 610 – 638.

[48] Graditi G, Ippolito M G, Lamedica R, et al. Innovative control logics for a rational utilization of electric loads and air – conditioning systems in a residential building[J]. Energy and Buildings, 2015, 102: 1 – 17.

[49] Deforest N, Mendes G, Stadler M, et al. Optimal deployment of thermal energy storage under diverse economic and climate conditions[J]. Applied energy, 2014, 119: 488 – 496.

[50] Vadiee A, Martin V. Thermal energy storage strategies for effective closed greenhouse design[J]. Applied energy, 2013, 109: 337 – 343.

[51] 高龙.碳基复合相变材料储热特性理论与实验研究[D].吉林:东北电力大学,2020.

[52] 李高锋.季节性冰蓄冷技术在空调冷源中的应用研究[D].衡阳:南华大学,2015.

[53] 余延顺,李迪,李先庭,等.季节性冰雪蓄冷技术的研究现状与技术展望[J].暖通空调,2005,35(3):24 – 30.

[54] 房贤仕.东北严寒地区跨季节自然蓄冰装置研究[D].沈阳:沈阳建筑大学,2020.

[55] Kjell S, Bo N. The Sundsvall Hospital Snow Storage[J]. Cold Regions Science and Technology, 2001, 32(1): 63 – 70.

[56] Maccracken C D, Silvetti B M. Charging and Discharging Long – Term Ice Storage. ASHRAE Trans, 1987, 93(1): 1766 – 1772.

[57] 中国科学院兰州冰川冻土研究所冷能研究组.自然冷源及其应用[J].高科技与产业化,1998,02:20 – 21,27.

[58] 李高锋,罗清海,肖晟昊,等.季节性冰蓄冷技术在体育馆中的应用[J].低温建筑技术,2015,01:48 – 51.

[59] 石文星,颜承初,李先庭,等.跨季节与夜间复合蓄冷系统设计与实践[A] //全国暖通空调制冷 2008 年学术文集[C].中国建筑学会暖通空调分会,中国制冷学会空调热泵专业委员会,2008.

[60] 余延顺,屈贤琳,徐辉,等.季节性冰雪蓄冷技术在建筑空调中的应用[J].解放军理工大学学报,2010,11(3):339-343.
[61] 杨光,祁影霞,刘汉尚.季节性冰雪蓄冷空调系统的实验研究[J].制冷与空调,2010,02:6-9.
[62] 时继虎,辛嵩,于师建.煤矿天然制冰降温技术的可行性分析[J].工业安全与环保,2011,2:22-26.
[63] Kjell S. The Sundsvall Regional Hospital Snow Cooling Plant - results from the First Near of Operation[J]. Cold Regions Science and Technology. 2002,34(2):135-142.
[64] 余延顺,李迪,李先庭,等.季节性冰雪蓄冷技术的研究现状与技术展望[J].暖通空调,2005,35(5):24-30.
[65] 杨涛.严寒地区季节性自然冷源土壤蓄冷应用基础研究[D].哈尔滨:哈尔滨工业大学,2010.
[66] Okajima K, Nakagawa H. A cold storage for food using only natural energy[J]. Cold Regions Science and Technology,1997,11(6):569-572.
[67] Pelto M S. Mass balance of adjacent debris - covered and clean glacier ice in the North Cascades,Washton[J]. International Association of Hydrological Sciences,2000,264(3):35-42.
[68] 王磊,乔正凡,张全江.对管道复合保温经济厚度计算的探讨[J].区域供热,2017,05:113-117.
[69] 黄凯良,房贤仕,关敬轩,等.严寒/寒冷地区跨季节蓄冰桶最佳保冷厚度分析[J].建筑节能,2020,48(02):152-155.
[70] 中国气象局气象信息中心气象资料室.中国建筑热环境分析专用气象数据集[M].北京:中国建筑工业出版社,2005.
[71] 詹训进.学生宿舍热水系统节能的探讨分析[J].南方金属,2018,2:59-62.
[72] 刘霞,葛新锋.FLUENT 软件及其在我国的应用[J].能源研究与利用,2003,2:36-38.
[73] 王义.冰蓄冷空调系统预测控制策略研究[D].北京:北京建筑大学,2015.
[74] 杨世铭,陶文铨.传热学[M].北京:高等教育出版社,1998.
[75] 朱颖心,张雁.内融冰式冰盘管蓄冷槽传热性能研究[J].应用基础与工程科学学报,1999,3:298-307.

第六章　清洁能源在建筑中的应用

建筑领域是我国城乡能源消费和碳排放的主要领域。当前建筑领域能耗和碳排放持续增长,并且面临着建筑寿命较短、能源结构冗杂、不够低碳等问题。"十四五"时期,城镇化水平和城乡居民生活水平将逐步提升,这将带来建筑领域能耗和碳排放进一步增长的问题。因此,研究清洁能源利用技术、加强清洁能源在建筑领域中的应用,是实现环境可持续发展的重要环节。本章重点叙述太阳能、地热能、风能、生物质能等清洁能源在建筑中的应用。

第一节　太阳能在建筑中的应用

太阳能资源是一种巨大的、无尽的、非常宝贵的可再生能源。太阳表面的有效温度为5762K,而中心区的温度高达 $8\times10^{6}\sim40\times10^{6}$K。内部压力有3400多亿标准大气压。由于太阳内部的温度极高、压力极大,物质早已离子化,呈等离子状态,不同元素的原子核相互碰撞,引起了一系列核子反应,从而构成太阳的能源来源。因此它的热量主要来源于氢聚变成氦的聚合反应。太阳一刻不停地发射着巨大的能量,每秒大约有 657×10^{9}kg 的氢聚变成 657×10^{9}kg 的氦,连续产生 391×10^{21}kW 的能量。这些能量以电磁波的形式向空间辐射,尽管只有22亿分之一到达地球表面,但仍高达 173×10^{12}kW,它依旧是地球上最多的能源。地球上现有的风能、水能、海洋温差能、波浪能和生物质能以及部分潮汐来源于太阳。广义的太阳能所包括的范围非常大,狭义的太阳能则限于太阳辐射能的光热、光电和光化学的直接转换。太阳能的利用方式见表6-1。

表6-1　太阳能的利用方式

利用方式	具体内容
光热利用	低温利用(<100℃):太阳能热水器、海水淡化、太阳房等
	中温利用(100~500℃):太阳能空调、工业蒸气等
	高温利用(>500℃):太阳能热发电(塔式、槽式、碟式、菲涅尔透镜)
光伏发电	按材料:单晶硅、多晶硅、非晶硅(薄膜电池)
	按工作方式:平板式、聚光式、分光式
光化利用	光聚合、光分解、光解制氢等
光生物利用	速生植物(如薪柴林)、油科植物、巨型海藻等
光—光利用	太空反光镜、太阳能激光器、光导照明等

一、太阳能供暖技术

太阳能供暖是建筑中太阳能光热利用的一种重要方式。太阳能供暖技术根据是否利用机械设备的方式获取太阳能,分为主动式供暖和被动式供暖。需要借助机械设备获取太阳能的供暖技术称为主动式供暖技术;使用适当的建筑设计,无需借助机械设施获取太阳能的供暖技术称为被动式供暖技术。

（一）主动式供暖

主动式供暖与常规能源供暖的区别在于它是用太阳能集热器作为热源，替代以煤、石油、天然气等常规能源作为燃料的锅炉。主动式太阳能供暖系统主要设备包括：太阳能集热器、储热水箱、管道、风机、水泵、散热器及控制系统等部件。太阳辐射受季节、气候和昼夜温差的影响很大，为保证室内能稳定供暖，对比较大的住宅和办公楼通常还需配备辅助热源装置。

根据承担室内热负荷的介质不同，主动式太阳能供暖分为太阳能空气供暖和太阳能热水供暖。

1.太阳能空气供暖

太阳能空气供暖包括热水集热—热风供暖和热风集热—热风供暖两种形式。前者将热水集热后，再用热水加热空气，然后向各房间送暖风；后者采用的太阳能空气集热器，是由太阳能集热器加热空气直接用来供暖，比要求热源的温度低50℃左右，集热器有较高的效率。热风供暖的缺点是送风机噪声大，功率消耗高。

太阳能空气供暖根据集热器的位置不同可分为空气集热器式、集热屋面式、窗户集热板式、墙体集热式等方式。

1）空气集热器式

空气集热器式是在建筑的向阳面设置太阳能空气集热器，用风机将空气通过碎石储热层进入建筑物内，并与辅助热源配合，如图6-1所示。由于空气的比热小，从集热器内表面传给空气的传热系数低，所以需要大面积的集热器，而且该形式热效率低。

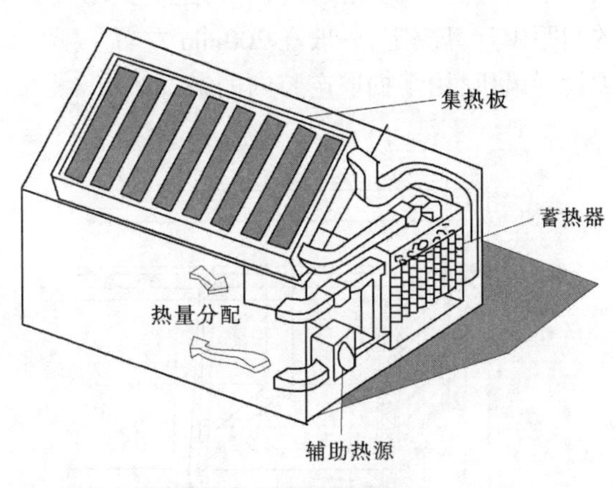

图6-1　空气集热器式

2）集热屋面式

集热屋面式是把集热器放在坡屋面、用混凝土地板作为储热体的系统。冬季，室外空气被屋面下的通气槽引入，积蓄在屋檐下。空气被安装在屋顶上的玻璃集热板加热，上升到屋顶最高处，通过通气管和空气处理器进入垂直风道转入地下室，加热屋内厚水泥地板，同时热空气从地板通风口流入室内，如图6-2所示。夏季夜晚系统运行与冬季白天相同，但送入室内的是冷空气，起到降温作用。夏季白天集聚的热空气能够加热生活热水，如图6-3所示。此种系统若在室内上空设风机和风口，可以把室外新鲜空气送到屋面集热器下进行加热（冬季）或冷却（夏季），然后送到室内。

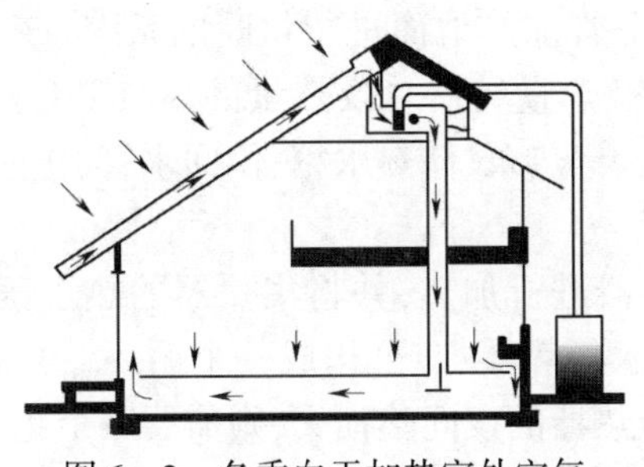

图6-2　冬季白天加热室外空气

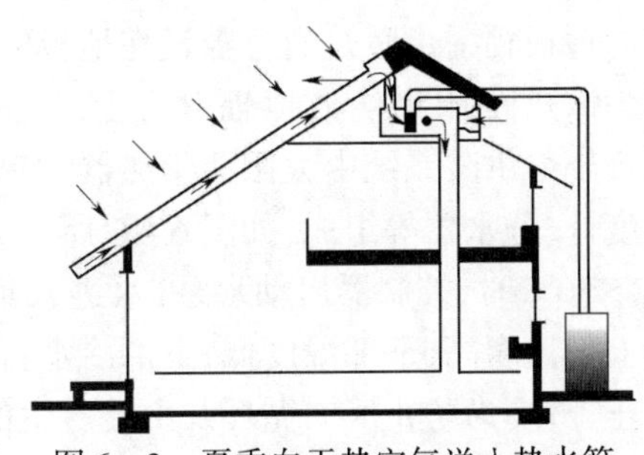

图6-3　夏季白天热空气送入热水箱

3) 窗户集热板式

窗户集热板式的结构如图 6－4 所示。玻璃夹层中的集热板把光能转换成热能,加热空气,空气在风扇驱动下沿风管流向建筑内部的储热单元。在流动过程中,加热的空气与室内空气完全隔绝。集热单元安装在向阳面,空气可加热到 30～70℃。集热单元的内外两层均采用高热阻玻璃,不但可以避免热散失,还可防止辐射过大时对室内造成不利影响。不需要集热时,集热板调整角度,使阳光直接入射到室内。夜间集热板闭合,减少室内热散失。储热单元可以用卵石等储热材料水平布置在地下,也可以垂直布置在建筑中心位置。集热面积约占建筑立面的 1/3,最多可节约 10% 的供热能量,与日光间的节能效果相似,适用于太阳辐射强度高、昼夜温差大的地区内低层或多层居住建筑和小型办公建筑。

4) 墙体集热式

太阳墙系统由集热和气流输送两部分系统组成,房间是储热器,其工作原理如图 6－5 所示。气流输送系统包括风机和管道。太阳墙板材覆于建筑外墙的外侧,上面开有小孔,与墙体的间距由计算决定,一般在 200mm 左右。形成的空腔与建筑内部通风系统的管道相连,管道中设置风机,用于抽取空腔内的空气。

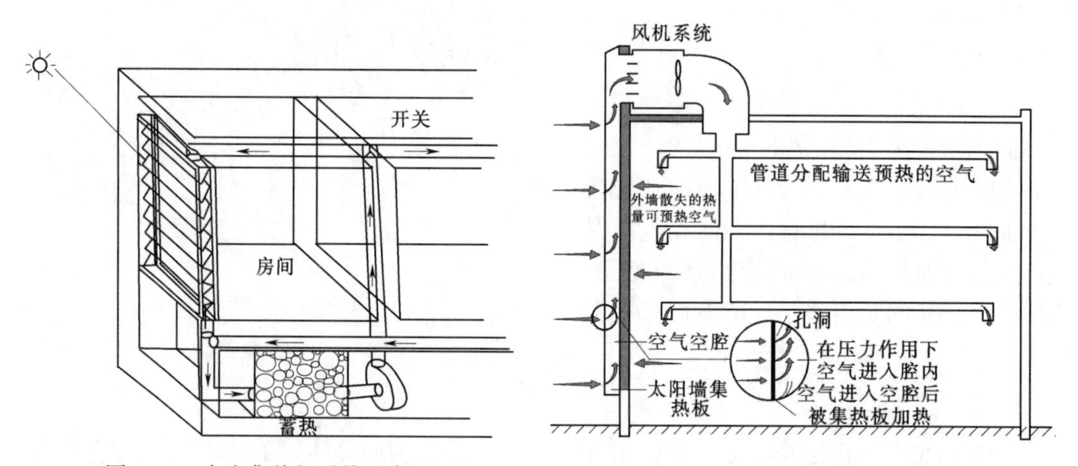

图 6－4　窗户集热板系统示意图　　　　图 6－5　太阳墙系统工作原理

2. 太阳能热水供暖

太阳能热水供暖通常是指以太阳能为热源,通过集热器吸收太阳能,以水为热媒进行供暖的技术。因为辐射供暖的热媒温度要求在 30～60℃,这就使得利用太阳能作为热源成为可能。依照使用部位的不同,太阳能辐射供暖可分为太阳能顶棚辐射供暖、太阳能地板辐射供暖等方式。在此只介绍使用普遍的太阳能地板辐射供暖。

太阳能地板辐射供暖是通过敷设在地板中的盘管加热地面进行供暖的系统,该系统把整个地面作为散热面,传热方式以辐射为主,其辐射换热量约占总换热量的 60% 以上。典型的太阳能地板辐射供暖系统由太阳能集热器、控制器、集热泵、储热水箱、供回水管、止回阀、过滤器、泵、温度计、分水器等组成,如图 6－6 所示。

当 $T_1>50$℃时,控制器启动水泵,水进入集热器进行加热,并将集热器的热水压入水箱,此时水箱上部温度高,下部温度低,下部冷水再进入集热器加热,构成一个循环。当 $T_1<40$℃时水泵停止工作,为防止反向循环及由此产生的集热器的夜间热损失,则需要一个止回阀。当储热水箱的供水水温 $T_2>45$℃时,可开启泵 3 进行供暖循环。当阴雨天或是夜间太阳能供应不足时，开启三通阀，利用辅助热源加热。当室温波动时，可根据以下几种情况进行调节：如果可利用太阳能，而建筑物不需要热量，则把集热器得到的能量加到储热水箱中去；如果可利用太阳能，而建筑物需要热量，把从集热器得到的热量用于地板辐射供暖；如果不可利用太阳能，建筑物需要热量，而储热水箱中已储存足够的能量，则将储存的能量用于地板辐射供暖；如果不可利用太阳能，而建筑物又需要热量，且储热水箱中的能量已经用尽，则打开三通阀，利用辅助加热器对水进行加热，用于地板辐射供暖。尤其需要指出，储热水箱存储了足够的能量，但不需要供暖，集热器又可得到能量，集热器中得到的能量无法利用或存储，为节约能源，可以将热量供应生活用热水。

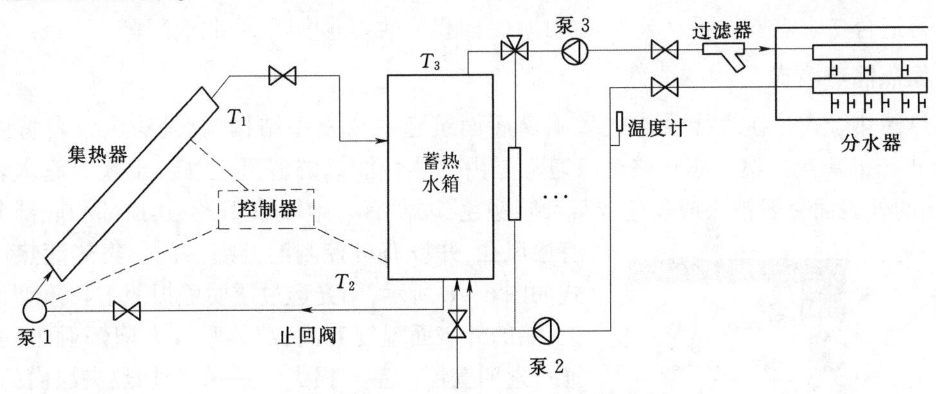

图 6－6　太阳能地板辐射供暖系统图

(二)被动式供暖

被动式供暖设计是通过建筑朝向和周围环境的合理分布、内部空间和外部形体的巧妙处理以及建筑材料、结构构造的恰当选择，使其在冬季能集取、储存太阳能，从而解决建筑物的供暖问题。被动式太阳能建筑设计的基本思想是控制阳光和空气在恰当的时间进入建筑并储存和分配热空气。它的设计原则是要有有效的绝热外壳和足够大的集热表面，室内布置尽可能多的储热体，以及主次房间的平面位置合理。

被动式供暖应用范围广、造价低，可以在增加少许或几乎不增加投资的情况下完成，在中小型建筑或住宅中最为常见。

被动式太阳能供暖从太阳热利用的角度，分为直接受益式、集热储热墙式、附加阳光间式、屋顶集热储热式、组合式等五种类型。

1. 直接受益式

直接受益式是太阳能基本形式中普及程度最高且技术要求最低的一种形式，如图 6－7 所示。主要是依靠南向窗户使室内获得太阳辐射，利用地板、侧墙、屋顶或者家具储热。在日照阶段，太阳辐射通过南向窗玻璃进入室内，加热地面、墙壁和家具，使其温度升高，所吸收的热量一部分以辐射方式与其他围护结构内表面进行热交换；另一部分以对流方式供给空气，加热空气，使室内温度升高；第三部分则被墙体地板和家具等储存起来，当夜间房间温度开始下降时，储存的这部分热量就释放出来，加热室内空气，使室内温度维持在一定水平，

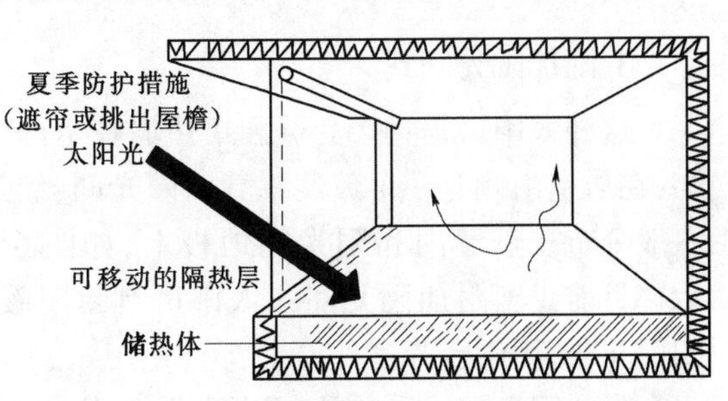

图 6－7　直接受益式工作原理

达到供暖目的。

采取直接受益式供暖应该注意以下几点：建筑朝向在南偏东或偏西30°以内，有利于冬季集热和避免夏季过热；根据传热特性要求确定窗口面积、玻璃种类、玻璃层数、开窗方式、窗框材料和构造；合理确定窗格划分，减少窗框、窗扇自身遮挡，保证窗的密闭性；最好与保温帘、遮阳板相结合，确保冬季夜晚和夏季的使用效果。

直接受益式的优点是：构造简单，易于制作安装和日常管理维修；形式灵活，与建筑功能配合紧密，便于建筑立面处理，有利于设备与建筑的一体化设计；有利于自然采光。缺点是：室温上升快，一般室内温度波动幅度稍大，可能引起过热现象；易引起眩光，需要采取相应的构造措施。非常适合冬季需要供暖且晴天多的地区，如我国的华北内陆、西北地区等。

2. 集热储热墙式

集热储热墙式是在直接受益式太阳窗后面筑起一道重型结构墙，是法国学者特朗勃等1956年提出的集热方案。集热储热墙通常是由储热性能好的混凝土、砖、土坯或储水装置构成的，墙的外表面一般被涂成黑色或某种暗颜色，以便有效地吸收阳光，其顶部和底部分别开有通风孔，并设有可控制的开启活门。集热储热墙的形式如图6－8所示，阳光透过透明盖板照射在重型集热墙上，墙的外表面温度升高，墙体吸收太阳辐射热，一部分通过透明盖层向室外损失；另一部分加热夹层内的空气，从而使夹层内空气与室内空气密度不同，通过上下通风口而形成自然对流，由上通风孔将热空气送进室内；第三部分则通过集热储热墙体向室内辐射热量，同时加热墙体内表面空气，通过对流使室内升温。

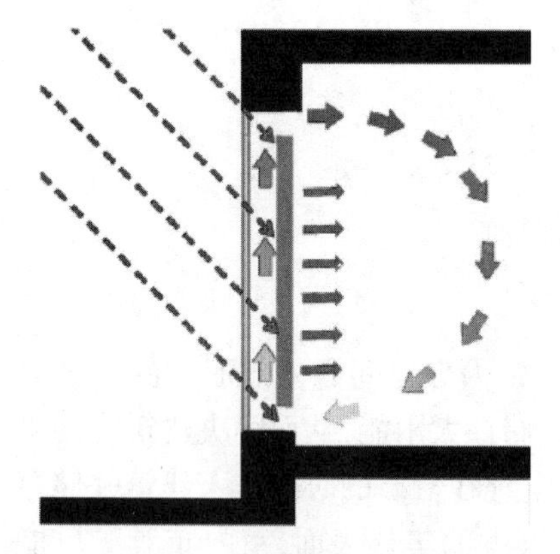
图6－8　集热储热墙基本形式

对于利用结构直接储热的墙体，墙体结构的主要区别在于通风口。按照通风口的有无和分布情况，分为三类：无通风口、在墙顶端和底部设有通风口和墙体均布通风口。通常把前两种称为“特朗勃墙”，后来在实用中，建筑师米谢尔又作了一些改进，所以也在太阳能界称为“特朗勃—米谢尔墙”；第三种称为“花格墙”。

集热储热墙式供暖具有以下优点：在充分利用南墙面的情况下，能使室内保留一定的南墙面，便于室内家具的布置，可适应不同房间的使用要求；与直接受益窗结合使用，既可充分利用南墙集热又能与砖混结构的构造要求相适应；用砖石等材料构成的集热储热墙，墙体储热在夜间向室内辐射，使室内昼夜温差波动小，热舒适程度相对较高；在顶部设置夏季向室外的排气口，可降低室内温度；利于旧建筑的改造。但缺点是玻璃窗较少，不便观景和自然采光，阴天时效果不好。

3. 附加阳光间式

这种太阳房是直接受益和集热墙技术的混合产物，在居室南侧有一个玻璃罩着的阳光间，储热物质一般分布在隔墙内和阳光间地板上，如图6－9所示。目前我国附加阳光间式太阳房有封闭暖廊、封闭门斗、封闭阳台等多种。

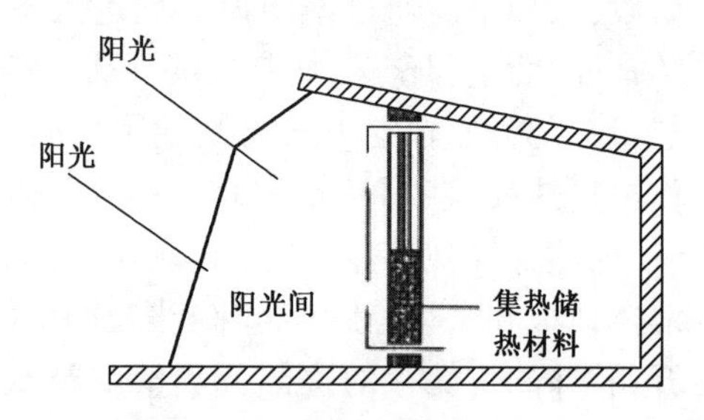

图6－9　附加阳光间式

附加阳光间式采暖具有以下优点：集热面积大、

升温快，与相邻内侧房间组织方式多样，中间可设砖石墙、落地门窗或带槛墙的门窗。缺点是透明盖层的面积大，散热面积增大，降低了所收集阳光的有效热量；围护费用较高；对夏季降温要求很高。只有解决好冬季夜晚保温和夏季遮阳、通风散热的问题，才能减少因阳光间自身缺点带来的传热方面的不利影响。

4. 屋顶集热储热式

屋顶集热储热式有两种设计方案：一种是将储热物质（通常是水，水被盛在池内或者袋内，装有可移动的隔热盖）放置在屋顶上。在采暖季节，白天移去隔热盖，将储热物质暴露在阳光下，吸收热量并储存起来，晚上盖上隔热盖保温，使白天所吸收的太阳能通过屋顶导热而进入室内，以供冬季采暖。夏季，白天盖上隔热盖，防止太阳能通过屋顶向室内传递热量；夜晚移去隔热盖，利用天空辐射、长波辐射和对流换热等传热过程降低屋顶池内水的温度，从而达到降温的目的，如图 6－10 所示。另一种是使用相变储热材料。屋顶采用中心填充相变储热材料的塑料混凝土板装配而成，阳光射入南窗后，通过百叶式镜面将其反射到天花板上，天花板吸收太阳能使填充在屋顶夹层的相变储热材料发生相变，相变材料以较小的体积储存较多的热量，晚上，储存的热量不断释放出来，加热室内空间。

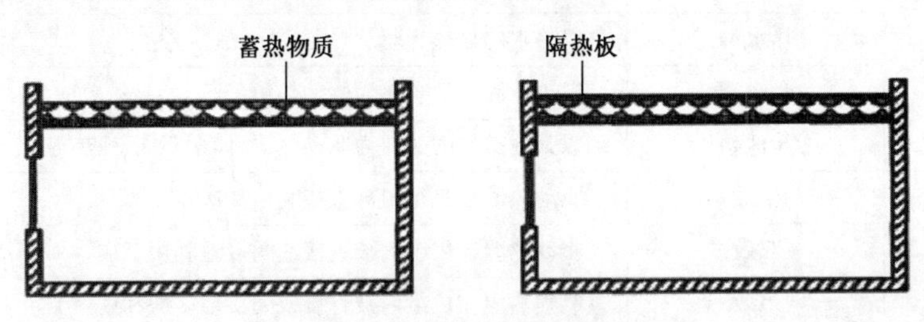

图 6－10 屋顶集热储热式

屋顶集热储热式采暖适用于冬季不太寒冷、夏季较热的地区。但由于屋顶需要有较强的承载能力，并且隔热盖的操作也比较麻烦，构造复杂，造价较高，实际应用比较少。

5. 组合式

以上介绍的几种被动式太阳能技术的基本类型都有它们的独到之处。不同的被动式采暖方式结合起来使用，就可以形成互为补充的、更为有效的采暖系统。可以把由两个或两个以上被动式基本类型组合而成，最大限度地利用其优点，避免其缺点，这种组合系统就称为组合式系统。如图 6－11 所示是直接受益式和集热储热墙式两种方式组合起来的形式。

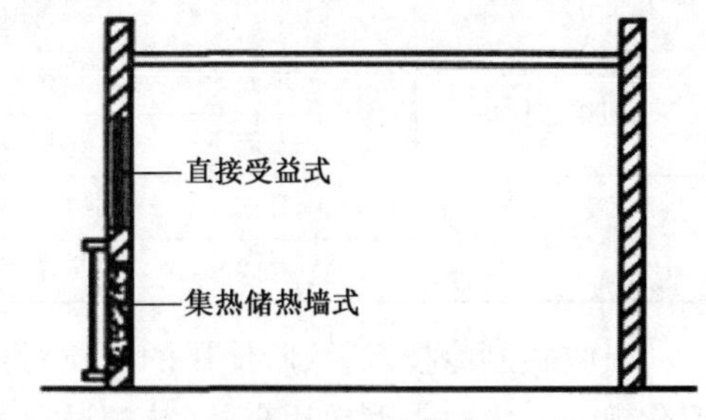

图 6－11 组合式

二、太阳能制冷技术

因太阳辐射和空调制冷用能在季节分布规律上高度匹配，所以太阳能空调制冷是夏季太阳能有效利用的最佳方案。近年来，国内外学者对太阳能制冷进行了大量的试验研究，并进行了实际工程应用，主要包括太阳能吸收制冷、太阳能吸附制冷、太阳能喷射制冷等。

（一）太阳能吸收制冷

1. 吸收式制冷原理

吸收式制冷机组是一种以热能为驱动能源，以溴化锂溶液或氨水溶液等为工质对的吸收式制冷或热泵装置。它利用溶液吸收和发生制冷剂蒸气的特性,通过各种循环流程来完成机组的制冷、制热或热泵循环。吸收式机组种类繁多,可以按其用途、工质对、驱动热源及其利用方式、低温热源及其利用方式、机组结构和筒体布置方式等进行分类。简单的分类见表 6-2。

表 6-2 吸收式制冷机组的种类

分类方式	机组名称	分类依据、特点和应用
用途	制冷机组	供应 0℃以下的冷量
	冷水机组	供应冷水
	冷热水机组	交替或同时供应冷水和热水
	热泵机组	向低温热源吸热,供应热水或蒸汽,或向空间供热
工质对	氨—水	采用 NH_3/H_2O 工质对
	溴化锂—水	采用 $LiBr/H_2O$ 工质对
	其他	采用其他工质对
驱动热源	蒸气型	以蒸气的潜热为驱动热源
	直燃型	以燃料的燃烧热驱动热源
	热水型	以热水的显热为驱动热源
	余热型	以工业和生活余热为驱动热源
	其他型	以其他类型的热源为驱动热源,如太阳能、地热等
驱动热源的利用方式	单效	驱动热源在机组内被直接利用一次
	双效	驱动热源在机组内被直接或间接地利用二次
	多效	驱动热源在机组内被直接或间接地多次利用
	多级发生	驱动热源在多个压力不同的发生器内被多次直接利用
低温热源	水	以水冷却散热或作为热泵的低温热源
	空气	以空气冷却散热或作为热泵的低温热源
	余热	以各类余热作为热泵的低温热源
低温热源的利用方式	第一类热泵	向低温热源吸热,输出热的温度低于驱动热源
	第二类热泵	向低温热源吸热,输出热的温度高于驱动热源
	多级吸收	吸收剂在多个压力不同的吸收器内吸收制冷剂,制冷机组有多个蒸发温度或热泵机组有多个输出热温度
机组结构	单筒	机组的主要热交换器布置在一个筒内
	多筒	机组的主要热交换器布置在多个筒内
筒体布置方式	卧式	主要筒体的轴线按水平布置
	立式	主要筒体的轴线按垂直布置

吸收式制冷技术,从所使用的工质对角度看,应用最广泛的有溴化锂—水和氨—水,其中溴化锂——水由于能效比高、对热源温度要求低、没有毒性并且对环境友好,因而占据了当今研究与应用的主要地位。溴化锂吸收式制冷循环如图 6-12 所示。在溴化锂吸收式冷水机组中,以水为制冷剂(以下称冷剂水),以溴化锂溶液为吸收剂,可以制取 7~15℃的冷水,供冷却工艺或空气调节过程使用。在吸收器中溴化锂溶液吸收来自蒸发器的制冷剂蒸气(水蒸气,以下称冷剂蒸气),溶液被稀释。溶液泵将稀溶液从吸收器经溶液热交换器提升到发生器,溶液的压力从蒸发压力相应地提高到冷凝压力。在发生器中,溶液被加热浓缩并释放出冷剂蒸

气。流出发生器的浓溶液经溶液热交换器回到吸收器。来自发生器的冷剂蒸气在冷凝器中冷凝成冷剂水。冷剂水经过节流元件降压后进入蒸发器制冷,产生冷剂蒸气,冷剂蒸气进入吸收器,这样完成了溴化锂吸收式制冷循环。可见,溴化锂溶液的吸收过程相当于制冷压缩机的吸气过程;溶液的提升和发生过程相当于制冷压缩机的压缩过程。因此,吸收—发生过程是吸收式制冷循环的特征,也被称为热压缩过程。在溶液热交换器的回热过程中,流出发生器的浓溶液把热量传递给流出吸收器的稀溶液,可以减少驱动热能和冷却水的消耗。上述吸收、发生、冷凝、蒸发和回热过程构成了单效溴化锂吸收式制冷循环。

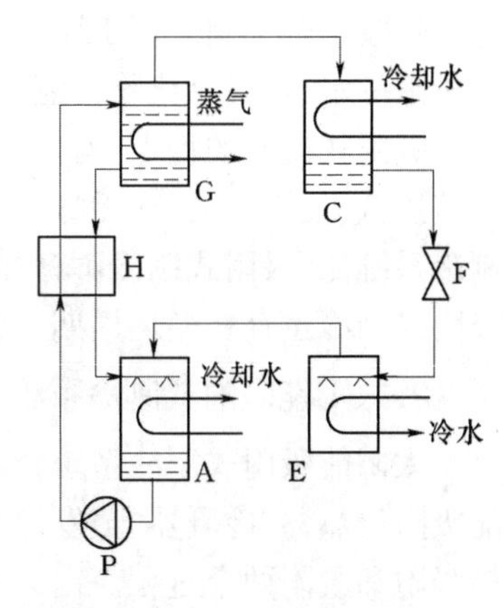

图 6 - 12　溴化锂吸收式制冷循环
A—吸收器;C—冷凝器;E—蒸发器;F—节流阀;G—发生器;H—溶液热交换器;P—溶液泵

2. 太阳能吸收式制冷系统

太阳能吸收式制冷,就是利用太阳能集热器为吸收式制冷机提供其发生器所需要的热媒水。主要包括两大部分:太阳能热利用系统以及吸收式制冷机。如图 6 - 13 所示是太阳能驱动的单效溴化锂吸收式制冷系统的示意图。单效溴化锂吸收式制冷机的能效比不高,产生相同数量的冷量,所消耗的一次能源极大高于传统压缩式制冷机。但是其优势在于可以充分利用低品位能源,比如废热、余热、排热等作为驱动热源,从而可以充分有效地利用能量,这是压缩式制冷机无法比拟的。

太阳能驱动的溴化锂—水吸收式制冷系统,最核心部分是溴化锂—水吸收式制冷机。根据实际系统的需要,选择合适的制冷机,根据制冷机的驱动热源选择与之匹配的太阳能集热器。适用于这一系列的太阳能集热器类型有平板集热器、复合抛物面镜聚光集热器以及真空管集热器。

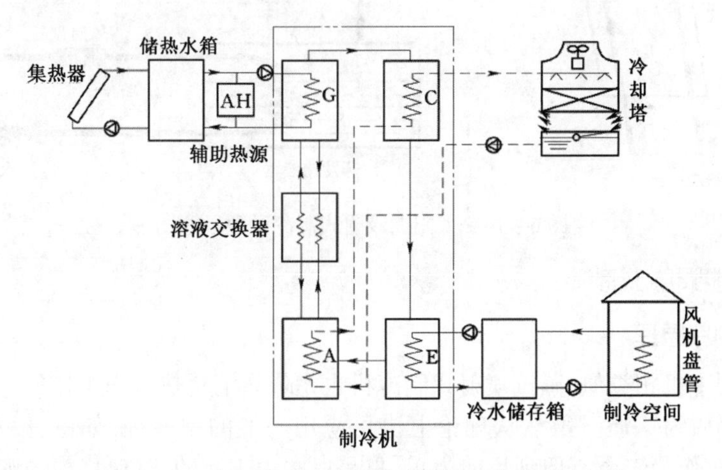

图 6 - 13　太阳能驱动的单效溴化锂吸收式制冷系统

(二)太阳能吸附制冷

1. 吸附式制冷原理

吸附制冷系统是以热能为动力的能量转换系统,其原理是:一定的固体吸附剂对某种制冷剂气体具有吸附作用。周期性地冷却和加热吸附剂,使之交替吸附和解析。解析时,释放出制冷剂气体,并使之凝为液体;吸附时,制冷剂液体蒸发,产生制冷作用。所以,吸附制冷的工作介质是吸附剂—制冷剂工质对,常用的工质对有活性炭—甲醇、活性炭—氨、氯化钙—氨、沸石分子筛—水、金属氢化物—氢、硅胶—水等。

吸附式制冷的特点:与蒸汽压缩式制冷系统比,吸附式制冷具有结构简单、一次投资少、运行费用低、使用寿命长、无噪声、无环境污染、能有效利用低品位热源等一系列优点;与吸收式制冷系统比,吸附式制冷不存在结晶问题和分馏问题,且能用于振动、倾颠或旋转的场所。但吸附式制冷也存在循环周期太长、制冷量相对较小、相对蒸汽压缩式制冷 *COP* 偏低等缺点。

2. 太阳能吸附式制冷系统

太阳能吸附式制冷系统,实际上是将太阳能集热器与吸收式制冷机结合应用,主要由太阳能吸附集热器、冷凝器、蒸发储液器、阀门等组成,如图 6 – 14 所示。太阳能吸附式制冷原理包括吸附和脱附两个过程。白天太阳辐射充足时,太阳能吸附集热器吸收太阳辐射能后,吸附床温度升高,制冷剂获得能量克服吸附剂的吸引力从吸附剂表面脱附,使吸附的制冷剂在集热器内解附,太阳能吸附器内压力升高。解附出来的制冷剂进入冷凝器,经冷却介质(水或空气)冷却后凝结为液态,最终制冷剂凝结在蒸发储液器中,脱附过程结束。夜间或太阳辐射不足时,环境温度降低,太阳能吸附集热器通过自然冷却后,吸附床的温度下降,吸附剂开始吸附制冷剂,管道内压力降低。蒸发储液器中的制冷剂因压力瞬间降低而蒸发吸热,达到制冷效果,制冷剂到达吸附床,吸附过程结束。蒸发储液器除了要求满足一般蒸发器的蒸发功能以外,还要求具有一定的储液功能。可以通过采用常规的管壳蒸发器并采取增加壳容积的方法来达到此目的。

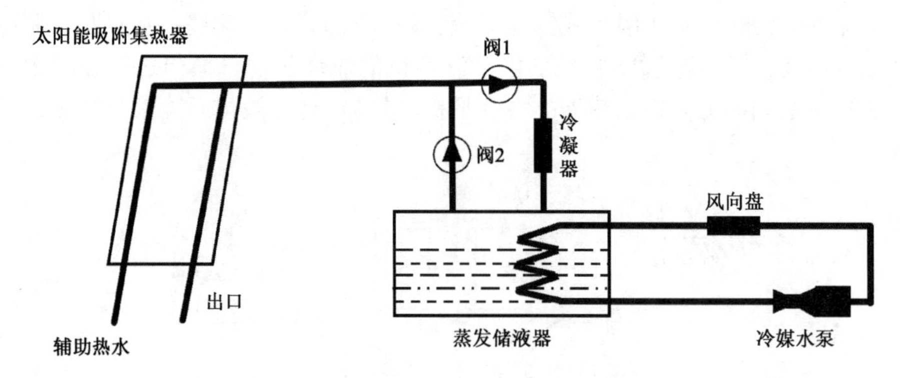

图 6 – 14　太阳能吸附式制冷原理示意图

(三)太阳能喷射式制冷

1. 喷射式制冷原理

与吸收式制冷机相类似,蒸汽喷射式制冷机也是依靠消耗热能而工作的,但蒸汽喷射式制冷机只用单一物质为工质。虽然从理论上讲可应用一般的制冷剂,如氨、氟利昂 12、氟利昂 11、氟利昂 113 等作为工质。但到目前为止,只是以水为工质的蒸汽喷射式制冷机得到实际应用。用水作为循环工质要求温度必须在 0℃ 以上,故蒸汽喷射式制冷机目前只用于空调装置或用来制备某些工艺过程需要的冷媒水。

图 6 – 15 为蒸汽喷射式制冷机的系统原理图。它的工作过程如下:锅炉 A 提供参数为 p_1、T_1 的高压蒸汽,称为工作蒸汽。工作蒸汽被送入喷射器(它是由喷嘴 B、混合室 C 及扩压管 D 组成),在喷嘴中绝热膨胀,达到很低的压力 p_0 并获得很大流速(可达 800 ~ 1000 m/s)。在蒸发器中制取冷量 Q_0 产生的蒸汽被吸入喷射器的混合室中,与工作蒸汽混合,一同流入扩压

管，并借助于工作蒸汽的动能被压缩到较高的压力 p_k，然后进入冷凝器 H 冷凝成液体，并向环境介质放出热量 Q_k。由冷凝器引出的凝结水分为两路：一路经节流阀 G 节流降压到蒸发压力 p_0后进入蒸发器 E 中制取冷量，而另一路则经水泵 F 被送入锅炉中，从而完成了工作循环。

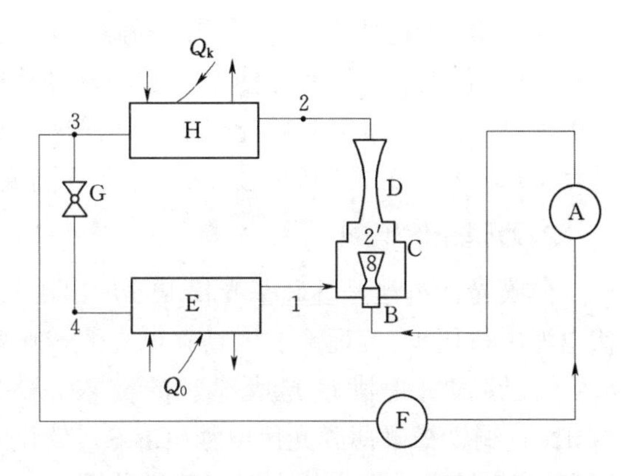

图 6－15　蒸汽喷射式制冷机原理图

A—锅炉；B—喷嘴；C—混合室；D—扩压管；E—蒸发器；F—水泵；G—节流阀；H—冷凝器

蒸汽喷射式制冷具有如下特点：喷射器没有运动部件、结构简单、运行可靠；相当于蒸汽压缩机的喷射器利用低品位热源驱动，从而系统电能消耗少，又充分利用了废热/余热和太阳能；可以利用水等环境友好介质作为系统制冷剂；喷射器结构简单，可与其他系统构成混合系统，从而提高效率，不增加系统复杂程度；系统能效比偏低。

2. 太阳能喷射式制冷系统

典型的太阳能喷射制冷系统如图 6－16 所示。该系统由太阳能集热—储热子系统、储热—发生子系统与喷射式制冷子系统组成。

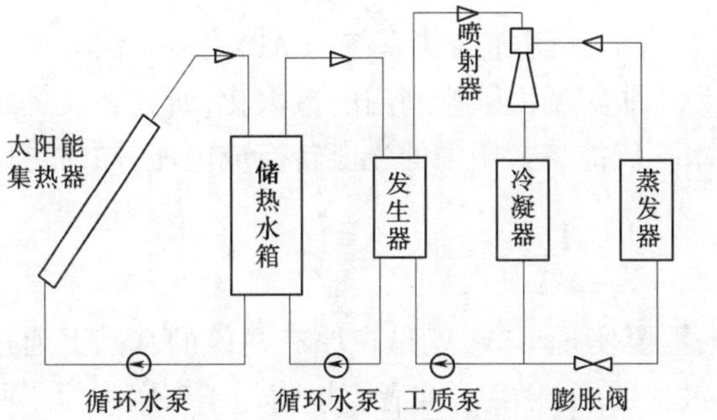

图 6－16　太阳能喷射式制冷原理图

太阳能集热子系统中，集热介质一般为水。水在太阳能集热器中被加热后，进入储热水箱放热，而后被水泵送入集热器，完成集热循环。储热—发生子系统中，载热剂从储热水箱提取热量，在发生器中加热制冷工质，使其变为高温、高压蒸汽，供制冷循环使用。

喷射制冷系统中，来自储热水箱的热水加热发生器中的制冷剂后，回到储热水箱，继续从太阳能集热器中的热水获取热量。而发生器中的制冷剂液体被加热后，高温高压的制冷剂蒸汽进入喷射器，从喷嘴高速喷出形成低压，将蒸发器中的蒸汽吸入喷射器。经过在喷射器中的混合和增压后，混合气体进入冷凝器凝结，成为制冷剂液体。一部分冷凝液进入蒸发器蒸发完成制冷负荷，另一部分经过工质泵增压后回到发生器，完成喷射制冷循环。

三、光伏建筑

光伏建筑是目前世界上大规模利用光伏技术发电的重要市场，在“双碳”愿景下，推广光伏建筑更是尤为重要。

（一）光伏建筑电池材料

1. 硅基光伏电池

硅基光伏电池以硅材料为基础，主要包括单晶硅光伏电池和多晶硅光伏电池，是现如今附加光伏系统（BAPV）市场上最常见的一种，并且已经得到了广泛应用，各项技术比较成熟，性能也很稳定。单晶硅在硅基光伏电池中效率是最高的，传统的单晶硅太阳能电池具有使用寿命长、制备工艺完善以及转化效率高的优点，尽管其工艺成本占电池组件总成本的 30%，但其仍是光伏市场的主导产品。多晶硅光伏电池制备工艺与单晶硅较为相似,但制作成本上却低很多。然而,光伏市场实际使用的多晶硅光伏电池转化效率在18%左右,明显低于单晶硅光伏电池,因此阻碍了多晶硅光伏电池的发展。对于硅基光伏电池来说,提升效率降低成本的关键是增加电池对光的吸收率及减小电池表面复合。

2.薄膜光伏电池

薄膜光伏电池是继硅基光伏电池后出现的新一代光伏电池,与硅基光伏电池相比薄膜光伏电池用料更少,且理论上也具有更高的转化效率。而且薄膜光伏电池具有半透明和柔性的特点,能够很好地满足光伏建筑的需求。薄膜光伏电池主要产品包括:碲化镉光伏电池(CdTe)、铜铟镓硒薄膜光伏电池(CIGS)、砷化镓光伏电池(GaAs)等。这些材料与硅基光伏电池相比,能够吸收更广的太阳光频谱范围。

3.新型光伏电池

硅基光伏电池以及薄膜光伏电池材料的有些应用缺陷短期内很难解决,于是新型光伏电池进入研究人员的视野,新型光伏电池的主要特点是:薄膜化、理论转化效率高、原料丰富、无毒性。目前较为热门的新型光伏电池有:硫化铜锌锡光伏电池(CZTS)、染料敏化光伏电池、有机光伏电池、钙钛矿光伏电池、聚合物光伏电池以及量子点光伏电池等。

(二)光伏建筑形式

光伏与建筑的结合方式有三种,其中比较传统的为附加光伏系统(BAPV)和光伏一体化建筑(BIPV)。近年来,随着技术的不断发展,为了能实现太阳能利用的最大化,研究者又提出了光伏光热建筑一体化技术(BITVT),这种技术不仅能将太阳中的光能转换成电能,同时可以吸收在该过程中产生的热能。

1.附加光伏系统

附加光伏系统是当今分布式光伏电站的最重要实现形式,就是在原有建筑的基础上通过改装,将光伏模块附加在建筑的屋顶并设定好最佳的倾斜角度,或者直接附加于南墙表面。所用的太阳能电池材料为单晶硅或多晶硅。

(1)光伏系统与建筑屋顶相结合。将建筑屋顶作为光伏阵列的安装位置有其特有的优势,日照条件好,不易受到遮挡,可以充分接受太阳辐射,且系统可以紧贴建筑屋顶结构安装,减少风力的不利影响。此外,太阳光伏组件可以代替保温材料,增加屋顶的热工性能,有效地减少投资和利用屋面的复合功能,如图6-17所示。

(a)

(b)

图6-17 光伏屋顶

(2)光伏系统与建筑墙体相结合。对于多层、高层建筑来说,建筑外墙是与太阳光接触的主要部位。为了合理利用墙面收集太阳能,将光伏系统布置于建筑墙体上,不仅可以利用太阳能产生电能,满足建筑的用电需求,而且还能有效降低建筑墙体温升,使建筑物有更好的热工性能。光伏系统与建筑墙体相结合的实例如图 6 - 18所示。

2. 光伏建筑一体化

光伏建筑一体化又被称为集成式光伏电站,是将光伏组件与建筑材料集成化,光伏组件以一种建筑材料的形式用于建筑结构本身,成为建筑不可分割的一部分,如光伏玻璃幕墙、光伏瓦和光伏遮阳装置等。这种形式在建筑建设的前期就充分考虑到太阳能的利用,使得建筑将技术与美学融合在一起。

(1)光伏组件与玻璃幕墙相结合。由光伏组件同玻璃幕墙集成化的光伏玻璃幕墙将光伏技术融入其中,突破了传统幕墙单一的维护及透光功能。把以前认为有害的光线转化为人们可利用的电能,同时不多占用建筑面积,赋予了建筑鲜明的现代科技和时代特色,如图 6 - 19 所示。

图 6 - 18　光伏系统与建筑墙体相结合实例

图 6 - 19　光伏玻璃幕墙实例

(2)光伏组件与遮阳装置相结合。将光伏组件与遮阳装置构成多功能建筑构件,一物多用,既可以有效利用空间为建筑物提供遮阳,又可以提供能量,如图 6 - 20 所示。

(3)光伏组件与屋顶瓦板相结合。太阳能瓦是光伏组件与屋顶相结合的另外一种光伏系统,它是太阳能光伏电池与屋顶瓦板结合形成一体化的产品,是真正意义上的太阳能建筑一体化,如图 6 - 21 所示。

图 6 - 20　光伏遮阳装置实例

图 6 - 21　光伏瓦板实例

(4)光伏组件与窗户及采光顶相结合。光伏组件用于窗户、采光顶等,则必须有一定的透光性,既可发电又能够采光,但在设计的时候还必须考虑其安全性,如图 6 - 22 所示。

图 6－22　光伏窗户实例

3. 光伏光热建筑一体化技术

最早于 1973 年由 Kern 和 Russell 提出将光电技术与光热技术结合起来，光电模块和集热模块通过胶黏的方式连接，并且试验研究通过该方式不仅能够获取光电效应产生的光能，而且集热器可升温 40～60℃，能够满足日常用水需求。这种对太阳能的高效利用形式是未来建筑一体化的一个重要发展方向，工程中也已有所应用。

惠州潼湖科技创新小镇建筑光伏一体化是光伏光热建筑一体化技术结合的典型案例。该项目于 2018 年 11 月 5 日建成，建成后成为国内首座铜铟镓硒（CIGS）光伏示范建筑项目。该项目的总装机量为 198.61kW，采用自发自用、余电并网的发电模式。在设计周期内预计年发电量超过 12×10^4kW · h，能够满足辖区建筑 10% 的电力需求，同时远远大于国标对绿色建筑 4% 的定义要求。该项目还采用了热效能光伏技术，示范建筑的光伏幕墙与内墙之间有一个可通风的封闭式竖向空间，该设计不仅能够大幅度降低光伏模块的温度，提高发电效能，还可以有效地解决建筑层间的防火问题，并且借助空气源热泵能有效地收集封闭空间内的热空气流，通过换热满足日常的生活用水。

（三）光伏建筑一体化系统的设计

光伏建筑一体化是光伏系统依赖或者依附于建筑物的一种新能源利用的形式，其主体为建筑物，附体为光伏系统。因此，光伏建筑一体化设计应以不损害和影响建筑的效果、结构安全、功能和使用寿命等为基本原则，任何对建筑本身造成损害或者不良影响的光伏建筑一体化设计都是不合格的。

1. 建筑设计

光伏建筑一体化设计应从建筑设计入手，第一对建筑物所在地的地理、气候和太阳能分布进行分析，这是是否选用光伏建筑一体化的先决条件；第二是考虑建筑物周边环境，是否有遮挡；第三是光伏建筑一体化是否对建筑物本身的审美和热工性能造成影响；第四是光伏建筑一体化是否符合市场经济评价要求。

2. 发电系统设计

光伏建筑一体化发电系统设计是根据光伏阵列大小与建筑采光要求来确定发电功率及配套系统，在设计过程中还需要考虑系统类型（并网或独立系统）、控制器、逆变器、蓄电池等的选型，防雷、系统布线等的设计。

3. 结构安全与构造设计

光伏组件与建筑物相结合，结构安全涉及两方面：一是组件本身的结构安全，如高层建筑屋顶风载荷、自身强度刚度等是否满足设计要求；二是固定光伏组件连接方式的安全性，是否满足建筑物自身设计寿命的需要。

结构设计关系到光伏组件工作状况和使用寿命，与建筑结合时，其工作环境与条件发生变化，其结构也需要与建筑相结合，达到同时设计、同时使用的要求。

光伏建筑一体化是光伏技术、建筑学、社会效应的统一体。在能源紧缺和建筑节能大背景下，光伏建筑一体化已经成为社会发展的选择。随着科技的不断进步和光伏成本的降低，光伏建筑一体化必将得到飞跃式发展。

(四)低碳发展背景下的建筑“光储直柔”配用电系统

未来在高比例可再生能源结构下,新型建筑配用电应具备四项新技术——光、储、直、柔,如图6-23所示。其中“光”和“储”分别指分布式光伏和分布式储能会越来越多地应用于建筑场景,作为建筑配用电系统的重要组成部分;“直”指建筑配用电网的形式发生改变,从传统的交流配电网改为采用低压直流配电网;“柔”则是指建筑用电设备应具备可中断、可调节的能力,使建筑用电需求从刚性转变为柔性。

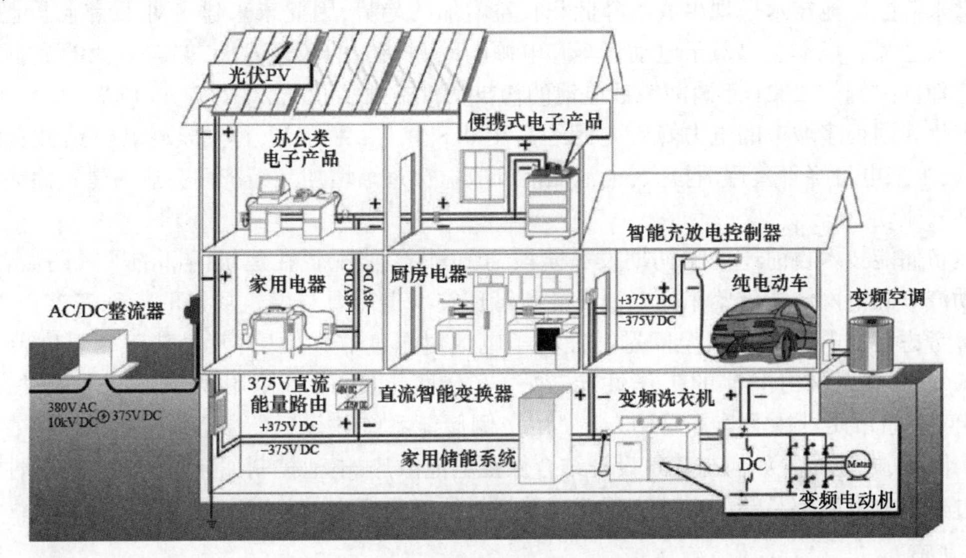

图6-23　新型建筑配用电系统

1.“光”

太阳能光伏发电是未来主要的可再生电源之一,而体量巨大的建筑外表面是发展分布式光伏的空间资源。2018年我国建筑面积超过$600\times10^8m^2$,屋顶面积超过$100\times10^8m^2$,估计可安装超过800GW的屋顶光伏,年发电量超$8000\times10^8kW\cdot h$。因此,把太阳能的利用纳入建筑的总体设计,把太阳能设施作为建筑的一部分,把建筑、技术和美学融为一体,是未来建筑和能源系统的融合发展趋势。

光伏组件成本的快速下降使得光伏建筑一体化变得更加可行。2018年已有超20%效率的产品实现商业化;同期光伏组件价格降低了94%。而且与光伏电站相比,建筑光伏通过与建筑设计、施工同时进行,又或安装在已有建筑屋面上,可以节省土地租赁等一系列建设维护费用,比集中式光伏电站更具经济优势。在新材料方面,碲化镉、铜铟镓硒等新型光伏电池技术在国内外也正处于快速发展阶段,未来光伏的转换效率和经济性有望进一步突破。考虑到低碳发展机遇和技术拐点的即将到来,未来光伏将会越来越多地应用在建筑中,并且成为建筑的重要组成部分。光伏建筑兼具绿色、经济、节能、时尚等优势。

2.“储”

在未来的电力系统中,储能是不可或缺的组成部分。电池储能技术具有响应速度快、效率高、安装维护要求低等优点,是电力系统的灵活性资源和备用电源。截至2018年,我国已投运的电化学储能项目规模达107×10^4kW。有研究预测我国2050年的电化学储能容量有望达到

3.2×10^{8}kW。

电力系统的储能需求不只来自电源侧和电网侧，负荷侧同样需要储能。而在建筑中应用的储能属于表后储能(behind - the - meter energy storage)，是指在用户所在场地建设，接入用户内部配电网，以用户内部配电网系统平衡调节为特征，通过物理储能、电化学电池或电磁能量存储介质进行可循环电能存储、转换及释放的设备系统。随着分布式光伏和电动汽车与建筑配用电系统的融合发展，储能有利于提高建筑配用电系统的可靠性，同时允许建筑以虚拟电厂的角色参与电力系统的辅助服务。

未来储能电池技术呈现出成本降低和收益增加的趋势，因此未来建筑对于储能电池的需求会越来越大。成本上得益于电动汽车和电源电网侧储能的快速发展，储能电池的成本在近年快速降低。例如，2021 年磷酸铁锂电池的初投资价格大多在 1.2 ~ 1.7 元/(kW · h)。2022 年上半年我国很多城市的电力峰谷差已经高于 0.8 元/(kW · h)，特别是随着灵活性资源逐渐稀缺，未来电价峰谷差逐渐拉大，电池储能的收益会逐渐增加。经济性会成为建筑储能市场化发展的驱动力。

建筑储能技术目前还处于初期发展阶段，真正将储能配置在建筑内部的项目还比较少。从电动汽车和电网储能借鉴来的电池设计和管理技术也需要与建筑场景的特殊需求相结合，如更多考虑建筑电池的热安全问题。锂离子电池对温度非常敏感，其最佳工作温度范围为 20 ~ 40℃，在该范围内电池的工作性能较好，安全性能良好，可使用循环次数也相对较高。2018 年，北京市质量技术监督局颁布的《用户侧储能系统建设运行规范》中要求控制在 0 ~ 45℃。因此，电池布置如何与建筑设计结合保证电池散热，电池控制如何与建筑负荷特性匹配防止过热事故发生都是储能电池应用于建筑场景所必须解决的关键问题。

3. “直”

随着建筑中电源和负载的直流化程度越来越高，直流配用电可能是一种更合理的形式。电源侧的分布式光伏、储能电池等普遍输出直流电。用电设备中传统照明灯具正逐渐被 LED 替代，空调、水泵等电动机设备也更多考虑变频的需求，此外还有各式各样的数字设备，都是直流负载。建筑内部改用直流配用电网，可以取消直流设备与配电网之间的交直变换环节，同时放开配用电系统对电压和频率的限制，从而展现出能效提升、可靠性提高、变换器成本降低、设备并离网和电力平衡控制更加简单等诸多优势。

直流建筑的配用电系统结构如图 6 - 23 所示。在建筑入口处设有 AC/DC 整流器，其将外电网的交流电整流为直流电为建筑供电，或者在建筑电力富余时将直流电逆变为交流电对外电网供电。而建筑内部通过直流电配电网与所有电源和电器(设备)连接。当电源或电器(设备)的电压等级与配电网电压等级不同时，需设置 DC/DC 变压器。

在 21 世纪初就已经有学者意识到可再生能源和电器直流化的发展趋势，提出了将直流微电网技术应用于建筑场景。直到今天，建筑低压直流配用电技术在国内外已经有了大量的研究。据不完全统计，国内外实际建成运行的直流建筑项目已有 20 余个，涵盖了办公、校园、住宅和厂房等多个建筑类型，配电容量在 10 ~ 300kW 之间。

随着直流建筑研究和示范项目的积累，相关国际标准组织也已开展直流系统的标准化工作。例如，国际电工委员会(IEC)于 2009 年正式启动了低压直流相关标准化工作，先后成立了低压直流配电系统战略组(IEC/SMB/SG4)、低压直流配电系统评估组(IEC/SEG4)，并于 2017 年成立了低压直流及其电力应用系统委员会。2018 年 6 月，德国电气工程、电子和信息技术行业标准化组织(DKE)发布了“德国低压直流标准化路线图”。2018 年 11 月，IEEE -

PES 成立了直流电力系统技术委员会,旨在搭建直流电力系统技术领域的国际信息互通平台,推动直流电力系统技术领域的快速健康发展,促进直流电力系统技术以及产业的支撑配套。

未来随着“光”和“储”在建筑中的应用,低压直流配电技术将在建筑中得到持续关注和研究;同时随着标准的建立和更多家电设备企业的参与,建筑低压直流配电的生态环境也会逐渐成形。2020 年,直流建筑联盟发布的《直流建筑发展路线图 2020—2030》中预测直流配用电技术将拉动每年 7000 亿元的市场规模。

4.“柔”

建筑设备往往具有可中断、可调节的特性。例如,空调和供热系统可以利用建筑围护结构的储热特性和人对温度波动的适应性来进行短期负荷功率调节,为电力系统提供一定程度的灵活性;洗衣机、洗碗机等也都具有延时启动、错峰工作的功能。寻找建筑用户体验和电网灵活性需求二者之间的平衡,建筑设备的可调节性也能够为电力系统所用,成为一种潜在的灵活性资源。

事实上,建筑设备的灵活性已经受到国内外学者的广泛关注,例如,IEA EBC 的 Annex 67 项目就围绕建筑柔性用能开展了一系列研究,包括用户调节意愿调研、控制策略优化、设备调节效益分析、可调节程度评价等。

然而,由于缺乏有效的激励机制,目前的需求响应技术还主要停留在理论研究和模拟仿真阶段,实际工程应用较少。未来电力市场化改革的深入推进可能会调动起建筑设备柔性调节的积极性,一方面用户参与电力市场交易的门槛会越来越低,参与其中的建筑用户会越来越多;另一方面电网辅助服务市场、电力容量市场逐步开放,建筑设备柔性调节的收益更加多样。

四、自然采光技术

人眼只有在良好的光照条件下才能有效地进行视觉工作。室内光环境包括自然光和人工光源,人类经过数千万年的进化,人的肌体所最能适应的是大自然提供的自然光环境,人眼作为视觉器官,最能适应的也是自然光。充分利用自然光源来保证建筑室内光环境,进行自然采光,也可节约照明用电。

为了营造一个舒适的光环境,可以采用各种技术手段,通过不同的途径来利用自然光。在过去的几十年,玻璃窗装置和玻璃技术得到迅速发展,低辐射涂层、选择性镀膜、空气间层、充气玻璃以及高性能窗框的研制和发展,遮阳装置和遮阳材料的发展,高科技采光材料的应用,为天然采光的利用提供了条件,同时促进了自然采光技术的发展。现在,设计师可以采用各种技术手段,通过不同的途径来利用自然光。

(一)采光建筑设计技术

这种自然采光技术是把自然采光视为建筑设计问题,与建筑的形式、体量、剖面(房间的高度和深度)、平面的组织、窗户的型式、构造、结构和材料整体加以考虑。这种技术手段不仅经济环保节能,还可以增添建筑的艺术感,是在实际生活中应用最为广泛的技术手段。

为了获得自然光,人们在房屋的外围护结构上开了各种形式的洞口,装上各种透光材料,以免遭受自然界的侵袭,这些装有透光材料的孔洞统称为窗洞口。纯粹的建筑设计技术就是要合理地布置窗洞口,达到一定的采光效果。按照窗洞口所处的位置,可分为侧窗(安装在墙上,称侧面采光)和天窗(安装在屋顶,称顶部采光)两种。有的建筑同时兼有两种采光形式,称为混合采光。

1. 侧窗

侧窗是在房间的一侧或两侧墙上开的采光口，是最常用的一种采光形式，如图 6-24 所示。

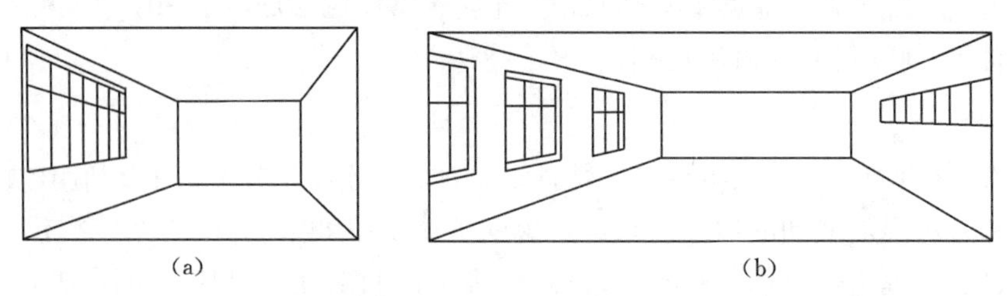

(a)　(b)

图 6-24　侧窗的形式

侧窗构造简单、布置方便、造价低廉，光线方向性明确。侧窗一般放置在 1m 左右高度，有时为了争取更多的可用墙面，会将窗台提高到 2m 以上，称高侧窗，高侧窗常用于展览建筑以争取更多的展出墙面；用于厂房以提高房间深处照度；用于仓库以增加储存空间。

实验表明，在采光口面积相等、窗台标高一样的情况，正方形窗口采光量最高；竖长方形在房间进深方向均匀性好，横长方形在房间宽度方向较均匀。所以窗口形状应结合房间形状来选择，如图 6-25 所示。

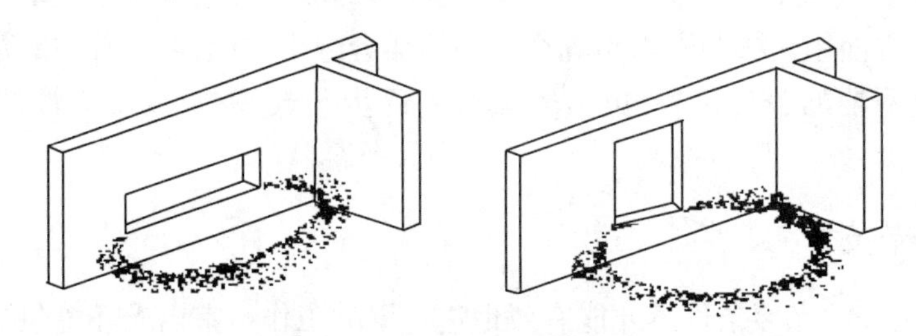

图 6-25　不同侧窗的光线分布

对于沿房间进深方向的采光均匀性而言，最主要的是窗位置的高低，图 6-26 上部的图给出侧窗位置对室内照度分布的影响。图 6-26 下部的图是通过窗中心的剖面图，图中的曲线表示工作面上不同点的采光系数。由图可以看出低窗时，近窗处照度很高；窗的位置提高后，虽然靠近窗口处照度下降，但离窗口远的地方照度却有所提高，均匀性得到很大改善。

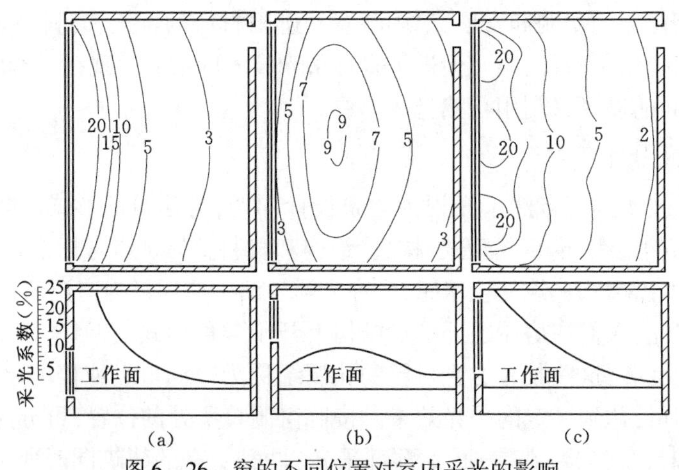

(a)　(b)　(c)

图 6-26　窗的不同位置对室内采光的影响

侧窗采光时,由于窗口位置低,一些外部因素对它的采光影响很大。故在一些多层建筑设计中,将上面几层往里收,增加一些屋面,这些屋面可成为反射面。当屋面刷白时,对上一层室内采光量的增加效果很明显。

小区布置对室内采光也有影响。平行布置房屋,需要留有足够的间距,否则严重挡光。在晴天多的地区,朝北房间采光不足,若增加窗面积,则热量损失大,这时如能将对面建筑(南向)立面处理成浅色,由于太阳在南向垂直面形成很高照度,使墙面成为一个亮度相当高的反射光源,就可使北向房间的采光数增加很多。

侧窗采光存在以下问题:不能解决大进深房间采光;无法控制光强和光线角度;采光面积大,热损大。

2.天窗

随着生产的发展,车间面积增大,用单一的侧窗已不能满足生产需要,故在单层房屋中出现顶部采光形式,通称天窗。由于使用要求不同,产生各种不同的天窗形式,大致分为矩形、锯齿形和平天窗三种。

1)矩形天窗

矩形天窗是一种常见的天窗形式。矩形天窗有很多种,名称也不相同,如纵向矩形天窗、横向矩形天窗、井式天窗等,如图6-27所示。其中纵向矩形天窗是使用得非常普遍的一种矩形天窗,它是由装在屋架上的一系列天窗架构成的,窗的方向垂直于屋架方向,故称为纵向矩形天窗。另一种矩形天窗的做法是把屋面板隔跨分别架设在屋架上弦和下弦的位置,利用上下屋面板之间的空隙作为窗洞口,这种天窗称为横向矩形天窗。井式天窗与横向天窗的区别在于后者是沿屋架全长形成巷道,而井式天窗是为了通风上的需要,只在屋架的局部做成窗洞口,使井口较小,起抽风作用。下面对不同形式的矩形天窗进行介绍。

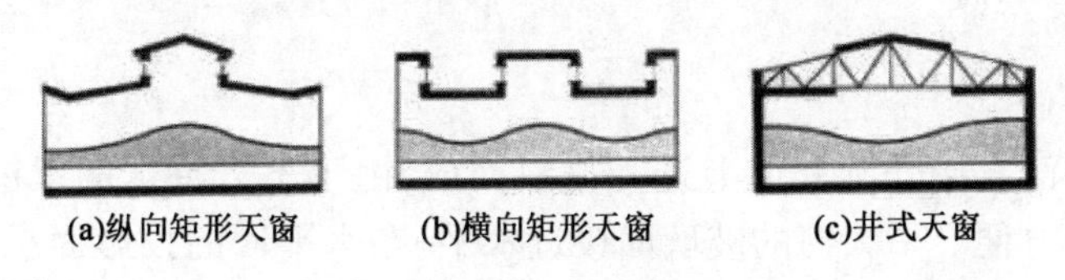

图6-27 矩形天窗常见形式

(1)纵向矩形天窗。纵向矩形天窗是由装在屋架上的天窗架和天窗架上的天窗扇组成,如图6-28所示,简称矩形天窗。天窗扇一般可以开启,也可起通风作用。矩形天窗由于天窗位置较高,可避免照度变化大的缺点,且不易形成眩光。

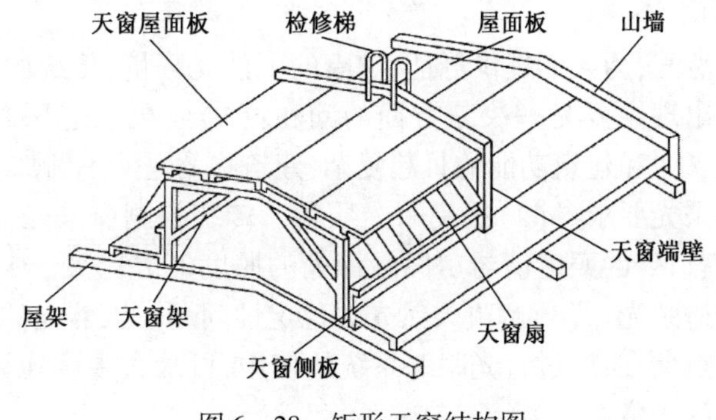

图6-28 矩形天窗结构图

(2)横向矩形天窗。与纵向矩形天窗相比,横向矩形天窗省去了天窗架,降低了建筑高度,简化结构,节约材料,但在安装下弦屋面板时施工稍麻烦。

(3)井式天窗。井式天窗是利用屋架上下弦之间的空间,将几块屋面板放在下弦杆上形成井口。井式天窗主要用于热车间。为了通风顺畅,开口处一般不设玻璃窗扇;为了防止飘雨,除屋面作挑檐外,开口高度大时还在中间加几排挡雨板。挡雨板挡光很厉害,光线很少能直接射入室内,因此采光系数一般在1%以下。尽管这样,在采光上仍然比旧式矩形避风天窗好,而且通风效果更好。如将挡雨板做成垂直玻璃挡雨板,对室内采光条件将会改善很多。但由于处于烟尘出口,较易积尘,影响室内采光效果。

2)锯齿形天窗

锯齿形天窗属单面顶部采光。由于倾斜顶棚的反光,锯齿形天窗的采光效率比纵向矩形天窗高。当窗口朝向北时,可避免直射阳光射入室内,有利于室内的温湿度调节,所以,锯齿形天窗多用于纺织厂的纺纱、织布、印染等车间。图6-29为锯齿形天窗的室内自然光分布,可以看出它的采光均匀性较好。由于它是单面采光形式,故朝向对室内自然光分布的影响大。

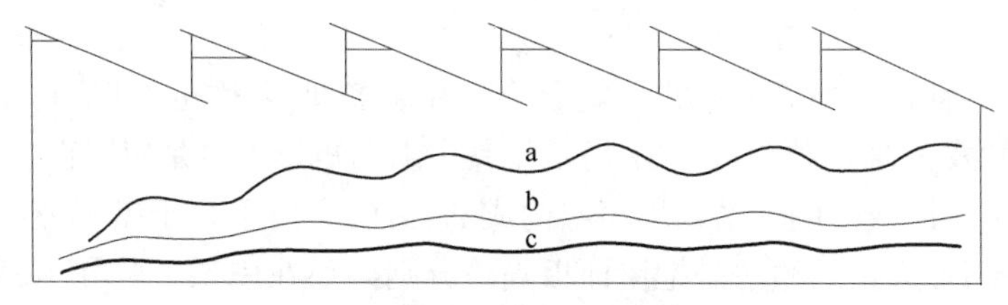

图6-29　锯齿形天窗朝向对采光的影响

a—晴天窗口朝阳;b—晴天窗口背阳;c—阴天

锯齿形天窗具有单侧高窗的效果,加上倾斜顶棚反射面的反射光,使光线更均匀,方向性更强,有利于在室内布置。

3)平天窗

平天窗是在屋面直接开洞并铺上透光材料而成,由于不需特殊的天窗架,降低了建筑高度,简化结构,施工方便。平天窗的玻璃面接近水平,在水平面的投影面积较同样面积的垂直窗的投影面积大。根据立体角投影定律可以计算,在天空亮度相同的情况下,平天窗采光效率比矩形天窗高2~3倍。

平天窗采光主要有以下五种特性:解决大进深建筑采光问题;受建筑层数限制,仅能解决单层或顶层建筑采光;受室内吊顶限制;仍无法控制光强和光线角度;增加建筑热损。

(二)自然采光新技术

为了充分利用天然光,为人们提供舒适、健康的天然光环境,传统的采光手段已无法满足要求。新采光技术的出现主要是解决三方面的问题:(1)解决大进深建筑内部的采光问题。由于建设用地的日益紧张和建筑功能的日趋复杂,建筑物的进深不断加大,仅靠侧窗采光已不能满足建筑物内部的采光要求。(2)提高采光质量。传统的侧窗采光,随着与窗距离的增加室内照度显著降低,窗口处的照度值与房间最深处的照度值之比大于5∶1,视野内过大的照度对比容易引起不舒适眩光。(3)解决天然光的稳定性问题。天然光的不稳定性一直都是天然光利用中的一大难点所在,通过日光跟踪系统的使用,可最大限度地捕捉太阳光,在一定的时间内保持室内较高的照度值。

目前新的采光技术层出不穷,它们往往利用光的反射、折射或衍射等特性,将天然光引入,并且传输到需要的地方。

1. 导光管

导光管的构想据说最初源于人们对自来水的联想，既然水可以通过水管输送到任何需要的地方，打开水龙头水就可以流出，那么光是否也可以做到这一点。对导光管的研究已有很长一段历史，至今仍是照明领域的研究热点之一。最初的导光管主要用于传输人工光，20 世纪 80 年代以后开始扩展到天然采光。

用于采光的导光管主要由三部分组成：用于收集日光的集光器、用于传输光的管体部分以及用于控制光线在室内分布的出光部分，如图 6－30 所示。集光器有主动式和被动式两种：主动式集光器通过传感器的控制来跟踪太阳，以便最大限度地采集日光；被动式集光器则是固定不动的。有时会将管体和出光部分合二为一，一边传输，一边向外分配光线。垂直方向的导光管可穿过结构复杂的屋面及楼板，把天然光引入每一层直至地下层。为了输送较大的光通量，这种导光管直径一般都大于 100mm。由于天然光的不稳定性，往往给导光管装有人工光源作为后备光源，以便在日光不足的时候作为补充。导光管采光适合于天然光丰富、阴天少的地区使用。

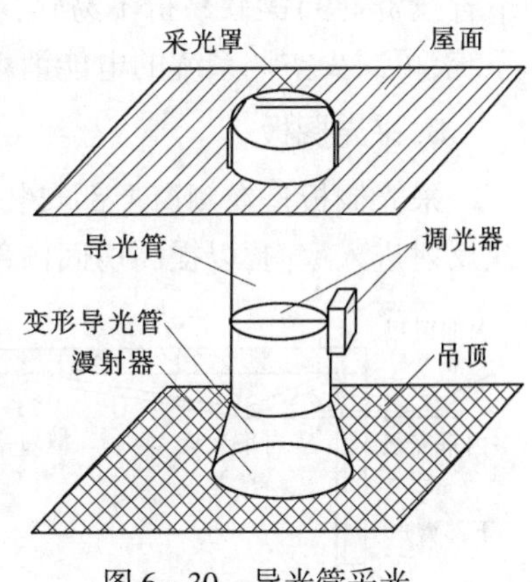

图 6－30　导光管采光

2. 光导纤维

光导纤维是 20 世纪 70 年代开始应用的高新技术，最初应用于光纤通信，80 年代开始应用于照明领域，目前光纤用于照明的技术已基本成熟。

光导纤维采光系统一般也是由聚光部分、传光部分和出光部分三部分组成，如图 6－31 所示。聚光部分把太阳光聚在焦点上，对准光纤束。用于传光的光纤束一般用塑料制成，直径在 10mm 左右。光纤束的传光原理主要是光的全反射原理，光线进入光纤后经过不断的全反射传输到另一端。在室内的输出端装有散光器，可根据不同的需要使光按照一定规律分布。

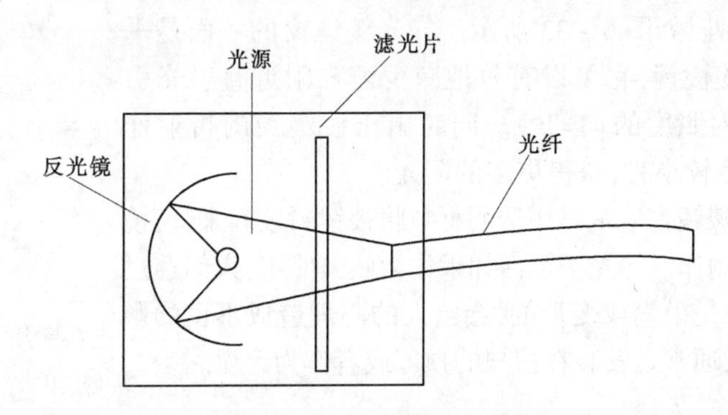

图 6－31　光导纤维采光系统

对于一幢建筑物来说，光纤可采取集中布线的方式进行采光。把聚光装置（主动式或被动式）放在楼顶，同一聚光器下可以引出数根光纤，通过总管垂直引下，分别弯入每一层楼的吊顶内，按照需要布置出光口，以满足各层采光的需要。因为光纤截面尺寸小，所能输送的光通量比导光管小得多，但它最大的优点是在一定的范围内可以灵活地弯折，而且传光效率比较高,因此具有良好的应用前景。

光纤照明具有以下显著的特点:(1)单个光源可形成具备多个发光特性相同的发光点;(2)发光器防止被破坏可以放置在非专业人员难以接触的位置;(3)无紫外线、红外线光,可减少对某些物品如文物、纺织品的损坏;(4)发光点小型化,质量轻,易更换和安装;(5)无电磁干扰,可应用在有电磁屏蔽要求的特殊场所内;(6)无电火花和电击危险,可应用于化工、石油、游泳池等有火灾、爆炸性危险或潮湿多水的特殊场所;(7)可自动变换光色;(8)可重复使用,节省投资;(9)柔软易折不易碎,易被加工成各种不同的图案;(10)系统发热量低于一般照明系统,可减少空调系统的电能消耗。

3. 采光搁板

采光搁板是在侧窗上部安装一个或一组反射装置,使窗口附近的直射阳光经过一次或多次反射进入室内,以提高房间内部照度,如图6-32所示。房间进深不大时,采光搁板的结构可以十分简单,仅是在窗户上部安装一个或一组反射面,使窗口附近的直射阳光,经过一次反射,到达房间内部的天花板,利用天花板的漫反射作用,使整个房间的照度和照度均匀度均有所提高。

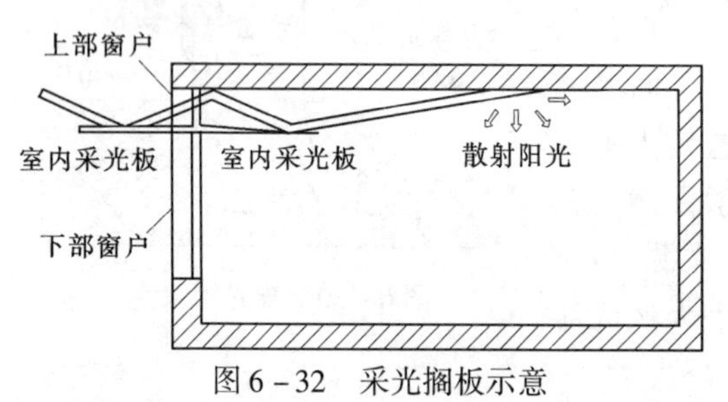

图6-32　采光搁板示意

当房间进深较大时,采光搁板的结构就会变得复杂。在侧窗上部增加由反射板或棱镜组成的光收集装置,反射装置可做成内表面具有高反射比反射膜的传输管道。这一部分通常设在房间吊顶的内部,尺寸大小可与建筑结构、设备管线等相配合。为了提高房间内的照度均匀性,在靠近窗口的一段距离内,向下不设出口,而把光的出口设在房间内部,这样就不会使窗附近的照度进一步增加。配合侧窗,这种采光搁板能在一年中的大多数时间为进深小于9m的房间提供充足均匀的光照。

4. 导光棱镜窗

导光棱镜窗是利用棱镜的折射作用改变入射光的方向,使太阳光照射到房间深处,如图6-33所示。导光棱镜窗的一面是平的,一面带有平行的棱镜,它可以有效地减少窗户附近直射光引起的眩光,提高室内照度的均匀性。同时由于棱镜窗的折射作用,可以在建筑间距较小时,获得更多的阳光。

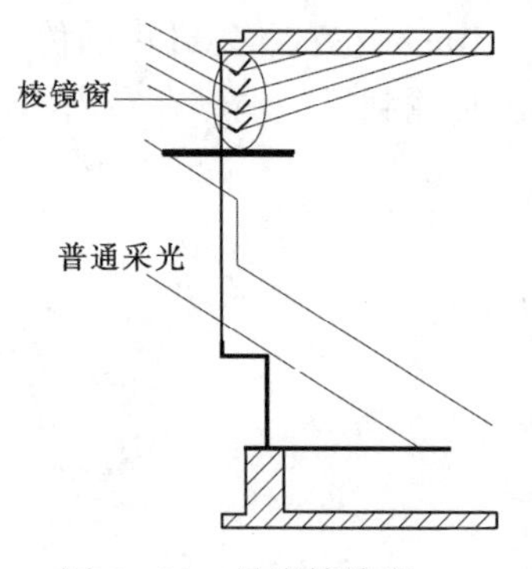

图6-33　导光棱镜窗

产品化的导光棱镜窗通常是用透明材料将棱镜封装起来,棱镜一般采用有机玻璃制作。导光棱镜窗如果作为侧窗使用,人们透过窗户向外看时,影像是模糊或变形的,会给人的心理造成不良的影响。因此在使用时,通常是安装在窗户的顶部或者作为天窗。

第二节　其他清洁能源在建筑中的应用

一、地热能

地热能是指能够经济被人类所利用的地球内部的热能,其总量丰富、能量密度大、分布广泛,具有绿色低碳、适用性强、稳定性好等特点。与风能、水能等其他新能源相比,地热能受外界因素影响小,是一种发展潜力巨大的可再生能源。

作为储存在地球内部的可再生能源,地热能品位、分布等与地质构造密切相关,呈现出不同的资源秉性特征。按照空间分布和赋存状态,地热资源可以分为浅层地热资源、水热型地热资源和干热岩地热资源。其中,水热型地热资源又分为高温和中低温地热资源。高温地热资源(150℃以上)主要用于发电;中温(90~150℃)和低温(25~90℃)的地热资源以直接利用为主,多用于采暖、干燥、工业、农林牧副渔业、医疗、旅游及人民的日常生活等方面;对于25℃以下的浅层地温,可利用地源热泵进行供暖和制冷。不同类型地热资源利用可分为发电利用和直接利用两类。

(一)地热的发电利用

地热发电是地热能利用的重要方式。与其他可再生能源发电技术相比,地热发电的机组利用率高、发电环境影响小、成本具有竞争性,且不受天气条件的影响,可提供基荷电力。当前世界主流的地热能发电技术是指将地热能转化为机械能再转化为电能的技术,与常规火力发电技术的原理相同。在此基础上逐步衍生出四种主要的地热发电方式:干蒸汽直接发电、蒸汽扩容发电(又称闪蒸发电)、双工质循环发电、全流发电。

1. 世界地热发电进展

在2020年疫情冲击下,地热发电增长受到一定影响。根据Think Geo Energy数据,2020年全年全球新增地热发电装机容量202MW,其中土耳其新增168MW,贡献了绝大部分装机增量。截至2020年年底,全球地热发电装机达到15608MW。其中,美国地热发电装机3714MW,居世界首位,其次是印度尼西亚、菲律宾、土耳其和新西兰。地热发电装机排名前十的国家占全球地热发电装机总量的90%以上。2015—2020年,全球地热发电装机增长约27%,土耳其、印度尼西亚、肯尼亚带动全球地热发电装机增长,上述3国新增地热发电装机分别为1074MW、998MW、599MW。在此期间,比利时、智利、克罗地亚、洪都拉斯和匈牙利相继进入利用地热发电国家之列。虽然目前地热发电仅占全球非水可再生能源装机的1%,但由于机组利用率高,地热发电贡献了非水可再生能源发电总量的3%以上。在资源条件适合地区,地热发电的标准化电力成本可与其他可再生能源媲美。许多国家正在加快进入地热市场,特别是欧洲,如德国已拥有37座地热发电设施,并计划未来数年里新增16座地热发电以及供热设施。

2. 我国地热发电开发现状

我国的地热发电发展历程较为曲折,20世纪70年代地热发电曾取得重要突破,当时除了高温地热发电之外,我国在中低温地热发电方面也有重要进展,但由于财力所限等多种原因未能保持发展步伐。我国羊八井地热发电运营多年,但地热发电的规模和水平在国际社会排名整体靠后。“十三五”期间,中国在西藏羊易完成建设16MW地热能电站,这是继羊八井电站后又一具有里程碑意义的大事,其余多为1MW左右的实验性发电项目。“十三五”时期地热发电规划目标是到2020年达到530MW装机,实际完成率远不及目标。资源认识不清、关键核心技术有待突破、政策跟进扶持力度不够是造成地热发电目标未如期完成的主要原因。特别是,具备资源条件的地区对地热发电的重要性认识不足,很大程度上限制了地热发电的推进。具备地热发电条件地区的电力供应相对充分,风电、太阳能、水电建设周期相对较短且成本低,具备先发优势。地热发电因为初始投资大的先发劣势,启动迟缓。同时地热在地方经济发展中具有多元利用途径,比较有代表性的是开发系列地热旅游产品,对地方经济支撑拉动效应明显且见效快,导致地方在处理地热资源问题时更倾向于开发利用地热的旅游价值而不是对投资额度有较高要求的地热发电。

3. 碳达峰、碳中和推动地热发电产业发展

地热作为可再生能源家族的重要成员,未来在发电领域的贡献不可低估。之前受资源可获性、成本较高等因素影响,地热发电总体发展较为滞后。当前全球碳中和行动的兴起将推动地热发电快速发展。从全球资源分布情况看,适于地热发电的高温资源分布多与风力、太阳能资源分布呈区域叠加态势,为其在工业化、现代化环境下的产业化协同提供了难得的条件。我国也是地热资源大国,据目前勘查,高温地热资源主要集中在滇藏、四川和京津冀等地,这些地区恰恰也是风力、太阳能和水力资源富集区。目前上述地区可再生能源产业建设正在加快推进,双碳目标的提出更是成为可再生能源开发利用整合的助推器。世界上碳中和目标被多数国家确定为国家战略之后,多角度挖掘可再生能源潜力自然而然涉及地热的开发与利用。根据国际地热大会和国际能源署统计报告,未来 5 年全球地热能发电站总装机容量增量可能达到 3.4GW,呈持续稳定增长态势。2040 年全球地热发电装机量将增至 82GW,是当前水平的 5 倍以上,全球地热发电发展空间巨大。

碳中和催生的气候技术投资增长将有力带动地热发电技术进步继而拉动地热投资增长。据 Rystad Energy 称,未来 10 年全球与地热发电相关的钻井工作量将呈现大幅度增长态势。各国对地热 AGS(先进地热系统技术)和 EGS(增强型地热系统技术)等前沿技术研发持续加大投入。其中开发干热岩的具体工程技术称为增强型地热系统,原理是采用人工形成地热储层的方法,从低渗透性岩体中采出深层热能的人工地热系统。理论上干蒸汽发电、闪蒸发电或双工质发电技术都可以用于干热岩型地热发电。但就国外已实现的干热岩地热发电工程来看,由于受增强型地热系统技术自身特点限制,产出的地热流体品质较差,往往不能满足直接进入蒸汽轮机做功的要求。因此,国际上增强型地热系统发电采用的主要是双工质地热发电技术。由于干热岩温度较高,在适当的区域也可以发展地热联合发电以及地热能发电后的梯级利用等技术,进一步提高对干热岩地热的利用率。各国的持续投入增长将有力推动地热发电技术迈上新台阶,继而带来全球地热发电装机容量跨越式上升以及运营成本大幅下降。

(二)地热的直接利用

地热能直接利用方式主要包括浅层地热能供暖(制冷)、水热型(中深层)地热能供暖、温泉游泳、温室种植、水产养殖、工业利用等。近年来,全球直接利用地热能的国家数量不断增加。根据 2020 年世界地热大会的统计,2020 年直接利用地热能的国家/地区已从 1995 年的 28 个增至 88 个。数据显示,2020 年中国地热能直接利用装机容量达 40.6GW,连续多年居全球首位。其中,水热型地热能供暖装机容量为 7.0GW,比 2015 年增长 138%;浅层地热能供暖(制冷)装机容量为 26.5GW,比 2015 年增长 125%。2020 年中国地热能发电装机容量仅 49.1MW,与地热能供暖(制冷)产业发展相比还较慢。

1. 浅层地热利用——地源热泵技术

地源热泵技术是利用低品位浅层地热能(岩土体、地下水、地表水中储存的地热能)的一种有效方式。地源热泵技术充分利用地壳表层的可再生低温,通过消耗少量的电能,把低品位浅层地热能提升为可以利用的能源,从而达到节约部分高品位能源(如煤、燃气、油、电能等)

的目的，如图 6－34 所示。它的特点为占地面积小、无任何污染、运行耗电少、成本低和清洁环境，可代替锅炉和中央空调，达到环保节能的效果。

地源热泵分为土壤源热泵（利用土壤作为冷热源的热泵）和水源热泵（利用地下水或江河湖泊水源作为冷热源的热泵）。如图 6－35 所示为水源热泵系统原理图，用以说明地源热泵系统提取浅层地热能的工作过程。

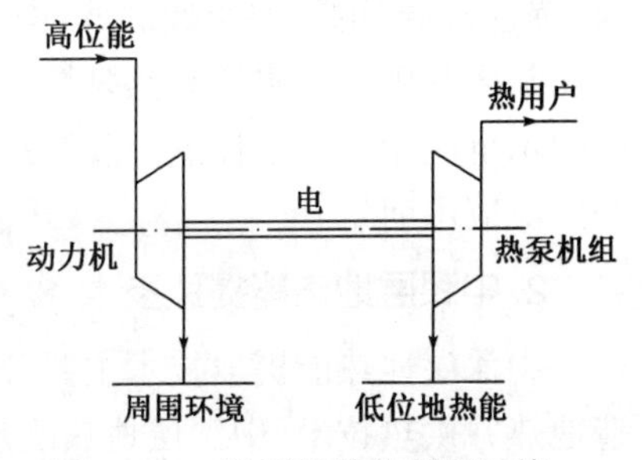

图 6－34　浅层地热能利用系统

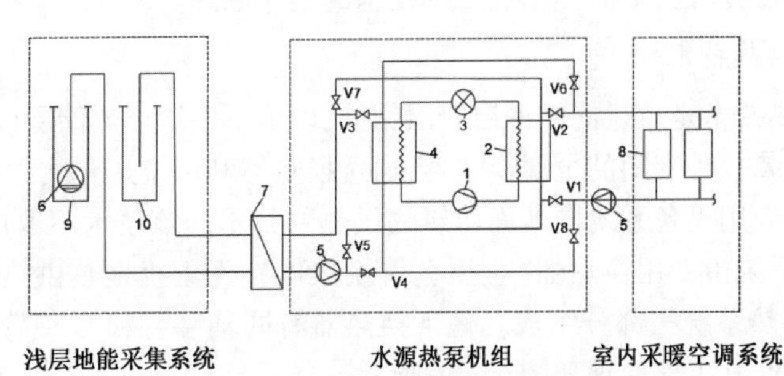

图 6－35　典型地下水源热泵系统图示

1—压缩机；2—冷凝器；3—节流机构；4—蒸发器；5—循环水泵；6—深井泵；7—板式换热器；8—热用户；9—抽水井；10—回灌井；V1～V8—阀门

由图 6－35 可以看出，水源热泵系统主要由四部分组成：浅层地能采集系统、水源热泵机组（水/水热泵或水/空气热泵）、室内采暖空调系统和控制系统。所谓浅层地能采集系统是指通过水或防冻剂的水溶液将岩土体或地下水、地表水中的热量采集出来并输送给水源热泵的系统。通常有地埋管换热系统、地下水换热系统和地表水换热系统。水源热泵主要有水/水热泵和水/空气热泵两种。室内采暖空调系统主要有风机盘管系统、地板辐射采暖系统、水环热泵空调系统等。

通过水循环或添加防冻液的水溶液循环来完成浅层地能采集系统或水源热泵机组之间的耦合，而热泵机组与建筑物采暖空调之间耦合是通过水或空气的循环来实现的。

冬季，水源热泵机组中阀门 V1、V2、V3、V4 开启，V5、V6、V7、V8 关闭。通过中间介质（水或防冻剂水溶液）的循环，与地下水进行换热，从地下水中吸取低品位热量，并输送到水源热泵机组的蒸发器 4 中，通过热泵将低品位热能提高其品位，对建筑物供暖，同时蓄存冷量，以备夏用。夏季，水源热泵机组中阀门 V5、V6、V7、V8 开启，V1、V2、V3、V4 关闭。蒸发器 4 出来的冷冻水直接送入热用户 8，对建筑物降温除湿，而中间介质（水）在冷凝器 2 中吸取冷凝热，被加热的中间介质（水）在板式换热器 7 中加热井水，被加热的井水由回灌井 10 返回地下同一含水层内。同时，也起到储热作用，以备冬季采暖用。

中国浅层地热能应用区域重点分布在北方清洁取暖需要的华北地区和供暖（制冷）需求的长江中下游冬冷夏热地区，其中环渤海地区发展最好，其邻近省市次之。“十三五”期间，中国建设了一批重大的地热能开发利用项目，浅层地热能技术的成熟性与可靠性得到验证和认可。北京世界园艺博览会采用深层地热＋浅层地热＋水蓄能＋锅炉的调峰方式，体现绿色园艺的主题，为 $29\times10^4\mathrm{m}^2$ 的建筑提供供暖（制冷）服务；北京城市副中心办公区利用地源热泵＋深层地热＋水蓄能＋辅助冷热源，通过热泵技术，率先创建“近零碳排放区”示范工程，为 $237\times10^4\mathrm{m}^2$ 建筑群提供夏季制冷、冬季供暖以及生活热水；北京大兴国际机场地源热泵系统作为“绿色机场”的重要组成部分，向大兴机场 $257\times10^4m^2$ 的末端用户提供冷、热能源；江苏南京江北新区利用长江水源和热泵技术，实现供暖制冷面积 $1400\times10^4m^2$。这些项目在重大工程中的示范应用进一步促进了浅层地热能的开发和利用，展示了浅层地热能作为绿色清洁能源的广泛应用前景。

2. 中深层地热能提取技术

中深层地热能提取技术主要分为无干扰地热供热技术、水热型地热供热技术、废弃油井改造地热井供热技术、中深层地热能热管取热技术、增强型地热供热技术等。前三种中深层地热能利用技术的应用最为广泛，下面介绍前三种技术的工作原理。

1）无干扰地热供热技术

无干扰地热供热技术是通过向中深层岩层钻井，以地下中深层热储层（2～3km）或干热岩为热源，在钻孔中安装一种密闭的金属换热器，通过换热器利用换热介质循环运行将地下深处的热能导出，并通过专用设备系统向地面建筑物供热的技术。该技术不取用地下水且对地下含水层无影响。其系统由专用换热器（金属套管换热器）、无干扰地热供热机组（中高温热泵机组）及建筑物内供热系统三部分组成。地下换热器有同轴套管和U型管两种方式，目前用得较多的是同轴套管，其工作原理如图6－36所示。

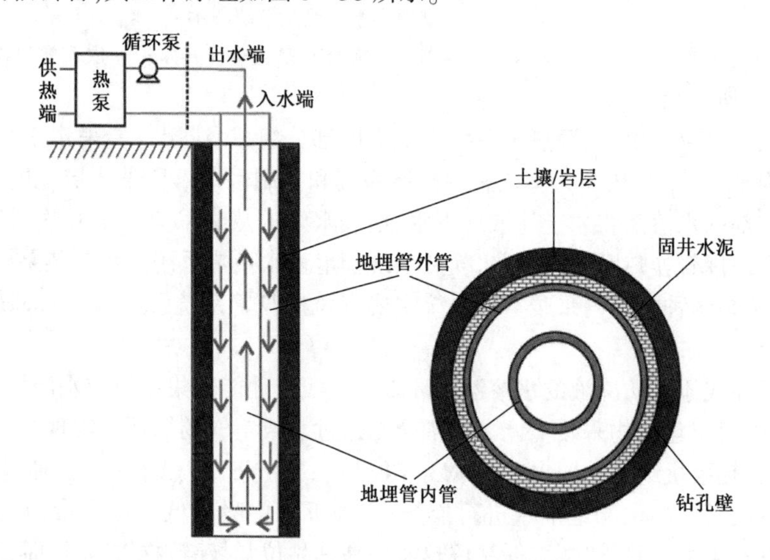

图6－36　无干扰地热供热技术原理示意图

2）水热型地热供热技术

水热型地热供热技术是通过向中深层岩层钻井，将中深层地热水直接采出，以地下中深层地热水为热源，由地面系统完成热量提取，用于地面建筑物供暖的技术。它包括地热水直接供热、地热水间接供热及地热水耦合热泵供热。

（1）地热水直接供热。地热水用于直接供热，是利用深井潜水泵从生产井抽取中深层地热水，经输水管网送至储水池，然后通过二次水泵将水加压直接送至用户采暖末端进行供暖，供暖降温后的地热水经输水管网送至回灌井进行回灌。如图6－37所示为地热水直接供热原理图。

（2）地热水间接供热。地热水用于间接供热，即采用中间板式换热器换热的方式，是利用深井潜水泵从生产井抽取中深层地热水，经输水管网送至板式换热器，利用换热器进行热交换将热量传递给供热循环水，此时地热水为一次水，供暖循环水为二次水，两路水通过中间板式换热器换热隔开，供热循环水从地热水中转换出的热量送至用户供暖，温度降低后的地热水经输水管网送至回灌井进行回灌，如图6－38所示。

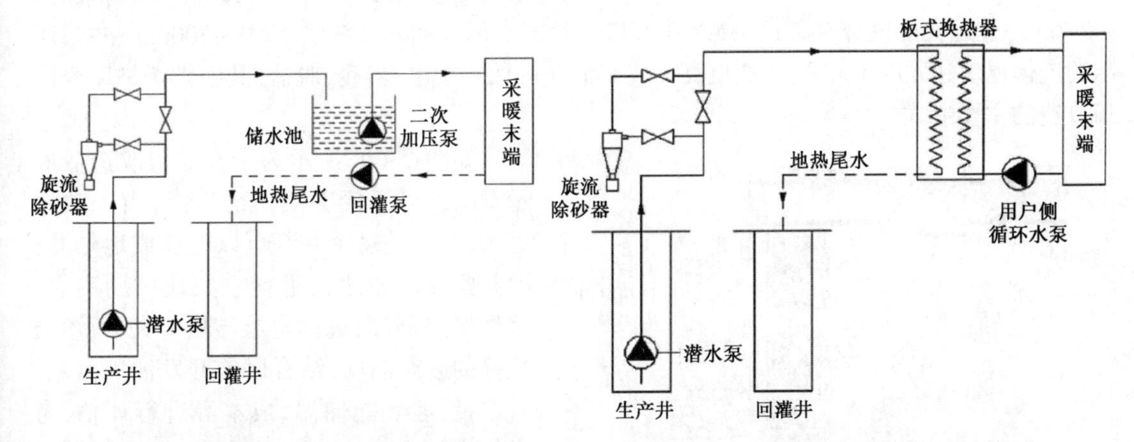

图6－37　地热水直接供热原理示意图　　图6－38　地热水间接供热原理示意图

（3）地热水耦合热泵供热。采用地热梯级利用，将抽取的地热水热量充分利用，减少地热水热量的浪费，如图6－39所示。利用深井潜水泵从生产井抽取中深层地热水，经输水管网送至一级板式换热器，在一级板式换热器内一次地下水与供暖循环水进行换热，高温的地下水将热量传递给低温的供暖循环水，供暖循环水温度升高，进入采暖末端进行使用；从一级板式换热器出来的地热水温度降低，再次进入二级板式换热器，与热泵机组蒸发器输出的较低温的循环液进行热量交换，如此进行循环直至最后一级换热器，最后温度再次降低的地热水通过管线进入回灌井完成回灌，此时地下水循环完毕；其中从用户侧出来的低温供暖循环水一部分直接进入一级换热器，另一部分进入热泵机组的冷凝器内进行换热，换热完毕进入用户端进行使用，周而复始，不断循环。这样，用户侧不但可以获得一级换热器换得的热量，也换得了热泵机组传递的热量，地热能利用率提高，减少地热能资源的浪费。

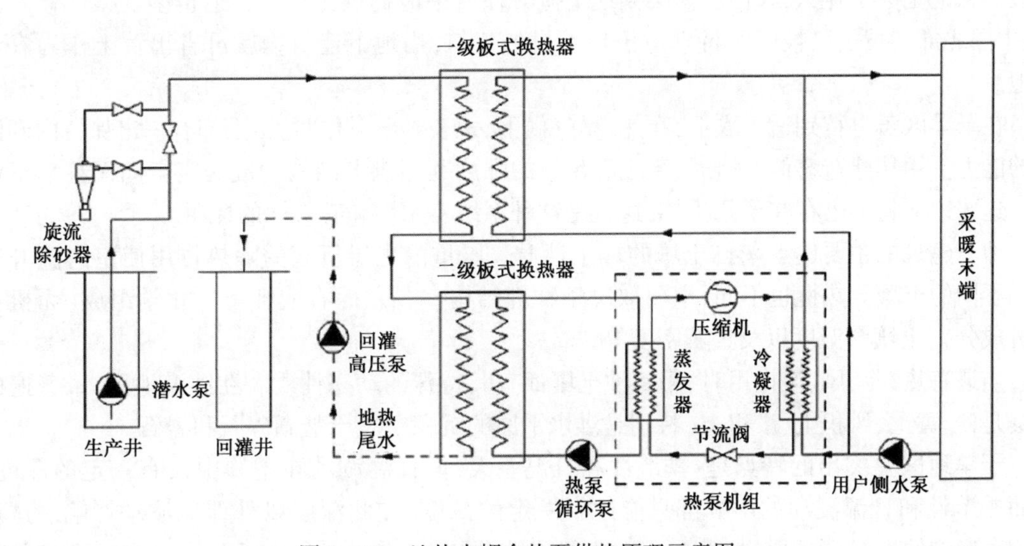

图6－39　地热水耦合热泵供热原理示意图

3)废弃油井改造地热井供热技术

为了降低地热能提取所消耗的成本,关键在于降低钻井的成本,而将废弃油田井改造成为地热井成为降低钻井成本的有效方式。我国2005年废弃井数为7.68万口,2010年已增加到9.2万口,最近我国废弃井数已突破10万口。我国大部分油井井深为1000~3000m左右,产出的流体温度达60~100℃,甚至更高。废弃油井可用来发电、供暖、脱盐,其中供暖是废弃油田改造的主要形式。

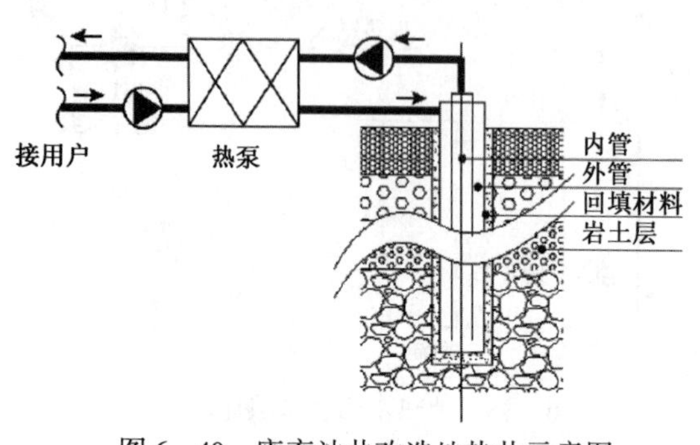

图6-40 废弃油井改造地热井示意图

如图6-40所示为废弃油田改造后的示意图。对于废弃油田的选择,由于数量庞大,并不是每个井都可以改造成地热井,因此要在改造之前进行水文地质勘测等。首先岩层勘测,选择岩层导热率大的、渗透性好的废弃油田,结合以前开发油田信息,对水量、地热能储温、成本等进行评估,考虑相应的人力、财力,是否有改造的价值。其次注意距离人员居住的地方不易过远,管道过长易造成热量的损失。最后,对于井身应尽量选择已下入套管的废弃油田,有利于后期的改造,减少人力、物力。改造后地热井的原理同同轴套管,换热介质从外管(油井注入管)注入,到达井底后通过内管(油井采出管)流出,换热介质在外管内通过外管的外壁与岩石进行换热,被加热的换热介质进入内管通过热泵供给用户侧使用。

(三)掩土建筑

1.概述

从旧石器时代开始,人们就已经住着天然洞穴和人工地下建筑。其原因常常是为了抵御室外恶劣的气候,另外也是为了省出地面以便从事农业或举行礼仪等活动,还可能是为了御敌。无论是为了什么,人们已体会到地下掩蔽住所中能提供比室外舒适得多的微气候。例如,中国北部的黄土已被证明特别适于地下村的建筑,用地下建筑物就可省出黄土作为农业用地。

在干旱区黄土特别适于农业,在热、旱气候下,地表难于耕作时,黄土却有一定保持内部湿度的能力。用作建造窑洞居所时,黄土有足够的强度利用拱形结构构成居室空间而且易于挖掘。这些地下村落已存在了几千年,这就是这种系统实用性和有效性的证明。

地下建筑的主要优点来自土壤的热工性质。厚重的土层所起的隔热作用使室内温升很低。不同的土壤导热性也不同,主要取决于物理结构(岩石、碎石或细土)、化学组成(无机和有机成分)、土壤含湿度以及土壤密度等。

当遇有热、冷、风、湿作用时,每一种土壤都有其特殊的动态性质。在沙漠地区,最普遍的土壤是沙、黄土、风积土、淤积土(特别是洪水平原的沉积土)、干盐湖碎石和岩石。

干旱地区更突出的特点是:季节性和日温差大,但日温波动在土壤中仅有一定的深度,因而季节性和日温波动的影响都只能达到一定的深度,在此深度以外即无波动影响。这种无波动影响的界线,主要取决于上述土壤的特性,同时还取决于所在地与太阳和天顶相关的方向。

诚然,这些特性可以共同起作用也可单独起作用。例如,在冷旱地区,这种温度影响所及的界线可以认为在冰冻线或接近冰冻线处。在热、旱气候区,将此线表示为“恒温线”,在恒温线以下,无论日温或季温的波动影响都不能到达。当然,用人工方法可以降低季温和日温在土中的波动,并改变恒温线的位置。方法是在地面种草,植树成荫或对土壤加湿或覆盖隔热层。

无论在哪里,设计者和建筑者对现场都必须进行仔细的研究,以便为地下房屋确定合适的深度,从而保证室内得到所要求的日温和季温。房屋围护结构的材料也应考虑,这些材料也有助于确定室内的热工性质与湿度。

可以清楚地表明,如果房屋要求恒温,那就应该建在恒温线以下。如果允许波动,则建议将建筑物地平面放在恒温线以上。

随地理位置、土壤性质的不同,恒温线深度也不同,据实测及有关资料记录,恒温线在地表下4~16m范围内变动。

设计者和建造者对现场还应考虑下列问题:

(1)与现场所处天顶方向有关的太阳辐射、日波动及年波动情况,包括斜面的、东面、西面、南面及北面上的等。当然,太阳入射还与现场的绝对和相对标高有关。

(2)土壤性质,即土壤的物理和化学组成。土壤在严酷气候条件下产生的动态变化(特别是干旱区),这种变化常引起土壤和岩石在很短的时间间隔内产生收缩和膨胀,引起岩石塌方,并堆积成山脚。暴雨时出现滑坡、坍塌事故。

有的地区有大的河流通过,如长江、黄河、尼罗河、底格里斯河、幼发拉底河以及印度河等所通过的地区(特别是干旱区),季节性的水位上涨和降落很显著,影响着这些地区的地下水位。地下水位的状态不仅可能使房屋受到浸蚀危害,同时还会影响到建筑物基础的寿命以及土壤的含湿度。不在大河流附近的区域,设计者和建筑者也应考虑现场及其周围的排水,以免受到水的浸蚀。尤其是山洪暴发及连续降雨引起塌房塌窑的事故,更应及早注意采取防护措施。

由上可知,对现场研究的问题是很广泛的。仔细研究了现场及小气候和大气候(温度、风及干燥度)的情况,就可对房屋的位置进行三种选择:全地下式、地下式与半地下式相结合或地下半地下与地上房屋相结合。

将房屋或居所设置在低平地段存在的特殊问题是:易遭洪水危害;沙土风暴环境中有沙土沉积,有时这种尘暴会造成对房屋掩埋的危害;光线有限;眼前视景狭窄,增加了闭塞感;另外,通风和空气循环也可能受到限制。

位于山顶则有某些优点,通风条件好(有更多的微风);有条件作视景设计,透入室内的光线多;排水方便。但是,地下居所建于山顶由于开挖岩石,造价将会增加,交通也更困难。

更可取的是,将掩土房屋建在斜坡场地上。有资料证明斜坡场地气候更适宜,这种场地从房屋的一侧可提供大量自然光线,提供直接、开阔的视野(与低谷地对比而言),便于组织排水,尘暴袭击最小,通风条件好,闭塞的不良感觉可减到最少。如果按等高线设计,出入通道也是方便的,同时隔干扰性也好。但这种场地比平地场地修筑道路投资要多。

采用掩土建筑(含地面掩土建筑和地下建筑)是一个与严酷的室外气候相抗衡的好办法。

设计和施工都好的掩土建筑可使室内得到满意的微气候,也可使工厂、办公室、学校及其他传统的城镇建筑得到满意的地下工作空间。此外,还可调节公共场所聚集的大量人群,如商店中心、影院、剧院等。如果将地上建筑所用空调或采暖包括在内,则从长远看,掩土建筑是一种经济型的建筑。

除浅层地下空间(如中国的窑洞)及地面掩土建筑外,中层(入地 > 30m)及深层(入地 > 50m)地下空间在技术上最主要的难点可用五个字概括,即水、火、风、光、逃。

(1)水,即施工时的地下水处理问题及使用期的排水问题。

(2)火、逃,地下空间与地面建筑比,有阻止火灾蔓延的优点,但一旦发生火灾,其救援与紧急安全疏散则不及地面建筑方便。

(3)风,地下空间自然通风条件较差,必须有强大的机械通风保证。

(4)光,地下空间自然采光条件差。先行者们正致力研究几何光学的引光系统及光导纤维的引光系统,并已有使用实例。

中层及深层地下空间在心理上易引起人们的"幽闭"感。研究与设计者正采取几何光学的引景技术、入口处理、内部人工模拟自然环境等手法加以改善。

2. 覆土建筑

覆土建筑与掩土建筑,是同一类型建筑的不同名称。但为了叙述的方便,特使用覆土建筑来叙述不含窑洞在内的所有掩土建筑,而掩土建筑一词则为总称。

覆土建筑包括生土建筑、土坯房以及各种类型的地下、半地下建筑等。这是一种最古老的建筑形式,但直到现今,仍有较强的生命力,说明这种建筑具有较大的优越性。我国也是建造覆土建筑历史最悠久的国家之一,据初步调查,已有 6000 年以上的历史。生土建筑一般都具有冬暖夏凉、坚固适用的优点,有不少建筑的质量还是相当高的。一般建筑由于长期暴露于各种不同的气候条件下,往往容易受到各种气候条件的巨大影响,如材料的膨胀和收缩、腐蚀和老化等。覆土建筑受这方面的影响小得多,尤其如风、霜、雨、雪、气温剧烈变化等现象,覆土建筑所受的干扰都非常小。

根据不同的形式,覆土建筑主要可以分为三大类,包括下沉式、靠崖式,以及独立式。

(1)下沉式,指建筑整体或大部分墙体位于地下,为了满足采光与通风的需求,下沉式覆土建筑通常会设置中庭或天井庭院,如图 6-41 所示。

图 6-41 下沉式覆土建筑

(2)靠崖式,指建筑设置在斜坡或山坡上,土质覆盖建筑屋顶与墙壁,这也是寒冷和温带气候中最受欢迎和最节能的覆土建筑形式,如图 6-42 所示。

(3)独立式,也称土坝式,建筑完全位于地面以上,与下沉式、靠崖式相比,独立式覆土建筑的防水问题更少,建设成本更低,如图 6-43 所示。

图 6－42　靠崖式覆土建筑

图 6－43　独立式覆土建筑

3. 中国窑洞

中国窑洞是使用材料最少，建造最简，历史最长的掩土建筑。20 世纪 80 年代以来，日本、澳大利亚、美国、英国、法国、瑞典、瑞士等国有关专家学者纷纷来华考察研究中国的窑洞。其中日、法、美等国专家、专业组曾多次来中国，特别是西北地区进行长期研究。日本东京工业大学茶谷研究室不仅多人多次来华考察，还派八代克彦先生留学西安建筑科技大学三年多，跑遍了陕、甘、豫、晋、青及新疆等地区进行调研，他用风筝携带照相机拍的下沉式窑洞村落照片等已成为世界闻名的宝贵资料。他本人也成为这方面的专家，并曾多次作为翻译及向导带领日本学术团体来华进行城市革新与开发地下空间的学术交流。目前已出版多本专著或在著名杂志及国际会议发表专论公开研究成果。美国宾尼法尼亚大学、明尼苏达大学等多名教授也曾多次来华对中国窑洞及城市地下空间进行考察。如 Jean－poul LOUBES 教授就曾六次来中国西北地区研究掩土建筑、新疆葡萄园民居、新疆地下供水系统“坎儿井”等。澳大利 Greenland 博士多次在有关国际会议、杂志及其本人专著中介绍中国窑洞及我们的研究。英国剑桥大学建筑系 HelenMelligen 女士与西安建筑科技大学及西安医科大学有关教授合作进行过研究，并共同书写过国际会议论文。我国有关大专院校、研究单位也对窑洞作了许多很有成效的研究实验。

人类必将以现代手段重返地下，这是越来越明显的共识。要重返地下就必然要经历“寻源求新”的研究道路。寻源就是研究掩土建筑的历史，求新就是研究新的方法。

1）窑洞的形成条件

窑洞是中国西北黄土高原上居民的古老的居住形式，这一“穴居式”民居的历史可以追溯到四千多年前。在中国陕甘宁地区，由于黄土层非常厚，中国人民创造性地利用高原有利的地形，凿洞而居，创造了被称为绿色建筑的窑洞建筑。

深达一二百米、极难渗水、直立性很强的黄土为窑洞提供了很好的发展前景。气候干燥、木材少也为它创造了发展和延续的契机。

2）窑洞的分布

窑洞民居大致集中在五个地区，即晋中、豫西、陇东、陕北、冀西北。

3）中国窑洞分类

（1）按形式分为三类：

①靠崖式窑洞（崖窑）。靠崖式窑洞有靠山式和沿沟式，窑洞常呈现曲线或折线型排列，有和谐美观的建筑艺术效果。在山坡高度允许的情况下，有时布置几层台梯式窑洞，类似楼房。

②下沉式窑洞(地窑)。下沉式窑洞就是地下窑洞,主要分布在黄土塬区——没有山坡、沟壁可利用的地区。这种窑洞的做法是:先就地挖下一个方形地坑,然后再向四壁凿洞,形成一个四合院。人在平地,只能看见地院树梢,不见房屋。根据窑洞的下沉幅度可以将其分为平地型、半下沉型和全下沉型三种形式。下沉式窑洞的优点是建筑寿命长、冬暖夏凉、防火性强、抗震性好,是最环保和生态的建筑形式之一;缺点是潮湿、窑洞上方不能种植物,浪费土地。

③独立式窑洞(箍窑)。独立式窑洞是一种掩土的拱形房屋,有土墼土坯拱窑洞也有砖拱石拱窑洞。这种窑洞无须靠山依崖,能自身独立,又不失窑洞的优点。可为单层,也可建成为楼。若上层也是箍窑即称"窑上窑";若上层是木结构房屋则称"窑上房"。

(2)根据承重材料分为三类:土窑;石窑;砖窑。

4)窑洞的特性

(1)经济适用性:建在黄土高原的沿山与地下,是天然黄土中的穴居形式,用挖出的土筑墙,省材省料;简单易修、经济省钱。

(2)舒适耐用性:窑洞拱顶式的构筑,符合力学原理,顶部压力一分为二,分至两侧,重心稳定分力平衡,具有极强的稳固性;且墙身较厚,坚固耐久。

(3)窑洞的墙和顶都为土墙或砖墙,具有冬暖夏凉,防潮防噪声的功能。使得窑洞耐用的同时兼具了舒适性。

(4)窑洞的生态性:窑洞的有效空间是向地下黄土层索取的,不破坏生态,不占用良田;建筑材料多为砖土,生态环保。它强调人与自然的和谐,建筑与自然的和谐。

5)窑洞民居实例

(1)靠崖式窑洞——延安窑洞,如图6-44所示。延安的窑洞分土窑洞和石窑洞。土窑洞冬暖夏凉,但采光不好,容易坍塌,不卫生。石窑洞四季都比较凉,但坚固,采光较好,卫生。

图6-44　延安大学靠崖式石窑洞群

(2)下沉式窑洞——陕县天井窑洞,如图6-45所示。陕县天井窑洞位于河南三门峡,又名"地坑窑",为窑洞式住房的一种样式。在冈地上,凿掘方形或长方形平面深坑,沿坑面开凿窑洞,内有各种形式的阶道通至地面上,如所在有天然崖面,则掘隧道与外部相通。下沉式窑洞流行于北方黄土地区。

窑洞高约3m,宽3.5m左右,深7m左右,长宽为20m,挖成的窑院为长方形或正方形,并形成一个四方天井,四壁窑洞对称排列,最常见为12孔窑洞。

为了防止地面的雨水流入院内保护人畜安全,避免地面上行人掉入院内。地坑院上通常沿院顶砌筑约40~80cm的花围墙。窑脸是窑洞的门面,也是窑洞装饰的重点。窑洞入口坡道以砖石铺台阶,多是两侧体墙壁用土坯加固,草泥抹面。

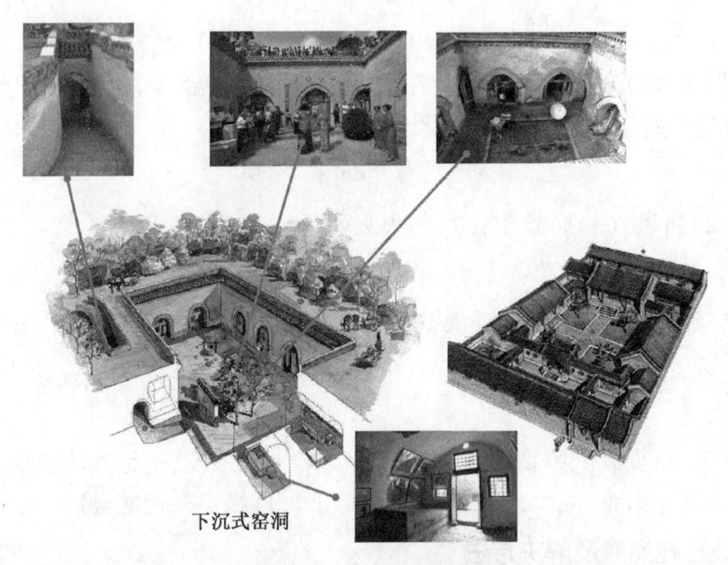

图6-45　下沉式窑洞

(3)独立式窑洞——山西平遥窑洞,如图6-46所示。窑洞前普遍有廊檐伸出,多数为四合院。轴线明确,左右对称层次分明,外雄内秀。整个民居分布在黄土山坡上,较大的四合院都是水磨青砖对缝砌筑,无论造型、风格、艺术都十分考究。

图6-46　独立式窑洞

4. 掩土建筑的优点

现代的覆土建筑并不单指覆盖着土的建筑,也不单指地下的建筑。它广义的指以土、石、木等作材料,与大自然密切联系着的建筑。归结起来,掩土建筑与地面非掩土建筑比有如下六大优点。

1)节能

(1)土壤的保温隔热性能;(2)暴露面积少,避免了冷风渗透;(3)土壤储存能量的性能,使得冬夏两季的能量可以变换,可节约80%的能耗。

2)节地

(1)屋顶作为绿地或者广场;(2)不存在遮挡问题,更充分地利用土地资源。

3)隔声性能

(1)可以把一些常规建筑无法适应的场所(如闹区、公路旁、铁路旁等)充分利用起来;(2)也可以考虑把一些噪声过大的工厂设计成覆土建筑。

4)安全性能

(1)防震;(2)防风;(3)防暴雨;(4)防火灾蔓延。

5)室内环境质量较高

(1)室内热稳定性好;(2)与室外大气接触面积少,可减轻或防止室外放射性污染及大气污染的侵入。

6)保护环境

(1)节约资源,减少废气废物排放;(2)保护自然生态系统,避免破坏当地的生物链和微气候;(3)屋顶有效储存雨水,减少地表径流;(4)易于与自然景观相融合。

5.掩土建筑存在问题及解决方法

1)难以组织有效的自然采光

解决方法:利用露天天井、中庭或者天窗引入自然光;利用导光管从屋顶将自然光引入室内;利用光导纤维导光;利用坡地采用台阶式的建筑布局,争取光线;利用反光镜将日光反射到建筑内部。

2)自然通风不畅

掩土建筑改善通风设计策略有以下四种。

(1)采取设置通风道的方法

增设中庭,利用中庭的温室效应和烟囱效应进行通风换气,如图6-47所示。

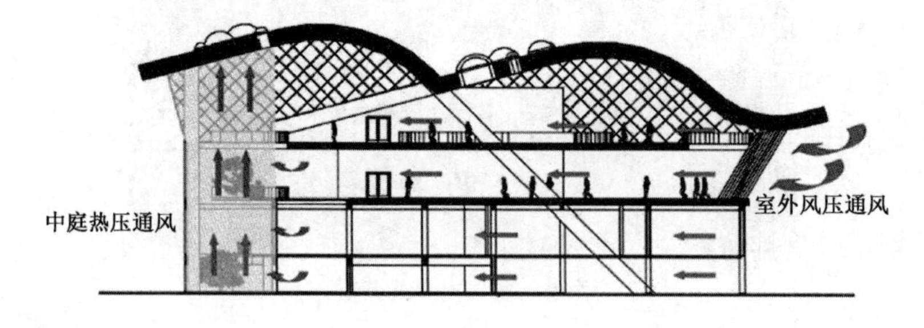

图6-47　重庆节能中心通风效果示意图

(2)合理建筑布局。

气压差与风是解决覆土建筑室内高湿度引起的种种问题的主要办法。在有条件利用自然通风的前提下,应尽量使建筑的进风口与出风口顺应主导风向,加强气压差,增大通风效果,如图6-48所示。另外种植植物应引导气流而不能阻碍气流流动,如图6-49所示。

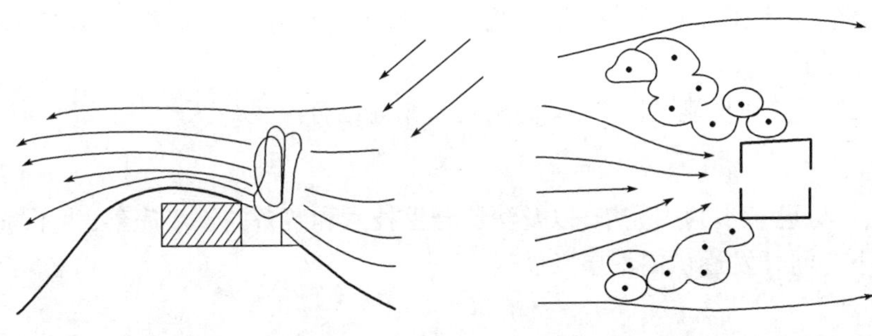

图 6－48　顺应主导风向的开口位置　　　　图 6－49　种植植物引导气流

(3)捕风塔并结合双层墙、双层屋顶。

捕风塔并结合双层墙、双层屋顶等形成构造体内的通风路径，达到通风、冷却、干燥、除湿等多重作用，如图 6－50 所示。

图 6－50　结合捕风塔通风示意图

(4)地板与地基间设夹层。

地板与地基间设夹层，达到解决土壤向建筑渗水与组织通风的路径。便于利用地热在夹层处理室外引入的新鲜空气，从而降低建筑的热能耗，如图 6－51 所示。

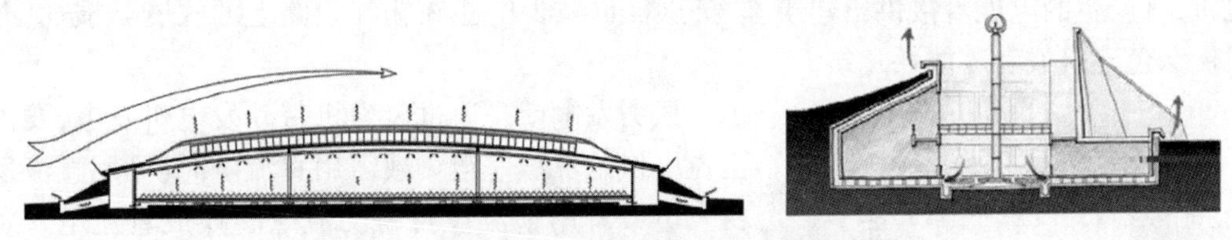

图 6－51　地板与地基间设夹层通风示意图

3)容易产生忧郁闭塞的心理

解决方法：(1)利用中庭引入室外景观；(2)利用几何光学系统引入景色和自然光。

4)室外放射性元素氡等容易超标

解决方法：(1)减少氡的渗透途径，提高施工质量，采用密实度高的材料，密封缝隙和裂缝；(2)加强建筑通风，排除室内氡气

5)建筑构造复杂，施工要求高，工程造价高

解决方法：(1)建立相关规范标准；(2)严格的施工管理。

6. 覆土建筑发展趋势

1)综合化

(1)地下综合体的出现。

(2)地下步行道系统和地下快轨道系统、地下高速道路系统的结合,以及地下综合体和地下交通换乘枢纽的结合。

(3)地上、地下空间功能既区分,又协调发展相互结合。

2)深层化

地下浅层部分已基本利用完毕,以及深层开挖技术和装备的逐步完善,为了综合利用地下空间资源,地下空间开发逐步向深层发展。

3)分层化

空间层面分化趋势越来越强。以人及其服务的功能区为中心,人、车分流,市政管线、污水和垃圾处理分置于不同的层次,各种地下交通也分层设置,以减少相互干扰,保证了地下空间利用的充分性和完整性。

二、风能

随着全球能源、环境危机的日益加剧,可再生、绿色能源如太阳能、风能的开发势在必行。风能是一种无污染、可再生的清洁能源。风能利用则是将风运动时所具有的动能转化为其他形式的能。由于其具有无环境污染、开发利用便捷、成本低等优点,风能的开发利用受到了世界各国的普遍关注。关于风能的利用,在我国已有悠久的历史,远在古代就有了“水转大纺车”。发展到今日,风能利用拓展到新的领域,尤以风能发电最为突出。现阶段,我国风能发电技术已经比较成熟,但是风电装机多安装于沿海及附近岛屿、旷野、沙漠等地区,电力输送过程长,耗损大,费用高。倘若在建筑环境中直接利用风力发电,既可以降低成本支出、减少电力耗损,又能缓解城市用电紧张、大气环境恶化等问题。

建筑环境中的风能利用形式可分为:以适应地域风环境为主的被动式利用——自然通风和排气;以转换地域风能为其他能源形式的主动式利用——风力发电,即在建筑物上安装风力发电机,所产生的电能直接供给建筑本身,这样可减少电能在输配线路上的投资与损耗,有利于发展绿色建筑或者零能耗建筑。

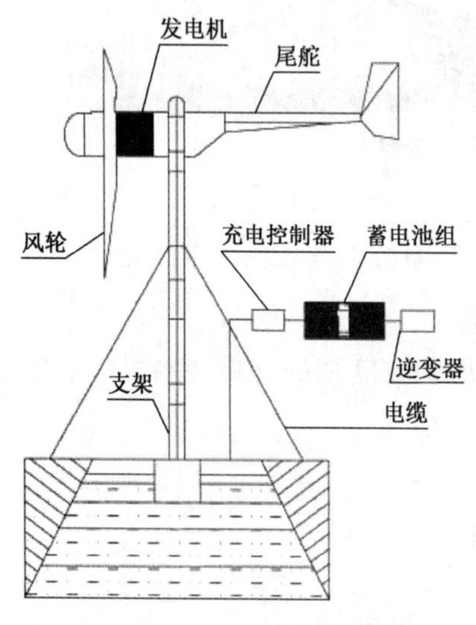

图6-52　水平轴独立运行的风力发电机组主要结构

风力发电就是通过风力机带动发电机发电,发出的交流电供给负载。当负载需用直流电时,可用直流发电机发电或者用整流设备将交流电转换成直流电。发电机是风力发电机组的重要组成部分,分为同步发电机和异步发电机两种。以前小型风力发电机用的直流发电机,由于其结构复杂、维修量大,逐步被交流电发电机所代替。机组发的电有两种供给形式:孤立供电与并网供电。在风力发电机组中,水平轴式风力发电机组是目前技术最成熟、产量最大的形式,如图6-52所示。

风能除用于发电外,还广泛应用于提水、灌溉、船舶助航、风力致热等工程。风力提水可用于农田灌溉、人畜饮水、海水制盐、水产养殖、草场改良或滩涂改造等工程的提水作业,其经济效益和社会效益显著。风力致热的作用为将风能转换成热能以供家用或工农业供热需求。日本在1981年已经采用风力致热方法在北海道养殖鳗鱼,在京都等地用于温室供热。丹麦、荷兰、美国、新西兰等国家也将风力致热器用于家庭供热。这是一项节能和提高人们生活水平的有效措施,欧美和日本等国都在进一步开展这方面的研制工作。

三、生物质能

生物质能,即任何由生物的生长和代谢所生产的物质(如动物、植物、微生物及其排泄代谢物)中所蕴含的能量。直接用作燃料的有农作物的秸秆、薪柴等;间接作为燃料的有农业废弃物、动物粪便、垃圾及藻类等。它们通过微生物作用生成沼气,或采用热解法制造液体和气体燃料,也可制造生物炭。生物质能是世界上最为广泛的可再生能源。据估计,每年地区上仅通过光合作用生成的生物质总量就达(1440 ~ 1800) $\times 10^8$ t(干重),其能量约相当于20世纪90年代初全世界总能耗的3 ~ 8倍。但是尚未被人们合理利用,多半直接当薪柴使用,其效率低,影响生态环境。现代生物质能的利用是通过生物的厌氧发酵制取甲烷,用热解法生成燃料气、生物油和生物炭,用生物质制造乙醇和甲烷燃料,以及利用生物工程技术培育能源植物,发展能源农场。

生物质能利用技术可分为生物质发电和供热技术、生物质液化技术、燃气制备技术和生物质成型技术等。生物质能是唯一一种可以收集、储存、运输的最接近常规化石燃料的可再生能源,在推动低碳经济发展的过程中显示出独特的优势和广阔的应用前景。生物质能源是仅次于煤炭、石油和天然气而居于世界能源消费总量第四位的能源,在整个能源系统中占有很重要的地位。生物质能固体燃料供热主要在生物质能资源丰富的国家得到了应用,如瑞典、奥地利、芬兰、丹麦和挪威等国家。

(一)生物质成型燃料燃烧供热

生物质直接燃烧是将生物质直接作为燃料燃烧,燃烧产生的能量主要用于发电或集中供热,生物质燃烧是一种成熟技术,在很多情况下与化石燃料相比具有很强的竞争力。生物质直接燃烧主要分为炉灶燃烧和锅炉燃烧。炉灶燃烧操作简便、投资较省,但燃烧效率普遍偏低,从而造成生物质资源的严重浪费;锅炉燃烧采用先进的燃烧技术,把生物质作为锅炉的燃料,以提高生物质的利用效率,适用于相对集中、大规模地利用生物质资源。

(二)生物质热电联产

以生物质能为能源的热电联产技术已经较为成熟,每单位生物质能的效益是较为理想的。从能源品质的梯级利用来讲,热电联产比单产电或单产热要经济,热电联产系统的总效率可以达到70% ~90%,此时产生的热可被有效利用。用生物质成型燃料发展热电联产,经济效益、环境效益和社会效益显著,尤其适合在城市、集中小区、工业开发区、城乡结合处等热源需求量大的区域应用。

(三)沼气热电联产

沼气和农林废弃物气化技术产生的沼气可以为农村地区提供部分生活用燃气,生物质气化技术还可以作为农村废弃物和工业生产废弃物环境治理的重要措施。

(四)垃圾焚烧热电联产

垃圾焚烧是当前世界各国采用的城市垃圾处理技术之一,既可以回收热能,又不占用土地,有利于实现城市垃圾的资源化。垃圾焚烧产生高温烟气,其热能被废热锅炉吸收转变为蒸汽,可以用来供热或发电。

（五）生物质能用于热电冷三联供系统

将生物质能通过热解或发酵技术转化为燃料气或燃料液用于热电冷三联供系统是一种很有前景的技术。但实际上，这种技术的附加成本不清楚，所以很难判断在目前的经济条件下应用这种技术的可行性有多大。

四、低谷电

低谷电是指城市用电低峰时的负荷，电价为正常电价的一半。近几年来，随着用电负荷的逐渐增大，低谷电与高峰负荷之间的峰谷差越来越大，导致电网调峰问题日益突出。长此下去，不仅直接影响电网的安全稳定运行，还会增加发电、供电成本，降低供电可靠性，提高用电费用等问题。另一方面，在春秋季节和夜间，大约有40%的电力资源处于闲置状态，严重影响了电网的安全运行和电力企业的经济效益。

在现有的各种采暖方式中，电采暖是最洁净的采暖方式之一，同时在环境改善、运行安全、操作便利、社会效益显著等方面优势突出，而且利用低谷电优惠电价采暖，其经济性将进一步改善，其采暖运营成本不高于集中供热的运营成本。因此，目前很多城市如北京、天津等积极鼓励大力发展低谷电采暖。

低谷电的电价优惠时间一般在24:00到次日早上8点，而这个时段正是太阳能利用最弱的阶段。利用低谷电在这个时段采暖，不仅符合国家现行能源政策，利于电网的经济安全运行，而且和太阳能联合运行，可以减少太阳能储热装置，减少设备初投资，有利于太阳能热泵利用的推广应用。

从以上分析可知，低谷电和太阳能热泵联合运营，不仅能够弥补太阳能热泵采暖的不足，解决其较大的间歇性和不稳定性，而且两者的联合运行是一种比较合理的方式，可以互相取长补短，发挥各自的优势，弥补太阳能单一热泵的不足，起到建筑节能效果。

太阳能热泵—低谷电与地板辐射采暖系统由太阳能集热器、储热水箱、电加热器、热泵机组及其附属设备构成，末端采用地板辐射采暖系统。太阳能集热器和热泵机组之间采用串联方式，将热泵机组置于太阳能集热器与用热设备之间，太阳能集热器与热泵蒸发器形成串联环路，蒸发器的热量来自太阳能集热器或低谷电加热储热水箱的能量。该系统的工作原理如图6－53所示。

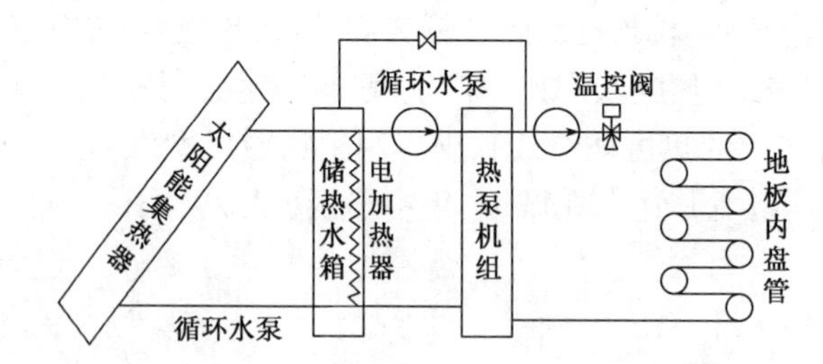

图6－53　太阳能热泵—低谷电与地板辐射采暖工作原理

五、清洁能源利用优缺点分析

（一）太阳能

太阳能是将太阳的光能转换成为其他形式的热能、电能、化学能，能源转换过程中不产生其他有害的气体或固体废料，是一种环保、安全、无污染的新型能源。太阳能的优点如下：

(1)时间长。根据天文学的研究结果可知,太阳系已存在了50亿年左右的时间,根据太阳辐射的总功率以及太阳上氢的总含量进行估算,太阳能资源尚可继续维持600亿年之久。

(2)范围广。太阳辐射能不需要开采、挖掘和运输。无专利可言,也不可能进行垄断,开发利用极其方便,覆盖范围广,无地域限制。

(3)无污染。开发利用太阳能不会污染环境,它是最清洁能源之一,在环境污染越来越严重的今天,这一点是极其宝贵的。

太阳能在建筑中的应用,绿色建筑应运而生。然而,绿色建筑还是受到了多方面因素的影响,其缺点如下:

(1)效率低、成本高。太阳能利用在理论上是可行的,技术上也是成熟的。但有的太阳能利用装置,效率偏低成本较高,受到经济性的制约。

(2)不稳定性。因为受到昼夜、季节、地理纬度和海拔高度等自然条件的限制以及晴、阴、云、雨等随机因素的影响,因此,到达某一地面的太阳辐照度既是间断的又是极不稳定的,这给太阳能的大规模应用增加了难度。因此,要利用太阳辐射能,不仅需要较大的集热面积,而且还需要储热装置,这就使得设备的初投资增大,限制了其推广应用。

(3)分散性。到达地球表面的太阳辐射能的总量虽然大,但是能流密度很低。平均来说,北回归线附近,夏季在天气较为晴朗的情况下,正午时太阳辐射的辐照度最大,在垂直于太阳光方向 $1m^2$ 面积上接收到的太阳能平均有1000W;若按全年日夜平均,则只有200W。而在冬季大致只有一半,阴天只有1/5左右,这样的能流密度是很低的。

(4)防冻问题。全玻璃真空管太阳能采暖易损坏,晚间防冻热损失大,需要辅助、储能。太阳能供热系统通常采用添加防冻液来解决寒冷或严寒地区太阳能系统防冻问题,但是采用防冻液时仍然存在一些问题。例如,所选取的防冻液浓度过高影响系统的经济性,采用防冻液时系统形式通常采用间接式,在系统设计时要考虑其对换热器换热性能的影响,防冻液因其本身的热物性差异对环路运行和设备可能会有影响,防冻液具有一定的寿命和使用年限要求,要及时更换等。

(二)地热能

地热能是由地壳抽取的天然热能,这种能量来自地球内部的熔岩,并以热力形式存在,是引致火山爆发及地震的能量。现在许多国家为了提高地热利用率,而采用梯级开发和综合利用的办法,如热电联产联供、热电冷三联产、先供暖后养殖等。地热能的利用优点如下:

(1)地热能是较为可靠的可再生能源,能源蕴藏丰富。

(2)地热能分布广泛,大部分集中分布在构造板块边缘一带,该区域也是火山和地震多发区。

(3)应用范围广,除地热发电外,也可直接利用地热水进行建筑供暖、发展温室农业和温泉旅游等。

但与此同时,地热能的使用中也存在着一些缺点:

(1)利用率低。地热蒸汽的温度和压力都不如火力发电高,因此地热利用率低。像盖塞斯的老发电机组的热效率只有14.3%,以致冷却水用量多于普通电站,热污染也比较严重。

(2)资源再生慢。地热属于再生比较慢的一种资源。地热蒸汽产区只能利用一段时间,其长短难于估计,可能在30~3000a之间。由于取用的水多于回注的水,利用地热发电,最后可能会引起地面沉降。

(3)回灌井失效。评价一个运行的地下水源热泵系统的优劣,应该首先看它是否能100%

的回灌地下水，必须符合《地源热泵系统工程技术规范》（GB 50366—2019）中 5.1.1 的规定；要有完善的回灌系统，在整个运行寿命期内，保证 100% 回灌地下水。然后才能看它的运行经济性、可靠性和安全性等。回灌井堵塞造成单井水量越灌越少，甚至灌而不下，这已是制约地下水源热泵应用的一个瓶颈。

（4）地源热泵冷堆积。地源热泵系统，夏季不断从室内吸收热量排放至地下；冬季则不断提取土壤中的热量以实现室内供暖。换言之，夏季向土壤中蓄存热量，冬季从土壤中提取热量。但是，当地源热泵系统夏季向地下累计释放的冷凝热大于冬季从地下累计吸收的热量时，则会在地下形成"热堆积"，使地下恒温带温度逐渐上升，地源热泵系统的供冷效率逐年恶化；当地源热泵系统夏季向地下累计释放的冷凝热小于冬季从地下累计吸取的热量时，会使地下恒温带温度逐年下降，形成所谓"冷堆积"，使地源热泵系统的供热效率逐年降低。因此，地源热泵系统在设计过程中，务必核查与确保系统夏季向地下的散热量和冬季从土壤中提取的热量二者平衡；若无法形成平衡，则必须使用冷却塔或者热回收技术，以实现热量的平衡。

（三）风能

风能是可再生的清洁能源，其优点是储量大、分布广，但它的能量密度低，并且不稳定。在一定的技术条件下，风能可作为一种重要的能源得到开发利用。风能利用是综合性的工程技术，通过风力机将风的动能转化成机械能、电能和热能等。风能的利用主要是以风能作为动力和风力发电两种形式，其中又以风力发电为主。以风能作为动力，就是利用风来直接带动各种机械装置，如带动水泵提水等这种风力发动机。风能利用的优点如下：

（1）风能为洁净的能量来源，风力发电是可再生能源，风力发电节能环保。

（2）风能成本低，在适当地点，风力发电成本已低于其他发电机。

风能设施多为立体化设施，可保护陆地和生态，但在使用中也存在着缺点：

（1）风能利用受地理位置限制严重，在一些地区风力发电的经济性不足，许多地区的风力有间歇性，更糟糕的情况是如台湾等地在电力需求较高的夏季及白日是风力较少的时间，必须等待压缩空气等储能技术发展。

（2）风力发电需要大量土地兴建风力发电场，才可以生产比较多的能源。在地势比较开阔，障碍物较少的地方或地势较高的地方适合用风力发电。

（3）进行风力发电时，风力发电机会发出庞大的噪声，需要选择空旷的地方来兴建。

（4）风速不稳定，产生的能量大小不稳定，且风能的转换效率低。

（四）生物能

生物能是太阳能以化学能形式储存在生物中的一种能量形式，一种以生物质为载体的能量。它直接或间接地来源于植物的光合作用，在各种可再生能源中，生物质是独特的，它是储存的太阳能，更是一种唯一可再生的碳源，可转化成常规的固态、液态和气态燃料。生物能的优点包括：

（1）可再生。生物质能源是从太阳能转化而来，通过植物的光合作用将太阳能转化为化学能，储存在生物质内部的能量，与风能、太阳能等同属可再生能源，可实现能源的永续利用。

（2）低碳。生物质能源中的有害物质含量很低，属于清洁能源。同时，生物质能源的转化过程是通过绿色植物的光合作用将二氧化碳和水合成生物质，生物质能源的使用过程又生成二氧化碳和水，形成二氧化碳的循环排放过程，能够有效减少人类二氧化碳的净排放量，降低温室效应。

（3）原料丰富。生物质能源资源丰富，分布广泛。在传统能源日渐枯竭的背景下，生物质能源是理想的替代能源,被誉为继煤炭、石油、天然气之外的“第四大”能源。

生物能的开发及使用上存在的缺点包括:

(1)土地矛盾。生物质能源与农业、林业在资源使用上不协调。能源作物已经开始成为不少国家生物质能源的主体。但是,我国土地资源短缺,存在能源作物和农业、林业争夺土地的矛盾。

(2)技术落后。利用装备技术含量低,研发经费投入过少,一些关键技术研发进展不大。例如厌氧消化产气率低,设备与管理自动化程度较差;气化利用中焦油问题未能解决,影响长期应用;沼气发电与气化发电效率较低,二次污染问题没有彻底解决。

(3)缺乏相关政策及市场环境。缺乏专门扶持生物质能源发展,鼓励生产和消费生物质能源的政策。在当前缺乏一定经济补助手段的条件下,难以实现生物质热电联产规模化,竞争能力弱。我国生物燃料乙醇发展缺乏明确的发展目标,没有形成连续稳定的市场需求,还处在“以产定销、计划供应”阶段。国内生物燃料乙醇从生产到销售的各个环节都受到了政府部门的严格控制,是政策性的封闭运行,尚未形成真正意义的市场化。

(五)低谷电

低谷电在集中供热上的应用可有效解决电网峰谷差大、供需矛盾日趋尖锐的紧张局面。不仅有利于集中供热发展,促进我国热泵和蓄能技术发展,还能节省庞大的电网改造费用和工程量,效益极其可观,宜及时纳入城市热力规划和电力规划。首先,它通过抑制峰时用电量、提高了谷时用电量,不仅帮用户节约了成本,同时解决了用电冲突的问题。其次,用户可以得到相应的经济补偿,经济性可靠。再次,此政策促进了电采暖事业的发展。最后,使用低谷电蓄能供暖,可以平衡电网负荷,起到“削峰填谷”的作用,提高发电设备的效率。

太阳能低谷电联合供暖的方式则一方面解决了太阳能辐射热量的不稳定性问题,另一方面解决了因低谷电储热不足而造成的影响,降低了运行成本,经济性十分可观,它为实现“煤改电”政策开辟了一条新的途径。

但采用谷电采暖也存在着亟须解决的问题,如谷电采暖(电阻丝较为常见)寿命短、需要储能。另外,对储热材料组成成分的研究是目前所需要的,应继续把它向经济性与储能密度高的方向研究发展。

第三节　多能互补技术

一、互补供热技术

近年来,随着环境保护力度的加大,供热行业的环保要求也逐步提高,国家对节能环保越来越重视。清洁供暖对落实国家战略发展具有重大意义,利用清洁能源进行供热已成为全行业聚焦的主题之一。狭义的清洁供热,是指高效利用天然气、电、地热(热泵)、生物质、太阳能等清洁能源,为节能建筑提供绿色、经济热能的供暖方式。但目前现有的清洁能源各自存在弊端,采用单一的可再生能源供热难以解决遇到的诸多问题,故提出互补供热与储能技术,旨在集中供暖过程中增加清洁能源的利用,减少供热能耗和污染物排放。

随着社会的发展,可以用来对能源进行监控、管理与控制的技术趋于完善,从应用形式的角度进行分析,互补供热技术逐渐成为行业内的主流。该系统的作用主要是通过自动协调能源增进程度的方式,确保运行效果可以得到显著提高。在对互补系统进行构建时,相关人员应对产生能量到存储能量的全过程加以重视,以对各个环节进行优化为前提,以增强系统的可靠性与稳定性为目的,通过对现有的能源系统进行集成应用的方式,确保能源利用率可以得到显著提升,其生产成本也会随之减少。以下是互补供热技术的几种常用系统形式。

(一)太阳能—地源热泵系统

太阳能和地源热泵都是可再生的清洁能源,这一系统是将两者进行结合后使用,能够互相弥补不足,充分发挥两者的优势,提高资源的利用率,减少能源消耗,保护环境。为了实现太阳能跨季节储热供热和地源热泵的结合,太阳能—地源热泵热源供热系统采用的形式为双机组太阳能耦合地源热泵供热系统。这一系统主要由集热循环系统、地下埋管换热循环系统和地源热泵循环系统组成。夏季的时候通过太阳能吸收热量,通过集热循环系统将热量收集起来,然后经地源热泵系统将热量抽取到地下,进入到地下埋管换热循环系统存储。到了冬天可以通过地源热泵系统将地下的热量抽取到室内为建筑供热。在冬季,太阳能比较充足的时候不需要进行存储,直接就可以将太阳能转化为热能进行使用。这个过程中又包含了太阳能集热器装置,可以将太阳能直接转化为热能。

太阳能—地源热泵与热网互补供热系统如图 6 – 54 所示。从图 6 – 54 可以看出,互补供热系统主要包括太阳能集热系统、地下埋管换热器系统、热泵机组系统和热网系统。系统的工作流程分为两种模式,当循环流体先进入储热水箱时将其设定为模式一;当循环流体先进入地下埋管换热器时将其设定为模式二。其中模式一太阳能集热系统将热量储存到储热水箱中,系统中的循环流体首先经过储热水箱换热,然后进入埋管换热器(当地埋管进口温度低于出口温度时进行吸热过程,反之进行的是放热过程),地埋管出口流体最后进入热泵机组蒸发器,被放热之后,低温流体再次回到储热水箱进行下一次循环,当热泵冷凝器出口温度低于设计温度时,出口流体进入热网换热器进行取热,使之满足末端需求。该模式的特点是进入储热水箱中换热的循环流体温度很低,从而增加了水箱与太阳能集热器的换热量,所以太阳能集热器的集热效率也随之提高,且有助于地温的恢复,而模式二中循环介质先流经埋管换热器,再进入太阳能集热器,其余流程与模式一均相同。

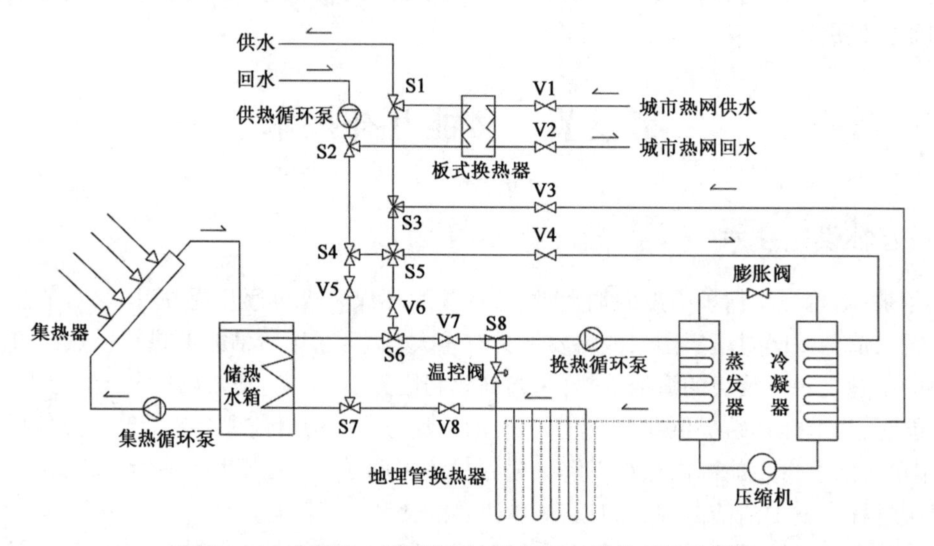

图 6 – 54　太阳能—地源热泵与热网互补供热系统示意图

太阳能与地源热泵结合的储热供热系统,可以互相弥补太阳能和地源热泵供热的缺点,实现能量的有效利用。在非供热季时具有丰富的太阳能资源,而在供热季时,往往存在供热量不足的情况,因此在非供热季节利用太阳能集热系统将热量储存在地下,利用土壤良好的储热能力,进行长期的跨季节储热;供热季时再将储存的热量取出用于供暖,可以实现能量的有效利用。太阳能与地源热泵相结合的方式,还可以克服太阳能间歇运行的问题,同时土壤温度的升高可以提高热泵效率,有利于系统的长期稳定运行。而针对我国夏热冬冷地区越来越大的供热储热需求以及寒冷地区和严寒地区的雾霾问题,将太阳能与地源热泵结合进行季节性储热和供热具有明显的节能环保效益。

(二)双源热泵供热系统

1. 空气源热泵

空气源热泵机组在国外20世纪20年代左右就已出现,目前国内常见的空气源热泵机组形式如图6-55所示。空气源热泵机组相比于其他种类的热泵机组,具有以下特点:

(1)采用室外大气作为低位热源;

(2)对环境影响小;

(3)实验室检验和现场测试条件低;

(4)机组蒸发器冬季易结霜;

(5)低温适应性差;

(6)室外机组运行噪声大;

(7)在中小型项目中具有很好的应用效果,但难以胜任大规模工程。

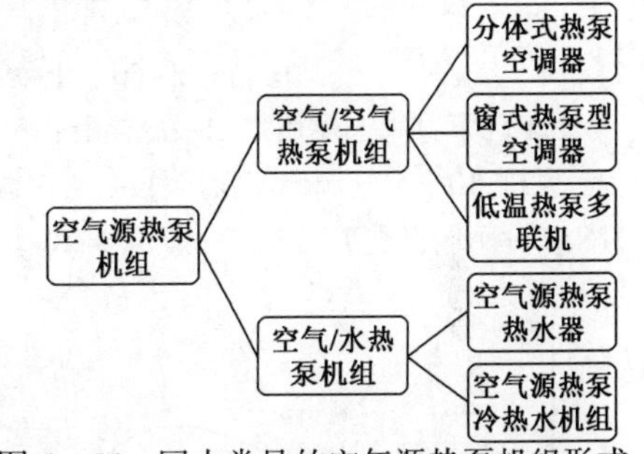

图6-55　国内常见的空气源热泵机组形式

2. 土壤源热泵

土壤源热泵利用地表浅层地热能作为冷热源,地表浅层地热能通过太阳能辐射得到补充,是一种取之不尽的清洁、可再生能源。土壤源热泵具有以下优点:

(1)土壤的温度受环境温度的影响小,温度波动小,全年相对保持稳定,从而保证系统的稳定运行,能效比高,从而达到节能效果。

(2)与传统的空调系统相比,土壤源热泵具有明显的节能减排效果。

(3)噪声污染小,对建筑物周围环境影响小。

但就目前国内外土壤源热泵的研究与应用来看,土壤源热泵也存在以下缺点:

(1)土壤源热泵对建筑的地理环境及土壤的热物理性质有特殊要求,使用土壤源热泵系统前需要先进行土壤热物理性质测试,需满足土壤源系统的使用要求,建筑物周围需有空地预埋换热管。

(2)和水源热泵相同,土壤源热泵同样需要进行大量的前期勘察工作。

(3)土壤侧换热系统与水源热泵相同,会存在腐蚀破坏现象,影响使用寿命,维护成本高。

3. 土壤源—空气源双源热泵

建筑行业是三大高能耗、高碳排放行业之一,能耗及碳排放均高达30%;冬季采暖引发室外雾霾等空气品质问题尤为突出,室外$PM_{2.5}$“爆表”的情况频发,严重影响居民健康;严寒地区地源热泵冬季运行不稳定及能效偏低,空气源热泵在各种热泵中成本最低,但也存在结霜和冬季能效偏低的问题。严寒地区的热量供需不平衡、设备易损坏、长期运行冷堆积等问题更为突出。

为解决这一问题，在常规的土壤源热泵系统中增加空气源热泵，充分利用地热能和空气能的优势，能够有效解决单一地源热泵的热不平衡和 *COP* 偏低问题。可以充分利用空气环境温度减少地热的提取，利用空气余热的情况下，空气源模式能效更高，土壤经过 8h 的间歇后，单位长度理论热流量增幅为 45.68%，土壤源模式的能效也更高。如图 6－56 所示为土壤源—空气源双源热泵机组运行示意图，如图 6－57 所示为该双源热泵机组系统的压焓图。

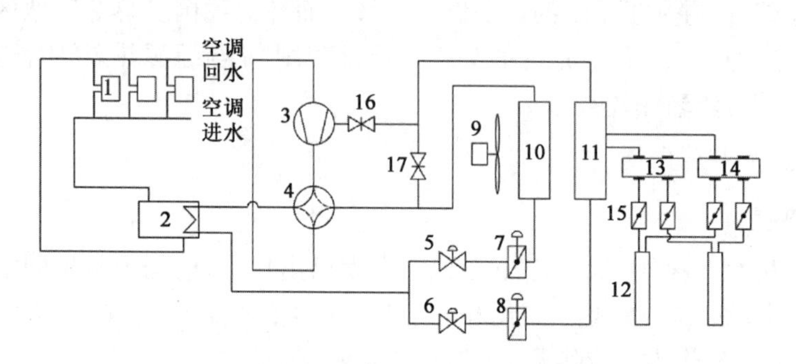

图 6－56　土壤源—空气源双源热泵机组运行示意图

冬季工况下：1—末端用户；2—冷凝器；3—喷气增焓压缩机；4—四通换向阀；5，6—膨胀阀；7，8—电磁阀；9—风机；10—空气源侧蒸发器；11—土壤源侧蒸发器；12—地埋管；13—分水器；14—集水器；15—关断阀；16、17—闸阀夏季工况下：2—蒸发器；10—空气源侧冷凝器；11—土壤源侧冷凝器，其余不变

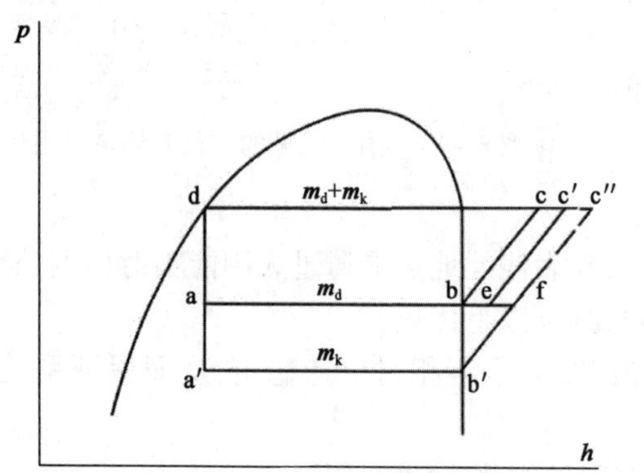

图 6－57　土壤源—空气源双源热泵机组系统压焓图

冬季工况下，在室外温度处于 －5～5℃ 的剧烈结霜工况时，关闭电磁阀 7 及闸阀 16，打开电磁阀 8 及闸阀 17，此时的运行模式等同于土壤源热泵运行模式，热泵制热循环为 a－b－c－d－a。当室外温度继续降低至 －5℃以下时，冷凝器 2 利用分流三通分为两路，一路经过膨胀阀 5 节流至状态点 a′，以电磁阀 7 调节空气源侧蒸发器流量 i，在蒸发器 10 处吸热蒸发至状态点 b′，进入喷气增焓压缩机低压缸压缩至状态点 f；另一路的制冷剂经过膨胀阀 6 节流至状态点 a，利用电磁阀 8 调节地源侧流量 m，进入土壤源侧蒸发器 11，吸收土壤中的浅层地热能蒸发至状态点 b，打开闸阀 16，关闭闸阀 17，制冷剂通过补气回路进入喷气增焓压缩机 3，与低压缸处制冷剂 f 混合至状态点 e；压缩机将制冷剂 e 继续压至状态点 c′，在冷凝器冷凝至状态点 d，通过分流三通进入两个蒸发器进行蒸发，完成制热循环。

夏季工况下，在室外温度高于 35℃时，关闭电磁阀 7 及闸阀 16，打开地源侧电磁阀 8 及闸阀 17，此时的运行模式等同于土壤源热泵运行模式，制冷循环为 a′－b′－c″－d－a′。当室外温度降低至 35℃以下时，闸阀 16 关闭，阀门 7、8、17 均打开，蒸发器 2 中的制冷剂 b′进入压缩机 3，压缩至状态点 c′后进入两个支路，一部分流体通过闸阀 17 进入土壤源侧冷凝器，另一部分流体进入空气侧冷凝器。以电磁阀 7、8 调节每个支路流量，随着室外温度的降低增加空气源支路流量比例。一路的制冷剂进入土壤源侧冷凝器 11，把热量释放到土壤中冷凝至状态点 d；另一路制冷剂进入空气侧冷凝器 10，在风机 9 的作用下吸收空气侧的能量冷凝至状态点 d，两部分流体冷凝温度相同。两部分流体在膨胀阀处节流至状态点 a′,通过三通合流后进入蒸发器 2,蒸发至状态点 b′,进入喷气增焓压缩机,压缩至高温高压蒸汽 c″,进入两个冷凝器进行冷凝,完成制冷循环。

(三)谷电驱动地源热泵 GSHP 耦合太阳能储热供暖系统

采用地源热泵和太阳能并联,对相变储热装置进行储热,充分利用国家当前出台“峰谷分时计价”政策与低谷时段的电力,让地源热泵在低谷电时段对相变储热装置储热,在峰电时段利用相变储热装置为建筑末端供暖;配合太阳能供暖系统、相变储热装置存储太阳能富裕的热量辅助供暖。

谷电驱动 GSHP 耦合太阳能储热供暖系统主要由地源热泵机组、地埋管、循环泵、太阳能集热器、相变储热装置等组成。在充分考虑“峰谷分时计价”的前提下,充分利用夜晚低谷电驱动地源热泵把热量储存到相变储热装置中,使该系统在办公类建筑间歇供暖中,充分发挥电价优势,其工作原理图如图 6-58 所示。

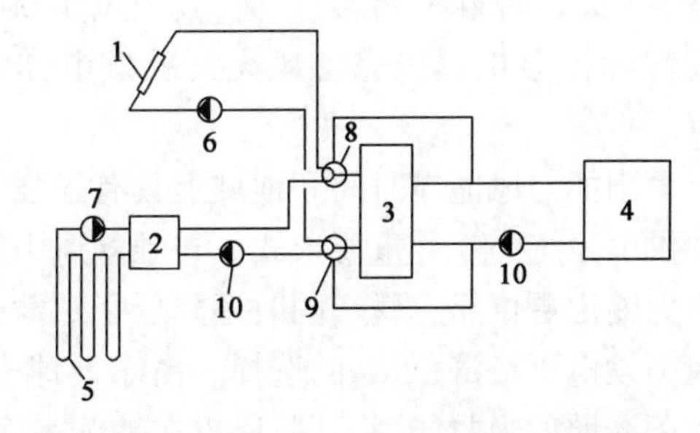

图 6-58　谷电驱动 GSHP 耦合太阳能储热供暖系统原理图

1—太阳能集热器;2—热泵机组;3—相变储热装置;4—建筑末端;5—地埋管;6—太阳能集热循环泵;7—热泵源侧循环泵;8—合流器;9—分流器;10—循环泵

地埋管与地源热泵、地源热泵与相变储热装置、太阳能集热器与相变储热装置、相变储热与建筑末端组成四个循环回路。本系统可以实现地源热泵在夜间低谷电时段储热、相变储热装置直接供暖、太阳能辅助储热供暖等不同的供暖模式。本系统采用地源热泵与太阳能并联的连接方式,可以在供暖初、末期充分利用太阳能资源,减少系统的运行费用。

供暖季,一方面地埋管 5 从土壤中取热,经过热泵机组 2,热泵机组所产生的热量对相变储热装置 3 进行储热,相变装置再对建筑末端 4 供暖。另一方面太阳能集热器 1 通过吸收太阳辐射加热流体对相变装置边储热边供暖。谷电驱动 GSHP 耦合太阳能储热供暖系统具体运行模式如下所述。

1. 模式一:太阳能集热器边供暖边储热

在供暖季,当太阳能集热器出口温度达到直接供暖要求时,直接利用太阳能集热系统供暖;当太阳能集热系统所收集的热量有所富裕时,富裕的热量储存在相变储热装置中;当太阳辐射强度减弱,集热系统不满足供暖时,优先启动相变储热装置,利用相变储热装置供暖;如以上所述都不满足供暖要求时,启动地源热泵补热。

2. 模式二:地源热泵储热,相变储热装置供暖

模式二主要是利用相变储热装置配合地源热泵使用夜间的低谷电。地源热泵在前一天晚上波谷电时段运行,对相变装置储热,相变储热装置第二天白天供暖时段对建筑供暖;如相变储热装置不满足供暖要求时,启动地源热泵补热。当运行模式二时,太阳能集热系统不启动。

二、风光互补与混合蓄电技术

(一)风光互补与混合蓄电技术的发展现状

随着可再生能源地位的不断提升,相关技术研究也迅速发展。尤其是进入 21 世纪以来,

许多国家都积极制定能源方面的政策法规,以求合理、高效地开发利用本国的可再生资源,实现国家的可持续发展。风光互补分布式发电系统要优于单一的可再生能源分布式发电,其产业和开发前景广阔。据不完全统计,全球市场上约1/3的风力发电机组都来自丹麦,它也是世界上为数不多的能够将商业发展、环境保护和可再生资源利用三者有机结合的国家。早在20世纪80年代,丹麦人就提出了太阳能和风能混合利用的技术问题,虽然最初的风光互补发电系统只是将风力机和太阳能电池板进行简单的组合,但这已是后来研究此互补系统的基础。谈及能源问题,不得不说一下日本,日本的能源利用率位居全世界前列,由于其国内能源资源十分稀缺,这就迫使其形成了高效利用可再生能源的观念。近年来,日本加快能源产业的结构调整,积极发展战略性新兴产业,其中风能和太阳能已成为拉动日本经济增长的新支柱之一。目前国际社会正逐步完善风光互补发电体系,使其更加具有实用性,能够满足即插即用的特点。

太阳能与风能在时间和地域上具有很强的互补性,风光互补混合供电系统是可再生能源独立供电系统的一种重要形式。与独立风力发电或光伏发电相比,风光互补混合供电系统能使电力输出更可靠、平稳,同时还降低了对蓄电池储能的要求,因此被证明是一种比单一光伏或风力发电更经济、可靠的选择。由于地球表面的不同形态(如沙土地面、植被地面和水面)对太阳光照的吸收能力不同,所以在地球表面形成温差,从而形成空气对流而产生风能。太阳能和风能在时间上的互补性使得风光互补发电系统在资源利用上具有很好的匹配性。

(二)风光互补与混合蓄电技术的原理

风光互补,是一套发电应用系统。该系统是利用太阳能电池方阵、风力发电机(将交流电转化为直流电)将发出的电能存储到蓄电池组中。当用户需要用电时,逆变器将蓄电池组中储存的直流电转变为交流电,通过输电线路送到用户负载处,风力发电机和太阳电池方阵两种发电设备共同发电。风光互补发电、蓄电、供电系统主要包括风力发电系统、太阳能发电系统、风光互补控制器、蓄电系统、交流负载、直流负载、逆变器、卸荷器等,发电、蓄电、供电与电能管理系统如图6-59所示。

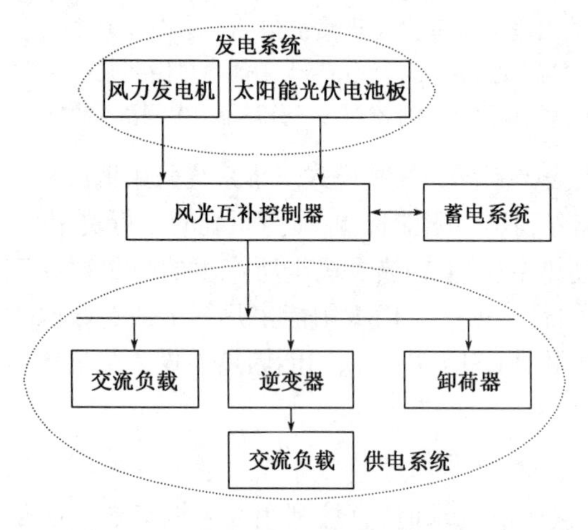

图6-59 发电、蓄电、供电与电能管理系统

发电系统由风力发电机和太阳能光伏电池板组成,互补发电系统的核心设备为风力发电机。该发电机的组件较多,主要有灯杆、互补控制器、单晶硅太阳能、免维护蓄电池和LED光源与灯具。风力发电机基于磁悬浮技术,可基于磁悬浮技术+永磁发电机,使无噪声、低风速启动的设想成为现实。只要有风力作用,该发电机就能长期处于转动状态,通过对磁力线进行切割的方式,向厂房内部提供需要的交流电。风能带动风叶旋转,通过传动机构将能量传递给风力发电机,带动风力发电机旋转,风能转变为电能。同时,太阳光照射光伏电池板,将光能转化为电能,经过整流变换、风光互补控制器稳压,一方面通过母线直接向直流负载供电,另一方面经逆变器逆变为220V交流电向交流负载供电;剩余的电量通过双向变换器储存到蓄电系统,供发电不足时使用,起电能调作用;风能、太阳能发电量超出交、直流负载和蓄电系统用电时,卸荷器无极卸荷并将多余电能释放。

1. 风力发电机组 WG

1) 风力发电机原理

风力发电机主要是风轮的旋转运动带动发电机旋转发电，把机械能转化为电能。风力发电机运行的空气动力学原理具体过程为：当空气流经叶片表面时，叶片受到风的作用力，此力分解为与气流方向平行的力（称为阻力）和与气流方向垂直的力（称为升力）。阻力是风轮的正压面力，由风轮的塔架承受，升力是推动风轮旋转的力。风轮就是依靠升力使其在安装平面内旋转运动，然后带动发电机一起转动，这样就源源不断的产生电流。但根据电机学原理，即使在同一转速下，不同的负载对风力发电机的运行有很大影响。例如，当增加风力发电机的负载后，负载回路中的电流将会变小，这样发电机转动时受到的阻抗就会减小，导致转速的升高。当负载无限大时（开路），负载回路中电流几乎为零，风力发电机转动时所受到阻抗也最小，从而转速也就越高，风力发电机输出功率为零；当负载无限小时（短路），负载回路中电流无限大，发电机转动时受到的阻抗也就越大，甚至会刹车，这时风力发电机输出功率也为零，那么在两者之间必定存在某一负载，使风力发电机输出功率最大，此负载即为风力发电机的最佳负载。

$$P=\begin{cases}0 & V\leqslant V_{ei}\text{或}V\geqslant V_{e0}\\ P_r\dfrac{V-V_{ei}}{V_r-V_{ei}} & V_{ei}\leqslant V\leqslant V_r\\ P_r & V_r\leqslant V\leqslant V_{e0}\end{cases}$$

式中 V——风力机轮毂高度处的风速；

V_{ei}——切入风速；

V_{e0}——切出风速；

V_r——额定风速；

P_r——额定输出功率。

2) 工作特性

风力发电机启动时，需要一定的力矩来克服其内部的摩擦阻力，这一力矩称为风力发电机的启动力矩。启动力矩与风力发电机本身传动机构的摩擦阻力有关，因此风力发电机有一个最低的工作风速 V_{fmin}，只有风速大于 V_{fmin} 时风力机才能工作。而当风速超过某一值的时候，基于安全上的考虑（主要是塔架和桨叶强度），风力发电机应当停止运转，所以每台风力机都规定有最高工作风速 V_{fmax}，该风速值与风力发电机的设计强度有关，是设计时给定的参数。介于最低风速和最高风速之间的风速称为风力发电机的工作风速，相应于工作风速风力机有功率输出，风力发电机的输出功率达到标准时的工作风速称为该风力机的额定风速。为充分利用风力资源进行发电，应按当地的风力资源来确定风力机的启动风速和额定风速，进而选择合适的机型。

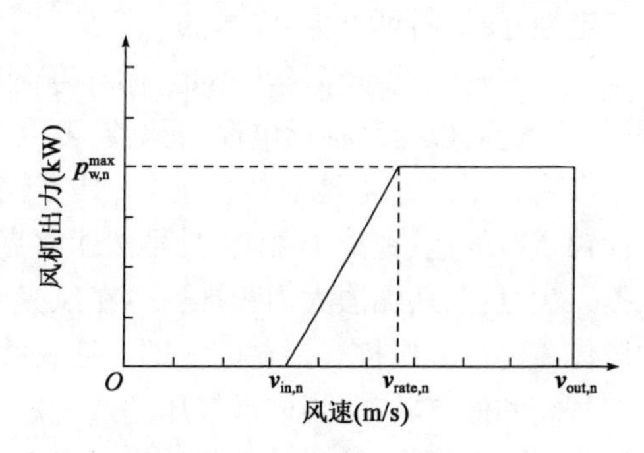

图 6-60 风力发电机的输出功率曲线

工程上一般用风力发电机的风速功率曲线来表示风力发电机的运行特性。如图 6-60 所示为风力发电机的输出功率曲线。

2. 太阳能光伏电池(PV)板

光伏组件的工作原理为:当太阳光照射到太阳电池上时,电池吸收光能,产生光生电子——空穴对。在电池内电场的作用下,光生电子和空穴被分离,电池的两端出现异号电荷的积累,即产生"光生电压",源源不断地产生电流,从而可以获得电能。

计算太阳能光伏电池板的输出能量时,需要考虑辐射和温度对能量输出的影响。PV 的倾斜角是影响 PV 发电量的重要因素之一。从太阳能电池应用以来,相关学者已提出了一些选择最佳倾角的观点和方法,但是这些方法大多仅适用于独立光伏发电系统。PV 发电量 $P_s(t)$ 与倾斜角 β 最终可以建立如下函数关系:

$$P_s(t) = \Phi(V_m, I_m) = \Phi[V_m(\beta), I_m(\beta)]$$

式中 V_m——光伏电池的最大功率点电压;

I_m——光伏电池的最大功率点电流;

β——光伏电池倾角。

3. 蓄电系统

风光互补发电系统中,蓄电池作为储能环节,在风力、日照充足的条件下,可以存储供给负载后多余的电能;在风力、日照不佳的情况下输出电能给负载。因此,蓄电池组在风光互补系统中主要起调节电量的作用,在风力发电机和太阳能电池发电量较多时,多余的能量以化学能的方式存储在蓄电池中,而在无日照的夜间或阴雨天气和无风天气时,蓄电池对负载供电。蓄电池是风光互补混合发电系统的主要储能装置,主要有镍氢蓄电池、锂电子电池和密封铅酸蓄电池三种。

1)镍氢蓄电池

(1)优点:能量与功率平衡,功率高,充电性能好,循环使用寿命长。

(2)缺点:搁置寿命短,低温时容量损失,耐高温性差,成本高。

2)锂离子电池

(1)优点:能量与功率平衡,体积小,放电功率高,充电能力极好,循环寿命长,成本较低。

(2)缺点:搁置寿命短,温度性能差,低温时容量损失,高温时充电接受能力差。

3)密封铅酸蓄电池

(1)优点:容量大,能量与功率平衡性好,运行温度范围广。搁置寿命好,放电功率和电压稳定性好,材料可再生,成本低。

(2)缺点:总能量输出不足,循环寿命较短。

通过对以上三种蓄电池的比较,可以看出它们各有优缺点以及各自不同的适用领域。其中以密封铅酸蓄电池总体性能好,具有较好的能量、功率和寿命特性,因而得到了广泛应用。而镍氢蓄电池、锂离子蓄电池,虽然能够克服铅酸电池诸多不足,但由于成本高、价格贵、建设投入大,目前还无法大面积推广。在风光互补系统中最为常用的铅蓄电池,又可分为阀控式和胶体蓄电池。阀控式铅蓄电池即贫液式蓄电池,是目前应用最广泛的铅蓄电池,正常使用时保持气密和液密状态,当内部气压超过额定值时,安全阀自动开启,释放气体;当内部气压降低后安全阀自动闭合,防止外部气体进入内部。胶体蓄电池是在阀控式蓄电池的基础上,在硫酸电解液中加入适量硅胶使电解液在蓄电池内立即凝固而成;与阀控式蓄电池相比,容量更大,充电性能和低温性能都较好。

(三)风光互补与混合蓄电技术的应用

风光互补发电系统本身有其独特的优势,但是该系统的应用效率不高,且建造成本高,技术也不够完善,需要进一步完善。而在资源节约型和环境友好型社会建设目标的基础上,政府和研究人员需要加大力度研究该发电技术,解决其中的技术难题,使风光互补发电系统实现数字化、小型化和绿色化,同时能够解决资源配置与系统之间的问题,使其能够尽快得到大规模应用,实现家庭化以及市场化,以缓解我国的能源紧缺和环境污染问题。

从20世纪80年代开始,国外就开始了风光互补混合发电系统方面的研究。虽然国内的起步时间较晚,但是在该领域的成就也是硕果累累,特别是在系统仿真建模和优化配置方面。

在国内,我们在该领域的发电系统、供电系统以及对应的控制策略、优化方案以及该项技术在电力市场的应用调查情况都有着显著成就。西安交通大学提出一种包含风能发电机组和柴油机柴油发电机组的供电系统;中科院广州能源研究所提出了一种风光互补发电系统的优化配置方法,该方法能够节约成本,提高系统的可靠性;合肥工业大学能源研究所提出了风光联合发电系统的仿真模型,该模型较为完整地演示了风光联合发电系统的运行特点,为相关的控制策略研究提供了良好的仿真效果;内蒙古大学的小型户风光互补发电系统在风、光匹配计算方面处于领先地位。

随着对相关控制方法和控制策略的深入研究,科研人员已成功将最大功率点跟踪控制应用到风光互补发电系统中,实现对风能和太阳能最大程度的利用。我国在风光互补发电系统的实际应用方面也有较大突破,如建立了华能南澳风光互补发电场,这也是我国第一个正式运行的商业化互补发电系统。在青藏高原和内蒙古自治区等偏远地区,还建造了很多孤岛式的互补发电系统。

混合储能系统,整合了功率型储能元件大功率充放电、循环寿命长以及能量型储能元件电容量大的优势,做到扬长避短,是平抑微电网波动的理想解决方案。通过采用蓄电池电量均衡策略,使混合储能系统中的每一个单体蓄电池在充放电过程中始终保持相同的 *SOC*,有效地避免了电池组中因 *SOC* 不一致造成的电池组整体容量下降、性能受损的问题;利用蓄电池与超级电容性能上的互补特性设计的控制策略较好地优化了混合储能系统的充放电过程,有效地延长了蓄电池的使用寿命;自适应阻抗二次控制弥补了传统下垂控制电压压降大与均流效果差的缺陷;混合储能系统使微电网不必每时每刻保持功率平衡,减少了弃光弃风现象,提高了新能源的利用率。

第四节　典型案例分析

一、深圳市的未来大厦“光储直柔”示范

就单项技术而言,光、储、直、柔已有大量研究,其中与建筑场景相结合的探索也不少,例如光伏与建筑相结合的设计、采用低压直流配用电系统的建筑等都能在国内找到不少示范工程。将“光储直柔”各项技术有机融合并集成示范的项目还不多,但这必然是未来的发展趋势。位于深圳市的未来大厦R3模块就是“光储直柔”集成示范建筑之一,其建筑面积6259m^2,是典型的办公场景,配有办公环境所必需的直流空调多联机系统、LED照明系统、直流多媒体、直

流办公设备、直流充电桩等，以及智能化控制系统，未来大厦低压直流配用电系统如图 6－61 所示。该楼于 2019 年年底完工，目前已投入科研使用。

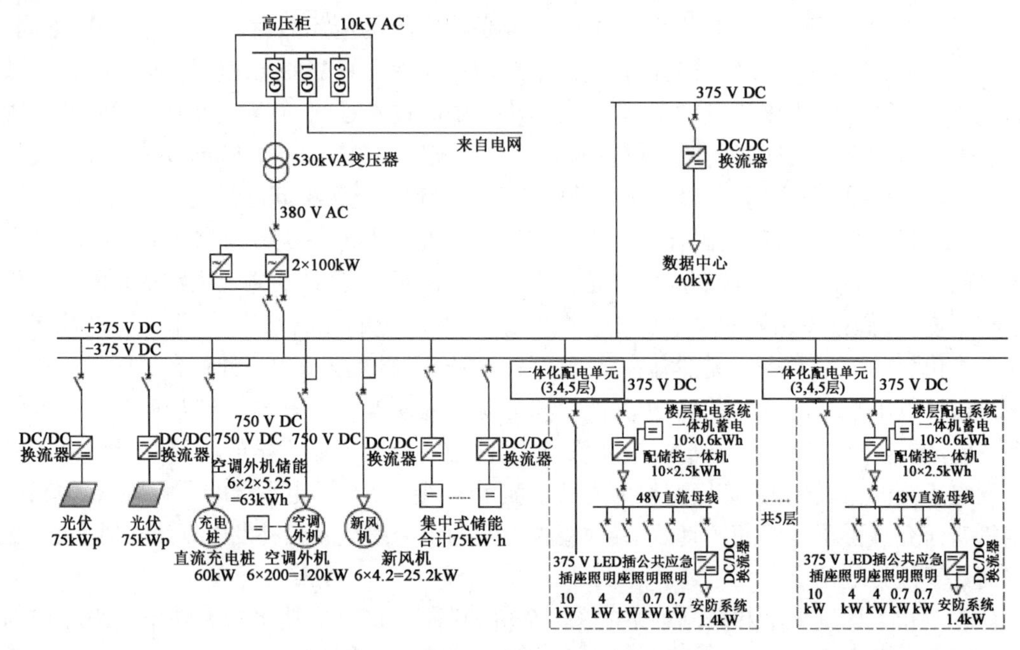

图 6－61　未来大厦低压直流配用电系统

未来大厦 R3 模块采用了全直流配用电系统。电压等级的选择综合考虑了系统输配高效性、用电安全性、电气设备适用性等因素，最终决定采用 375V 和 48V 2 个电压等级。其中 375V 电压等级主要用在楼内输配网络，旨在追求输配的高能效和经济性；而 48V 超低电压则主要用在室内人员频繁接触的区域，旨在追求高安全性、减轻人员触电事故的危害性。在适用性方面，375V 电压等级又采用 ±375V 双极性母线，因此实际上可以形成 750V、375V 和 48V 三个电压等级，以供电源和负载根据各自需求选择性并网。如图 6－61 所示，空调、充电桩等大功率设备可跨接在 ±375 V 母线上获得 750 V 的供电电压；而光伏、储能电池、新风机、电网 AC/DC 变换器等均可以接入 375 V 母线；人员接触频率高的小功率用电设备则由房间内 48 V 的 DC/DC 变换器供电，包括照明、风机盘管以及桌面插排等。

在直流系统接地方面，有研究表明民用建筑低压直流配电系统宜采用 IT 或 TN 接地方式，不建议采用 TT 接地方式。未来大厦 R3 直流系统作为实验性系统可以在 IT 不接地、IT 高阻接地和 TN－S 三种方式间手动切换，主要使用 IT 不接地方式。

未来大厦 R3 模块配置了 150 kW 的光伏系统，位于 1870m^2的屋顶上。该光伏系统分 8 组汇流，通过具备 MPPT 功能的非隔离型 DC/DC 变换器接入建筑配用电系统的 375V 直流母线，预计年发电总量为 34×10^4kW · h。由于建筑按照低能耗标准设计，采用了大量节能措施，因此单位面积用电量不超过 50kW · h/m^2，年用电量不到 30×10^4kW · h。光伏的年发电量大于建筑年用电量，因此通过充分利用屋顶光伏，该建筑有望实现净零能耗，但是前提是解决光伏负荷曲线和建筑用电负荷不匹配的问题。

为此，建筑中配置了电池储能系统。电池储能系统分三个层级：第一层级是楼宇集中式储能，通过双向可控的储能 DC/DC 变换器分别接入直流 ±375 V 母线，用于维持母线电压稳定和辅助全楼负荷调节，当前配置容量为 75kW · h；第二层级储能分散地布置在末端，服务于 48V

配电网,配置总容量达60kW·h;第三层级储能主要与特定设备相连,服务于设备本身,目前有60kW·h的空调专用储能分布在各楼层多联机室外机附近,协助空调负荷的调节并作为空调备用电源。

在柔性控制方面,未来大厦R3模块基于直流配用电系统,采用基于直流母线电压的自适应控制策略。现场实测数据表明,直流母线至少可以在360~390V之间变化而不影响建筑设备的正常使用。利用直流母线电压允许大范围波动的特性,建立起直流母线电压与建筑设备功率之间的联动关系。例如,空调设备可以在电压较低时降功率运行,建筑储能电池和电动车在电压较高时开始充电,就可以通过调节直流母线电压来调节建筑的总功率,而不需要对所有设备进行实时在线控制。

通过集成应用"光储直柔"技术,建筑配电容量显著降低。如果按照常规商业办公楼的配电设计标准,该楼至少配置400kW的AC/DC变换器容量。而目前该楼的AC/DC变换器容量仅配置了200kW,比传统系统降低了50%。由此可见,"光储直柔"能够有效降低建筑对城市的电量需求和容量需求。

二、"光储直柔"建筑对城市电网的作用

建筑作为城市电力消费的主体,发展"光储直柔"建筑,除了促进建筑自身节能、提高建筑用电体验外,对于解决城市电网面临的电网增容压力、可靠性提升压力等都有积极作用。以基于深圳市大型公共建筑的用能特点,分析"光储直柔"建筑对于城市电网的作用。

(一)削减夏季空调负荷峰值

空调是导致夏季负荷峰值的主要原因之一。根据深圳市公共建筑能耗监测平台的数据显示,2019年公共建筑的单位面积用电指标为109kW·h/m^2。其中,照明与插座的用电量占比最大,达62.7%;空调用电次之,为26.5%,其余的动力用电和特殊用电占比为10.8%。再选取典型日负荷曲线看,照明插座、动力用电和特殊用电受季节的影响较小,而空调用电负荷则有明显的季节差异性。以政府办公建筑类型为例(其典型日负荷曲线如图6-62所示),其夏季空调用电量占比高达40%,而冬季不到10%。如果能够充分挖掘空调系统的灵活性,一方面配置蓄冷、蓄冰、蓄电等储能设施,另一方面结合建筑的用能需求和负荷特性优化空调的运行调度策略,则有可能大幅降低夏季空调的负荷峰值。与此同时,注意到光伏的发电峰值跟公建用电负荷峰值相重叠,积极开发建筑光伏发电资源也有利于减小建筑负荷的日间峰值。季节性上光伏发电峰值也与空调负荷峰值重叠。因此,发展"光储直柔"新型建筑配用电系统对于削减夏季空调负荷、缓解空调负荷逐年增长的压力有积极作用。

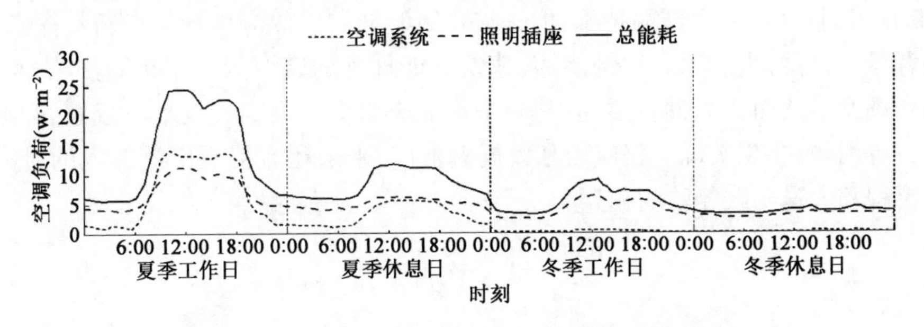

图6-62　政府办公建筑类型的典型日负荷曲线

（二）缓解电网增容压力

近年来深圳市建筑用电峰值负荷快速增长，2013—2019 年深圳市用电峰值负荷增加了 39%，同期用电量只增加了 22%。为保障用电负荷需求，2014—2018 年南网深圳供电局累计电力基础设施投资达到 240 亿元，即每增加 1kW 用电负荷，投资增加 4700～5800 元。电力负荷增容快的原因一方面是空调等建筑用电负荷的增长，另一方面是电动汽车的数量增长。在有序充电技术尚未普及时，电动汽车充电呈现明显的随机性和波动性，是典型的波动性负荷。目前，深圳市电动车保有量已达 20×10^4 辆，预计最高充电负荷达到 77×10^4kW，未来当达到 100 万辆时，对于建筑配电系统的安全和电网的容量都构成了巨大的挑战。用电峰值负荷增长过快，不仅导致电力基础设施资源利用率更加恶化，也侵蚀了用户用能成本降低的空间。

然而，另一方面也注意到建筑变换器普遍长期处于低负荷运行状态。有研究分析表明，深圳市的国家机关办公建筑、商业办公建筑、商场建筑和宾馆饭店建筑四种类型建筑的变压器的实际运行负载率超过 75% 的运行时间占比分别为 0.5%、1.4%、0.8% 和 0%，而负载率低于 25% 的运行时间占比分别为 88%、82%、63% 和 78%。

“光储直柔”新型建筑配用电系统以直流配用电网为平台发展分布式能源、分布式储能和需求响应技术，实现建筑电力负荷的灵活调节，从而减少建筑对外部能源的使用量，同时削峰填谷使外部供电负荷曲线趋于平稳，提高既有电力设施利用率的方式，延缓甚至避免配电基础设施的升级改造。在当下增扩容所能带来的边际效益越来越低的情况下，这种方式可能比单纯的电网增容更加经济。对于深圳市电网而言，假设延续近年增速到“十四五”末期深圳市建筑用电峰值负荷达 2500×10^4kW，如果通过发展“光储直柔”新型建筑配用电系统削减 50% 的建筑用电峰值，则可以减小电网投资 50 亿～60 亿元，相当于节省一个抽水蓄能电站的投资。

（三）增强电网供电可靠性

保障供电可靠性一直都是电网规划、建设和运行调度的关键目标，电网企业在保障供电可靠性方面承担了巨大的社会责任。据统计，2018 年我国 333 个地级行政区平均供电可靠率为 99.826%，其中城市用户平均供电可靠率为 99.946%，即平均停电时间为 4.72h/户，达到了国际领先水平。但现阶段供电可靠性的实现主要是依靠电网侧电力设施冗余配置实现，这不仅使电网企业承担了巨大的投资压力，也制约了可靠性进一步提高。

实际上，供电可靠性保障应是电力供需双方的责任，在用户侧增加分布式电源，利用直流微电网接入简单、调控灵活的优势，能够有效地提升用电的可靠性，并且配合峰谷电价、需求响应等激励政策，还能够降低用户的用电成本。发展“光储直柔”新型建筑配用电系统，充分利用两部制电价和峰谷电价差，可从用户侧进一步降低用能费用。

“光储直柔”技术并非全新的技术，但是在建筑领域的集成应用却是全新的探索。尤其在低碳发展背景下，可再生能源高比例渗透，建筑节能理念的转变为“光储直柔”技术的发展创造了机遇和场景。然而，“光储直柔”在建筑中集成应用仍然面临着技术不成熟、标准不完善、产品不完备等问题，要想实现工程应用和大规模推广，未来还有待更广泛深入的研究、跨学科跨部门的流程和大量实践经验的积累。

思 考 题

1. 分析多层建筑不宜推广特朗伯墙的原因。
2. 分析太阳能与建筑一体化技术的特点。

3. 简述被动太阳房的含义及分类。
4. 分析中国窑洞建筑存在的问题及综合治理措施。
5. 分析侧窗采光存在的问题，通过哪些方法控制自然采光？
6. 分析被动式太阳能建筑成功的关键因素。
7. 分析覆土建筑的优缺点。
8. 集热储热墙式供暖的优点是什么？
9. 与蒸汽压缩式制冷系统和吸收式制冷系统相比，太阳能吸附式制冷的特点是什么？
10. 水热型地热供热技术中，地热水直接和间接供热的原理是什么？
11. 为什么目前很多城市积极鼓励大力发展低谷电采暖？
12. 地源热泵出现冷热堆积的原因是什么？如何维持热量平衡？
13. 太阳能与地源热泵结合的储热供热系统存在什么优势？
14. 互补供热模式有哪些优点？具体模式可以分为哪几类？
15. 太阳能与地源热泵联合运行时，运行方式有哪些？采取哪种运行方式，主要与什么条件有关？
16. 谷电驱动 GSHP 耦合太阳能储热供暖系统由哪几部分组成？主要模式有哪些？

参考文献

[1] 刘冬生，孙友宏. 浅层地热利用新技术：地源热泵技术[J]. 能源工程，2002，06：58－60.
[2] 石定环. 可再生能源与可持续发展[J]. 中国科技产业，2008，01：15－18.
[3] 关伟，卢岩. 国内外风力发电概况及发展方向[J]. 吉林电力，2008，01：47－50.
[4] 张改景，龙惟定，陈旭. 可再生能源供热制冷技术在建筑中的应用[J]. 建筑热能通风空调，2009，04：23－27.
[5] 郭占军，余才锐，杨晓亚. 太阳能热泵：低谷电与地板辐射采暖系统联合运营方式探讨[J]. 建筑节能，2007，10：46－48＋54.
[6] 李达耀. 建筑可再生能源利用系统优化设计研究[D]. 南宁：广西大学，2016.
[7] 王磊，程建国，许志浩，等. 西藏太阳能与水源热泵联合供暖系统优化[J]. 太阳能，2007，02：23－25.
[8] 曾乃辉. 西昌地区空气源热泵辅助太阳能热水系统优化研究[D]. 成都：西南交通大学，2017.
[9] 凌继红，王瑞婷，刘亭亭，等. 地源热泵水蓄能复合空调系统的综合评价方法研究[J]. 暖通空调，2018，3：85－90.
[10] 赵军，曲航，崔俊奎，等. 跨季节蓄热太阳能集中供热系统的仿真分析[J]. 太阳能学报，2008，29(2)：214－218.
[11] 王沣浩，王志华，郑煜鑫，等. 低温环境下空气源热泵的研究现状及展望[J]. 制冷学报，2013，05：47－54.
[12] 陈文俊，闫志恒，卢志敏. 空气源热泵系统低温制热量改善途径实验分析[J]. 制冷学报，2009，02：49－54.
[13] 王林，陈光明，陈斌，等. 一种用于低温环境下新型空气源热泵循环研究[J]. 制冷学报，2005，02：34－38.
[14] 殷平. 南方供暖的现状和路径[J]. 暖通空调，2013，06：50－57.
[15] 韩志涛，姚杨，马最良，等. 空气源热泵蓄能热气除霜新系统与实验研究[J]. 哈尔滨工业大学学报，2007，06：901－903.
[16] 郝红，薛翔远. 太阳能—地源热泵与热网互补供热系统运行特性[J]. 沈阳建筑大学学报(自然科学版)，2014，30(06)：1068－1076.
[17] 李好. 典型气候条件下太阳能—地源热泵季节性蓄热供热系统性能研究[D]. 上海：上海交通大学，2018.
[18] 李科宏. 空气源耦合地源一体化热泵系统性能研究[D]. 太原：太原理工大学，2020.
[19] 张晶. 空气源、水源及土壤源热泵系统对比分析[J]. 中国高新科技，2017，1(11)：34－36.
[20] 肖安汝. 谷电驱动 GSHP 耦合太阳能蓄热供暖系统模拟研究[D]. 包头：内蒙古科技大学，2020.
[21] 中关村储能产业技术联盟. 储能产业研究白皮书[M]. 北京：高科技与产业化，2015.
[22] Zhongguancun Energy Storage Industry Technology Alliance. Energy storage industry research white paper[M].

Beijing,China:High Technology and Industrialization,2018.
[23] 张文亮,丘明,来小康.储能技术在电力系统中的应用[J].电网技术,2008,07:1 -9.
[24] 孙义文,王子龙,张华,等.太阳能相变蓄热水箱性能实验研究[J].热能动力工程,2019,34(11):109 -115.
[25] Cabeza L F,Ibanez M,Sole C,et al. Experimentation with a water tank including a PCM module[J]. Solar Energy Material and Solar Cells,2006,9:1273 -1282.
[26] Zalba B,Marin L M,Cabeza L F,et al. Review on thermal energy storage with phase change:materials,heat transfer analysis and applications[J]. Applied Thermal Engineering,2003,23:251 -283.
[27] Sharma S D,Sacara K. Latent beat storage materials and systems:a review[J]. International Journal of Green Energy. 2005,2:51 -56.
[28] Ibanze M,Cabeza L F,Sole C,et al. Modelization of a water tank including a PCM module[J]. Applied Thermal Engineering,2006,26 :1328 -1333.
[29] 华维三,章学来,丁锦宏,等.复合蓄热式水箱的设计及蓄放热研究[J].建筑节能,2016,44(11):108 -113.
[30] 周跃宽,俞准,贺进安,等.新型结构相变蓄热水箱模型研究及应用分析[J].建筑科学,2017,33(02):27 -33.
[31] 舟丹.我国地热发电开发现状[J].中外能源,2022,27(02):16 -17.
[32] 舟丹.世界地热发电进展[J].中外能源,2022,27(02):54 -55.
[33] 舟丹.大型石油公司参与地热开发[J].中外能源,2022,27(02):43 -44.
[34] 舟丹.世界地热利用现状[J].中外能源,2022,27(02):96 -97.
[35] 舟丹.碳达峰、碳中和推动地热发电产业发展[J].中外能源,2022,27(02):59.
[36] 王鲁浩.基于风光可再生能源的互补发电系统能量协调控制[D].秦皇岛:燕山大学,2013.
[37] 孙楠,邢德山,杜海玲.风光互补发电系统的发展与应用[J].山西电力,2010,04:54 -56,72.
[38] 刘江涛,孔德刚,么永强,等.风光互补发电、蓄电、供电系统研究及应用[J].绿色科技,2016,04:158 -159.
[39] 李强.智慧能源多能互补清洁供热技术的应用[J].中国新技术新产品,2021,03:120 -122.
[40] 时叶强.利用风能为光伏降温的风光互补发电系统研究[D].天津:天津大学,2014.
[41] 杨琦,张建华,刘自发,等.风光互补混合供电系统多目标优化设计[J].电力系统自动化,2009,33(17):86 -90.
[42] 徐大明,康龙云,曹秉刚,等.风光互补独立供电系统的优化设计[J].太阳能学报,2006,27(9):919 -922.
[43] Lu L. Investigation on characteristics and application of hybrid solar - wind power generation systems[D]. Hong Kong:The Hong Kong Polytechnic University,2017.
[44] Eftichios K,Kostas K. Design of a maximum power tracking system for wind - energy - conversion applications [J]. IEEE Transactions on industrial electronics,2006,53:112 -118.
[45] Deshmukh M K,Deshmukh S S. Modeling of hybrid renewable energy system[J]. Renewable and Sustainable Energy Reviews,2008,12(1):235 -249.
[46] Kanazawa Y,Nabae A. Instantaneous reactive power compensators comprising switching devices without energy 5 storage compensators[J]. IEEE Transactions on Industry Application,1984,18(12):198 -201.
[47] Moslehi K,Kumar A B R,Shurtleff D,et al. Framework for a self - healing power grid[C]. IEEE Power Engineering Society General Meeting. San Francisco,CA,USA:IEEE,2005,3:3027.
[48] The National Energy Technology Laboratory. Integrated Communication[M]. Pittsburgh PA,USA:NETL,2007.
[49] Momoh J A. Smart grid design for efficient and flexible power networks operation and control power systems conference and exposition[C]. IEEE/PES,2009:1 -8.
[50] 王长贵,郑瑞澄.新能源在建筑中的应用[M].北京:中国电力出版社,2003.
[51] 郭新生.风能利用技术[M].北京:化学工业出版社,2007.
[52] 付祥钊.可再生能源在建筑中的应用[M].北京:中国建筑工业出版社,2009.
[53] 刘文合,李桂文.可再生能源在农村建筑中的应用研究[J].低温建筑技术,2007,118(4):110 -112.
[54] 付祥钊,肖益民.建筑节能原理与技术[M].重庆:重庆大学出版社,2008.

[55] 罗运俊,何梓年,王长贵,等.太阳能利用技术[M].北京:化学工业出版社,2005.
[56] 王如竹,代彦军.太阳能制冷[M].北京:化学工业出版社,2007.
[57] 薛德千.太阳能制冷技术[M].北京:化学工业出版社,2006.
[58] 王崇杰,薛一冰.太阳能建筑设计[M].北京:中国建筑工业出版社,2007.
[59] 丁国华.太阳能建筑一体化研究、应用及实例[M].北京:中国建筑工业出版社,2007.
[60] 田琦.太阳能喷射式制冷[M].北京:科学出版社,2007.
[61] 刘长滨,唐永忠,张丽,等.太阳能建筑应用的政策与市场运行模式[M].北京:中国建筑工业出版社,2007.
[62] 王光荣,沈天行.可再生能源利用与建筑节能[M].北京:中国建筑工业出版社,2004.
[63] 赵云,施明恒.太阳能液体除湿空调系统中除湿器型式的选择[J].太阳能学报,2002,23(1):32-35.
[64] 李锐,张建国,俞坚,等.太阳能热泵系统[J].可再生能源,2004,04:30-32.
[65] 赵军,戴传山.地源热泵技术与建筑节能应用[M].北京:中国建筑工业出版社,2007.
[66] 匡跃辉.中国水资源与可持续发展[M].北京:气象出版社,2001.
[67] 马最良,刘永红.热泵站的现状及在我国应用的前景[J].暖通空调,1994,24(5):6-10.
[68] 余其铮.辐射换热原理[M].哈尔滨:哈尔滨工业大学出版社,2000.
[69] 史仲平,华兆哲.生物质和生物能源手册[M].北京:化学工业出版社,2007.
[70] 蒋剑春.生物质能源转化技术与应用(Ⅰ)[J].生物质化学工程,2007,41(3):59-65.
[71] 董天峰,李君兴,张蕾蕾,等.生物质能源应用研究现状与发展前景[J].农业与技术,2008,28(2):75-80.
[72] 孙永明,袁振宏,孙振钧.中国生物质能源与生物质利用现状与展望[J].可再生能源,2006,2:78-82.
[73] 北京土木建筑学会,北京科智成市政设计咨询有限公司.新农村建设生物质能利用[M].北京:中国电力出版社,2008.
[74] 惠晶.新能源转换与控制技术[M].北京:机械工业出版社,2008.
[75] 保罗克留格尔.可再生能源开发技术[M].北京:科学出版社,2007.
[76] 张军,李小春.国际能源战略与新能源技术进展[M].北京:科学出版社,2008.
[77] 林聪.沼气技术理论与工程[M].北京:化学工业出版社,2007.
[78] 中华人民共和国农业部.农业和农村节能减排十大技术[M].北京:中国农业出版社,2007.
[79] 李长生.农家沼气实用技术[M].北京:金盾出版社,2004.
[80] 王斌瑞.浅谈生物质能固化原理与意义[J].太原科技,2007,11:24-25.
[81] 蒋剑春.生物质能源转化技术与应用(Ⅳ)——生物质热解气化技术研究和应用[J].生物质化学工程,2007,41(6):47-55.
[82] 米铁,唐汝江,陈汉平,等.生物质气化技术比较及其气化发电技术研究进展[J].能源工程,2004,5:33-37.
[83] 陈冠益,高文学,颜蓓蓓,等.生物质气化技术研究现状与发展[J].煤气与热力,2006,26(7):20-26.
[84] 董玉平,邓波,景元琢,等.中国生物质气化技术的研究和发展现状[J].山东大学学报(工学版),2007,37(2):1-7,29.
[85] 吴创之.小型生物质气化发电系统应用实例分析[J].可再生能源,2003,6:66-67.
[86] 孙一坚.工业通风[M].北京:中国建筑工业出版社,1994.
[87] 清华大学建筑节能研究中心.中国建筑节能年度发展研究报告[M].北京:中国建筑工业出版社,2020.
[88] 深圳市建筑科学研究院.建筑电气化及其驱动的城市能源转型路径[R/OL].2020.
[89] 王露.浅谈建筑电气的节能[D].西安:长安大学,2013.
[90] 夏洪军.建筑供配电系统节能运行的评价指标体系研究[C].国际绿色建筑与建筑节能大会论文集.苏州,2020:371-373.
[91] 徐伟,刘志坚,陈曦,等.关于我国近零能耗建筑发展的思考[J].建筑科学,2016,32(4):1-5.
[92] 叶晓莉,端木琳,齐杰.零能耗建筑中太阳能的应用[J].太阳能学报,2012,33(S1):86-90.

[93] Planas E, Andreu J, Garate J, et al. AC and DC technology in microgrids: a review[J]. Renewable & Sustainable Energy Reviews, 2015, 43: 726 - 749.
[94] 中国光伏行业协会,赛迪智库集成电路研究所. 中国光伏产业发展路线图 2018 年版[R/OL]. 2019.
[95] 张宏,胡心怡,等. 基于光伏建筑一体化(BIPV)的智慧化产能建筑设计研究[J]. 供用电,2020,37(8):21 - 27.
[96] 中国能源研究会储能专委会,中关村储能产业技术联盟. 储能产业研究白皮书[R/OL]. 2019.
[97] 中国网能源研究院有限公司. 中国能源电力发展展望 2019[M]. 北京:中国电力出版社,2019:52 - 53.
[98] 王福林,江亿. 建筑全直流供电和分布式蓄电关键技术及效益分析[J]. 建筑电气,2016,35(4):16 - 20.
[99] Pang H, Lo E, Pong B. DC electrical distribution systems in buildings[C]. 2006 2nd international conference on power electronics systems and applications. Hong Kong, China, 2006.
[100] 马钊,周孝信,尚宇炜,等. 未来配电系统形态及发展趋势[J]. 中国电机工程学报,2015,35(6):1289 - 1298.
[101] 韦涛,张伟,崔艳妍,等. 直流配电系统典型供用电模式研究[J]. 供用电,2020,37(10):10 - 15.
[102] International electrotechnical commission. LVDC: electricity for the 21st century[R/OL]. 2019.
[103] German electrical and electronic manufacturers association. Research project DC - INDUSTRIE: DC networks in industrial production[R/OL]. 2017.
[104] 直流建筑联盟. 直流建筑发展路线图 2020 - 2030[R/OL]. 2020.
[105] 尹力,刘纲,万文轩,等. 考虑用能舒适度时变性的商业园区调峰策略[J]. 供用电,2020,37(8):3 - 9.
[106] Jensen S O, Marszal - pomianowska A, Lollini R, et al. IEA EBC Annex 67 Energy Flexible Buildings[J]. Energy and Buildings, 2017, 155: 25 - 34.
[107] 王旭婷,童亦斌,赵宇明,等. 民用建筑低压直流配用电系统接地方式研究[J]. 供用电,2019,36(9):52 - 58.
[108] 深圳市住房和建设局,深圳市建设科技促进中心,深圳市建筑科学研究院股份有限公司. 深圳市大型公共建筑 2019 年能耗监测情况报告[R/OL]. 2020.
[109] 深圳市供电局. 社会责任报告[R/OL]. 2019.
[110] 国家能源局. 2018 年全国地级行政区供电可靠性指标报告[R/OL]. 2019.
[111] 李叶茂,李雨桐,郝斌,等. 低碳发展背景下的建筑"光储直柔"配用电系统关键技术分析[J]. 供用电,2021,38(01):32 - 38.
[112] 杨坤. 拉萨市多层住宅优先利用太阳能的建筑设计模式研究[D]. 西安:西安建筑科技大学,2019.
[113] 李庆党,和学泰,李子良,等. 光伏建筑发展与经典案例[J]. 建筑技术开发,2022,49(04):1 - 6.
[114] 曹邵文,周国庆,蔡琦琳,等. 太阳能电池综述:材料、政策驱动机制及应用前景[J/OL]. 复合材料学报:1 - 13.

第七章 建筑节能检测技术

建筑节能检测是建筑节能中重要的一项工作。从材料和设备的生产到建筑节能工程的施工,再到工程竣工,每一个环节均需要建筑节能检测,从而确保各项指标符合国家和本地建筑行业标准及设计要求。本章介绍的节能检测宜在以下有关技术文件准备齐全的基础上进行:(1)施工图设计文件审查机构审查合格的工程施工图节能设计文件;(2)工程竣工图纸和相关技术文件;(3)具有相关资质的检测机构出具的对施工现场随机抽取的外门(含阳台门)、户门、外窗及保温材料所作的性能复验报告,包括门窗传热系数、外窗气密性能等级、玻璃及外窗遮阳系数、保温材料密度、保温材料导热系数、保温材料比热容和保温材料强度报告;(4)热源设备、循环水泵的产品合格证或性能检测报告;(5)外墙墙体、屋面、热桥部位和采暖管道的保温施工做法或施工方案;(6)与第(5)条有关的隐蔽工程施工质量的中间验收报告。检测中使用的仪器仪表应具有法定计量部门出具的有效期内的检定合格证书或校准证书,其性能指标应符合相关标准(现行标准《居住建筑节能检测标准》JGJ/T 132—2009 附录 A)。本章将介绍建筑节能检测时主要检测项目的检测方法、合格指标和判定方法。

第一节 室内平均温度、湿度检测

对于居住建筑,通常仅对其室内平均温度进行检测,检测持续时间宜为整个采暖季。当受检房间使用面积大于或等于 30m²时,应设置两个测点。测点应设于室内活动区域,且距地面或楼面 700 ~ 1800mm 范围内有代表性的位置。室内平均温度应采用温度自动检测仪进行连续检测,检测数据记录时间间隔不宜超过 30min。室内平均温度应分别按公式(7 - 1)计算。

$$t_m = \frac{\sum_{i=1}^{n} t_{m,i}}{n}$$

$$t_{m,i} = \frac{\sum_{j=1}^{p} t_{i,j}}{p} \tag{7-1}$$

式中 t_m——受检房间的室内平均温度,℃;

$t_{m,i}$——受检房间第 i 个的室内温度逐时值,℃;

$t_{i,j}$——受检房间第 j 个测点的第 i 个室内温度逐时值,℃;

n——受检房间的室内温度逐时值的个数;

p——受检房间布置的温度测点的点数。

居住建筑室内平均温度应符合设计文件要求,当设计文件无具体要求时,应符合表 7 - 1 的规定。

表 7-1　居住建筑室内平均温度要求

参数	室内温度(℃)	温度允许偏差
冬季	18	不得低于设计计算温度2℃,且不应高于1℃
夏季	26	不得高于设计计算温度2℃,且不应低于1℃

当室内平均温度检测值符合表7-1规定且符合相关标准(现行标准《居住建筑节能检测标准》JGJ/T 132—2009)规定时,应判为合格。

对于设有集中采暖空调系统的公共建筑,需进行平均温度和湿度的检测,且检测数量应按照采暖空调系统分区进行选取。当系统形式不同时,每种系统形式均应检测。相同系统形式应按系统数量的20%进行抽检。同一个系统检测数量不应少于总房间数量的10%。未设置集中采暖空调系统的建筑物,温度、湿度检测数量不应少于总房间数量的10%。

3层及以下的建筑物应逐层选取区域布置温度、湿度测点;3层以上的建筑物应在首层、中间层和顶层分别选取区域布置温度、湿度测点;气流组织方式不同的房间应分别布置温度、湿度测点。

测点应设于室内活动区域,且距地面或楼面700~1800mm范围内有代表性的位置。当房间使用面积小于$16m^2$时,应设1个测点;当房间使用面积大于或等于$16m^2$,且小于$30m^2$时,应设测点2个;当房间使用面积大于或等于$30m^2$,且小于$60m^2$时,应设测点3个;当房间使用面积大于或等于$60m^2$,且小于$100m^2$时,应设测点5个;当房间使用面积大于或等于$100m^2$时,每增加20~$30m^2$应增加1个测点。

室内平均温度、湿度检测应在最冷或最热月,且在供热或供冷系统正常运行后进行。室内平均温度、湿度应进行连续检测,检测时间不得少于6h,且数据记录时间间隔最长不得超过30min。

室内平均相对湿度应按公式(7-2)计算:

$$\varphi_{m}=\frac{\sum_{i=1}^{n}\varphi_{m,i}}{n}$$

$$\varphi_{m,i}=\frac{\sum_{j=1}^{p}\varphi_{i,j}}{p} \tag{7-2}$$

式中　φ_m——检测持续时间内受检房间的室内平均相对湿度,%;

$\varphi_{m,i}$——检测持续时间内受检房间第i个的室内逐时相对湿度,%;

$\varphi_{i,j}$——检测持续时间内受检房间第j个测点的第i个相对湿度逐时值,%;

n——检测持续时间内受检房间的室内逐时相对湿度的个数;

p——检测持续时间内受检房间布置的室内逐时相对湿度测点的个数。

公共建筑室内平均温度、湿度应符合设计文件要求,当设计文件无具体要求时,应符合表7-2的规定。

表 7-2　公共建筑室内平均温度、湿度要求

参　数		冬　季	夏　季
温度(℃)	一般房间	20	25
	大堂、过厅	18	室内外温差≤1℃
风速v(m/s)		0.10≤v≤0.20	0.15≤v≤0.30
相对湿度(%)		30~60	40~65

当室内平均温度、平均相对湿度检测值符合以上规定且符合相关标准(现行标准《公共建筑节能检测标准》JGJ/T 177—2009)规定时,应判为合格。

第二节　围护结构热工性能检测

一、非透光外围护结构热工性能检测

非透光外围护结构热工性能检测应包括外围护结构的保温性能、隔热性能和热工缺陷等检测。本节重点介绍热流计法对围护结构主体部位传热系数的检测。

围护结构主体部位传热系数的检测宜在受检围护结构施工完成至少12个月后进行。检测时间宜选在最冷月,检测期间建筑室内外温差不宜小于15℃。检测持续时间不应少于96h。检测期间,室内空气温度应保持稳定,受检区域外表面宜避免雨雪侵袭和阳光直射。检测期间,应定时记录热流密度和内、外表面温度,记录时间间隔不应大于60min。

数据分析宜采用动态分析法。当满足以下条件时,可采用算术平均法:(1)围护结构主体部位热阻的末次计算值与24h之前的计算值相差不大于5%;(2)检测期间内第一个*INT*(2×*DT*/3)天内与最后一个同样长的天数内围护结构主体部位热阻的计算值相差不大于5%。其中*DT*为检测持续天数,*INT*表示取整部分。当采用算术平均法进行数据分析时,应按下式计算围护结构主体部位的热阻,并应使用全天数据(24h的整数倍)进行计算:

$$R = \frac{\sum_{j=1}^{n}(\theta_{Ij} - \theta_{Ej})}{\sum_{j=1}^{n} q_j} \tag{7-3}$$

式中　R——围护结构主体部位的热阻,$(m^2 \cdot K)/W$;

θ_{Ij}——围护结构主体部位内表面温度的第j次测量值,℃;

θ_{Ej}——围护结构主体部位外表面温度的第j次测量值,℃;

q_j——围护结构主体部位热流密度的第j次测量值,W/m^2。

围护结构主体部位传热系数应按下式计算:

$$K = 1/(R_i + R + R_e) \tag{7-4}$$

式中　K——围护结构主体部位传热系数$W/(m^2 \cdot K)$;

R_i——内表面换热热阻,$(m^2 \cdot K)/W$;

R_e——外表面换热热阻,$(m^2 \cdot K)/W$。

当受检围护结构主体部位传热系数的检测结果满足设计图纸的规定或国家现行有关标准的规定时,应判为合格,否则应判为不合格。

二、透光外围护结构热工性能检测

透光外围护结构热工性能检测应包括保温性能、隔热性能和遮阳性能等检测。

(一)外窗外遮阳性能检测

对固定外遮阳设施,检测的内容应包括结构尺寸、安装位置和安装角度。对活动外遮阳设施,还应包括遮阳设施的转动或活动范围以及柔性遮阳材料的光学性能。用于检测外遮阳设施结构尺寸、安装位置、安装角度、转动或活动范围的量具的不确定度应符合下列规定:(1)长

度尺应小于2mm;(2)角度尺应小于2°。活动外遮阳设施转动或活动范围的检测应在完成5次以上的全程调整后进行。遮阳材料的光学性能检测应包括太阳光反射比和太阳光直接透射比。太阳光反射比和太阳光直接透射比的检测应按现行国家标准《建筑玻璃可见光透射比、太阳光直接透射比、太阳能总透射比、紫外线透射比及有关窗玻璃参数的测定》GB/T 2680—2021 的规定执行。

受检外窗外遮阳设施的结构尺寸、安装位置、安装角度、转动或活动范围以及遮阳材料的光学性能应满足设计要求。受检外窗外遮阳设施的检测结果均满足以上规定时,应判为合格,否则应判为不合格。

(二)透明幕墙及采光顶热工性能检测

透明幕墙及采光顶热工性能检测数量应符合下列规定:(1)每种面板、构造做法均应检测;(2)每种构造不应少于3处;(3)每种面板不应少于3件。

透明幕墙及采光顶热工性能检测方法应符合下列规定:(1)透明幕墙、采光顶构造尺寸应直接或剖开测量,幕墙的展开图、剖面图、节点构造图等应根据检测结果绘制或确认。(2)幕墙、采光顶曲板(玻璃、附保温材料的金属板等)应从工程所用的材料中抽取试样,按照现行国家标准《建筑外门窗保温性能检测方法》GB/T 8484—2020 规定的方法在实验室进行传热系数检测;其他材料的导热系数可采取取样检测或与相应样品对比等方法获得。(3)每幅幕墙、采光顶的传热系数、遮阳系数、可见光透射比等参数应按照现行行业标准《建筑门窗玻璃幕墙热工计算规程》JGJ/T 151—2008 的规定计算确定,幕墙或采光顶整体热工性能应采用加权平均的方法计算。

透明幕墙及采光预热工性能合格指标与判定方法应符合下列规定:(1)受检部位的传热系数应小于或等于相应的设计值,遮阳系数、可见光透射比应满足设计要求,且应符合国家现行有关标准的规定;(2)当受检部位的热工性能符合本条第(1)款的规定时,应判定为合格。

三、建筑外围护结构气密性能检测

建筑外围护结构气密性能检测宜包括外窗、透明幕墙气密性能及外围护结构整体气密性能检测。外围护结构整体气密性能检测方法可按现行标准《公共建筑节能检测标准》JGJ/T 177—2009 附录B进行。

(一)窗气密性能的检测

窗气密性能的检测数量应符合下列规定:(1)单位工程建筑面积5000m^{2}及以下(含5000m^2)时,应随机选取同一生产厂家具有代表性的窗口部位1组;(2)单位工程建筑面积5000m^{2}以上时,应随机选取同一生产厂家具有代表性的窗口部位2组;(3)每组应为同系列、同规格、同分格形式的3个窗口部位。外窗气密性能的检测方法应按照现行行业标准《建筑外窗气密、水密、抗风压性能现场检测方法》JG/T 211—2007 规定的方法进行。外窗气密性能的合格指标与判定方法应符合下列规定:(1)受检外窗单位缝长分级指标值应小于或等于1.5m^3/(m·h)或受检外窗单位面积分级指标值应小于或等于4.5m^3/(m^2·h);(2)受检外窗检测结果符合本条第(1)款的规定时,应判定为合格。

(二)透明幕墙气密性能检测

透明幕墙气密性能的检测数量应符合下列规定:(1)单位工程中面积超过300m^{2}的每一种幕墙均应随机选取一个部位进行气密性能检测;(2)每个部位不应少于1个层高和2个水平

分格，并应包括1个可开启部分。

透明幕墙气密性能的检测方法应按照现行行业标准《建筑外窗气密、水密、抗风压性能现场检测方法》JG/T 211—2007 规定的方法进行。

合格指标与判定方法应符合下列规定：(1)受检幕墙开启部分气密性能分级指标值应小于或等于 $1.5m^3/(m\cdot h)$，受检幕墙整体气密性能分级指标值应小于或等于 $2.0m^3/(m^2\cdot h)$；(2)受检幕墙检测结果符合(1)的规定时，应判定为合格。

第三节　采暖空调系统性能检测

一、冷水(热泵)机组实际性能系数检测

冷水(热泵)机组实际性能系数的检测数量应符合下列规定：(1)对于2台及以下(含2台)同型号机组，应至少抽取1台；(2)对于3台及以上(含3台)同型号机组，应至少抽取2台。

冷水(热泵)机组实际性能系数的检测方法应符合下列规定：(1)检测工况下，应每隔(5～10)min读1次数，连续测量60min，并应取每次读数的平均值作为检测值。(2)供冷(热)量测量应符合现行标准《公共建筑节能检测标准》JGJ/T 177—2009 附录C的规定。(3)冷水(热泵)机组的供冷(热)量应按下式计算：

$$Q_0 = V\rho c\Delta t/3600 \tag{7-5}$$

式中　Q_0——冷水(热泵)机组的供冷(热)量，kW；

V——冷水平均流量，m^3/h；

Δt——冷水进、出水平均温差，℃；

ρ——冷水平均密度，kg/m^3；

c——冷水平均比定压热容，kJ/(kg·℃)。

电驱动压缩机的蒸气压缩循环冷水(热泵)机组的输入功率应在电动机输入线端测量。输入功率检测应符合现行标准《公共建筑节能检测标准》JGJ/T 177—2009 附录D的规定。电驱动压缩机的蒸气压缩循环冷水(热泵)机组的实际性能系数(COP_d)应按下式计算：

$$COP_d = \frac{Q}{N} \tag{7-6}$$

式中　COP_d——电驱动压缩机的蒸气压缩循环冷水(热泵)机组的实际性能系数；

N——检测工况下机组的平均输入功率，kW。

溴化锂吸收式冷水机组的实际性能系数(COP_x)应按下式计算：

$$COP_x = \frac{Q_0}{(WQ/3600)+p} \tag{7-7}$$

式中　COP_x——溴化锂吸收式冷水机组的实际性能系数；

W——检测工况下机组的平均燃气消耗量，m^3/h，或燃油消耗量，kg/h；

q——燃料发热量，kJ/m^3 或 kJ/kg；

p——检测工况下机组平均电力消耗量(折合成一次能)，kW。

冷水(热泵)机组实际性能系数的合格指标与判定方法应符合下列规定：(1)检测工况下，冷水(热泵)机组的实际性能系数应符合现行国家标准《公共建筑节能设计标准》GB 50189—

2005 第5.4.5、5.4.9条的规定;(2)当检测结果符合本条第(1)款的规定时,应判定为合格。

二、水系统

采暖空调水系统各项性能检测均应在系统实际运行状态下进行。冷水(热泵)机组及其水系统性能检测工况应符合以下规定:(1)冷水(热泵)机组运行正常,系统负荷不宜小于实际运行最大负荷的60%,且运行机组负荷不宜小于其额定负荷的80%,并处于稳定状态。(2)冷水出水温度应为6~9℃。(3)水冷冷水(热泵)机组冷却水进水温度应为29~32℃;风冷冷水(热泵)机组要求室外干球温度为32~35℃。

(一)水系统回水温度一致性检测

与水系统集水器相连的一级支管路均应进行水系统回水温度一致性检测。水系统回水温度一致性的检测方法应符合下列规定:(1)检测位置应在系统集水器处;(2)检测持续时间不应少于24h,检测数据记录间隔不应大于1h。

水系统回水温度一致性的合格指标与判定方法应符合下列规定:(1)检测持续时间内,冷水系统各一级支管路回水温度间的允许偏差为1℃;热水系统各一级支管路回水温度间的允许偏差为2℃。(2)当检测结果符合本条第(1)款的规定时,应判定为合格。

(二)水系统供、回水温差检测

检测工况下启用的冷水机组或热源设备均应进行水系统供、回水温差检测。

水系统供水、回水温差的检测方法应符合下列规定:(1)冷水机组或热源设备供、回水温度应同时进行检测;(2)测点应布置在靠近被测机组的进、出口处,测量时应采取减少测量误差的有效措施;(3)检测工况下,应每隔5~10min读数1次,连续测量60min,并应取每次读数的平均值作为检测值。

水系统供水、回水温差的合格指标与判定方法应符合下列规定:(1)检测工况下,水系统供水、回水温差检测值不应小于设计温差的80%;(2)当检测结果符合本条第(1)款的规定时,应判定为合格。

(三)水泵效率检测

检测工况下启用的循环水泵均应进行效率检测。水泵效率的检测方法应符合下列规定:(1)检测工况下,应每隔5~10min读数1次,连续测量60min,并应取每次读数的平均值作为检测值。(2)流量测点宜设在距上游局部阻力构件10倍管径,且距下游局部阻力构件5倍管径处。压力测点应设在水泵进、出口压力表处。(3)水泵的输入功率应在电动机输入线端测量,输入功率检测应符合现行标准《公共建筑节能检测标准》JGJ/T 177—2009附录D的规定。(4)水泵效率应按下式计算:

$$\eta = V\rho g\Delta H(3.6P) \tag{7-8}$$

式中 η——水泵效率;

V——水泵平均水流量,m^3/h;

ρ——水的平均密度,kg/m^3;

g——自由落体加速度,m/s^2;

ΔH——水泵进、出口平均压差,m;

P——水泵平均输入功率,kW。

水泵效率合格指标与判定方法应符合下列规定:(1)检测工况下,水泵效率检测值应大于设备铭牌值的80%;(2)当检测结果符合本条第(1)款的规定时,应判定为合格。

(四)冷源系统能效系数检测

所有独立冷源系统均应进行冷源系统能效系数检测。冷源系统能效系数检测方法应符合下列规定:(1)检测工况下,应每隔5~10min读数1次,连续测量60min,并应取每次读数的平均值作为检测的检测值。(2)供冷量测量应符合现行标准《公共建筑节能检测标准》JGJ/T 177—2009附录C的规定。(3)冷源系统的供冷量应按式(7-5)计算。

冷水机组、冷水泵、冷却水泵和冷却塔风机的输入功率应在电动机输入线端同时测量;输入功率检测应符合现行标准《公共建筑节能检测标准》JGJ/T 177—2009附录D的规定。检测期间各用电设备的输入功率应进行平均累加。

冷源系统能效系数(EER_{-sys})应按下式计算:

$$EER_{-sys} = \frac{Q_0}{\sum N_i} \tag{7-9}$$

式中 EER_{-sys}——冷源系统能效系数,kW/kW;

$\sum N_i$——冷源系统各用电设备的平均输入功率之和,kW。

冷源系统能效系数合格指标与判定方法应符合下列规定:(1)冷源系统能效系数检测值不应小于表7-3的规定;(2)当检测结果符合本条第(1)款的规定时,应判定为合格。

表7-3 冷源系统能效系数限值

类　型	单台额定制冷量(kW)	冷源系统能效系数(kW/kW)
水冷冷水机组	<528	2.3
	528~1163	2.6
	>1163	3.1
风冷或蒸发冷却	≤50	1.8
	>50	2.0

三、风系统

空调风系统各项性能检测均应在系统实际运行状态下进行。空调风系统管道的保温性能检测应按照现行国家标准《建筑节能工程施工质量验收规范》GB 50411—2019的有关规定执行。

(一)风机单位风量耗功率检测

风机单位风量耗功率的检测数量应符合下列规定:(1)抽检比例不应少于空调机组总数的20%;(2)不同风量的空调机组检测数量不应少于1台。风机单位风量耗功率的检测方法应符合下列规定:(1)检测应在空调通风系统正常运行工况下进行;(2)风量检测应采用风管风量检测方法,并应符合现行标准《公共建筑节能检测标准》JGJ/T 177—2009附录E的规定;(3)风机的风量应为吸入端风量和压出端风量的平均值,且风机前后的风量之差不应大于5%;(4)风机的输入功率应在电动机输入线端同时测量,输入功率检测应符合现行标准《公共建筑节能检测标准》JGJ/T 177—2009附录D的规定。风机单位风量耗功率(W_S)应按下式计算:

$$W_S = \frac{N}{L} \tag{7-10}$$

式中　W_S——风机单位风量耗功率，W/(m^3/h)；

N——风机的输入功率，W；

L——风机的实际风量，m^3/h。

风机单位风量耗功率的合格指标与判定方法应符合下列规定：(1)风机单位风量耗功率检测值应符合国家标准《公共建筑节能设计标准》GB 50189—2005 第5.3.26条的规定；(2)当检测结果符合本条第(1)款的规定时，应判定为合格。

（二）新风量检测

新风量的检测数量应符合下列规定；(1)抽检比例不应少于新风系统数量的20%；(2)不同风量的新风系统不应少于1个。新风量检测方法应符合以下规定：(1)检测应在系统正常运行后进行，且所有风口应处于正常开启状态；(2)新风量检测应采用风管风量检测方法，并应符合现行标准《公共建筑节能检测标准》JGJ/T 177—2009 附录E的规定。新风量的合格指标与判别方法应符合下列规定：(1)新风量检测值应符合设计要求，且允许偏差应为±10%；(2)当检测结果符合本条第(1)款规定时，应判为合格。

（三）定风量系统平衡度检测

定风量系统平衡度的检测数量应符合下列规定：(1)每个一级支管路均应进行风系统平衡度检测；(2)当其余支路小于或等于5个时，宜全数检测；(3)当其余支路大于5个时，宜按照近端2个、中间区域2个、远端2个的原则进行检测。定风量系统平衡度的检测方法应符合下列规定：(1)检测应在系统正常运行后进行，且所有风口应处于正常开启状态。(2)风系统检测期间，受检风系统的总风量应维持恒定且宜为设计值的100%～110%。(3)风量检测方法可采用风管风量检测方法，也可采用风量罩风量检测方法，并应符合现行标准《公共建筑节能检测标准》JGJ/T 177—2009 附求E的规定。(4)风系统平衡度应按下式计算：

$$FHB_j = \frac{G_{a,j}}{G_{d,j}} \tag{7-11}$$

式中　FHB_j——第j个支路的风系统平衡度；

$G_{a,j}$——第j个支路的实际风量，m^3/h；

$G_{d,j}$——第j个支路的设计风量，m^3/h，；

j——支路编号。

定风量系统平衡度的合格指标与判别方法应符合下列规定：(1)90%的受检支路平衡度应为0.9～1.2；(2)检测结果符合本条第(1)款规定时，应判为合格。

四、建筑物年采暖空调能耗及年冷源系统能效系数检测

建筑物年采暖空调能耗检测应符合下列原则：(1)建筑物年采暖空调能耗应采用全年统计或计量的方式进行；(2)建筑物年采暖空调能耗应包括采暖空调系统耗电量、其他类型的耗能量(燃气、蒸汽、煤、油等)及区域集中冷热源供热、供冷量；(3)建筑物年采暖空调能耗的统计或计量应在建筑物投入正常使用一年后进行；(4)当一栋建筑物的空调系统采用不同的能源时，宜通过换算将能耗计量单位进行统一。

对于没有设置用能分项计量的建筑，建筑物年采暖空调能耗可根据建筑物全年的运行记录、设备的实际运行功率和建筑的实际使用情况等统计分析得到。统计时应符合下列规定：

(1)对于冷水机组、水泵、电锅炉等运行记录中记录了实际运行功率或运行电流的设备,运行数据经校核后,可直接统计得到设备的年运行能耗;(2)当运行记录没有有关能耗数据时,可先实测设备运行功率,并从运行记录中得到设备的实际运行时间,再分析得到该设备的年运行能耗。

对于设置用能分项计量的建筑,建筑物年采暖空调能耗可直接通过对分项计量仪表记录的数据统计,得到该建筑物的年采暖空调能耗。单位建筑面积年采暖空调能耗应按下式进行计算:

$$E_0 = \frac{\sum E_i}{A} \tag{7-12}$$

式中 E_0——单位建筑面积年采暖、空调能耗;

E_i——各个系统一年的采暖、空调能耗;

A——建筑面积,不应包含没有设置采暖空调的地下车库面积,m^2。

年冷源系统能效系数 EER_{-SL}应按下式进行计算:

$$EER_{-SL} = \frac{Q_{SL}}{\sum N_{si}} \tag{7-13}$$

式中 EER_{-SL}——年冷源系统能效系数;

Q_{SL}——冷源系统供冷季的总供冷量,kW·h;

N_{si}——冷源系统供冷季各设备所消耗的电量,kW·h。

第四节 建筑节能检测案例

一、外墙传热系数检测项目

建筑物为康宁津园综合体项目14号楼,其层数为一层、二层和六层三个部分,一层层高为3.9m,二至六层均为3.4m,一层部分室内外高差0.500m。工程采用框架结构形式,外围护结构为200厚加气混凝土砌块,内隔墙采用200厚/100厚加气混凝土砌块。

(一)节能设计

工程采用外保温体系节能率为50%,节能设计达到《天津市公共建筑节能设计标准》规定的节能标准。建筑体形系数:$S=0.256$;除设备间、配电间、设备管井、封闭楼梯间、阁楼外其余均为采暖空间。

(二)节能做法

(1)屋面采用钢混凝土板上铺100厚硬质岩棉板保温做法,屋面传热系数$K=0.42$W/(m·K);

(2)外墙为200厚加气混凝土砌块外设70厚硬质岩棉板保温措施,传热系数为$K=0.48$W/(m·K)(平均);

(3)采暖空间与非采暖空间的隔墙做法为:200厚加气混凝土砌块墙,非采暖侧抹20厚建筑用保温砂浆,传热系数为$K=1.40$W/(m·K);

(4)分隔采暖与非采暖空间楼板做法为120厚钢混凝土板下设65厚矿物纤维喷涂,传热系数为$K=1.42$W/(m·K)。

(三)现场检测

对该项目外墙传热系数进行现场检测,如图 7-1 所示。检测仪器设备为温度热流巡检仪,量程 -40~100℃,精度≤0.3℃。检测房间为 205 房间内的卫生间,热流传感器粘贴在外墙内表面,共布置 3 个测点,具体位置如图 7-1(d)所示。外墙内外表面各安装一个温度传感器,持续检测时间为 6d。用 Excel 进行数据处理,外墙传热系数按式(7-4)计算。

(a) (b) (c) (d)

图 7-1 外墙传热系数现场检测

(四)检测报告

节能、保湿工程检测报告如图 7-2 所示。外墙传热系数检测报告如图 7-3 所示。

二、空调系统性能项目简介

本工程为天津市天外大附属北辰光华外国语学校项目 2 号楼,建筑层数为地上四层,一层层高为 5.4m,二至四层均为 4.5m。该建筑主要用途为教学楼。

(一)节能设计

本工程采用变制冷剂流量多联机加新风系统,节能设计达到《天津市公共建筑节能设计标准》规定的节能标准。

(二)节能做法

(1)办公室、教室、实验室、文体用房和餐厅等非高大空间采用风冷变制冷剂流量多联机室内机加新风系统;室内机选用风管机顶送风顶回风。新风机房设置在屋顶或某层单独机房,通过集中送回风竖井连接每层送回风水平支干管。

节能、保温工程检测报告

JN/BG 01-001

委托单位：天津津旅泊泰投资发展有限公司　　委托日期：2021年04月22日

报告编号：JZ10-20210007　　报告日期：2021年05月08日

工程名称 Engineeinge	康宁津园养老综合体14号楼		
工程地点 Engineering Adress	天津市静海区团泊新城西区御阳湖路北侧		
施工单位 Excutive Corporation	天津三建建筑工程有限公司		
抽样日期 Sample Date	2021.04.25	检测依据 Reference Documents	JGJ/T 132-2009 居住建筑节能检测标准
检测日期 Test Date	2021.04.25~2021.04.30	检测设备 Detection Equipment	建筑热工温度热流巡检仪 JN-03
检测项目 Test Item	设计值 Design Value		检测值 Test Value
外墙传热系数	0.48 W/(m²·K)		0.45 W/(m²·K)
——	——		——
——	——		——
检测结论 Test Result			
该建筑为6层，东西朝向，体形系数为0.256，层高3.9米。依据《天津市公共建筑节能设计标准》DB29-153-2010设计。通过检测，其外墙传热系数符合该建筑节能设计要求。（以下空白）			
备注 Remarks	检测房间为205房间卫生间，室内采用电加热器加温。检测期间，室内温度范围为25.0～26.7℃，室外温度范围为7.9～21.0℃。检测结果仅对该建筑所检项目负责。		
检测单位：天津建科建筑节能环境检测有限公司			
批准：韩广成　审核：叶金晖　主检：宋建			
注意事项	1.报告未加盖“检验检测专用章”无效。 2.复制报告未重新加盖“检验检测专用章”无效。 3.检测报告无主检、审核、批准人员签章无效。 4.本机构对检测数据和报告的真实性和准确性负责，检测报告涂改无效。 5.见证人员对检测过程进行见证，并对其过程的真实性负责。 6.对检测报告结论若有异议，请于收到检测报告之日起15日内提出，以便及时处理。 7.凡检测报告编号后面加有“*”的其原报告作废。		

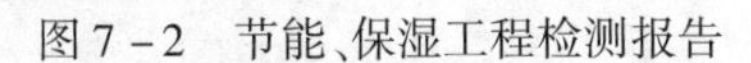

图7-2　节能、保湿工程检测报告

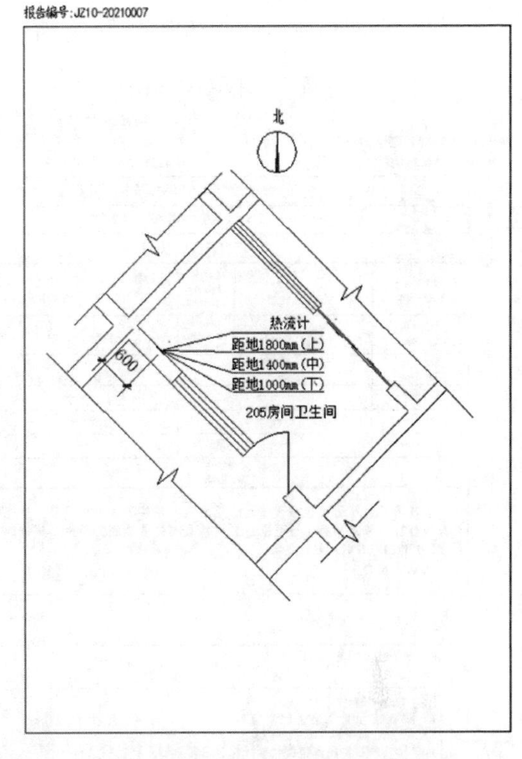

图7-3　外墙传热系数检测报告

(2)冷源形式为可变制冷剂流量的多联室外机；末端形式为室内机、新风机组。

（三）现场检测

对该项目空调系统的各风口风量进行现场检测，如图7-4所示。检测仪器采用电子风量罩。用风量罩罩住风口，保证无漏风，观察仪表显示值，待显示值趋于稳定后，读取风量值。

图7-4　空调系统性能现场检测

（四）检测报告

采暖、空调系统检测报告如图 7－5 所示；空调系统性能检测报告如图 7－6 所示。

采暖、空调系统检测报告

JN/BG 01-002

委托单位：天津北辰科技园区管理有限公司　　委托日期：2021 年 05 月 06 日

报告编号：NT08-20210005　　报告日期：2021 年 07 月 23 日

工程名称 Engineering	天津市天外大附属北辰光华外国语学校项目 2 号楼		
工程地点 Project Adress	天津市北辰区万和路与永进道交叉口		
施工单位 Excutive Corporation	中国建筑第八工程局有限公司		
抽样日期 Sample Date	————	检测依据 Reference Documents	JGJ/T 260-2011 采暖通风与空气调节工程检测技术规程 JGJ/T 177-2009 公共建筑节能检测标准
检测日期 Test Date	2021.07.21	检测设备 Detection Equipment	电子风量罩 JN-91
检测项目 Test Item	设计值 Design Value		检测值 Test Value
详见附页	————		————
————	————		————
————	————		————
检测结论 Test Result			
本次检测内容为天津市天外大附属北辰光华外国语学校项目 2 号楼空调系统性能，检测结果（详见附页）均符合《建筑节能工程施工质量验收标准》GB50411-2019 中的要求。 （以下空白）			
备注 Remarks	（此项空白）		
检测单位：天津建科建筑节能环境检测有限公司 批准：韩广成　审核：张超　主检：周红			
注意事项	1.报告未加盖“检验检测专用章”无效。 2.复制报告未重新加盖“检验检测专用章”无效。 3.检测报告无主检、审核、批准人员签章无效。 4.本机构对检测数据和报告的真实性和准确性负责，检测报告涂改无效。 5.见证人员对检测过程进行见证，并对其过程的真实性负责。 6.对检测报告结论若有异议，请于收到检测报告之日起 15 日内提出，以便及时处理。 7.凡检测报告编号后面加有“*”的其原报告作废。		

地址：天津市河东区上杭路万和里 7 号　　电话：24666002　　邮编：300161

图 7－5　采暖、空调系统检测报告

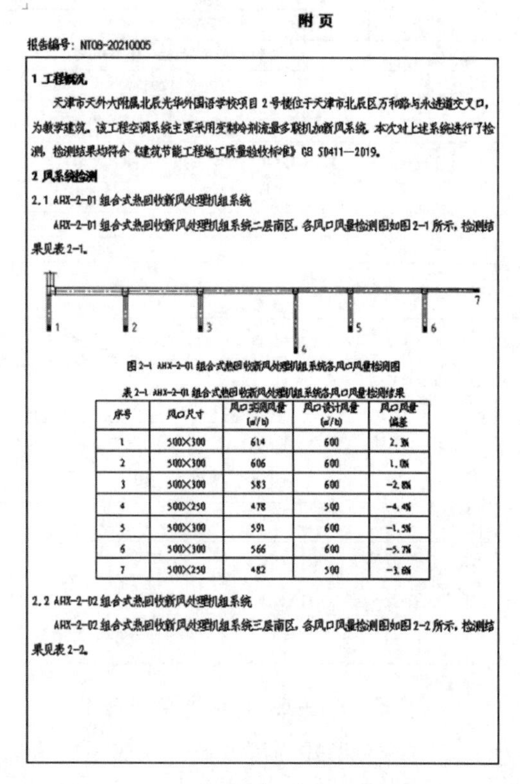

附 页

报告编号：NT08-20210005

1 工程概况

天津市天外大附属北辰光华外国语学校项目 2 号楼位于天津市北辰区万和路与永进道交叉口，为教学建筑。该工程空调系统主要采用变制冷剂流量多联机加新风系统。本次对上述系统进行了检测，检测结果均符合《建筑节能工程施工质量验收标准》GB 50411—2019。

2 风系统检测

2.1 AHX-2-01 组合式热回收新风处理机组系统

AHX-2-01 组合式热回收新风处理机组系统二层南区，各风口风量检测图如图 2-1 所示，检测结果见表 2-1。

图 2-1 AHX-2-01 组合式热回收新风处理机组系统各风口风量检测图

表 2-1 AHX-2-01 组合式热回收新风处理机组系统各风口风量检测结果

序号	风口尺寸	风口实测风量 (m^3/h)	风口设计风量 (m^3/h)	风口风量偏差
1	500×300	614	600	2.3%
2	500×300	606	600	1.0%
3	500×300	583	600	−2.8%
4	500×250	478	500	−4.4%
5	500×300	591	600	−1.5%
6	500×300	566	600	−5.7%
7	500×250	482	500	−3.6%

2.2 AHX-2-02 组合式热回收新风处理机组系统

AHX-2-02 组合式热回收新风处理机组系统三层南区，各风口风量检测图如图 2-2 所示，检测结果见表 2-2。

图 7－6　采暖、空调系统性能检测报告

思 考 题

1. 如何采用热流计法进行围护结构主题部位传热系数检测？
2. 冷水（热泵）机组及其水系统性能检测工况应符合哪些规定？

参 考 文 献

[1] 居住建筑节能检测标准[S]：JGJ/T 132—2009.
[2] 公共建筑节能检测标准[S]：JGJ/T 177—2009.